산릉의궤와 정자각에 새겨진

조선후기 관영건축의 시공기술사

산릉의궤와 정자각에 새겨진
조선후기 관영건축의 시공기술사

제13회 심원건축학술상 수상작

심원문화사업회(이사장 이태규)는 건축의 인문적 토양을 배양하기 위해 만든 후원회로서 지난 2008년 이래 건축역사와 이론, 미학과 비평 제 분야의 전도유망한 신진 학자 및 예비 저술가를 지원하는 프로그램인 〈심원건축학술상〉을 제정하여 시행해오고 있습니다.

산릉의궤와 정자각에 새겨진

조선후기 관영건축의 시공기술사

이상명 지음

일러두기

1. 이 책은 저자의 박사학위 논문인 「산릉의궤 정자각을 통해 본 조선 후기 관영건축의 시공기술」을 기초로 저자가 집필한 다음과 같은 후속 연구를 함께 수록하여 수정·보완한 것입니다.

   이상명, 「조선 후기 산릉공역의 철물 조달과 철제품 제작」, 건축역사연구, 25(5), 2016
   이상명, 「조선 후기 이익공식 관영건축에서 화반의 의장성 강화」, 건축역사연구, 26(2), 2017
   이상명, 「조선 후기 왕릉 부석처(浮石處)의 선정 과정과 부석처 조계동」, 건축역사연구, 26(3), 2017
   이상명, 「조선 후기 왕릉 조성 시 목공사 장인의 배정과 조달 방식」, 건축역사연구, 26(4), 2017
   이상명, 「의궤에 기록된 건축도(建築圖) 물매(勿每, 水每)에 관한 연구」, 건축역사연구, 29(6), 2020

2. 이 책에서 산릉의궤는 산릉도감의궤, 원소도감의궤, 묘소도감의궤, 봉릉도감의궤 등 각종 산릉 관련 의궤를 총칭하는 용어이다.

3. 이 책에서는 산릉도감에서 진행하는 산릉공사를 편의상 산릉역(山陵役)이라 칭하였다. 또한 산릉역은 영건역에 대비하여 원소역, 묘소역을 통칭하는 용어로 사용하였다. 한편 원소역, 묘소역과 구분하기 위해 산릉역이라 칭한 경우도 있음을 밝혀둔다.

4. 산릉의궤는 해당 웹사이트에서 제공하는 목록을 참조하여 정리하였다.

   국립중앙박물관 외규장각 http://211.252.141.4/home
   서울대학교 규장각 한국학연구원 의궤 종합정보 http://kyujanggak.snu.ac.kr/center/main/main.jsp
   장서각 한국학자료센터 http://royal.kostma.net/WA/Main
   왕실도서관 장서각 디지털 아카이브 의궤자료 http://yoksa.aks.ac.kr/jsp/aa/BookList2.jsp

5. 이 책에 수록된 표에 능호 중 굵게 표시된 것은 산릉의궤와 현존 정자각 간 상호 비교가 가능한 대상이다.

6. 이 책에 사용된 정자각 관련 각종 치수는 정자각 실측보고서, 수리보고서 및 『조선왕릉종합학술조사보고서(Ⅰ~Ⅸ)』에 실린 도면에서 확인된 수치이며, 보고서 내 도면이 없는 경우는 관련 기관에서 제공받은 일부 캐드 도면 및 필자가 약실측한 수치를 활용한 것이다.

00
서문

건원릉 정자각(1408 건립, 1764, 1870 중수)

조선 후기 건축 연구의 빈틈

조선 후기는 우리가 전통이라 여기는 것들과 상당 부분 연결되어 있다. 한국에서 가장 오래된 건축은 고려 시대의 것으로 봉정사 극락전과 부석사 무량수전을 비롯해 몇 동에 불과하다. 근대 이전 현존하는 건축은 대부분 임진왜란 이후에 조영된 것들이다. 전통건축이라고 하면 대개 조선 후기 건축이 연상되는 이유는 이러한 배경 때문이다. 전통건축 연구에서 조선 후기가 차지하는 비중이 압도적으로 높은 이유도 여기에 있다.

학문 분야의 성패는 우선 기초자료의 구축 정도에 따라 갈린다. 문화재관리국 문화재연구실(현 국립문화재연구원)에서 1973년부터 발간한 『한국의 고건축』 시리즈를 비롯해, 문화재청과 지방 자치 단체에서 발간한 각종 건축문화재 실측조사보고서는 한국 건축 연구의 밑바탕이 되었다. 이러한 실측조사 자료를 토대로 조선 후기 건축은 구조와 의장 분야에서 활발한 연구가 진척되었고 풍부한 성과를 이루어냈다. 이는 건물을 계획하고 설계하는 단계의 연구 성과이다.

이에 반해 건물의 생산 단계인 시공기술 분야는 전체 공정을 충분히 이해할 만큼의 결과물이 도출되지 못하였다. 가장 큰 이유는 시공기술 관련 기초자료가 턱없이 부족하기 때문이다. 시공기술 연구의 접근 방법과 기초자료 구축의 어려운 점을 헤아려보면 그러한 상황이 충분히 이해될 것이다.

첫 번째는 현존 건축물에 새겨진 시공기술 정보를 추출하는 것이다. 시공기술 정보는 건물 외관에서도 일부 확인되지만, 대부분은 수리 과정에서 해체조사를 진행해야만 실질적인 정보 파악이 가능하다. 해체조사는 시공기술 연구의 출발점이지만 과정 자체가 녹록치 않다. 해체수리에 착수하면 우선 상량문, 묵서명, 관련 문헌 등을 통해 해당 건축물의 건립 및 중수 시기 등 수리 이력을 확인한다. 관련 문헌이 남아 있지 않은 경우 수리 이력 파악부터 난관에 직면한다. 건물을 해체하고 부재에 녹아있는 정보를 판독하기에 앞서 치목흔적, 결구기법, 연륜연대 등의 조사기법을 동원하여 부재별 제작 시기를 분류해야 하는데 이러한 과정은 많은 시간과 인력이 소요된다. 천연 재료를 기반으로 지어진 목조건축물은 대략 100~300년 간격으로 중수된다. 이때 노후화된 부재와 재료를 교체하면서 새로운 시공기법이 적용되기도 한다. 한편 일제강점기 수리를 거치면서 전통기법이 변형되기도 하고, 이입된 일제의 시공기법이 자칫 전통기법으로 오인되기도 한다. 대한민국 정부 수립 이후 1956년 무위사 극락전을 시작으로 1962년 숭례문 수리 등 우리의 손으로 국보, 보물 및 다수의 건축문화재를 수리하였다. 하지만 수리 시기별 기법의 변화, 일제강점기 수리 시 변형 등을 고려한 시공기법의 조사 연구는 충분하게 이루어지지 못하였다. 지금까지의 건축문화재 수리는 건물의 외형적 보존에 무게를 두고 진행되어 왔음을 부인하기 어렵다. 문화재 수리는 해당 건축에 내재되어 있는 다양한 기법을 확인해 볼 수 있는 결정적인 기회를 제공한다. 하지만 그동안의 문화재 수리에서는 이러한 조사를 진행할 만한 시간, 조사 인력, 조사 예산 등이 충분하게 배정되지 못하였다. 일본의 경우 8세기 후반에 건립된 당초제사 금당의 수리보고서(2009)를 보면 창건부터 중세 및 근세 중수된 시기를 구분하여 부재 시공 순서에 맞춰 전수 부재 조사가 진행되었고, 수리보고서에는 평면도 형식의 다량의 시기별 부재도면이 수록되어 있다.[1] 이와 함께 시기별 부재의 고정 흔적, 표면 가공 등의 조사 내용이 수리보고서에 기술되어 있다.[2] 최근 국내 문화재 수리현장에서도 이러한 세부기법 조사가 진행되고 있어 다행스럽게 생각한다. 하지만 지금까지 건축문화재 수리과정에서 확보된 시공기법의 조사 및 연구 자료는 절대적으로 빈곤한 상황이다.

두 번째는 장인들의 기법을 추적하는 것이다. 조선 후기 목수, 석수, 미장 등 장인들의 시공기법은 기록으로 남아 있지 않다. 영건의궤 등에 장인들의 공종별 명단과 준공 후 시상한 명단이 남아 있어 장인들의 활약상에 대해서는 어느 정도 파악이 가능하다. 최근 정자각의 화반 초각에 대해 산릉의궤에 기록된 도편수의 시기별 변화에 따라 초각 형태의 변천 과정을 정리한 연구가 발표되어 눈길을 끈다.[3] 실물 건축에 구현된 장인 기법의 전승과 단절에 대해 다루었다는 점에서 의의가 있다. 다만 이러한 연구가 매우 적은 점이 아쉬울 따름이다. 일제강점기에 기술을 배워 도편수로 활약했던 분들의 구술집도 두어 권[4]에 불과하여 충분한 내용 파악이 어려운 상황이다. 현재 활동하고 있는 도편수의 기법을 조사한 연구[5]는 이러한 부분을 보충하기 위한 시도이다. 전통기술은 하나의 특정 기술로 존재할 수가 없다. 시대, 지역, 장인의 기문, 생산 가능 재료, 건축주의 재력 등 다양한 요인에 의해 여러 가지 방식으로 전개된다. 따라서 현재 도편수 등 장인들이 구사하는 기술이 언제부터 쓰였는지, 어떠한 기술 계통의 영향을 받았는지 판별하기가 쉽지 않다는 점은 장인 기술연구의 맹점이다.

세 번째는 근대 이전 작성된 건축기법서를 활용하는 방법이다. 중국에서는 관식건축의 법식서인 송대 『영조법식(營造法式)』, 청대 『공정주법칙례(工程做法則例)』와 민간건축의 기술서인 명대의 『노반경(魯班經)』, 『노반영조정식(魯班營造正式)』, 양사성의 청대건축 연구서인 『청식영조칙례(淸式營造則例)』, 중국 강남지역의 전통건축기술이 정리된 『영조법원(營造法源)』 등이 전해지고 있다.[6] 일본에는 1608년에 지은 『장명(匠明)』을 비롯해 중세 이후 대목들의 비례기법서인 목할서(木割書)가 다수 전해지고 있다.[7] 중국과 일본에서는 이러한 건축기법서를 기반으로 고대부터 근세에 이르기까지 건축기술 연구가 심도 있게 진행되고 있다. 반면 국내에서는 이러한 건축기법서가 남아 있지 않기 때문에, 일찍이 조선 후기 관영건축공사 준공보고서인 영건의궤에 주목해왔다. 1990년대 들어 영건의궤 연구가 활발해지면서 관영건축공사에 대한 전반적인 연구가 진행되었으며, 시공기술 연구도 그 일환으로 진척되었다. 이후 2010년에는 건축의궤 연구자들이 의기투합하여 그동안의 방대한 연구 성과가 하나로 엮어낸 종합학술서 『영건의궤』가 출간되었다. 건축의궤 연구에 한 획을 그은 연구서로 평가할 수 있다. 다수의 성과에도 불구하고 영건의궤는 궁궐, 종묘, 사묘, 성곽 등 다양한 건축 유형이 담겨 있고, 건축 유형에 따라 기술체계도 차이가 있으며, 의궤에 기록된 건물 중 현존하는 것이 많지 않아 실물 비교를 통한 시공기술 연구로는 나아가지 못하였다.

이러한 시공기술 연구의 어려움과 영건의궤가 가지는 사료적인 한계를 극복하고자 필자가 주목한 것은 조선 후기 왕릉 조성 공사보고서인 산릉의궤와 현존하는 40여 동의 정자각이다. 비록 작은 규모의 건물이지만 동일 유형으로, 산릉의궤별 기술체계도 유사하여 문헌과 실물 유구의 통시적인 비교분석이 가능하다. 산릉의궤에는 정자각에 사용된 철물의 종류와 양이 세세하게 기록되어 있다. 작은 규모의 정자각에 5,000개 이상의 철물이 쓰였고, 창덕궁 인정전에는 무려 103,000개 이상의 철물[8]이 들어갔다. 이렇게나 많은 철물들이 어디에 어떻게 쓰였는지 궁금증이 일었다. 이러한 의문을 해소해 보고 싶었다. 본 연구는 이렇게 시작되었다. 산릉의궤와 정자각의 목록을 정리하고 산릉의궤 기술체계를 정리하고, 번역해나가면서 주요 공정별로 시공기술 연구의 가능성을 확인할 수 있었다.

이 책에서는 정자각이라는 건물 1동을 건립하기 위한 관리·감독 조직의 구성, 투입된 각종 장인과 보조 인력의 구성, 자재의 조달과 제작 방식, 제한된 공사 기간 내 효율적인 운영을 위한 시공관리, 현존 정자각과 비교를 통해 기초부터 석공사, 목공사, 지붕공사 등 정자각을 짓기 위해 구현되는 시공기법 등 시공기술 전반을 총체적으로 조망해 볼 것이다.

정자각(丁字閣)은 정전(正殿) 3칸, 배위청(拜位廳) 2칸[9]이 정(丁)자 형태로 결합된 작은 건물이지만 왕릉의 중심 전각으로 궁궐의 정전, 종묘의 정전과 비교하여 그 위상이 낮지 않다. 그렇지만 정자각이 관영건축을 대표한다고 할 수는 없다. 근정전, 인정전과 같은 다포를 꾸민 중층의 팔작지붕 건물에 비해 정자각은 대부분 익공을 갖춘 단층 맞배지붕으로 단순한 건축이다. 하지만 전통건축에 가장 많이 쓰인 삼량가(三樑架, 배위청)와 오량가(五樑架, 정전)[10]로 구성된 정자각은 가장 기본적인 시공기술을 차근차근 익혀나갈 수 있는 기회를 제공한다. 또한 가장 중요한 공종에 해당하는 목공사의 경우 정자각과 같은 규모의 사묘 정전과 비교를 통해 관영건축에서 정자각의 시공기술의 위치를 가늠해 볼 수 있다.

이 책에서는 산릉의궤를 기반으로 시공기술 추적을 시도해 보았다. 하지만 산릉의궤에서 제공하는 시공기술 정보가 제한적인 경우가 많아 원하는 만큼의 촘촘한 결과에는 도달하지 못하였다. 산릉의궤는 건축물을 완성하기 위해 투입된 자재와 인력 조달에 관한 내용이 주를 이룬다. 이러한 문헌자료를 기초로 시공기술을 구체적으로 밝히는 것은 애초부터 한계가 있을 수밖에 없다. 전술하였듯이 수리자료가 부족하여 문헌과 유구를 일일이 대조하는 데에도 어려움을 겪었다. 정자각은 공사기간이 2개월 정도로 정해져 있었다. 절대 공기를 맞추기 위해 구현되는 특수 기술을 일반적인 시공기술로 오독하였을 수도 있다. 문헌 기록상 확인할 수 없는 부재와 재료의 가공 과정을 생략할 수밖에 없었다. 목조건축 기술의 기본값인 이음과 맞춤 등 결구법의 시기적 변천도 담아내지 못했다. 건축기술을 구현하는 건축도구에 대해서는 도구명은 확인할 수 있었지만 다양한 도구명에 비해 현존하는 실물 도구는 그에 못 미쳐 비교연구는 시도하지 못하였다. 시공기법 추적에 많은 시간과 지면을 할애함에 따라 그러한 변화를 추진한 건축환경의 변화상에 대해서는 충분한 고찰에 이르지 못하였다. 이러한 결핍들은 필자를 비롯한 관계기관과 연구자들의 지속적인 관심으로 채워져 가길 희망해 본다.

조선 후기 관영건축의 더딘 진화

우주 만물은 시간의 경과 속에 진화과정을 거친다. 인류도 그랬고, 인류의 소산인 건축 또한 그래왔다. 그런데 유독 조선 후기 국가 주도로 생산되었던 관영건축(官營建築)의 외관은 변이가 적었고, 진화과정도 더뎠다. 눈에 보이지 않은 관영건축의 시공기술 또한 느린 진화과정을 겪었다.

경복궁, 창덕궁 등 서울에 있는 궁궐을 둘러보면 건축물들이 대개 비슷해 보인다. 반면 사찰을 이곳저곳 방문해 보면 뭔가 궁궐과는 다른 느낌을 받게 된다. 궁궐 건축은 엄격하고 단정하지만 사찰 건축은 화려하고 자유롭다고 할까. 궁궐을 비롯한 관영 건축은 왜 이렇게 닮았을까? 전례(前例)라는 중력에 구속되었기 때문이다. 전례를 따라 짓는 메커니즘은 예제 건축의 틀 속에서 관영건축의 외관을 강력하게 통제했다.

궁궐 등 관영건축은 지엄한 권위와 엄숙한 위계를 표현하고자 절제되고 질서정연한 디자인을 펼쳤다. 반면 사찰 건축은 고난의 현실을 잠시나마 잊고 극락세계에 다가설 수 있도록 꽃살창호, 용머리와 같이 화려한 장식을 베풀며 다양하게 변주해 나갔다.

임진왜란으로 국토가 유린당하고 조선의 상징이었던 궁궐과 종묘도 소실되었다. 전쟁이 끝나고 종묘 복구를 시작으로 국가 재건이 진행되었다. 이때 종묘를 어떤 형식으로 재건할지 열띤 토론이 벌어지는데, 주나라와 한나라 등 옛 제도를 두루 살펴보는 과정을 거쳐 재건되기에 이른다. 전란 극복이라는 국가적인 과제 속에 당대 유학자들은 예제 복원에 힘을 기울이고, 지방의 산림에서는 서원이라는 새로운 예제 건축을 탄

생시키며 양반사회는 더욱 공고화되어 갔다.

전란으로 사찰 또한 그 화를 면치 못하였다. 왜병과의 전쟁에 선봉에 섰던 승려들의 공을 인정받아 사찰들도 하나씩 재건되어 갔다. 일부 사찰은 왕실의 지원을 받고 지방의 유림과 일반 백성의 지원으로 제 모습을 갖추어갔다. 부족한 재원이지만 장대한 불사를 이뤄내기 위해 불심이라는 연료를 태워가며 다양한 기술이 시도되었다.

전란은 국가적으로 비극적인 사건이지만 건축적인 측면에서는 새로운 길로 모색해 볼 수 있는 기회이기도 했다. 이때 관영건축과 사찰 건축은 두 갈래 방향으로 전개되어 갔다. 관영건축은 전례라는 구심력으로 절제의 미를 선택했고, 사찰 건축은 한정된 예산 내 화려한 불교 세계관을 표현하기 위한 노력을 이어나갔다.

임진왜란과 병자호란의 영향으로 한양 내 관속 장인 체계도 허물어져, 관영건축공사에 전국의 건축 기술자들이 동원되었다. 이는 수도와 지방 간의 기술이 교류되고 확산되는 역할을 했다. 18세기 사회가 안정화되고 대동법 시행으로 품삯을 받은 일꾼이 생겨나면서 장인의 대우도 점차 나아지고 관속 장인 체계도 회복되어 더 이상 지방의 기술자들이 동원되지 않게 되었다. 이는 지역 간 기술 교류라는 측면에는 부정적인 요인으로 작용하였다.

돌이켜 보면 조선 후기만큼 외부 세계와 단절된 시기도 드물었다. 삼국, 통일신라, 고려 모두 중국을 통해 선진 문물을 받아들였다. 명에서 청으로 교체된 이후 정조 연간에 이르러서야 북학파를 중심으로 새로운 학문과 서양의 문물에 대해 관심을 기울이게 되었다. 실학파의 신진학자인 정약용이 설계한 수원 화성 건설은 조선 후기 관영건축사에서 가장 빛나는 순간이었다. 중국 성제를 참고하고 서양 기술 검토를 토대로 설계된 화성은 새로운 건축기술의 실험장이었다. 생소한 벽돌로 지은 곡선형의 공심돈은 새로운 성곽 조형물이었다. 거중기 등 새로운 양중 기계가 고안되어 인건비를 줄이려는 노력이 시도되었다. 당시 기둥 사이마다 공포를 얹는 다포 건축은 150년 이상 한양에서는 지어 본 적이 없었다. 관영건축의 고급 기술이 단절된 것이다. 이에 강원도에 활동하던 굉흡이라는 승장을 불러 장안문을 짓게 하고, 이때 부편수였던 민간 기술자 윤사범이 인정전 부편수로 활약하며 사찰 건축의 기술이 관영건축에 도입되기에 이른다. 화성 성역을 기점으로 관영건축의 시공기술도 변화의 동력이 마련되었고 19세기 중반에 전례라는 올가미를 벗어나 궁궐건축과 산릉건축 간 시공기술의 격차가 줄어들게 된다. 이러한 노력은 1867년 경복궁 중건으로 이어진다.

조선 후기 관영건축은 전례라는 틀 안에서 주조되었다. 화성 성역은 전례라는 거푸집에 균열을 가했고, 이후 시공기술은 조금씩 개선되어갔다. 하지만 조선 후기 관영건축은 재료적인 측면에서 근본적인 혁신을 이루어내지 못하였다. 건축은 시대의 산물이다. 조선 후기 대동법은 상업과 유통 경제로의 길을 열었지만 경제 시스템은 여전히 농업에 기반을 두고 있었다. 정조 연간의 실사구시 정신도 19세기에 들어 퇴색되었다. 유교라는 통치 이념으로 지탱되어왔던 조선 사회의 근본적인 변화가 없는 상황에서 관영건축의 혁신은 애초부터 제한된 범위 내에서의 진전일 수밖에 없었다. 결코 건축은 시대라는 울타리에서 벗어날 수 없음을 다시금 깨닫게 된다. 이러한 한계에도 불구하고 목구조와 천연 재료의 결함을 극복하고 내구성을 향상시키고자 시도했던 조선 후기 관영건축의 시공기술 변화 지점은 그 자체로 온당하게 평가되어야 할 것이다.

01
서론

영릉 정자각(1622)

관영건축 시공기술 연구의 의의

건축은 짓는 행위이다. 건물을 짓기 위해서는 머리 속의 이미지든, 도면으로 그려내든 계획 단계가 필요하다. 그리고 짓는 과정인 시공 단계를 거쳐야만 건축은 완성된다. 이러한 과정 속에 당대의 예술, 문화, 경제, 기술 등이 결합되고, 정치, 종교, 사상도 영향을 미친다. 건축에 내재되어 있는 제 요소들이 균형 있게 파악될 때 시대적 산물로서 건축의 온전한 이해가 가능해진다.

한국건축역사 연구는 건축물로 한정해 보면 그 시작은 양식사 연구라 할 수 있다. 특히 공포를 축으로 하는 양식사 연구는 개별 건축물의 건립연대를 판단하는데 중요한 기준을 제공해 주었다. 공포와 함께 가구법의 변화과정을 탐색하는 연구가 이어졌고, 부재별 변천과정을 다룬 후속 성과들이 속속 발표되었다. 양식사와 가구법 연구는 짓는 행위 중 계획 단계의 연구이다. 지금까지 건축역사 연구는 이에 집중되어왔다. 반면 생산과정인 시공 단계는 건축역사 연구의 빈틈으로 남을 만큼 그 성과가 미진하다. 계획사와 생산사 연구의 간극이 더 이상 벌어지지 않도록 해야 한다. 이는 건축역사 연구자가 짊어져야 할 몫이기도 하다.

관영건축은 국가가 직접 영조한 건축으로, 근대 이전 국가 역량의 상징이며 당시 과학기술의 총화라 할 수 있다. 조선 시대 관영건축공사는 의궤를 기준으로 영건역(營建役), 산릉역(山陵役), 축성역(築城役) 등으로 나뉜다. 영건역은 궁궐, 종묘, 사묘 등 주로 도성에서 펼쳐진 공사이고, 산릉역은 도성을 벗어나 풍수를 고려한 산지에 봉분과 정자각(丁字閣) 등을 조성하는 것이며, 축성역은 국방 관련 도성을 비롯해 산성과 읍성을 조영하는 일이다. 이 외에도 각종 다리, 제방, 지방의 관아 등도 관영건축공사에 포함된다. 삼국 시대로 거슬러 올라가면 불교건축 중 다수가 국가 재정이 투입된 관영건축에 해당한다. 현존하는 고려 시대 불교건축은 당시 관영건축 기술 수준을 이해할 수 있는 중요한 지표이기도 하다. 유교를 통치이념으로 삼은 조선 시대로 내려 오면 불교건축은 관영건축이라는 울타리 내에서 더 이상 지원받지 못하였다. 조선 시대에는 국가 의례와 관련된 관영건축에 한하여 재원이 집중되고 당시 최고 수준의 기술이 적용되는 혜택을 입게 된다. 즉 조선 시대 관영건축은 당시 건축 기술의 수준을 이해할 수 있는 중요한 척도이다.

조선 시대 관영건축에 대한 연구는 영건 관련 의궤(이하 영건의궤)를 중심으로 활발하게 진행되어왔다. 이에 비해 산릉 관련 의궤(이하 산릉의궤) 연구는 이제 시작 단계에 불과하다. 산릉의궤는 영건의궤에 비해 많은 권수가 남아 있다. 영건의궤가 다양한 건축 유형을 다루었다면 산릉의궤는 정자각 등 동일 유형의 건축공사에 대한 반복적인 기록물이다. 즉 산릉의궤는 동일 유형의 건축에 대한 변화 과정을 추적할 수 있는 강점을 지니고 있다.

산릉역의 중심전각인 정자각은 규모도 작고 익공을 갖추어 그동안 주심포나 다포 건축에 비해 주목받지 못하였다. 하지만 조선 후기에 지은 40여 동의 정자각이 현존하고 관련 산릉의궤도 다수 남아 있으며 18동의 정자각은 산릉의궤와 직접적인 비교분석이 가능하다.(표 1-3) 정자각은 오량가(五梁架)의 정전(正殿)과 삼량가(三梁架)의 배위청(拜位廳)이 결합된 건물이다. 한국 목조건축에서 삼량가와 오량가는 가장 많은 수를 점하는 구조방식으로, 정자각은 가장 기본이 되는 건축기술을 검출하는데 적합한 건축 유형이다.

건축공사를 진행하기 위해서는 장인 등 시공 인력과 목재, 석재 등 재료가 조달되어야 한다. 또한 재료를 가공하거나 배합하거나 설치하는데 적합한 연장과 이를 능수능란하게 다룰 수 있는 장인의 기술력이 요구된다. 이는 민간이나 관이나 다를 바 없다. 하지만 조선 시대 관영건축은 별도의 전담 조직을 꾸려 관리함에 따라 민간에서 구현되는 것과는 질적인 차이를 보인다. 이 책에서 시공기술이라 함은 이러한 시공 관련 제 요소를 아우르는 것을 의미한다.

한국건축의 본질에 한 발짝 더 다가서기 위해 그동안 관심을 기울이지 못했던 시공기술 연구가 더는 늦춰서는 안 될 것이다. 근대 이전 건축기술의 중심 지표인 조선 후기 관영건축의 시공기술은 필히 다루어져야 하는 주제이다. 동일한 유형의 변화상을 탐색하기에 유효한 산릉의궤와 정자각을 주요 사료로 삼아 조직, 인력 및 재료와 시공기법 등 다양한 시공 정보를 입체적으로 분석하여 조선 후기 관영건축 시공기술의 변화 양상과 특징을 밝히고, 한편으로는 시대적 한계를 조명해 보고자 한다. 문헌과 실물을 비교한 본 연구가 향후 문화재를 조사하고 수리할 때 적극적으로 활용되기를 기대해 본다.

산릉의궤와 정자각 현황

이 책에서 산릉의궤(山陵儀軌)는 산릉도감의궤, 원소도감의궤, 묘소도감의궤, 봉릉도감의궤 등을 총칭하는 용어이다. 성격별 산릉의궤의 종류는 다음과 같이 구분된다. 산릉(山陵)·원소(園所)·묘소도감의궤(墓所都監儀軌)는 능·원·묘의 초장 관련 시설 조성을 기록한 의궤이다. 산릉은 왕 또는 왕비를, 원소는 왕의 사친을, 묘소는 왕세자 또는 왕세자빈 등을 모신 무덤이다. 봉릉(封陵)·봉원(封園)·봉묘도감의궤(封墓都監儀軌)는 묘를 원 또는 능으로, 원을 능으로 승격하면서 관련 시설 조성을 기록한 의궤이다. 천릉(遷陵)·천봉(遷峰)·천원도감의궤(遷園都監儀軌)는 능·원의 이장에 해당하는 의궤이다.

현재 산릉의궤는 외규장각, 규장각 및 장서각에 보관되어 있다. 각 기관 홈페이지에서 제공하는 의궤 서지 정보를 토대로 산릉의궤 목록을 정리한 결과, 〈표 1-2〉와 같이 총 91건이 확인되었다.

이 의궤들을 국립중앙박물관의 외규장각 의궤 분류체계[1]에 따라 구분하면 〈표 1-1〉과 같다. 산릉·원소·묘소는 43건, 봉릉·봉원·봉묘는 6건, 천릉·천봉·천원은 16건이고, 능·석물(石物) 영건(營建)·개수(改修)는 23건, 영건·개수는 3건이다. 산릉이 30건으로 가장 많고 능 개수가 12건, 석물 영건·개수가 11건으로 그다음이다. 이 3종이 산릉의궤의 절반 이상을 차지한다.

연구 대상인 정자각과 관련이 없거나 내용이 소략한 의궤는 연구 범위에서 제외하였다.[2] 연구 범위 산릉의궤는 〈표 1-3〉과 같이 총 52건이다. 연구 범위 산릉의궤를 분류하면 다음과 같다. 작성 시기는 1601년에서

1904년까지 303년에 걸쳐 있다. 세기별로는 17세기 13건, 18세기 20건, 19세기 18건, 20세기 1건으로 18세기, 19세기 기록이 많은 편이다. 303년에 산릉의궤가 52건이므로 약 6년 간격으로 거의 연속된 변화를 추적할 수 있다.

왕대별로 보면 영조대 13건, 숙종대 9건, 철종대 5건, 고종대 5건 등 재위 기간이 길었던 시기에 많은 산릉의궤가 작성되었다. 능·원·묘를 구분해 보면 능이 36건, 원이 7건, 묘가 9건으로 산릉도감의궤류가 가장 많다. 의궤 분류체계로 구분하면 능은 산릉 29건, 봉릉 3건, 천릉 2건, 개수 2건이고, 원은 원소 5건, 봉원 2건이며, 묘는 묘소 8건, 봉묘 1건으로 역시 산릉도감의궤의 비중이 높다. 정자각 유형을 보면 정자각은 37건이고, 가정자각(假丁字閣)[3]은 15건으로 정자각이 2배 이상 많다. 본 연구는 '시공인력 구성과 자재 조달'까지는 가정자각을 포함하지만, 이후 공종별 시공기법에서는 정자각으로 한정하여 검토 의궤도 34건으로 줄어든다.[4]

표 1-1. 산릉의궤 분류(단위: 건(%))

산릉·원소·묘소		봉릉·봉원·봉묘		천릉·천봉·천원		능·석물 영건·개수		영건·개수	
산릉	30(70)	봉릉	2(33)	천릉	3(19)	능 개수	12(52)	영건·개수	3
원소	4(9)	봉원	3(50)	천봉	12(75)	석물 영건·개수	11(48)		
묘소	9(21)	봉묘	1(17)	천원	1(6)				
합계	43	합계	6	합계	16	합계	23	합계	3

표 1-2. 산릉의궤 목록

No.	서명	시기	분류	No.	서명	시기	분류
1	懿仁王后裕陵山陵都監儀軌	1601	산릉	47	思悼世子墓所都監儀軌	1762	묘소
2	宣祖穆陵修改儀軌	1609	능개	48	太祖健元陵丁字閣重修都監儀軌	1764	영개
3	恭聖王后誌石都監儀軌	1618	석물	49	獻陵石物重修都監儀軌	1768	석물
4	宣祖穆陵遷奉都監儀軌	1630	천봉	50	神德王后貞陵營建廳儀軌	1770	석물
5	宣祖穆陵遷葬山陵都監儀軌	1630	천릉	51	莊獻世子上諡封園都監儀軌	1776	봉원
6	仁穆王后穆陵山陵都監儀軌	1632	산릉	52	英祖元陵山陵都監儀軌	1776	산릉
7	昭顯世子墓所都監儀軌	1645	묘소	53	英祖元陵改修都監儀軌	1783	능개
8	恭惠王后順陵修改都監儀軌	1648	능개	54	文孝世子墓所都監儀軌	1786	묘소
9	仁祖長陵山陵都監儀軌	1649	산릉	55	莊獻世子永祐園遷奉都監儀軌	1789	천봉
10	孝宗寧陵山陵都監儀軌	1659	산릉	56	莊獻世子顯隆園園所都監儀軌	1789	원소
11	[孝宗]寧陵修改都監儀軌	1660	능개	57	正祖健陵山陵都監儀軌	1800	산릉
12	定宗厚陵修改都監儀軌	1667	능개	58	正祖健陵改修都監儀軌	1804	능개
13	孝宗寧陵遷陵都監儀軌	1674	천릉	59	貞純王后元陵山陵都監儀軌	1805	산릉
14	仁宣王后寧陵山陵都監儀軌	1674	산릉	60	明宗仁順王后康陵改修都監儀軌	1807	능개

표 1-2. 계속

No.	서명	시기	분류	No.	서명	시기	분류
15	顯宗崇陵山陵都監儀軌	1674	산릉	61	英祖貞純王后元陵改修都監儀軌	1810	능개
16	[顯宗崇陵]修改都監儀軌	1677	능개	62	獻敬惠嬪顯隆園園所都監儀軌	1816	원소
17	仁敬王后翼陵山陵都監儀軌	1681	산릉	63	正祖孝懿王后健陵山陵都監儀軌	1821	산릉
18	明聖王后崇陵山陵都監儀軌	1684	산릉	64	正祖健陵遷奉都監儀軌	1821	천봉
19	莊烈王后徽陵山陵都監儀軌	1689	산릉	65	綏嬪徽慶園園所都監儀軌	1823	원소
20	太宗元敬王后獻陵碑石重建廳儀軌	1695	석물	66	孝明世子延慶墓墓所都監儀軌	1830	묘소
21	定順王后思陵封陵都監儀軌	1699	봉릉	67	純祖仁陵山陵都監儀軌	1835	산릉
22	端宗莊陵封陵都監儀軌	1699	봉릉	68	孝顯王后景陵山陵都監儀軌	1843	산릉
23	端宗莊陵修改都監儀軌	1699	능개	69	翼宗綏陵山陵都監儀軌	1846	산릉
24	仁顯王后明陵山陵都監儀軌	1702	산릉	70	翼宗綏陵遷奉都監儀軌	1846	천봉
25	端懿嬪墓所都監儀軌	1718	묘소	71	憲宗景陵山陵都監儀軌	1849	산릉
26	愍懷嬪封墓都監儀軌	1719	봉묘	72	翼宗綏陵遷奉都監儀軌	1855	천봉
27	肅宗明陵山陵都監儀軌	1721	산릉	73	綏嬪徽慶園遷奉園所都監儀軌	1855	천봉
28	端懿王后惠陵石物追排都監儀軌	1722	석물	74	綏嬪徽慶園遷園都監儀軌	1855	천원
29	景宗懿陵山陵都監儀軌	1725	산릉	75	純祖仁陵遷奉都廳儀軌	1856	천봉
30	孝章世子墓所都監儀軌	1729	묘소	76	純祖仁陵遷奉山陵都監儀軌	1856	천봉
31	宣懿王后懿陵山陵都監儀軌	1731	묘소	77	純元王后仁陵山陵都監儀軌	1857	산릉
32	仁祖長陵遷陵都監都廳儀軌	1732	천릉	78	綏嬪徽慶園遷奉園所都監儀軌	1864	천봉
33	翼祖智陵丁字閣改建儀軌	1732	개수	79	綏嬪徽慶園遷奉都監儀軌	1864	천봉
34	端敬王后溫陵封陵都監儀軌	1739	영개	80	哲宗睿陵山陵都監儀軌	1864	산릉
35	肅宗仁顯王后明陵改修都監儀軌	1744	수개	81	哲仁王后睿陵山陵都監儀軌	1880	산릉
36	神懿王后齊陵神道碑營建廳儀軌	1744	능개	82	神貞王后綏陵山陵都監儀軌	1892	산릉
37	世宗英陵表石營建廳儀軌	1745	석물	83	明成皇后洪陵山陵都監儀軌	1898	산릉
38	穆陵徽陵惠陵表石營建廳儀軌	1747	석물	84	翼宗綏陵陵上莎草改修都監儀軌	1899	능개
39	孝純賢嬪墓所都監儀軌	1752	묘소	85	孝定王后景陵山陵都監儀軌	1904	산릉
40	懿昭世孫墓所都監儀軌	1752	묘소	86	純明妃裕康園園所都監儀軌	1904	원소
41	禧陵泰陵孝陵康陵章陵表石營建廳儀軌	1753	석물	87	明成皇后洪陵石儀重修都監儀軌	1905	석물
42	淑嬪上諡封園都監儀軌	1753	봉원	88	高宗太皇帝山陵主監儀軌	1919	산릉
43	敬惠仁嬪上諡封園都監儀軌	1755	봉원	89	洪陵遷奉山陵主監儀軌	1919	천봉
44	厚陵顯陵光陵敬陵昌陵宣陵靖陵表石營建廳儀軌	1755	영건	90	純宗孝皇帝山陵主監儀軌	1926	산릉
45	貞聖王后弘陵山陵都監儀軌	1757	산릉	91	裕陵遷奉主監儀軌	1926	천봉
46	仁元王后明陵山陵都監儀軌	1757	산릉				

시기는 편찬연도를 뜻하며, 이하 이 책에 수록된 표에서 시기는 모두 편찬연도를 말함. 분류에서 영개는 영건 개수, 능개는 능 개수, 석물은 석물 영건·개수의 준말임.

표 1-3. 연구 범위 의궤

No.	서명	시기	왕력	피장자	왕과 관계	위계	분류	유형
01	懿仁王后裕陵山陵都監儀軌	1601	선조 34	의인왕후	선조 비	능	산릉	丁
02	**宣祖穆陵遷葬山陵都監儀軌**	1630	인조 9	선조	-	능	천릉	丁
03	仁穆王后穆陵山陵都監儀軌	1632	인조 10	인목왕후	선조 계비	능	산릉	假
04	昭顯世子墓所都監儀軌	1645	인조 23	소현세자	인조 장남	묘	묘소	丁
05	仁祖長陵山陵都監儀軌	1649	효종 즉위	인조	-	능	산릉	假
06	孝宗寧陵山陵都監儀軌	1659	현종 즉위	효종	-	능	산릉	丁
07	仁宣王后寧陵山陵都監儀軌	1674	현종 15	인선왕후	효종 비	능	산릉	假
08	**顯宗崇陵山陵都監儀軌**	1674	숙종 즉위	현종	-	능	산릉	丁
09	**仁敬王后翼陵山陵都監儀軌**	1681	숙종 7	인경왕후	숙종 비	능	산릉	丁
10	明聖王后崇陵山陵都監儀軌	1684	숙종 10	명성왕후	현종 비	능	산릉	假
11	莊烈王后徽陵山陵都監儀軌	1689	숙종 14	장렬왕후	인조 계비	능	산릉	丁
12	**定順王后思陵封陵都監儀軌**	1699	숙종 25	정순왕후	단종 비	능	봉릉	丁

표 1-3. 계속

No.	서명	시기	왕력	피장자	왕과 관계	위계	분류	유형
13	**端宗莊陵封陵都監儀軌**	1699	숙종 25	단종	-	능	봉릉	丁
14	仁顯王后明陵山陵都監儀軌	1702	숙종 28	인현왕후	숙종 계비	능	산릉	丁
15	端懿嬪墓所都監儀軌	1718	숙종 44	단의빈	경종 세자빈	묘	묘소	丁
16	愍懷嬪封墓都監儀軌	1719	숙종 45	민회빈	소현 세자빈	묘	봉묘	丁
17	肅宗明陵山陵都監儀軌	1721	경종 1	숙종	-	능	산릉	假
18	**景宗懿陵山陵都監儀軌**	1725	영조 1	경종	-	능	산릉	丁
19	孝章世子墓所都監儀軌	1729	영조 5	효장세자	영조 장남	묘	묘소	丁
20	宣懿王后懿陵山陵都監儀軌	1731	영조 7	선의왕후	경종 계비	능	산릉	假
21	翼祖智陵丁字閣改建儀軌	1732	영조 8	익조	태조 증조부	능	개수	丁
22	**端敬王后溫陵封陵都監儀軌**	1739	영조 15	단경왕후	중종 비	능	봉릉	丁
23	孝純賢嬪墓所都監儀軌	1752	영조 28	효순현빈	효장 세자빈	묘	묘소	假
24	懿昭世孫墓所都監儀軌	1752	영조 28	의소세손	영조 손자	묘	묘소	丁
25	**淑嬪上諡封園都監儀軌**	1753	영조 29	숙빈	영조 모	원	봉원	丁
26	**敬惠仁嬪上諡封園都監儀軌**	1755	영조 31	경혜인빈	원종 모	원	봉원	丁
27	**貞聖王后弘陵山陵都監儀軌**	1757	영조 33	정성왕후	영조 비	능	산릉	丁
28	仁元王后明陵山陵都監儀軌	1757	영조 33	인원왕후	숙종 제2계비	능	산릉	假
29	思悼世子墓所都監儀軌	1762	영조 38	사도세자	영조 차남	묘	묘소	丁
30	太祖健元陵丁字閣重修都監儀軌	1764	영조 40	태조	-	능	개수	丁
31	**英祖元陵山陵都監儀軌**	1776	정조 즉위	영조	-	능	산릉	丁
32	文孝世子墓所都監儀軌	1786	정조 10	문효세자	정조 장남	묘	묘소	丁
33	**莊獻世子顯隆園園所都監儀軌**	1789	정조 13	장헌세자	영조 차남	원	원소	丁
34	正祖健陵山陵都監儀軌	1800	순조 즉위	정조	-	능	산릉	丁
35	貞純王后元陵山陵都監儀軌	1805	순조 5	정순왕후	영조 계비	능	산릉	假
36	獻敬惠嬪顯隆園園所都監儀軌	1816	순조 16	헌경혜빈	장헌 세자빈	원	원소	假
37	**正祖孝懿王后健陵山陵都監儀軌**	1821	순조 21	효의왕후	정조 비	능	산릉	丁
38	綏嬪徽慶園園所都監儀軌	1823	순조 23	수빈	순조 모	원	원소	丁
39	孝明世子延慶墓墓所都監儀軌	1830	순조 30	효명세자	순조 장남	묘	묘소	丁
40	純祖仁陵山陵都監儀軌	1835	헌종 1	순조	-	능	산릉	丁
41	**孝顯王后景陵山陵都監儀軌**	1843	헌종 9	효현왕후	헌종 비	능	산릉	丁
42	翼宗綏陵山陵都監儀軌	1846	헌종 12	익종	순조 장남	능	산릉	丁
43	憲宗景陵山陵都監儀軌	1849	철종 즉위	헌종	-	능	산릉	假
44	綏嬪徽慶園遷奉園所都監儀軌	1855	철종 6	수빈	순조 모	원	원소	丁
45	**翼宗綏陵遷奉山陵都監儀軌**	1855	철종 6	익종	순조 장남	능	천릉	丁
46	**純祖仁陵遷奉山陵都監儀軌**	1856	철종 7	순조	-	능	산릉	丁
47	純元王后仁陵山陵都監儀軌	1857	철종 8	순원왕후	순조 비	능	산릉	假
48	**綏嬪徽慶園遷奉園所都監儀軌**	1864	고종 1	수빈	순조 모	원	원소	丁
49	**哲宗睿陵山陵都監儀軌**	1864	고종 1	철종	-	능	산릉	丁
50	哲仁王后睿陵山陵都監儀軌	1880	고종 17	철인왕후	철종 비	능	산릉	假
51	神貞王后綏陵山陵都監儀軌	1892	고종 29	신정왕후	익종 비	능	산릉	假
52	孝定王后景陵山陵都監儀軌	1904	광무 8	효정왕후	헌종 계비	능	산릉	假

서명이 진하게 표시된 18건은 현존 정자각과 비교 가능한 의궤임. 유형에서 丁은 정자각을, 假는 가정자각을 말함.

현존 정자각 목록은 국립문화재연구원에서 발간한 『조선왕릉종합학술조사보고서 Ⅰ~Ⅸ』, 『조선왕실원묘종합학술조사보고서Ⅰ』과 상기 의궤를 검토하여 정리하였다.[5] 왕릉 정자각은 총 40동이 남아 있다. 그중 제1대 신의왕후 제릉과 제2대 정종과 정안왕후 후릉 정자각은 북한에 소

표 1-4. 정자각 목록

No.	역대	능호	피장자	능침 조성 시기	정자각 조성 시기	능침 소재지
1	1	건원릉(健元陵)	태조	1408	1408/1764*/1870*	경기 구리시
2	1	혜릉(齊陵)	신의왕후	1391	-	개성 판문군
3	1	정릉(貞陵)	신덕왕후	1396	1669	서울 성북구
4	2	후릉(厚陵)	정종, 정안왕후	1412/1420	-	개성 판문군
5	3	헌릉(獻陵)	태종, 원경왕후	1420/1422	1644	서울 서초구
6	4	영릉(英陵)	세종, 소헌왕후	1469 천	1622	경기 여주시
7	5	현릉(顯陵)	문종, 현덕왕후	1513 천	1699	경기 구리시
8	6	**장릉(莊陵)**	단종	1699	1699	강원 영월군
9	6	**사릉(思陵)**	정순왕후	1699	1699	경기 남양주시
10	7	광릉(光陵)	세조, 정희왕후	1468/1483	1696	경기 남양주시
11	추존	경릉(敬陵)	덕종, 소혜왕후	1457/1504	1670	경기 고양시
12	8	창릉(昌陵)	예종, 안순왕후	1470/1499	1756	경기 고양시
13	8	공릉(恭陵)	장순왕후	1461	1677	경기 파주시
14	9	선릉(宣陵)	성종, 정현왕후	1494/1530	1706	서울 강남구
15	9	순릉(順陵)	공혜왕후	1474	1870	경기 파주시
16	11	정릉(靖陵)	중종	1562 천	1669	서울 강남구
17	11	**온릉(溫陵)**	단경왕후	1739	1739	경기 양주시
18	11	희릉(禧陵)	장경왕후	1537 천	17C 후반	경기 고양시
19	11	태릉(泰陵)	문정왕후	1565	1994 복원	서울 노원구
20	12	효릉(孝陵)	인종, 인성왕후	1545/1578	1690	경기 고양시
21	13	강릉(康陵)	명종, 인순왕후	1567/1575	1695	서울 노원구
22	14	**목릉(穆陵)**	선조, 의인왕후, 인목왕후	1600/1630/1632	1630	경기 구리시
23	추존	장릉(章陵)	원종, 인헌왕후	1627 천	1627	경기 김포시
24	16	장릉(長陵)	인조, 인열왕후	1731 천	1731	경기 파주시
25	16	휘릉(徽陵)	장렬왕후	1688	1897	경기 구리시
26	17	영릉(寧陵)	효종, 인선왕후	1674 천	1870	경기 여주시
27	18	**숭릉(崇陵)**	현종, 명성왕후	1674/1684	1674	경기 구리시
28	19	명릉(明陵)	숙종, 인현왕후, 인원왕후	1701/1720/1757	1870	경기 고양시
29	19	**익릉(翼陵)**	인경왕후	1681	1680	경기 고양시
30	20	**의릉(懿陵)**	경종, 선의왕후	1724/1730	1724	서울 성북구
31	20	혜릉(惠陵)	단의왕후	1718/1722	1993 복원	경기 구리시
32	21	**원릉(元陵)**	영조, 정순왕후	1776/1805	1776	경기 구리시
33	21	**홍릉(弘陵)**	정성왕후	1757	1757	경기 고양시
34	추존	영릉(永陵)	진종, 효순왕후	1729/1752	1728	경기 파주시
35	추존	**융릉(隆陵)**	장조, 효의왕후	1789/1815	1789	경기 화성시
36	22	**건릉(健陵)**	정조, 효의왕후	1821 천	1821	경기 화성시
37	23	**인릉(仁陵)**	순조, 순원왕후	1856 천/1857	1856	서울 서초구
38	추존	**수릉(綏陵)**	문조, 신정왕후	1855 천/1890	1855	경기 구리시
39	24	**경릉(景陵)**	헌종, 효현왕후, 효정왕후	1843/1849/1904	1843	경기 구리시
40	25	**예릉(睿陵)**	철종, 철인왕후	1864/1878	1864	경기 고양시
41	-	순창원(順昌園)	순회세자 공회빈	1563/1870	-	경기 고양시
42	-	**순강원(順康園)**	인빈	1613/1755	1755	경기 남양주시
43	-	**소령원(昭寧園)**	숙빈	1718/1744/1753	1753	경기 파주시
44	-	수경원(綏慶園)	영빈	1764/1788/1899/1970 천	1899	경기 고양시
45	-	**휘경원(徽慶園)**	유비	1863 천	1863	경기 남양주시

능호가 진하게 표시된 18건은 정자각과 의궤 간 비교가 가능한 것임. 능침 조성시기는 초장에서 쌍릉, 합장릉 등 변경되는 시기와 최종 시기를 모두 표기하였음. '천'은 천장을 말함. *는 정자각 중수 시기임. 수경원 정자각은 연세대학교 교내에 있음.

재하고, 제11대 문정왕후 강릉과 제20대 단의왕후 혜릉 정자각은 근래에 복원한 것이다. 원소 정자각은 5동이 남아 있는데, 묘소 정자각은 1동도 남아 있지 않다.

현존 정자각은 대부분 임진왜란을 겪으면서 소실된 후 재건되거나, 천장과 함께 이건 또는 중건됨에 따라 건립 시기는 능침 조성 시기와 차이가 있다.

관영건축 시공기술 연구 동향

본 연구의 키워드는 관영건축, 시공기술, 산릉의궤, 정자각이다. 세부 주제로는 조선 시대 관영건축의 관리 조직 및 공사에 참여한 장인과 보조역, 재료 조달, 공종별 시공기법, 의궤에 기록된 건축용어 등이다. 이와 관련된 연구 동향을 차례대로 짚어보자.

현존 건축물 중 가장 이른 것은 고려 시대에 건립된 몇 동뿐으로, 그 이전은 초석과 기단 유구 정도만 남아 있는 상황에서 유구를 기초로 한 통사적인 건축사 연구는 그 한계가 있기 마련이다. 이에 시공 주체인 장인으로 시선을 돌린 이가 김동욱이다. 그는 1980년대 초부터 진행한 다수의 연구[6] 성과를 모아 『한국건축공장사연구』[7]를 발간하였다. 본서에서는 고대부터 조선 후기까지 건축 장인과 관련하여 조직, 동원방식, 노동조건 등을 다루었고, 조선 후기는 영건도감의궤(營建都監儀軌)를 사료로 직능 분화와 관속 장인이 점차 민간 장인으로 성장하는 과정을 풀어내는 등 건축 장인 연구의 초석을 마련하였다.[8] 김동욱은 이후 영건의궤 연구를 주도하였으며, 건축과 인물과의 관계를 고찰하는 연구 방법론은 후배 연구자들에게도 영향을 미쳤다.[9] 장경희는 산릉도감의궤를 토대로 정자각과 석물을 제작한 조선 후기 장인의 입지와 성격 변화를 시기별로 고찰하였고, 그 외 자재의 조달처나 조달방식의 변화를 다루어 산릉공역에 대한 전반적인 이해의 틀을 제공해 주었다.[10] 문영식은 산릉공역에 투입된 건축 장인을 포함하여 그 외 공종별 장인의 조영 활동에 개괄하였고, 장인의 수급 현황과 직능의 생성과 소멸에 대해 고찰하였다.[11] 윤용출은 의궤 등 문헌 사료를 기초로 관영건축공사에서 요역체계의 변동에 따라 방군, 승군, 모군 등으로 보조역이 변화해 가는 과정 및 운영 방식 등 종합적인 연구 성과를 도출[12]하였다. 한편 김왕직은 영건역을 중심으로 방군, 승군, 모군 등의 보조 인력의 운영 방식을 검토하였는데, 조선 후기 임금 노동자인 모군의 운영과 공정별로 장인의 품삯을 차별화되는 과정을 건축 경제사 측면에서 근대화의 초기 모습으로 설명하였다.[13] 이연노는 영건도감의 조직 구성과 장인 및 보조역의 역할 및 변화과정을 개괄한 바 있다.[14] 장인과 보조 인력에 이어 관리 조직인 영역부장, 별간역, 패장에 대한 연구도 이어졌다. 서치상은 궁궐건축공사에 영역부장의 차출과정, 처우와 패장으로 역할이 바뀌어 가는 과정을 검토하였고,[15] 축성공사에서 패장 제도의 정착과 발전과정에 대해서도 함께 다루어[16] 실역책임자의 운영 방식과 변천에 대한 정보를 제공해 주었다. 김동욱은 특수 기술자인 별간역에 대해 정조와 순조 연간 활동한 조심태라는 특정 인물에 초점을 맞춰 고찰한 바 있다.[17]

공종별 시공기법에 대해서는 이권영이 다수의 연구 성과를 발표하며 초기 연구를 주도하였다. 목공사 분야는 이권영이 조선 후기 관영건축공사에서 목공사 조립 이전 단계인 목재의 조달, 운반, 치목 등을 고찰[18]하였다. 목재 조달 정책과 방식이 산림의 황폐화로 외도(外道) 복정(卜定)을 주축으로 비축 목재 활용 등 다양한 방식이 시도되는 과정을 검토하였고, 목재의 주공급처인 경강(京江)을 통한 유통과정과 경로를 규명하였다. 목재 원재의 규격 변화와 물량 산출 방식 등을 문헌사료를 통해 구체화하는 등 관영건축에서 주재료인 목재에 초점을 맞춰 조립 직전까지 단계별로 상세한 정보를 제공해 주었다. 목조건축의 시공은 맞춤과 이음을 전제로 한다. 이에 관심을 둔 연구자는 정연상이다. 실제 현장에서 목수로도 활동한 바 있어 실질적인 접근이 가능하였다. 그는 기둥과 창방, 보머리와 뒤초리 등의 결구법 변천 과정을 고찰[19]한 바 있고, 이후 목조건축 전체 부위로 확대하여 다양한 사례를 통해 결구법 특징을 정리[20]함으로써 목조 결구법 연구의 토대를 마련하였다. 이권영은 미장공사 분야에서도 연구 성과를 생산하였다. 그는 산릉·영건의궤를 분석하여 조선 시대 관영건축에서 회벽이 사용되지 않았을 가능성을 제기[21]하였다. 또한 영건의궤를 통해 유회(油灰), 수회(水灰), 양상도회(樑上塗灰)의 배합비 연구[22]를 진행하여 실질적인 시공기법 데이터를 제공해 주었다. 이혜원·정정남은 양상도회가 현재 양성이라고 불리는 명칭과 동일 부위임을 밝혔고, 양상도회의 재료 배합 및 기법을 검토[23]하였다. 조영민은 조선 후기부터 현대에 이르기까지 미장공사의 재료, 도구, 기법, 장인 등의 변천 과정을 종합적으로 살펴보았다.[24] 근래 문화재 수리 현장에 쓰이는 해초풀 기법이 일제강점기 때 이입된 기법임을 밝힌 점은 의의가 있다. 기초공사는 김왕직이 『화성성역의궤』를 분석하여 석저간축법, 사수저축법, 교전교축법, 포회저축법 등 다양한 축성 기초시공법을 발굴성과를 대조하여 정리하였다.[25] 이권영은 석공사와 관련하여 영건의궤를 토대로 부석부터 치련까지 일련의 과정을 개괄한 바 있다.[26] 지붕공사는 문화재청에서 지붕의 보토 재료로 석회 사용 여부에 대한 문헌 검토를 진행한 바 있다.[27] 이와 같이 관영건축의 시공기술 연구는 주로 목공사와 미장공사에 한정되어 진행되었다. 재료, 도구, 시공기법, 장인 등 종합적인 연구는 미장공사 한 공종 정도이고, 나머지 공종은 부분적으로만 다루어졌다. 많은 연구가 진행되었음에도 영건의궤 연구에 치우친 점과 현존 건축물과의 비교분석 및 실험적인 연구로 나아가지 못한 부분은 아쉬운 대목으로 생각된다.

시공과정은 김동욱이 영건의궤를 통해 공사기간을 고찰한 연구[28]와 김균태가 화성성역의 공정관리를 분석한 연구[29] 정도이다. 두 연구 모두 개기, 정초, 입주, 상량, 필역 시점을 검토하였는데, 이는 의례상 예조에서 정하는 택일(擇日)에 의존한 것으로, 공사일지가 본격적으로 등장하는 19세기 의궤를 통한 공종별 실질적인 시공관리 연구로 이어지지는 못하였다.

조선 후기 관영건축의 사회적인 변화와 요인에 대해서는 김왕직이 관심을 두었다. 그는 정조의 개혁론이 실현된 화성의 축조과정은 근대적 건축생산의 전환점으로, 이때부터 건축계획의 합리화, 유통구조의 근대화, 고용노동의 정착, 도급제의 도입과 작업의 표준화와 규격화 등 질적 변

화가 이루어졌음을 규명하였다. 건축경제사적 측면에서 정조 연간이 근대화의 여명기임을 주장하였다.[30]

의궤를 통한 건축 용어 연구는 가장 활발하게 진행된 분야이다. 용어 정리는 의궤 해독에 있어 최우선 과제였다. 공포 용어는 일찍이 주목받았는데, 김도경과 주남철 등이 다수 연구[31]를 주도하였다. 목부재 용어 고찰도 이어졌다.[32] 이연노는 의궤에 기록된 구로대를 고찰하여 관영건축에서 통평고대가 19세기 이후 착고와 초매기로 변화되었음을 규명하였다.[33] 이는 의궤를 통한 부재 기법 변화를 밝힌 주목할 만한 성과 중 하나이다. 공포 및 목부재 외 용어 연구는 영건의궤의 종합연구서인 『영건의궤』[34]에서 종합적으로 다루어졌다. 하지만 산릉의궤에 기록된 건축 용어는 본격적으로 다루어지지 않았다.

영건의궤를 기초로 한 연구는 2010년 종합학술서인 『영건의궤』[35]에서 집성되었다. 김동욱 외 12인의 국내 의궤 연구자가 2003년부터 2009년까지 장기 프로젝트를 진행하여 1,100쪽이 넘은 방대한 성과를 하나로 망라하였다. 본서는 의궤 연구 입문자가 넘어야 할 진입 장벽을 상당히 낮추어주었다. 본 연구도 이 책에 많은 빚을 졌다. 특히 건축 용어, 공사 과정, 인력, 자재 조달, 시공기법 등에서 직접적인 도움을 받았다.

정자각에 대해서는 2000년대 후반부터 산릉의궤 연구와 함께 활발하게 진행되었다. 최윤화는 조선 시대 정자각의 평면 유형, 구조적 특징을 토대로 정자각의 건립연대를 고찰[36]하여 정자각의 기본 정보를 제공해 주었다. 최정효는 조선 후기 왕릉 정자각의 배위청과 정전 간 지붕구조가 일체화되어 가는 과정을 밝힌 바 있다.[37] 신지혜는 숙종대 영악전 제도 폐지에 따라 그 기능을 수용하기 위해 정자각의 규모가 커지는 과정과 순조대 이후 정자각 규모가 정례화되는 과정을 일목요연하게 규명하였다.[38] 그 외에도 정자각의 연원,[39] 8칸 정자각,[40] 정자각과 가정자각,[41] 정자각 도배와 포진,[42] 정자각 원형[43] 등 다수 연구가 진행되었다. 홍석주는 영건의궤와 비교를 통해 산릉의궤를 통한 건축 연구의 확장 가능성을 제시하였다.[44] 이와 같이 산릉의궤를 토대로 정자각 연구가 진행되었지만, 관영건축의 시공기술 연구로는 이어지지 못하였다.

조선 후기 관영건축의 시공기술은 영건의궤를 중심으로 다양한 연구가 진척되었다. 하지만 현존 건축물과의 비교분석에 이르는 실증 연구 단계까지는 나아가지 못하였다. 다양한 분야에서 진행된 시공기술의 연구 성과들은 하나의 틀 속에서 체계화되지 못한 채 분산된 정보 제공이라는 한계를 보여왔다. 산릉의궤를 토대로 정자각 1동을 건립하기 위해 관리 조직의 구성부터 투입된 각종 장인과 보조 인력, 자재의 조달과 제작 방식, 제한된 공사 기간 내 효율적인 운영을 위한 시공관리, 현존 정자각과 비교를 통해 기초부터 석공사, 목공사, 지붕공사 등 정자각을 짓기 위해 구현되는 시공기법 등 시공기술 전반을 아우르는 본 연구가 조선 후기 시공기술사를 이해하는 종합적인 틀을 제공하고, 후속 연구를 위한 징검다리가 되기를 희망해 본다.

02
산릉의궤와 정자각

승릉 정자각(1674)

산릉의궤 구성

산릉의궤 개관

산릉의궤의 정식명은 산릉도감의궤(山陵都監儀軌)로, 산릉도감에서 진행한 산릉 조성 관련 업무를 기록한 일종의 공사보고서이다. 산릉의궤 중 가장 오래된 것은 『의인왕후유릉산릉도감의궤』(1601)이다. 이는 영건의궤인 『창경궁수리소의궤』(1633)보다 앞서며 건축 의궤로서는 가장 이른 시기의 것이다. 산릉의궤는 전술하였듯이 총 91건이 확인된다. 그중 건축 관련 정보를 확인할 수 있는 의궤는 52건이다. 현재 연구되는 영건의궤가 32건[1] 정도인 것을 보면 산릉의궤가 더 많이 남아 있음을 알 수 있다. 〈표 2-2〉는 산릉의궤의 본문 수량을 정리한 것이다. 이를 보면 『인선왕후영릉산릉도감의궤』(1674)부터 2책으로 분권되고 이전에 비해 분량도 증가한다. 영건의궤가 대부분 1책에 분량도 150장 내외인 것에 비하면, 산릉의궤는 영건의궤에 비해 전체적으로 3.5배 정도 분량이 많다.(표 2-1) 그만큼 건축 관련 정보도 풍부하게 수록되어 있다. 영건의궤는 다양한 종류의 건축에 대한 정보를 제공해 준다. 반면 산릉의궤는 동일한 유형의 건축물 즉, 정자각, 비각, 재실, 가재실, 나인가가 등이 어떻게 변천해 가는지 살펴볼 수 있다. 건축 외에도 봉분의 축조과정, 대형 석물의 조달 및 운반, 도성 이외 지역에서 펼쳐지는 관영건축의 조영 특성 등 다양한 건축 정보를 확인할 수 있다. 19세기에는 다양한 도설이 포함되어 건축도면 연구 자료를 제공하고, 공사일지에 해당하는 시일(時日)과 일록(日錄)이 등장하여 공정관리 정보도 제공해 준다.

표 2-1. 산릉의궤와 영건의궤 비교

구분	산릉의궤	영건의궤
전체 분량	52건 94책 35,988쪽	32건 10,454쪽
1건 분량	2책 상권, 하권 권당 200장 이상	1책 150장 내외
최고 의궤	『의인왕후유릉산릉도감의궤』(1601)	『창경궁수리소의궤』(1633)
특징	동일한 유형의 건축 정보 제공	다양한 유형의 건축 정보 제공

표 2-2. 산릉의궤 본문 수량

No.	묘호능호	시기	본문 수량	No.	묘호능호	시기	본문 수량
01	의인왕후유릉	1601	규 1책 63장	27	정성왕후홍릉	1757	규 2책상책 168장, 하책 186장
02	선조목릉	1630	외규 1책 239장	28	인원왕후명릉	1757	외규 2책상책 146장, 하책 152장
03	인목왕후목릉	1632	규 1책 118장	29	사도세자묘	1762	규 2책싱책 112장, 하책 136장
04	소현세자묘	1645	규 1책 158장	30	태조건원릉	1764	외규 1책 78장
05	인조장릉	1649	규 1책 215장	31	영조원릉	1776	규 2책상책 162장, 하책 193장
06	효종영릉	1659	규 1책 193장	32	문효세자묘	1786	규 2책상책 146장, 하책 112장
07	인선왕후영릉	1674	외규 2책 상책 141장, 하책 201장	33	장헌세자현륭원	1789	규 2책상책 264장, 하책 204장
08	현종숭릉	1674	외규 2책상책 198장, 하책 221장	34	정조건릉	1800	규 2책싱책 194장, 하책 219장
09	인경왕후익릉	1681	외규 2책상책 297장, 하책 226장	35	정순왕후원릉	1805	규 2책상책 125장, 하책 170장
10	명성왕후숭릉	1684	외규 2책상책 165장, 하책 163장	36	헌경혜빈현륭원	1816	규 2책 상책 130장, 하책 175장
11	장렬왕후휘릉	1689	외규 2책상책 165장, 하책 163장	37	효의왕후건릉	1821	규 2책상책 265장, 하책 266장
12	정순왕후사릉	1699	외규 1책 268장	38	수빈휘경원	1823	규 2책상책 129장, 하책 228장
13	단종장릉	1699	외규 1책 299장	39	효명세자연경묘	1830	규 2책상책 135장, 하책 176장
14	인현왕후명릉	1702	외규 2책상책 191장, 하책 263장	40	순조인릉	1835	규 2책 상책 254장, 하책 264장
15	단의빈묘	1718	장서각 2책 상책 192장, 하책 202장	41	효현왕후경릉	1843	규 2책 상책 208장, 하책 251장
16	민회빈묘	1719	외규 2책상책 170장, 하책 168장	42	익종수릉	1846	규 2책상책 246장, 하책 250장
17	숙종명릉	1721	외규 2책상책 205장, 하책 207장	43	헌종경릉	1849	외규 2책 상책 226장, 하책 233장
18	경종의릉	1725	외규 2책 상책 218장, 하책 314장	44	수빈휘경원	1855	규 2책상책 260장, 하책 185장
19	효장세자묘	1729	규 2책상책 155장. 하책 결손	45	익종수릉	1855	규 2채상책 264장, 하책 247장
20	선의왕후의릉	1731	외규 2책상책 159장, 하책 296장	46	순조인릉	1856	규 2책상책 255장, 하책 280장
21	익조지릉	1732	장 1책 20장	47	순원왕후인릉	1857	규 2책상책 255장, 하책 201장
22	단경왕후온릉	1739	외규 2책 상책 192장, 하책 202장	48	수빈휘경원	1864	규 2책상책 171장, 하책 186장
23	효순현빈묘	1752	외규 2책상책 145장, 하책 195장	49	철종예릉	1864	규 2책상책 201장, 하책 227장
24	의소세손묘	1752	외규 2책상책 111장, 하책 204장	50	철인왕후예릉	1880	규 2책상책 180장, 하책 204장
25	숙빈소령원	1753	규 2책상책 148장, 하책 144장	51	신정왕후수릉	1892	규 2책상책 207장, 하책 193장
26	인빈순강원	1755	외규 2책상책 186장, 하책 165장	52	효정왕후경릉	1904	규 2책상책 156장, 하책 171장

외규는 외규장각, 규는 규장각, 장은 장서각에서 각각 보관하는 의궤를 일컬음.

산릉의궤의 구성과 변천

산릉의궤의 목차에 해당하는 목록(目錄)상 항목의 변화 과정과 구성 체계가 정립되는 시기를 살펴보자. 이를 통해 산릉의궤가 의례보고서에서 공사보고서로서 전문화되는 과정을 짚어보도록 한다. 아울러 영건의궤와 차이점도 비교해 보자.

17세기

현존하는 산릉의궤 중 선조 34년(1601)에 제작된 『의인왕후유릉산릉도감의궤』가 가장 오래되었다. 본문은 1책 63장으로 52건 의궤 중 가장 적다. 아직 목록을 갖추지 않은 채 바로 본문이 서술되고 있다. 내용상 [계사(啓辭)],[2] 내관(來關), 감결(甘結), 각소응행조건(各所應行條件), 삼물소(三物所), 조성소(造成所), 좌우부석소(左右浮石所), 재실조성(齋室造成), 소부석(小浮石), 보토소(補土所), 별공작(別工作), 좌우수석소(左右輸石所), [관원(官員)], 도감단자(都監單子), [서압(署押)]으로 구성된다. 계사, 내관, 감결[3]은 왕과의 문답, 동급 및 하위 관아의 공문서에 해당한다. 그다음 삼물소부터 좌우수석소까지[4]는 공사를 실행하는 각소(各所)의 업무를 기술하고 있다. 마지막으로 관원, 도감단자, 서압 등 부록에 해당되는 내용으로 크게 세 부분으로 구성되어 있다.

『선조목릉천장도감의궤』(1630)에서는 공문서 내용을 계사, 내관, 감결 등으로 구분하지 않고 일지 형식으로 기술되지만 실제 공사 관련 내용은 각소별로 구분하였다. 노야소(爐冶所), 분장흥고(分長興庫)[5] 등이 처음으로 등장하는데, 이후부터는 고정적으로 기록되어 있다. 그림과 설명을 함께 실은 도설(圖說)이 일지 앞에 위치하며 옹가도(翁家圖)와 찬궁사수도(欑宮四獸圖)가 수록되어 있다. 이는 건축사료로서 의미가 크다. 직전에 제작된 『원종예장도감의궤』(1627)에 실린 옹가도와 사수도가 최초의 사례에 해당한다.[6]

『인목왕후목릉산릉도감의궤』(1632)에서는 도설(圖說), 목록(目錄), 좌목(座目), 문이(文移)[7], 분정(分定), 역군(役軍) 등이 추가되었다. 도설,

목록, 좌목, 이문은 이후 의궤에도 고정적으로 기술된다. '崇禎 五年 壬申 十一月 日 山陵都監儀軌目錄'이라는 다소 긴 형태의 목록이 표기되어 있다. 권두에 목록을 삽입함에 따라 작성 및 열람의 편의성이 높아지게 된다. 17세기 작성된 영건의궤 중 목록을 갖춘 것은 현종 8년(1667)에 작성된 『영녕전개수도감의궤』[8]뿐으로, 산릉의궤에 비해 목록 작성 시기나 작성의 일관성도 떨어진다. 산릉 담당 관료를 직급별로 기술하는 좌목은 목록에는 없지만 본문에는 기술되어 있다. 문이(文移, 이문)가 추가되는데, 이는 산릉의궤에서 계사, 이문, 감결이 하나의 구성 체계를 이루는 시초가 된다. 분정과 역군은 각 관아와 각도에 재료 및 역군의 공급과 관련된 내용으로 목록상으로는 『인조장릉산릉도감의궤』(1649)까지 나타나지만, 내용상으로는 후대 의궤에서도 유지된다.

『효종영릉산릉도감의궤』(1659)에서는 내용상 '총괄 업무', '각소 업무', '부록'의 3단 구성 체계가 처음으로 완성된다. '총괄 업무'에 앞서 도설과 목록이 위치하고, '총괄 업무'에는 계사, 이문, 감결로, '각소 업무'는 삼물소, 조성소, 노야소, 대부석소, 보토소, 소부석소, 별공작, 번와소, 수석소로, '부록'은 의궤, 서계(書啓), 논상(論賞) 등으로 구성된다.

『인선왕후영릉산릉도감의궤』(1674)부터는 의궤 분량이 대폭 증가한다. 이전에는 1책 200장 내외이거나 미만이었는데, 이때부터 2책으로 분권하여 1책은 141장, 2책 201장으로 기술된다. 1책은 '총괄 업무', 2책은 '각소 업무'와 '부록'이 수록되어 있다.

정리하면 인조와 현종대의 변화로 압축할 수 있다. 인조 연간의 『인목왕후목릉산릉도감의궤』(1632)에서는 도설, 목록, 좌목, 이문 등이 체계화되고, 그 이후 '총괄 업무'와 '각소 업무'가 조금씩 정례화된다. 현종 연간의 『효종영릉산릉도감의궤』(1659)에서는 '총괄 업무', '각소 업무', '부록'의 3단 구성 체계가 확립되고, 『인선왕후영릉산릉도감의궤』(1674)부터는 내용도 증가하고 어람용의 경우 2책으로 분권하여 작성 효율과 열람 편의를 높였다.

표 2-3. 17세기 산릉의궤 구성 체계

1	2	3	4	5	6	7	8	9	10	11	12	13
유릉	목릉	목릉	소현묘	장릉	영릉	영릉	숭릉	익릉	숭릉	휘릉	사릉	장릉
1601	1630	1632	1645	1649	1659	1674	1674	1681	1684	1689	1699	1699
선조34	인조9	인조10	인조23	효종즉위	현종즉위	현종15	숙종즉위	숙종7	숙종10	숙종15	숙종25	숙종25
-	[圖說]	좌동	-	-	[圖說]	좌동	좌동	좌동	좌동	좌동	좌동	[圖說]
-	-	目錄*1	[目錄]	目錄*2	目錄*3	目錄*4	目錄	目錄	目錄*5	目錄*6	目錄*7	目錄*8
-	-	(座目)	좌동	좌동	좌동	좌동	좌동	좌동	좌동	좌동	좌동	좌동
-	-	-	米布役軍	-	-	-	-	-	-	-	-	-
[啓辭]	일지 형식	啓辭	좌동	좌동	좌동	좌동	좌동	좌동	좌동	좌동	좌동	좌동
-		文移	移文	좌동	좌동	좌동	좌동	좌동	좌동	좌동	좌동	좌동
來關		-	-	-	-	-	-	-	-	-	-	-
甘結		甘結	좌동	좌동	좌동	좌동	좌동	좌동	좌동	좌동	좌동	좌동
-		分定	分定	別單及 分定	-	-	-	-	-	-	-	-
-		役軍	-	役軍	-	-	-	-	-	-	-	-
各所應 行條件	-	各所	좌동	좌동	좌동	좌동	좌동	좌동	좌동	좌동	좌동	좌동
三物所	三物所	三物所	좌동	좌동	좌동	좌동	좌동	좌동	좌동	좌동	좌동	좌동
造成所	造成 一所 二所 別所*9	造成 一所 造成 二所	造成所	좌동	좌동	좌동	좌동	좌동	좌동	좌동	좌동	좌동
左右 浮石所	左浮石 右浮石	爐冶所	爐冶所	左右 浮石所	爐冶所	좌동	좌동	좌동	좌동	좌동	좌동	좌동
齋室 造成	小浮 石所	左浮石 右浮石	大浮石	爐冶所	大浮 石所	좌동	좌동	좌동	좌동	좌동	좌동	좌동
小浮石	爐冶所	小浮石	좌동	좌동	補土所	좌동	좌동	좌동	좌동	좌동	좌동	좌동
補土所	左補 土所, 右補 土所	左補土 右補土	補土所	左輸石 右輸石	小浮 石所	좌동	좌동	좌동	좌동	좌동	좌동	좌동
別工作	左輸 石所, 右輸 石所	別工作	좌동	좌동	좌동	좌동	좌동	좌동	좌동	좌동	좌동	燔瓦所
左右 輸石所	別工作	分長 興庫	좌동	좌동	좌동	좌동	좌동	좌동	좌동	좌동	좌동	좌동
燔瓦所	分長 興庫	左輸石 右輸石	左輸石 右輸石	-	燔瓦所	좌동	좌동	좌동	좌동	좌동	좌동	輸石所
-	各所用 軍總數	-	-	-	輸石所	좌동	좌동	좌동	좌동	좌동	좌동	-
-	-	(附)	(附)	附	附	附	附	附	附	附	附	附
[官員]	都監 單子	(儀軌)	(儀軌)	儀軓	좌동	좌동	좌동	좌동	좌동	좌동	좌동	좌동
都監 單子	山陵都 監儀軌 事目	[都監儀軌 事目]	-	論賞	書啓	좌동	좌동	좌동	좌동	좌동	좌동	좌동
賞格	[論賞]	論賞, 賞格	(論賞)	-	論賞	좌동	좌동	좌동	좌동	좌동	좌동	좌동
[署押]	좌동	좌동	좌동	좌동	좌동	좌동	좌동	좌동	좌동	좌동	좌동	좌동

표는 선조목릉까지는 내용상 구성 체계이고, 의인왕후목릉부터는 목록상 목차 체계임. [ ]는 내용상 제목임. ( )는 목록에는 있으나 내용상 생략된 제목임. 표에서 ▨ 색상은 2책으로 분권된 경우 하책 범위를 표시한 것임. 이는 〈표 2-5〉까지 동일함. *은 원문을 줄인 것으로 원문은 다음과 같다. 1: 崇禎五年壬申十一月日, 山陵都監儀軌目錄, 2: 順治六年己丑五月日, 山陵都監儀軌目錄, 3: 康熙十二年五月日, 山陵都監儀軌目錄, 4: 康熙十三年二月日, 山陵都監儀軌目錄, 5: 崇陵, 山陵都監儀軌目錄, 6: 徽陵, 山陵都監儀軌目錄, 7: 思陵封, 陵都監儀軌目錄, 8: 端宗封, 陵都監儀軌目錄, 9: 造成一所 造成二所 造成別所, 원문에서 쉼표는 본문에서 세로줄이 바뀐 것을 표시한 것임.

18세기

18세기에 작성된 산릉도감의궤에는 모두 도설이 수록되어 있다. 이와 달리 봉릉도감의궤, 봉원도감의궤, 봉묘도감의궤, 묘소도감의궤에서는 수록되지 않다가 『의소세손묘소도감의궤』(1752)부터는 묘소도감의궤에서도 도설이 추가되었다.

『민회빈묘소도감의궤』(1719)부터는 '총괄 업무'에 내관(來關)이 추가되었다. 내관은 도감과 동급기관이 발송한 관문으로 도감의 이문에 대한 회신도 포함되어 있어, 이전 의궤보다 내용이 풍부해지고 이문이 어떻게 처리됐는지도 파악할 수 있다. 내관은 『의인왕후유릉산릉도감의궤』(1601)에 한 번 등장하지만 바로 이문으로 대체되고, 『민회빈묘소도감의궤』에 이르러 이문과 내관 체제를 갖추게 된다. 영건의궤는 이보다 일찍 『경덕궁수리소의궤』(1693)에서 이와 같은 체계를 갖추었다.[9]

『숙빈상시봉원도감의궤』(1753)부터는 예관(禮關)이 별도 항목으로 추가된다. 예관(禮關)은 예조(禮曹)에서 보내온 관문으로, 도감에서 행한 의식(儀式) 절차와 관련된 내용을 구체적으로 기록하였다. 예관은 영건의궤에서는 보이지 않고 산릉의궤에서 주로 확인된다.

『인빈상시봉원도감의궤』(1755)에서는 각소 다음에 위치했던 '부록'이 감결과 '각소 업무' 사이에 위치하고 이후 이와 같은 체계로 기술된다. '총괄 업무', '각소 업무', '부록' 3단계 구성 체계가 『인빈상시봉원도감의궤』부터는 '부록'을 포함한 '총괄 업무'와 실무에 해당하는 '각소 업무'의 2단 구성으로 변화된다.

『정성왕후홍릉산릉도감의궤』(1757)부터 『영조원릉산릉도감의궤』(1776)까지는 삼물소가 상책에 포함된다. 각소 내용이 많아져 상책과 하책의 분량을 균등하게 맞추기 위한 조치로 여겨진다. 하지만 『문효세자묘소도감의궤』(1786)부터는 삼물소를 다시 하책 머리로 옮겨 2단 구성 체계에 맞게 상책과 하책으로 분권한다.

『숙빈상시봉원도감의궤』(1753)와 『인빈상시봉원도감의궤』(1755)은 모두 상시봉원도감의궤(上諡封園都監儀軌)이다. 묘(廟)를 궁(宮)으로, 묘(墓)를 원(園)으로 승격시키는 일을 하나의 도감에서 시행하였는데, 각소 구성항목이 다른 의궤와는 차이가 있다. 조성소는 책인조성소(冊印造成所), 묘우조성소(廟宇造成所), 원소조성소(園所造成所)로 분화되고 비석소(碑石所)가 추가되었다. 별공작은 책인별공작(冊印別工作), 묘우별공작(廟宇別工作), 원소별공작(園所別工作)으로 구분하였다.

『문효세자묘소도감의궤』(1786)와 『장헌세자현륭원원소도감의궤』(1789)에서는 이전에도 그 이후에도 볼 수 없는 파격적인 구성 체계를 보인다. 『문효세자묘소도감의궤』는 하책은 타 의궤와 별반 차이가 없지만 상책은 전혀 다른 구성을 보인다. 상책은 목록(目錄), 도설(圖說), 총록(總錄), 택조(宅兆), 폭원(幅員), 시일(時日), 상설(象設), 영조(營造), 예절(禮節), 의물(儀物), 재정(財用), 기구(器具), 군정(軍丁), 늠료(廩料), 상전(賞典), 잡조(雜條), 마감(磨勘)으로 구성된다. 총록은 다시 좌목(座目), 당상차개(堂上差改), 사목(事目)으로 구성된다.[10] 기존에 보이지 않던 항목이 대부분이다. 기존 의궤의 구성 체계가 보고 체계의 위계 등급에 따른 것이라면 『문효세자묘소도감의궤』는 내용 중심으로 세분화한 점이 특징이다. 좀 더 살펴보자. 목록(目錄)은 단순 제목으로 기술되고, 도설도 목록에 정식으로 기재된다. 도설에는 묘상각(墓上閣), 녹로(轆轤), 석양(石羊), 석호(石虎), 석망주(石望柱), 장명등(長明燈), 석상(石牀), 문석인(文石人), 석마(石馬), 석함(石函), 비(碑), 정자각(丁字閣), 악차(幄次), 악차탑(幄次榻), 운족평상(雲足平牀), 설찬(設饌)이 수록되었다. 이전에는 보이지 않았던 많은 내용이 추가되어 있다. 능상 수도각부터 정자각 설찬에 이르기까지 공간적인 배치 순서에 따라 수록되어 있다. 특히 정자각도(丁字閣圖)가 처음으로 등장하는데, 사료적 가치가 매우 높다. 영건의궤에서는 『의소묘영건청의궤』(1752)에서 최초로 배치도가 수록[11]된 바 있지만, 개별 건물이 비교적 상세하게 표현한 것은 『문효세자묘소도감의궤』가 최초에 해당[12]된다. 한편 의례 중심의 택일이 공사 중심의 시일(時日)이라는 항목으로 변경된 것은 큰 의미를 지닌다.[13] 영건의궤에서는 이보다 조금 느리게 『문희묘영건청등록』(1790)에 처음으로 시일이 수록되었다. 이와 같이 『문효세자묘소도감의궤』는 기존과는 다른 기술 체계로 구성되었으며, 도설, 시일 등을 수록하여

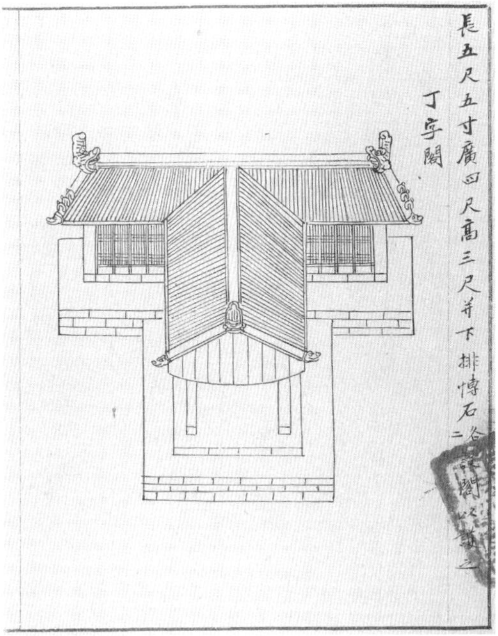

그림 2-1. 정자각도 (『문효세자묘소도감의궤』)

공사보고서로서 구체성을 강화시킨 면모를 보여준다.

『장헌세자현륭원원소도감의궤』는 『문효세자묘소도감의궤』와는 또 다른 체계로 작성되었다. 하책은 별반 다르지 않지만 상책은 차이를 보인다. 상책은 목록(目錄), 도설(圖說), 좌목(座目), 차개(差改), 사례(事例), 사실(事實), 시일(時日), 예의(禮儀), 재용(財用), 늠료(廩料), 상전(賞典), 잡조(雜條), 도청(都廳) 순으로 구성되었다.[14] 『문효세자묘소도감의궤』에 비해 항목 수가 줄었다. 상책은 왕과 관련된 내용으로 정리하였고, 하책은 실무 중심으로 편집하였다. 29개의 도설과 사신도가 수록되어 『문효세자묘소도감의궤』에 비해 2배 가깝게 수량이 증가하고, 표현 방식도 구체화되었다. 도설은 원상각(園上閣), 수도각(隧道閣), 녹로(轆轤), 별조녹로(別造轆轤), 지대하박석(地臺下博石), 정지대석(正地臺石), 우병풍석(隅屛風石), 면병풍석(面屛風石), 만석(滿石), 인석(引石), 우와첨상석(隅瓦簷上石), 면와첨상석(面瓦簷上石), 석상(石床), 장명등(長明燈), 석호(石虎), 석상(石羊), 석망주(石望柱), 문석인(文石人), 무석인(武石人), 석마(石馬), 좌향석(坐向石), 지석함(誌石函), 증옥함(贈玉函), 증백함(贈帛函), 비(碑), 정자각(丁字閣), 찬궁(攢宮), 회남수평상(回南水平床), 운족평상(雲足平床), [사수도(四獸圖)]로 구성된다. 도설은 능상부에서 정자각, 정자각 내부 의물까지 공간의 위계에 맞춰 수록되어 있다. 능상각과 정자각을 잇는 수도각과 녹로 외에 별조녹로가 새롭게 수록되었고, 봉분 하부 석물인 지대석, 병풍석, 만석, 인석, 와담상석, 상석 등이 추가되어 봉분 구조를 명확히 하였다. 좌향석, 증옥함, 증백함, 찬궁 등도 추가되었다.

표 2-4. 18세기 산릉의궤 구성 체계

1	2	3	4	5	6	7	8	9
명릉	단의빈묘	민회빈묘	명릉	의릉	효장묘	의릉	온릉	현빈묘
1702	1718	1719	1721	1725	1729	1731	1739	1752
숙종 28	숙종 44	숙종 45	경종 1	영조 1	영조 5	영조 7	영조 15	영조 28
[圖說]	-	-	[圖說]	좌동	-	[圖說]	-	-
明陵, 山陵都監儀机軌目錄	端懿嬪, 墓所都監儀軌目錄	愍懷嬪, 封墓都監儀軌目錄	明陵, 山陵都監儀軌目錄	懿陵, 山陵都監儀軌目錄	孝章, 墓所都監儀軌目錄	懿陵, 山陵都監儀軌目錄	溫陵, 山陵都監儀軌目錄	孝純賢嬪墓所都監儀軌
-	-	筵說收議	-	-	-	-	-	-
座目		前後座目	座目	좌동	좌동	좌동	좌동	좌동
-	-	-	-	-	-	-	上疏 收議	-
啓辭	啓辭 達辭	좌동	啓辭	좌동	좌동	좌동	좌동	좌동
移文	좌동	좌동	좌동	移文	-	移文	좌동	좌동
		來關	좌동	좌동	좌동	좌동	좌동	좌동
甘結	좌동	좌동	좌동	좌동	좌동	좌동	좌동	좌동
各所	各所	各所	各所	各所	各所	各所	各所	各所
三物所	좌동	좌동	좌동	좌동	좌동	좌동	三物所	좌동
造成所	爐冶所	造成所	좌동	좌동	좌동	좌동	造成所	좌동
爐冶所	大浮石所	爐冶所	좌동	좌동	좌동	좌동	大浮石所	좌동
大浮石所	補土所	大浮石所	좌동	좌동	좌동	좌동	爐冶所	좌동
補土所	造成所	小浮石所	補土所	좌동	좌동	좌동	補土所	좌동
小浮石所	좌동	補土所	小浮石所	좌동	좌동	좌동	小浮石所	좌동
別工作	좌동	좌동	좌동	좌동	좌동	좌동	輸石所	좌동
分長興庫	좌동	좌동	좌동	좌동	좌동	좌동	-	表石所
燔瓦所	좌동	좌동	좌동	좌동	좌동	좌동	別工作	좌동
輸石所	좌동	좌동	좌동	좌동	좌동	좌동	分長興庫	좌동
-	-	-	-	-	-	-	燔瓦所	좌동
附	좌동	좌동	좌동	좌동	좌동	좌동	附	좌동
儀軌	좌동	좌동	좌동	좌동	좌동	좌동	儀軌	좌동
書啓	좌동	좌동	좌동	좌동	좌동	좌동	書啓	좌동
論賞	좌동	좌동	좌동	좌동	좌동	좌동	論賞	좌동

*은 원문을 줄인 것으로 원문은 다음과 같다. 1: 圖說; 墓上閣 轆轤 石羊 石虎石望柱 長明燈 石牀 文石 人石 馬石 函碑 丁字閣 幄次 幄次榻雲足平牀設饌, 2: 總錄; 座目 堂郞差改 事目, 3: 宅兆; 相地 定墓所 治山 治壙 封墓, 4: 幅員; 火巢 治道 守護, 5: 象設; 石牀 石函 碑, 6: 營造; 墓上閣 丁字閣 碑閣 齋室 紅箭門, 7: 禮節; 丁字閣上樑 發靷返虞 贈玉帛題主面 安墓奠 祭奠陳設, 8: 儀物; 內下 魂宮移用 禮葬都監取用, 9: 器具; 禮葬時所用 都監所用 鐵炭草物, 10: 軍丁; 募軍 輿士餘軍 自願軍, 11: 廪料: 京司支應 都監例下, 12 磨勘; 燒火 實入,

표 2-4. 계속

10	11	12	13	14	15	16	17	18
의소묘	소령원	순강원	홍릉	명릉	사도묘	원릉	문효묘	현륭원
1752	1753	1755	1757	1757	1762	1776	1786	1789
영조 28	영조 29	영조 31	영조 33	영조 28	영조 38	정조 즉위	정조 10	정조 13
[圖說]		–	[圖說]	좌동	좌동	좌동		
懿昭世孫 墓所都監儀軌 目錄	上, 諡封, 園都監儀軌 目錄	上, 諡封, 園都監儀軌 目錄	弘陵, 山陵都監儀軌 目錄	明陵, 山陵都監儀軌 目錄	墓所都監儀軌 目錄	元陵, 山陵都監儀軌 目錄	目錄	좌동
座目	좌동	좌동	좌동	좌동	좌동	좌동	圖說*1	圖說*15
							總錄*2	座目
啓辭	–	啓辭	좌동	啓辭	啓辭	啓辭	宅兆*3	差改*16
移文	좌동	좌동	좌동	좌동	좌동	좌동	幅員*4	事例
來關	좌동	좌동	좌동	좌동	좌동	좌동	時日	事實
	禮關	좌동	좌동	좌동	–	禮關	象設*5	時日*17
甘結	좌동	좌동	좌동	좌동	좌동	좌동	營造*6	禮儀*18
			附	좌동	좌동	좌동	禮節*7	財用
		書啓	좌동	좌동	좌동	좌동	儀物*8	廩料
		論賞	좌동	좌동	좌동	좌동	財用	賞典
		儀軌	좌동	좌동	좌동	좌동	器具*9	雜條
							軍丁*10	都廳*19
							廩料*11	
							賞典	
							雜條	

10	11	12	13	14	15	16	17	18
各所	各所	各所	各所	各所	各所	各所	磨勘*12	關甘
三物所	册印 造成所	册印 造成所	三物所	좌동	좌동	좌동	三物所 *13	三物所
造成所	–	廟宇 造成所	造成所	좌동	좌동	좌동	造成所*14	造成所
	毓祥宮三門 造成所	園所 造成所					大浮石所	爐冶所
大浮石所	大浮石所	碑石所	爐冶所	좌동	좌동	좌동	小浮石所	大浮石所
爐冶所	碑石所	大浮石所	大浮石所	좌동	좌동	좌동	補土所	補土所
		補土所					爐冶所	小浮石所
	爐冶所	爐冶所					輸石所	輸石所
補土所	小浮石所	小浮石所	補土所	좌동	좌동	좌동	別工作	別工作
小浮石所	輸石所	輸石所	小浮石所	좌동	좌동	좌동	分長興庫	分長興庫
輸石所	園所 別工作	册印 別工作	輸石所	좌동	좌동	좌동	燔瓦所	燔瓦所
別工作	册印 別工作	廟宇 別工作	別工作	좌동	좌동	좌동	附	
分長興庫		園所 別工作	分長興庫	좌동	좌동	좌동	儀軌始末	
燔瓦所	分長興庫	分長興庫	燔瓦所	좌동	좌동	좌동		
	燔瓦所	燔瓦所						
附	附							
儀軌	儀軌							
書啓	書啓							
論賞	論賞							

13: 三物所; 總要日記應用物種工匠軍丁, 14: 造成所 總要應用物種工匠軍丁○以下各所小目皆倣此, 15: 圖說; 園上閣隧道閣轆轤別造轆轤地臺下博石正地臺石隅屛風石面屛風石滿石引石隅瓦簷裳石面瓦簷裳石石牀長明燈石虎石羊石望柱文石人武石人石馬坐向石誌石函贈玉函贈帛函碑丁字閣欑宮回南首平牀雲足平牀 16: 差改; 筵說承傳奏啓下皆倣此 17: 時日 附各樣行日 18: 禮儀 附儀註祭官 19: 都廳三物條造成條爐冶條浮石條補土條輸石條 위 원문 내 ; 표시 이하는 작은 글씨로 註에 해당된다.

18세기 전반 산릉의궤는 이전 시기의 구성 체계를 유지하면서 『민회빈묘소도감의궤』(1719) 이후부터는 내관(來關)이 추가되고, 『숙빈상시봉원도감의궤』(1753)부터는 예관(禮關)이 추가된다. 영조 연간의 『인빈상시봉원도감의궤』부터는 '부록'을 포함한 '총괄 업무'와 '각소 업무' 두 가지 업무 영역으로 구성 체계가 변화된다. 이는 『효종영릉산릉도감의궤』(1659)에서의 '총괄 업무', '각소 업무', '부록'의 3단 구성 체계가 100여 년 만에 변경된 것이다. 상권은 각종 공문서 관련, 하권은 각소별 세부 공사 부문으로 업무 성격별로 명확히 구분하였다. 정조 연간의 『문효세자묘소도감의궤』(1786)와 『장헌세자현릉원원소도감의궤』(1789)에서는 파격적인 구성을 시도하면서 이전에 비해 실무적인 요소가 강화되었다. 특히 시일 추가와 도설의 대폭적인 증가는 가장 큰 변화로 주목된다.

19세기 및 20세기 초

1800년에 제작된 『정조건릉산릉도감의궤』는 이후 산릉의궤의 전범이 된다. 『정조건릉산릉도감의궤』의 목록은 『문효세자묘소도감의궤』(1786)와 『장헌세자현릉원원소도감의궤』(1789)의 파격적인 모습에서 이전의 산릉의궤 구성 체계로 돌아간다. 이는 정조건릉이 영조원릉 조영 시 작성된 병진등록(丙申謄錄)을 취고하여[15] 조영되었고, 의궤 구성 체계도 이를 참고하였기 때문이다. 그러나 영조원릉 이전 의궤와 큰 틀은 유사하지만 세부 항목과 구성 순서에서는 차이를 보인다. 상책은 [개요(槪要)], 시일(時日), 좌목(座目), 전교계사(傳敎啓辭), 서계상전(書啓賞典), 이문(移文), 감결(甘結), 내관(來關), 예관(禮關), 의주(儀註) 부상량문(附上樑文), 반사(頒賜), 재용(財用) 부석물식례(附雜物式例), 부의궤(附儀軌), 삼물소 도설구(三物所 圖說具) 순이다. 하책은 조성소 도설구(造成所 圖說具), 대부석소 도설구(大浮石所 圖說具), 노야소(爐冶所), 보토소(補土所), 소부석소(小浮石所), 수석소(輸石所), 별공작(別工作), 분장흥고(分長興庫), 번와소(燔瓦所) 순으로 구성되어 있다.

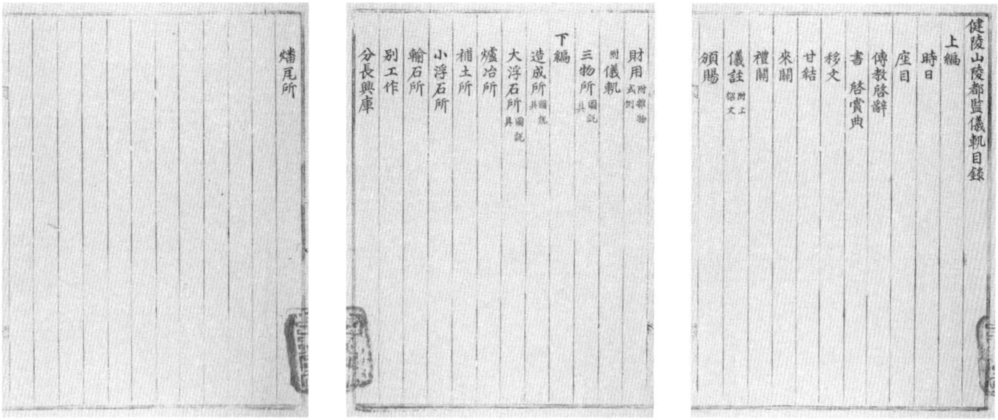

그림 2-2. 목록(『정조건릉산릉도감의궤』)

『영조원릉산릉도감의궤』(1776)와 비교하면 시일, 전교계사, 의주, 반사, 재용[16]이 상책에 추가되었다. 시일은 산릉도감의궤로는 처음 등장한다. 이는 기존 『문효세자묘소도감의궤』와 『장헌세자현륭원원소도감의궤』 및 영건의궤의 구성 체계가 반영된 결과이다. 구성 체계와 순서에서는 시일을 좌목 앞에 배치하여 실무적으로 중요한 공사 일정을 바로 확인할 수 있게 하였다. 서계상전은 전교계사와 이문 사이에 배치하여 왕과 관련된 문서가 이어지도록 나열하였다. 이문과 예관까지 관공서 관문을 배치하고 의주, 반사, 재용, 부의궤 등 기타 항목을 수록하였다. 삼물소가 여전히 상책에 수록된 것도 특징이다. 이후 『정순왕후원릉산릉도감의궤』(1805)부터는 삼물소가 다시 하책으로 옮겨진다. 『정조건릉산릉도감의궤』에서 주목해서 볼 부분은 도설이다. 목록 이전에 옹가도와 사신도가 배치되는 기존과는 달리, 각소 뒤에 해당 공종별 도설을 첨부하여 각소별 업무 범위를 명확히 하고 전문성을 높이고 있다. 삼물소는 능상각(陵上閣), 수도각(隧道閣), 녹로(轆轤), 별조녹로(別造轆轤) 4건, 조성소는 정자각(丁字閣), 찬궁(欑宮), 사수(四獸), 회남수평상(回南首平牀), 신어평상(神御平牀), 길유궁(吉帷宮), 유문(帷門), 재실(齋室), 가재실(假齋室), 나인가가[內人假家] 10건, 대부석소는 엄박석(掩博石), 면박석(面博石), 우박석(隅博石), 죽석(竹石), 동자석주(童子石柱), 석주

(石柱), 면박석우박석연배(面博石隅博石連排), 박석상안난간석(博石上安欄干石), 석상(石牀), 장명등(長明燈), 석호(石虎), 석양(石羊), 석망주(石望柱), 문석인(文石人), 무석인(武石人), 석마(石馬), 좌향석(坐向石), 지석함(誌石函), 퇴광배설(退壙排設), 비석(碑石) 20건으로 총 34건이다. 『장헌세자현륭원원소도감의궤』보다 4건 많다. 새롭게 추가된 것은 조성소는 길유궁, 유문, 재실, 가재실, 나인가가 5건이고, 대부석소는 엄박석, 면박석, 우박석, 죽석, 동자석주, 석주, 면박석우박석연배, 박석상안난간석, 퇴방배설 9건이다. 대부석소는 병풍석을 두지 않고 난간석만 조영함에 따라 난간 관련 세부 석재만 도설로 추가된 것이다. 유문도, 재실도, 가재실도, 나인가가도 등은 건축도면사에서 의미 있는 도설이다. 유문도는 전체 배치도로 산릉의궤에 처음 등장하는데, 영건의궤에서는 『의소묘영건청등록』(1752)에 처음 등장[17]하여 약 50년의 시차가 보인다. 재실도, 가재실도, 나인가가도는 간가도(間架圖) 형식의 평면도이다. 이와 같이 세부적인 도설 수록은 직전에 작성된 『화성성역의궤』에 수록된 배치도, 건물도, 부재도, 기기도 등의 다양한 도설의 영향으로 이해된다.

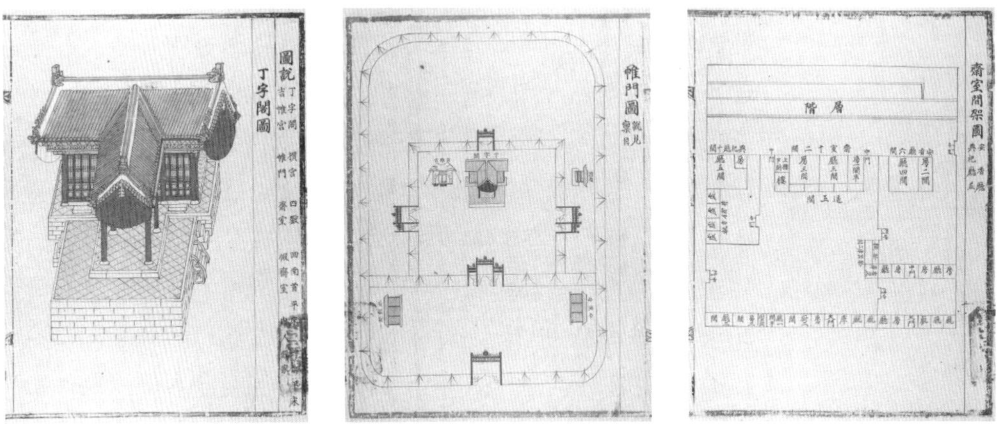

정자각도 유문도 재실간가도

그림 2-3. 『정조건릉산릉도감의궤』 내 건축도

『효의왕후건릉산릉도감의궤』(1821)에 갖춘 구성 체계는 이후 의궤에서

도 거의 동일하게 구성된다. 이는 『정조건릉산릉도감의궤』를 전례로 삼은 것으로, 『정조건릉산릉도감의궤』 이후 『신정왕후수릉산릉도감의궤』(1892)까지 일부 항목의 순서 변경이나 항목의 생략 등 가벼운 변동만 있을 뿐, 큰 변화 없이 구성 체계를 유지한다. 변화된 내용 중에 눈여겨볼 부분은 『효명세자연경묘소도감의궤』(1830)에서 처음으로 번와소가 각소에서 제외되고, 『효현왕후경릉산릉도감의궤』(1843)부터는 고정적으로 제외된 것이다. 이는 번와소에서 직접 기와와 전돌을 제조하지 않고 경공(京貢)을 통해 조달하였기 때문이다.

1897년 황제국을 천명한 대한제국이 들어선 이후 작성된 『명성황후홍릉산릉도감의궤』(1898)는 기존 구성 체계와는 다소 차이를 보인다. 상책은 [개요(概要)], 목록(目錄), 시일(時日), 좌목(座目), 조칙(詔勅), 상전서계(賞典書啓), 조회(照會), 훈령(訓令), 내조(來照), 예조(禮照), 의주(儀註), 재용(財用), 부의궤(附儀軌) 순이다. 하책은 조성소 도설구(造成所 圖說具), 대부석소 도설구(大浮石所 圖說具), 노야소(爐冶所), 보토소(補土所), 소부석소(小浮石所), 수석소(輸石所), 별공작(別工作), 분장흥고(分長興庫), 식목소(植木所), 작목소(伐木所), 접견소(接見所) 순으로 구성된다. 상책은 조칙, 조회, 훈령, 내조, 예조가 하책은 식목소, 벌목소, 접견소가 기존 의궤에서 보이지 않던 항목들이다. 조칙은 왕의 칙명(勅命)과 도감의 보고이고, 조회, 내조, 예조는 기존 의궤의 이문, 내관, 예관에 해당된다. 접견소는 하현궁을 거행할 때 각국 공사와 영사들의 조문을 받기 위해 설치한 것으로, 대한제국이라는 특수성이 반영되어 있다.[18]

『효정왕후경릉산릉도감의궤』(1904)에서는 상책의 예조(禮照)가 장예원통첩(院通牒)으로 변경된 것과 하책의 분장흥고(分長興庫), 식목소(植木所), 벌목소(伐木所), 접견소(接見所)가 사라지는 것 외에는 명성황후 홍릉과 차이가 없다.

19세기 들어 『정조건릉산릉도감의궤』(1800)는 18세기 말 정조 연간에 보여준 파격적인 구성 체계에서 기존 방식으로 회귀한다. 하지만 권두 시일과 각소 일록의 등장과 도설이 권두에서 각소로 이동하는 점 등은

표 2-5. 19~20세기 초 산릉의궤 구성 체계

1	2	3	4	5	6	7	8	9
건릉	원릉	현륭원	건릉	휘경원	연경묘	인릉	경릉	수릉
1800	1805	1816	1821	1823	1830	1835	1843	1846
순조 즉위	순조 5	순조 16	순조 21	순조 23	순조 30	헌종 1	헌종 9	헌종 12
[槪要]	좌동	좌동	좌동	좌동	좌동	좌동	景陵山陵都 監儀軌目錄	綏陵山陵都 監儀軌目錄
健陵山陵都 監儀軌目錄	元陵山陵都 監儀軌目錄	顯隆園 園所都監儀 軌目錄	健陵山陵都 監儀軌目錄	徽慶園 園所都監儀 軌目錄	延慶墓 墓所都監儀 軌目錄	仁陵山陵都 監儀軌目錄	[槪要]	좌동
時日	-	時日	좌동	좌동	日錄	時日	座目	時日
座目	좌동	좌동	좌동	좌동	좌동	좌동	時日	座目
傳敎啓辭	傳敎啓辭 狀啓附	傳敎啓辭 狀啓竝	좌동	좌동	좌동	좌동	좌동	좌동
書啓賞典	賞典	좌동	좌동	좌동	-	書啓賞典	좌동	좌동
移文	移文 來關附	移文回關附	移文	좌동	移文來關附	移文	좌동	좌동
甘結	좌동	좌동	좌동	좌동	좌동	좌동	좌동	좌동
來關	儀註	來關 回移附	來關	좌동	-	來關	좌동	좌동
禮關	式例	禮關	좌동	좌동	좌동	좌동	좌동	좌동
儀註 附上樑文	附 儀軌	儀註	좌동	좌동	儀註 上樑文附	儀註	儀註 上樑文附	儀註 上樑文附
頒賜		-	-	-	別單	-	-	-
財用 附雜物式例		財用附雜物 式例	좌동	좌동	좌동	좌동	좌동	좌동
附儀軌		附 儀軌	좌동	좌동	좌동	좌동	좌동	좌동
三物所 圖說具	좌동	좌동	좌동	좌동	좌동	좌동	좌동	좌동
造成所 圖說具	좌동	좌동	좌동	좌동	좌동	좌동	좌동	좌동
大浮石所 圖說具	좌동	좌동	좌동	좌동	좌동	좌동	좌동	좌동
爐冶所	좌동	좌동	좌동	좌동	좌동	좌동	좌동	좌동
補土所	좌동	좌동	좌동	좌동	좌동	좌동	좌동	좌동
小浮石所	좌동	좌동	좌동	좌동	좌동	좌동	좌동	좌동
輸石所	좌동	좌동	좌동	좌동	좌동	좌동	좌동	좌동
別工作	좌동	좌동	좌동	좌동	좌동	좌동	좌동	좌동
分長興庫	좌동	좌동	좌동	좌동	좌동	좌동	좌동	좌동
燔瓦所	좌동	좌동	좌동	좌동	-	燔瓦所	燔瓦所不爲 燔瓦京貢 取用	좌동

표 2-5. 계속

10	11	12	13	14	15	16	17	18	19
경릉	휘경원	인릉	인릉	휘경원	예릉	예릉	수릉	홍릉	경릉
1849	1855	1856	1857	1864	1864	1880	1892	1898	1904
철종 즉위	철종 6	철종 7	철종 8	고종 1	고종 1	고종 17	고종 29	광무 2	광무 8
景陵山陵都監儀軌目錄	綏嬪徽慶園遷奉園所都監儀軌	仁陵遷奉山陵都監儀軌目錄	[概要]	徽慶園遷奉園所都監儀軌目錄	[概要]	좌동	좌동	좌동	좌동
–	–	–	仁陵山陵都監儀軌目錄	–	睿陵山陵都監儀軌目錄	睿陵山陵都監儀軌目錄	綏陵山陵都監儀軌目錄	洪陵山陵都監儀軌目錄	景陵山陵都監儀軌目錄
時日	좌동	좌동	좌동	좌동	좌동	좌동	좌동	좌동	좌동
座目	좌동	좌동	좌동	좌동	좌동	좌동	좌동	좌동	좌동
傳教啓辭狀啓竝	좌동	좌동	좌동	좌동	좌동	좌동	좌동	詔勅奏本狀啓附	좌동
書啓賞典	좌동	좌동	좌동	좌동	좌동	좌동	좌동	좌동	좌동
移文	좌동	좌동	좌동	좌동	좌동	좌동	좌동	照會附通牒	照會
甘結	좌동	좌동	좌동	좌동	좌동	좌동	좌동	訓令	訓令
來關	좌동	좌동	좌동	좌동	좌동	좌동	좌동	來照附報告	來照
禮關	좌동	좌동	좌동	좌동	좌동	좌동	좌동	禮照	掌禮院通牒
儀註	儀註上樑文附	儀註上樑文附	儀註	儀註上樑文附	儀註	좌동	좌동	儀註上樑文附	儀註
財用雜物式例附	財用附雜物式例	좌동	財用雜物式例附	財用附雜物式例	財用雜物式例附	財用附雜物式例	좌동	좌동	좌동
附 儀軌	좌동	좌동	좌동	좌동	좌동	좌동	좌동	좌동	좌동
三物所圖說具	좌동	좌동	좌동	좌동	좌동	좌동	좌동	좌동	좌동
造成所圖說具	좌동	좌동	좌동	좌동	좌동	좌동	좌동	좌동	좌동
大浮石所圖說具	좌동	좌동	좌동	좌동	좌동	좌동	좌동	좌동	좌동
爐冶所	좌동	좌동	좌동	좌동	좌동	좌동	좌동	좌동	좌동
補土所	좌동	좌동	좌동	좌동	좌동	좌동	좌동	좌동	좌동
小浮石所	좌동	좌동	좌동	좌동	좌동	좌동	좌동	좌동	좌동
輸石所	좌동	좌동	좌동	좌동	좌동	좌동	좌동	좌동	좌동
別工作	좌동	좌동	좌동	좌동	좌동	좌동	좌동	좌동	좌동
分長興庫	좌동	좌동	좌동	좌동	좌동	좌동	좌동	좌동	–
燔瓦所今番不爲燔瓦, 京貢取用	燔瓦所不爲燔瓦京貢取用	좌동	좌동	좌동	좌동	좌동	좌동	植木所	–
								伐木所	–
								接見所	–

전문성이 강화된 부분으로 의의를 갖는다. 이는 전례가 되어 큰 변화 없이 19세기 말까지 이어진다. 1897년 대한제국이 들어서고 『명성황후홍릉산릉도감의궤』(1898)가 처음으로 작성되는데, 황제국에 걸맞게 구성 체계가 다소 변화되고 명칭도 상당 부분 바뀐다. 이러한 구성 체계가 20세기 초까지 이어지게 된다.

산릉의궤는 영건의궤에 비해 구성 체계가 이른 시기에 정착된다. 이는 짧은 기간 내에 산릉공역을 진행해야 하는 공역 책임자들에게 혼선을 최소화하고 일관성 있는 전례서로서 지침을 제공했을 것이다. 18세기 말부터 시일과 풍부한 도설 등장 등 실무적인 성격이 강화되는 점은 산릉의궤가 일정 부분 의례보고서에서 준공보고서로 전환되는 양상을 보여준다.

정자각의 연혁과 특징

정자각 수리 이력

왕릉 조성 시기와 정자각의 건립 시기 간에는 차이가 발생한다. 정자각은 건립 이후 천장(遷葬) 과정에서 이건(移建)하거나 새로 짓기도 하고, 화재로 소실된 이후 중건하거나 퇴락으로 인해 중수하는 등의 변화과정을 거쳐 지금에 이르고 있다. 따라서 정자각의 수리 이력을 살펴 건립연대를 명확히 할 필요가 있다.

정자각 수리 이력은 국립문화재연구원에서 발간한 『조선왕릉학술조사보고서Ⅰ~Ⅶ』의 관리연혁 부분에 자세하게 정리되어 있다. 이를 기초로 관련 산릉의궤, 실측수리보고서[19] 및 연구논문[20] 등을 참조하여 정자각 수리 이력을 정리하였다.(표 2-6) 건립 이후 중건 및 개건한 정자각은 12동이다. 이 경우 기존 양식을 따를 수도 있지만 중건 당시 양식으로 변화되었을 가능성을 좀 더 높게 보았다. 정자각은 대부분 몇 차례에 걸쳐 수리되었다. 이때 양식적인 변화는 없었을 것으로 보이지만 해당 시기 시공기법은 적용되었을 것으로 생각된다. 혜릉(1993)과 태릉(1994) 정자각은 최근 복원되었다. 28동[21]은 해체수리가 이루어졌는데, 양식적인 변화는 없었을 것으로 보이지만 서까래 상부에는 일부 변형이 가해졌을 것으로 짐작된다.

표 2-6. 정자각 수리 이력

No.	역대	능호	건립	중건	수리	수리 내용	최근 수리	비고
1	1	건원릉 (健元陵)	1408	**1870**	1586 중수 **1764 중수**	1708 개수 논의 1764 중수 1879 개수 관료에게 시상	1966 수리 **2006 해체수리**	1870 중건 (상량문)
2	1	정릉 (貞陵)	1396	**1699**	**1893 수리** 1899 수리	1699 중건 1893 들보와 서까래 썩어 수리 1899 배위청이 기울어져 수리	-	1699 중건 (상량문)
3	3	헌릉 (獻陵)	1420	**1644**	**1748 수리** **1822 수리** **1902 수리**	1748 수리 및 상량 1822 수리 1902 비가 새어 수리	**1989 해체수리** **2015 해체수리**	
4	4	영릉 (英陵)	1469	-	**1622 중수** 1639 개수 1772 개수 1808 수개	1622 중수 1639 개수 1772 개수 1808 수개	**1989 해체수리** 1999 단청공사 2007 지붕보수	
5	5	현릉 (顯陵)	1513	**1699**	1881 수리*	1778 세 곳 무너짐 1881 정문 처마가 새어 수리 요청	-	
6	6	장릉 (莊陵)	**1699**	-	1699 수리 1850 보수# 1890 수리#	1699 장릉개수도감 설치 1850 장릉 보수 1890 장릉 수리	-	
7	6	사릉 (思陵)	1699	-	1913 수선#	1914 사릉 수선공사 준공검사 명함* 1917 사릉 등 수리 및 준공검사 명함	**2004 해체수리**	
8	7	광릉 (光陵)	1483	**1696**	-	1696 중건	1972 기와보수 1984 부분번와 1984 부분보수 **1985 해체수리** 1987 기단보수 1990 번와양성	1696 중건 (상량문)
9	추존	경릉 (敬陵)	1504	**1670**	1878 개수#	1878 경릉 개수 명함	-	
10	8	창릉 (昌陵)	1498	**1756**	-	1756 화재로 중건	-	
11	8	공릉 (恭陵)	1461	**1677**	-	1677 중건	-	
12	9	선릉 (宣陵)	1494	**1706**	1796 수리# **1824 개수**	1706 중건 1796 선릉 보수 1824 개수 관료 시상	1966 보수공사 **2007 해체수리**	1706 중건 (상량문)
13	9	순릉 (順陵)	1474	**1870**	-	1870 허물고 다시 지음	1977 보수공사	
14	11	정릉 (靖陵)	1562	**1669**	**1825 개수**	1669 중건 1825 개수 관원 시상	1966 보수공사 1977 보수공사	
15	11	온릉 (溫陵)	1739	-	1823 수개#	1823 온릉 수개 관원 시상	**2001 해체수리** **2015 해체수리**	
16	11	희릉 (禧陵)	1563	-	1612 개수*	1612 일부 수리 논의	2001 해체수리	
17	11	태릉 (泰陵)	1565	1994	-	-	**1994 복원**	
18	12	효릉 (孝陵)	1545	**1690**	**1703 수리**	1690 중건 1703 대들보 아래 회철 떨어져 수리	**1985 해체수리** 2001 번와벽체	
19	13	강릉 (康陵)	1567	**1695**	1807 수개# 1870 수개# 1917 수리#	1695 중건 1807 강릉 수개 1870 강릉 수개 1917 강릉 각소 수리, 준공검사 명함	**2006 해체수리**	1695 중건 (상량문)
20	14	목릉 (穆陵)	**1630**	-	**1868 개축** 1879 수리	1703 지붕 비가 새서 수리 요청 1769 기둥 해충으로 교체 계획 1868 비가 새어 개축함 1879 수리 관원 시상 1917 목릉 소 수리, 준공검사 명함	**1987 해체수리** **2005 해체수리**	
21	추존	장릉 (章陵)	**1627**	-	**1827 수리**	1827 수리 관원 시상	-	

표 2-6. 계속

No.	역대	능호	건립	중건	수리	수리 내용	최근 수리	비고
22	16	장릉 (長陵)	**1731**	-	-	-	**1998 해체수리**	
23	16	휘릉 (徽陵)	1689	**1897**	1690 개수 1762 중수 1793 수리 1879 수리	1690 박락부 개수 1762 중수 1793 수리 1879 수리 관료 시상 1897 화재발생 중건	1985 번와공사 1997 기단보수 2000 기와양성 **2009 해체수리**	
24	17	영릉 (寧陵)	1674	**1870**	-	1703 중건(6칸으로 중건) 1821 비가 새어 수리 1870 개수(5칸으로 수개 추정)	2001 단청보수 2007 지붕보수	1703 (연륜연대)
25	18	숭릉 (崇陵)	1674	-	1677 수리 1816 수개# **1879 수리** **1899 수리***	1675 비가 새어 보고 1677 도배 1678 회 바르는 일 논의 1686 개수 논의 1816 능 수개 1879 수리 관료 시상 1899 배위청 기울어져 수리 명함	**1997 해체수리**	
26	19	명릉 (明陵)	1681 1720 이설	**1870**	1703 수리 1713 수리 1718 수리 1719 수리 1720 수리 1728 수리 1731 수리 1761 수리 1822 수리	1703 벽체 박락, 지붕수리, 신문 보수 1713 우측 익각 벽체 박락 기와, 잡상 일부 수리 1716 벽체 박락 수리 1718 누수, 박락 수리 1719 양상도회, 신문, 벽체 보수 1720 계단 보수 1728 풍판 지지목 교체 양상도회, 내부 창호 탈색 수리 1731 기단보수, 기와고르기 1742 내부 도배 수리 1761 수개 1822 월랑 암막새 3장 비바람에 파손 1870 수리차 헐어버림(5칸 개수 추정)	2005 월대보수 **2008 해체수리**	
27	19	익릉 (翼陵)	**1681**	-	1681 수리 1682 수리 1696 수리 1713 수리 1720 수리 1726 수리 1731 수리 1736 수리 1760 수리 1764 수리 1765 수리 1870 수리	1681 배위청 방전 일부 파손 수리 단청 박락 수리 1682 기와 일부 바람에 파손 수리 1696 비가 새서 수리 요청 1713 양상도회, 잡상1개 수리 1718 내측 앙토 수리, 신문, 벽체 수리 1720 기둥 밑 부식 수리 1722 탈난 곳 수리 1725 외벽흙 박락 수리 1726 비가 새서 수리 1729 양상 도회 수리 1731 기둥 1개소 교체 수리 1735 양상도회, 풍판 일부, 단청 일부 수리 1760 기둥 밑부식 수리 1764 내부 도리 회칠 박락 수리 1765 후면 비가 새서 수리 1870 비새는 부분 수리	**1996 해체수리**	
28	20	의릉 (懿陵)	**1724**	-	1730 보수 **1741 수리** 1743 보수 1827 수리	1730 양상도회 박락 보수 1741 수리 관료 시상 1743 양상도회 박락 보수 1827 수리	**2002 해체수리**	
29	20	혜릉 (惠陵)	1720	**1993**	1722 수리 1795 수리 1800 수리 1879 수리	1722 비새는 곳 수리 1795 양상도회 수리 1800 동협문 상단부 누수 수리 1868 비가 새었음을 보고 1879 수리 관료 시상	**1993 복원** (명릉기준)	
30	21	원릉 (元陵)	**1776**	-	**1879 수리** 1916 수리#	1868 비가 새었음을 보고 1879 수리 관원 시상 1916 원릉 등 각소 수리 준공검사 지시	1982 기단보수 1990 훈증소독 1991 회첨보수 1997 양성보수 **2005 해체수리** 2012 양성보수	1776 (연륜연대)

표 2-6. 계속

No.	역대	능호	건립	중건	수리	수리 내용	최근 수리	비고
31	21	홍릉 (弘陵)	**1757**	-	1758 수리 1768 수리 1816 수리 1821 수리	1758 비가 새서 수리 1768 섬돌 무너지고 어긋나 수리 1816 월대석 탈락, 기둥 훼손 수리 1821 양상도회 박락 수리	1997 누수보수 **2003 해체수리**	
32	추존	영릉 (永陵)	**1728**	-	1791수리 **1800 수리**	1791 비가 새어 수리 논의 1800 정청 도리에서 비가 새어 수리	**1996 복원공사** 2008 벽체창호 2011 양성내림	
33	추존	융릉 (隆陵)	**1789**	-	-	-	**2008 해체수리**	
34	22	건릉 (健陵)	**1821**	-	-	-	**2013 해체수리**	
35	23	인릉 (仁陵)	**1856**	-	1897 보수#	1897 인릉 보수 감독할 관리 정함	**2009 해체수리**	
36	추존	수릉 (綏陵)	**1855**	-	1897 보수# 1899 개수# 1916 수리#	1897 수릉 보수 감독할 관리 정함 1899 수릉 개수 계획 1916 수릉 등 각소 수리 준공 검사 지시	**2004 해체수리**	
37	24	경릉 (景陵)	**1843**	-	1879 수리# 1897 보수# 1916 수리#	1879 경릉 등 수리 관료 시상 1897 경릉 보수 감독할 관리 정함 1916 경릉 등 각소 수리 준공 검사 지시	-	
38	25	예릉 (睿陵)	**1864**	-	1897 보수#	1897 예릉 등 보수 감독할 관리 정함	-	
39	-	소령원 (昭寧園)	**1753**	-	1913 수선#	1913 소령원 수선 지시	**2000 해체수리**	
40	-	순강원 (順康園)	**1755**	-	1913 수선#	1913 소령원 수선 지시	**2013 해체수리**	
41	-	휘경원 (徽慶園)	**1863**		-	-	**2007 해체수리**	

건립은 최초 건립, 천장 시 건립, 이건 등을 포함하고, 중건은 재건을 포함함. *는 정자각 수리 논의 및 지시가 있었는데 수리하였다는 내용은 없는 것임. #은 왕릉 수리 내용으로 정자각을 포함하였는지 불명확한 것임.

〈표 2-7〉은 정자각 수리 이력 검토 후 중요 수리 시기 등을 반영하여 정자각의 건립 및 중건 연대를 순서대로 정리한 것이다. 건립 시기별로 보면 17세기 17동, 18세기 12동, 19세기 10동으로 17세기에 건립된 정자각이 가장 많다. 산릉의궤가 남아 있는 정자각은 18동으로 건립 후 수리 기록은 있지만 양식적인 변화는 발생하지 않았을 것으로 판단된다. 그럼에도 서까래 이상의 부위는 수리 과정에서 당시 시공기법이 적용되었을 가능성이 있다. 따라서 이러한 점을 고려하여 의궤와의 비교 검토가 필요하다. 의궤와 비교 가능한 정자각은 17세기 5동, 18세기 7동, 19세기 6동으로 시기별로 고르게 남아 있다.

표 2-7. 정자각의 건립 및 중건 연대

No.	왕대	능호	건립, 중건	수리	최근 해체수리	비고
1	4	영릉(英陵)	1622(중수)	1639, 1772, 1808	1989	
2	추존	장릉(章陵)	1627	1827	-	
3	**14**	**목릉(穆陵)**	**1630**	**1879**	**1987, 2005**	**선조목릉천장산릉도감의궤**
4	3	헌릉(獻陵)	1644	1748, 1822, 1902	1989, 2015	
5	11	정릉(靖陵)	1669	1825	1966, 1977 보수	
6	1	정릉(貞陵)	1669	1893,1899	-	
7	추존	경릉(敬陵)	1670	1878#	-	
8	**18**	**숭릉(崇陵)**	**1674**	**1879, 1899***	**1997**	**현종숭릉산릉도감의궤**
9	8	공릉(恭陵)	1677	-	-	
10	**19**	**익릉(翼陵)**	**1680**	**수차례**	**1996**	**인경왕후익릉산릉도감의궤**
11	12	효릉(孝陵)	1690	1703	1985	
12	13	강릉(康陵)	1695	1807#, 1870#, 1917#	2006	
13	7	광릉(光陵)	1696	-	1985	
14	5	현릉(顯陵)	1699	1881*	-	
15	**6**	**장릉(莊陵)**	**1699**	**1699, 1850#, 1890#**	**-**	**단종장릉산릉도감의궤**
16	**6**	**사릉(思陵)**	**1699**	**1913#**	**2004**	**정순왕후사릉봉릉도감의궤**
17	11	희릉(禧陵)	17C 후반	1612*	2001	
18	9	선릉(宣陵)	1706	1824	2007	
19	**20**	**의릉(懿陵)**	**1724**	**1741, 1827**	**2002**	**경종의릉산릉도감의궤**
20	추존	영릉(永陵)	1728	1800	1996 복원	
21	16	장릉(長陵)	1731	-	1998	
22	**11**	**온릉(溫陵)**	**1739**	**1823#**	**2001, 2015**	**단경왕후온릉봉릉도감의궤**
23	**-**	**소령원(昭寧園)**	**1753**	**1913#**	**2000**	**숙빈상시봉원도감의궤**
24	**-**	**순강원(順康園)**	**1755**	**1913#**	**2013**	**경혜인빈상시봉원도감의궤**
25	8	창릉(昌陵)	1756	-	-	
26	**21**	**홍릉(弘陵)**	**1757**	**1758, 1768, 1816, 1821**	**2003**	**정성왕후홍릉산릉도감의궤**
27	**21**	**원릉(元陵)**	**1776**	**1879, 1916#**	**2005**	**영조원릉산릉도감의궤**
28	**추존**	**융릉(隆陵)**	**1789**	**-**	**2008**	**장헌세자현륭원원소도감의궤**
29	**22**	**건릉(健陵)**	**1821**	**-**	**2013**	**효의왕후건릉산릉도감의궤**
30	**24**	**경릉(景陵)**	**1843**	**1879, 1916#**	**-**	**효현왕후경릉산릉도감의궤**
31	**추존**	**수릉(綏陵)**	**1855**	**1916#**	**2004**	**익종수릉천봉산릉도감의궤**
32	**23**	**인릉(仁陵)**	**1856**	**1897#**	**2009**	**순조인릉천봉산릉도감의궤**
33	**-**	**휘경원(徽慶園)**	**1863**	**-**	**2007**	**수빈휘경원천봉원소도감의궤**
34	**25**	**예릉(睿陵)**	**1864**	**1897#**	**-**	**철종예릉산릉도감의궤**
35	1	건원릉(健元陵)	1408, 1764, 1870	-	2000	
36	9	순릉(順陵)	1870	-	1977 보수	
37	17	영릉(寧陵)	1870	-	2007 지붕	
38	19	명릉(明陵)	1870	-	2008	
39	16	휘릉(徽陵)	1897	-	2009	
40	20	혜릉(惠陵)	1993	-	1993 복원	
41	11	강릉(泰陵)	1994	-	1994 복원	

*와 #은 표 2-6과 동일함, 비고에 산릉의궤가 표기된 것은 정자각과 산릉의궤 간 직접비교가 가능한 18건을 말함.

정자각 건축 특징

정자각(丁字閣)은 명칭대로 정전(正殿)과 배위청(拜位廳)이 정(丁)자 형태로 결합된 건물이다. 이러한 평면 형태는 일부 사찰이나 경북지방 정자[22]에서도 확인되지만, 정자각이라 함은 조선 시대 왕릉 정자각을 일컫는 명칭이다. 김동욱은 고려 왕릉에 남아 있는 정자각터와 문헌 기록을 토대로 고려 왕릉 정자각이 조선 왕릉 정자각의 연원이라는 견해를 제시하였다.[23] 『대정5년도고적조사보고서』에는 개성 지역에 소재한 945년에 조성된 2대 혜종 순릉(順陵) 외 6곳의 정자각 실측 배치도가 수록되어 있는데, 3칸+1칸 또는 3칸+2칸의 평면 형식이 확인된다.[24] 최근 몽고전란에 항쟁하기 위해 천도하였던 강화 지역 내 고려 왕릉 4곳에 대한 발굴조사가 진행되었는데, 그중 3곳에서 정자각터가 확인되었다.[25] 조선조에 들어 태조 5년(1396) 신덕왕후의 정릉이 처음으로 조성될 때 정자각도 함께 건립된다.[26] 세종 때는 산릉제도의 틀이 완성되는데, 『세종실록』 오례의 흉례조에는 정자각에서 치르는 의례 규정이 확

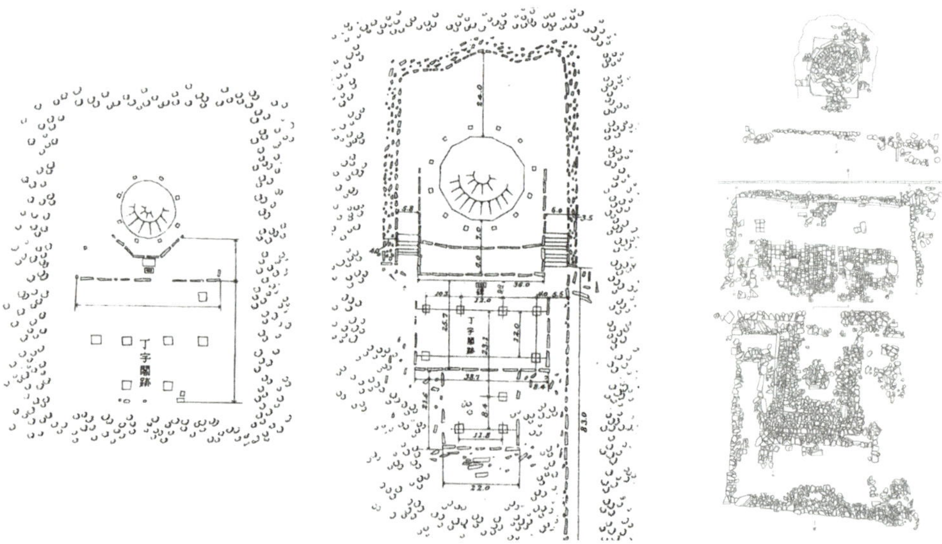

혜종 순릉(945) 광종 헌릉(975) 원덕태후 곤릉(1239)

그림 2-4. 고려 왕릉 정자각터

인된다.[27] 이러한 점을 보면 조선 왕릉의 정자각 형식은 고려 왕릉의 정자각 제도를 계승하여 전개되었음을 알 수 있다.[28] 조선 시대 정자각은 길례(吉禮)용 건물로 기신제(忌晨祭), 사시(四時) 및 납일(臘日)·정월·동지제, 속절제 등의 제향의례가 거행되었다.

조선 후기 정자각의 특징을 살펴보자.(표 2-8) 정자각은 정전 주위로 기단을 두르고 한 단 낮은 위치에 배위청 기단을 설치하며 배위청 전면과 좌우측에는 정전 기단 폭에 맞춰 월대를 조성하였다. 정면 우측에는 두 개의 계단이 있는데 아래로는 향축이 이동하는 향로계가, 위로는 헌관이 이동하는 동계가 위치한다. 정면 좌측은 동계에 대응하여 서계를 시설하였다. 『국조오례의』, 산릉의궤 등 문헌에는 정자각 규모가 5칸, 8칸 등으로 표기되어 있다. 이는 도리방향 칸수를 합산한 것이다. 5칸 정자각은 정전 도리칸 3칸, 배위청 도리칸 2칸을, 8칸 정자각은 정전 도리칸 5칸, 배위청 도리칸 3칸을 합한 것을 말한다.

5칸 정자각[영릉, 1622]

6칸 정자각[광릉, 1696]

8칸 정자각[의릉, 1724]

그림 2-5. 조선 후기 정자각 유형

현존 정자각은 대부분 5칸이지만, 6칸, 8칸 정자각도 몇 동씩 남아 있다. 6칸 정자각은 효릉(1690), 강릉(1695), 광릉(1696) 총 3동이 남아 있다. 1690년대에 건립되어 시기적 경향이 확인된다. 6칸 정자각은 배위청이 1칸 더 돌출된 형태이다. 8칸 정자각은 숭릉(1674), 익릉(1680), 의릉(1724), 휘릉(1689 건립, 1895 중건)[29] 등 총 4동이 남아 있다. 8칸 정자각은 17세기 후반부터 18세기 초까지 유지된 평면 형식이다. 이러한 평면 변화는 숙종대에 영악전(靈幄殿)[30] 제도의 폐지에서 비롯된 것으로 보는 견해가 있다.[31] 요약하면 다음과 같다. 1673년 효종 영릉을 현 동구릉 내로 천장하면서 기존 정자각과 달리 퇴 1칸을 추가한 광릉

표 2-8. 정자각의 건축 개요

No.	왕대	능호	시기	평면규모	공포		정전과 배위청 주심도리 일치 여부	정전		지붕 형태
					정전	배위청		도리변작	보칸길이	
1	4	영릉(英陵)	1622	5칸	초익공	초익공	X-1	사분	4,700	맞배
2	추존	장릉(章陵)	1627	5칸	초익공	초익공	○	사분		맞배
3	**14**	**목릉**	**1630**	**5칸**	**1출목 다포**	**-**	**X-2**	**삼분**	**5,460**	**맞배**
4	3	헌릉	1644	5칸	초익공	초익공	○	사분	4,600	맞배
5	11	정릉(靖陵)	1669	5칸	이익공	초익공	X-2	삼분		맞배
6	1	정릉(貞陵)	1669	5칸	이익공	초익공	X-2	삼분		맞배
7	추존	경릉(敬陵)	1670	5칸	이익공	초익공	X-2	삼분		맞배
8	**18**	**숭릉**	**1674**	**8칸**	**출목 이익공**	**이익공**	○	**삼분**	**6,611**	**팔작**
9	8	공릉	1677	5칸	이익공	이익공	○	삼분		맞배
10	**19**	**익릉(翼陵)**	**1680**	**8칸**	**출목 이익공**	**이익공**	○	**삼분**	**6,550**	**맞배**
11	12	효릉	1690	6칸	이익공	이익공	○	삼분		맞배
12	13	강릉	1695	6칸	이익공	이익공	○	삼분	6,500	맞배
13	7	광릉	1696	6칸	이익공	이익공	○	삼분	6,600	맞배
14	5	현릉	1699	5칸	이익공	이익공	○	삼분	6,300	맞배
15	**6**	**장릉(莊陵)**	**1699**	**5칸**	**초익공**	**초익공**	○	**삼분**	**4,325**	**맞배**
16	**6**	**사릉**	**1699**	**5칸**	**초익공**	**초익공**	○	**삼분**	**4,260**	**맞배**
17	11	희릉	17C 후반	5칸	이익공	이익공	○	삼분		맞배
18	9	선릉	1706	5칸	초익공	초익공	○	삼분	4,760	맞배
19	**20**	**의릉**	**1724**	**8칸**	**출목 이익공**	**이익공**	○	**삼분**	**6,540**	**맞배**
20	추존	영릉(永陵)	1728	5칸	초익공	초익공	○	삼분		맞배
21	16	장릉(長陵)	1731	5칸	출목 이익공	이익공	○	삼분		맞배
22	**11**	**온릉**	**1739**	**5칸**	**초익공**	**초익공**	○	**삼분**	**4,985**	**맞배**
23	**-**	**소령원**	**1753**	**5칸**	**초익공**	**초익공**	○	**삼분**	**4,860**	**맞배**
24	**-**	**순강원**	**1755**	**5칸**	**초익공**	**초익공**	○	**삼분**	**4,700**	**맞배**
25	8	창릉	1756	5칸	이익공	이익공	○	삼분		맞배
26	**21**	**홍릉**	**1757**	**5칸**	**출목 이익공**	**이익공**	○	**삼분**	**6,480**	**맞배**
27	**1**	**건원릉**	**1764**	**5칸**	**출목 이익공**	**이익공**	○	**사분**	**6,160**	**맞배**
28	**21**	**원릉**	**1776**	**5칸**	**출목 이익공**	**이익공**	○	**삼분**	**6,420**	**맞배**
29	**추존**	**융릉**	**1789**	**5칸**	**출목 이익공**	**이익공**	○	**삼분**	**7,380**	**맞배**
30	**22**	**건릉**	**1821**	**5칸**	**출목 이익공**	**이익공**	○	**사분**	**7,360**	**맞배**
31	**24**	**경릉**	**1843**	**5칸**	**출목 이익공**	**이익공**	○	**사분**	**6,780**	**맞배**
32	**추존**	**수릉**	**1855**	**5칸**	**출목 이익공**	**이익공**	○	**사분**	**6,720**	**맞배**
33	**23**	**인릉**	**1856**	**5칸**	**출목 이익공**	**이익공**	○	**사분**	**7,320**	**맞배**
34	**-**	**휘경원**	**1863**	**5칸**	**출목 이익공**	**이익공**	○	**사분**	**6,800**	**맞배**
35	**25**	**예릉**	**1864**	**5칸**	**출목 이익공**	**이익공**	○	**사분**	**6,800**	**맞배**
36	9	순릉	1870	5칸	이익공	이익공	○	삼분		맞배
37	17	영릉(寧陵)	1870	6칸	출목 이익공	이익공	○	삼분	5,900	맞배
38	19	명릉	1870	5칸	출목 이익공	이익공	○	삼분	6,600	맞배
39	16	휘릉	1897	8칸	출목 이익공	이익공	○	삼분	6,800	맞배

구분에서 시기는 건립 및 중건 연도임. 정전과 배위청 주심도리 일치 여부는 최정효, 「조선 후기 왕릉 정자각의 지붕구조 변화에 관한 연구」, 경기대학교 대학원 건축학과 석사학위논문, 2012의 표기 방식을 응용한 것임. X-1는 배위청 주심도리가 정전 기둥과 만나는 경우이고, X-2는 배위청과 정전의 기둥 높이는 일치하지만 주심도리는 일치하지 않는 경우임.

정자각 제도가 비바람을 막는데 효과적이라고 판단하여 광릉 제도에 따라 8칸 정자각 규모에 팔작지붕으로 조성하였다. 1674년 숭릉을 조성할 때 임시 건물인 영악전 제도를 폐지하면서 정자각에서 영악전 기능을 수용하도록 하였다. 비슷한 규모의 영악전을 폐지함에 따라 남는 자재를 이용하여 정자각을 위엄 있게 조성할 수 있게 되면서 효종 영릉를 전례로 삼아 8칸 정자각을 건립하였다. 이러한 제도가 전범이 되어 숙종대에는 인경왕후 익릉(1681), 장렬왕후 휘릉(1689), 인현왕후 명릉(1702) 등 모든 산릉역의 정자각 및 가정자각을 8칸으로 건립하였고, 영조 6년인 1730년에 건립된 선의왕후 의릉의 가정자각까지 8칸을 유지하였다. 영조도 능은 8칸, 묘는 5칸으로 위계를 구분하고자 하였으나 영조 33년(1757) 정성왕후 홍릉과 인원왕후 명릉이 한 달 간격으로 조성되면서 정자각 규모가 축소되고 이를 기점으로 5칸 정자각 제도는 조선 말까지 이어진다.[32]

공포 형식을 살펴보자. 다포를 갖춘 목릉 정자각 1동을 제외하고 나머지 정자각은 모두 익공이 설치되어 있다. 정자각 익공은 시기와 위계별로 일정한 유형이 확인된다. 17세기 전반 헌릉 정자각(1644)까지는 정전과 배위청 모두 초익공을 갖추었다. 17세기 후반에 들어 정릉(靖陵, 1669), 정릉(貞陵, 1669), 경릉(敬陵, 1670)의 경우 정전은 이익공, 배위청은 초익공으로 위계를 구분하였다. 1년 시차를 두고 건립된 사례로 과도기적인 모습을 보인다. 이후 17세기 말까지 정전과 배위청 모두 이

1출목 다포[목릉 정자각, 1630]

출목 이익공[원릉 정자각, 1776]

그림 2-6. 조선 후기 정자각 공포 형식

익공을 설치하는 방식으로 변경된다. 이 시기를 비롯해 18세기 중엽까지 봉릉역인 장릉(莊陵), 사릉, 온릉, 추존된 영릉(永陵), 원소역인 소령원, 순강원은 산릉역에 비해 위계를 낮춰 정전과 배위청 모두 초익공을 설치했다. 17세기 후반인 숭릉 정자각(1674)부터 정전은 출목 이익공, 배위청은 무출목 이익공으로 건물 간 위계를 두었는데, 홍릉(1757)부터는 이러한 방식이 정착되어 이후 19세기 후반까지 이어진다. 창릉(1757)과 순릉 정자각(1870)은 정전과 배위청 모두 이익공으로 꾸몄는데 이는 중건 이전 모습으로 추정된다.

가구 구조를 살펴보자. 정자각에서 오량가의 정전과 삼량가의 배위청이 직교하는 부위는 결합 방식에 따라 구조적인 측면에서 취약한 상황에 놓일 수 있다. 정전과 배위청의 주심도리는 대부분 수직적인 위치가 같아 직교부에서 정전 대들보 위에 주심도리를 얹으면서 배위청 주심도리가 함께 결구되어 정전과 배위청의 구조가 일체화된다.(표 2-8) 최정효의 연구[33]에 의하면, 정자각이 처음부터 이러한 구조를 갖춘 것은 아니었다. 영릉(英陵, 1622) 정자각은 배위청 주심도리가 정전 기둥 머리에 창방과 유사한 형태로 결구되었다. 정전과 배위청 간 위계를 주기 위해 정전 기둥을 높게 계획하였고, 이에 따라 배위청의 주심도리가 정전 기둥에 맞춤하게 된 것이다. 이러한 사례는 영릉 정자각에서만 확인된다.[34]

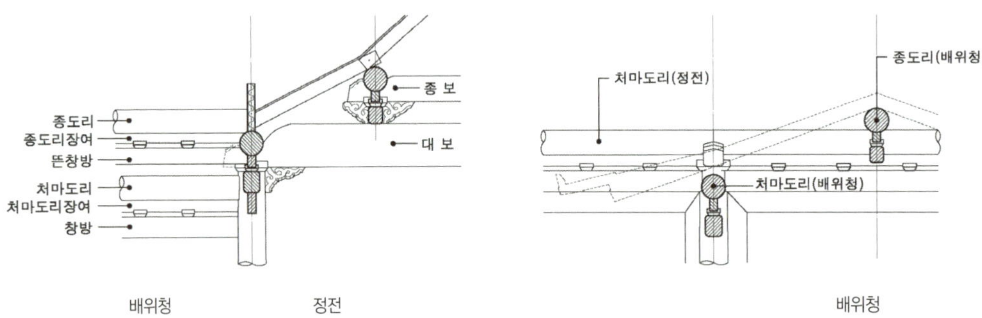

그림 2-7. 영릉(英陵) 정자각의 정전과 배위청 가구 구성

이후 목릉(1630), 정릉(靖陵, 1669), 경릉(敬陵, 1670), 정릉(貞陵, 1699)에서도 배위청 주심도리가 정전 주심도리와 일치되지 않는데,[35] 이

는 정전과 배위청 간 공포 형식에 차이를 두었기 때문이다. 목릉은 정전은 1출목 다포이고 배위청은 주두에 주심첨차만 갖추었다. 나머지 정자각은 정전은 이익공, 배위청은 초익공을 두었다. 정전과 배위청 간 공포 위계를 두었지만 기둥 상부의 수직 높이는 일치시켜 창방 위치에서 정전과 배위청의 구조가 결합된다. 그럼에도 이러한 방식은 여전히 구조적인 안정성이 떨어져 과도기적인 양상으로 이해된다.

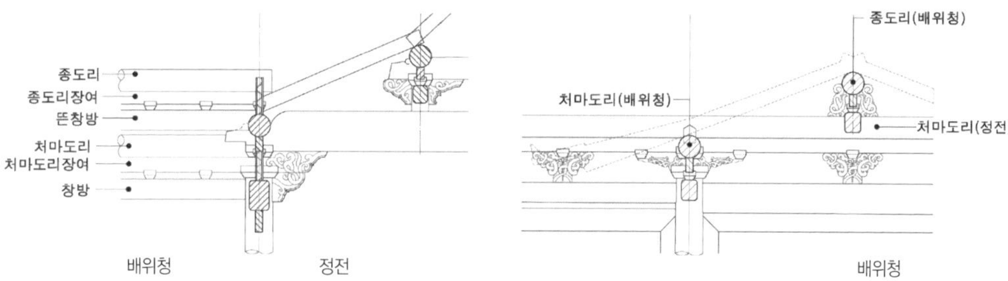

그림 2-8. 경릉(敬陵) 정자각의 정전과 배위청 가구 구성

이후부터는 정전과 배위청의 기둥 높이를 같게 하여 하부는 배위청 창방이 정전 기둥 머리에서 사괘맞춤으로 결구되었고, 공포는 정전과 배위청 모두 이익공으로 위계를 두지 않은 대신 배위청의 주심도리와 정전의 주심도리 높이를 일치시켜 결과적으로 정전과 배위청의 구조가 일체화되었다. 이러한 구조적 조치와 함께 정전과 배위청 간 위계를 명확히 구분하기 위해 정전은 출목 이익공, 배위청은 무출목 이익공으로 변화를 주었다.

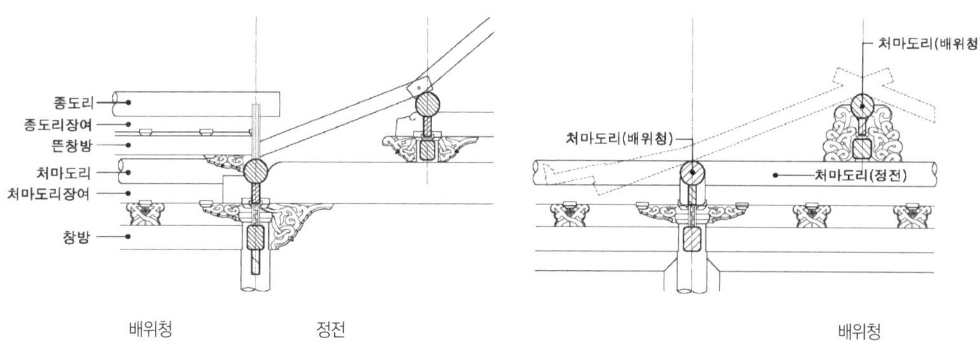

그림 2-9. 강릉(康陵) 정자각의 정전과 배위청 가구 구성

정자각 정전의 도리변작에 대해 살펴보자. 17세기 초에는 사분변작을 취하기도 하였지만 18세기 말까지는 대부분 삼분변작으로 도리 위치를 설정하였고, 19세기에는 사분변작을 취하였다. 19세기 후반에 중건 또는 개건한 순릉, 영릉(寧陵), 명릉, 휘릉 정자각은 이전 시기의 가구법을 유지한 것으로 생각된다. 도리변작은 서까래 내밀기와 관련된다. 삼분변작은 사분변작에 비해 주심도리에서 중도리까지 서까래 길이가 서까래 내민 길이보다 길어 서까래 뒤뿌리 들림을 방지하는데 효과적이다. 18세기 말 융릉(현륭원) 정자각 이전 보칸 길이는 6.8m를 넘지 않았다. 융릉 정자각은 7.4m로 이전보다 보칸 길이가 커졌지만, 여전히 삼분변

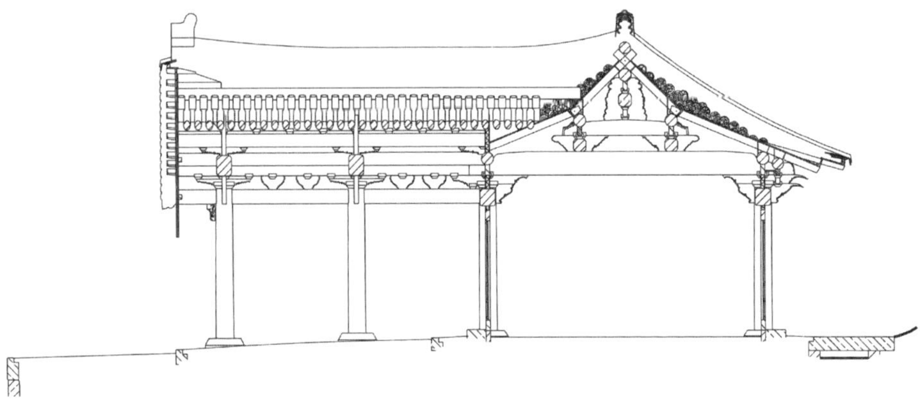

그림 2-10. 삼분변작(홍릉 정자각)

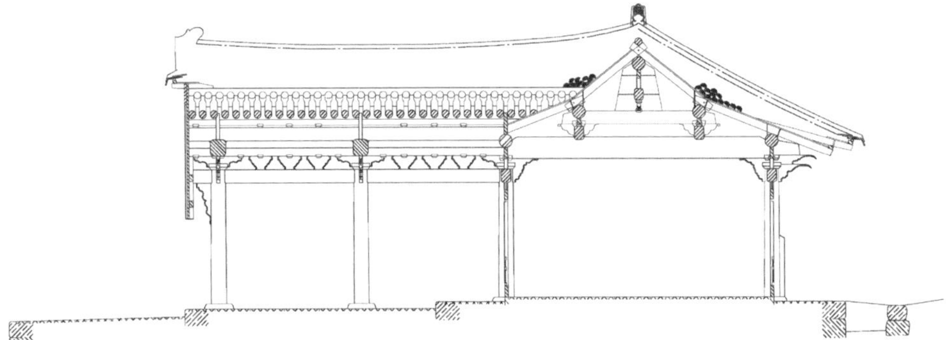

그림 2-11. 사분변작(예릉 정자각)

작을 취하였다. 하지만 비슷한 규모의 건릉 정자각(1821)은 사분변작에 가깝게 변하였고, 건릉 정자각보다 2자 정도 작은 규모의 정자각에서도 사분변작을 취하였다. 후술하겠지만 시공기법의 변화는 정조건릉산릉역(1800)을 기점으로 크게 변화되는데, 사분변작의 변화 역시 정조건릉산릉역이 전범이 되어 후대에도 적용되었을 것으로 생각된다.

이전과 달리 정조건릉산릉역에서는 사분변작에 가깝게 구조가 변하게 되었는지 의문이 든다. 구조적인 여건부터 살펴보자. 18세기 후반 정자각 정전은 출목 이익공을 갖추면서 출목도리를 기점으로 서까래 내민 길이가 줄어들게 되었다. 융릉 정자각은 삼분변작을 하였고, 장연 길이는 4.5m로 약 14자 5치에 이른다. 건릉 정자각은 사분변작이지만 실제로는 삼분변작과 사분변작의 중간 정도에 중도리 위치를 잡는다. 이 경우 장연 길이는 4m, 약 13자로 융릉 정자각에 비해 줄어든다. 사분변작으로 변화된 이유는 장연 길이를 줄여 서까래 조달을 수월하게 하기 위한 조치로 짐작된다. 후술하겠지만 18세기 후반부터는 관 비축물량과 외도고를 통해 목재를 조달하는데, 이 시기에는 민간에서도 서까래 등을 공급하고 있었다. 긴 서까래보다는 중간 정도 길이의 서까래 수요가 가장 많았고, 관이나 민간에서 쉽게 조달할 수 있었다. 즉 목재 조달의 여건 변화가 가구법 변화를 견인하였다고 볼 수 있다. 하지만 장연 길이를 줄인다고 해도 사분변작을 할 경우 중도리에서 주심도리까지 길이와 주심도리에서 부연 마구리까지의 길이가 거의 같아져 구조적으로 불리하다. 이러한 불리한 여건에도 사분변작을 취한 것은 이러한 문제를 해결할 만큼 시공기법이 발전했음을 의미한다. '목공사 시공기법'에서 자세하게 다루겠지만 19세기에 들어 장연은 중도리 외에 주심도리에서도 고정되기 시작하고, 누리개 고정 등도 강화되어 이전 시기보다 서까래의 고정력이 대폭 향상된다. 이러한 시공기법의 발전이 사분변작을 가능케 한 주요 요인으로 이해된다. 또한 사분변작을 취하면 대들보의 도리 지점에서 휨모멘트가 0이 되어 구조적으로 유리하다. 이러한 구조 성능의 장점을 당시 목수들도 경험에 의해 어느 정도 이해하지 않았을까 생각된다.

마지막으로 지붕 형태를 살펴보자. 현존 정자각 중 팔작지붕은 숭릉 정자각(1674)뿐이고, 나머지는 모두 맞배지붕이다. 정자각과 유사한 성격의 예제건축인 종묘 정전과 사묘 정당은 모두 맞배지붕이다. 조선 시대 사묘건축의 예와 같이 엄숙한 공간을 연출하는데 맞배지붕은 유리한 측면이 있었다. 팔작지붕은 정자각에서는 다소 예외적인 형태이다. 현존 숭릉 정자각 이전에는 효종 영릉의 정자각(1659)이 5칸의 팔작지붕으로서는 선례이다. 영릉 정자각은 1673년 여주로 천장할 때 8칸으로 증건하면서 팔작지붕은 유지하였다. 이것이 전례가 되어 숭릉 정자각도 8칸의 팔작지붕으로 한 것이다. 하지만 맞배지붕에 비해 팔작지붕은 추녀 등 큰 원재가 필요하고 선자연 설치 등 시공이 까다로우며, 정숙한 산릉역과는 어울리지 않아 원래의 맞배지붕으로 돌아가게 된 것이다.[36]

팔작지붕[숭릉 정자각, 1674]

맞배지붕[건원릉 정자각, 1870 중건]

그림 2-12. 조선 후기 정자각 지붕 유형

03
산릉도감의 조직 운영과 시공관리

의릉 정자각(1724)

국상 절차상 왕과 왕비의 사망 후 5개월 이내 산릉 관련 시설이 조성되어야 했다. 즉 산릉역의 공사 기간은 정해져 있었다. 공사하기에 적합한 봄, 가을이 아닌 기간에도 진행해야 하는 계절적 제약도 뒤따랐다. 모든 물자가 집결하는 도성 바깥에서 진행되는 산릉역의 특수성으로 인해 각종 재료와 인력 조달의 불편함도 해결해 나가야 했다. 능소를 정하는데 1개월 남짓 시간이 소요되는데, 처음 봉표한 능소에 문제가 생겨 다시 정하는 경우 공사 기간은 더욱 단축되었다. 이와 같은 시간적, 공간적 조건을 극복하고 5개월 이내에 산릉역을 마치기 위해 전문적인 공사조직은 필수적이었다. 공사계획 수립을 비롯하여 공사 준비, 본공사 등 단계별로 효율적이고 체계적인 시공관리가 뒷받침되어야 했다. 산릉도감 및 조성소에서 이와 같은 여건을 어떻게 헤쳐나갔는지 살펴보자.

산릉 조성과 산릉도감의 조직 운영

국상 절차와 산릉 조성

국상 절차[1]

『국조오례의』「흉례」에 의하면 국상 절차는 다음과 같다.(그림 3-1) 국상이 발생하면 임종한 장소에서 시신을 염습(殮襲)하는데, 3일 동안 소렴(小殮)을 진행하고 5일 이내 대렴(大殮)을 마친다. 이후 시신을 재궁(梓宮)에 안치하여 빈전(殯殿)으로 옮긴다. 빈전에서 5개월 동안 조석으로 곡을 행하고 상식(上食)을 올린다. 빈전의례가 진행되는 동안 발인을 위한 의례 물품과 의장을 준비하고 산릉과 혼전(魂殿)을 조성한다. 빈전의례를 마치면 발인하여 산릉에서 국장을 거행한다. 산릉에 재궁을 묻고 혼을 우주(虞主)에 담은 뒤 궁궐에 마련된 혼전으로 돌아온다. 혼전에서는 신주를 모시고 22개월 동안 상례를 지낸다. 산릉에서도 같은 기간 동안 상례를 지내고 임종으로부터 27개월이 지나면 모든 상장례 의식을 마치고 종묘에 신주를 봉안한다.

국상이 발생하면 의례 절차에 따라 임시기관을 설치하는데 이를 도감(都監)이라 한다. 조선 초에는 빈전도감(殯殿都監)·국장도감(國葬都監)·산릉도감(山陵都監)·재도감(齋都監)을 설치하였으나 불교 제례를 담당하던 재도감을 혁파하면서 삼도감으로 정리되었다. 총호사(摠護使)라는 직책을 부여받은 고위 관료가 상장례의 총괄 책임을 맡고 삼도감을 지휘한다. 각 도감은 제조, 도청, 낭청 등의 관료를 배치하여 운영한다. 빈·혼전도감은 궁궐에서 이루어지는 상·장례 공간으로 빈전과 혼전의 조성 및 운영을 맡는다. 국장도감은 빈전에서 발인하여 산릉에 도착할 때까지 국장 행렬의 모든 일을 준비하고 진행한다. 산릉도감은 국장과 관련하여 산릉 내에서 시행되는 대규모 건축공사를 담당한다.

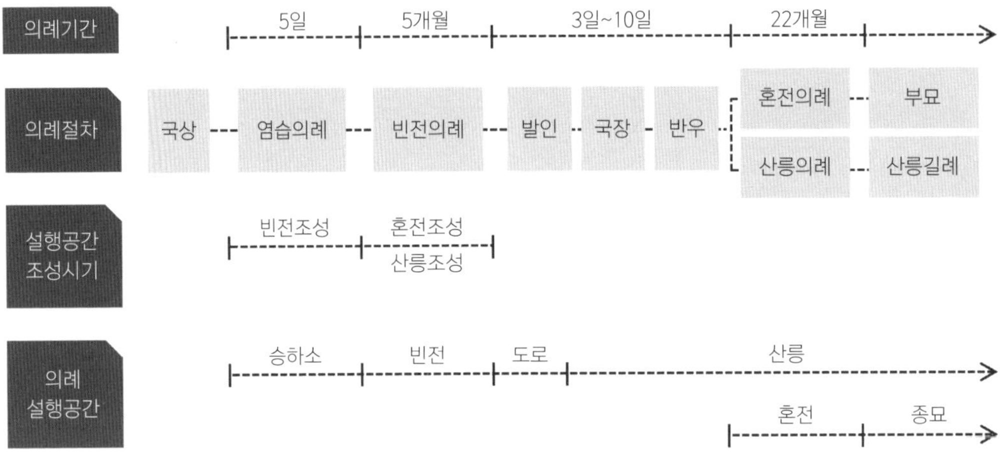

그림 3-1. 국상 절차 및 설행 공간

산릉 조성과정

산릉역에서 조성되는 다양한 시설물은 봉분 일대의 능상(陵上) 시설물과 봉분 아래 지역의 능하(陵下) 시설물로 구분된다. 능상에는 봉분과 곡장(曲墻), 그리고 혼유석(魂遊石), 장명등(長明燈) 등 석물이 조성된다. 능하에는 정자각, 비각, 수라간(水剌間), 수복방(守僕房), 홍살문, 재실(齋室), 가재실(假齋室), 나인가가(內人假家) 등 각종 건축물이 조영된다. 대체로 능상 시설물은 삼물소(三物所)와 대부석소(大浮石所)가 맡고, 능하 시설물은 조성소(造成所)와 소부석소(小浮石所)가 담당한다. 19세기 산릉의궤에는 권두(卷頭) 시일(時日)과 각소별 일록(日錄)이 기록되어 있다. 시일에는 전체 시설물의 중요 일정이, 조성소 일록에는 능하 시설물의 세부 공사 일정이 기록되어 있다. 따라서 이러한 기록을 통해 산릉 조성 및 주요 시설물의 공사과정을 확인할 수 있다. 19세기 산릉역 중 1835년에 조성된 순조인릉역을 예로 들어 산릉 조성과정을 살펴보자.

순조는 1834년 11월 13일 경희궁 회상전에서 승하하였다. 다음날 산릉도감 내 주요 관원이 임명되고 도감이 조직되었다. 24일 산릉도감은 공조에서 첫 회동을 하였다. 25일 빈청회의에서 능호를 인릉(仁陵)이라고 정하면서 간심(看審) 절차에 들어갔다. 순조 사후 15일이 경과된 28일 구장릉(舊長陵) 좌강(左岡)에 봉표(封標)하고 공사를 착수하였다. 하지만 다음 해 2월 25일 천광(穿壙) 과정에서 좋지 않은 토질이 확인되어 대왕대비인 순원왕후의 하교로 새로운 왕릉을 간심하기에 이른다. 3월 9일 장릉(長陵) 좌강에 봉표하고 공사를 재개하였다.[2] 공사 기간 5개월 중 능소를 정하는 데만 3개월 20여 일을 소비한 것이다. 결국 1달 10일 내에 공사를 완료해야 했다. 다만 처음 봉표했던 능소와 새로 정한 능소가 같은 파주에 있고, 각종 공사 물품과 재료가 능소를 정하는 과정에서 확보된 상태여서 공사를 진척하는 데 큰 어려움은 없었다.

표 3-1. 순조 인릉 조성과정

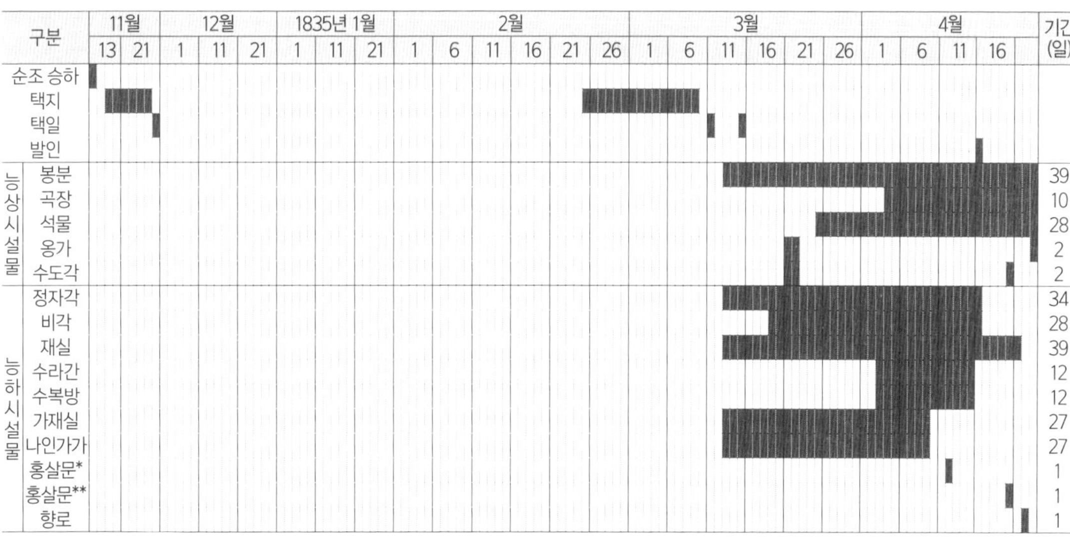

*은 사면홍살문, **은 영배홍살문임.

장릉 좌강으로 택지(擇地)한 후 주요 공사 일정에 대한 택일(擇日)을 진행하였다. 1차 택일은 3월 11일, 2차 택일은 인산일(因山日)을 잡기 위해 3월 15일에 진행하였다. 3월 13일 동틀 무렵 토지신에게 올리는 사후토(祠后土)를 지내고, 진시(辰時)에 혈자리에 풀을 베고 흙을 파는 것을 시작으로 본공사에 착수하였다. 같은 날 정자각, 재실, 가재실, 나인가가의 기초공사 중 터파기[開基]를 진행하였다. 능상의 옹가(甕家)와 수도각(隧道閣)은 3월 20일, 21일 이틀 간에 걸쳐 가장 먼저 완성되었다. 같은 날 공사를 시작하였으나 가재실과 나인가가는 4월 9일, 정자각은 16일, 재실은 21일 순으로 각각 준공하였다. 다음으로 비각은 3월 19일 시작하여 정자각과 같이 4월 16일에 마치고, 수라간, 수복방은 4월 3일부터 15일까지 진행하였다. 봉분은 4월 23일 완성하고 당일 산릉 내 마지막 의례인 안릉전(安陵奠)을 거행하고 24일 복명(復命)과 함께 산릉역은 마무리된다.

시설물 간 공사 시점과 종점에 차이가 나는 것은 빈전에서 재궁(梓宮)을 모셔와 퇴광(退壙)으로 하현궁(下玄宮)하는 시점과 이와 연계된 의례 및 이동 경로와 관련이 있다.

재궁 이동 관련 주요 일정

4월 초5일	외재궁을 능소에 올리고 수도각에 봉안
초6일	외재궁을 내리고 횡대판 배설, 삼면 방회 축조
8일	대여가 산릉 정자각 도착하고 성빈
19일	영여를 봉안하고 산릉에 올림
	하현궁
	반우

옹가는 봉분공사의 가설덧집으로 본격적인 천광공사를 진행하는 4월 1일 이전에, 수도각은 외재궁, 재궁(현궁)이 이동하는 정자각과 봉분 사이에 설치하는 천랑으로 외재궁을 능소로 옮기는 4월 5일 이전에 완성되어야 했다. 따라서 능상 시설물로는 옹가, 수도각이 가장 이른 시점에 조성된 것이다. 정자각 공사는 재궁을 실은 대여가 도착하는 4월 18일 전인 16일에 마쳤다. 가재실, 나인가가, 4면 홍살문, 수라간, 수복방도 4월 16일 이전에 완성하였다. 재실은 삼년상 이후에 사용되므로 공사 기간에 여유가 있으나 봉분 완성 이전에 완료하였다.

시설물별 공사 기간을 살펴보자. 능상 시설물은 봉분 39일, 석물 조성에 28일이 소요되었다. 능하 시설물은 정자각 34일, 비각 28일, 재실 39일, 수라간 및 수복방 12일, 가재실과 나인가가가 27일 동안 진행되었다. 봉분 조성에 가장 많은 시간이 소요되었고, 다음으로 재실, 정자각 순이다. 능하 시설물은 목조건축물로 규모가 가장 큰 재실도 39일밖에 걸리지 않아 굉장히 빠른 속도로 진행되었음을 알 수 있다. 이 점은 산릉역의 가장 특징 중 하나이다.

산릉도감의 조직 구성과 운영

산릉도감의 조직 구성

산릉도감이 설치되면 곧바로 총호사부터 수직군사에 이르기까지 해당 관원 및 아전을 배정한다. 산릉의궤에는 권두 좌목과 각소별 좌목이 구성되어 있다. 권두에는 총괄 조직이, 각소에는 해당 세부 조직이 기술되어 있다.

산릉역(봉릉역 포함) 중심으로 권두 좌목을 통해 총괄 조직의 체계를 살펴보자.[3] 〈표 3-2〉는 산릉도감의궤와 봉릉도감의궤의 권두 좌목을 정리한 것이다. 이를 보면 조직 체계가 17세기부터 19세기 말까지 일관되게 유지되었음을 알 수 있다.

도감 조직은 업무와 기능별로 크게 '총괄 업무', '각소 업무', '보조 업무'로 구분된다. 총괄 업무는 총호사(摠護使), 제조(提調), 도청(都廳)이 담당한다. 각소 업무는 낭청(郎廳), 감조관(監造官), 분차관(分差官), 영역부장(領役部將), 별간역(別看役) 등이 맡는다. 보조 업무는 하급 관리와 아전이 담당했다. 이들은 상지관(相地官), 산원(算員)/계사(計士), 의원(醫員), 화원(畫員), 녹사(錄事), 서리(書吏), 서사(書寫), 고직(庫直), 사령(使令), 수직군사(守直軍士), 보토군사(捕盜軍士) 등으로 구성된다.

총괄 업무는 산릉역을 전체적으로 지휘하고 관리하는 역할로, 총호사 1

명, 제조 3명,[4] 도청 2명을 두었다. 총호사는 영건의궤에서는 보이지 않는 직책으로 국상에 관한 의식을 주관하던 임시 벼슬[5]이다. 총호사는 정1품의 의정부 삼정승 중 한 명이 맡았다. 영건역에서는 당상(堂上)과 도제조(都提調)가 총괄하였는데, 산릉역에서는 국례(國禮)라는 성격을 고려하여 공사 규모에 따라 의정부 삼정승과 육조 판서 중 1명을 총호사로 선임하여 총괄 관리를 맡겼다. 총호사가 조직을 총괄하지만, 다분히 명분상 직책일 수밖에 없다. 의정부 삼정승이 산적한 국정 현안을 물리치고 국상에만 집중할 수는 없는 터이다. 제조는 당상관(堂上官)[6]이 맡았다. 산릉역을 실질적으로 지휘하는데, 공조판서, 호조판서가 담당하는 경우가 많았다. 공사 지휘와 예산 확보에 있어서 동급 기관에 협조를 구하거나 하급 기관에 지시를 내리기 위해서는 공조와 호조의 장이 담당하는 것이 효율적이었다. 도청은 당하관(堂下官) 중에 보통 정4품에서 종5품의 관리를 선임하였다. 도청과 낭청은 실질적인 업무를 수행하는 직책이다. 도청은 낭청 중에 가려 뽑고, 각소에 파견된 낭청을 지휘하고 관리하는 역할[7]을 한 것으로 보인다.

각소 업무 중 삼물소(三物所), 조성소(造成所), 대부석소(大浮石所), 노야소(爐冶所), 보토소(補土所), 소부석소(小浮石所), 수석소(輸石所)[8] 등 7개 소(所)에는 낭청과 감조관이 파견되었다. 별공작(別工作), 분장흥고(分長興庫), 번와소(燔瓦所)[9]는 분차관(分差官)이 담당하였다. 그 외 영역부장(領役部將), 별간역(別看役) 등이 보조 감독 직임을 맡았다.

낭청[10]은 정5품에서 정6품의 관원으로 당하관 중 참상관(參上官)[11]에 해당한다. 낭청은 해당 소를 지휘·관리하며 산릉역의 실무를 책임진다. 하지만 7개 소에 모두 낭청을 둔 것은 아니며, 시기적으로도 차이를 보인다. 삼물소는 대체로 낭청 2명을 두었다. 보통 다른 소는 1명을 두었는데, 삼물소에 2명씩 둔 것은 그만큼 봉분 조성에 많은 공력이 요구되었기 때문이다. 조성소에는 대체로 낭청 1명을 두었다. 노야소는 18세기까지는 1명씩 두다가 19세기 전반에는 2명을 두었고 이후 상황에 따라 1명 또는 2명을 두었다. 보토소는 1명을 두었는데, 낭청이 없는 경우도 종종 있었다. 소부석소는 18세기 전반까지는 낭청이 없다가 정성왕후홍릉산릉역(1757) 이후로 1명을 두게 된다. 수석소는 효의왕후건릉산릉역(1821)과 효정왕후경릉산릉역(1904)을 제외하고는 낭청을 두지 않았다. 이는 다른 소에 비해 중요도가 떨어진 부분도 있고, 현장이 능소에 있는 다른 소와는 달리 현장이 일정치 않아 낭청을 두지 않았던 것으로 보인다. 이와 같이 삼물소, 조성소, 대부석소, 보토소는 거의 낭청을 두었으나 소부석소는 18세기 후반부터 두었고, 수석소는 낭청을 두지 않았다. 각소 낭청 이외에 경낭청을 1명씩 두었다. 경낭청은 병조정랑 또는 좌랑이 맡았는데, 제조 이하, 즉 제조와 도청이 능소에 나아갈 때 도성에 남아 업무를 대행하는 역할을 하였다.[12]

감조관은 정7품 이하의 참하관(參下官)으로 각소 공사를 감독하는 관리이다. 장인과 보조역 등을 관리하며 현장을 책임지는 역할을 한다. 낭청과 마찬가지로 모든 각소에 배정되지는 않았다. 감조관은 영조원릉산릉역(1776)을 계기로 각소별 인원이 감축된다. 이전에는 대체로 조성소에 2~3명, 대부석소에 2명, 보토소에 2명, 소부석소에 2명을 두어 4개 소에 8~10명을 두었다. 하지만 영조원릉산릉역 이후에는 조성소 1명, 보토소 1명, 소부석소 1명, 수석소 1명을 두었고, 삼물소와 노야소는 19세기 중엽 이후부터 1명씩 두는 경우가 생겼으며, 대부석소는 익종수릉산릉역(1846), 익종수릉천봉산릉역(1855), 효정왕후경릉산릉역(1904)을 제외하고는 두지 않았다. 이러한 변화는 정조건릉산릉역(1800)부터 각소별 영역부장(領役部將)이 패장(牌將)으로 명칭이 변경되면서 인원도 증가함에 따라 감조관의 실제적인 업무가 축소되어 인원을 줄인 것으로 판단된다.

각소 외에 별공작, 분장흥고, 번와소에서 산릉역과 관련된 물품을 제공하는데, 기존 관아의 분소와 같은 기관으로 해당 관아의 관리가 전담하였다. 별공작은 선공감(繕工監) 감역(監役, 종9품)이, 분장흥고는 장흥고(長興庫) 직장(直長, 종7품)이, 번와소는 와서(瓦署) 별제(別提, 종6품)가 담당하였다. 단경왕후온릉봉릉역(1739)에서 분차관(分差官)으로 불린 바 있는데 정조건릉산릉역(1800)부터는 본격적으로 분차관으로 칭하였다.

수석소에는 당초 감독 관원이 없어 부장 2명을 금군(禁軍)에서 차출하였다.[13] 경종의릉산릉역(1724)에서는 수석소에 감조관 1명과 그 아래 영역부장 1명을 배정하였다. 수석소에 감조관 1명을 배정하는 체제는 이후에도 유지되었다.

별간역은 산릉도감의궤에서는 태조건원릉정자각중수역(1764)에 처음 등장하고 순조인릉산릉역(1835)부터는 3~6명을 두었다. 대부분 전직 관료로 특수한 기술을 가진 직임[14]으로 보인다. 감동(監董)은 단경왕후온릉봉릉역(1739)과 효정왕후경릉산릉역(1904)에 두 번 등장한다. 단경왕후온릉봉릉역의 경우 석물조각 감독이라고 명시[15]되어 있다. 효정왕후경릉산릉역의 경우 11명이나 두었지만 그 역할은 명시되어 있지 않다.

보조 업무는 하급 관리 및 아전이 맡았다. 상지관(相地官)은 능지 위치를 결정하는 택지(擇地)를 담당한 관원으로 관상감에서 1명 또는 2명이 차출되었다. 택지는 매우 중요한 사항으로 상지관 외에도 왕실 종친이 관여하고, 방외지사(方外地師) 및 간심인(看審人)을 추가로 두었다. 방외지사는 정조건릉산릉역(1800)부터 좌목상 등장하지만 그 이전에도 방외지사 및 간심인이 능지 결정에 참여했었다. 산원(算員)은 영조원릉산릉역(1776)부터 계사(計士)로 명칭이 변경되었다. 호조 내 산학청(算學廳) 소속으로 종8품에 해당되며 도감의 회계 업무를 담당하였고 1~5명이 배치되었다. 정조건릉산릉역(1800)부터는 3명 이상 배치된다. 회계 업무량의 증가 및 물량 산출의 업무를 고려해 증원된 것으로 보인다. 의원(醫員)은 1명씩 두었고 공사 중 안전사고에 대처하기 위해 구급약물을 준비[16]하고 대기하였다.

화원(畵員)은 좌목상 단경왕후온릉봉릉역(1739)까지만 등장한다. 효종영릉산릉역(1659), 명성왕후숭릉산릉역(1684), 장렬왕후휘릉산릉역 등에서 석물 기화(起畫)를 위해 임시로 보낸 바 있다.[17]

녹사(錄事)는 조선 시대 중앙 관서의 상급 서리직 관직[18]으로 기록을 담당한 구실아치인데, 고위 관료의 서기와 같은 임무를 담당[19]했다.

서리(書吏)는 서책(書冊)의 보관, 도필(刀筆)의 임무 등을 맡았던 경아전에 속한 하급 관직이다.[20] 산릉도감에서는 도청서리(都廳書吏)와 경도감서리(京都監書吏)로 나뉜다. 도청서리 명칭이 등장하는 것은 정조건릉산릉역(1800)부터이다. 경도감서리는 인경왕후인릉산릉역(1674)에서 명칭이 확인되며, 좌목에는 명성왕후숭릉산릉역(1684)부터 (도청)서리 외 경도감서리가 정식으로 편제되었다. 도청은 능소에 상주하고, 경도감은 도성 내에서 산릉도감의 분소와 같은 역할을 하는 별도의 하부조직으로 경도감서리를 둔 것이다. 도청서리 아래로 서사, 고직, 사령, 수직군사, 포도군사를 두었고, 경도감서리 아래로 고직, 사령, 수직군사, 포도군사를 두었다.

서사(書寫)는 각종 문서를 베껴 쓰고 정서(正書)하는 역할을 하였다. 고직은 도감의 창고를 지키는 일을 하였다. 사령은 도감에서 심부름 등 천한 일을 담당했다. 수직군사는 도감의 물건을 지키고 순찰을 담당[21]했다. 포도군사는 포도청에 소속된 군졸로 관할 구역의 순찰과 죄인을 잡아들이는 일을 하였다.

산릉도감의 조직 체계는 17세기부터 19세기 말까지 큰 틀에서 변화 없이 지속되었다. 하지만 영조원릉산릉역(1776)부터 변화의 조짐을 보이며 정조건릉산릉역(1800)을 기점으로 인원 구성과 직책에 변화가 발생하였다. 감조관은 영조원릉산릉역(1776)부터 1명으로 줄어드는데, 정조건릉산릉역부터는 기존의 영역부장이 패장으로 명칭이 바뀌면서 인원도 평균 3명 이상 증가한다. 순조인릉산릉역(1835)부터는 전문 기술을 보유한 별간역이 본격적으로 등장한다. 정조건릉산릉역부터는 계사가 1명에서 3명으로 증가한다. 감조관은 행정과 현장 실무 중에서 행정에 무게를 둔 직책으로 볼 수 있다. 패장은 장인을 직접 관리하는 실무직으로 패장의 인원 증가와 별간역을 따로 둔 것을 전문적인 관리 및 기술 영역이 강화되었음을 의미한다. 또한 계사의 인원 증가는 이전보다 물량산출 및 공사비 정산 등 회계 업무를 대폭 보강한 것으로 볼 수 있다. 이러한 점을 통해 산릉도감은 19세기에 들어 이전보다 좀 더 실무 중심으로 전문성을 강화하는 방향으로 조직 개편이 이루어졌음을 알 수 있다.

표 3-2. 산릉도감의 조직 체계

구분		1 인목왕후 목릉 1632	2 인조 장릉 1649	3 효종 영릉 1659	4 인선왕후 영릉 1674	5 현종 숭릉 1674	6 인경왕후 익릉 1681	7 명성왕후 숭릉 1684	8 장렬왕후 휘릉 1689	9 정순왕후 사릉 1699	10 단종 장릉 1699	11 인현왕후 명릉 1702	12 숙종 명릉 1721	13 경종 의릉 1725	14 선의왕후 의릉 1731	15 단경왕후 온릉 1739	16 정성왕후 홍릉 1757	17 인원왕후 명릉 1757
摠護使(都提調)		1	1	1	1	1	1	1	1	(1)	(1)	1	1	1	1	(1)	1	1
提調		3	3	3	3	3	3	3	3	3	3	3	3	3	3	3	3	3
都廳		2	2	2	2	2	2	2	2	2	2	2	2	2	2	2	2	2
各所郎廳	三物所	2	2	2	2	2	2	2	2	2	1	2	2	2	2	2	2	2
	造成所	2*	1	1	1	2	1	1	1	1	1	1	1	1	1	1	3	3
	大浮石所	2*	2*	2*	1	1	1	1	1	1	1	1	1	1	1	1	1	1
	爐冶所	2	1	1	1	1	1	1	1	1	1	1	1	1	1	1	1	1
	補土所	1	-	1	1	1	1	-	1	1	-	1	1	1	1	1	-	-
	小浮石所	-	-	-	-	-	-	1	-	-	-	-	-	-	-	-	1	1
	輸石所	-	-	-	-	-	-	-	-	-	-	-	-	-	-	-	-	-
	소계	9	5	7	6	7	6	6	6	6	4	6	6	6	6	6	8	8
京郎廳		2	2	1	1	1	2	1	1	1	1	1	1	1	1	1	1	1
各所監造官	三物所	-	-	-	-	-	-	-	-	-	-	-	-	-	-	-	-	-
	造成所	2*	2	2	2	3	4	3	4	2	2	3	3	3	3	2	3	3
	大浮石所	2*	2*	2*	2	2	2	2	2	1	2	2	2	2	2	1	2	2
	爐冶所	-	-	-	-	-	-	-	-	-	-	-	-	-	-	-	-	-
	補土所	2*	-	2	2	2	2	-	2	1	1	2	-	2	2	2	2	2
	小浮石所	2	1	2	2	2	2	1	2	2	1	2	1	2	2	2	2	2
	輸石所	-	-	-	-	-	-	-	-	-	-	-	-	1	1	1	1	1
	소계	8	5	8	8	9	10	6	10	6	6	9	6	10	10	8	10	10
分差官	別工作	1	1	1	1	1	1	1	1	1	1	1	1	1	1	1	1	1
	分長興庫	1	1	1	1	1	1	1	1	1	1	1	1	1	1	1	1	1
	燔瓦所	-	-	1	1	1	1	1	1	1	1	1	1	1	1	1	1	1
輸石所 部將		2	2	2	1	1	2	1	1	1	1	2	1	1	-	-	-	-
監董		-	-	-	-	-	-	-	-	-	-	-	-	-	-	2	-	-
別看役		-	-	-	-	-	-	-	-	-	-	-	-	-	-	-	-	-
相地官	相地官	2	2	2	-	2	2	2	2	1	1	3	2	2	1	1	2	2
	方外地師	-	-	-	-	-	-	-	-	-	-	-	-	-	-	-	-	-
	看審人	-	-	-	-	-	-	-	-	-	-	-	-	-	-	-	-	-
算員(計士)		1	1	1	2	2	2	1	1	1	1	1	1	-	1	-	2	2
醫員		1	1	1	1	1	1	1	1	2	1	1	1	1	1	1	1	1
畵員		1	1	1	1	1	1	1	1	1	1	1	1	1	1	1	-	-
錄事		1	1	-	1감	1감	1감	1감	1감	1	1	1감	1감	1	1	-	-	-
都廳 書吏		5	5	5	7	8	8	8	8	7	8	8	8	8	8	9	12	8
書寫		1	1	1	1	1	1	1	1	1	1	1	1	1	1	1	1	1
庫直		1	2	-	2	2	2	2	2	2	2	2	2	2	2	2	3	3
使令		13	9*	11	11	13	13	11	13	9	9	13	11	11	11	12	15	12
守直軍士		-	-	-	-	-	4	4	4	4	4	4	4	4	4	2	2	2
捕盜軍士		-	-	-	-	-	-	-	-	-	-	-	-	-	-	-	-	-
京都監 書吏		-	-	-	-	-	-	4	4	3	3	4	4	4	3	3	3	3
庫直		-	-	-	-	-	-	1	1	1	1	1	1	1	1	1	-	-
使令		-	-	-	-	-	-	1	-	-	-	-	1	1	1	2	-	-
守直軍士		-	-	-	-	-	-	-	-	-	-	-	-	-	-	-	-	-
捕盜軍士		-	-	-	-	-	-	-	-	-	-	-	-	-	-	-	-	-

직책 순서 및 직명은 19세기 정례화된 의궤의 좌목을 기준으로 표기하였다. * 및 숫자 옆에 한글표기는 내용상 타의궤와 차이가 있는 것을 표시한 것이다. 각소 낭청, 감조관에서 2*는 조성소가 1소·2소로, 대부석소가 좌·우부석소로, 보토소가 좌·우보토소로 나뉘어 낭청이 있는 경우이다. 별공작은 효정왕후경릉의 경우 낭청1명, 감조관 1명을 두었다. 1감은 1명을 두었다가 감원한 경우이다. 사령은 인조장릉의 경우 都使令으로 표기되어 있다.

표 3-2. 계속

구분		18 영조 원릉 1776	19 정조 건릉 1800	20 정순왕후 원릉 1805	21 효의왕후 건릉 1821	22 순조 인릉 1835	23 효현왕후 경릉 1843	24 익종 수릉 1846	25 헌종 경릉 1849	26 익종 수릉 1855	27 순조 인릉 1856	28 순원왕후 인릉 1857	29 철종 예릉 1864	30 철인왕후 예릉 1880	31 신정왕후 수릉 1892	32 효정왕후 경릉 1904
摠護使		1	1	1	1	1	1	1	1	1	1	1	1	1	1	1
提調		3	3	3	4	3	3	3	3	3	3	3	4	3	3	3
都廳		2	2	2	2	2	2	2	2	2	2	2	2	2	2	2
各所郎廳	三物所	2	2	2	2	2	2	1	2	1	1	2	2	1	1	1
	造成所	2	1	1	1	1	1	1	1	1	1	2	1	2	2	1
	大浮石所	1.5	2	2	2	2	2	1	2	1	1	1	2	1	1	1
	爐冶所	0.5	1	1	1	1	1	1	1	1	1	1	1	1	1	1
	補土所	2	1	1	1	1	1	1	1	1	1	1	1	1	1	1
	小浮石所	1	1	1	1	1	-	1	1	1	1	1	1	1	1	1
	輸石所	-	-	-	1	-	-	-	-	-	-	-	-	-	-	1
	소계	9	8	8	9	8	7	6	8	6	6	8	8	7	7	7
京郎廳		-	1	1	1	1	1	1	1	1	1	1	1	1	1	1
各所監造官	三物所	-	-	-	-	-	-	-	-	1	1	1	-	1	1	1
	造成所	1	1	1	1	1	1	1	1	1	1	1	1	1	1	1
	大浮石所	-	-	-	-	-	-	1	-	1	-	-	-	-	-	1
	爐冶所	-	-	-	-	-	-	1	-	1	1	1	-	1	1	1
	補土所	1	1	1	1	2	1	1	1	1	1	-	1	1	1	1
	小浮石所	1	1	1	1	1	1	1	1	-	-	-	-	-	1	1
	輸石所	1	1	1	1	1	1	1	1	1	1	1	1	1	1	1
	소계	4	4	4	4	5	4	6	4	6	5	4	3	5	5	7
分差官	別工作	1	1	1	1	1	1	1	1	1	1	1	1	1	1	2*
	分長興庫	1	1	1	1	1	1	1	1	1	1	1	1	1	1	-
	燔瓦所	1	1	1	1	1	1	-	-	-	-	-	-	-	-	-
輸石所 部將		-	-	-	-	-	-	-	-	-	-	-	-	-	-	-
監董		-	-	-	-	-	-	-	-	-	-	-	-	-	-	11
別看役		-	-	-	-	4	3	3	2	2	4	3	6	2	6	4
相地官	相地官	-	2	2	2	1	1	4	1	1	1	1	1	1	1	14
	方外地師	-	7	5	3	8	5	-	3	6	6	3	5	3	4	-
	看審人	-	-	-	-	-	-	2	-	-	-	1	1	-	-	-
算員(計士)		2	(3)	(3)	(4)	(3)	(3)	(3)	(3)	(2)	(3)	(3)	(3)	(3)	(3)	-
醫員		1	1	1	1	1	1	1	1	1	1	1	1	1	1	1
畫員		-	-	-	-	-	-	-	-	-	-	-	-	-	-	-
錄事		1	1	1	1	1	1	1	1	1	1	1	1	1	1	-
都廳 書吏		9	9	9	9	10	10	10	10	10	10	10	9	10	10	10
書寫		1	1	1	1	1	1	1	1	1	1	1	1	1	1	1
庫直		2	2	2	2	2	2	2	2	2	2	2	2	2	2	2
使令		13	11	10	10	10	10	10	10	10	10	10	10	10	10	10
守直軍士		2	4	4	4	4	4	4	4	4	-	-	-	-	-	-
捕盜軍士		2	2	2	2	2	2	2	2	2	-	-	-	-	-	-
京都監 書吏		3	3	3	4	3	3	3	3	3	3	3	3	3	3	3
庫直		1	-	1	-	1	1	1	1	1	1	1	1	1	1	1
使令		-	2	2	3	2	2	2	2	2	2	2	2	2	2	2
守直軍士		-	2	2	2	2	2	2	2	2	2	2	2	2	2	-
捕盜軍士		-	2	2	-	2	2	2	2	2	2	2	2	2	2	-

산릉도감의 조직 운영

산릉도감이 조직되더라도 능소 택지(擇地) 전까지는 일정 기간 도성 내 머물면서 공역을 준비해야 했다. 택지 후 산릉도감 내 대부분의 인력은 능소 또는 재료 산지로 이동하고, 도성 내에는 능소 업무를 지원할 수 있도록 경도감(京都監)을 별도로 두었다. 택지를 기점으로 효율적인 조직 운영을 위해 산릉도감을 이원화(二元化)한 것이다.

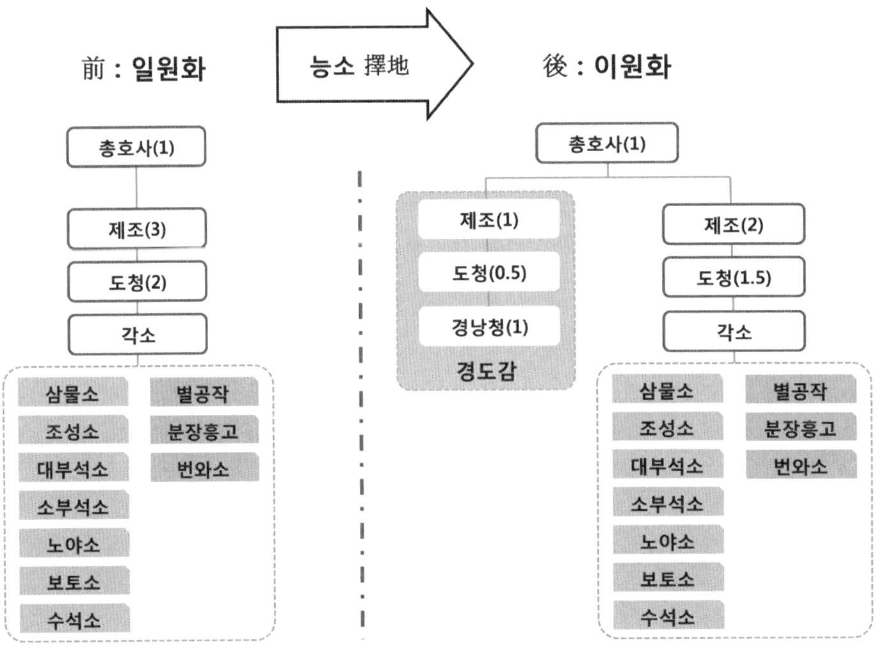

그림 3-2. 능소 택지(擇地) 전후 산릉도감의 조직

총호사는 혼전·국장·산릉도감의 총책임자로 필요할 때만 능소를 살피고, 산릉도감의 실질적인 책임은 제조가 맡았다. 능소 내 도감에는 제조 2명이, 경도감에는 제조 1명이 제반 업무를 총괄하였다. 도청은 2명이 능소에 머무는 것을 기본으로 하였지만 필요에 따라 1명은 경도감으로 옮겨 업무를 보았다. 각소로 배정된 낭청, 감조관, 영역부장 및 아전

등은 택지 후 능소로 이동하여 업무를 수행하였다. 조성소의 경우 본격적인 치목 및 조립 작업 전 목물(木物)부터 조달하여야 하므로 낭청 및 감조관은 해당 벌목 지역으로 파견되었다. 목물은 대부분 용산강 일대 사촌리(沙村里)에서 치목되므로 이때 낭청 및 감조관이 파견되고 초련(初鍊)이 완료되면 목물을 능소로 옮겨 본격적인 치목 및 조립 작업을 진행하였다. 이때 낭청은 목수 등을 인솔하여 능소로 들어와 후속 공역을 감독하였다. 대부석소와 소부석소 경우는 업무 성격에 따라 외소(外所)와 내소(內所)로 나뉘었다. 외소는 채석 산지에 설치하여 석물을 떠내는 일 및 초·재련(初·再鍊)을 담당하였고, 내소는 능소 내에 설치하여 석재 재·정련(再·精鍊) 및 설치를 담당하였다. 외소에는 낭청과 감조관이 함께 파견되다가 부석의 일이 어느 정도 진행되면 낭청은 석수를 인솔하여 내소로 이동하여 석재 설치 작업을 진행하였고, 감조관은 외소 업무를 마무리한 후 내소로 들어와 낭청과 함께 석공사를 감독하였다.

효종영릉산릉역(1659)에서는 장악원(掌樂院) 내 경도감을 설치하였는데,[22] 제조 3명 중 1명은 도성에 남아 제반 업무에 대응하였고, 도청 1명은 도성과 능소를 왕래하도록 하였다.[23] 경도감에는 제조 1명, 도청 1명, 경낭청 1명을 두어 왕에게 직접 업무 보고를 하거나[24] 도성에서 해결해야 하는 업무를 추진하였다. 경도감의 중요 업무 중 하나는 인력 조달이었다. 그중 장인 조달을 주로 담당하였다. 정순왕후사릉봉릉역(1699)에서는 안자장(鞍子匠) 이말준을 경도감으로 하여금 추족하여 능소로 보내도록 하였으며,[25] 가칠장 5~6명도 경도감을 통해 조달토록 하였다.[26] 숙빈상시봉원역(1753)에서는 석수 15명을 경도감을 통해 보내도록 하였다.[27] 목재 운반 시 금군 파견도 경도감이 담당하였다. 현종숭릉산릉역(1674)에서는 목재를 용산에서 배로 능소에 인접한 나루로 실어 나를 때 뱃사람들의 도망을 감독하기 위해 경도감에서 금군을 파견하도록 하였다.[28]

조성소의 조직 구성

〈표 3-3〉은 산릉의궤 내 조성소 구성 인원을 정리한 것이다.

조성소 조직은 『소현세자묘소도감의궤』(1645)에 처음으로 등장하지만 낭청과 감조관만 기술하고 있어 구성원 전체는 확인되지 않는다. 『인조장릉산릉도감의궤』(1649)부터 조성소 전체 조직이 확인되는데, 낭청 1명, 감조관 2명, 서리 1명, 서원 1명, 고직 2명, 가고직 1명, 사령 3명, 가사령 5명 등 총 17명으로 편성하였다. 낭청과 감조관에는 주기로 소임이 표기되어 있다. 낭청은 가정자각을 감독하고 감조관 이유(李袖)는 안면도 벌목과 영악전 감독을 맡으며, 감조관 이하악(李河岳)은 가가(假家) 재목 산역과 가재실 감독을 맡았다.[29] 건물별로 낭청과 감조관의 업무를 분장한 경우는 특수한 사례에 해당한다. 이후 기록에는 나타나지 않는다.

『효종영릉산릉도감의궤』(1659)에서는 조성소 조직이 기록되지 않았는데 『인선왕후영릉산릉도감의궤』(1674)부터 다시 등장한다. 이후 조직 표기

표 3-3. 조성소의 조직 구성

구분	1 인조장릉 1649	2 효종영릉 1659	3 인선왕후영릉 1674	4 현종숭릉 1674	5 인경왕후익릉 1681	6 명성왕후숭릉 1684	7 장렬왕후휘릉 1689	8 정순왕후사릉 1699	9 단종장릉 1699	10 인현왕후명릉 1702	11 숙종명릉 1721	12 경종의릉 1724	13 선의왕후의릉 1731	14 단경왕후온릉 1739	15 정성왕후홍릉 1757	16 인원왕후명릉 1757
郎廳	1	-	1	2	1	1	1	1	1	1	1	1	1	1	3	3
監造官	2	-	2	3	4	3	4	2	2	3	3	3	3	2	3	3
領役部將	-	-	4	8	12	4	11	2	4	9	3	6	6	4	8	8
看役	-	-	-	-	-	-	-	-	-	-	-	-	-	-	-	-
京看役	-	-	-	-	-	-	-	-	-	-	-	-	-	-	-	-
京看役牌將	-	-	-	-	-	-	-	-	-	-	-	-	-	-	-	-
鄕領役	-	-	-	-	-	-	-	-	-	-	-	-	-	-	-	-
鄕領役牌將	-	-	-	-	-	-	-	-	-	-	-	-	-	-	-	-
領役牌將	-	-	-	-	-	-	-	-	-	-	-	-	-	-	-	-
書吏	1	-	3	5	6	3	6	1	4	6	3	4	3	6	4	5
雇員	-	-	-	-	-	-	-	-	-	-	-	-	-	-	-	-
書員	2	-	2	3	3	3	3	2	2	3	3	3	3	-	-	-
庫直	2	-	2	2	2	2	2	2	2	2	2	2	1	1	1	1
假庫直	1	-	-	-	-	-	-	-	-	-	-	-	-	-	-	-
使令	3	-	2	3	5	4	5	3	2	4	4	4	4	4	5	5
假使令	5	-	3	-	-	1	1	-	1	-	2	-	1	-	-	-
守直軍士	-	-	2	2	-	-	2	-	2	2	2	2	2	2	2	-
총인원	17	-	19	26	33	21	33	10	18	24	21	23	22	18	24	25

가 유지된다. 인선왕후영릉산릉역에서 조성소는 낭청 1명, 감조관 2명, 영역부장 4명, 서리 3명, 서원 2명, 고직 2명, 사령 2명, 가사령 3명, 수직군사 2명으로 총 19명으로 구성된다. 영역부장은 인선왕후영릉산릉역에서 처음 등장한다. 이후 조성소 조직은 인선왕후영릉산릉역을 기준으로 구성되는데, 직책명 변경과 공사 범위와 규모 등의 이유로 인원이 변동되는 점을 제외하면 큰 변화 없이 19세기 말까지 이어진다.

조성소 인원은 낭청과 감조관, 영역부장, 서리 이하 및 아전으로 구분된다. 낭청은 조성소의 행정과 실무를 담당하고 감조관은 낭청을 보조한다. 영역부장은 장인 및 보조역을 감독하며, 서리 이하 및 아전은 낭청, 감조관, 영역부장을 보조한다. 낭청은 대부분 1명이 배정되는데 최대 3명까지 두기도 하였다. 감조관은 1~4명이 배정되었는데 인원왕후명릉산릉역(1752)까지, 즉 영조 연간까지는 2~4명을 두다가 이후에는 1명으로 인원을 줄이게 된다. 전술하였듯이 감조관 감축은 패장 증원과 관련되어 있는데, 조성소의 경우 목재 조달의 변화도 하나의 요인으로 작용한 것으로 보인다. 후술하겠지만 18세기 전반까지 목재 조달은 관 비

표 3-3. 계속

구분	17 영조 원릉 1776	18 정조 건릉 1800	19 정순 왕후 원릉 1805	20 효의 왕후 건릉 1821	21 순조 인릉 1835	22 효현 왕후 경릉 1843	23 익종 수릉 1846	24 헌종 경릉 1849	25 익종 수릉 1855	26 순조 인릉 1856	27 순원 왕후 인릉 1857	28 철종 예릉 1864	29 철인 왕후 예릉 1880	30 신정 왕후 수릉 1892	31 효정 왕후 경릉 1904
郎廳	2	1	1	1	1	1	1	1	1	1	2	1	2	2	1
監造官	1	1	1	1	1	1	1	1	1	1	1	1	1	2	1
領役部將	5	-	-	-	-	-	-	-	-	-	-	-	-	-	8
看役	-	-	-	-	-	-	-	-	-	-	-	-	-	-	1
京看役	-	6	-	9	-	-	-	-	-	-	-	6	5	-	-
京看役牌將	-	-	-	-	8	11	8	8	9	10	11	-	-	7	-
鄕領役	-	-	-	-	-	-	-	-	-	3	2	-	2	3	-
鄕領役牌將	-	2	-	7	3	1	-	-	-	-	-	-	-	-	-
領役牌將	-	-	7	-	-	-	-	-	-	-	-	-	-	-	-
書吏	3	6	6	4	6	6	6	6	2	4	5	3	6	5	-
雇員	-	-	-	-	-	-	-	-	-	-	-	-	-	-	6
書員	3	-	-	-	-	-	-	-	-	-	-	-	-	-	-
庫直	1	2	2	1	1	1	1	1	1	1	1	-	1	2	1
假庫直	-	-	-	-	-	-	-	-	-	-	-	-	-	-	-
使令	4	4	4	4	4	4	4	4	4	4	4	2	4	4	3
假使令	-	-	-	-	-	-	-	-	-	-	-	-	-	-	-
守直軍士	2	2	-	2	2	2	2	2	2	2	2	2	2	2	2
총인원	19	22	21	27	24	25	21	21		24	26	13	21	25	22

축 물량 외에 복정(卜定)이나 벌목 등을 통해 산릉도감에서 직접 조달하였는데, 19세기에는 관 비축 물량 외에 외도고(外都庫)를 통해 조달함에 따라 목재 조달에 따른 감조관의 역할이 줄어들게 되어 인원을 감축시켰던 것으로 보인다.

영역부장은 4~12명까지 인원 편차가 심한 편으로 평균 6.2명이 투입되었다. 영역부장이라는 직책은 영조원릉산릉역(1776)까지만 보인다. 장헌세자현륭원원소역(1789)에서는 경간역(京看役), 향영역패장(鄕領役牌將)으로 변경된 이후 다양한 직명이 혼용된다. 주로 경간역은 경간역패장(京看役牌將), 향영역패장은 향영역(鄕領役)으로 불리었다. 경간역패장과 향영역패장의 인원을 합하면 6~16명이고 평균 9.6명으로 영역부장에 비하면 3명 정도 증가되었다.

보조 역할을 담당한 하위 관리와 아전 중 서리(書吏)는 대체적으로 3~6명 정도 배정되었다. 서원(書員)은 2~3명을 두었는데 선의왕후의릉산릉역(1731)까지만 배정되었다. 서원은 주로 문서 작성·열자(列字)·회계·공사 전달 등의 행정 사무를 담당[30]하였는데, 서리와 역할이 비슷하여 자연스럽게 줄인 것으로 보인다. 고지기는 보통 2명을 두었다. 사령은 2~5명을, 가사령을 선의왕후의릉산릉역까지 1~5명 두었다. 가사령은 능소에 나아가면 더해 주는 사령으로 이후에는 구분 없이 사령에 포함되었다. 수직군사는 2명을 두었는데 도성에 머물 때만 배정되었다.

조성소의 조직 구성은 상위 조직인 산릉도감 조직의 시기별 변화와 그 궤를 같이하였다.

정자각 시공관리

공사계획 수립과 공사 준비

공사계획 수립

산릉도감은 조성소 등 각소를 조직하면서 본격적인 산릉공사 준비에 들어간다. 가장 먼저 하는 작업은 기존 등록(謄錄)을 분석하는 일이었다. 도청에서는 참고해야 할 등록을 각소별로 나누어[分拆] 제공하고, 임시 표지[假衣]로 낙폭지(落幅紙)를 마련하여 본문이 손상되지 않도록 하였다.[31] 산릉역에서는 대체로 산릉의궤를 직접 열람하지 않고, 등록 중 전례에 해당하는 것을 살펴보았다. 등록은 관청에서 조치하여 행한 일이나 사실 가운데 중요한 것을 주무 관서에서 그대로 기록하여 만든 책으로 훗날 참고 자료로 활용한 문서이다.[32] 등록을 살피는 것이 실수 없이 공역을 진행할 수 있는 기본적인 방법이었다.

낭청은 산릉도감 조직과 동시에 임명되지만 감조관은 보통 7일 후에나 임명된다. 도감 조직 후 7일 정도에 이르면 조성소에서 처음으로 품목을 올린다. 즉 조성소의 책임자인 낭청이 7일 동안 기존 등록을 세세하게 검토하여 초기 공사계획을 수립하였던 것이다.

공사 계획 단계에서 낭청의 가장 중요한 임무는 적정 시기에 자재와 인력을 조달하는 것이었다. 자재 조달에 앞서 공사 물량을 산출하여야 했다. 이를 위해서는 정자각 등 건축물의 간가(間架) 제도와 규모를 결정해야 하는데, 대부분 전례(前例)에 의거하여 왕명으로 결정되었다. 정자각의 간가 제도를 결정하기 위해 기존 정자각의 규모와 형식을 조사하기도 하였다. 이때 낭청이 서리를 데리고 정자각을 직접 봉심(奉審)하고 간가제도를 조사하기도 하였다.[33] 목수편수를 데려가기도 하는데[34] 이때는 좀 더 정밀한 조사가 이루어졌을 것으로 짐작된다.

정자각의 규모와 형식 등이 결정되면 필요한 자재 물량을 산출하였다. 물량 산출단계에서 낭청은 목수편수 또는 석수편수로부터 도움을 받았던 것으로 보인다. 목수편수와 석수편수 등은 산릉도감의 회동일부터 대기하는데, 이 시기에 해당되는 자재 물량을 검토하였을 것이다. 후술하겠지만 왕이나 왕후의 사망 후 얼마 지나지 않아 각종 자재 물목을 잡고 품목을 올리기 때문에 초기 산출된 자재 물량은 계획 물량으로 실제 물량과는 일치하지 않는 경우가 많았다. 물량 산출의 기준은 기존 등록상의 물량이다. 기존 등록상의 물량을 참고하여 예정된 정자각의 규모 등을 고려하여 물량을 산출한 것이다. 목수편수는 목공사에 소요되는 철물 산출도 담당하였다.[35]

자재 물량 산출과 동시에 장인 및 보조역의 인력 규모를 정하였다. 이 역시 기존 등록을 참고하여 공사 규모와 계절적인 요인 등을 고려하여 가감하였다. 경종의릉산릉역(1724)의 경우 목수는 신사등록(1701, 인현왕후명릉)에 의거하여 75명으로 결정하였고,[36] 석수 역시 신사등록에 따라 80명을 부역하여야 하나 성석(城石)을 취용하기 때문에 50명만 부역하기로 하였다.[37] 장인 인원이 결정되면 보조역의 규모를 산정한다. 경종의릉산릉역(1724)의 경우 신사등록의 420명에서 120명을 줄여 쓰기로 하였는데, 인원 감축 결과 공정에 차질을 빚기도 하였다.[38]

공사 준비

본공사에 들어가기 전 공사 준비에 대해서는 17세기는 인경왕후익릉산릉역(1680), 18세기는 경종의릉산릉역(1724), 19세기는 순조인릉산릉역(1835)을 예로 들어 살펴보자.[39] 자재와 관련해서는 목물의 조달, 치목, 운반 등을, 인력은 목수와 보조역 중 모군과 승군 조달을 중심으로 살펴보도록 한다.

인경왕후익릉산릉역

인경왕후는 1680년 10월 26일 경덕궁 회상전에서 승하하였다. 다음날 27일 총호사를 비롯한 산릉도감의 관원이 임명되었다. 11월 3일부터 능지 선정 논의가 시작되고 15일 경릉(敬陵) 경내로 정해진다. 19일 예조에서 택일을 올린다. 택일[40]상 일정은 다음과 같다.

인경왕후익릉산릉역 택일상 일정

1680년	11월 21일	산릉역 시작
	12월 9일	참초 파토, 선릉에 고유제, 사토제와 후토제 지냄
1681년	1월 1일	옹가 지음
	1월 7일	개금정
	1월 11일	외재궁 진배, 하외재궁, 천광을 마친 후 찬궁을 염
	2월 19일	계재궁
	2월 20일	발인
	2월 22일	계찬궁, 하현궁

택일상 인경왕후 사망 후 약 26일 만에 공역이 시작되고, 시역 후 약 3달 만에 하현궁을 하며 공사를 마무리한다.

목물 조달

인경왕후익릉산릉역 목물 조달 일정

일자	사후[41]	목전[42]	내용
1680년 11월 3일	8일	61일	강이 얼고 추워 양도(兩道)의 재목 수송이 어려우므로 경강(京江) 소재 재목 중 사용할 수 있는 것과 제궁가(諸宮家), 각아문(各衙門)을 따지지 않고 비축한 것을 먼저 사용할 것을 요청한다.[43]
25일	30일	39일	11월 25일에 양주 해월현에서 처음으로 대들보감을 확보하였다하여 목수와 모조역을 파견해달라는 영역부장의 통지를 전한다.[44]

정자각 목재 조달은 11월 3일(목전 61일)부터 목재 초련이 완료되는 11월 29일(목전 35일) 이전에는 완료되었을 것으로 보인다.[45]

장인 조달

인경왕후익릉산릉역 장인 조달 일정

일자	사후	목전	내용
1680년 11월 3일	8일	61일	조성소에 등록된 장인뿐만 아니라 외거(外居) 장인도 불러들이도록 한다.[46]
4일	9일	60일	동절기 공사의 어려움으로 목수 인원을 증원하여 75명으로 편성할 것을 요청한다.[47]
8일	13일	56일	용산강의 재목을 톱으로 켜기 위해 대거 5패, 걸거 5패를 한성부에 명하여 조달하도록 한다.[48]
12일	17일	52일	용산강 벽련소에 목수 20명, 모조역 20명, 대거 5패, 걸거 5패 총 75명과 화정 5명의 요포를 일수에 따라 지급하도록 요청한다.[49]
16일	21일	48일	화원 2인과 화승 60명을 전례에 따라 보낼 것을 요청한다.[50]
27일	32일	37일	화승 16명을 경기, 공청 양도에 분정하는데 특별히 실력이 좋은 자를 뽑도록 한다.[51]
29일	34일	35일	가가(假家) 토역(土役)이 매우 시급한데 능소에 약간의 니장으로는 시간을 맞출 수가 없어 어영청(御營廳), 정소청(精抄廳), 선공감(繕工監), 훈련도감(訓鍊都監) 소속 니장 총 7명과 십자각(十字閣) 근처에 사는 사니장(私泥匠) 송덕만 등을 당일 보내라고 요청한다.[52]
12월 13일	48일	21일	단청을 시역하는 다음 해 1월 10일까지 보내라고 명한다.[53]
1681년 1월 3일	67일	2일	화원 2명을 9일 저녁까지 보내도록 요청한다.[54]
4일	68일	1일	9일까지 칠장 6명을 보내도록 요청한다.[55]
11일	75일	*7일	다시 화원 2명과 칠장 8명을 보내라고 재요청한다.[56]
20일	84일	*16일	목수를 전체적으로 지방에 분정하여 조달하도록 요청한다.[57]

*는 목공사 입주일부터 일자임. 이하 동일.

목물 조달과 같이 11월 3일 처음으로 품목을 올린다. 등록된 인원에 비해 공사에 동원할 만한 인력이 부족하여 외거 장인도 불러들이도록 한다. 다음 해 1월 20일에는 목수를 지방에 분정하도록 한다. 이는 도감에 등록된 장인 중 숙련자가 사망하고 서울 장인도 여의치 않았기 때문이다. 경기도 7명, 강원도 5명, 황해도 5명, 공청도 10명, 전라도 15명, 경상도 15명 총 67명을 분정하는데, 승속을 따지지 않도록 하였다. 능소에 도착하는 기간을 맞추지 못하거나 비숙련자를 보낼 경우에는 해당 읍 수령에 중형을 내릴 것을 명하였다. 그만큼 도성 내 숙련된 장인이 적었음을 알 수 있다. 실제 참여한 장인수를 보면 분정한 수와는 차이가 난다. 서울이 33명으로 가장 많고, 지방은 38명으로 당초 계획보다 절반이 조금 넘는 인원이 동원되었다. 승려는 전라도, 경상도에서 5명씩 차출되었다.

11월 29일에 가가(假家) 토공사[土役]가 매우 시급하여 군영 소속 장인과 민간 니장을 요청한다. 동절기 공사의 특성상 미장공사는 더욱더 시간 제약을 받았기 때문에 관아 소속 니장 외에 사장까지 동원한 것이다. 단청 장인은 11월 16일부터 다음 해 1월 11일까지 여러 차례 숙련된 인력을 요청한 것을 보면, 그만큼 인력 조달이 수월하지 못했음을 알 수 있다.

목수, 니장 등 장인은 11월 3일(목전 61일)부터 인력 요청을 시작하였고, 화원 및 화승은 11월 16일(목전 48일)부터 보내도록 요청하였다. 기록을 보면 당시 목수 및 화원, 화승 등 숙련된 장인 조달이 여의치 않았음을 알 수 있다.

보조역 조달

인경왕후익릉산릉역 보조역 조달 일정

일자			사후	목전	내용
1680년	11월	17일	22일	47일	모군은 기존 등록을 참고하여 170명으로 정하고 경기에서 모집하는데 일의 형세를 봐가면서 그 수를 정하도록 하였다.[58]

보조역 중 모군은 기존 등록을 참고하여 170명으로 정하고 일의 형세를 봐가면서 그 수를 정하도록 하였다. 실제로 참여한 모군은 총 824명으로 연인원은 12,000명이었다. 정자각 지정 시 흙을 나르는 모군은 15명당 화정 1명, 30명당 심부름꾼인 복직(卜直) 1명을 배정하고, 한 패는 30명으로 정하여 작업하였다.[59] 270명이 20일 간 공역하여 연인원으로는 총 5,400명이 참여하였다.

모군은 작업 시점이 명시되어 있지 않지만, 목물 치목 단계부터 필요하므로 최소한 11월 20일에는 투입되었을 것으로 보인다. 승군은 목재를 운반하는 12월 7일부터 약 20일 간 투입된 것으로 추정된다.

목물 치목

인경왕후익릉산릉역 목물 치목 일정

일자	사후	목전	내용
1680년 11월 8일	13일	56일	용산강 벽련소 내 치목용 목재를 운반하기 위해 한강 가까이 사는 백성의 사역을 요청한다.[60]
〃	〃	〃	대거 5패, 걸거 5패를 한성부에 요청한다.[61]
11일	16일	48일	각종 수장재 및 창호재 치목을 위해 11월 20일(본전 35일)부터 용산에 톱 설치를 시작하며 그중 누주(樓柱), 부등목(不等木)은 길고 큰 것이 제각각이어서 치목하지 않으면 운반이 어려워 일시에 거행해야 함을 보고한다.[62]
12일	17일	47일	대거(大鋸) 5개, 중거(中鋸) 3개 등 톱질 관련 치목 물품을 요청한다.[63]
29일	34일	35일	초련이 거의 완료되어 수송을 위한 수레 준비를 요청한다.[64]

11월 8일(목전 56일) 용산강 벽련소 내 치목 목재 운반을 위해 한강 인근 백성의 사역을 요청한다. 이 시기에는 점차 연군(煙軍)이 모군으로 대체되어감에 따라 부역 동원이 쉽지 않았다. 11월 20일부터는 각종 수장재 및 창호재 치목을 위해 용산에 톱 설치 등 치목 시설을 갖추고, 특히 운반의 편의를 위해 큰 부재는 초련하도록 하였다. 11월 29일(목전 35일)에는 초련이 거의 완료되어 수레로 운반을 준비한다. 이때 치목된 목재는 정자각 재목에 한정된 것으로 짐작된다.

목물 운반

인경왕후익릉산릉역 보조역 조달 일정

일자	사후	목전	내용
1680년 11월 26일	31일	38일	각 관아에 용산강에서 벽련된 재목을 수송하기 위한 수레를 훈련도감, 어영청, 수어청, 병조, 군기시, 한성부에서 보내줄 것을 요청한다.[65]
29일	34일	35일	치목이 거의 완료되어 해당 관아에 수레를 재요청한다.[66]
12월 1일	36일	33일	운반로 변경을 요청한다.[67]
6일	41일	28일	영역부장이 보 운반의 어려움을 보고한다. 이미 벌목 후 벽련을 마쳐 운송하여야 하나 대로(大路)까지 나가는 것 자체가 어려워, 역군 200명을 동원하여 대로까지 운반하고 다시 대로에서는 수레 2대와 소 10마리, 마축군 50명을 동원하여 운반하도록 한다.[68]
7일	42일	27일	변경된 운반로로 시험 삼아 운반하도록 한 후 결과를 논의하여 재실 목재도 운반할 것을 요청한다.[69]

11월 26일 각 관아에 용산강에서 벽련된 재목을 수송하기 위한 수레를

훈련도감 등 제 군영과 한성부에 요청한다. 12월 1일 운반로 변경을 요청한다. 당초 운반로인 사현(沙峴, 현 은평구 모래내), 녹번(碌磻, 현 녹번고개)은 산이 험해 수송이 어려워 용산에서 망원정(望遠亭)까지 이동하고, 다시 망원정에서 향동(香洞, 현 고양시 덕양구 향동동)까지는 직선로로 이동이 편리하여 변경을 요청한 것이다. 빙상 운반을 지시하며, 용산강 벽련소에서 치목된 목재를 능소로 운반하기 위한 부역을 품한다. 하지만 이 시기가 세빙역(藏氷役)과 겹쳐 결국 행정 경계를 넘어 과천, 금천 양천에 거주하는 백성을 사역하라고 지시한다.[70] 12월 6일에는 보 운반의 어려움을 보고한다. 벌목한 보는 대로까지 역군 200명

표 3-4. 인경왕후익릉산릉역 공사과정

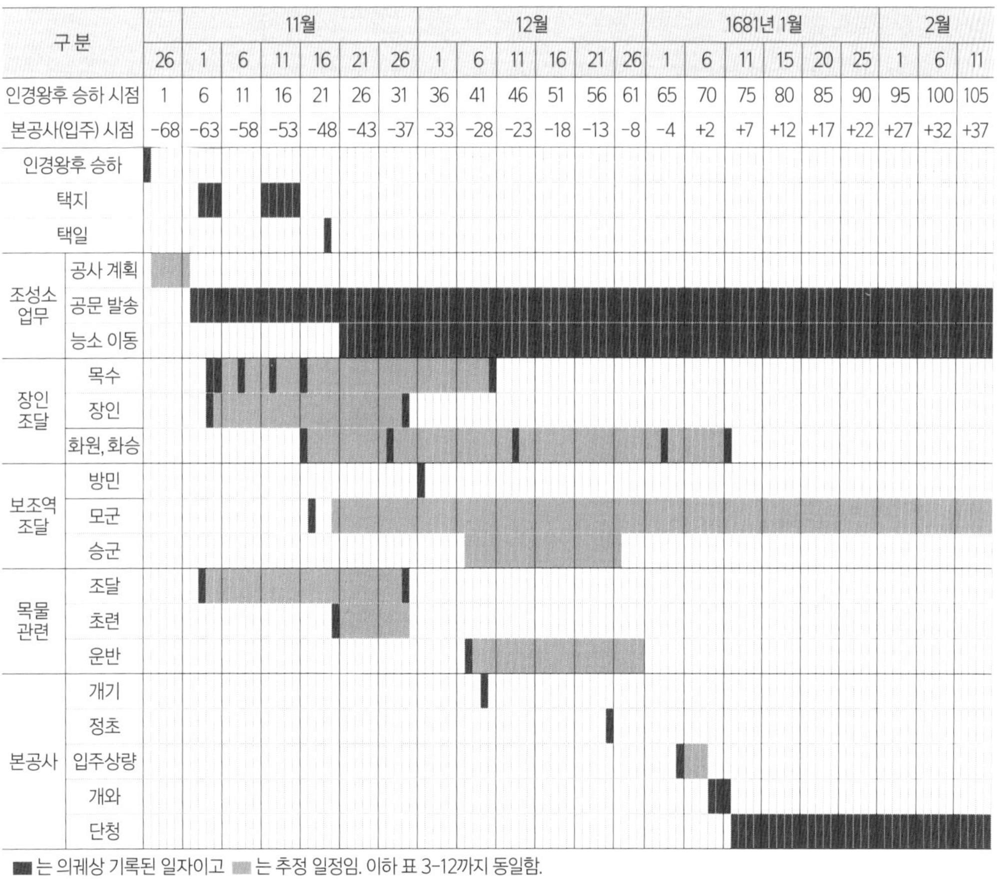

■는 의궤상 기록된 일자이고 ■는 추정 일정임. 이하 표 3-12까지 동일함.

을 동원하여 운반하고 대로에서는 수레 2대와 소 10마리, 마축군 50명을 동원하여 운반하도록 하였다. 당시 보와 같은 큰 목재를 운반하는데 많은 공력과 인력이 요구되었음을 알 수 있다. 12월 7일에는 변경된 운반로로 시험삼아 운반해 본 후 운반 효율이 높다는 결론을 내리고, 정자각 목물 운반 외에도 이러한 방식을 취하였다. 목물 운반은 12월 7일(목전 27일) 시작하여 목공사가 시작되는 1월 5일 전인 12월 말쯤에는 완료되었을 것으로 보인다.

이와 같이 낭청은 임명된 후 5일 정도 내 공사계획을 수립하고, 가장 먼저 목물과 인력 조달을 품하였다. 목물 조달은 인경왕후 승하 후 8일(목전 61일) 품목을 올리고, 같은 날 장인 조달을 위한 품목을 올린다. 보조역 중 모군은 목공사 입주 47일 전 기존 등록을 참고하여 규모를 정한 후 조달하도록 하였다. 정자각 목물 치목은 목공사 입주 44일 전부터 시작하여 35일 전에는 초련을 마쳤다. 기둥을 세우기 27일 전부터 목물 운반을 시작하여 5일 전 쯤 마무리한 것으로 보인다. 인경왕후의 릉산릉역은 장인 조달의 어려움은 있었지만 전체적인 공정은 순조롭게 진행된 사례에 해당한다.

경종의릉산릉역

경종은 1724년 8월 25일 창덕궁 환취정에서 승하하였다. 같은 날 총호사 등 관원을 임명하며 산릉도감이 조직된다. 9월 6일 능지 선정이 논의되고 열흘 후 16일에 중랑포로 결정된다. 같은 날 택일을 올린다. 택일상 공사 일정은 다음과 같다.

경종의릉산릉역 택일상 일정

1724년	9월	24일	산릉역 시작, 약 1달 만에 시작
			묘시에 참초 파토
			새벽 벽두에 선릉에서 고유제, 사토제
	11월	6일	옹가 지음
	11월	10일	개금정
	11월	13일	외재궁 진배, 외재궁 내리고 천광 마침, 찬궁을 염
	12월	16일	발인, 계찬궁, 하현궁

경종 사망 후 약 1달 만에 공역을 시작하고, 시역 후 약 2달 20일 만에 하현궁을 하며 공사를 마무리한다. 산릉역의 일정은 전체적으로 순조로웠다. 다만 점차 겨울에 접어들고 있어, 이에 따라 어떻게 공사가 진척되었는지 살펴볼 필요가 있다.

목물 조달

경종의릉산릉역 목물 조달 일정

일자	사후	목전	내용
1724년 9월 5일	11일	39일	정자각 이하 소용 재목은 경강 이외 제궁가(諸宮家), 각아문(各衙門)을 따지지 말고 비축한 재목을 먼저 취용하고 전례에 의거하여 거행하도록 한다.[71]
16일	22일	28일	정자각 재목 중 과천현 내 개인으로부터 대연 8개, 기둥 1조, 궁재 1조, 재목 4조를 조달하도록 한다.[72]
〃	〃	〃	상의원에서 정자각 소입용 목물로 누주 58개, 소부등 5조를 조달하도록 한다.[73]
〃	〃	〃	양주 광진, 광주 구천면, 광주 송파창에서 누조 1조, 궁재 21조, 재목 211조, 소재목 8조, 소소재목 3조, 대연 8개, 소연 100개, 벽련누주 2조, 벽련재목 7조를 조달하도록 한다.[74]
20일	26일	24일	호조에 정자각 소용 재목용으로 서빙고 고주목 5조, 동빙고 고주목 7조, 대연감을 본래 가격을 주고 조달하도록 한다.[75] 같은 날 양천 교하에 복정하지 말고, 개인이 비축한 소부등 1조, 누주 5조, 궁재 11조, 재목 1조를 값을 치르고 조달하도록 한다.[76]
25일	31일	19일	고양군 내 개인이 비축한 궁재 2조를 값을 치르고 들이도록 한다. 10월 5일에는 총융청에서 소부등 2조를 조달하도록 한다.[77]
10월 30일	65일	*16일	호조에서 정자각 청판감으로 광송판 7닢을 호조에서 조달하도록 한다.[78]

목물 조달은 기둥 세우기 39일 전부터 입주, 상량 후 약 16일이 지난 시점까지 약 2개월간 진행되었다. 작은 수량의 목재도 관 비축과 사저(私儲) 목물 등 여러 경로를 통해 조달했던 것을 보면, 이 시기 목재 조달이 원활하지 않았음을 알 수 있다. 9월 16일 양주와 광주에서 사저 목물을 조달할 때 조달자 이름 뒤에 봉수(逢授) 그리고 목물수 또는 목물주와 목물수를 표기한 것은 특수한 예에 해당한다.[79]

장인 조달

경종의릉산릉역 장인 조달 일정

일자	사후	목전	내용
1724년 9월 5일	11일	39일	신사등록에 의거하여 목수 75명으로 보낼 것을 요청한다.[80]
20일	26일	24일	정자각 단청 기화를 위해 화원 2인, 화승 21명을 해당 관사 및 경기와 충청에서 보낼 것을 요청한다.[81]
〃	〃	〃	경기도, 충청도에 각각 화승 12명, 9명을 11월 5일까지 보내달라고 요청한다.[82]
10월 10일	45일	5일	동절기를 맞아 화원 2인과 졸렬한 솜씨를 가진 화승 약간 명으로는 기한에 맞추기 어렵다하여 신사등록에 의거하여 화원 6명을 더 보내 줄 것을 요청한다.[83]
11월 6일	71일	22일	화원 8명 중 2명은 돌려보낸다.[84]

9월 5일(목전 39일) 신사등록(1701년, 인현왕후명릉역)에 의거하여 목수 75명을 보낼 것을 요청한다. 제색공장질(諸色工匠秩)을 보면 목수는 총 75명으로, 출신 지역은 표기되어 있지 않지만 대부분 경공장으로 보인다.

단청 관련 장인은 9월 20일(목전 24일) 정자각 단청 기화를 위해 화원 2인, 화승 21명을 해당 관사 및 경기와 충청에서 보낼 것을 요청한다. 10월 10일에는 동절기를 맞아 몇몇 실력이 떨어지는 화승으로는 공사 기간을 맞추기 어려워 화원 6명의 증원을 요청한다. 실제 화승은 15명이 동원되었는데 모자란 인원수만큼 도화서 화원을 대신 요청한 것이다. 11월 6일 정자각 단청공사를 시작하였다. 이날 화원 8명 중 2명은 돌려보내는데, 그 이유는 밝히지 않았다. 화원의 실역 일수는 3인 13일, 2인 16일이다. 실제 공역은 5명이 담당하고 나머지 화원 1명은 감독 관리의 역할을 한 것으로 짐작된다.

보조역 조달

경종의릉산릉역 보조역 조달 일정

일자	사후	목전	내용
1724년 9월 19일	25일	25일	모군은 신사등록에는 420명이었지만 120명을 줄일 것을 품하였으나, 정자각 위치(基址)가 태반이 논으로 공역이 전에 비해 10배 이상 들고, 동절기로 300명 모군이 네 곳으로 나뉘게 됨에 따라 정자각에는 70여 명밖에 되지 않아 기한을 맞추기가 어려우므로 증원하도록 요청한다.[85]

모군은 신사등록보다 120명을 줄일 것을 품하였으나, 정자각 부지 대부분이 논으로 공역이 배가 되고, 동절기로 모군이 네 곳(정자각, 재실, 가재실, 가가)으로 분산되어 정자각에는 70여 명 정도로 인원이 부족하여 증원을 요청한다. 제색공장질을 보면, 모군은 9월 20일에 300명이 동원되고, 10월 1일에 2차로 90명이 추가되고, 마지막으로 12월 18일에 30명이 증원되어 총 420명이 참여한다.[86] 실역한 연인원은 21,942명이다. 모군은 네 곳으로 나누어 사역하여야 하나 이번에는 상황에 따라 운영하기로 한다.[87] 인현왕후명릉산릉역(1702)에서는 정자각 120명, 재실 100명, 가재실 100명, 가가 100명으로 구분하여 사역한 바 있다. 실역한 연인원은 21,852명이다.[88] 앞서 살펴보았던 인경왕후익릉산릉역에서 모군과 승군의 연인원이 각각 12,000명, 5,400명, 총 17,400명인 것과 비교하면 의릉역에 더 많은 모군이 동원되었음을 알 수 있다. 이 시기 승군에 대한 기록은 나타나지 않는데, 모군의 투입 인원을 보면 조성소에서 승군은 동원하지 않았던 것으로 판단된다.

목물 운반

경종의릉산릉역 목물 운반 일정

일자	사후	목전	내용
1724년 9월 7일	13일	37일	기존 등록대로 용산강에서 목재를 톱으로 켜는 작업을 요청하였으나, 이번에는 벽련소를 설치하지 말고 직접 능소로 운반하도록 지시한다.[89]
14일	20일	30일	정자각 이하 각양 목물은 용산 탄항계로 운반하도록 한다.[90]
16일	22일	28일	사저(私儲) 목물은 색리를 통해 부근 민거를 동원하여 운반하도록 한다.[91]
〃	〃	〃	과천현과 양주·광주의 사저 목물을 강으로 뚝섬에 운반하도록 한다.[92,93]
20일	26일	24일	정자각 이하 각양 재목의 수레 운반을 시작하였고,[94]
〃	〃	〃	양천 교하의 사저 목물은 용산강으로 보내도록 한다.[95]
25일	26일	24일	고양군의 사저 목물을 용산강으로 보내도록 한다.[96]
10월 19일	54일	5일	가평, 양근에서 구한 싸리나무와 진장목을 뚝섬으로 보내도록 한다.[97]

9월 7일(목전 37일) 이번에는 벽련소를 설치하지 말고 직접 능소로 운반하도록 지시를 받는다. 사저 목물은 뚝섬[98]과 용산강[99] 두 곳으로 1차 집결시켜 군현에서 가까운 곳으로 보냈다. 과천현, 양주목, 광주부, 가

평, 양근은 뚝섬으로, 양천현, 교하현, 고양군은 용산강으로 보냈다. 뚝섬과 용산강에서 1차 집결한 목재를 검수한 후 능소로 옮긴 것으로 보인다. 용산과 뚝섬까지는 차운(車運) 및 강운(江運)하고, 용산과 뚝섬에서 중랑포까지는 강운하고, 중랑포에서 능소까지는 차운하였던 것으로 짐작된다. 정자각 입주·상량이 10월 15일이므로 정자각 관련 목물은 그 이전인 10월 초까지는 1차 집결지인 용산강과 뚝섬을 경유해서 능소로의 운반이 완료되었을 것이다. 관에서 조달한 목물에 대해서는 운송 경로는 밝히지 않았는데 사저 목물의 예를 따랐을 것으로 판단된다.

목물 치목

경종의릉산릉역 목물 치목 일정

일자	사후	목전	내용
1724년 9월 12일	18일	32일	재목을 벽련하기 위해 대거 5좌, 중거 5좌 등 톱질 관련 물품을 요청한다.[100]
27일	33일	17일	일정이 급박하여 벽련 관련 물품을 경강으로 보내지 말도록 한다.[101]
10월 29일	64일	15일	조성소 인거역이 긴급하여 별공작 소속 인거 1패를 2일 반나절을 빌려 쓴다.[102]

9월 12일(목전 32일)에는 목물 벽련을 위해 대거 5좌, 중거 5좌 등 톱질 관련 물품을 요청한다. 9월 27일 일정이 급박하여 벽련 관련 물품을 경강으로 보내지 말도록 한다. 10월 29일에는 조성소 인거역이 긴급하여 별공작 소속 인거 1패를 2일 반나절 동안 빌려 쓴다. 시점상 정자각, 재실 목공사 중 가구공사가 완료된 상태였으므로, 수장, 창호 등의 치목과 가재실 및 나인가가를 조성하기 위해 인거패를 동원한 것으로 보인다.

용산에 벽련소를 설치하지 않는 이유에 대해 시간 부족을 언급하고 있다. 의릉역은 다른 산릉역에 비해 일정이 순조로움에도 굳이 능소에서 직접 치목 작업을 하였다. 이는 겨울이 점차 다가오는 것을 대비해 하천의 수위가 낮아지기 전 미리 강으로 목재 운반을 마쳐야 했기 때문으로 짐작된다. 정자각 목물 치목은 목물을 능소로 운반하는 9월 20일(목전

24일) 이후부터 입주·상량일인 10월 15일 전후에 마무리된 것으로 판단된다.

정리하면 낭청은 임명된 후 7일 이내 공사계획을 수립하고, 인경왕후익릉산릉역과 마찬가지로 가장 먼저 목물과 인력 조달을 품한다. 경종 승하 후 11일(목전 39일) 목물 조달 품정을 올리고, 목수 인원은 신사등록에 의거하여 조달하도록 요청한다. 인경왕후익릉산릉역에 비해 목수 조달은 수월했던 것으로 보인다. 모군은 목공사 25일 전 인원을 결정하였는데, 신사등록보다 120명을 줄인 탓에 공사에 차질을 빚기도 하였다. 목물 치목은 다른 산릉역과는 달리 용산에서 초련하지 않고 능소로 바로 운반하도록 하였다. 이는 강 수위가 낮아지는 것을 염려해 목재를 서둘러 운반한 것으로 짐작된다. 정자각 주요 목물 운반은 입주·상량일보다 20일 정도 앞서 마무리한 것으로 보인다. 목물 치목은 입주일 30일 전부터 시작하여 입주일 전후에 끝마친 것으로 판단된다.

표 3-5. 경종의릉산릉역 공사과정

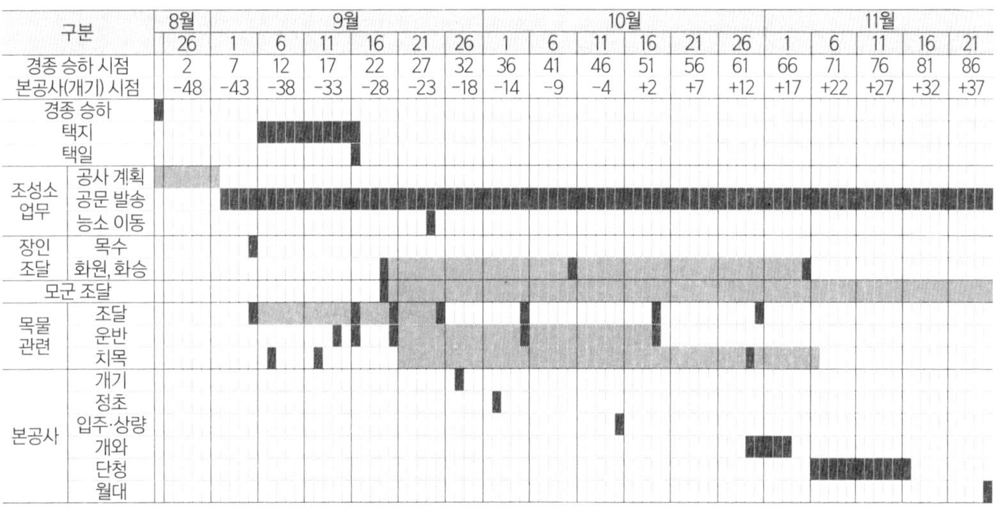

순조인릉산릉역

순조는 1834년 11월 13일 경희궁 회상전에서 승하하였다. 인릉은 순조 사후 15일이 경과된 11월 28일 구장릉(舊長陵) 좌강(左岡)에 봉표(封標)

하고 공사를 진행하였는데, 다음 해 2월 25일 천광 과정에서 토질이 좋지 않아 새롭게 간심하도록 하였다. 이듬해 3월 9일 장릉(長陵) 좌강(左岡)에 봉표하여 공사를 진행하였다. 보름 가까이 공사가 지연된 셈이다.

목물 조달

순조인릉산릉역 목물 조달 일정

일자	사후	구개전[103]	신입전[104]	내용
1834년 12월 5일	23일	65일	112일	정자각 이하 건축물의 칸수는 경신년(1800) 예에 의거하여 정하고 목물 마련은 호조에 이문하여 처리하도록 한다.[105]
1835년 2월 1일	79일	9일	56일	정자각 이하 목물 중 동영 소재 량목 및 수어청이 보유한 치련된 재목과 구재를 운반하도록 하였다.[106]

12월 5일(사후 23일, 구개전 65일) 정자각 이하 건축 규모는 경신년(1800, 정조건릉산릉역) 예에 의거하여 정하고 이에 따라 목물을 요청하였다. 다음 해 2월 1일(구개전 9일)에는 정자각 이하 목물 중 동영 소재 보 목재와 수어청이 보유한 치련된 재목과 구재를 운반하도록 하였다.

장인 및 보조역 조달

순조인릉산릉역 장인 및 보조역 조달 일정

일자	사후	구개전	신입전	내용
1834년 12월 5일	23일	65일	112일	목수 등 장인은 능소로 나가기 전에 기한에 맞춰 대령하도록 해당 관사 및 각 군문에 미리 지시한다.[107]
1835년 3월 8일	116일	#29일	19일	단청 관련 장인을 경신년(1800)의 화원 2인, 화승 22명과 경인년(1830) 화원 29인, 화승 10명 부역 중 어떠한 방식으로 할지를 논의하였는데, 화승을 부역하지 말고 방외지사를 부역하도록 하였다.[108]

#은 구릉 개기 후임. 이하 표 동일.

12월 5일(구개전 65일) 목수 등 장인은 능소로 나가기 전에 기한에 맞춰 대령하도록 한다. 해당 의궤에는 장인질이 생략되어 인력 구성을 살필 수 없는데, 19세기 의궤를 보면 목수는 이전 시기보다 많은 인원이 동원되었다. 이전에 비해 장인 조달에 대한 기록도 거의 나타나지 않는다. 이는 그만큼 인력 조달에 큰 어려움이 없었다는 것을 시사한다.

3월 8일(신입전 19일)에는 단청 관련 장인 규모를 논의하였는데, 화승을 부역하지 말고 방외지사를 부역하도록 하였다. 순조인릉산릉역을 기점으로 더 이상 화승은 징발하지 않았다.

모군 등 보조역에 대한 기록은 나타나지 않아 어느 시기에 몇 명이 투입되었는지 불명확하다. 18세기 후반 이후 승군을 징발하지 않은 점을 보면 모군과 담군이 보조역을 전담했을 것으로 생각된다.

목물 치목

순조인릉산릉역 목물 치목 일정

일자	사후	구개전	신입전	내용
1834년 12월 12일	30일	58일	105일	감조관과 별간역이 패장과 공장을 인솔하여 초치련차 사촌리에 다녀갔다.[109]
1835년 1월 21일	69일	19일	66일	낭청은 시역을 위해 하급 관리와 공장을 인솔하여 파주로 이동하고, 감조관은 사촌리에 남아 치련을 감독하였다.[110]
2월 1일	79일	9일	56일	정자각 이하 재목을 사촌리에서 정치련하였다.[111]

12월 12일(구개전 58일)부터 목물 초련 작업이 사촌리 치목소에서 진행되었다. 다음 해 1월 21일 낭청이 능소로 장인 등을 인솔하여 이동하고, 나머지 치목 작업은 감조관이 남아서 감독하였다. 2월 1일(구개전 9일)에는 정자각 이하 재목을 사촌리에서 정련하였다. 산릉역 대부분은 용산에서 초련하고 재련과 정련은 능소에서 하였는데, 순조인릉산릉역에서는 정련까지 진행하였다. 전체 목재를 정련한 것은 아닌 것으로 보이며 도리, 서까래 등 맞춤부가 없는 부재를 다듬었던 것으로 판단된다.

목물 운반

순조인릉산릉역 목물 운반 일정

일자	사후	구개전	신입전	내용
1835년 2월 1일	79일	9일	56일	정자각 이하 목물 중 동영 소재 량목 및 수어청의 치련된 목재를 배로 운반하도록 지시하였다.[112]
2월 11일	89일	#2일	46일	사촌리에서 초치련된 목물은 배로 운반하도록 하였다.[113]
3월 12일	120일	#33일	15일	감조관이 새로운 능소로 이동하고 낭청은 처음 봉표한 능소에 남아 목물을 검수한 후 수송하도록 하였다.[114]

2월 1일(구개전 9일) 정자각 이하 목물 중 동영 소재 보 목재와 수어청 소재 치목재를 배로 운반하도록 한다. 10일 후 2월 11일(구릉 개기 후 2일) 사촌리에서 초련된 목물은 배로 운반하였다. 하지만 처음 봉포한 파주 구장릉 좌강에 문제가 생겨 3월 9일(신입전 18일) 파주 교하 장릉에 재봉표를 하게 된다. 이에 따라 3월 12일(신입전 15일)에는 낭청이 처음 봉표한 능소에 남아 목물을 검수한 후 수송하였다. 다행히 같은 파주 지역에 새로운 능소를 정함에 따라 목물 운반에는 큰 문제가 없었다.

순조인릉산릉역은 타 산릉역에 비해 택지와 택일이 일찍 이루어졌는데, 이 기간 낭청은 약 10일 동안 공사계획을 수립하였고, 순조 사후 23일(구릉 개기 전 65일)에 목물 조달을 시작하였다. 후술하겠지만 19세기에 목재는 관 비축물량으로 해결하였기 때문에 목물 조달에는 어려움이 없었다. 같은 날 목수 등 장인 조달을 지시하였다. 구릉 개기 58일 전부터 사촌리에서 치목하였고, 개기 9일 전부터 정련까지 진행하였다. 같은 날 관 비축 목재를 능소로 운반하였고, 구릉 정자각 개기 이틀 후 사촌리 초련 목재도 능소로 운반하였다. 하지만 처음 봉표한 능에 문제

표 3-6. 순조인릉산릉역 공사과정

구분	11월		12월			1835년 1월			2월						3월						4월
	13	21	1	11	21	1	11	21	1	6	11	16	21	26	1	6	11	16	21	26	1
순조 승하 시점	1	9	19	29	39	49	59	69	79	84	89	94	99	104	109	114	119	124	129	134	139
구릉 개기 시점	-87	-79	-69	-59	-49	-39	-29	-19	-9	-4	+2	+7	+12	+17	+22	+27	+32	+37	+42	+47	+52
신릉 입주 시점	-134	-126	-116	-106	-96	-86	-76	-66	-55	-51	-46	-41	-36	-31	-26	-21	-16	-11	-6	-1	5

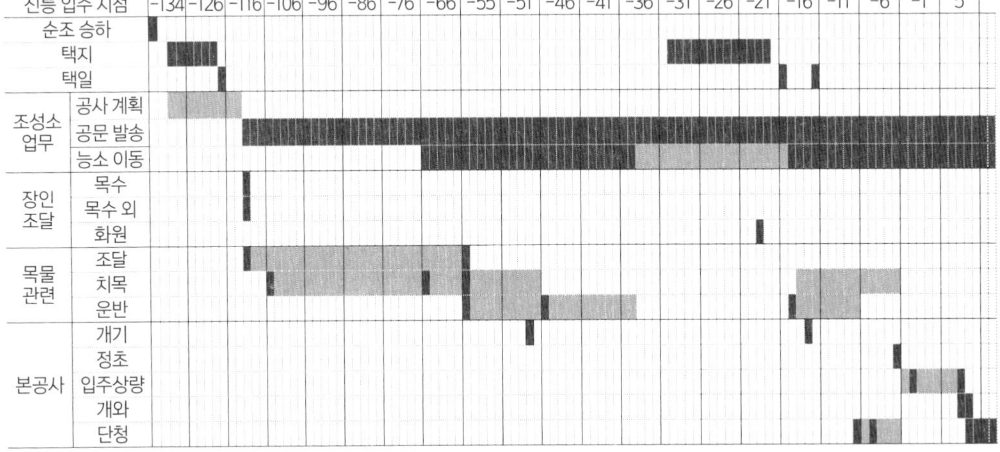

가 생겨 다시 신릉을 봉표하는 과정에서 시간이 지체되었다. 다행히 같은 파주 지역 내로 새로운 능소가 정해졌고, 목물도 대부분 치목이 완료되어감에 따라 이후 공사 진척에는 문제가 발생하지 않았다. 순조인릉산릉역은 목물 및 인력 조달에 큰 어려움이 없이 진행된 사례로 19세기 정자각 공사의 양상을 잘 보여준다.

지금까지 시기별 산릉역의 본공사 준비과정을 살펴보았다. 낭청은 임명되자마자 기존 등록을 참조하여 자재 및 인력 조달 계획을 수립하였다. 계절적인 요인을 감안하여 본공사를 준비하였는데, 택지 과정에서 문제가 발생하더라도 이에 탄력적으로 대응하였다. 낭청 1명, 감조관 1~2명으로 공사관리를 운영할 수 있었던 것은 기존 등록이라는 전례서이자 공사매뉴얼이 있었기 때문이다. 이를 통해 이전의 다양한 공사관리방법을 빠르게 습득하여 현장 상황에 따라 효과적으로 대처해 나갈 수 있었다. 즉 의궤와 등록은 당시 관영건축공사의 관리와 운영에 있어 가장 강력한 도구였다고 평가할 수 있다.

시공과정

산릉의궤에서 전체 공사일지인 시일(時日)이 등장하는 것은 『정조건릉산릉도감의궤』(1800)부터이고, 각소의 공사일지인 일록(日錄)이 등장하는 것은 『수빈휘경원원소도감의궤』(1823)부터이다. 따라서 19세기 산릉의궤 속 시일과 일록을 통해 정자각의 시공과정을 살펴보도록 하자. 위계에 따라 공사 기간에 차이가 발생하므로 산릉·원소·묘소역을 구분하여 검토하고, 처음 산릉을 조성할 때와는 달리 공사 기간에 제약이 적은 천봉역도 다루도록 한다. 산릉역이 어느 계절에 진행되었는지도 중요한 검토 사항이다. 특히 여름철 장마 기간과 동절기는 여러모로 제약이 많다. 계절적인 요인 등 시공과정의 난관을 어떻게 극복해갔는지 살펴보도록 하자.

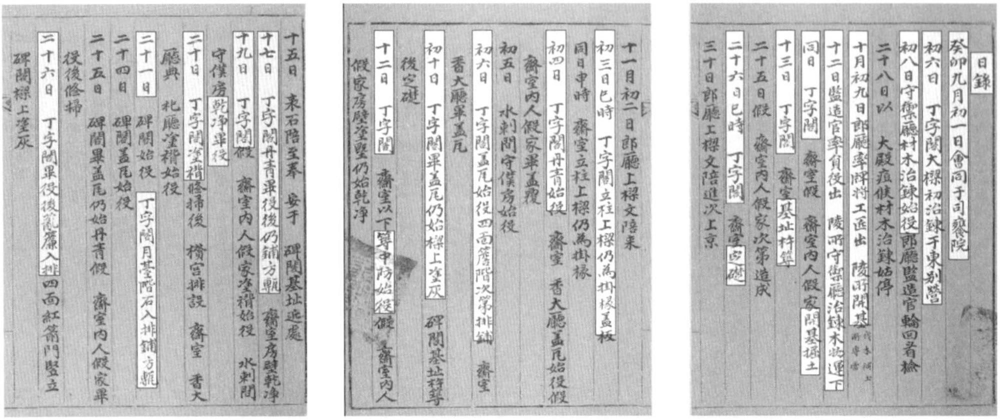

그림 3-3. 조성소 일록(『효현왕후경릉산릉도감의궤』)

정자각 공사 기간

산릉의궤에서 정자각 공사의 준공을 뜻하는 '필역(畢役)'이 표기된 날짜는 대체로 도배공사를 마친 날짜와 같다. 완렴(薍簾)까지 달고 정자각 필역이라고 표기한 경우도 있지만, 이는 『순조인릉산릉도감의궤』(1835)에서만 한 차례 확인된다.[115] 완렴은 의례를 위한 의장재이므로

표 3-7. 정자각 공사 기간

No.	능호	산릉 공사 기간	정자각 공사 기간(일)	비고
1	건릉	1800.6.28~11.13	8.2~10.21(80)	
22	건릉	1821.3.9~9.12	5.22~9.6(57**)	
			7.16~9.6(50)	정초~도배
3	휘경원	1822.12.26~1823 3.3	1.26~2.23(29)	
4	연경묘	1830.5.6~8.10	7.4~8.1(27*)	
5	인릉	1834.11.13~1835.4.24	3.13~4.15(34)	
6	경릉	1843.8.25~12.7	10.15~11.26(42*)	
7	수릉(천봉)	1846.2.14~윤5.25	3.17~윤5.8(81*)	
8	수릉(천봉)	1855.1.18~8.30	3.25~8.3(52**)	
			3.25~5.15	개기~단청
			8.3	도배
9	휘경원(천봉)	1855.1.18~10.11	7.13~9.25(72)	
10	인릉(천봉)	1855.1.18~1856.10.15	4.1~9.25(49**)	
			4.1~5.16	개기~단청
			9.23~9.25	도배
11	휘경원(천봉)	1863.2.7~5.10	3.13~4.27(45)	
12	예릉	1863.12.8~1864.4.7	2.6~3.20(45)	

공사 일자는 음력 날짜임. 산릉 공사 기간은 능주 승하일 또는 천봉 결정일부터 복명일까지임. 정자각 공사 기간은 개기일부터 도배완료일까지로 함. *은 도배완료일 또는 정자각 필역일이 의궤상 표시된 것이고, 나머지 공사 일수는 도배공사가 2일 소요된 것으로 보고 보정한 수치임. **는 공사가 연속되지 않은 경우로 실공사 일수를 산정한 것임

정자각의 공사 기간은 개기(開基, 터파기공사)[116]부터 도배공사까지만 산출하였다.

정자각 평균 공사 기간은 51일로, 1달 20일 정도가 소요되었다. 위계별로 산릉역은 평균 51.6일이고, 원소역과 묘소역은 사례가 적어 합산 평균하면 28일로 한 달이 채 걸리지 않았다. 천봉역은 59.8일로 2달 가까이 소요되었음을 알 수 있다. 원소역과 묘소역은 전체 공사 기간이 3개월 정도이기 때문에 정자각도 짧은 기간 내 완성해야 했지만, 천봉역은 발인 시기가 정해져 있지 않아 비교적 여유 있게 진행되었다.

산릉 정자각의 공사 기간은 인릉이 34일로 가장 짧았고, 건릉이 80일로 가장 길었다. 천봉역은 휘경원이 45일로 가장 짧았고, 수릉이 81일로 가장 길게 소요되었다.

정자각 시공과정

산릉역

공사 기간이 정해져 있는 산릉공사의 특성상 공사 기간의 길고 짧음은 정자각의 시공과정의 난이도를 이해할 수 있는 중요한 지표이다. 이에 공사 기간이 가장 짧았던 순조 인릉과 효현왕후 경릉 그리고 가장 긴 시간이 소요된 정조 건릉을 차례대로 살펴보도록 하자.

순조인릉산릉역

순조인릉산릉역은 전술하였듯이 능소를 새롭게 정하는 과정에서 공사가 지체되었다. 따라서 남은 기간이 충분치 않은 상황에서 공역을 완성해야 하는 어려움이 있었다.

정자각은 3월 13일 터파기[開基]를 하면서 착공[始役]하고 4월 15일 도배공사를 끝으로 34일 만에 준공하였다. 따뜻한 봄에 진행되었다 하더라도 34일은 목조 건축물을 완성하기에는 매우 짧은 기간이다. 어떻게 공사 기간을 단축했는지 유의해서 볼 필요가 있다.

3월 19일 정자각 부지[基址]를 달고질 지정[杵築]한다. 다음 날 가칠공사를 시작하고, 23일에는 단청공사를 시작한다. 목공사 전, 즉 목부재 조립 전에 단청을 시작한 것이다. 통상 목공사, 지붕공사, 미장공사가 완료된 이후에 단청공사를 시작하는 것과는 달리, 인릉에서는 공사 착공과 거의 동시에 단청공사를 시작한 것이다. 이는 부족한 공사 기간을 해결하기 위한 방편으로 이해된다. 단청공사 착수는 사전에 목부재 치목이 거의 완료되었음을 뜻한다.

25일 초석을 설치[定礎]하고, 27일 가목(假木)을 상량한 후 서까래를 걸었다[掛椽]. 4월 3일 본 상량을 하고, 기와잇기[蓋瓦]를 시작하여 다음 날 4일 마친다. 초석 설치 후 26일부터 기와잇기 전 4월 2일에는 목부재 조립이 끝났음을 알 수 있다. 즉 목부재 조립에 6일 정도가 소요된 것이다. 기와공사가 마무리되는 4일 다시 단청을 시역한다. 목공사 전 단청을 한 번 했으므로, 4일 시작하여 4일간 진행된 단청공사는 목부재 단청 마무리 및 벽체 단청 단계에 해당한다.

기와공사 후 5일 벽체[房壁] 미장을 건정(乾淨[17], 정벌 후 양생)한다. 일록에는 방벽 건정이라고만 표기되어 있는데 그 기간은 알 수 없다. 여기서 건정은 정벌 후 양생 정도로 생각된다. 의궤에 표기된 일자가 대부분 공종의 시역일을 표기한 것을 고려하면 4일 정벌한 것으로 추측되는데, 최소 하루 전에는 미장공사를 시작한 것으로 짐작된다. 6일 양성 바름[樑上塗灰]를 시역하고 7일 축중방(築中防, 화방벽) 쌓기를 시역한다. 지붕 밑에서는 축중방을 진행하면서 지붕 위에서는 양상도회를 한 것이다. 축중방은 정전 기단[四面簷階]을 설치하는 9일 전에는 완성되었을 것으로 보인다.

기와공사가 완료되는 날인 4월 4일 월대[月臺階石]를 설치하는데, 4월 9일 기단석을 설치하므로 그즈음 월대도 마무리되었을 것으로 짐작된다. 10일 정자각 내 방전을 포배(鋪排, 바닥 깔기)하고 13일 도배 시역을 하는데, 15일 정자각 내 찬궁(欑宮)을 배설하므로 도배는 14일 또는 늦어도 15일 오전에는 마무리되었을 것이다. 15일 월대 방전 설치를 마지막으로 정자각 공사는 완료된다.

기단을 쌓는 4월 9일에는 부계(浮階)를 철거한다. 단청공사 완료 다음 날 철거하는 것을 보면 부계가 가설비계임을 알 수 있다. 동음인 부계

(浮械)[118]를 잘못 표기한 것으로 보인다. 산릉의궤에서는 부계(浮械) 대신 기계(機械)라 표기하고 각종 기계를 만드는 장인을 기계장(機械匠)이라 하며 2~4명 정도가 투입되었다.

인릉 정자각 시공의 가장 큰 특징은 목부재 조립 전 가칠과 1차 단청을 하고 목부재 조립 후 최종 단청을 실시한 점이다. 일반 목조공사에서는 보기 힘든 파격적인 공정관리이다. 잠시 후 살펴볼 건릉은 목공사 후 18일 간 단청공사를 진행하였는데 인릉에서는 4일 만에 마무리하였다. 이러한 공종 운영을 통해 부족한 공사 기간 문제를 해결한 것이다.

표 3-8. 순조 인릉 정자각 시공과정

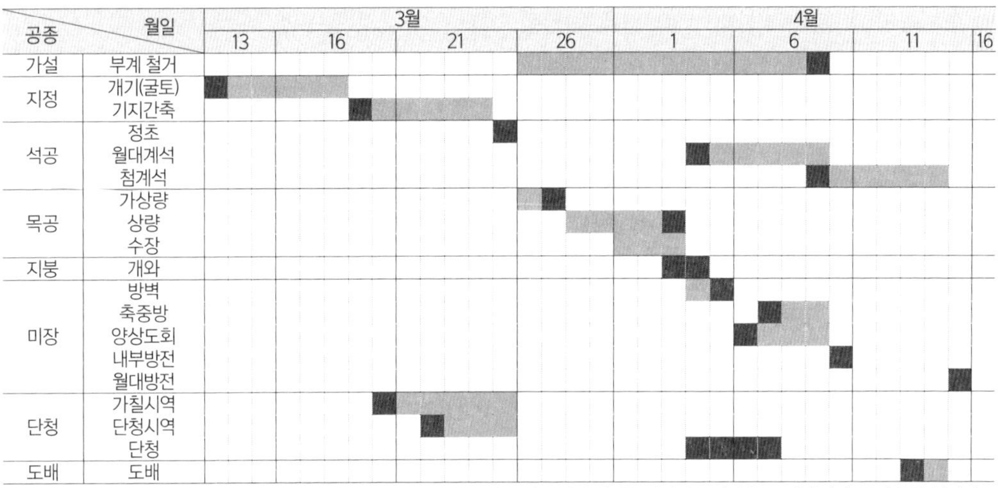

본 표는 가공 및 운반과정을 제외한 산릉에서 실시된 본공사임. 가상량은 가목 상량까지를 의미하고, 상량은 그 전에 괘연, 풍판 등을 설치하고, 상량일에 적심 등을 설치한 것으로 추정함.

효현왕후경릉산릉역

효현왕후경릉산릉역도 처음부터 공사에 차질을 빚는다. 9월 20일 목릉 구릉(舊墓)에 봉표(封標)하였는데, 10월 13일 봉표처를 파는 과정에서 목릉 구광(舊壙)이 발견되어 10월 19일 좌변으로 위치를 옮겨 다시 봉표 후 공사를 재개하였다. 10월 15일 개기[119] 하고 11월 26일 약 42일 만에 공사를 완료하였다. 공사 시기는 늦가을에서 초겨울에 해당한다.

10월 15일 부지 터파기를 하였고, 23일에는 달고질 지정을 하였다. 26

일에는 초석을 설치하고 11월 3일에는 입주, 상량, 서까래 걸기 및 개판 설치를 하였다. 초석 설치 후 8일 만에 골조공사를 마친 것이다. 목공사에서 개판 설치 이후 기록은 없다. 적심을 깔고, 풍판을 달아야 지붕가구가 완성되는데 최소한 기와공사 전에는 진행되어야 한다. 즉 기와공사가 시작되기 전 11월 6일 이전 3일 동안 목공사가 완료된 것이다. 여기서 주목할 점은 같은 날 기둥을 세우고, 상량하며 서까래를 걸고, 개판까지 설치했다는 것이다. 축부, 공포, 지붕가구부, 서까래 이상 목공사의 대부분을 하루 만에 완료한 것이다. 풍판 설치까지 포함하여도 3일 만에 공사를 마친 셈이다. 3일이라는 짧은 기간 내 목부재 조립을 완료했다는 것은 사전에 한 치의 어긋남 없는 정밀한 치목과 효율적인 조립공사를 전제로 한다. 1800년에 진행된 건릉 정자각의 목부재 조립도 3일 만에 완성된 바 있고, 1830년에 진행된 연경묘 정자각도 목부재 조립에 2일이 채 걸리지 않았다. 즉 19세기 초반 목공사 조립 역량이 상당한 수준에 이르렀음을 알 수 있다. 후술하겠지만 1821년 효의왕후건릉역부터 가설비계 발판을 기존의 싸리나무로 엮은 바자에서 판재로 변경하여 자재 운반이 최적화되었다. 정조건릉산릉역과 효현왕후경릉산릉역을 기점으로 목공사에 고정철물이 이전에 비해 대폭 확대되는 등 시공기술이 전반적으로 향상되었다. 이를 통해 목부재 조립 기간을 대폭 단축시키고 내구성도 확보할 수 있게 된 것이다. 이는 목공사 시공기술이 당시로서는 구사할 수 있는 최고 수준에 도달했음을 뜻한다.

11월 4일 단청공사를 시작한다. 공사 기간 단축을 위해 기와공사 전부터 단청을 시작한 것이다. 개판이 깔린 상태였기 때문에 가칠공사 정도를 진행하는 데는 무리가 없었을 것이다. 6일 기와공사 시작과 함께 기단 쌓기를 병행한다. 대부분 기단석은 월대석을 쌓은 다음에 시작하는데, 경릉은 기단석을 먼저 쌓았다. 이때 기와, 단청공사 중이어서 가설비계가 설치되어 있었을 것이다. 비계가 있는 상태에서 기단 설치는 쉬운 일이 아니다. 그래서 일반적인 전통건축공사에서는 비계를 해체한 다음 공사 마무리 시점에 기단을 설치한다. 아마도 목공사 이후 비계를 해체하고 단청과 기와공사 시에는 간단한 비계를 재설치하며 기단공사를 병행했던 것으로 생각된다.

10일 기와공사를 마친다. 같은 날 양상도회를 시작하고, 12일에는 축중방을 시작한다. 날씨가 쌀쌀하므로 벽체 미장공사는 축중방쌓기보다 선행하는 것이 바람직하다. 최소 이틀 전에는 시작해야 하므로 벽체 미장공사는 양상도회와 같은 날 10일에 시작한 것으로 짐작된다. 수장공사는 그 이전 9일 정도에는 마무리된 것으로 추정된다.

17일 단청공사가 마무리된다. 같은 날 정전 내 방전을 깔았다. 19일 도배를 시작하여 다음 날 20일 마친다. 21일에는 월대석을 쌓고 방전 깔기도 함께 진행한다. 26일 정자각 공사를 필역하므로 월대 방전도 이때 마무리되었음을 알 수 있다.

경릉 정자각은 기와공사 전 단청공사를 시작하여 공사 기간을 단축하였다. 하지만 기단공사는 공정 흐름상 무리하게 진행되었다. 그럼에도 기단공사, 수장공사, 기와공사, 벽체 미장공사 및 양상도회 등의 공정을 기단공사와 거의 동시에 수행하였던 것이다. 다수 공정의 중복 진행은 공기 단축을 위한 불가피한 선택이었다. 이렇게 무리해 보이는 중복 공정의 운용은 그만큼 관리역량이 뒷받침되지 않고서는 쉽지 않은 일이었다. 공사 감독을 담당했던 패장(12명)이 이전에 비해 증원되었던 점은 이를 가능하게 한 요인 중 하나였을 것이다.

표 3-9. 효현왕후 경릉 정자각 시공과정

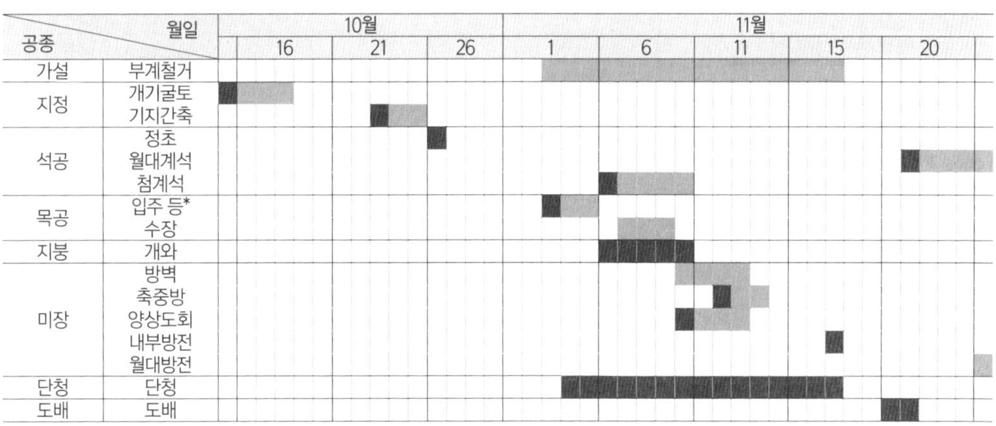

* 입주 등은 입주, 상량, 괘연을 의미하고, 추정 일정 내에는 풍판, 적심 등을 포함함.

정조건릉산릉역(1800)

정조 건릉은 8월 2일 산릉 개기를 시역하는데, 정자각 터파기 시역일은 기록되어 있지 않다. 8월 24일 초석을 설치하므로 정자각 터파기공사는 일주일에서 열흘 전쯤 한 것으로 추정된다. 10월 21일 도배를 하였다. 공사 시기는 가을에 해당한다.

8월 24일 정초 후 9월 6일 입주와 상량을 같은 날 진행하였다. 다음 날 7일 서까래를 걸고, 월대석을 설치하였다. 9일 기와공사를 시행하였다. 따라서 풍판 및 적심 설치 등이 8일까지는 완료된 것이다. 즉 축부, 지붕 가구부, 서까래 이상 목부재 조립이 3일 만에 완성된 것이다. 앞서 살펴본 경릉과 같은 기간에 해당한다. 다음 날 10일 기와공사를 마치고, 앙벽바름을 진행하였다. 건릉 정자각은 개판없이 산자엮은 후 앙벽바름을 하였다. 19일 단청을 시역하고, 같은 날 축중방과 벽체 미장을 하였다. 축중방과 벽체 미장을 함께 진행하는 것은 일반적이지 않다. 대개 벽체 미장 건조 후 축중방을 설치한다. 벽체 미장공사 시기는 가을 중턱으로 날씨가 따뜻하고 건조하여 양생에 큰 문제가 없어 같은 날 시행한 것으로 보인다. 하지만 같은 날 시행하더라도 시차를 두고 진행하였을 것이다. 22일 양상도회를 시역한다. 9일 시작했던 월대공사는 24일 마친다.

표 3-10. 정조 건릉 정자각 시공과정

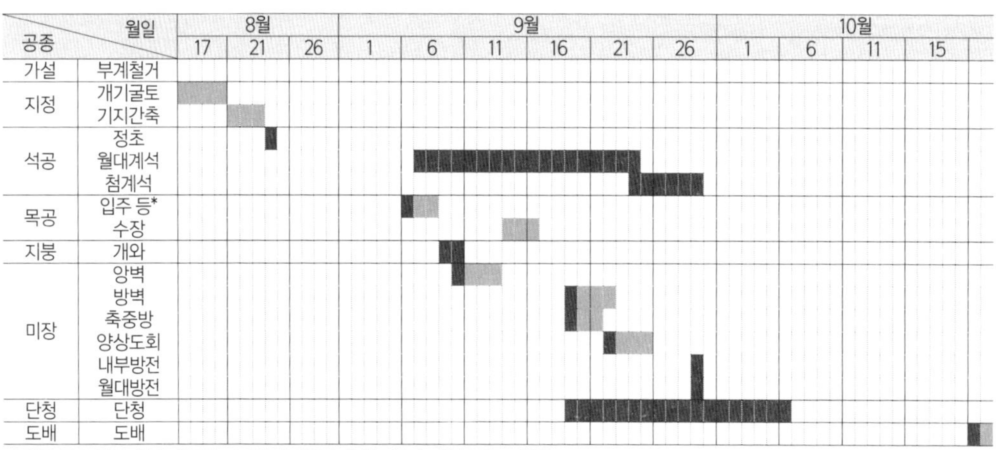

* 입주 등은 입주, 상량, 괘연을 의미함. 추정일정 내에는 풍판, 적심 등을 포함함.

18일 정도 소요된 셈인데 연속해서 진행하지는 않았을 것이다. 같은 날 기단공사를 시작하고 29일 마친다. 당일 방전을 깔았다.

다음 달 10월 6일 단청을 마무리하고 21일 도배를 시역하는데, 22일 찬궁을 배설하므로 22일 오전에는 마무리한 것으로 보이며, 이때 정자각 공사는 마치게 된다.

이전 사례와 달리 미장공사를 제외하면 순차적으로 공사를 진행하고 공정별 공사 기간도 여유가 있는 편이었다. 이전 사례에서는 봉표하는 과정에서 시간을 많이 소모하였는데, 정조 건릉은 이와 같은 문제가 없어 비교적 여유 있게 공사를 진행했던 것으로 보인다.

원소역과 묘소역

원소역과 묘소역은 1달 이내에 정자각 공사를 마무리한 것으로 보인다. 그중 가장 짧은 공사 기간을 보인 효명세자 연경묘를 살펴보자.

연경묘는 6월 1일 양주 도장곡(道莊谷)에 봉표하였지만 9일 부토를 걷어내자 묘역 내에 탈이 있어 다시 택지하기로 결정하고, 6월 29일 의릉 좌변 제2강에 재봉표하였다. 이에 따라 1달 정도 공사가 지체되었다. 7월 4일 터파기공사를 시역하고, 8월 1일 도배를 필역하여 27일 만에 준공하였다. 가장 무더운 시기인 7월에 진행되었다.

7월 4일 정자각 터파기 공사를 시작하고 10일 초석을 설치하였다. 16일 입주·상량하고, 17일 서까래를 걸고 당일 기와잇기를 시역하였다. 목공사가 2일 만에 완료된 것이다. 당일 월대석을 설치하고 이틀 후 19일에 기와잇기를 마친다. 당일 축중방공사를 시작한다.

21일 벽체 미장을 마치고 단청하였다. 22일 양상도회를 시작하고, 단청을 마치며 부계를 철거하였다. 계절적으로 가장 더울 때로 21일 오전 일찍 미장 정벌을 하고, 오후 선선해질 때 벽체 단청을 한 것으로 보인다. 벽체 미장은 축중방과 같이 18일에 진행한 것으로 추정된다. 일반적으로 축중방의 내측은 사벽이므로 사벽을 먼저 바르고 양생 후 축중방을 쌓는다. 여기에서는 선후를 따지지 않았는데, 이는 더운 날씨를 고려한 공정관리로 이해된다.

22일 단청을 마쳤는데, 시작일은 기록되어 있지 않다. 그렇다면 순조 인릉처럼 목공사 시역 전에 가칠공사와 단청공사가 이루어졌을 것이다. 공장질[120]을 보면 가칠장 21명이 21일, 화원 39인이 9일, 화승 10명이 11일간 투입되었다. 가칠에서 단청까지 약 30일 정도 소요된 셈이다. 이중 비각 단청공사 기간을 약 5일 정도로 보면 25일이 산출되는데, 가칠과 단청공사 간 중복 기간이 있으므로 가칠부터 단청까지 15일 정도 걸렸을 것으로 생각된다. 이 경우 가칠공사는 7월 8일경부터 시작되었을 것이다.

22일 기단석 쌓기를 마치는데 시작일은 나오지 않는다. 25일 정자각 내방전을 깔고, 월대석 쌓기를 마친다. 27일 찬실을 배설하고 8월 1일 도배를 마치면서 정자각 공사를 마무리한다. 대부분 정자각 도배는 찬실 배설 이전에 마무리하는데 연경묘는 이와는 반대로 한 것을 보면, 그만큼 공기가 부족하였음을 알 수 있다.

연경묘 정자각은 일부 산릉역에서 보이는 것과 같이 단청공사가 목공사 전에 선행되고, 목공사가 시작되는 7월 16일부터 단청공사가 끝나는 22일까지, 7일 동안 석공사, 목공사, 지붕공사, 미장공사, 단청공사 등 5개 공종을 동시에 진행되는 등 매우 빠듯하고, 복잡하게 공사가 진행되었

표 3-11. 효명세자 연경묘 정자각 시공과정

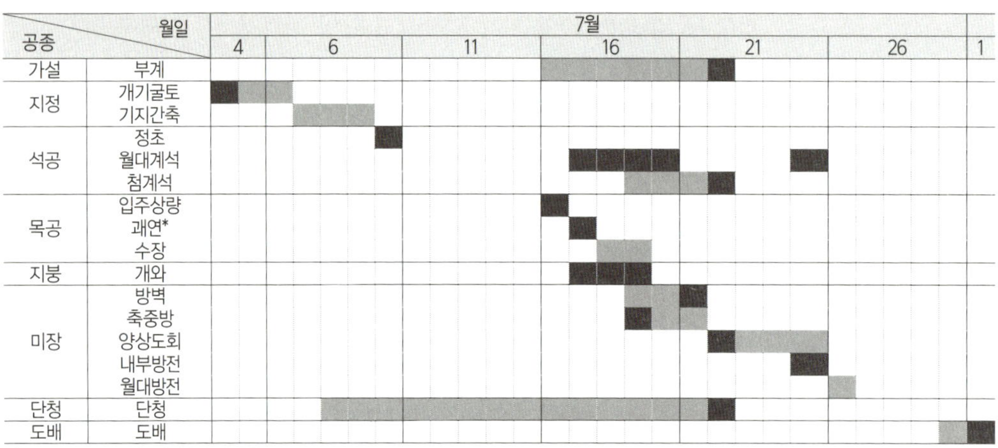

* 괘연은 당일 풍판, 적심까지 설치한 것으로 봄.

다. 이는 앞서 경릉 정자각과 유사하다. 다수의 중복 공정을 대처할 만큼의 관리 역량과 장인의 기술 수준이 최고조에 이르렀음을 보여주는 사례라 할 수 있다.

천봉역

천봉산릉역과 천봉원소역 중 공사 기간이 가장 길었던 익종수릉산릉역(1846)을 살펴보자. 수릉 정자각은 3월 17일 터파기를 시작하고, 윤5월 8일 공사를 마친다. 81일 간 공사가 진행되었다. 목공사가 진행되는 시기부터는 본격적인 여름에 접어들었다.

3월 17일 터파기공사를 시작하는데, 7일이 지난 24일 본격적인 굴토 작업을 하였다. 29일에 기초부 달고질 지정을 하였다. 4월 6일에는 우천관계로 공역이 멈추고 다음 날 재개하기도 하였다. 19일 초석을 설치하고, 28일 입주하였다. 5월 7일 상량하고 서까래 걸기와 개판을 설치하였다. 터파기부터 상량까지 50일이 걸린 것이다. 일반적인 산릉역에서는 정자각 공사가 완료되는 기간에 해당한다. 가장 좋은 택일 일정에 맞춰 개기부터 상량까지 여유 있게 진행되었던 천봉역의 상황을 잘 보여준다. 다음 날 8일 기와잇기와 단청 시역을 동시에 하고, 월대석 설치도 시작한다. 12일 기와잇기를 마치므로 5일 동안 진행한 셈이다. 다른 산릉역에서 보통 2일 만에 기와잇기를 마쳤던 것과 비교하면 그만큼 공사 기간의 여유를 짐작할 수 있다. 당일 양상도회를 하고, 14일 축중방을 하며, 18일 기단석과 월대석 설치를 마친다. 이날 벽체 미장을 한다. 기단석 쌓기 시작일은 나오지 않는데 월대석 설치 후 차례로 쌓았을 것으로 보인다. 축중방을 마치고 벽체 미장을 시작한 것으로, 일반적인 시공과정과는 반대 방식이다. 앞선 사례와 같이 축중방과 벽체 미장의 선후가 필요에 따라 조정되었음을 알 수 있다.

5월 20일 단청을 마치고 25일 내외 방전을 깔았다. 다음 달 윤5월 6일 도배를 시작하여 8일 마치며 정자각 공사를 마무리한다.

수릉 정자각 공사는 다른 산릉역에 비해 공종별로 여유 있게 진행되었고, 공정별 시공순서도 대체로 일반적인 과정을 따랐다.

표 3-12. 익종 수릉(1846) 정자각 시공과정

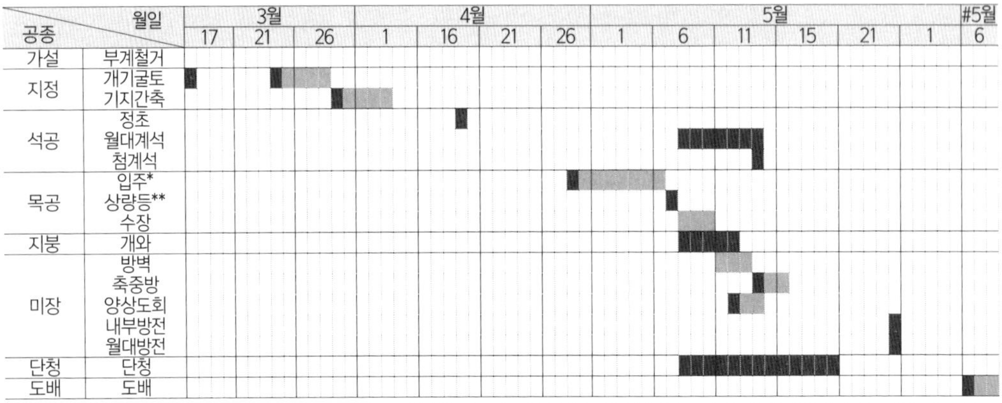

*입주부터 상량일까지 목공사 대부분이 진행된 것으로 보임. **상량 등은 상량, 괘연, 개판 입배를 의미하지만 의례상 상량식을 위한 어칸 종도리 일대만 남겨 둔 것으로 보이고, 이날 적심까지 한 것으로 보임. #5월은 윤5월임.

공정관리 및 공종별 시공 기간

공종 개념 및 공정관리

앞서 19세기 산릉의궤 중 5건의 시공과정을 살펴보았다. 이를 통해 공정 간 상호관계를 파악할 수 있었고, 의궤 기록상 중요하게 인식되는 공종을 자연스럽게 읽어 낼 수 있었다. 지금부터는 19세기 정자각 건립 당시 공사 관계자들의 공종 인식이 근대적인 공종 개념에 얼마만큼 근접하였는지 살펴보도록 한다.

18세기 전반 『인현왕후명릉산릉도감의궤』(1702)부터 『단경왕후온릉봉릉도감의궤』(1739)까지 의례상의 공종 외에 개와(蓋瓦) 및 단청의 시역과 필역이 등장하여 공종 개념에 변화를 보인다. 하지만 18세기 중엽 이후부터는 그전과 같이 의례적인 관점에서 택일상 주요 일시인 개기일(開基日), 정초일(定礎日), 입주일(立柱日), 상량일(上梁日), 필역일(畢役日)과 각각의 시간을 맞추는 데 중점을 두었다. 19세기 의궤상 시일 및 각소 일록의 등장은 의궤가 의례 중심 문서에서 공정 중심의 실무서로의 변화를 시사한다. 같은 시기 다양하고 세부적인 도설의 등장은 동일한 맥락이라 할 수 있다. 의궤와 등록은 공정절차와 공정관리방식을 후대 실무자에게 전달하는 기능을 하는데, 19세기는 이전 시기에 비해 전문성이 강화되었음을 알 수 있다.

시일과 일록은 공사일지로 중요하게 여겨지는 사항만 간추린 요약일지에 해당된다. 시일과 일록에는 정자각 개기일이 가장 먼저 등장하는데, 이는 첫 삽을 뜨는 착공일을 의미한다. 개기 이전에는 정자각 부지를 정하는 정기(定基)가 선행되어야 하는데 정기일 표기는 『익종수릉천봉산릉도감의궤(1855)』에 한 차례만 등장하여, 정자각 부지 선정은 시일에서는 중요한 사항으로 다루어지지 않았다. 개기와 굴토는 병행하는 경우와 그렇지 않은 경우가 있다. 분리해서 시행하는 경우 대체적으로 개기일에는 굴토 위치 표시 작업을 한 것으로 생각된다. 개기일 다음으로는 터파기에 해당되는 굴토일이 나타나고, 굴토일 다음으로 간격을 두고 기초를 다지는 기지(基地) 간축일(杵築日, 달고질 지정일)이 기술된다. 이로써 지정공사가 마무리된다.

다음으로 정초일이 확인된다. 초석을 설치한 다음 목공사에 해당되는 공종이 차례로 표기된다. 의례적인 입주, 상량 이외에 괘연(掛椽, 서까래 걸기)과 개판 입배(入排, 깔기) 등이 나타난다. 상량식은 집의 뼈대 완성을 기념하는 행사로 지금도 중요하게 여기는데, 공정상 큰 가구 부재를 무탈하게 조립하였다는 것을 말하며 상량 이후부터는 작은 부재 공사로 전환한다는 의미이기도 하다. 하지만 상량으로 목공사가 끝나는 것은 아니다. 서까래를 걸고, 개판을 덮어야 지붕부가 어느 정도 완성된다. 괘연과 개판 입배일의 명시는 기존에 축부, 지붕가구부에서 서까래 이상 부재의 완성까지 목공사의 공종 개념이 확장되었음을 뜻한다. 하지만 풍판이나 적심 설치 등은 언급되지 않는다. 이는 괘연과 개판 입배에 비하면 부속 공정으로 인식하여 기록하지 않은 것으로 보인다. 수장공사도 기록되지 않고 있어, 이 역시 부속 공정으로 인식하였음을 알 수 있다.

목공사가 완료되고 개와일이 나타난다. 개와는 모든 의궤상 시역과 필역일이 표시되어 있다. 그만큼 당시 관료 및 실무자들도 중요한 공종으로 여겼음을 알 수 있다. 기와공사가 마무리되어야 더 이상 비를 염려하지 않아도 된다. 산릉의궤에는 상량 후 기와잇기 전 비가 올 것을 대

비해 대부분 유둔(油芚)이나 진대둔(眞大芚)을 준비해 기와잇기 전에 덮어 두기도 하였다.[121] 그만큼 우천 시를 대비하면서 공사가 진행되었음을 알 수 있다.

지붕공사가 완료되면 미장공사를 진행한다. 하지만 공기가 부족한 경우에는 지붕공사와 미장공사를 병행하기도 하였다. 미장공사의 세부 공종은 앙벽, 방벽(房壁, 벽체), 축중방, 양상도회로 현재와 다름없이 모든 부위를 다루고 있다. 양상도회는 당연히 기와공사가 끝난 다음에 이루어진다. 앙벽은 보통 기와공사가 끝나면 진행하는데, 산릉역에서는 목공사가 끝나고 기와공사 전에 진행하기도 하였고, 공기에 따라 지붕공사가 끝난 다음 진행하기도 하였다. 축중방은 내측이 방벽이기 때문에 보통 내측을 시공하고 양생한 다음 외측 축중방을 시공해야 하는데, 산릉역에서는 외측을 먼저 시공한 사례도 적지 않다. 이런 경우는 여름철이나 따뜻하고 건조한 시기가 대부분으로 날씨를 고려해서 탄력적으로 공정을 관리했던 것으로 이해된다.

미장공사가 마무리되면 단청공사를 진행한다. 하지만 공기에 따라 목부재 조립 후 목부재부터 단청을 시작하기도 하고 공기가 더 부족하면 목공사 조립 전 단청을 진행하기도 하였다. 개와와 마찬가지로 단청도 시역일과 필역일이 명시되어 당시 중요 공종으로 인식되었다.

단청공사가 끝나면 도배공사를 진행한다. 대부분 산릉의궤에서는 도배공사를 끝으로 정자각 공사를 필역하고 찬궁 또는 찬실을 정자각 내에 배설한다.

정자각에서 본공사를 진행하는 동안 월대계석과 첨계석(檐階石, 기단석)을 설치한다. 석공사 중 가장 큰 범위에 해당되므로 시역일은 꼭 표기되어 있다. 하지만 필역일이 표시된 경우는 몇 차례 되지 않는다. 월대석과 첨계석을 배설하면 마지막으로 방전 포배일(鋪排日)을 명기하는데 정자각 내와 월대 방전으로 구분하여 포배일을 기록하고 있다. 이로써 석공사와 전돌공사의 중요 공정이 마무리된다.

마지막으로 많지는 않지만 부계 철거일을 기록하고 있다. 모두 단청공사 필역 후 부계를 철거한다. 이를 통해 당시 가설공사가 공종 개념으로 인식되었음을 확인할 수 있다.

이와 같이 19세기 산릉의궤에 공종 기록을 보면, 현재의 한식목조공사와 크게 다르지 않게 근대적인 공종 개념이 확립되어 있었음을 알 수 있다. 기존에는 개기, 정초, 입주 및 상량 이외에 개와, 단청이 중요 공사 기점으로 인식되었다. 하지만 19세기의 건축 공종은 외관상 현격하게 변화를 보이는 부분에서 8개 공종으로, 다시 부위별로 20개 소공종으로 세분화되었다. 개별 공종은 공사 기간, 기후와 같은 공사 환경에 맞춰 공정 관리가 이루어졌다. 물론 시일이 19세기에 등장한다고 해서 효율적인 공정관리가 19세기에 비로소 체계화되었다고 보는 것은 온당하지 않다. 19세기 이전 산릉역에서도 19세기와 마찬가지로 2개월 이내에 정자각 공사를 마쳐야 하는 상황은 같았고, 능소 택지 문제로 공사 기간이 단축되는 예도 빈번하였으며, 18세기 전반기에 개와, 단청의 시역일과 필역일을 택일한 점을 보면 이미 그 이전부터 효율적인 공종관리체계가 구축되었다고 봐야 할 것이다. 19세기 의궤에 시일이 등장한 것은 정조 연간 실학이 새로운 학문으로 받아들여지고 실학 건축의 정점인 화성성역을 경험하면서, 이전과 달리 의궤의 기술 방식에도 실용성과 전문성이 강화되었다고 할 수 있다. 그럼에도 19세기 의궤에 공종을 세분화하여 기록한다는 것은 그만큼 관영건축공사에서 공종 개념이 확대되고, 공정관리 역량이 향상되어가는 양상을 명확히 보여준다. 이는 후술하겠지만 19세기에 들어서 공종별 기법이 이전 시기에 비해 발전하는 것과 궤를 같이한다고 할 수 있다.

공종별 시공 기간

19세기 산릉의궤에 기록된 공종별 시공 기간을 〈표 3-13〉으로 정리하였다. 개와와 단청은 시역일과 필역일이 명시되어 명확하게 시공 기간을 확인할 수 있었고, 일부 공종도 시역일과 필역일을 일부 포함하고 있어 명시할 수 있었지만, 대부분은 공종의 선후 관계상 파악할 수 있는 시공 기간을 유추하여 산출한 것이다.

표 3-13. 정자각 공종별 시공 기간(단위: 일)

공종	능호	①	②	③	④	⑤	⑥	⑦	⑧	⑨	⑩	⑪	⑫	평균
가설	부계존치	31	36	16	8	13	15	22	19	21	24	21	17	20.3
기초지정	개기굴토	-	-	3	3	6	4	5	6	7	-	-	2	4.5
	기지간축	-	-	3	3	6	3	5	6	-	-	-	2	4.0
석공	정초	1	1	1	1	1	1	1	1	1	1	1	1	1.0
	월대계석	18	11	5	5	5	5	7	-	6	-	-	6	7.6
	첨계석	6	4	5	5	6	5	7	6	6	-	-	6	5.6
목공	축부-지붕	3	5	4	2	7	3	9	8	9	9	6	6	5.9
	수장	3	2	3	2	4	3	3	3	3	3	3	2	2.8
지붕	개와	2	5	2	2	2	5	5	5	3	3	5	4	3.6
미장	앙벽	4	3	4	-	-	-	-	-	-	-	-	-	3.4
	방벽	2	4	4	3	4	4	3	3	3	3	3	3	3.3
	축중방	3	3	4	3	3	3	3	3	3	3	3	3	3.1
	양상도회	4	3	4	4	4	4	3	3	3	3	3	3	3.4
	내부방전	1	1	1	1	1	1	1	1	1	1	1	1	1.0
	월대방전	1	1	1	1	1	1	1	1	1	1	1	1	1.0
단청	단청	18	16	9	12	14	14	13	11	7	10	9	8	12.0
도배	도배	2	2	2	2	2	2	3	2	2	3	2	2	2.2
합계		101	97	71	57	79	73	91	78	76	64	58	67	84.8

① 건릉(1800), ② 건릉(1821), ③ 휘경원(1824), ④ 연경묘(1830), ⑤ 인릉(1835), ⑥ 경릉(1843), ⑦ 수릉(천봉, 1846), ⑧ 수릉(천봉, 1855), ⑨ 휘경원(천봉, 1855), ⑩ 인릉(천봉, 1856), ⑪ 예릉(1864), ⑫ 휘경원(천봉, 1864). ■는 의궤상 시역과 필역이 표기된 일수이고, ■는 공정 전후 관계를 통해 산출한 일수이며, 나머지는 추정한 일수임.

부계 즉 가설비계의 존치 기간은 평균 20일이다. 이는 목공사 입주부터 단청공사 필역일까지를 산정한 것이다. 연경묘의 경우 공사 기간이 워낙 짧아 8일 만에 부계를 철거한 것으로 보인다.

석공사의 경우 정초는 하루 만에 완료하고, 첨계석과 월대계석 설치는 5~7일 정도 소요되었다. 목공사의 경우 축부, 가구부 및 지붕부 공사는 평균 6일이 걸렸고, 수장공사는 3일 정도 소요되었다. 기와공사는 3~4일 내 마쳤고, 미장공사는 앙벽, 방벽, 축중방, 양상도회 모두 각각 3~4일 정도 걸렸던 것으로 산출되었다. 월대와 정자각 방전 깔기는 2일이 소요되었고, 단청은 평균 12일 정도가 걸렸다. 도배는 2일 정도 진행되었다.

〈표 3-14〉는 현존 정자각의 해체수리공사 시 공종별 시공 기간이다.[122] 현존 정자각의 해체수리공사와 신축에 해당하는 산릉역의 시공 기간을 직접적으로 비교하는 것은 무리가 있지만 동일한 유형과 규모의 건물

을 대상으로 비교할 수 있는 장점이 있다.[123] 목공사는 산릉역은 약 6일이 소요되었으나 해체수리공사에서는 16.4일로 약 3배 걸렸고, 지붕공사 또한 약 3배 걸렸으며 미장공사는 2배, 단청공사는 평균적으로 보면 조금 더 소요되었다. 공종별 시공 기간은 시공기술과 공정관리 수준을 파악할 수 있는 중요한 지표이다. 과거 산릉역의 공종별 공사 기간은 지금의 목조공사에 비교하면 굉장히 빠른 속도로 진행되었음을 알 수 있다. 이는 당시 시공기술과 공정관리 역량이 상당한 수준에 이르렀음을 간접적으로 보여준다. 그럼에도 불가피하게 선택된 중복 공종의 진행과 미장공사 등 습식 공종의 짧은 시공 기간 등은 건립 후 분명 하자 요인이 되었을 것이다. 이는 공사 기간이 정해져 있던 정자각 공사의 특수성이라 할 수 있다.

표 3-14. 현존 정자각 수리공사 시 공종별 시공 기간(단위: 일)

공종 \ 능호		건원릉	휘릉	수릉	인릉	휘경원	평균
목공	축부지붕	8	16*	18	24	16	16.4
지붕		16	15	9	10	7	11.4
미장	양상도회	6	6	-	7	-	6.3
	방벽	-	-	-	9	-	1.8
	축중방	-	-	-	5	-	1.0
단청		9	4	24	29	4	14.0

* 휘릉은 서까래 이상 해체보수임.

04
시공인력 구성과 자재 조달

원릉 정자각(1776)

시공인력 구성

장인

산릉공역에 참여한 장인의 직종별 투입 인원은 산릉의궤 각소 장인질에 세세하게 기록되어 있다. 건축공사를 담당하는 조성소와 소부석소에 투입된 장인은 총 42종으로 파악되는데, 공역의 위계 및 규모에 따라 투입 여부 및 인원에 차이가 있다. 여기에서는 건축공사 중 가장 중요한 공종인 목공사에 투입된 장인을 집중적으로 살펴보고, 나머지 장인은 전반적인 변화과정 정도만 언급하도록 한다.

표 4-1. 산릉의궤 조성소와 소부석소에 투입된 장인 종류

목공사(12종)	목공사 외 주요 공종(12종)	기타 공중(18종)
목수(木手), 선장(船匠), 인거군(引鋸軍), 대인거군(大引鋸軍), 소인거군(小引鋸軍), 걸거군(擧乙鋸軍), 기거군(歧鋸軍), 소목장(小木匠), 창호목수(窓戶木手), 목혜장(木鞋匠), 제각장(蹄刻匠), 조각장(雕刻匠)	석수(石手), 칠장(漆匠), 가칠장(假漆匠), 화원(畫員), 화승(畫僧), 개장(蓋匠), 안자장(鞍子匠), 니장(泥匠), 기계장(機械匠), 바자장(把子匠), 박배장(朴排匠), 야장(冶匠)	개아장(盖兒匠), 관자장(貫子匠), 노점장(蘆簟匠), 우산장(雨傘匠), 병풍장(屛風匠), 죽망장(竹網匠), 완렴장(薍簾匠), 줄장(乼匠), 현렴장(懸簾匠), 모의장(毛衣匠), 전장(氈匠), 사토장(莎土匠), 천혈장(穿穴匠), 차장(車匠), 시장(匙匠), 마경장(磨鏡匠), 두석장(豆錫匠), 은장(銀匠)

목공사1[1]

산릉공역 중 목공사는 통상 용산강(龍山江)[2] 일대 치련소(治鍊所)로 목재를 반입하여 초련(初鍊), 즉 소요 규격에 맞춰 1차 가공을 한 후, 능소로 옮겨와 재련 및 정련을 마치고 조립 및 설치하는 과정으로 진행된다. 부재 유형별로 대략적인 치목 과정을 보면, 보, 도리, 서까래 등 가구재는 자귀 또는 대패 등으로 재련과 정련을 거치고, 인방을 비롯한 수장재와 창살, 울거미 등 창호재와 개판을 비롯한 판재는 톱으로 소요 규격을 켜고 대패 등으로 마감한다. 그 외 공포를 비롯하여 조각을 베푸는 부재는 톱으로 소요 규격을 켜고 끌 등으로 세밀하게 깎거나 새기는 작업을 거친다. 이러한 치목 과정을 진행하기 위해 다양한 장인이 투입되었다.

목공사에 투입된 장인은 12종이다.(표 4-3) 목수(木手)는 치목과 부재 조립에 모두 관여하였다. 목수를 제외한 나머지 장인은 모두 치목에 참여하였다. 목수는 공역의 위계와 시기에 따라 투입 인원에 편차를 보인다. 산릉역은 18세기까지는 75명 정도가 투입되었다. 봉릉역에 해당하는 사릉, 장릉 및 온릉은 산릉역에 비해 적은 인원이 투입되었다. 19세기 전반에는 최대 190명까지 대폭 증가하다가 후반에는 다시 65명 수준으로 감소하였다. 소목장은 문효세자묘소역(1786), 창호목수는 효명세자연경묘묘소역(1830)에 각각 한 차례만 등장한 것을 보면 산릉역에서 소목장 업무는 목수가 전담하였던 것으로 판단된다.

『효명세자연경묘묘소도감의궤』(1830) 조성소 장모부역(匠募赴役)질에는 "丁字閣 碑閣 水剌間 守僕房 木手…齋室 香大廳 典祀廳 木手…假齋室 木手…內人假家 木手"라고 하여 정자각, 재실, 가재실, 나인가가 네 개 영역별로 목수가 구분되어 있다. 정자각 영역에는 비각, 수라간, 수복방이, 재실 영역에는 향대청, 전사청 등이 포함되어 있다. 영역별 목

표 4-2. 산릉의궤 내 영역별 목수 투입 인원

No.	능호	시기	정자각	재실	가재실	(나인)가가	합계
1	**목릉**	1630	11(1)	-	-	-	11(1)
2	휘릉	1689	36(2)	40(1)	-	15(1)	73(4)
3	**장릉**	1699	28(1)	21(1)	-	-	49(2)
4	**의릉**	1725	32(1)	20(1)	14(1)	10(1)	76(4)
5	**온릉**	1739	41	25	-	-	66
6	연경묘	1830	44	22	10	7	83
7	**경릉**	1843	70	70	50	-	190
8	수릉	1846	52	60	-	18	130
9	휘경원	1855	37	23	-	7	67
10	**인릉**	1856	45	50	-	20	115
11	**휘경원**	1864	26	16	-	22	64
평균			38.4	31.5	6.7	9.0	51.5

( ) 안의 숫자는 편수가 표기된 수임.

수의 평균 투입 인원을 보면, 정자각 38명, 재실 32명, 가재실 7명, (나인)가가는 9명으로 확인된다.(표 4-2) 중심 전각인 정자각은 최대 8칸으로 작은 규모임에도 가장 많은 인원이 투입되었다.[3] 목수 편수(邊首, 또는 변수)는 목수 우두머리로 장인질에 표기되지 않은 예도 많다. 목수 편수는 산릉도감이 조직된 후 고위관료의 첫 회동일부터 대기[4]하며 공사를 준비한다. 영건역 중 인정전(1805)에서는 정현편수(正絃邊首), 연목편수(椽木邊首), 부연편수(婦椽邊首)로, 흥인지문(1865)에서는 연목편수(椽木邊首), 공답편수(貢踏邊首), 수장편수(修粧邊首), 조각편수(彫刻邊首), 목혜편수(木鞋邊首), 정현편수(正絃邊首) 등으로 세분화되

표 4-3. 산릉의궤 내 주요 공종 장인별 투입 인원 1(12종): 목공사

No.	능호	시기	木手	船匠	引鉅軍	大引鉅軍	小引鉅軍	擧乙鉅軍	歧鉅軍	小木匠	窓戶 木手	蹄刻匠	雕刻匠	木鞋匠
1	**목릉**	1630	11(1)	-	-	-	-	-	-	-	-	-	-	-
2	소현세자묘	1645	56(1)	-	-	-	-	-	-	-	-	5	-	-
3	영릉	1659	65	-	-	-	-	-	-	-	-	4	-	-
4	**숭릉**	1674	76(2)	-	-	25	-	10	-	-	-	4	-	-
5	**익릉**	1680	73(2)	-	5	-	-	-	-	-	-	5	-	-
6	휘릉	1689	73(4)	-	25	-	-	-	-	-	-	5	-	-
7	**사릉**	1699	29(1)	-	10*	-	-	-	-	-	-	3	-	-
8	**장릉**	1699	49(2)	-	-	10*	-	-	-	-	-	-	3	-
9	명릉	1702	68(1)	-	15*	-	-	4*	-	-	-	5	-	-
10	단의빈묘	1718	65	-	20	-	-	6	-	-	-	5	-	-
11	민회빈묘	1719	52	-	-	-	-	8*	-	-	-	-	4	-
12	**의릉**	1725	76(4)	-	10*	-	-	4*	-	-	-	-	6	-
13	**온릉**	1739	66	-	-	20	8	8	4	-	-	-	5	-
14	의소세손묘	1752	75	-	-	25	6	8	6	-	-	-	6	6
15	**소령원**	1753	43	-	-	25	8	10	6	-	-	-	6	4
16	**순강원**	1755	33	-	-	20	6	10	6	-	-	-	8	4
17	**홍릉**	1757	80	-	-	35*	16*	12*	12*	-	-	-	8	-
18	사도세자묘	1762	57(1)	-	-	25	8	6	4	-	-	-	-	-
19	건원릉	1764	2	-	-	-	2	-	2	-	-	-	-	-
20	**원릉**	1776	76	-	-	35*	16*	12*	12*	-	-	-	20	10
21	문효세자묘	1786	39	-	-	10	6	3	3	3	-	-	4	4
22	현륭원	1789	70	-	-	15	8	6	4	-	-	-	15	10
23	건릉	1800	96	-	-	20	24	8	14	-	-	-	20	10
24	건릉	1821	74	6	-	10	20	4	-	-	-	-	9	10
25	휘경원	1823	109	6	-	5	20	16	4	-	-	-	1	7
26	연경묘	1830	83	35	-	35	34	26	9	-	20	-	10	19
27	인릉	1835	-	-	-	-	-	-	-	-	-	-	-	-
28	**경릉**	1843	190	20	-	20	10	8	8	-	-	-	25	20
29	수릉	1846	130	20	-	15	4	8	10	-	-	-	25	20
30	**수릉**	1855	-	-	-	-	-	-	-	-	-	-	-	-
31	휘경원	1855	67	10	-	5	-	2	10	-	-	-	1	2
32	**인릉**	1856	115	10	-	5	-	2	6	-	-	-	1	2
33	**휘경원**	1864	64	10	-	5	-	2	4	-	-	-	-	1
34	**예릉**	1864	-	-	-	-	-	-	-	-	-	-	-	-

( ) 안의 숫자는 편수가 표기된 수임. *는 패 단위를 명으로 변경한 것임. 인릉(1835), 수릉(1855), 예릉(1864)는 의궤에 장인질이 생략되어 있음. 목릉(1630)은 정자각에만 해당하는 인원임. 건원릉(1764)은 정자각 중수로 인원이 적음.

기도 하였다.[5] 이에 비해 산릉공역 내 건축물은 규모가 크지 않고, 중층의 복잡한 구조도 아니어서 편수를 세부 공정별로 구분하지 않았던 것으로 보인다. 목수 보조로는 육조역(肉助役) 또는 모조역(募助役)이 배정되었다. 효종영릉산릉역에서는 목수 2인당 육조역이 1명 지원되었고,[6] 단종장릉봉릉역에서는 목수 1명당 모조역 1명이 배정되었다.[7] 밥을 짓는 화정(火丁)은 목수 30명당 1명씩 배정하였고, 심부름꾼인 복직(卜直)은 배정되지 않았다.

톱장이로는 인거군(引鉅軍), 대인거군(大引鉅軍), 소인거군(小引鉅軍), 기거군(歧鉅軍), 걸거군(擧乙鉅軍)이 등장한다. 산릉의궤에는 몇 차례 대인거장(大引鉅匠), 소인거장(小引鉅匠), 걸거장(乬鉅匠)으로 기록된 것을 제외하면 대부분 '○○軍'으로 표기되어 있다.

톱은 켤톱과 자름톱으로 구분된다. 켤톱은 목재의 섬유 방향으로 자르는 톱이고, 자름톱은 목재의 직각 방향으로 자르는 톱이다. 인거장, 기거장은 켤톱을 사용했고, 걸거장은 자름톱을 사용했다.[8]

18세기 초 경종의릉산릉역(1724)까지는 인거군, 걸거군 또는 대인거군, 걸거군 2종만 기록되었는데, 걸거군이 없는 경우도 다수였다.

강상재목은 인거, 건정의 시간을 맞출 수 없으므로 대거 5패, **걸거 5패**를 한성부에 명하여 예에 의거하여 촉부하오며[9](인경왕후익릉산릉역)

성중 각처에서 모아온 재목은 지금 이미 용산강으로 운출하였습니다. 전일 용산 근처에 모아둔 재목은 아울러 용산강에서 벽련하오며 독도(뚝섬) 근처 재목은 근처에서 벽련하오니, 양처 목수 각 20명은 조역과 화정 4명을 함께 구하고, 대인거 각 2패, **걸거 각 5패**, 화정 2명은 금일 요포를 지급하여 부역하심이 어떻겠습니까?[10](장렬왕후휘릉산릉역)

재목 벽련 목수 20명은 등록에 의거하여 모조역 20명, 대거 5패, **걸거 5패,** 합 75명 및 화정 4명을 그 실역 일수에 따라 요포를 마련하여 내리며[11](인현왕후명릉산릉역)

위의 기록을 보면 걸거군 동원을 위한 노력을 이해할 수 있는데, 결과적

으로 원활하게 투입되지는 않았던 것으로 보인다. 한편『단종장릉봉릉도감의궤』기록을 보면

재목 위아래 머리를 자르는 걸거의 역을 이미 명하여 대신 행하는 즉 10명 목수만으로는 결단코 어려워 20명을 내려야만 담당할 수 있사온 줄로, 감히 품합니다. 수결내: 20명으로 배정하라.

라고 하여 목재 단부 양단을 자르는 걸거의 역할이 명확하게 기술되어 있다. 걸거의 역을 대신할 수 있는 목수는 10명으로, 적어도 20명은 필요함을 피력하고 있다. 같은 의궤의 다른 기록을 보면

본소 감조관이 내려가 재목 위아래 머리를 절단하고자 걸거장 10명을 들이는 게 마땅한 바 인솔하여 내려가오되, 옆에서 얻어들으니 **소위 걸거장은 본래 소속한 곳이 없어 모두 연강 소재 통상(桶商)**이라고 하온 바, 당차 추운 계절로 멀리 인솔하여 가는 일은 심히 폐단이 있으므로, **목수 무리에 명하여 편리하게 절단하여 취용**할 일을 분부하오니, 이용하는 걸거는 없을 수 없으므로 한성부에 분부하여 **연강 통장(桶匠)** 등이 상시 이용하는 걸거 3개를 임시로 취용한 후 환납하거니와[13]

라고 하여 소위 걸거장은 소속된 곳이 없이 모두 강변의 통을 만드는 장인(桶匠)이었음을 알 수 있다. 17세기 말까지 걸거장이 있기는 하였지만 본업이라기보다는 통상과 같이 비슷한 일을 하면서 부업으로 활동하였고, 걸거만 전업으로 하는 장인은 많지 않았던 것으로 생각된다. 이와 같이 17세기 말까지는 필요한 경우 목수가 대신 걸거의 역을 담당하였다.

인현왕후명릉산릉역(1702)부터 걸거군이 다시 등장한다. 단경왕후온릉봉릉역(1739)에서는 대인거군, 소인거군, 기거군, 걸거군의 4종으로 분화되었는데, 이후 이러한 방식은 19세기 후반까지 지속된다.『단경왕후온릉봉릉도감의궤』를 보면 직종이 분화되는 시기와 당시 상황을 가늠해 볼 수 있다.

정자각, 재실에 사역하는 공장 등을 무인(1698, 정순왕후사릉봉릉역), 신해(1731, 선의왕후의릉산릉역)

등록을 참고한 즉 **소인거, 기거군, 걸거군은 원래 종류와 이름이 없었습니다.** 이는 없을 수 없는 자이므로 제색 공장을 간략히 품하오니, 명수에 따라 사역하심이 어떻겠습니까? 수결내: 이에 의거하여 하라.[14]

라고 하여 1730년대 초까지 소인거군, 기거군, 걸거군은 국가 문서상 공식 직종으로 분류되지 않았음을 알 수 있다.

톱장이는 패(牌)를 이뤄 작업을 진행하며, 인력도 패 단위로 동원되었다. 대인거군은 5명이 한 패를 이루고, 소인거군, 기거군, 걸거군은 모두 2명이 한 패를 이뤘다.[15]

산릉의궤에 톱장이 연장은 17세기 후반부터 18세기 전반까지만 기록되어 있는데, 대거(大鉅), 중거(中鉅), 조거(條鉅), 걸거(擧乙鉅) 4종이 확인된다.

표 4-4. 산릉역에서의 톱장이 연장

No.	능호	시기	대거	중거	조거	걸거	출처
1	영릉	1659	大鉅9	中鉅3	-	擧乙鉅1	잡물실입총수
2	**숭릉**	1674	大鉅5坐鉒乙具	中鉅5坐鉒乙具	條鉅2坐	擧乙鉅2坐	공장소용
3	**익릉**	1681	大鉅4坐鉒乙具	中鉅4坐鉒乙具	條鉅1坐	擧乙鉅1坐	공장소용잡물질
4	휘릉	1689	大鉅10逵具	中鉅10逵具	-	-	공장소용잡물질
5	**사릉**	1699	大鉅5注乙具	中鉅10注乙具	-	-	품목질
6	**장릉**	1699	大鉅3逵具	中鉅3逵具	-	-	본소급공장소용잡물
7	명릉	1702	大鉅4坐鉒乙具	中鉅4坐鉒乙具	條鉅1坐	擧乙鉅1坐鉒乙具	공장소용잡물질
8	**의릉**	1725	大鉅1	中鉅3	條鉅1	鉅乙鉅入量	잡물총수
9	**온릉**	1739	大鉅2坐逵具	中鉅4坐逵具	條鉅1坐	-	공장소용

〈표 4-4〉와 같이 대거와 중거는 줄을 갖추었고, 걸거는 한 차례만 줄이 있는 것으로 표기된 것을 보면, 조거와 마찬가지로 줄이 없는 톱으로 생각된다. 걸거는 당연히 걸거군이 사용하였을 것이다. 줄을 갖춘 대거와 중거는 인거군이 사용하였을 것으로 보이는데, 각각 대인거군과 소인거군용으로 추정된다. 문울거미에 사용하는 목재를 통상 조리목(條里木)으로 칭하는 것으로 보면 조거는 작은 단면의 긴 목재를 켜는 용도로 기거장이 사용한 톱으로 짐작된다.

태평성시도(太平城市圖)를 보면 4명이 큰 목재를 켜는 장면이 묘사되어 있는데, 대인거군 4명이 대거(대톱)로 톱질하는 모습이 연상된다. 김홍도가 그린 것으로 전해지는 경직풍속도에는 2명이 작은 목재를 켜고 있는

그림 4-1. 태평성시도 부분(조선 후기, 작자 미상)

그림 4-2. 경직풍속도 부분(조선 후기, 김홍도)

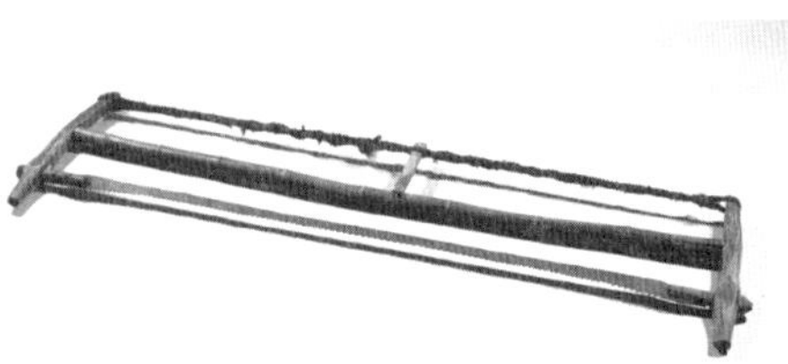

그림 4-3. 대톱(길이 140cm)

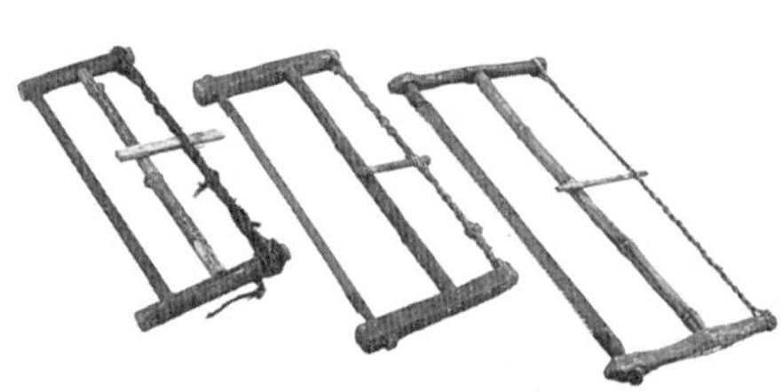

그림 4-4. 중톱(길이 55~67cm)

데, 소인거군 2명이 중거(중톱)로 작은 목재를 켜는 모습으로 생각된다. 인원 구성과 사용한 톱의 종류를 고려하면 대인거군은 글자 그대로 큰 원목을 판재로 켜고, 소인거군은 작은 원목을 판재로 켜거나, 대인거군이 켠 판재를 다시 작게 톱질했을 것이다. 기거군은 대인거군 또는 소인거군이 켠 목재로 다시 문울거미나 세살 등 창호재나 조리목용으로 켜는 작업을 주로 했을 것으로 짐작된다.[16]

이와 같이 18세기 초까지 톱장이는 인거군 또는 대인거군은 모든 종류의 켤톱을 다루었고, 자름톱질도 병행하는 경우가 많아 공종 분화가 미약했다. 하지만 18세기 중엽을 기점으로 제재 공종이 본격적으로 세분화되었고, 이에 따른 톱장이의 직종 분화도 진행되었다. 이는 이전 시기에 비해 톱 가공 기술이 전문화되었음을 의미한다.

이러한 변화는 뒤에서 다루겠지만 민간 목재상의 성장과도 관련된다. 조선 시대 관영건축공사에서 목재는 일반적으로 산지에서 직접 벌목하여 수로로 운반하여 공급하는 방식을 취하였다. 하지만 18세기 후반에 이르러 국용 목재를 공급하는 외도고(外都庫) 공인과 민간 목재상을 통해 연목과 판재 등의 목재 공급이 활발해진다. 민간에서 판재 거래가 원활하게 이루어지는 등 판재의 소비 증가는 판재 가공 기술을 한 단계 진전시키는 강력한 동인으로 작용하였을 것이다. 이는 관영건축을 비롯한 한국 목조건축의 생산사적인 측면에서 중요한 변화라고 할 수 있다. 한편 이 시기를 기점으로 판재 가공의 기술 향상이 부재 마감 측면에서도 미시적인 개선으로 이어졌을 것으로 예측된다. 이에 대해서는 별도 연구가 진행되어야 할 것이다.

이러한 건축 생산사적 변화와 함께 톱장이의 투입 인원에도 변화가 나타났다. 기존에는 25명 이내가 대부분이었는데, 18세기 중엽 이후로는 40명 이상으로 증가하고 정성왕후홍릉산릉역(1757)과 영조원릉산릉역(1776)의 경우 65명까지 증원되며, 효명세자연경묘묘소역(1830)에서는 최대 104명까지 늘어난다. 이후 19세기 중엽부터 감소세로 전환되며 19세기 후반에는 11~17명으로 큰 폭으로 감소한다. 민간 목재상으로부터 가공 목재를 구입해 쓰는 비중이 높아지면서 톱장이 투입 인원이 그만큼 줄어든 것이다.

선장(船匠)은 배를 만드는 장인이다. 산릉의궤에는 여러 차례 강장(舡匠)으로 기록되어 있다. 영건역에서는 목수 부족 인력을 보충하기 위해 19세기 초부터 선장이 투입되었다. 창덕궁 인정전을 영건할 때 선장에게 대자귀를 주어 초치련을 하도록 하였는데 목수보다 훨씬 나았다는 기록을 보면, 당시 선장의 치목 실력이 상당히 뛰어났음을 알 수 있다. 산릉역에서 선장은 소현세자묘소역(1645)부터 석재 운반을 담당하는 수석소(輸石所)에서 동원하였는데, 석재 운반 기구인 설마(雪馬) 등의 제작을 담당하였다. 설마의 형태가 배와 같이 유선형이기 때문에 곡선 부재 치목에 능숙한 선장을 투입시킨 것이다. 목공사에는 효의왕후건릉산릉역(1821)부터 동원되는데, 영건역과 같이 치목 인력을 보충하기 위

함이었다. 『효현왕후경릉산릉도감의궤』(1843) 기록을 보면

동별영 소재 대량(大樑) 치련 시 목수 3명, 선장 10명, 대인거 2패, 모군 15명을 부역하오며[20]

라고 하여 대량을 치목할 때 목수보다도 많은 인원의 선장이 투입된 것을 보면, 주요 가구재 치목을 꽤 능숙하게 다루었던 것으로 생각된다. 익종수릉천봉산릉역(1855)에서는 치련 목수는 30명인데 비해, 선장은 그보다 많은 40~50명을 요청[21]한다. 이는 선장의 실력이 인정받았던 측면도 있지만 그만큼 실력 있는 목수들이 관영건축공사를 기피하였던 양상을 보여주기도 한다.

산릉역에서 제각장(蹄刻匠)은 18세기 초까지 투입되었다. 영건역에서도 비슷한 시기에 말발굽을 고치는 제극장(蹄屐匠)이 등장하고, 비슷한 명칭인 제각장도 등장하였다.[22] 『현종숭릉산릉도감의궤』(1674) 기록을 보면

정자각의 사우살미(四隅箭尾), 각양 공포 조각의 역은 다른 것이 달리, 관례를 따라 치련하여 완성하는 것과 비교하면 그러할 때도, 그렇지 아니할 때도 있는 제도입니다. 구부렸다 펴는 모양 사이로 손을 쓰는 것이 어렵고 까다로워 솜씨가 정밀하고 미세해야 하므로, 약간의 공장으로 십 수 일 내 끝마칠 수가 없습니다. 제각장은 지금 본소로 온 자가 다만 3명이온 바, 기한을 맞춰 조각을 끝내려는데, 그 사세가 어려우므로 제각장 3, 4명에게 알려 출송할 일을 한성부에 분부하거니와, 들리기에 불암사 승 청담, 소습 등의 조각의 역은 그 공품이 매우 신묘하다고 하므로 본관에 명하여 급히 영부하심이 어떻겠습니까? 당상 수결내: 이에 의거하라.[23]

라고 하여 정자각 살미 및 공포와 같이 정밀한 조각 작업은 제각장이 담당했음을 알 수 있다. 한편 조각 실력이 출중한 불암사 승려 청담과 소습을 요청한 것을 보면, 당시 화려한 사찰 공포를 조각해 본 승장들이 관영건축공사에 투입되었던 정황을 엿볼 수 있다.

조각장(雕刻匠)은 단종장릉봉릉역(1699)에서 처음으로 투입되었다. 제각장과 조각장의 관계는 『단종장릉봉릉도감의궤』 기록이 도움이 된다.

전부터 정자각 공포 조각 시 제각장을 예로 사역하였는데, 소위 경중(京中) 제각장은 모두 이미 사망하였기에 부득이 조각장을 데려왔습니다. 그런데 사용하는 도장(刀藏)류에 각각 차이가 있어 지금 오는 조각장 등이 소지하여 온 기계는 소각도(小刻刀)에 불과하여 원래 제각의 칼은 없사옵니다. 그러므로 대동곶(大東串) 6개, 언미리도(彦未里刀) 6개, 웅미리(雄未里) 6개, 직기착(直只錯) 6개, 대각도(大刻刀) 6개를 노야소에 명하여 급히 타조하여 진배토록 하오며[24]

라고 하여 이전에 사역하던 도성 내 제각장이 사망하여 조각장을 대신 투입시켰다. 하지만 조각장의 연장이 소각도(小刻刀)밖에 없어 제각장의 연장을 노야소에 타조해 줄 것을 요청한다. 제각장의 연장은 대동곶(大東串), 언미리도(彦未里刀), 웅미리(雄未里), 직기착(直只錯), 대각도(大刻刀) 등임을 알 수 있다. 이를 보면 제각장과 조각장은 사용 연장이 다르고 일하는 영역도 달랐음을 알 수 있다. 조각장은 작은 규모의 목공예품을 다루었고, 제각장은 그보다 규모가 큰 조각품을 취급했던 것으로 짐작된다. 조각장은 19세기 후반까지 투입되었다.

목혜장(木鞋匠)은 의소세손묘소역(1752)부터 등장한다. 목혜장은 원래 나막신을 만드는 장인이다. 『영조원릉산릉도감의궤』(1776)를 보면

금차 정자각 공포 조각 시, 조각장 19명, 목혜장 8명이 사용하는 바, 각귀(角耳) 2개, 얼미리(乻味里) 크고 작은 것 합하여 38개, 평미미리(平味味里) 19개, 각도(刻刀) 9개, 소착(小錯) 5개를 타조하여 사용 후 다시 봉상차…[25]

라고 하여 정자각 공포 조각 시 조각장 19명과 목혜장 8명의 연장을 요청한다. 목혜장이 조각장과 함께 공포 조각을 하였음을 알 수 있다. 사용한 연장은 각귀(角耳), 얼미리(乻味里), 평미미리(平味味里), 각도(刻刀), 소착(小錯)으로 앞서 단종장릉봉릉역에 쓰인 연장과는 일부 차이가 있다.

제각장, 조각장, 목혜장 모두 정자각 공포 제작에 투입되었다. 17세기까지는 제각장이 전담하였는데, 18세기 들어 조각장으로 대체되었고, 18세기 후반부터는 목혜장까지 투입되었다. 모두 목공사와는 직접적인 관

련이 없는 장인들이었다. 이처럼 관영건축공사에서는 필요한 경우 비슷한 기능을 보유한 장인을 데려다 썼음을 알 수 있다. 이는 앞서 언급한 선장과 같은 경우라 할 수 있다. 공포 조각에는 20~45명의 장인이 투입되었다. 많은 인원이 투입된 것을 보면 조각 작업이 세분화되고, 이에 걸맞게 장인 운영과 관리가 이루어졌던 것으로 생각된다.

석공사

산릉역 내 건축물 석공사는 소부석소에서 담당하였다. 〈표 4-5〉의 석수와 야장은 소부석소 공장질의 인원을 정리한 것이다. 석수는 40~80명이 투입되었다. 위계에 따라 산릉역은 60~80명, 봉릉역과 묘소역·원소역은 40~60명 정도가 투입되었다. 야장은 석수의 연장을 벼리는 것을 담당하기 때문에 석수 인원과 연동되어 투입되었다. 이와 관련하여 『경종의릉산릉도감의궤』(1725) 소부석소 기록을 보면

> 석수 10명에 야장 1좌식 사역하는데 금번은 소를 나누어 내(소)로 들어온 후에는 도감 분부로 (석수) 20명에 (야장) 1좌식 분정하여 사역할 일[26]

소부석소는 산지에서 돌을 떠내는 외소(外所)와 능소에서 석물 가공 및 설치를 담당하는 내소(內所)로 나뉜다. 외소에서는 석수 10명당 야장 1좌를 배정하고 내소로 이동한 후에는 석수 20명당 야장 1좌로 줄이라는 지시이다. 야장 1좌는 노 1개에 야장 1명을 이르는 단위로 석수 10명당 야장 1명이 기본이라는 의미이다. 〈표 4-5〉를 보면 석수와 야장은 대부분 10:1의 비율을 지키고 있다.

석수 편수를 표기한 사례는 많지 않지만, 목수 편수와 마찬가지로 석수 편수도 도감 회동일부터 대기[27]하는 것을 보면 석공사도 편수에 의해 관리되었음을 알 수 있다. 『경종의릉산릉도감의궤』(1725) 소부석소 장인질에는 도편수(都邊首) 1명, 정자각편수(丁字閣邊首) 1명, 재실편수(齋室邊首) 1명이 표기되어 있다. 도편수는 편수를 총괄하는 직책으로, 목수 장인질에서는 보이지 않는 것을 보면 특수 사례로 여겨진다. 목수

와 마찬가지로 정자각과 재실에 각각 편수를 1명씩 두었는데, 나머지 산릉역에서도 목수처럼 건축 영역별로 편수를 배정하였을 것으로 추정된다. 석수 1명당 육조역과 모조역을 1명씩 배정되었고, 화정은 석수 15명당 1명, 복직은 30명당 1명을 배정받았다. 목수에 비해 석수에게는 2배 정도 많은 보조일꾼이 배정되었다. 무거운 돌을 다루는 석공사가 그만큼 고된 작업이었음을 이해할 수 있다.

단청공사

단청공사에는 목공사와 석공사 다음으로 많은 인력이 투입되었다. 칠장(漆匠) 또는 가칠장(假漆匠), 화원(畫員), 화승(畫僧)이 참여하였다. 칠장은 숙빈상시봉원역(1753)을 계기로 가칠장으로 명칭이 변경된다. 가칠장은 단청공사 시 바탕칠을 담당하였다. 가칠장으로 명칭이 바뀐 이후 인원이 조금 증가하는데 대체로 10명 내외가 투입되었다. 화원은 단청의 밑그림을 그리고 초를 내는 일을 한다. 그리고 초를 낸 곳에 안료를 칠하는 일은 화승이 담당하였다.

화원은 2명 투입이 기본이었지만 동절기에는 작업 속도를 높이기 위해 인현왕후명릉산릉역(1702)의 경우 6명을 추가로 요청하기도 하였다.[28]

화승은 20명 정도를 전국에서 징발하였다. 18세기 전반까지는 전국적으로 징발하다가 의소세손묘소역(1752)부터는 남한산성과 북한산성 내 화승만 징발하였다.[29] 능소까지 도달하는데 소요되는 시간을 고려하여 가까운 경기 지역 내 화승을 징발한 것이다. 하지만 근본적인 원인은 18세기 중엽 이후부터 승군 징발이 어려워졌고,[30] 이와 같은 흐름 속에 화승 징발도 여의치 않았기 때문이다. 효명세자연경묘묘소역(1830)을 마지막으로 화승은 더 이상 투입되지 않았다. 민간 화원인 방외화사(方外畫師)가 화승을 대체하였고,[31] 이는 19세기 후반까지 이어졌다.

칠장은 단종장릉봉릉역(1699)의 경우 칠장 1명당 모조역 1명을 배정받았다.[32] 화원은 경종의릉산릉역(1724)에서는 화원 2명당 1명씩 보조 일꾼으로 봉첩군(奉貼軍)을 배정받았다.[33] 화승은 화승 1명당 봉첩군 1명씩 배정받았는데, 승군을 징발할 때는 승군 중 노약자를 뽑아서 배정하였고,[34] 그 외에는 모군을 배정하였다. 화정은 숙빈상시봉원역의 경우 칠장과 화원에 각각 전체 인원당 1명씩 배정하기도 하였다.[35]

지붕공사 및 미장공사

기와지붕을 잇는 장인을 개장(蓋匠) 또는 개와장(蓋瓦匠)이라 하였다. 산릉의궤에는 대부분 개장(蓋匠)으로 표기되어 있다. 개장은 산릉역에는 대체로 15~20명, 봉릉역, 묘소역 및 원소역에는 10~15명이 투입되었다. 선조목릉천장산릉역(1630)에서는 정자각 공사에 5명의 개장이 투입되었는데, 그중에는 개장편수가 1명 포함되어 있었다. 개장 투입 인원이 대체로 5명의 정수배에 근접한 것을 보면, 5명 내외가 한 조를 이뤄 공사를 진행하였던 것으로 짐작된다. 지붕공사와 관련된 장인으로는 안자장(鞍子匠)이 있다. 안자장은 소나 말의 안장이나 마구를 제작하던 장인인데, 관영건축공사에서는 막새에 구멍을 뚫은 일을 담당하였다.[36] 안자장은 18세기 전반까지는 1명, 18세기 말부터는 2명 투입을 기본으로 하였는데, 최대 9명까지 투입하기도 하였다. 니장(泥匠)은 미장 등 각종 토역(土役)을 담당하였다. 니장은 대체로 산릉역에는 20~35명, 봉릉역, 묘소역 및 원소역은 12~20명 정도가 투입되었다. 숙빈상시봉원역(1753)의 경우 개장과 니장은 전체 인원당 화정 1명씩을 배정받았다.[37]

기타

기계장(機械匠)은 가설비계의 설치 및 해체를 담당하는 장인이다. 18세기 전반까지는 1명, 18세기 후반부터는 2명을 기본으로 4~6명 정도가 투입되었다. 1~2명이 투입된 경우에는 모군과 함께 작업하였던 것으로 짐작되고, 4~6명이 움직일 때는 한 조를 이뤄 모군의 도움 없이 공사를 진행했을 것으로 추정된다.

바자장(把子匠)은 싸리나무를 엮어 바자를 만드는 장인이다. 산릉역에는 정자각 기계 바닥에 까는 기계바자(機械把子), 4면 홍살문 울타리인 위배바자(圍排把子)와 의례 및 행사를 위한 보개바자(補階把子)가 쓰였다.[38] 17세기에는 모군이 직접 바자를 만들기도 하였다.[39] 정조건릉산릉역(1800)에서는 위배바자 대신 포장(布帳)을 사용하였고,[40] 나머지는 사서 쓰게 되면서[41] 바자장은 19세기에는 투입되지 않았다.

박배장(朴排匠)은 문짝에 돌쩌귀, 고리, 배목 등을 달고 문틀에 끼워 맞추는 일을 담당[42]하였다. 산릉의궤에는 19세기에 들어서 세 차례만 나타나 대부분은 목수가 그 역할을 대신하였던 것으로 생각된다. 조성소 내 야장을 둔 경우도 있었지만 일반적이지는 않았다.

표 4-5. 산릉의궤 내 주요공종별 장인별 투입 인원 2(12종): 목공사 외 장인

No.	능호	시기	石手	冶匠	漆匠	假漆匠	畫員	畫僧	蓋匠	鞍子匠	泥匠	機械匠	把子匠	朴排匠	冶匠*
1	**목릉**	1630	19	2	6(1)	-	-	-	5(1)	-	2(1)	-	-	-	-
2	소현세자묘	1645	43(1)	3	6	-	-	-	6	3	11	-	-	-	-
3	영릉	1659	40(1)	-	5	-	3	12	9	1	7	1(1)	-	-	-
4	**숭릉**	1674	94(1)	8	6	-	3	22	14	1	19(2)	1	-	-	-
5	**익릉**	1680	77	8	6	-	2	29	14	1	26	1	-	-	-
6	휘릉	1689	99	10	5	-	2	21	17	1	25	1	10	-	-
7	**사릉**	1699	39(1)	3(1)	6	-	8	2	9	-	20	-	10	-	-
8	**장릉**	1699	91	8	4	-	2	14	10	1	12	1	10	-	-
9	명릉	1702	80	8	6	-	8	24	14	1	18	1	-	-	-
10	단의빈묘	1718	43	4	6	-	2	13	9	1	19	1	-	-	-
11	민회빈묘	1719	40	4	6	-	6	11	9	1	19	-	10	-	-
12	**의릉**	1725	40(1/2)	5	27	-	6	15	14	1	23	1	10	-	-
13	**온릉**	1739	36	6	6	-	7	5	20	-	19	1	4	-	-
14	의소세손묘	1752	45	5	8	-	9	10	13	1	34	2	5	-	-
15	**소령원**	1753	55	4	-	8	14	9	10	1	12	2	3	-	-
16	**순강원**	1755	56	4	-	8	10	-	15	1	13	2	-	-	-
17	**홍릉**	1757	96	7	-	15	8	22	17	-	42	4	-	-	-
18	사도세자묘	1762	40	4	-	7	?	15	23	-	19	2	-	-	-
19	건원릉	1764	-	-	-	-	-	-	-	-	-	-	5	-	2
20	**원릉**	1776	80	7	-	11	2	23	17	-	36	4	-	-	-
21	문효세자묘	1786	45	5	-	4	2	14	7	2	9	2	-	-	-
22	**현륭원**	1789	75	7	-	12	-	23	22	-	35	2	5	-	-
23	건릉	1800	91	7	-	11	-	21	20	2	25	6	-	-	-
24	**건릉**	1821	83	8	-	11	2	21	20	4	40	6	-	-	-
25	휘경원	1823	84	3	-	5	1	40	20	6	-	3	-	2	2
26	연경묘	1830	50	9	-	21	39	10	52	9	20	14	-	2	4
27	인릉	1835	100	7	-	-	-	-	-	-	-	-	-	-	-
28	**경릉**	1843	86	6	-	15	38	-	-	6	-	-	-	-	-
29	수릉	1846	88	5	-	20	45	-	45	8	-	4	-	-	4
30	**수릉**	1855	27	2	-	-	-	-	-	-	-	-	-	-	-
31	휘경원	1855	50	12	-	3	10	-	9	2	20	2	-	-	-
32	**인릉**	1856	30	2	-	3	4	1	10	2	30	2	-	-	-
33	**휘경원**	1864	35	3	-	2	6	-	8	2	20	2	-	1	-
34	**예릉**	1864	60	3	-	-	-	-	-	-	-	-	-	-	-

( )안의 숫자는 편수가 표기된 수임. 冶匠*은 조성소 내 야장임

보조역군

연군

연군(烟軍)은 조선 초기 이래 요역으로 징발된 농민이다. '민결지정부(民結之丁夫)', '외방전결지군(外方田結之軍)', '외방농민(外方農民)', '연호군(烟戶軍)'이라 불리면서[43] 17세기 전반까지 산릉역의 보조역으로 징발되었다. 인목왕후목릉산릉역(1632)의 경우 보조역으로 연군, 승군(僧軍), 수군(水軍), 모군(募軍)이 징발되었는데, 그중 연군은 2,100명, 연인원으로는 63,000명으로 전체 연인원 15만여 명 중 40%가 넘을 정도로 가장 큰 비중을 차지하였다.[44] 지역별로는 경기 100명, 충청 700명, 전라 800명, 경상 1,100명, 강원 300명, 황해 200명으로, 이 중 경상도 1,100명은 연군가포(烟軍價布)를 대납하는 대신 부역을 면제받았다.[45] 효종영릉산릉역(1659)에서도 연군 3,000명, 승군 1,000명, 유위군(留衛軍) 200명을 징발[46]하도록 계획하여 여전히 큰 비중을 차지하였다. 전국적인 분포를 보면, 경상도 1,014명, 전라도 939명, 충홍도 577명, 황해도 250명, 강원 220명[47]으로 전라도와 경상도 인원이 다수를 차지하였다. 하지만 이때 연군은 실제로는 부역하지 않고, 가포(價布)로 대납하는 방식을 취하고 그 비용을 각 아문(衙門)에서 고립(雇立), 즉 모군을 투입하는데 사용하였다.[48] 이처럼 17세기 후반에 들어 연군은 실제 부역은 하지 않고 납세로 대체되는 체제로 전환된다. 이후 현종숭릉산릉역(1674)부터는 연군을 징발하지 않고, 모군과 승군만으로 부역[49]하도록 하였다. 윤용출의 견해에 따르면 17세기 이후 연군 징발은 다음과 같은 여러 가지 문제를 안고 있었다. 원거리 징발로 역소에 집결하는 것 자체가 큰 부담이었다. 비자발적인 강제노동으로 인해 징발 역군의 비능률성이 나타났으며, 애초에 적정한 연군 인원 산정이 어렵고, 농한기에만 투입이 가능하여 적정한 시기에 적정 인원의 투입이 어려웠으며, 피역(避役)과 면역(免役)으로 부역을 기피하는 현상이 심화되었다.[50] 17세기 후반 이후 연군은 승군과 모군으로 대체되지만, 강제 부역이 완전히 사라진 것은 아니었다. 전국 단위의 연군 징발은 어려웠지만, 자재 운반 및 도로 정비에는 여전히 부역이 이루어졌다. 인경왕후익릉산릉역(1681)에서는 강상의 재목을 운반하는데, 연강거민(沿江居民)을 돌려가며 사역시켰고,[51] 정순왕후사릉봉릉역(1699)에서는 능소 근처 사저(私儲) 목재를 운반하는데 부근 백성을 사역시켰으며,[52] 인현왕후명릉산릉역(1702)에서는 박석 운반 시 박석이 있는 주변 백성에게 값을 치르고 운반을 시키기도 하였다.[53] 목물 운반 기록은 영조원릉산릉역(1776)까지 나타나고,[54] 그 이후로는 나타나지 않는다. 이후 산릉역에서의 목재 운반은 담군(擔軍) 등이 담당하였을 것으로 판단된다.

조선 전기의 강제 부역 형태인 연군은 17세기 전반까지만 해도 전국 단위로 징발하였는데, 17세기 후반부터는 대부분 모군과 승군으로 대체되었다. 도성과 능소 근처 백성을 징발하여 짧은 기간의 자재 운반은 18세기 후반까지도 이어지지만, 그 역할은 미미했다.

승군

임진왜란 후 승병 운영의 효율성을 인식한 관료들은 전쟁이 끝난 뒤에 의승상병(義僧上番) 제도를 시행하여 승도(僧徒)로 하여금 산성 수호의 임무를 맡도록 하였고, 그와 함께 역승(役僧)을 징발하여 각종 토목공사에서 사역하는 조치도 빈번하게 취해졌으며, 17세기 이후 공역에 역승이 징발되는 일은 점차 보조적인 기능이 아니라 중심적인 역할을 담당하게 되었다.[55] 17세기 이후 요역(徭役) 제도가 물납세(物納稅)로 전면 개편되는 과정 속에 관료들은 부분적으로 부역 노동을 재편성하고 강화하고자 하였다. 그 일환으로 17세기 들어 전국의 승도를 부역 제도의 편제 아래 묶어 두려는 승역 제도가 마련되었다.[56] 이 시기에는 고용 인부를 모집해서 대신 부리는 방식, 즉 모립제(募立制)가 도입되었는데, 점차 전면적인 양상을 띠며 전개되었다. 모립제가 적용되기 시작하던 17세기 초엽부터 역승의 징발·사역은 강화되었다. 승역이 강화된 이유는 윤용출의 견해에 의하면 다음과 같다. 첫째, 농사철과 무관하게 수시로 징발할 수 있었다. 둘째, 승역은 피역을 일삼는 '유수유식자(遊手遊食者)'라는 인식 속에 부세를 지는 농민과는 구별될 필요가 있었다. 셋째, 대동법 시행 이후 농민의 요역 부담이 크게 완화되었는데, 그 일부가 승역으로 전가되었다. 넷째, 당시 관료들은 역승의 노동력이 질적으로 모군이나 연군보다 낫다고 평가하곤 하였다.[57] 또한 모군에 비해 품삯을 지불할 필요가 없는 승군 징발은 비용적인 측면에서 이점이 있었다.

산릉역에서 승군 징발은 선조목릉수개역(1609)부터 확인되는데 선조목릉천장산릉역(1630)에서는 본격적으로 승군 1,000명을 투입하였다.[58] 〈표 4-6〉은 건축물 영건과 관련된 조성소와 소부석소 내 승군 인원을 정리한 것이다. 조성소에 비해 소부석소 내 승군이 많으며, 연인원을 보면 그 차이가 뚜렷하게 확인된다. 조성소에서는 선조목릉천장산릉역(1630)부터 민회빈봉묘역(1719)까지 징발하였다. 평균 331명을 징발하여 연인원으로는 평균 3,037명을 투입하였지만, 현종숭릉산릉역(1674)과 인경왕후익릉산릉역(1680)을 제외하고는 연인원이 400명 미만으로 소부석소에 비해 많은 인력은 아니었다.

소부석소에서 승군은 선조목릉천장산릉역(1630)부터 단경왕후온릉봉릉역(1739)까지 징발하였다. 투입 인원 평균은 1,024명으로 연인원 평균은 22,771명이다. 연인원으로 따져보면 조성소보다 7배 정도 많은 인원으로, 소부석소에 승군이 집중 배치되었음을 알 수 있다. 시기적인 흐름을 보면, 18세기에 들어 인현왕후명릉산릉역(1702)에 가장 많은 인원이 투입되었고 점차 감소하다가 단경왕후온릉봉릉역(1739)에 마지막으로 투입되었다. 산릉공역 전체로 보면 정성왕후홍릉산릉역(1757)에서 750명 징발한 것을 끝으로 더 이상 투입하지 않았다.[59] 현종 때 도성 내에 승도들의 출입이 금지됨에 따라 영건역에서는 도성 내 궁궐공사부터 승군이 투입되지 않았고 18세기에 들어서 승군 징발을 하지 않았다.[60] 이에 비해 산릉역은 도성 바깥에서 시행되는 공역의 특성상 18세기 중엽까지 다소 늦은 시기까지 승군 징발이 이루어졌다. 18세기 이후 승역의 번중함에 승도들이 조망(兆亡)·피역(避役)으로 저항하고, 그에 따라 각도 사찰의 피폐상과 승도 인구의 감소 등으로 승역의 부역 노동은 해체의 길을 맞게 되었다.[61]

많은 인력이 투입된 소부석소 승군은 주로 석물 운반을 담당하였다. 정자각 초석과 같이 크고 중요한 석재 운반은 승군이 담당하였다. 효종영릉산릉역(1659)에서는 정자각 초석 14개를 운반하는데 승군 1,000명을 동원하여 일시에 운반하였다.[62] 단의빈묘소역(1718)에서는 석역(石役)이 많아 모군과 승군의 증원을 요청하였지만, 모군 증원이 어려워 승군이 도착하기를 기다려 승군 인력을 투입하기도 하였다.[63] 이처럼 18세기 초까지도 비용이 발생하는 모군보다는 승군이 선호되었다. 의소세소묘소역(1752)에서는 승군을 투입하지 않고 대신 담군(擔軍) 160명을 투입하여 석재 운반을 하도록 하였다.[64] 이 시기부터는 담군이 승군을 대체한 것으로 보인다.

조성소에 동원된 승군 역시 목재 운반이 주업무였다. 장렬왕후휘릉산릉역(1689)의 경우 정자각에 사용할 대보를 양주 해유현에서 벌목하여 옮기는데 고개가 험하고 길이 좁은 상황에서, 승군이 제때 시간을 맞춰 오지 못함에 따라 경기에 연군을 요청하였지만, 결국에는 연군 50명과 승군 50명이 함께 운반하도록 하였다.[65] 승군 중에는 노약자도 포함되었는데, 이들은 사역을 감당할 수 없었으므로 화승의 보조 역할을 하는 봉첩군으로 일하기도 하였다.[66]

표 4-6. 조성소와 소부석소에 투입된 승군 인원

No.	능호	시기	인원			연인원		
			조성소	소부석소	합계	조성소	소부석소	합계
1	**목릉**	1630	48	20	68	384	600	984
2	소현세자묘	1645	-	-	-	-	-	-
3	영릉	1659	-	-	-	-	-	-
4	**숭릉**	1674	1,300	○	○	11,800	○	○
5	**익릉**	1680	270	525	795	5,400	20,775	26,175
6	휘릉	1689	○	1,002	○	○	36,060	○
7	**사릉**	1699	-	490	490	-	1,920	1,920
8	**장릉**	1699	-	1,500	1,500	-	22,000	22,000
9	명릉	1702	68	2,000	2,068	136	60,000	60,136
10	단의빈묘	1718	50	1,500	1,550	150	42,000	42,150
11	민회빈묘	1719	250	2,800	3,050	350	30,000	30,350
12	**의릉**	1725	-	200	200	-	19,400	19,400
13	**온릉**	1739	-	1,225	1,225	-	17,725	17,725
평균			331	1,024	1,216	3,037	22,771	24,538

○는 인원을 투입한 내용은 기록되어 있으나 투입 인원은 확인되지 않은 것임.

모군과 담군

대동법 시행은 부역노동이 납포제(納布制)로 옮겨가는 데 지대한 역할을 하였다. 17세기 시행된 결포제(結布制)를 통해 걷어들인 수입은 부역 노동 대신 고용된 모군(募軍)의 인건비 등으로 사용되었다. 즉 결포·대동세·잡역세 등의 새로운 세목을 통해 고용 노동을 위한 재원을 확보할 수 있게 되었다. 대동법은 생산 활동을 자극하는 계기가 되었고, 이앙법의 보급과 농업기술의 발달에 따른 농업생산력의 확대는 농

표 4-7. 조성소에 투입된 모군과 담군 인원

No.	능호	시기	인원				연인원			
			모군	타소 모군	담군	합계	모군	타소 모군	담군	합계
1	**목릉**	1630	100*	-	-	100	6,286	-	-	6,286
2	소현세자묘	1645	616	-	-	616	11,230	-	-	11,230
3	영릉	1659	773	-	-	773	22,510	-	-	22,510
4	**숭릉**	1674	700	-	-	700	25,820	-	-	25,820
5	**익릉**	1680	824	-	-	824	12,000	-	-	12,000
6	휘릉	1689	690	-	-	690	○	-	-	○
7	**사릉**	1699	350	86	-	436	○	○	-	○
8	**장릉**	1699	300	-	-	300	○	-	-	○
9	명릉	1702	420	135	-	555	14,447	930	-	15,377
10	단의빈묘	1718	360	90	-	450	15,780	390	-	16,170
11	민회빈묘	1719	350	-	-	350	12,529	-	-	12,529
12	**의릉**	1725	420	-	-	420	22,752	-	-	22,752
13	**온릉**	1739	380	60	-	440	12,378	180	-	12,558
14	의소세손묘	1752	342	-	-	342	○	-	-	○
15	**소령원**	1753	720	-	-	720	○	-	-	○
16	**순강원**	1755	150	-	90	240	○	-	○	○
17	**홍릉**	1757	540	-	540	1080	○	-	○	○
18	사도세자묘	1762	140	-	-	140	○	-	-	○
19	**원릉**	1776	480	-	-	480	○	-	-	○
20	문효세자묘	1786	780	-	-	780	6,720	-	-	6,720
21	현륭원	1789	○	-	-	○	○	-	-	○
22	건릉	1800	420	-	-	420	○	-	-	○
23	**건릉**	1821	○	-	-	○	○	-	-	○
24	휘경원	1823	○	-	-	○	○	-	-	○
25	연경묘	1830	300#	-	-	300	○	-	-	○
26	인릉	1835	-	-	-	-	-	-	-	-
27	**경릉**	1843	○	-	○	○	○	-	○	○
28	수릉	1846	○	-	○	○	○	-	○	○
29	**수릉**	1855	○	-	○	○	○	-	○	○
30	휘경원	1855	○	-	○	○	○	-	○	○
31	**인릉**	1856	○	-	○	○	○	-	○	○
32	**휘경원**	1864	○	-	○	○	○	-	○	○
33	**예릉**	1864	○	-	○	○	○	-	○	○
평균			462	93	315	507	14,768	500	○	14,905

*는 모군 인원에 장인모조역, 화정, 복직 등이 포함된 것이 기록된 인원임, ○는 인원을 투입한 내용은 기록되어 있으나 인원수는 확인되지 않은 것임. #은 추정치임.

민으로 하여금 결포를 간접적이나마 부추기는 역할을 하였으며, 임진왜란 이후 일부 몰락 농민이 도시로 유입된 이후 임노동자층을 형성함으로써 근대적 경향의 고용노동제로 옮겨갈 수 있는 여건이 마련되었다.

산릉역에서 모군은 17세기 초부터 투입되었다. 『선조목릉천장산릉도감의궤』(1630)에는 17세기 초 연인원 27만 명의 모군이 동원된 전례가 기록되어 있다. 모군은 산릉역 전체로는 1,000명 이상이 고용되었는데, 정성왕후홍릉산릉역(1757)의 경우 삼물소 120명, 조성소 558명, 대부석소 75명, 소부석소 100명, 수석소 35명, 보토소 360명, 별공작 2명, 노야소 및 기타 2명으로 총 1,294명이 투입되었다. 조성소와 보토소에 가장 많은 인원이 투입되었고, 그 다음으로 삼물소, 소부석소에 많은 인원이 투입되었다.

『정순왕후사릉봉릉도감의궤』(1699)를 보면 조성소 모군은 기계목 등을 산에서 작벌하고, 정자각 및 재실의 벽체와 담장 축조 시 흙을 나르거나 잡석을 모으고 석재 운반을 담당하였다. 인현왕후명릉산릉역(1702)에서는 가재실 이하 가가(假家) 재목을 마련하거나 운반하기 위해 투입되었다. 장렬왕후휘릉산릉역(1689)에서는 위배바자를 만들기도 하였다. 효명세자연경묘묘소역(1830)에서는 치목, 기지간축(基址杵築, 기초 달고질), 부사지정(負沙址定, 지정 시 모래 운반) 등 건축공사에 동원되었다. 정자각 공사의 경우, 수어청 치목장에서 초련할 때 모군 2패(60명)가 10일 동안 보조하였다. 모군은 치목 시 목재를 운반하거나 목수의 지시에 따라 보통인부 역할을 하였다. 정자각 지정 시 모래 운반 작업에 모군 5패(150명)가 6일 동안 작업하였다. 정자각 목재의 재련, 정련 및 목재를 조립하는 과정에서 자재를 운반하는데 모군 2패(60명)가 28일 동안 동원되었다. 공종별로는 지정 시 가장 많은 인력이 한꺼번에 투입되고, 나머지는 2패 정도가 함께 투입되었다.

이상과 같이 조성소 모군은 장인과 같은 전문성이 요구되지 않은 단순 업무를 담당하였다. 자재 운반, 지정 시 달고질, 치목 시 목재 운반, 목재 조립 시 보조 역할 등과 같은 보통인부의 역할을 하였다. 모군은 이러한 업무 외에도 장인과 모군 등을 위한 밥을 짓는 화정(火鼎)과 심부

름꾼인 복직(服直)을 담당하였다.[76]

조성소 내 모군은 17세기 초부터 19세기 후반까지 지속적으로 투입되었다. 평균 462명, 연인원 평균은 14,768명이 동원되었다. 모군 인원은 대부분 전례를 참고하여 정하였는데, 산릉공역의 위계, 공사 범위, 계절적 영향 등을 고려하여 가감하였다. 현종숭릉산릉역(1674)에서는 같은 해 먼저 진행된 인선왕후영릉산릉역의 경우 모군 500명을 동원하였는데, 동절기에 진행되는 공역의 특성상 도로 정비와 벌목이 시급하여 700명의 모군을 요청하기도 하였다.[77] 단종장릉봉릉역(1699)에서는 가재실을 조성하지 않아 모군 인원이 축소되었다.[78] 조성소 모군 인원이 부족한 경우에는 타소에서 몇 차례 지원받기도 하였다.

조성소에서는 모군 외에 담군(擔軍)을 사역시켰다. 인빈상시봉원역(1755)에서는 90명의 담군이 동원되었는데, 주요 업무는 목물 운반이었다.[79] 앞서 언급하였지만 담군은 18세기 중엽까지 징발하였던 승군의 역할을 대체한 것으로 보인다. 모군에 비해 담군은 장인질에 정확한 인원이 표기되지 않아 인원의 증감은 확인할 수 없는데, 조성소 기사에 19세기 중엽 이후로도 계속 기록되는 것을 보면, 18세기 후반과 19세기 전반에도 투입되었을 것으로도 추정된다.

소부석소 모군은 익종수릉산릉역(1846)의 경우 돌을 뜰 곳을 파고 잡석을 줍고, 굴토한 흙을 주변에 쌓는 작업을 하였다.[80] 수빈휘경원원소역(1823)에서는 모군 1패가 야노(冶爐)를 만들기도 하였다.[81] 의소세손묘소역(1752)에서는 야노를 피우기 위한 숯을 조달하기 위해 산역(山役)을 하였고,[82] 부석(浮石)할 때 돌을 뒤집고 소부석소에서 필요로 하는 목재를 작벌(斫伐)하기도 하였다.[83] 단경왕후온릉봉릉역(1739)에서는 간역가가(看役假家) 및 군장(軍匠) 등 입접가가(入接假家) 등의 조성에 소요되는 재목을 구하기 위해 산역을 하기도 하였다.[84] 이처럼 소부석소 모군은 부석 과정에서 흙을 파고, 돌을 뒤집는 등의 작업을 주업무로 하고, 야노를 위해 숯을 구하거나 가가 및 기계 등에 소요되는 목재를 산역하는 역할도 하였다.

소부석소 모군은 평균 107명이 동원되었고, 연인원 평균으로는 5,194명이 투입되었다. 모군 인원의 증감은 부석의 난이도와 관련된다. 장헌세자현륭원원소역(1789)에서는 채석 장소가 높은 벼랑에 위치하고 석재 전체가 땅에 묻혀 큰 힘이 소요됨에 따라 모군 인원도 증원하도록 하였다.[85] 담군은 의소세손묘소역(1752)에서 석물 운반을 담당하던 승군을 대체하여 사역한 바 있다. 산릉의궤 소부석소 내 담군 기록은 간헐적으로만 확인되어 구체적인 역할은 파악하기 어렵다.

표 4-8. 소부석소에 투입된 모군과 담군 인원

No.	능호	시기	인원				연인원			
			모군	타소모군	담군	합계	모군	타소모군	담군	합계
1	**목릉**	1630	228	121	-	349	6,840	4,235	-	11,075
2	소현세자묘	1645	152*	-	-	152	4,560	-	-	4,560
3	영릉	1659	321*	-	-	321	9,630	-	-	9,630
4	**숭릉**	1674	174	-	-	174	5,500	-	-	5,500
5	**익릉**	1680	95	-	-	95	9,110	-	-	9,110
6	휘릉	1689	130	-	-	130	7,010	-	-	7,010
7	**사릉**	1699	120	-	-	120	5,218	-	-	5,218
8	**장릉**	1699	90	-	-	90	3,330	-	-	3,330
9	명릉	1702	125	-	-	125	8,105	-	-	8,105
10	단의빈묘	1718	152	-	-	152	5,045	-	-	5,045
11	민회빈묘	1719	60	30	-	90	2,400	60	-	2,460
12	**의릉**	1725	100	270	-	370	4,331	605	-	4,936
13	**온릉**	1739	80	30	-	110	3,900	300	-	4,200
14	의소세손묘	1752	78	120	180	378	2,250	○	○	○
15	**소령원**	1753	40	-	○	40	○	-	-	○
16	**순강원**	1755	60	-	-	60	○	-	-	○
17	**홍릉**	1757	100	-	-	100	○	-	-	○
18	사도세자묘	1762	25	-	-	25	685	-	-	685
19	**원릉**	1776	90	-	-	90	○	-	-	○
20	문효세자묘	1786	60	-	-	60	○	-	-	○
21	**현륭원**	1789	150	-	-	150	○	-	-	○
22	건릉	1800	210	-	-	210	○	-	-	○
23	**건릉**	1821	90	-	-	90	○	-	-	○
24	휘경원	1823	90	-	○	90	○	-	-	○
25	연경묘	1830	60	-	○	60	○	-	-	○
26	인릉	1835	150	-	-	150	○	-	-	○
27	**경릉**	1843	90	-	-	90	○	-	-	○
28	수릉	1846	90	-	-	90	○	-	-	○
29	**수릉**	1855	30	-	-	30	○	-	-	○
30	휘경원	1855	60	-	-	60	○	-	-	○
31	**인릉**	1856	○	-	-	○	○	-	-	○
32	**휘경원**	1864	○	-	○	○	○	-	○	○
33	**예릉**	1864	15	-	-	15	○	-	-	○
평균			107	113	180	131	5,194	322	○	5,776

*는 모군 인원에 장인 모조역, 화정, 복직 등이 포함된 것이 기록된 인원임, ○는 인원을 투입한 내용은 기록되어 있으나 인원수는 확인되지 않은 것임.

자재 조달

목재

산릉역에서 정자각과 재실 등에 소요되는 목재를 조달하는 방식은 〈표 4-9〉와 같이 다양하게 나타난다. 목재 조달은 크게 관급 공급과 민간 구매 방식으로 구분할 수 있는데,[86] 경강(京江) 소재 목물은 관과 민간이 각각 보유한 경우가 있으므로 관민 혼용 조달 방식으로 구분하였다. 관급 공급방식은 목재 산지로부터 공급받는 복정(卜定)을 기본으로 능소 인근에서 직접 벌목하기도 하였고, 천장(遷葬) 시에는 구재(舊材)를 활용하기도 하였다. 또 각 아문(衙門)이나 각 군문(軍門)에 비축된 목재를 이용하였고 장목전(長木廛)에서 목재를 구입하거나 외도고(外都庫) 공인을 통해 조달받는 방법 등을 취하였다. 민간 구매방식은 제궁가(諸宮家) 또는 사대부가의 비축 목재를 구매하거나 목상(木商)으로 추정되는 개인으로부터 구매하는 방법 등이 있었다.

산릉역은 영건역에 비해 정자각의 일부 부재를 제외하면 가장 큰 원목인 부등목(不等木)의 부재 수량이 많지 않았다. 복정은 19세기 후반까지 나타나지만, 비정기적인 공급 방식으로 안면도에서 부등목을 조달할 때 주로 취하였다. 소현세자묘소역(1645)에서는 대부등(大不等) 4조, 중부등(中不等) 16조, 누주(樓柱) 109조, 소부등(小不等) 65조, 평연대연(平椽臺椽) 304개, 선자연(扇椽) 132개 등을 복정으로 조달하였다.[87] 단경왕후온릉봉릉역(1739)의 경우 대량 및 소부등목을 안면도 복정으로 조달하도록 하였다.[88]

표 4-9. 산릉역 내 정자각 권역과 재실의 목재 조달 방식

No.	능호	시기	관급 공급								관민*	민간 구매			
			복정	벌목	구재	호조	아문	군문	장목전	외도고	경강	궁가	사대부	봉수	민간
1	**목릉**	1630			○										
2	소현세자묘	1645	○	○							○				
3	영릉	1659	○								△				
4	**숭릉**	1674	○				△					△			
5	**익릉**	1680					△					△			
6	휘릉	1689										△	△		
7	**사릉**	1699					△				△	△	△		○
8	**장릉**	1699	○				△								△
9	명릉	1702				○	○	○			△	△			
10	단의빈묘	1718					○	△			△	△			
11	민회빈묘	1719					△				△	△			
12	**의릉**	1725	×								△			○	
13	**온릉**	1739	○		○		△	○				○			○
14	의소세손묘	1752		○			△	△			△	△			
15	**소령원**	1753					△	△			△	△			
16	**순강원**	1755								○					
17	**홍릉**	1757	○			○	○		○						○
18	사도세자묘	1762					△	△			△	△			
19	**원릉**	1776	○		○		△	△				△			○
20	문효세자묘	1786	×		○		△	△			△	△			○
21	**현륭원**	1789					○								
22	건릉	1800				○	○			○					○
23	**건릉**	1821	○		○	○	○	○		○					
24	휘경원	1823			○	○	○	○		○					○
25	연경묘	1830				○	○	○		○					○
26	인릉	1835						○							
27	**경릉**	1843						○		○					
28	수릉	1846						○		○					
29	**수릉**	1855			○	○									
30	휘경원	1855	○		○	○									
31	**인릉**	1856			○	○									
32	**휘경원**	1864			○	○									
33	**예릉**	1864						○	○	○					

*관민은 관급 공급과 민간 구매방식이 혼용된 것으로 관민 혼용 조달 방식의 줄인말임. 경강의 목재는 관급인지 민간의 것인지 불분명함. △는 품목질에서 요청한 바 있으나, 실제 조달 여부는 불확실한 것임. ×는 품목질에서 요청하지 않았음을 명시한 것임.

다음으로 도감이 능소에 가까운 곳에 인력을 파견하여 벌목하는 방식이 있다. 주로 가재실, 나인가가, 가가 등은 대부분 이러한 방식을 취하였다. 정자각과 재실에서도 몇 차례 적용된 예가 있다. 구재 활용은 지속적으로 확인된다. 대부분 천장하면서 구릉(舊陵)의 정자각과 재실 등의 해체부재를 재사용한 경우이다. 단경왕후온릉봉릉역(1739)에서는 창의동 사우(祠宇)를 철거하여 재실 조성에 활용하기도 하였다.[89]

17세기 중엽부터 18세기까지 산릉역에서 가장 선호한 조달 방식은 경강(京江) 소재 목재 및 각 아문, 각 군문, 제궁가, 사대부가가 보유한 목재를 들여 쓰는 방식[90]이었다. 예기치 않은 공사 착수와 종료 시점이 정해진 공사 기간은 산릉공사의 시간적인 제약 사항이었다. 능소를 정하는데 1~2개월이 소요되어 실제 공사 기간은 3개월 남짓밖에 되지 않았다. 따라서 영건역에서 주로 취하는 복정이나 벌목을 통한 목재 조달은 공사 기간이 부족한 산릉역에서는 적합하지 않은 방식이었다. 짧은

표 4-10. 정성왕후홍릉산릉역(1757) 목재 조달

조달처	목재 종류	수량	합계	비율	비고
복정	대보	2	638	12%	안면도
	중부등	28			호조
	소부등	35			
	누주	117			
	별대연	207			
	대연	187			
	궁재	62			
선혜청	중연	682	682	13%	
내장목전	중연	660	1,266	25%	
	소연	540			
	소소연	66			
외장목전	중연	934	1,324	26%	
	소연	390			
사저	소소연	800	1,220	24%	纛島 張萬根
	소소연	420			纛島 李險金
합계			5,130	100%	

표 4-11. 영조원릉산릉역(1776) 목재 조달

조달처	목재 종류	수량	합계	비율	비고
복정	체목	162.5	162.5	2%	안면도
이천목	누주	28	399	4%	
	궁재	350			
춘천	대연	21			
명릉 가정자각	체목	77	297	3%	
	선자귀	16			
	장연	104			
	단연	100			
외도고	중연	1,640	5,937	66%	
	소연	505			
	소소연	3,792			
사저	중연	862	2,248	25%	李再文
	소연	606			
	소소연	780			
합계			9,043.5	100%	

공사 기간을 맞추기 위해서는 기존 비축 물량을 최대한 활용하는 것이 당시로서는 최선이었다. 일차적으로 경강에 비축된 목재 중에 적합한 것을 취하였고, 나머지는 관이 보유한 물량을 들여 썼으며, 부족한 물량은 궁가나 사대부가에서 보유한 목재를 사서 소요량을 맞추었다.

정조건릉산릉역(1800)부터는 관의 비축 물량을 늘려나갔다. 화성 축조 시 비축한 관동재 중 호조 상환목과 선혜청의 별창고인 만리창(萬里倉)과 보민사(保民司)[91]가 보유한 치련목 중 일부를 취하였다.[92] 이들 대부분은 정자각이나 비각 등에 소요되는 큰 원목 및 대연에 해당하였다. 효의왕후건릉산릉역(1821)에서도 정자각, 비각 등은 수어청 소재 목물을 이용하였다.[93] 수빈휘경원원소역(1823)의 경우 목물 조달은 호조와 상의하여[94] 진행하였는데, 이후 산릉역에서 목재 조달은 도감에서 직접 공급하지 않고 호조를 통해 조달하였다. 또한 정자각 이하 각양 물목은 수어청에 비축 물량을 활용하였는데, 초치련도 구수어청(舊守禦廳)에서 실시하였다.

표 4-12. 정조건릉산릉역(1800) 목재 조달

<table>
<tr><th>조달처</th><th>목재 종류</th><th>수량</th><th>합계</th><th>비율</th></tr>
<tr><td>복정</td><td>대연</td><td>8</td><td>8</td><td>1%</td></tr>
<tr><td rowspan="7">수원부</td><td>대부등</td><td>3</td><td rowspan="7">393</td><td rowspan="12">19%</td></tr>
<tr><td>중부등</td><td>7</td></tr>
<tr><td>소부등</td><td>28</td></tr>
<tr><td>누주</td><td>125</td></tr>
<tr><td>궁재</td><td>106</td></tr>
<tr><td>재목</td><td>70</td></tr>
<tr><td>대연</td><td>202</td></tr>
<tr><td rowspan="2">만리창</td><td>장송판</td><td>500</td><td rowspan="2">702</td></tr>
<tr><td>대연</td><td>150</td></tr>
<tr><td>보민사</td><td>대연</td><td>150</td><td>150</td></tr>
<tr><td>장용역</td><td>벽련목</td><td>600</td><td>600</td></tr>
<tr><td colspan="3"></td><td></td></tr>
</table>

조달처	목재 종류	수량	합계	비율
복정	대연	8	8	1%
수원부	대부등	3	393	19%
	중부등	7		
	소부등	28		
	누주	125		
	궁재	106		
	재목	70		
만리창	대연	202	702	
	장송판	500		
보민사	대연	150	150	
장용역	벽련목	600	600	
외도고	중연	540	1,500	16%
	소연	480		
	소소연	480		
사저	벽련목	120	6,075	64%
	차연목	800		
	두리목	1,000		
	박송판	100		
	중연	1,170		
	소연	2,405		
	소소연	480		
합계			9,374	100%

외도고 공인을 통해 조달하는 방식도 취하였다. 외도고 공인은 호조에서 공가를 받는 별공(別貿) 공인(貢人)으로 이전의 선공감 공인과 같이 원공(元貢)에 비해 공가(貢價)가 낮았으며 후불제였다.[95] 낮은 공가에도 외도고 공인이 활동한 이유는 별목권을 확보하여 이익을 취하기 위함이었다.[96] 영건역에서는 의소묘영건역(1752)부터 외도고를 통해 목재를 공급받았다.[97] 산릉역에서도 비슷한 시기인 인빈상시봉원역(1755)의 경우 외도고로부터 목물을 공급받았다. 이때 사저 목물을 쓰지 말고 전체 물량을 외도고를 통해 취용하도록 하였다.[98] 이후 정조건릉산릉역(1800)부터는 외도고로부터 지속적으로 목재 공급을 받았다. 정조건릉산릉역에서는 중연 540개, 소연 480개, 소소연 480개, 총 1,500개를 공급받았다. 이는 전체 수량의 16%에 해당한다. 효현왕후경릉산릉역(1843)에서는 수어청과 외도고로부터 목재를 공급받았다. 전체 수량의 81%를 외도고로부터 공급받았다. 철종예릉산릉역(1864)에서도 전체 수량의

표 4-13. 효현왕후경릉역(1843) 목재 조달

조달처	목재 종류	수량	합계	비율
수어청	통목	10	2,110	19%
	별대부등	10		
	체목	88		
	선자대연	88		
	무대연	94		
	수세벽련	52		
	창살	4		
	누주	160		
	궁재	344		
	궁재벽련	185		
	장중조리	59		
	대조리	860		
	중조리	156		
외도고	벽련	751	8,783	81%
	대연	735		
	중연	1,261		
	소연	4,001		
	박송판	146		
	장송판	1,283		
	대조리	8		
	장소조리	146		
	반소조리	161		
	연함	135		
합계			10,893	100%

68%를 외도고로부터 공급받았다. 효현왕후경릉역과 철종예릉산릉역의 경우 외도고에서 공급받은 수량이 많기는 했지만 대형 원목은 아니었고 연목류가 가장 많았으며 판재 물량도 대부분 공급받았다. 사저 또는 민간 목재상이 공급하던 목재 물량도 이 시기에는 모두 외도고를 통해 조달했던 것으로 추정된다.

외도고 공인 외에 시전인 장목전에서 직접 목재 조달을 하기도 하였는데, 정성왕후홍릉산릉역과 철종예릉산릉역에서 두 차례만 확인된다. 정성왕후홍릉산릉역에서는 전체 수량의 약 50%에 이르는 비교적 많은 물량의 중연, 소연, 소소연을 공급하였다. 하지만 철종예릉산릉역에서는 전체 수량의 약 2% 정도로 공급 비중은 미미했다.

산릉역에서는 민간에서도 목재를 조달하였다. 앞서 언급한 궁가, 사대부가 외에도 목재상으로 보이는 이도 확인된다. 산릉의궤 기록상 '사저(私儲) 재목(材木)'이 민간에서 공급하는 목재인지 살펴보자. 『단경왕후온릉봉릉도감의궤』(1739) 조성소 기록을 연이어 보자.

정자각 이하 재실 소입 **사저 목물(私儲木物)** 중 훈국이 가평에서 작벌한 박송판 36닢 두께 2치 5푼, 후판 24닢 및 소부등 2주, 누주 6주, 궁재 4주, 재목 23주를 취용하고자 하오니, 이 뜻을 훈국 및 호조에 이문하심이 어떠한지요? 수결내: 이문하라.[99]

정자각 이하 재실 소용 **사저 목물(私儲木物)** 중 수어청 소부등 1주, 누주 1주 및 금위영 대연 169주 내 140주를 취용하고 그 나머지 돌려보내야 하는 28주는 지금 임포에 있는 바, 이 뜻을 금위영 및 수어청, 호조에 함께 이문하심이 어떠한지요? 수결내: 이문하라[100]

사저 목물의 범위에는 훈련도감, 수어청, 금위영 등이 비축한 재목도 포함되었음을 알 수 있다. 사저 재목은 제궁가, 사대부가, 일반 백성 외에도 관이나 개인에서 비축한 물량을 뜻함을 알 수 있다. 이를 보면 관급 목재를 공급하는 담당 관서인 호조와 선혜청 외 아문이나 군문에 비축한 물량도 사저 재목으로 취급한 것으로 짐작된다.

민간에서 구매한 사례를 살펴보자. 사저 재목을 조달한 예는 효종영릉산릉역(1659)부터[101] 확인된다. 장경왕후사릉봉릉역(1699)에서는 남양주 군장리의 사저 재목 150여 조를 구해서 사용하였다.[102] 이때는 민간에서 조달했던 것으로 짐작된다. 단의빈묘소역(1718)에서는 경중의 사저 목물을 비용을 지급할 수 있도록 재목의 주거지와 성명을 책으로 작성하도록 지시하였다.[103] 사저 목물을 벽련소로 들일 때는 도난이나 섞이는 것을 방지하기 위해 산자(山字) 낙인을 찍고,[104] 해당 관할의 서원(書員)은 매일 운송하는 재목의 종류와 수량을 기록하도록 하였으며,[105] 두 권의 책을 만들어 1권은 관인을 찍어 추후 참고하도록 하였다.[106] 경종의릉산릉역(1724)에서는 고양 행주에 사는 이억선(李億先)으로부터 값을 지불하고 궁재 2조를 사기도 하였다.[107] 당해 공역에서는 봉수(逢授)라는 제도를 통해 목재를 조달하였다. 봉수는 남에게 돈이나 재물을 맡기는 것을 뜻하는데, 〈표 4-14〉를 보면 봉수를 맡는 이의 근거지는 양주 광진(廣津), 광주 구천면(龜川面), 송파창(松坡倉)으로 모두 경강 일대이다. 이들은 민간 목재상 또는 중간 도매상으로 관이나 민간의 목재를 확보했던 것으로 보인다. 김시룡(金時龍)은 본인이 소

표 4-14. 경종의릉산릉역의 목재 봉수

근거지	봉수 관련	목재 보유 관련	재목 종류와 수량	수량
楊州 廣津	金時龍		材木 100條	100
	金順傑	守禦廳	樓柱 2條, 宮材4條, 材木 14條	41
		泥洞 金判書宅	劈鍊材木 7條, 劈鍊樓柱 2條	
		東蠶室 高星望	材木1條	
		延士命	宮材 1條, 樓柱1條	
		金士建	樓柱 1條	
		李仁興	樓柱 1條	
		尹永元	小小材木 3條	
		金時贊	材木 1條	
		吳信男	樓柱 1條	
		夫里島 李斗明	材木 2條	
廣州 龜川面	金先己	朴太山	小材木 8條	8
	白庚申	李生員宅	樓柱 1條, 宮材 1條, 材木 18條,	20
松坡倉	趙順發	本府	小椽木 50巨里	100
	都二文	本府	材木 7條	7
	韓平伊	本府	材木 17條	17
	白太俊	本府	樓柱 1條, 宮材 9條, 材木 21條	31
	李二萬	本府	材木 4條, 樓柱 1條, 宮材 6條	11
	徐世萬	本府	材木6條	38
		守禦廳	材木24條 大椽8箇	
합 계				373

유 목재를 직접 관리했던 것으로 짐작된다. 김순걸(金順傑)은 동잠실의 여러 명의 목재를 확보하였는데, 보관은 목재 보유자가 하며 수요가 발생했을 때 목재를 판매한 경우로 보인다. 목재 중에는 일부 벽련재도 확인된다. 봉수제도로 확보한 목재의 수량은 373개로 많지 않지만 비교적 큰 원목에 해당된다. 이러한 봉수제도는 민간 목재상이 본격적으로 활동하기 이전의 과도기적인 형태로 추정된다.

단경왕후온릉봉릉역(1739)에서는 정자각 소용으로 사저 벽련 누주 7조, 궁재 20조, 재목 21조를 과천 입의동, 효령대군방 서원 등에서 조달하였다.[108] 민간에서 벽련된 목재를 보유한 사례인데 그 수량은 많지 않았다. 정성왕후홍릉산릉역(1757)에서는 뚝섬의 이만근과 이험금으로부터 소소연을 각각 800개, 420개씩 조달하였다.[109] 영조원릉산릉역(1776)에서는 목상(木商) 조화진과 차인(差人)[110] 조순대가 제공한 정보를 근거로 강원도 이천 소재 목물을 수급하도록 하였다.[111] 실제로 누주 28주와 궁재 350주를 조달하였다. 이때 목상은 도감과 직접 거래를 진행한 것은 아니고 목재 조달을 위한 정보만 제공한 것으로 보인다. 그 외에 이재문으로부터 중연 862개, 소연 606개, 소소연 780개로 총 2,248개를 조달하였다. 이만근, 이험금, 이재문 모두 연목을 대량으로 확보한 민간 목재상으로 판단된다. 이 시기에는 민간 목재상의 공급 범위가 확대되어 관에서도 대량으로 공급받았던 것으로 생각된다. 정조건릉산릉역(1800)에서는 사저 재목으로 6,075개를 조달하였는데, 구체적인 공급인은 확인되지 않는다. 〈표 4-12〉를 보면 연목재가 대부분이지만 벽련목과 박송판 등 점차 가공재로 공급 영역이 확대되었음을 알 수 있다. 비슷한 시기인 인정전영건역(1805)에서도 민간 목재상으로부터 연목 1,300개와 장송판 2,000닢을 구입[112]한 것을 보면 이 시기 연목과 판재는 목재상이 취급하는 주요 품목이었음을 알 수 있다. 효명세자연경묘묘소역(1830)까지 사저 목물을 구입한 내용이 확인되는데 민간 목재상이었는지는 알 수 없다.

석재[113]

부석처의 선정 절차

석공사와 관련하여 산릉도감에서는 대부석소(大浮石所), 소부석소(小浮石所), 수석소(輸石所)를 조직하였다. 대부석소는 능상(陵上)의 봉분과 주변의 석상, 석인, 장명등 등의 석의(石儀)를 조달하고 치석 및 설치를 담당하였다. 소부석소는 봉분 아래 정자각, 재실 등에 소요되는 각종 건축 석재를 조달하고, 치석 및 설치를 담당하였다. 수석소는 부석처(浮石處)에서 능소까지 석재 운반을 담당하였다.

천장(遷葬)하면서 구릉(舊陵) 석재를 재활용하는 경우를 제외하고, 산릉역은 대부분 부석처를 설치하여 직접 석재를 조달하였다. 건축용재로 쓰였던 돌은 대부분 화강석이다. 돌은 무겁기 때문에 관영건축공사에서는 가능하면 공사장 주변에서 채석하려 하였다.[114] 대부석소의 부석처 결정 과정을 살펴보자. 현종숭릉산릉역(1674)에서 노원(蘆原)을 부석처로 결정하였다. 『현종숭릉산릉도감의궤』에는

> 산릉을 이미 정한 후, 9월 15일 낭청이 하직 인사를 올리고, 석수 편수 2명을 인솔하여 노원 채석처로 나아가 살펴본 후 그대로 부석소를 설치하였다.[115]

라고 하여 낭청이 석수 편수 2명을 인솔하여 채석처로 이동하여 부석 여건을 판단한 후 부석소 설치를 결정하였다. 인경왕후익릉산릉역(1680)에서는 고양의 대사기막동을 부석처로 결정하였다. 『인경왕후익릉산릉도감의궤』에는 부석처의 결정 과정이 다음과 같이 상세하게 기록되어 있다.

> 산릉을 이미 정한 후, 11월 17일 낭청과 감조관이 석수 편수 2명을 인솔하여 고양으로 나아가 대사기막동 채석처를 살펴본 후, 석편을 떠서 총호사 및 당상이 석재의 품질을 살펴본 후, 입계 정탈하여 그대로 부석소를 설치하였다.[116]

낭청과 감조관이 석수 편수 2명을 인솔하여 부석처를 살펴본 후, 석재의 품질을 판단하기 위해 석편을 떠서 산릉도감의 최고 책임자인 총호사와 당상이 품질을 먼저 확인하고, 왕에게 직접 보고한 후 최종적으로 부석처가 결정되었다. 이러한 과정은 영조원릉산릉역(1776)까지 이어진다. 이후 이와 같은 기록이 나타나지는 않지만, 부석처 결정은 동일한 절차로 진행되었을 것이다. 즉 대부석소의 부석처 결정이 중간 책임자 단계에서 이루어지는 것이 아니라, 도감의 최고 책임자에 의한 실질적인 품질 확인 절차 과정을 거쳐 왕에게 직접 보고되어 결정되는 것이 일반적이었다. 그만큼 능상에 배설되는 석재의 품질에 대해 각별하게 신경썼음을 알 수 있다. 봉분 조성 시에도 이와 유사한 절차를 거쳤다. 정성왕후홍릉산릉역(1757)에서는 봉분 조성을 위해 8자 4치까지 천광(穿壙)을 하였는데, 지표에서 2자, 5자, 8자 4치 깊이에 이를 때마다 소량의 흙을 부대에 담아 왕에게 직접 보고하여 토질을 확인하는 과정을 거쳤다.[117] 이처럼 능상 석재의 품질도 봉분 조성 시 토질을 여러 차례 확인하는 과정만큼 신중하게 다루어졌다.

대부석소는 때로는 여러 곳의 부석처를 살핀 후 적합한 부석처를 선정하기도 하였다. 장렬왕후휘릉산릉역(1689)과 정순왕후사릉봉릉역(1699)이 그러한 예이다. 의궤 기록을 살펴보자.

산릉을 이미 정한 후, 9월 21일 감조관 2원이 석수 편수 2명을 인솔하여 양주, 노원, 우이 등지에 나아가 부석처를 살펴본즉, 모두 쓸 만한 석물이 없기 때문에 조계동으로 바꾸어 살펴본 후, 석편을 떠서 총호사 및 당상이 품질을 살펴보고 그대로 부석소로 정하였다.(장렬왕후휘릉산릉역)[118]

무인 11월 29일 낭청 1원이 석수 편수 2명이 인솔하여 양주 불암 부석처를 살펴본즉, 쓸 수 있는 석물이 없기 때문에 전(례)에 따라 조계동에서 부출할 일을 총리사(도제조) 및 당상이 품한 후 그대로 부석소로 정하였다.(정순왕후사릉봉릉역)[119]

장렬왕후휘릉산릉역에서는 양주, 노원, 우이 등지를 살펴보았으나 마땅치 않아 결국 조계동을 부석처로 선정하였고, 정순왕후사릉봉릉역에서는 불암 부석처에 쓸 만한 석재가 없어 전례에 따라 역시 조계동으로 부석처를 정하였다.

대부석소의 부석처 결정 과정과 달리, 소부석소에서는 이와 같은 절차가 기록되어 있지 않다. 당시 산릉역에서는 건축용 석재에 비해 능상에 배설(排設)하는 석재의 부석처 선정 과정이 복잡했고, 신중했다. 이러한 기록을 보면 능상에 배설하는 석재와 일반 건축용 석재 간 품질면에서 차이를 둔 것으로 이해된다.

부석처 위치와 선정 요인

산릉도감의궤 내 「대부석소」와 「소부석소」에는 부석처가 기록되어 있다.(표 4-15) 현재 수도권에 소재한 왕릉 중에는 여러 왕릉이 군을 형성하는 곳도 있다. 동구릉과 서오릉이 그 대표적인 예이다. 동일한 지역에 위치한 왕릉군에서는 동일한 곳을 부석처로 삼아 부석역을 진행하

표 4-15. 부석처, 능소와 부석처 간 거리 (단위: km)

No.	능호	시기	현 왕릉군	현 능소 소재지	의궤에 기록된 부석처(구릉 석재 재활용)		능소와 부석처 간 직선거리	
					대부석소	소부석소	대부석소	소부석소
1	영릉	1659	동구릉	구리시 인창동	漕溪	農原	12.08	6.61
2	**숭릉**	1674	동구릉	구리시 인창동	蘆原	蘆原(舊寧陵)	6.61	6.61
3	**익릉**	1680	서오릉	고양시 용두동	高陽 大沙器幕洞	小沙器幕洞	7.68	7.68
4	휘릉	1689	동구릉	구리시 인창동	漕溪洞	佛巖山	12.08	4.48
5	**사릉**	1699	-	남양주시 진건읍	漕溪洞	佛巖	18.04	8.81
6	**명릉**	1702	서오릉	고양시 용두동	高陽 大沙器幕洞	小沙器幕洞	7.69	7.69
7	**의릉**	1725	-	성북구 석관동	楊州 蘆原 中契	楊州 蘆原 上契	5.66	7.43
8	**온릉**	-	-	양주시 장흥면	重興洞重興洞重興洞	楊州 三千洞 牛耳洞牛耳洞	8.23	8.64 8.23
9	**홍릉**	1757	서오릉	고양시 용두동	楊州 重興洞	北漢西門外 重興洞	4.77	4.77
10	**원릉**	1776	동구릉	구리시 인창동	蘆原 中契	蘆原 中契	5.37	5.37
11	건릉	1800	융건릉	화성시 안녕동	水原 鷺峯	水原府 如岐山	-	-
12	**건릉**	1821	융건릉	화성시 안녕동	鷺峯	水原府 甑岳山	-	-
13	인릉	1835	-	파주시 탄현면	江華府 煤音島	長湍 白鶴山	-	-
14	**경릉**	1843	동구릉	구리시 인창동	蘆原 釣溪釣溪	蘆原蘆原蘆原	6.61 12.08	6.61
15	수릉	1846	-	중랑구 면목동	牛耳洞	蘆原	12.42	6.61
16	**수릉**	1855	동구릉	구리시 인창동	槽溪	(舊陵)	12.08	-
17	**인릉**	1856	헌 인 릉	강남구 내곡동	(舊陵)	(舊陵)	-	-
18	**예릉**	1864	서 삼 릉	고양시 원당동	(舊靖陵, 舊仁陵)	津寬 三千里洞	-	9.33
						직선거리 평균 :	9.39	7.06

※ 능소와 부석처 간 직선거리는 〈그림 4-5〉에 표시한 부석처와 능소의 중심 간 직선거리인데, 〈그림 4-5〉에 표시한 부석처는 정확한 지점을 특정할 수 없는 한계가 있으므로, 본 표의 산출 거리는 정확한 수치가 아니며 대략적인 거리임.

였을 것으로 예상된다. 도성을 기준으로 동쪽과 서쪽의 왕릉군을 중심으로 어디에 부석처를 설치하였는지 살펴보자. 또한 석재의 용도, 규격, 수량 등에서 차이가 나는 대부석소와 소부석소의 부석처를 동일한 곳에 설치하였는지도 짚어보도록 하자.

동쪽 불암산, 서쪽 북한산에 부석처 선정

도성을 기준으로 동쪽에 위치한 동구릉(영릉, 숭릉, 휘릉, 원릉, 수릉), 사릉, 의릉 및 구수릉(1846)의 부석처는 대부석소는 조계(漕溪), 조계동(漕溪洞), 조계(釣溪), 노원(蘆原), 노원 중계(蘆原 中契), 우이동(牛耳洞)으로, 소부석소는 농원(農原), 노원(蘆原), 노원 상계(蘆原 上契), 노원 중계(蘆原 中契), 불암산(佛巖山), 불암(佛巖)으로 기록되어 있다. 대

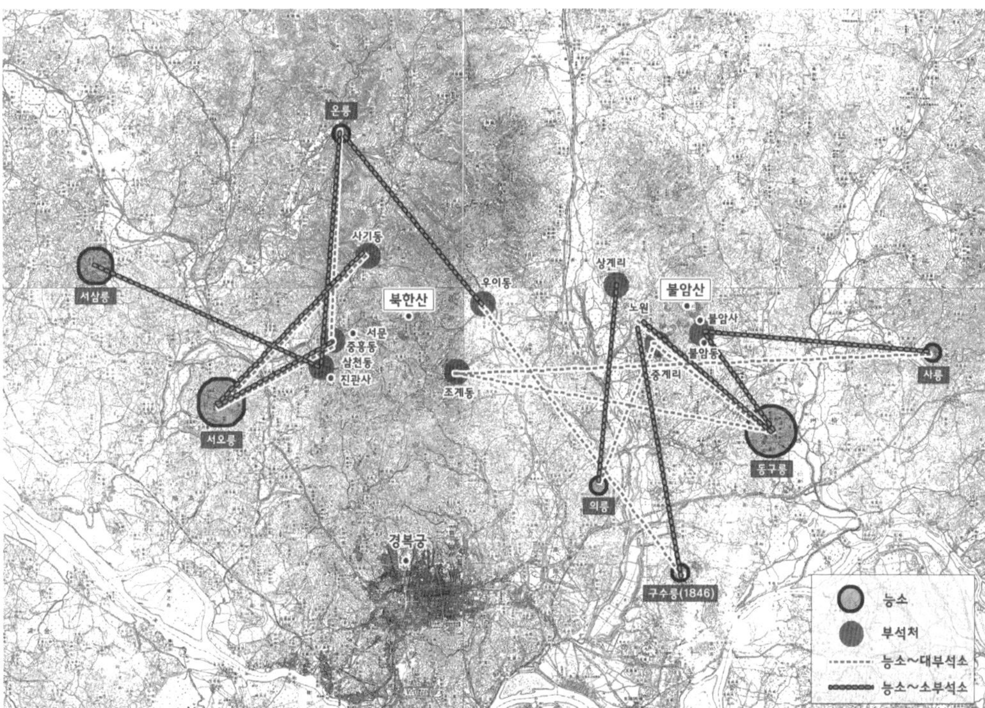

그림 4-5. 도성 주변 산릉역의 부석처 위치와 능소 간 관계 (1915년 측량 지형도, 1 : 15,000尺)

부석소와 소부석소 간 공통적인 부석처는 노원, 노원 중계 정도이다.

부석처별 설치 횟수를 보자. 대부석소는 조계동 5회, 노원 2회, 노원 중계 2회, 우이동 1회이다. 조계동이 가장 많았고, 노원 중계를 포함하여 노원 일대가 두 번째로 많다. 소부석소는 노원 4회, 노원 상계 1회, 노원 중계 1회, 불암산 2회로 노원 일대가 압도적으로 많았다.

〈그림 4-5〉에 사용된 지도는 일제강점기인 1915년에 측량된 지형도(이하 지형도)이다. 조선 후기 지형 이해와 지명 파악에 유리하여, 이 지형도 위에 부석처 위치를 표시하였다.

조계(漕溪)와 조계동(漕溪洞)은 같은 지역을 의미한다. 조계(釣溪)는 음가가 조계(漕溪)와 동일하여 같은 지역임을 알 수 있다. 조계동은 북한산의 남동쪽에 위치하여 현 행정구역으로는 서울시 강북구 수유동 일대를 일컫는다.[120]

노원과 관련하여 부석처로는 노원(蘆原), 노원 상계(蘆原 上契), 노원 중계(蘆原 中契) 등 세 곳이 기록되어 있다. 노원 상계와 중계는 현재의 행정구역과 큰 차이가 없을 것으로 보인다. 지형도상에는 상계리(上契理), 중계리(中契理)로 표기되어 있는데, 행정구역명이 표기된 지점에 부석처를 표시하였다. 노원은 명칭상 상계, 중계, 하계를 포함한 지역이다. 의궤에서 부석처로 상계와 중계가 주로 언급된 것을 보면, 노원은 상계와 중계 일대를 일컫는 것으로 보인다. 따라서 지형도상에는 상계리와 중계리의 중간 지점을 대략적으로 추정하여 표시하였다. 농원(農原)이라는 부석처도 확인된다. 『서울지명사전』[121]을 확인한 바 지명으로 나타나지 않은 것을 보면, 노원(蘆原)을 오기한 것으로 생각된다. 노원 일대는 불암산에 속해 있는데, 불암산 정상을 기준으로 서쪽 자락에 위치한다.

우이동(牛耳洞)은 현재도 지명이 유지되고 있다. 지형도상에 행정구역명으로 표기된 우이동(牛耳洞) 지점을 부석처로 표시하였다.

불암산(佛巖山)과 불암(佛巖)은 모두 현재의 불암산 일대를 지칭한다. 노원 일대도 불암산의 일부이므로 노원 일대를 지칭한 것으로 볼 수도 있다. 하지만 산릉도감의궤에서 소부석소 부석처를 단의빈묘소역(1718)에서는 양주 불암동(佛巖洞), 경혜인빈상시봉원역(1755)에서는 양주 불암사(佛巖寺)로 기록한 것을 보면 노원과는 다른 지명임을 알 수 있다. 지형도상에는 불암동과 불암사로 표기된 지점을 부석처로 표시하였다.

이와 같이 도성 동쪽의 부석처는 조계동, 우이동, 노원, 불암산 등 4개 지역에 위치한다. 조계동과 우이동은 북한산에 속해 있고, 노원은 불암산에 속해 있어 산지로 보면 불암산과 북한산에 부석처를 두었음을 알 수 있다.

도성 서쪽에 위치한 서오릉(익릉, 명릉, 홍릉)과 서삼릉(예릉) 및 온릉의 부석처는 대부석소는 고양 대사기막동(高陽 大沙器幕洞), 중흥동(重興洞), 소부석소는 소사기막동(小沙器幕洞), 양주 삼천동(楊州 三千洞), 진관 삼천리동(津寬 三千里洞), 우이동(牛耳洞), 중흥동(重興洞)으로 기록되어 있다. 대부석소와 소부석소 간 공통적인 부석처로는 중흥동(重興洞) 한 곳이고, 나머지는 차이를 보인다.

부석처별 설치 횟수를 보자. 대부석소는 대사기막동이 2회, 중흥동도 2회 설치되었다. 소부석소는 소사기막동이 2회, 양주 삼천동, 진관 삼천리동, 우이동 및 중흥동에 각각 1회씩 설치되었다. 중흥동과 대소사기막동이 부석처로 선호되었음을 알 수 있다.

도성 서쪽에 설치된 부석처부터 살펴보자. 고양 대사기막동과 소사기막동은『인경왕후익릉산릉도감의궤』기록을 보면

> 분부에 따라 낭청, 감조관이 어제 중흥동에 달려가서 대사기막동 5곳의 석품을 직접 살펴본즉 중흥동에는 쓸 만한 석재가 전혀 없고, 서원후동도 또한 쓸 만한 석재가 없으며, 묵방은 석품이 좋지 않고 게다가 길이 매우 좁습니다. 소사기막동의 석품은 석물에 합당하고 도로 또한 평이합니다. 다만 규격이 큰 석물이 겹쳐 쌓인 곳은 한 곳으로 석물을 뜨고 뒤집고 내오는 것이 매우 어렵습니다. 대사기막동의 석품은 즉 소사기막동과 같은 양상인데 각처에 산재하기 때문에 부출이 편리한데, 도로는 자못 험합니다. 묵방, 대·소사기막동 3곳의 석편을 살펴보고자 가지고 왔습니다. 친히 살피신 후 어떤 곳으로 역소를 정하올지 아뢰옵니다. 총호사 수결 내용: 석품이 좋고 도로가 편리한 곳으로 할 것.[122]

이라고 하여 중흥동부터 대사기막동까지 5곳의 부석처를 간심(看審)하

였다. 5곳 중 3곳은 서원후동, 묵방(동), 소사기막동이다. 서원후동과 묵방의 소재는 확인되지 않지만, 당일 5곳의 부석처를 간심한 상황을 보면, 중흥동에서 소사기막동과 대사기막동은 근거리에 위치함을 알 수 있다. 후술하겠지만 인현왕후명릉산릉역에서도 묵방동과 중흥 수문동, 소사기막동을 부석처로 살펴본 것을 보면 서로 간 가까운 지역에 위치함을 알 수 있다. 지형도에서는 북한산 북서측에 사기동(沙器洞)이 표기되어 있는데, 이 일대는 중흥동과 멀지 않은 지역이다. 그 일대는 현재도 사기막골, 사기막계곡이라는 지명으로 불리고 있다. 대사기막동과 소사기막동이 어떤 지역을 특정하는지는 알 수 없지만, 대략적으로 지형도상 사기동 일대임을 알 수 있다. 지형도상에는 대사기막동과 소사기막동을 특정할 수 없어, 사기동으로 표기된 지점에 부석처를 표시하였다.

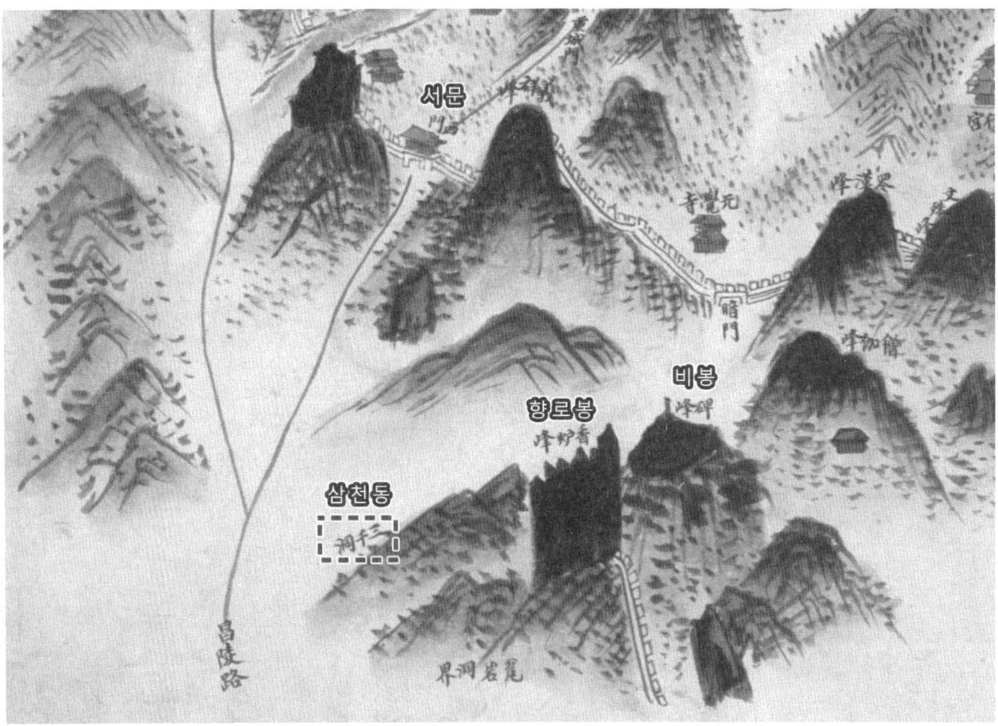

그림 4-6. 『동국여도』 「북한성도」 내 삼천동 일대(19세기 전반 추정)

중흥동은 『정성왕후홍릉산릉도감의궤』에 북한산성 서문 바깥(北漢西門外)으로 기록하고 있어 위치가 비교적 명확하게 확인된다. 지형도에도 중흥동(重興洞)이라는 지명이 표기되어, 이 지점을 부석처로 표시하였다.

삼천동(三千洞)은 지형도에는 지명이 나타나지 않는다. 19세기 전반에 제작된 것으로 추정되는 『동국여도(東國輿圖)』「북한성도(北漢城圖)」에는 삼천동(三千洞)이라는 지명이 확인된다. 비봉(碑峰)과 향로봉(香炉峰)과 연결된 능선 아래에 지명이 표시되어 있다.(그림 4-6) 고지도상 이 일대는 현재 진관사, 진관사계곡과 삼천사 및 삼천사계곡 부근이다. 이와 관련하여 『철종예릉산릉도감의궤』(1864) 내 소부석소 부석처가 진관(津寬) 삼천리동(三千里洞)으로 기록된 것을 보면, 진관사 일대를 삼천리동으로 표기한 것임을 알 수 있다. 즉 삼천동과 삼천리동은 같은 지역을 의미한다. 이상의 정황을 보면 현 진관사와 삼천사 일대가 산릉의궤에 기록된 삼천동임을 알 수 있다.

석재 규격과 용도에 따른 부석처 선정

석재 운반 여건을 감안하면 부석처는 능소와 최대한 가까운 산지에 설치하였을 것으로 짐작된다. 부석처 선정의 주요 요인에 대해 살펴보자.

〈표 4-15〉를 보면 능소에서 대부석소와 소부석소 부석처 간 거리에 차이가 확인된다. 평균 직선거리를 보면 능소와 대부석소 간은 약 9.39km이고, 소부석소까지는 약 7.06km이다.

세 차례(숭릉, 홍릉, 원릉)를 제외하고는 대부석소와 소부석소의 부석처를 각각 다른 곳에 설치하였다. 도성 동쪽 능소를 보면, 영릉과 경릉에서는 대부석소와 소부석소를 각각 조계동과 노원에 두었다. 능소에서 부석처 간 직선거리는 대부석소(12.08km)가 소부석소(6.61km)의 약 2배 거리에 위치한다. 휘릉에서는 대부석소(12.08km)가 소부석소(4.48km)에 비해 약 3배 거리에 위치한다. 사릉의 경우 대부석소는 약 18km에 떨어진 조계동에 설치하였다. 모두 소부석소보다 대부석소를 훨씬 먼 지역에 설치하였다. 대부석소 부석처로는 특히 조계동이 선호되었다.

대부석소와 소부석소의 석재 수량과 규격을 살펴보자. 대부석소 석재 규격은 시기적으로 변화가 있지만 정조건릉산릉역 전후 큰 변화가 없으므로, 정조건릉산릉역을 사례로 살펴보자.

표 4-16. 『정조건릉산릉도감의궤』에 기록된 석재 수량과 규격

구분	대부석소	소부석소
부석 수량	146개	1,571개
최대 석재 수량 및 규격	상석 1개 長 9.9자, 廣 5.9자, 厚 1.78자	정자각 초석 14개 長, 高 3자
	무석인 2개 長 6.8자, 廣 上 1.9자 下 2.6자, 厚 上 1.8자 下 2.2자	정자각 월대 전면 계석 8개 長 11.25자, 高 1.23자*

*는 의궤상 기록된 길이를 현 정자각의 실측치를 기준으로 환산한 수치임.

〈표 4-16〉에서 보듯 소부석소가 대부석소에 비해 10배 이상 많은 석재를 들여 썼다. 소부석소에서는 정자각에 설치되는 석재가 비교적 크다. 그중 월대 전면 계석(기단석)이 가장 크다. 길이는 11자 이상으로 두께는 1자보다 약간 크다. 대부석소는 상석(혼유석)의 경우 길이 약 10자, 너비 약 6자의 큰 석재가 필요하고, 무석인은 길이 약 7자, 너비와 두께가 2자 이상의 석재가 필요하다. 이처럼 산릉역에서 소부석소는 많은 석재가 필요하지만 몇몇 석재를 제외하고 대부분 규격이 작다. 반면 대부석소는 석재 수량은 적지만 개별 석재의 규격은 상당히 큰 편이다.

앞서 언급한 『정순왕후사릉봉릉도감의궤』의 기록을 다시 보자.

양주 불암 부석처를 간심한즉 쓸 만한 석물이 없기 때문에 전(례)에 따라 조계동에서 부출할 일[123]

사릉은 불암 부석처에는 대부석소 석재로는 쓸 만한 것이 없어 조계동으로 부석처를 옮겼지만, 소부석소는 불암에 그대로 설치하였다. 대부석소 부석처로 조계동에 설치한 전례(영릉, 휘릉)가 있기 때문에 석재 품질은 이미 검증된 것으로 보았을 것이다.

익릉과 명릉에서는 비슷한 지역이지만 대부석소와 소부석소의 부석

처를 각각 대사기막동과 소사기막동으로 구분하였다. 앞서 살펴본 『인경왕후익릉산릉도감의궤』 기록에서 보았듯, 소사기막동과 대사기막동 간 석재 품질은 차이가 없었다. 하지만 소사기막동은 도로 여건은 좋으나 큰 석재 부출량이 제한적이고, 대사기막동은 큰 석재는 풍부하나 운반에 어려운 문제가 있었다.[124] 결과적으로 대형 석재를 얻기 위해 도로 여건이 좋지 않더라도 대사기막동에 대부석소 부석처를 두었고, 소부석소는 큰 석재는 없지만 운반이 용이한 소사기막동이 부석처로 선정되었다.

인현왕후명릉산릉역에서도 묵방동과 중흥 수문동에 석재가 풍부하지만 운반이 어려워, 운반이 용이한 소사기막동을 소부석소의 부석처로 선정하였다.[125]

경종의릉산릉역에서는 노원에 부석처를 마련하였지만, 대부석소와 소부석소를 각각 중계와 상계로 구획하여 설치하였다. 『경종의릉산릉도감의궤』에는 이러한 연유가 잘 기록되어 있다.

본소 초기에 노원 중계에 바야흐로 시역할 즈음 대부석소가 뒤이어 와서 한 곳에 같이 들어가게 되므로, 일을 함에 있어 많이 불편하기 때문에 본소가 부득이 노원 상계로 이설하는데, 석재는 넉넉하지만 거리가 조금 먼 일로 매우 근심스러우며[126]

당초에는 소부석소가 노원 중계에 부석처를 마련하였는데, 대부석소가 동일한 지역에 부석처를 설치함에 따라 상호 간 간섭이 발생하여 소부석소를 능소에서 더 멀리 위치한 상계로 이동시킨 것이다.

단경왕후온릉봉릉역에서는 대부석소는 중흥동, 소부석소는 삼천동으로 인근 지역 내 별도로 설치하였다가 소부석소를 다시 우이동으로 옮겼다.

우이동의 석품이 비록 좋지 않으나 방천 개석 및 기타 여러 곳에 쓰이는 계체(석)로는 족히 취용할 수 있고, 능소 근처여서 편리하온 바로 이미 완전히 정하였습니다.[127]

우이동 석품이 좋은 편은 아니지만 건축용 석재 중 가장 많이 필요로 하는 계체석으로 쓸 만한 정도의 품질을 갖추었고, 삼천동에 비해 능소에서 가까워 운반상의 유리한 점 등을 이유로 삼천동에서 우이동으로 부석처를 변경한 것이다.

숭릉, 홍릉, 원릉은 기록상 동일한 지역에 대부석소와 소부석소의 부석처를 마련하였다. 하지만 앞서 의릉의 예에서 보듯 대부석소와 소부석소 간에 일정 거리를 두고 부석처를 분리하였을 것으로 판단된다.

지금까지 대부석소와 소부석소의 부석처 선정 과정을 살펴보았다. 대부석와 소부석소 간 부석처 위치를 달리 정한 것은 다음과 같은 몇 가지 이유 때문이었다. 부석처 선정 절차를 보면 능상 의례용 석재는 품질을 매우 중요하게 여겼다. 능상에 배설하는 석물의 경우 최고 품질의 석재를 찾고자 하여, 결과적으로 소부석소보다 먼 지역에 부석처를 설치한 것이다. 하지만 좀 더 실제적인 요인은 석재의 규격과 수량을 모두 만족할 만한 곳이었냐는 점이다. 능상 석재는 수량은 적지만 매우 큰 석재가 필요했다. 반면 건축용 석재는 다량의 석재를 뜰 수 있는 부석처를 필요로 했다. 운반의 난이도도 중요한 요소로 작용했다. 당시 석재 운반은 건축공사에서 가장 어려운 공정 중 하나였다. 그만큼 부석처가 능소에 가까울수록 유리하였다. 따라서 소부석소는 가능하면 능소와 가까운 지역을 선호하였다. 마지막으로 대부석소와 소부석소의 업무가 동일하기 때문에 같은 지역에 부석처를 마련할 경우 좋은 석재를 확보하기 위해 각소 간에 불필요한 상황이 발생하므로 이를 제어하기 위해 부석처를 분리하였다.

이와 같이 대부석소의 부석처는 품질이 우수하고 소요 규격에 만족해야 하므로, 운반상의 어려움이 있더라도 능소에서 먼 거리에 부석처를 마련하였다. 반면 소부석소는 능소에서 가능하면 가까운 지역에 다량의 석재를 부출하면서도, 운반이 편리한 지역에 부석처를 마련하였다.

부석처 이외 석물 조달

석물 조달을 부석소에만 의존한 것은 아니다. 〈표 4-17〉은 소부석소의 석재 조달처와 조달 물량을 정리한 것이다.[128] 산릉역은 성격에 따라 부석소 외 석물을 사용하였다.

구재의 사용례를 살펴보자. 첫 번째는 천장하면서 구릉(舊陵)의 석물을 옮겨 쓴 경우이다. 순조인릉천봉산릉역(1856)과 수빈휘경원천봉원소역(1864)은 대부분 구릉의 석물을 다시 다듬어 사용하였다. 효의왕후건릉산릉역(1821)과 수빈휘경원천봉원소역(1855)은 구릉과 부석소의 석

표 4-17. 산릉역 내 소부석소의 석물 조달처와 물량

No.	능호	시기	석물 조달처				석물 조달 물량				
			부석소	구재	관저	사저	부석소	구재	관저	사저	합계
1	**목릉**	1630	○	-	-	-	104	-	-	-	104
2	소현세자묘	1645	中興洞口	-	-	-	○	-	-	-	○
3	영릉	1659	水原府, 農原役所	-	-	-	-	1,943	-	-	1,943
4	**숭릉**	1674	蘆原	舊寧陵	-	-	815	1,121	-	-	1,936
5	**익릉**	1680	小沙器幕洞	-	-	-	1,345	672	-	-	2,017
6	휘릉	1689	佛巖山	-	-	-	○	-	-	-	○
7	**사릉**	1699	佛巖	-	-	-	○	-	-	-	○
8	**장릉**	1699	堤川, 寧越	-	-	-	○	-	-	-	○
9	명릉	1702	小沙器幕洞	-	-	-	2,916	-	-	-	2,916
10	단의빈묘	1718	楊州 佛巖洞	-	-	-	1,122	-	-	-	1,122
11	민회빈묘	1719	○	-	-	-	869	-	-	-	869
12	**의릉**	1725	楊州 蘆原 上契	○	城石	-	1,304	26	680	-	2,010
13	**온릉**	1739	楊州 三千洞, 牛耳洞	舊祭廳	-	-	1,067	177			1,244
14	의소세손묘	1752	弘濟院 水麻洞	-	衍禧宮	私儲	227	-	559	17	803
15	**소령원**	1753	坡州 分水院	-	-	-	448	-	-	-	448
16	**순강원**	1755	楊州 佛巖寺	-	-	-	425	-	-	-	425
17	**홍릉**	1757	北漢西門外重興洞	-	-	-	1,164	-	-	-	1,164
18	사도세자묘	1762	牛耳, 甕巖洞	-	-	牛耳私儲	606	-	-	105	711
19	**원릉**	1776	蘆原 中契	-	-	-	1,025	-	-		1,025
20	문효세자묘	1786	-	-	三軍門 戶曹	孫家庄, 私儲	-	-	1,098	1,017	2,115
21	**현륭원**	1789	如岐山	毁撤石	-	-	803	274	-	-	1,077
22	건릉	1800	水原府 如岐山	-	-	-	○	-	-	-	○
23	**건릉**	1821	水原府甑岳山	舊陵	-	-	○	○	-	-	○
24	휘경원	1823	楊州 蘆原同	舊石材, 元陵 假丁字閣 撤毁石	-	洞口內者	○	○	-	○	○
25	연경묘	1830	蘆原 佛巖山	-	東別營	-	158	-	1,372	-	1,530
26	인릉	1835	長湍 白鶴山	坡州舊陵石	-	-	951	852	-	-	1,803
27	**경릉**	1843	蘆原	-	-	-	○	-	-	-	○
28	수릉	1846	蘆原	-	-	-	○	-	-	-	○
29	**수릉**	1855	-	陵舊陵	-	-	-	○	-	-	○
30	휘경원	1855	東佛巖	舊園所	-	-	303	755	-	-	1,058
31	**인릉**	1856	-	舊陵	-	-	-	○	-	-	○
32	**휘경원**	1864	-	舊園所	-	-	-	○	-	-	○
33	**예릉**	1864	津寬 三千里洞		-	-	○	-	-	-	○
평균							870	728	927	380	1,316

○는 석물은 조달하였으나 총량은 기록되지 않은 것임.

물을 같이 사용하였다. 두 번째는 새로 조성하는 능소와 가까이에 위치한 선대 능소를 천장하면서 땅에 묻어둔 석물을 재사용한 경우이다. 현종숭릉산릉역(1674)에서는 바로 옆에 위치하였던 구영릉(舊寧陵)의 석물을 재사용하였는데, 전체 물량의 절반 이상에 달했다. 순조인릉산릉역(1835)에서는 파주 구장릉 석물을 재사용하였다. 이 또한 전체 물량의 절반 정도에 해당하였다. 수빈휘경원원소역(1823)에서는 원릉(元陵) 가정자각(假丁字閣)의 철훼석(撤毁石)을 재사용하기도 하였다. 세 번째는 능소 외 관영건축물을 철거하면서 나온 석물을 재활용하는 경우이다. 경종의릉산릉역(1724)과 장헌세자현륭원원소역(1789)이 이에 해당한다. 재사용률은 15~25%로 그다지 높지 않다.

구재 외에 관에서 비축한 석재를 사용한 예도 있다. 경종의릉산릉역(1724)에서는 성곽을 쌓기 위해 마련한 성석(城石)을 사용하였는데, 전체 물량의 약 30%를 차지하였다. 의소세손묘소역(1752)에서는 연희궁(衍禧宮)에 비축한 석재를 사용하였는데, 전체 물량의 약 70%로 많은 비중을 차지하였다. 문효세자묘소역(1786)에서는 부석을 하지 않고, 관과 민간의 비축 석재를 사용하였다. 각각 50%의 물량을 분담하였다. 효명세자연경묘묘소역(1830)에서는 동별영(東別營)에 비축한 석재를 들여 썼는데, 이는 전체 물량의 약 90%에 달했다. 이처럼 관 비축 석재를 사용한 경우는 대부분 묘소역에 해당한다. 이는 공사 기간과 관련되어 있다. 산릉역은 공사 기간이 5개월 정도이지만 묘소역은 3개월로 매우 짧다. 묘소역에서는 공사 기간을 맞추기 위해서는 부석 과정을 최소화하고, 관의 비축 물량은 최대한 활용한 것이다.

다음으로 민간 보유 물량을 사용한 경우이다. 의소세손묘소역(1752)에서는 사저(私儲) 석재를 사용하였는데 17개로 소량이었다. 사도세자묘소역(1762)에서는 우이(牛耳) 사저 석재를 사용하였는데, 전체 물량의 약 15%로 비중은 낮은 편이다. 부석소로는 단경왕후온릉봉릉역(1739)에서도 사용된 바 있다. 이 지역은 석재가 풍부하여 개인이 석재를 비축하였음을 알 수 있다. 문효세자묘소역(1786)에서는 사저 석재 325개와 손가장(孫家庄) 석재 692개를 조달하였다. 손가장이라는 지역은 현 정릉3동 일대에 고려 말 손씨들이 모여들어 형성된 마을이다.[129] 이 지역에서도 석물을 생산하였음을 알 수 있다. 수빈휘경원원소역(1823)에서는 마을 안에 있는 석재(洞口內者)를 사용하였는데 그 양은 알 수 없다. 사저 석재 역시 원소역과 묘소역에서 주로 사용하였다. 이 역시 짧은 공사 기간을 맞추기 위한 것이었다. 하지만 적은 물량으로 사용 횟수도 적은 편이었다.

산릉역 대부분은 부석처를 마련하여 직접 돌을 떠서 사용하였다. 천장하는 경우에는 구릉 석재를 다수 재활용하였다. 원소역이나 묘소역은 짧은 공사 기간에 대응하기 위해 관저 및 사저 석물을 사용하였다. 목재상은 19세기부터는 자재 공급상으로 역할을 확대해 갔지만, 산릉역에서 자재상으로서의 석재상은 19세기 중엽까지는 등장하지 않았던 것으로 보인다.

철물[130]

철물의 종류와 용도

산릉역에서 각소 철물 소요량은 『효의왕후건릉산릉도감의궤』(1821)의 재용 내 철탄 봉상(鐵炭捧上)[131] 기록을 통해 확인할 수 있다.

표 4-18. 효의왕후건릉산릉역 내 각소별 정철과 강철 소요량

각소	정철(근)	%	강철(근)	%
조성소	3,000	10	50	3
노야소	24,940	86	416	25
대부석소	-	-	640	39
소부석소	100	1	451	27
별공작	880	3	90	5
합계	28,920	100	1,647	100

가장 많이 쓰인 철물은 정철(正鐵)이다. 노야소에서 86%에 이르는 대부분의 물량을 들여 썼고, 나머지는 소량을 소비하였다. 노야소에서 각소별로 필요한 연장과 못 등을 제작하는 업무를 담당하였기 때문이다.

강철은 노야소에서 25%를 소비하였는데, 대부석소와 소부석소에 각각 39%와 27%로 부석소(浮石所) 전체로 보면 66%를 사용하였다. 강철은 주로 연장의 강도를 높이는 데 첨철(添鐵)용으로 사용되었기 때문에 고강도 연장이 필요한 부석소에서 가장 많은 강철을 들여 썼다.

〈표 4-19〉는 산릉의궤 중 노야소에 기록된 철의 종류와 물량을 정리한 것이다. 신철(薪鐵), 정철(正鐵), 강철(强鐵), 납철(鑞鐵, 鍮鑞), 동철(銅鐵) 등 5종의 철이 공급되었다.

조선 시대 철의 종류는 생철(生鐵)과 숙철(熟鐵)로 구분된다. 생철은 수철이라 하는 무쇠이며, 숙철은 정철이라 하는 시우쇠이다.[132] 생철은 주로 농기구 제작에 쓰였고, 숙철은 병기류나 단단하고 정밀을 요하는 각종 도구 제작에 사용되었다.

신철은 처음으로 생산된 숙철의 일종이다.[133] 산릉의궤 노야소 내용 중 철탄식(鐵炭式)[134]에는 철을 생산하는 데 필요한 원철과 숯의 양이 기록되어 있다. 이에 따르면 신철 100근(斤)[135]으로 정철 50근을 생산할 수 있었다.[136] 즉 신철은 불순물이 다량으로 함유된 원철임을 알 수 있다.

정철은 산릉역에서 가장 많이 쓰인 철이다. 정련이나 단조 과정을 통해 최종 철제품을 생산할 때 사용되었다.

강철(强鐵)은 영건의궤에서는 강철(鋼鐵)로 표기되어 있다. 강철은 연장이 상한 곳에 첨철하여 개조용으로 쓰였고,[137] 야장의 연장을 벼릴 때 첨철용으로, 주장(注匠)의 연장을 만들 때[138] 사용되었다. 대부석소 연장으로는 작은 곶정(小串釘)과 각도(刻刀) 등을 제작[139]할 때도 강철을 사용하였다.

납철은 유랍(鍮鑞) 또는 유철(鍮鐵)이라고도 표기하였는데, 동철과 함께 장식철물과 창호철물을 납염(鑞染)하기 위해 사용한 철이다.

철물 조달량과 조달 방식

산릉역에 가장 많이 들여 쓴 신철과 정철은 시기별로 조달량에 차이가 나타난다. 이는 산릉역별로 공역의 성격에 따른 소요량의 차이에 기인하기도 한다.

표 4-19. 산릉공역 내 노야소의 철물 조달량

No.	능호	시기	신철	정철	강철	납철	동철
1	**목릉**	1630	-	5,068斤9兩	-	8斤	1斤10兩
2	영릉	1659	@3,730斤	@2,859斤8兩	-	13斤	1斤14兩
3	**숭릉**	1674	4,910斤	9,360斤1兩	-	5斤1兩	1斤11兩5錢
4	**익릉**	1680	4,000斤	8,175斤	-	5斤2兩	1斤14兩
5	휘릉	1689	2,800斤	9,686斤	-	7斤8兩	2斤14兩
6	명릉	1702	6,700斤	5,160斤4兩	-	1斤	1斤14兩
7	**의릉**	1725	2,000斤	13,125斤	-	13斤	1斤14兩
8	**홍릉**	1757	1,000斤	30,575斤	-	*40斤	10斤
9	**원릉**	1776	-	28,623斤	-	#30斤	10斤
10	건릉	1800	-	35,212斤	267斤	*50斤	15斤
11	**건릉**	1821	-	24,940斤	200斤	*50斤	15斤
12	인릉	1835	-	38,650斤	100斤	*80斤	15斤
13	**경릉**	1843	-	32,160斤	80斤	*50斤	15斤
14	수릉	1846	-	29,150斤	40斤	*50斤	15斤
15	**수릉**	1855	-	14,007斤	115斤	*50斤	15斤
16	**인릉**	1856	-	11,220斤	35斤	30斤	5斤

본 조달량은 산릉의궤 노야소 내 실입(질)상 기록임. @는 초기 공역에 쓰이는 철물, *는 鍮鑞이고, #는 鍮鐵임.

〈표 4-19〉를 보면 신철은 18세기 후반 무렵 정성왕후홍릉산릉역(1757)까지만 쓰였다. 인현왕후명릉산릉역(1702)에서 6,700근으로 가장 많이 들여 쓴 이후 급격히 줄어든다. 신철 물량이 줄어드는 시기에 반대로 정철 물량은 급증하였다. 정철은 경종의릉산릉역(1724)부터 늘어나는데 정성왕후홍릉산릉역을 기점으로 대폭 증가하여 이후 3만 근 정도를 들여 썼다. 즉 18세기 중엽에 이르러 산릉역에 공급된 철물의 종류와 사용량에 큰 폭의 변화가 발생한 것이다. 경종의릉산릉역을 기점으로 어떠한 변화가 발생하였는지 살펴보자.

『선조목릉천장산릉도감의궤』(1630) 내 산릉도감의 시행지침인 도감사목(都監事目)을 보면

돌을 캐내고 각처를 조성하는 데 들어가는 정철 및 각종 철물은 예에 따라 해당하는 조(曹)에 명하여 마련하여 취용할 것[140]

이라고 하여 관련 관서에 철물 조달을 지시한다. 본 산릉역은 천장(遷葬)에 해당하여 구릉 석물을 대부분 재사용하거나 수리하여 사용함[141]에 따라 새롭게 조성하는 산릉에 비해 철물 소요량은 적었다. 더욱이

다량의 철물이 호조에 남아 있고 타 관서의 비축 철물도 여유가 있어, 이를 제외한 철물만 외방(外方)에 분정(分定)하도록 하였다.[142] 외방에 분정한 철물은 총 1만 5천 근이다.[143] 이 중 황해감영의 2천 근은 천릉도감에 보내고 나머지 1만 3천 근은 산릉도감으로 보내도록 하였다.[144] 본 공역에서 철물은 황해 이하 감영을 비롯해 병영, 수영에 분정하도록 하였다. 이는 임진왜란 과정에서 감영, 병영, 수영 및 대읍(大邑)에서 직접 무기 제조를 담당하도록 함에 따라, 이후 관련 철물을 수월하게 조달[145]할 수 있는 여건이 마련되었기 때문이다. 그럼에도 외방에 분정한 철물은 운송하는 데 많은 시일이 소요되어 먼저 선공감과 호조의 철물을 취용하였다.[146]
『효종영릉산릉도감의궤』(1659)의 도감사목을 보면

돌을 캐내고 각처를 조성하는 데 들어가는 정철 및 각종 철물은 분정하는데, (분정한 철물이) 오기 전에는 해당하는 조에 명하여 마련하여 취용할 것[147]

이라고 하여 철물의 외방 분정 시 발생하는 운송 기간의 문제를 인식하고 조달 절차를 명확히 하고 있다. 황해감영에는 철물 분정과 함께 대몽동이, 중몽동이 몇 개를 먼저 제작하여 보내도록 하였다.[148] 해당 연장은 돌을 뜰 때 필요한 것으로 산릉역의 특성상 부석의 역이 많아, 이

표 4-20. 숭릉산릉역에서 외방 분정 철물 및 철제품 중 삭감한 물목

분정처	철물	철제품
황해도	正鐵 700斤 强鐵 100斤	小蒙同 40箇, 串釘 100箇, 立釘 30箇, 召乙釘 150箇, 汗麻赤 10箇, 飛只音金 80箇, 菖蒲釘 7箇, 大排地乃 1箇, 中排地乃 1箇, 小排地乃 4箇
황해병영	正鐵 400斤 强鐵 50斤	小蒙同 30箇, 串釘 50箇, 立釘 15箇, 召乙釘 100箇, 汗麻赤 10箇, 飛只音金 30箇, 大排地乃 1箇, 小排地乃 1箇
경상도	正鐵 500斤	小蒙同 20箇, 串釘 70箇, 立釘 40箇, 召乙釘 140箇, 汗麻赤 30箇, 飛只音金 80箇, 大排地乃 1箇, 中排地乃 2箇
전라도	正鐵 500斤	小蒙同 20箇, 串釘 70箇, 立釘 30箇, 召乙釘 140箇, 汗麻赤 30箇, 飛只音金 80箇, 大排地乃 1箇, 中排地乃 2箇
충청도	正鐵 300斤	小蒙同 15箇, 串釘 40箇, 立釘 30箇, 召乙釘 110箇, 汗麻赤 10箇, 飛只音金 60箇, 大排地乃 1箇, 中排地乃 2箇
통영	-	小蒙同 10箇, 串釘四 10箇, 立釘 20箇, 召乙釘 110箇, 汗麻赤 10箇, 飛只音金 40箇, 大排地乃 1箇
합 계	正鐵 2,400斤 强鐵 ,150斤	小蒙同 135箇, 串釘 370箇, 立釘 165箇, 召乙釘 750箇, 汗麻赤 100箇, 飛只音金 370箇, 菖蒲釘 7箇, 大排地乃 6箇, 中排地乃 7箇, 小排地乃 5箇

전 시기와 달리 외방에 연장을 직접 제작하여 보내도록 하였다. 하지만 외방에 초기 부석용으로 분정한 철물이 도달하기 전에 따로 구할 곳이 없어 훈련도감에서 정철 2천 근을 빌려 쓰도록 하였다.[149]

『현종숭릉산릉도감의궤』(1674) 내 도감사목에는 철물 조달 지침이 기재되어 있지 않다. 이는 이후 산릉역에서도 마찬가지이다. 본 공역에서는 영악전(靈幄殿)[150]을 조성하지 않았고, 구(舊) 영릉(寧陵) 석물을 캐서 사용하도록 하여 새롭게 부석하지 않았다. 부석의 역이 감소하게 됨에 따라 외방에 분정한 철물 물량을 대폭 줄이도록 하였다.[151] 분정한 철물 및 철제품 중 삭감한 내용은 〈표 4-20〉과 같다. 황해도 이하 각 도 및 군영에 철물과 철제품을 고르게 분정하였음을 알 수 있다. 이렇게 철제 연장을 조달하는 방식은 효종영릉산릉역(1659)에서도 확인된다. 그 이전에도 유사했을 것으로 생각된다. 현종숭릉산릉역은 공역 규모가 축소됨에 따라 철물 소요량이 줄었음에도 노야소에 조달된 신철과 정철의 양은 이어지는 17세기 후반의 산릉역과 큰 차이가 없다.(표 4-19) 17세기 후반에는 산릉역 초기에 들어가는 부석용 연장을 외방에 분정하고, 노야소에서는 그 외의 철제품만 제작했기 때문이다.

인경왕후익릉산릉역(1681)은 현종숭릉산릉역에서의 철물 조달 방식과 큰 차이가 없다. 하지만 새로 능을 조성함에 따라 석물 부석을 위해 외방에 분정한 철제 연장의 수는 현종숭릉산릉역에서 외방에 삭감한 것에 비해 2배 정도 많다. 이와 관련하여 『인경왕후익릉산릉도감의궤』 노야소 기록을 살펴보면

> 등록을 취고한즉 부석소 소용 대몽동 6개, 중몽동 10개, 소몽동 300개, 한마치 180개, 솔정 1,500개, 곶정 800개, 입정 400개, 창포정 7개, 비음쇠 700개, 대배지내 16개, 중배지내 15개, 소배지내 11개 등은 외방에 분정하였다고 하오니 금번에도 등록에 의거하여 각 관에서 속히 분정하여 기한을 맞춰 취용하오며[152]

라고 하여 몽둥이나 망치류로는 대·중·소 몽동(蒙同), 한마치[汗亇赤], 정류로는 솔정[召乙釘], 곶정(串釘), 입정(立釘), 창포정(菖蒲釘), 돌을

쪼갤 때 사용하는 쐐기인 비김쇠[非音金], 석물을 뒤집거나 옮길 때 쓰는 대·중·소 배지내(排地乃)를 외방에 분정하였다.[153] 모두 석물을 캐는 연장으로 그중 소몽둥이 300개, 한마치 180개, 솔정 1,500개, 곳정 800개, 입정 400개, 비음쇠 700개는 압도적으로 많은 양이다. 가장 많이 필요하고 가장 쉽게 마모되는 연장임을 알 수 있다. 본 공역에서는 호조에서 정철을 우선적으로 조달하고자 하였으나, 여의치 않아 제련이 필요한 신철을 훈련도감을 통해 조달하였다.[154] 장렬왕후휘릉산릉역(1689)은 공역 규모나 철물 조달 방식에서 인경왕후익릉산릉역과 큰 차이가 없다. 다만 이 시기부터는 호조와 훈련도감 외에 금위영과 어영청에서 신철을 조달[155]하였다.

표 4-21. 산릉역의 개략적인 조성 규모

No.	능호	시기	봉분형식	석물 조달		문인석 높이 (mm)	정자각(칸)	가정자각(칸)	재실(칸)	비 고
				구릉	부석					
1	**목릉**	1630	단릉	○	○	3,060	5	-	?	천장
2	영릉	1659	단릉	-	○	-	8	-	47	-
3	**숭릉**	1674	단릉	○	○	2,998	8	-	48.5	허좌
4	**익릉**	1681	단릉	-	○	2,464	8	-	49.5	-
5	휘릉	1689	단릉	-	○	2,419	8	-	?	-
6	명릉	1702	단릉	-	○	1,714	8	-	49.5	허우
7	**의릉**	1725	단릉	-	○	1,743	8	-	49.5	-
8	**홍릉**	1757	단릉	-	○	1,728	5	-	51	허우
9	**원릉**	1776	단릉	○	○	2,048	5	-	62.5	-
10	건릉	1800	단릉	-	○	2,152	5	-	58	-
11	**건릉**	1821	합장릉	○	○	-	5	5	62	천장겸
12	인릉	1835	단릉	○	○	-	5	-	70	-
13	**경릉**	1843	단릉	-	○	2,164	5	-	49	-
14	수릉	1846	단릉	○	○	2,165	5	-	59	천장
15	**수릉**	1855	단릉	○	△	2,165	5	-	?	천장
16	**인릉**	1856	단릉	○	△	2,585	5	-	60	천장

본 표는 산릉의궤를 분석한 내용으로, 문인석의 높이는 『조선왕릉종합학술조사보고서 Ⅳ~Ⅸ』를 참고한 것임. 봉분 형식은 조성 당시의 형식이고, 비고의 허좌 및 허우는 쌍릉으로 조성하기 위해 비워 둔 제도를 뜻함.

인현왕후명릉산릉역(1702)에서는 정철보다 오히려 신철 공급량이 더 많았다. 이 시기 정철 조달이 여의치 않았던 것[156]으로 짐작된다. 전체 조달량이 17세기 후반 산릉역에 비해 다소 줄어든다.[157] 〈표 4-21〉 내 문인석 높이를 보면 목릉은 3m에 달하는데, 익릉은 2.4m, 명릉은 1.7m로 이후 19세기 중엽까지 2m 내외를 유지한다. 철물 조달량이 줄어든 것은 능상 석물의 규격이 대폭 작아진 것[158]과 연관되었을 것으로 짐작된다. 본 공역에서도 이전 공역과 마찬가지로 부석소에서 쓰는 초기 연장은 외방에 분정하였다. 그중 일부인 소몽동이 101개, 솔정 149개, 입정 79개, 비음쇠 130개, 한마치 53개[159]는 직접 제작하였다. 이 정도 물량은 이전 공역에서도 노야소에서 자체 제작하였을 것으로 보인다. 초기에 필요한 연장을 외방에 분정하는 방식은 경종의릉산릉역(1724)부터 변화를 맞이한다. 『경종의릉산릉도감의궤』의 기록을 보면

> 이번 국상을 치를 때 **각양 잡물은 각 도에 복정하는 것이 마땅하나 백성의 폐단을 고려하여 모두 한양에서 준비하여 취하여 쓴 후, 그 값을 각 읍에 분정하여 전포(錢布)로 징수하여 돌려받을 일을 호조에서 임금 앞에서 아뢰어 결정하였으나** 그중 철과 숯은 해당하는 조에서 비축하여 남아 있는 것이 끊어져 버려 다른 곳에서 계속 일을 할 길이 없다고 하므로 각 군문에 있는 철과 숯을 먼저 취하여 쓴 후 값을 해당하는 조에서 결정하여 옮겨 보내고[160]

라고 하여 필요 물품을 외방에 복정하기보다는 도성에서 마련하고 그 비용을 각 읍에 징수하는 방식을 취하고자 하였다. 철물은 해당하는 관서에 남아 있는 것이 없어 각 군문이 비축한 철물을 들여다 쓰고자 하였다. 이때부터는 철제품을 외방에 분정하지 않았는데, 기존에 사용하던 철제 연장 중 가져다 쓸 만한 수량도 매우 적어[161] 노야소에서 자체 생산하였다. 초기에 제작한 부석용 연장은 솔정 762개, 입정 207개, 중배지내 4개, 한마치 108개, 대몽동 1개, 창포정 7개, 비음쇠 305개, 소배지내 3개, 소몽동이 160개, 곶정 240개, 중몽동이 9개, 장정 30개, 변자정 17개[162]로 이전 시기 외방에 분정한 것에 비해 물량은 조금 줄었지만 대부분 자체 생산했음을 알 수 있다.

정성왕후홍릉산릉역(1757)에서의 연장 조달 일정을 날짜별로 살펴보자. 정성왕후는 2월 15일 승하하였다. 보름 후 3월 1일 선의왕후의릉산릉역(1730)의 전례에 따라 호조를 통해 초기 연장을 외방에 분정하고자 하였다.[163] 다음 날 2일에는 노야소에서 노 8좌를 군기시에 설치하였다.[164] 다음 날 3일 황해감영에 정철 1만3천 근을 분정[165]하였는데, 초기

철제 연장은 요청하지 않았다. 전례에 따라 초기 연장을 외방에 분정하는 절차를 거쳤지만, 실제로는 외방에 원철 요청 후 조달받은 철물로 노야소에서 직접 초기 연장을 제작[166]한 것으로 보인다. 이전 시기에는 5좌 정도의 노를 설치하였는데 본 공역부터는 8좌 이상 설치하였다. 즉 공역 초기부터 노를 설치하여 초기 연장 제작을 위한 여건을 마련한 것이다. 노야소에 공급된 3만 근 이상의 정철은 이전 시기의 2배 물량에 해당한다. 초기 연장부터 자체 제작하면서 정철 공급량을 대폭 늘린 것이다.

이와 같이 초기 연장을 외방에 분정하는 방식은 경종의릉산릉역(1724)을 기점으로 원철을 조달하여 자체 제작하는 방식으로 변경되었다. 정성왕후홍릉산릉역(1757)부터는 노 설치 수를 증가시켜 필요 철제품을 노야소에 자체 제작하는 여건까지 갖추게 되었다. 이러한 방식은 19세기 후반까지 이어진다. 외방 분정 방식은 필요한 연장을 적기에 조달하기 어려워 공사 진행에 차질을 빚곤 했다. 또한 연장 규격도 제각각이어서 작업 시 효율을 떨어트렸을 것으로 보인다. 이러한 문제점을 개선하기 위해 노야소에서 초기 연장까지 직접 생산하는 방식으로 변경한 것이다. 그렇다고 바로 문제가 해결되는 것은 아니었다. 적정 기간에 철제품을 생산하기 위해서는 제작 기간을 단축할 필요가 있었다. 정철을 생산하기 위해서는 신철을 다시 제련해야 하는데, 공사 기간이 한정된 산릉역에서 이는 시간과 인력을 모두 낭비하는 요인이었다. 따라서 신철 공급량을 줄이는 대신 정철은 늘렸고, 영조원릉산릉역(1776)부터는 더 이상 신철을 들이지 않았다.

정철은 18세기 전반까지는 호조와 도청을 통해 조달하였다. 정성왕후홍릉산릉역(1757)을 기점으로 훈련도감, 금위영 및 어영청 등 삼군영에서도 공급받았는데, 공급 비중도 증가하였다.(표 4-22) 호조의 경우 관영건축공사의 재원 조달처로 일정 정도의 철물을 상시적으로 마련할 수 있었다. 오군영 모두 자체 무기 제작을 위해 철물을 상시 비축하였다. 그중 위 삼군영은 자체 무기뿐만 아니라 충청, 전라, 경상의 각 읍에 필요한 무기까지 제작하게 됨에 따라[167] 많은 철물을 확보할 수 있었다.

따라서 산릉역에서 필요한 정철은 주로 삼군영을 통해 공급받았던 것이다.

19세기에 들어 효의왕후건릉산릉역(1821)에서는 정철 물량을 정조건릉산릉역에 비해 1만 근 정도 적게 들여 썼다. 이는 천장을 겸하면서 구건릉의 석물을 다수 재사용하였기 때문이다. 익종수릉천봉산릉역과 순조인릉천봉산릉역에서도 천장 시 구릉의 석물을 대부분 재사용함에 따라 철물은 대폭 줄여서 조달하였다.

18세기 전반까지 정철은 호조와 도청(都廳)[168]에서 조달하였다.(표 4-22) 『인현왕후명릉산릉도감의궤』 노야소 기록을 보면

하나, 각 소에서 마련해야 하는 마땅히 들어가는 철물 수량은 수본을 본소로 이송한 연후에 그 실수량을 파악하고 타조는 도청이 미리 수량을 헤아려 진배할 것[169]

하나, 각 소에서 원래 마련할 것과 추후에 마련해야 하는 각양 철물, 장식 철물, 치정 등의 타조는 도청이 미리 수량을 헤아려 진배할 것[170, 171]

표 4-22. 산릉공역 전체 및 노야소의 철 조달처 및 물량(단위: 근)

No.	능호	시기	정철									신철						
			호조	훈국	금위영	어영청	수어청	총융청	도청	복정	기타	호조	훈국	금위영	어영청	수어청	총융청	도청
1	***목릉**	1630	-	-	-	-	-	-	-	-	○	-	-	-	-	-	-	-
2	*영릉	1659	-	-	-	-	-	-	@2,859	-	-	-	@3,730	-	-	-	-	-
3	***숭릉**	1674	900	-	#1,800	-	-	-	6,660	-	-	2.901	200	-	-	-	-	-
4	***익릉**	1680	5,985	-	-	-	-	-	2,190	-	-	4,000	-	-	-	-	-	-
5	*휘릉	1689	4,000	-	-	-	-	-	5,686	-	-	-	1,000	1,000	800	-	-	-
6	*명릉	1702	2,500	-	-	-	-	-	1,722	938	-	-	2,000	700	2,000	1,000	1,000	-
7	***의릉**	1725	10,000	-	-	-	-	-	3,125	-	-	-	650	1,000	-	-	-	-
8	**홍릉**	1757	8,000	-	-	3,000	-	-	-	13,000	-	-	1,000	-	-	-	-	-
9	**원릉**	1776	○	○	○	○	○	○	-	○	-	-	-	-	-	-	-	-
10	건릉	1800	4,367	1,250	1,000	9,000	5,000	5,000	-	2,448	-	-	-	-	-	-	-	-
11	**건릉**	1821	8,000	2,500	2,500	3,300	100	100	-	13,000	-	-	-	-	-	-	-	-
12	인릉	1835	20,000	2,500	2,500	2,500	-	-	○	5,500	-	-	-	-	-	-	-	-
13	**경릉**	1843	19,900	2,500	2,500	2,500	-	-	3,650	5,500	-	-	-	-	-	-	-	-
14	수릉	1846	15,000	4,500	4,500	4,500	-	-	-	4,000	-	-	-	-	-	-	-	-
15	**수릉**	1855	7,226	2,500	2,500	2,500	-	-	-	7,000	-	-	-	-	-	-	-	-
16	**인릉**	1856	5,000	2,000	2,000	2,000	-	-	-	7,000	-	-	-	-	-	-	-	-

본 표에서 능호 앞의 *는 노야소에 공급된 철물로 산릉의궤 노야소의 품목질과 실입질을 정리한 것이고, *가 없는 능호는 산릉도감 전체에 공급된 철물로 산릉의궤 철탄봉상(鐵炭捧上)을 정리한 것임. 18세기 전반까지는 산릉공역 전체에 대한 철물의 공급처가 구분되어 있지 않고, 18세기 후반부터는 노야소에 공급된 철물의 공급처가 명시된 경우가 드물어 이와 같이 정리하였음. @는 공역 초기에 쓰이는 철물임. #은 정소청으로 이후 1682년 금위영 신설 시 통합됨.

이라고 하여 각종 철물과 철제품의 수량을 산출하고 조달하는 역할을 도청에서 담당하였음을 알 수 있다. 산릉도감에서 철물은 호조, 각 군문 및 외방에 분정하여 조달하였으므로 도청에서 조달한 물량은 기본적으로 외방에 분정한 물량으로 판단된다. 18세기 전반까지는 전국 단위로 분정하였지만, 정성왕후홍릉산릉역(1757) 이후로는 황해도 또는 황해도 해주로 일원화하였다. 19세기 중엽 이후 조달량은 4,000~7,000근 내외로 대폭 줄었다. 그만큼 공급받기 수월한 관 비축 철물이 선호되었음을 알 수 있다.

조선 후기 산릉역의 철물 조달 방식은 산릉역의 효율을 높이는 방향으로 전개되었다. 산릉역의 진행 과정을 보면 쉽게 이해할 수 있다. 왕과 왕후가 사망하면 한 달 안팎으로 능소가 정해지는데, 이 기간 내에 초기에 쓰이는 철물과 철제품을 준비해야 했다. 17세기 후반에는 외방에서 초기 공역에서 쓰이는 철제품과 원철을 조달하였는데, 기한에 맞추기가 여의치 않아 공사에 차질을 빚곤 하였다. 철 생산지에서 철물을 모아 철제품을 제작해서 한 달 이내에 보내는 것은 애초부터 무리한 계획이었다. 이러한 문제점을 해결하기 위해 경종의릉산릉역(1724)을 기점으로 외방에서 초기 연장을 조달하지 않고 노야소에서 자체 제작하였다. 이후 정성왕후홍릉산릉역(1757)부터는 노 수량도 증가시키면서 자체 생산 방식이 정착된다. 이후 외방에서는 원철만 분정하였는데, 그것도 전국 단위가 아닌 황해도 또는 해주로 일원화하였다. 또한 신철보다는 제련이 필요치 않은 정철을 적기에 조달하기 위해 무기 제조를 위한 철물을 상시 확보한 훈련도감, 금위영, 어영청 등 삼군영으로 주요 조달처를 정비하였다. 이는 19세기 후반까지 이어진다.

이러한 조달 방식은 영건역에서도 비슷하게 전개되었던 것으로 보인다.[172] 다만 17세기 중엽 영건역에서는 외방에 분정하지 못하고 철물을 사서 쓰는 사무(私貿)가 철물 조달의 한 방편이었다. 18세기에는 기록상 확인되지 않는데, 화성을 축조할 때에는 사상(私商)을 통해 총 소요량의 54%를 조달하기도 하였다. 19세기 중엽에는 민간에서 사서 쓰지는 않았지만 관 비축 물량을 사서 쓰고, 황해도에 분정한 물량을 현물 대신 돈으로 대납시키기도 하였다.[173] 산릉역에서는 효종영릉산릉역(1659)의 경우 경상도에 철물과 철제품을 분정하였지만, 그 수효가 많지 않고 거리가 멀어 무명(價木)으로 대납[174]하게 한 바 있다. 경종의릉산릉역(1724)에서는 외방에 현물을 분정하지 않고 한양에서 마련한 후 그 비용을 외방에 징수[175]하는 방식을 쓰기도 하였다. 18세기 후반에는 군문을 통해 조달한 철물은 값을 치러 조달[176]하기도 하였다.

철제품 제작

조선 시대 원철은 쇳덩어리(鐵塊) 형태로 유통되었다.[177] 산릉역에 조달된 신철과 정철도 이와 동일하였을 것이다.[178] 원철 상태의 쇳덩어리는 다시 제련 또는 정련하여 필요한 철제품을 제작하였다. 이때 철제품은 요구되는 품질에 따라 정철의 등급을 구분하였다. 이는 산릉의궤 노야소 철탄식(鐵炭式)이라는 기록을 통해 확인할 수 있다. 『현종숭릉산릉도감의궤』(1674)부터 철탄식이 확인되는데, 18세기 후반까지 동일한 철탄식이 유지되다가,[179] 정조건릉산릉역(1800)을 기점으로 변화가 발생한 이래 19세기 후반까지 동일한 철탄식이 지속된다.

표 4-23. 조선 후기 산릉공역의 철탄식

구분	철 탄 식
17C 후반 ~ 18C 후반	正鐵 麤麤造 正入一斤 劣一兩六戔 炭六升 麤造 正入一斤 劣二兩四戔 炭九升 精造 正入一斤 劣四兩八戔 炭一斗四升 精精造 正入一斤 劣八兩 炭二斗四升
19C	正鐵 鹿造 正入 每百斤 劣三十斤 炭六石 精造 正入 每百斤 劣四十斤 炭九石 精精造 正入 每百斤 劣五十斤 炭十六石五斗

무게 단위인 1근(斤)은 16냥(兩)이고, 1냥은 10전(戔)임.

철탄식은 예를 들어 "(正鐵) 精精造 正入一斤 劣八兩 炭二斗四升"는 "(정철) 정정조는 1근을 정입하여 8냥이 줄어드는데, 숯은 2말 4되가 든다."로 풀이된다. 여기서 '劣'을 '줄어들다'로 풀이했는데, 조선 후기 군영에서 제작된 것으로 추정되는 『鐵式』[180]을 보면 해석이 명료해진다.

신철 100근을 녹이고 단련하여 등급에 따라 차례로 줄어들어 나온 바, 작철은 70근[신철 7/10], 정철 49근[작철 7/10], 추조 41근10냥4전[정철 8.5/10], 정조 34근 4냥8전[정철 7/10], 정정조 22근 8전[정철 4.5/10], 극정조 14근11냥2전[정철 3/10 극정이라 함은 풀어지도록 치고 극진히 가려 단련하며 정성스럽게 여물게 하여 흠결이 전혀 없는 것이다.]

薪鐵一百斤鍊鎔遞減所出 斫鐵七十斤[薪鉄十分之七] 正鐵四十九斤[斫鉄十分之七] 麤造四十一斤十兩四戔[正鉄十分之八五] 正造三十四斤四兩八戔[正鉄十分之七] 正正造二十二斤八戔[正鉄十分之四五] 極精造十四斤十一兩二戔[正鉄十分之三 極精謂打散極擇煅鍊精熟而無欠疵也]

이와 같이 신철을 정련하여 작철, 정철, 추조, 정조, 정정조, 극정조를 제조하면서 품질 등급별로 원철이 줄어드는 양을 차례로 기술하였다. 가장 낮은 품질인 작철은 신철에서 30% 정도 줄어들고, 가장 정밀한 극정조는 신철에서 85% 정도 줄어듦을 알 수 있다.[181] 신철에서 극정조로 만들어가는 과정도 잘 들어난다. 신철에서 작철로, 작철에서 정철로, 추조에서 정조로, 정조에서 정정조로, 정정조에서 극정조로 등급을 하나씩 높여나가는 품질 단계별 생산 과정이 잘 기술되어 있다. 신철에서 정조까지는 원철에서 대략 15~30% 정도가 감소하지만 정정조와 극정조와 같은 상위 등급을 제작할 때는 각각 55%, 70%가 줄어들어 제작에 많은 공력이 투입되었음을 알 수 있다. 한편 『철식』에 무기 제조를 위한 철물 제조법으로 품질이 떨어지는 추추조(麤麤造)는 제외시키고, 건축 철물에서 보이지 않은 정정조보다 한 단계 상위인 극정조가 기술된 점은 무기 제조 관련 특수한 사항으로 이해된다.

정조건릉산릉역(1800) 이전에는 4등급으로 구분하여 정철을 생산하였다. 철탄식을 보면 원철 1근을 들일 경우 추추조는 1냥 5전, 추조(麤造)는 2냥 4전, 정조(精造)는 4냥 8전, 정정조(精精造)는 8냥이 각각 줄어든다. 백분율로 환산하면 추추조는 10%, 추조는 15%, 정조는 30%, 정정조는 50%로 감소한 것이다. 이러한 과정에서 원철이 감소한 만큼 불순물은 줄어들고, 탄소량도 줄어들어 순도가 높은 저탄소강을 생산할 수 있었으며, 단조를 통해 더욱 강도를 높였을 것으로 추정된다.

표 4-24. 조선 후기 정철의 등급별 원철 감소율(단위: %)

구 분	추추조	추조	정조	정정조
17C 후반 ~ 18C 후반	10	15	30	50
19C	-	30	40	50

정조건릉산릉역(1800)부터는 가장 순도가 떨어지는 추추조는 더 이상 생산하지 않고, 나머지 3등급의 정철을 생산하면서 철탄식의 비율도 변경되었다. 원철 100근 들여 추조는 70근, 정조 60근, 정정조 50근을 생산하였다. 이는 19세기 이전에 비해 추조는 15%에서 30%로 두 배 감소하였고, 정조는 30%에서 40%로 1.3배 만큼 감소되었다. 즉 감소분 만큼 품질이 강화되었음을 알 수 있다.

이렇게 최종 철물의 품질에 차이가 나는 것은 최종 철제품의 사용처가 달랐기 때문이다. 『현종숭릉산릉도감의궤』의 노야소 기록을 보면

각양 철물 및 두정은 크고 작고 길고 짧음이 같지 않아 걱정 됩니다. 박배할 때 휘어지고 꺾일 우려가 있으므로 두 번, 세 번 불려서 그 정밀함을 얻어야 합니다. 따라서 3치 정 이상은 모두 정조로 하고, 장식 및 납염 등 철물은 모두 정정조로 하도록 도청에서 미리 헤아려 진배하고자 합니다.[182]

라고 하여 정조는 3치 이상의 못을 제작하였고, 정정조로는 장식 및 납염이 필요한 장식철물을 제작하였음을 알 수 있다. 쉽게 휘어지는 3치 미만의 못도 정정조로 제작하였을 것으로 보이며, 추조로는 각종 연장을 만들었을 것으로 판단된다.

화성성역 당시 추추조는 더 이상 생산하지 않아[183] 영건역에서는 18세기 말부터 정철 등급에 변화가 나타난다. 정철 등급별 제작 철제품과 관련하여 『화성성역의궤』의 기록을 보면

추조 중 몽동(이), 지내, 부석정, 비지음쇠 및 정조 중 작도, 도끼 등의 종류는 크고 작은 것이 한결같지 않으므로 1개마다 규격이 없고[184]

라고 하여 목재 치목에 필요한 날카로운 연장은 정조로 제작하고, 나머

지는 추조로 제작하였음을 알 수 있다. 이러한 기록에 이어 정철의 등급별 제작 철제품이 열거되어 있다.(표 4-25)

못류를 보면 현종숭릉산릉역에서는 3치 정을 기준으로 정조와 정정조를 구분한 것으로 보인다. 반면 화성성역에서는 2치 정을 기준으로 정조와 정정조를 구분하고, 4치 5푼 정을 기준으로 추조와 정조를 구분하여 총 3등급으로 이전 시기에 비해 세분화되었다. 이는 18세기 말 정철을 3등급으로 줄이면서 품질을 향상시킨 것과 연동된다. 즉 추조 등급이 이전 정조에 해당하도록 강도를 높임에 따라 못의 품질도 세분화한 것이고, 이전에 비해 2치 5푼 정에서 4치 5푼 정까지를 중간 품질로 구분할 수 있도록 한 것이다. 보강철물의 경우 인장강도가 요구되는 견마철, 감잡이쇠는 정조로 제작하였고, 견고성이 더욱 요구되는 창호철물은 정정조로 제작하였다. 이와 같이 화성성역을 기점으로 정철의 품질이 향상되었고 각종 철제품의 품질도 세분화되고 강화되었다. 이는 이후 정조건릉산릉역(1800)으로 이어져 19세기 산릉역에서는 3등급 체제로 철제품 품질이 관리되었다.

익종수릉산릉역(1846)에서의 정철 등급별 사용량을 살펴보자. 정철 18,965근 중 추조는 7,594근 10냥 9전 3푼(89%), 정조는 700근 6전 9

표 4-25. 화성성역에서 정철의 등급별 제작 철제품

구분		철제품
추조	못류	3尺釘, 2尺5寸釘, 2尺釘, 1尺5寸釘, 2尺釘, 1尺5寸釘, 1尺釘, 9寸釘, 9寸廣頭釘, 8寸釘, 8寸廣頭釘, 7寸釘, 7寸道乃頭釘, 6寸釘, 6寸道乃頭釘, 5寸釘, 5寸道乃頭釘
	보강 및 창호철물 등	大道里連鐵釘具, 道里連鐵釘具, 城門大圓環, 大沙瑟一節, 大排目, 暎金, 暗門大圓環, 沙瑟一節, 大排目, 暎金, 水門大圓環, 大沙瑟一節, 大排目
정조	못류	4寸5分釘, 4寸釘, 4寸道乃頭釘, 4寸大廣頭釘, 4寸小廣頭釘, 3寸5分釘, 3寸釘, 3寸道乃頭釘, 3寸廣頭釘, 2寸5分釘
	보강 및 창호철물 등	大牽馬鐵釘具, 小牽馬鐵釘具, 大甘佐非釘具, 中甘佐非釘具, 小甘非釘具, 大鴨項釘, 中鴨項釘, 小鴨項釘, 大巨勿釘, 中巨勿釘, 小巨勿釘, 大大貼金, 小大貼金, 大佩金, 小大佩金, 擧金排目具, 乫拘里擧金排目具, 法首片鐵, 大圓環, 大排目, 大沙瑟一節, 暎金, 長沙瑟一條, 鐙子金
정정조	못류	2寸釘, 2寸廣頭釘, 1寸5分釘, 2寸釘, 8分釘, 7分釘
	보강 및 창호철물 등	大乽迪耳, 中乽迪耳, 小乽迪耳, 大三排目釵釘具, 中三排目釵釘具, 小三排目釵釘具, 大沙瑟圓環兩排具, 中沙瑟圓環兩排具, 小沙瑟圓環兩排具, 大圓環兩排具, 中圓環兩排具, 小圓環兩排具, 大加莫金排具, 中加莫金排具, 小加莫金排具, 大曲金排具, 中曲金排具, 小曲金排具, 大遠山, 中遠山, 小遠山, 丁字金排具, 鳥足鐵釘具, 菊花童釘具, 赤貼釘具, 蜈蚣鐵釘具, 鍾子金釘具

푼(8%), 정정조는 195근 4냥(2%)[185]으로 추조의 비율이 압도적으로 높다. 이를 보면 대부분의 철제품은 추조로 제작되었음을 알 수 있다.

마지막으로 영건역에서는 17세기 후반부터 강철을 사용하였는데, 산릉역에서는 19세기 들어서 사용한 점에 대해 짚어보도록 한다.(표 4-19) 후술하겠지만 산릉역과 영건역 간에는 공역의 성격이 달라 상호 의궤 및 등록이 전례로서 참고되지 않았다. 이에 따라 산릉역과 영건역의 시공기술은 그 궤를 달리하며 전개되었다. 하지만 18세기 말 화성성역과 이어지는 정조건릉산릉역을 계기로 영건역의 시공기술이 산릉역에 유입되는 기회를 갖게 되었다. 18세기까지 산릉역에서는 강철 대신 정정조의 정철을 연장에 첨철하여 사용하였을 것으로 추정되는데, 정조건릉산릉역을 계기로 영건역의 철물 제작 기법이 도입되어 이후 지속적으로 사용되었다. 강철의 이점에도 불구하고 영건역의 기술이 산릉역의 전례로서 기능하지 않으면서 산릉공사에서 오랜 기간 강철이 미사용된 것이다. 이는 전례라는 구심력이 얼마나 강력했나를 상징적으로 보여준다. 이렇게 전례를 참고하는 방식은 한 번 적용되거나 적용되지 않았던 기술이 상당 기간 개선되지 않은 채 고착화되는 주요 요인으로 작용하였다.

05
가설공사, 기초공사 및 석공사 시공기법

초석, 휘경원 정자각(1863)

가설공사

가설공사는 넓게는 가설사무소, 가설창고, 가설울타리 등 본공사를 진행하기 위한 기반 시설과 목부 조립 및 설치를 위한 가설비계 등을 말하고, 좁게는 가설비계로 한정할 수 있다. 산릉역에서 조영되는 관료들의 입접가가, 간역가가, 공장의 입접가가, 공작가가 등은 기반 시설로 가설공사에 범주에 속한다. 여기에서는 정자각 공사와 직접적으로 관련된 가설비계인 기계(機械)에 대해 세부적으로 살펴보고자 한다.

용어 정리

현대건축의 가설비계를 산릉의궤에서는 기계(機械)로 칭하였다.[1] 영건의궤에서는 마루 구성 부재 귀틀을 이기(耳機)로 표기하므로, 기계(機械)를 본 건물 주변을 감싸는 임시 틀로 인식하여 '틀계'로 읽었을 가능성도 있다. 이는 좀 더 논의가 필요한 사항으로 이 책에서는 편의상 한자음대로 기계로 칭하고자 한다. 〈표 5-1〉은 산릉의궤 조성소의 조성의궤 및 품목질에 기록된 기계 소입을 정리한 것이다. 기계 구성 재료는 기계주(機械柱), 횡목(橫木), 걸방[巨乙防], 우리목(亐里木), 보판(補板), 생갈(生葛), 바자[把子] 등 여섯 종류가 확인된다.

기둥목은 기계주(機械柱), 주목(柱木), 기계목(機械木) 등으로 표기되어 있다. 횡목은 기둥과 기둥을 가로로 연결하는 부재이다. 산릉의궤에서 횡목은 『단종장릉봉릉도감의궤』(1699)에 처음 등장한 이래 대부분

표 5-1. 정자각의 기계 구성

No.	능호	시기	기둥	횡목	걸방	편결목	보판	생갈	바자
1	**목릉**	1630	機械木72		-	-	-	-	-
2	소현세자묘	1645	機械木62介*		-	-	-	生葛91同*	大杻把子29浮*
3	영릉	1659	機械木80條長25尺*		-	-	-	橫結生葛以機械用後葛索用之	大杻把子
4	**숭릉**	1674	機械柱次, 長椽木40條	-	巨乙防木次 長椽木50條	件里木次雜松木·眞木幷4200箇	-	生葛50同 本官入量進排*	大把子31浮*
5	**익릉**	1680	機械柱次 長椽木40條	-	巨乙防木次長椽木50條	件里木次 雜松木1800箇	-	生葛50同*	大把子31浮*
6	휘릉	1689	機械柱次 長椽木40條	-	乫防木次長椽木50條	件里木次 雜松木1800箇	-	生葛	-
7	**사릉**	1699	機械木		-	-	-	生葛	把子40餘浮*
8	**장릉**	1699	機械柱次 長椽木40條	橫木49箇	-	件乙里次 雜木1800箇	-	生葛20同	把子30浮
9	명릉	1702	機械次 長椽木140箇		巨乙防木次 文乃木40箇	件里木次雜木	-	生葛30同*	大把子22浮*
10	단의빈묘	1718	機械次柱木30條	橫木68條	擧乙防木30條	件里木次眞長木	-	-	大杻把子25浮*
11	민회빈묘	1719	機械柱次 長大椽木30箇	-	乬防次 松木30條	編結眞長木 700餘箇	-	造迲次生葛15同	大杻把子25浮*
12	**의릉**	1725	機械次 長椽木140箇		擧乙防木次 文乃木40箇	件里木次小眞長木	邊板 60立	生葛入量	大把子
13	**온릉**	1739	機械眞木80株		松木32株	編結眞長木450箇	-	機械所用生葛11同	破杻把子12部
14	의소세손묘	1752	柱木46株	橫木	-	-	橫板	葛索入量	把子60浮
15	**소령원**	1753	柱木352株	橫木	-	結木	-	葛索入量	把子60浮
16	**순강원**	1755	柱木橫木以上300餘株		-	編結雜木	-	葛索入量	杻把子60浮
17	**홍릉**	1757	-	-	-	-	-	-	-
18	사도세자묘	1762	-	-	-	-	-	-	-
19	건원릉	1764	大椽木51箇	30尺長松木5箇20尺長松木8箇長松木19箇中椽木145箇	-	眞長木2140箇 雜長木2340箇		**	杻把子17浮
20	**원릉**	1776	柱木橫木 150箇		-	-	-	杻把木 60부	
21	문효세자묘	1786	柱木40箇	橫木150箇	-	編結木小小椽 2000箇	-	葛索入量	杻杷子116浮
22	**현륭원**	1789	柱木70株	橫木106箇	-	編結木 800箇	-	-	-
23	건릉	1800	柱木	橫木	-	編結木 1000箇	-	生葛100同*	把子
24	**건릉**	1821	機械木	橫木	-	編結木	補板200立	生葛	杻杷子 20立#
25	휘경원	1823	-	-	-	-	補板200立	-	杻把子20立#
26	연경묘	1830	機械木	橫木	-	編結木	補板200立	生葛	-
27	인릉	1835	機械木60箇 各長25尺		-	-	補板	生葛	把子
28	**경릉**	1843	機械木 椽30箇	橫木	-	編結 中椽200箇	補板200立	生葛	把子
29	수릉	1846	機械木30箇次 貿大椽30箇	橫木30箇次 大椽30箇	-	編結次中椽200箇	補板200立	生葛	把子
30	**수릉**	1855	機械柱木23箇次 扇子大椽23箇	橫木22箇	-	中椽150箇	補板 次 長松板200立	生葛 540艮衣*	把子
31	휘경원	1855	同跋里次 大椽 40箇		-	編結 中椽200箇	補板200立	生葛	杻杷子20立#
32	**인릉**	1856	機械木30箇	橫木30箇	-	編結次中椽200箇	補板次長松板300立	-	-
33	**휘경원**	1864	機械木50箇	橫木50箇	-	編結次中椽200箇	補板次長松300立	-	-
	구원소	1864	機械柱木次 貿大椽30箇	橫木次 貿大椽30箇		發飛次中椽200箇	補板次長松板300立	-	-
34	**예릉**	1864	-	-	-	-	-	生葛 100同*	-

*는 물량이 타 건물과 통합하여 표기된 경우임. **는 大束迲15艮衣, 小束迲5艮衣, 大葛迲102艮衣, 中葛迲102艮衣, 小葛迲420艮衣, 三甲所31艮衣, 中竹15箇. #은 단청기화 시 바닥재료임.

기록되어 있다. 기계목(機械木)은 기둥목을 의미할 때도 있지만 기둥과 횡목을 통합하여 지칭할 때도 있다. 이외에 통합 명칭으로 『수빈휘경원천원원소도감의궤』(1855)에 동발리(同跋里)라는 용어가 한 차례 등장한다. 수량상 기둥에 해당하는 것으로 보인다. 동바리기둥은 전통목조건축에서는 짧은 기둥을 의미하며 보통 마루 귀틀 밑을 지지하는 기둥을 지칭한다. 『韓國建築辭典』에는 동바리를 동자(童子), 동발이(童發伊), 동발리(童發里)로 표기하고, 가로재를 받쳐 괴는 수직으로 세운 짧은 기둥 또는 거푸집·가설마루 등을 임시 지지시키는 가설지주 등으로 설명하고 있다.[2] 즉 산릉의궤에 기록된 동발리(同跋里)는 현대건축의 가설지주의 어원과 상관성이 높은 명칭으로 볼 수 있다.

걸방은 기둥과 기둥을 종방향으로 연결하는 부재이다. 산릉의궤에는 거을방목(巨乙防木), 걸방목(乬防木), 거을방목(擧乙防木), 걸방(乬防)으로 동음의 이두식 한자로 표기되어 있다. 걸방 부재는 현종숭릉산릉역(1674)부터 단경왕후온릉산릉역(1739)까지만 나타나고 이후에는 표기되지 않는다. 그렇다고 해서 걸방을 미설치했다고 보는 것은 구조상 무리가 있다. 아마도 다른 부재로 걸방을 대체한 것으로 짐작된다.

편결목은 비계 발판 하부 틀을 구성하는 부재이다. 편결목은 우리목(件里木), 우을리(件乙里), 편결(編結), 결목(結木), 편결목(編結木), 발계(發飛) 등으로 표기되어 있다. 18세기 초까지는 우리목(件里木), 우을리(件乙里)로, 그 이후는 편결(編結), 결목(結木)으로, 18세기 말부터는 편결목(編結木)으로 표기된다.

발판 부재로는 바자[把子]와 보판(補板)이 있다. 바자는 싸리나무로 엮은 뉴바자[杻把子]로 대부분 산릉의궤에 기록되어 있다. 보판은 발판에 해당되는 판재이다. 보판 이외의 판재로는 경종의릉산릉역(1724)에 변판(邊板), 의소세손묘소역(1752)에 횡판(横板)이 등장한다. 하지만 수량이 적어 부분적인 발판이나 횡목 역할을 하는 부재로 짐작된다. 보판의 본격적인 등장은 효의왕후건릉산릉역(1821)부터이다.

마지막으로 기계를 고정하기 위한 줄인 생갈이 있다. 생갈(生葛), 조줄(造乼), 갈색(葛索) 등으로 표기된다. 생갈(生葛)은 원재료인 칡줄기를,

조줄(造茁)은 생갈의 기능을, 갈색(葛索)은 칡과 새끼줄 재료를 일컫는다. 대부분 생갈로 표기되어 있다.

기계의 원재(原材)

기계 기둥은 장연목(長椽木), 진목(眞木), 대연(大椽), 선자대연(扇子大椽)을 원재 그대로 사용하였다. 그중 장연목과 대연을 사용한 빈도가 높았다. 장연목은 18세기 전반까지 확인되고, 대연은 19세기 중엽 이후 주로 사용되었다. 장연목은 말 그대로 긴 서까래이다. 효종영릉산릉역(1659)과 순조인릉산릉역(1659)에서는 25자의 장연목을 사용하였다. 약 7.5~8m의 긴 목재에 해당한다. 대연은 보통 직경이 6치 이상이므로, 기계 기둥으로는 180mm 이상의 직경을 갖춘 7.5m 이상의 긴 목재가 사용되었음을 알 수 있다.

횡목은 원재의 종류와 규격상 기둥과 큰 차이가 나지 않지만, 설치 길이를 보면 기둥보다 긴 부재가 필요했다. 태조건원릉정자각중수역(1764)에서는 횡목으로 장송목(長松木)과 중연목(中椽木)이 사용되었다. 그중 장송목은 20자 8개, 30자 5개를 사용하였다. 횡목으로 9m가 넘는 긴 목재도 사용되었음을 알 수 있다.

걸방은 장연목(長椽木), 문내목(文乃木), 송목(松木)을 원재로 사용하였다. 걸방으로 장연목을 쓸 때 횡목 표기는 누락되어 있는데, 수량상 횡목이 포함된 것으로 짐작된다. 횡목과 걸방이 동시에 기록된 경우에는 문내목 또는 송목을 원재로 쓴 것으로 보인다.

편결목은 잡송판(雜松木), 진목(眞木), 잡목(雜木), 진장목(眞長木), 소소연(小小椽), 중연(中椽) 등을 사용하였다. 중연은 보판이 등장하는 시기에 사용되고, 나머지 원목은 바자로 발판을 구성할 때 주로 사용되었다. 발판을 촘촘히 잇기만 하면 되므로 특정 원재는 필요치 않고 다량으로 구하기 쉬운 재료를 사용한 것이다. 보판은 장송판(長松板)으로 200개 내지 300개를 사용하였다.

기계의 구조

기계는 목공사가 시작되고 기둥을 세운 뒤 무거운 가구 부재를 올리기 위해 설치한다. 기계의 구조는 현대건축의 가설비계와 큰 차이는 없었을 것으로 생각된다. 『수은묘영건청의궤』(1764)[3]에는 산릉의궤에 비해 기계 부재가 상세히 기술되어 있다. 외주(外柱), 내주(內柱), 외횡목(外橫木), 내횡목(內橫木) 등으로 구분되는 것을 보면, 현대건축의 쌍줄비계 형식과 유사하였음을 알 수 있다. 산릉역에서도 쌍줄비계로 구성하였을 것으로 판단된다.

기계 구조는 구성 부재의 수량과 길이를 통해 추정해 볼 수 있다. 기둥은 적게는 23개, 많게는 352개까지 사용되지만, 통상 30~40개가 사용되었다. 횡목은 기둥 수량과 비슷한 경우와 2배 이상으로 기록된 경우가 있다. 구조상 기둥에 1열로 엮는 경우와 2열 이상 엮는 경우로 구분할 수 있다. 19세기 이전 기둥에 엮이는 횡목의 열은 1열에서 3열까지 다양하게 산출된다. 이에 비해 19세기에는 의궤 기록상 1열로만 엮어진 것으로 나타난다. 2열 이상 엮어야 구조상 안정적인데 이와는 상반되게 19세기에는 횡목을 1열로만 구성된 것처럼 수량이 잡힌 점은 의문이 남는다. 결방이 횡목과 같이 표기된 경우를 보면 결방은 기둥 수량과 동일하다. 그렇다면 결방은 내주와 외주를 기둥 안팎으로 2열로 고정한 셈이 된다. 편결목은 보판이 사용되기 이전에는 적게는 450개에서 많게는 4,480개까지 편차가 크지만 평균 2,000개 내외로 촘촘히 엮은 것으로 보인다. 보판이 사용되는 효의왕후건릉산릉역(1821)부터는 대부분 200개를 사용하였다.

기계 구조 및 시공은 바자 대신 보판을 발판으로 사용하는 효의왕후건릉산릉역을 기점으로 개선된다. 보판을 사용함에 따라 2,000개에 달하는 편결목은 200개로 줄어들게 된다. 칡줄로 편결목을 횡목에 얽어매는 시공량이 10배 정도 줄어든 만큼 설치 시간이 단축되었을 것이다. 또한 싸리나무보다 평평한 바닥에서 공사를 진행함에 따라 안전한 자재 운반이 가능하게 되어 작업 능률도 나아졌을 것이다.

수빈휘경원원소역(1863)에서는 구원소의 정자각을 철훼하여 부재를 재사용하였다. 철훼 시에도 기계를 설치하였는데 구성 부재가 비교적 상세하게 기술되어 있다. 본 건물을 에워싸는 기계 부재만 표기하는 기존 의궤와는 달리, 경사로까지 물목에 포함되어 있다. 이를 근거로 19세기 기계 모습을 재현해보도록 한다. 수빈휘경원원소역의 구원소 정자각 비계 물목은 다음과 같다.

기계 기둥목감 무대연(貿大椽) 30개, 횡목감 무대연 30개, 발계감 중연 200개, 보판감 송판 300닢 보계감 장둔태 길이 15척 8개, 탱지목감 대연 4개 지내진목 20개[4]

기둥은 내·외주 각각 15개로 정자각의 기둥 배열과 유사하게 배열하였을 것이다. 그렇다면 내·외주 간격은 얼마로 하였을까? 기둥은 직경 6치 정도의 서까래 부재를 사용하고, 서까래, 부연 내민 길이와 동선 폭을 고려하면 8자 정도의 간격은 유지하였을 것으로 판단된다. 외주는 내주보다 넓은 간격으로 설치해야 된다. 〈그림 5-1〉과 같이 정진 배면 퇴칸과 측면칸의 외주 간격이 6,290mm로 가장 넓다. 이는 이 길이 이상의 긴 횡목이 필요하다는 것을 의미한다.

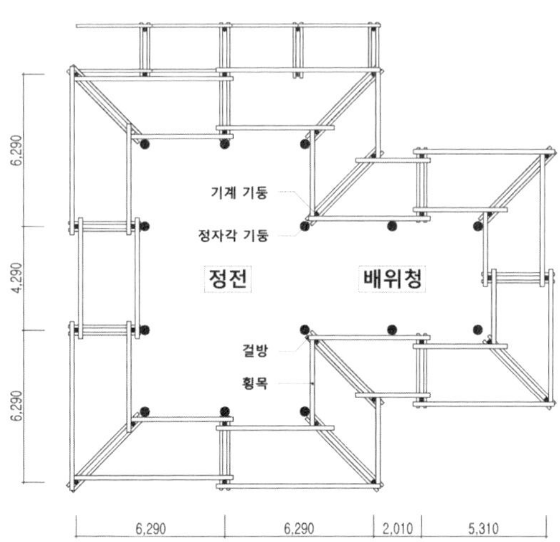

그림 5-1. 휘경원 구원소(1863) 기계 평면 추정도

기둥을 세우는 동시에 걸방과 횡목을 엮어야 되는데 여기에는 걸방이 없다. 발계(發飛)는 기존의 편결목에 해당되는데, 걸방 수량이 여기에 포함된 것으로 짐작된다. 횡목을 1열로 설치하였으므로 하부 구조가 불안정할 것이다. 횡목을 생략하더라도 걸방은 설치하였을 것으로 생각된다. 하부 걸방은 상부 걸방처럼 내·외주 안팎으로 2중으로 걸었을지 아니면 하나만 걸었을지는 기계장의 경험에 의해 결정되었을 것이다. 큰 목부재를 운반하는 과정에서 기계 기둥에 좌굴이 발생하여 무너질 위험이 있으므로, 실제로는 횡목도 2단으로 설치하였을 것으로 판단된다. 상부 걸방의 최대치를 상부 30개, 하부 30개로 산정하고 이 수량이 편결목에 포함된 것으로 가정하면 실제 편결목은 200개에서 140개로 줄어든다. 의궤 특성상 전례를 참고하다보니 걸방 수량이 지속적으로 누락되었을 가능성도 있다. 두 가지를 모두 고려하여 편결목 200개를 사용한 경우에는 중연목을 약 30cm 간격으로, 140개를 사용한 경우에는 약 45cm간격으로 설치하였을 것이다. 약 1자에서 1자반 정도의 간격으로 편결목을 설치한 것이다.

편결목 위에 보판을 설치하는데 보판은 300닢이다. 보판은 편결목과 직교하여 설치하였을 것이다. 기계 내·외주의 간격을 8자 정도로 할 경우 편결목 길이는 양단으로 1자씩 여유를 줘 10자 정도가 된다. 보판 너비를 1자 정도로 가정하면 편결목에 10장씩 들어가게 된다. 이 경우 보판 길이는 6~7자 정도가 산정된다. 이러한 수치는 결과적으로 기둥의 내·외주 간격을 얼마로 하느냐에 따라 달라질 수 있다. 즉 내·외주 간격을 넓힐수록 더 긴 보판을 사용해야 된다.

다음으로 경사로에 해당하는 보계(補堦) 구조를 살펴보자. 보계감으로 15자 길이의 장둔태(長屯太) 8개를, 탱지목(撑支木)감으로 대연 4개를, 마지막으로 지내진목(支乃眞木) 20개를 사용하였다. 탱지목은 보계를 세우기 위한 기둥이고, 장둔태는 횡목과 같이 경사지게 기둥을 고정하는 가로재이며, 지내진목은 발판을 지지하는 편결목으로 판단된다. 보계는 전체적인 부재 운반을 고려하면 정전 측면에 면해 정전 배면에서 정면 방향으로 올라가도록 설치하는 것이 유리하다. 탱지목 4개 중 3개는 기존 모서리 기계 기둥 1개를 이용하여 경사로 상부 바닥을 형성하고 나머지 한 개는 정전 측면 기계 기둥과 쌍으로 내·외주를 구성하였을 것으로 추정된다. 15자 길이의 장둔태로 기둥을 고정하여 경사로 측면을 구성하고, 지내진목을 약 2자 간격으로 설치한 것으로 보이는데, 간격이 넓은 편으로 실제로는 이보다 조밀하였을 것으로 생각된다. 발판 재료는 누락되어 있는데, 싸리바자와 판재 두 가지 가능성이 모두 있다. 의궤에 보판을 고정하기 위한 못은 기록되어 있지 않다. 아마도 보판은 횡목에 걸쳐서 적절하게 깔았던 것으로 짐작된다.

이상은 목공사를 위한 기계 모습을 추정해 본 것이다. 그 외에도 단청공사나 미장공사 시에도 기계가 필요한데, 이때는 발판 높이를 조절해야 한다. 19세기에는 단청기화 시 바자를 발판으로 사용하였다.[5] 단청공사를 위해 발판 높이를 조정한 이후 무거운 재료는 운반하지 않으므로 보판은 설치하지 않고, 바자 정도만 깔았던 것으로 추정된다.

다음은 1988년 명릉 정자각의 보수공사에서 가설비계와 가설경사로를 설치한 모습이다. 1980년대 목재로 설치한 가설비계는 조선 후기 정자각의 가설비계 모습을 연상케 한다. 명릉 정자각의 가설비계는 횡목을 2단으로 설치하였고, 기둥은 횡목 높이 이상으로 굉장히 긴 목재가 사용되었다. 한편 기와잇기를 위해 가설 경사로를 설치하였다. 목공사용과 큰 차이는 없어 보이지만 발판재는 듬성듬성 설치되어 있다.

가설비계

가설경사로

그림 5-2. 명릉 정자각 보수(1988)

다음 그림은 지금까지의 분석 결과를 반영하여 추정한 기계의 모습이다. 횡목은 1980년대 명릉 정자각의 가설비계를 참조하여 2단으로 하였고, 이에 따라 편결목도 증가되었다. 경사로 발판 재료는 불분명한데, 편의상 판재로 표현하였다.

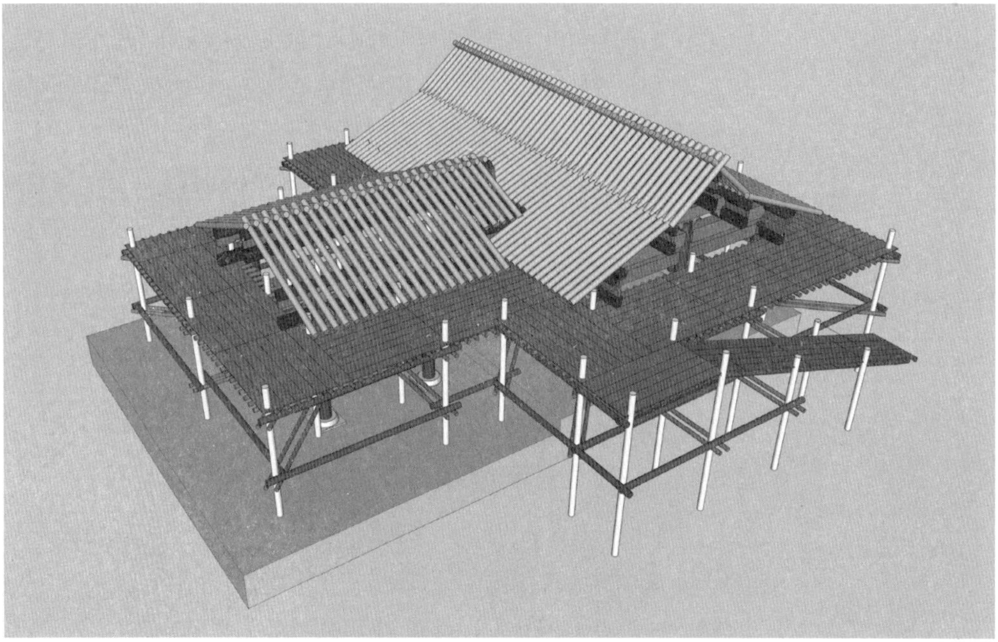

그림 5-3. 19세기 정자각의 기계 구조 추정도(1863년 휘경원 구원소 철훼용)

이와 같이 정자각 공사를 위한 기계는 효의왕후건릉(1821)을 기점으로 바닥 재료가 바자에서 보판으로 변화된다. 이전보다 기계 시공량을 줄여 설치 시간을 단축하였고, 원활한 재료 운반 및 안전한 본채 설치공사가 가능하여 본공사의 효율을 높일 수 있게 되었다. 전술하였듯이 18세기 말부터 판재는 시중에서 쉽게 구할 수 있는 품목이 되었다. 판재 조달의 변화가 19세기 들어 기계 구조 변화에도 영향을 주었다고 추측해 볼 수 있다. 즉 기계 구조의 변화를 통해 당시 시공 기술의 발전상을 일부 가늠해 볼 수 있다.

기초공사

용어 정리 및 시공과정

현대 건축공사에서의 터파기를 의궤에서는 개기(開基)라 칭한다. 개기는 땅을 연다는 뜻이다. 개기일(開基日)은 정자각 공사의 착공일에 해당하여 대부분의 의궤에 기록되어 있다. 의례상 택일(擇日)에서 중요하게 여기는 날짜이기도 하다.

개기에 앞서 정자각이 들어설 위치를 먼저 선정하는데, 이를 의궤에서는 정기(定基)라고 한다. 개기일이 정해지면 소부석소의 석수 편수가 석수들을 인솔하여 개기공사를 주관한다. 단종장릉봉릉역(1699)에서는 감조관이 직접 석수들을 인솔하여 지휘하기도 하였다.[6]

개기일에는 초석이나 첨계석(기단석), 월대계석(월대석)이 놓일 위치를 표시한다. 이를 위해 증목판(證木板)을 설치하는데, 이는 지금의 수평규준틀에 해당한다. 수평실로는 숙마(熟麻)와 세승(細繩)을 준비하여[7] 수평보기 및 터파기 외곽선을 잡은 다음 기초 터파기를 시행한다. 의궤에서는 이를 굴지(掘地), 굴토(掘土)라 한다. 장렬왕후휘릉산릉역(1689)에서는 인가내(刃加乃), 평삽(平鍤), 곡삽(曲鍤), 광광이(廣光伊), 곶광이(串光伊), 충광이(衝光伊) 등[8] 가래, 삽, 괭이 등 굴토용 연장을 사용하였다. 산릉역에 따라 연장의 종류 및 수량에 차이가 난다. 개기역은 석수 편수가 지휘하지만 실제 굴지, 지정 등의 공사는 조성소 모군이 담당하였다. 인경왕후익릉산릉역(1680)과 같이 보토군 800명을 들인 경우도 있다.[9] 굴토 이후 모군은 지정에 들어갈 잡석을 모으는 일을 하는데, 이를 습석(拾石)이라 한다.[10]

굴토한 다음 소요 높이만큼 지정을 한다. 산릉의궤에는 19세기 이전에는 지정(地正)으로, 정조건릉산릉역(1800) 이후로는 지정(址定)으로 표기하였다. 지정 시 달고는 경종의릉산릉역(1724) 전에는 원달고(圓橽古) 10부(部)만 사용하였다. 그 이후 단경왕후온릉봉릉역(1739)까지는 당달고(唐橽古) 150개(箇) 를 추가로 사용하였다. 의소세손묘소역(1752)에서는 원달고 10개, 당달고 20개 외 단달고(單達古) 100개 가 추가되었는데, 당달고 수량은 이전에 비해 줄었다. 정조건릉산릉역에서는 원달고 10개, 석달고(石橽古) 10개, 단달고 10개 를 사용하였다. 처음으로 석달고가 사용된 예이다. 『화성성역의궤』 도설에 석저(石杵)와 목저(木杵)가 묘사되어 있다.(그림 5-4) 그림을 보면 각각 10명, 4명이 한 조를 이루어 달고질하였음을 알 수 있다. 정조건릉산릉역의 원달고와 석달고는 『화성성역의궤』의 목저, 석저와 같았을 것이다. 단달고는 다음 그림과 같이 2명이 작업했던 작은 달고로 짐작된다. 정조건릉산릉역 이후 대체적으로 세 종류의 달고가 사용되었는데, 달고별 수량은 산릉역에 따라 차이가 있다.

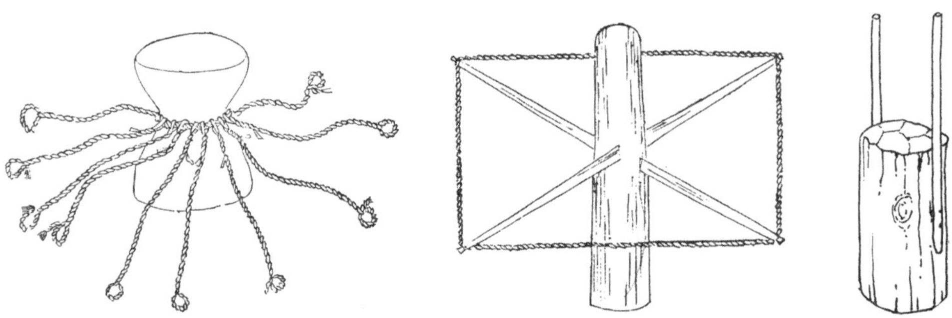

석저 목저 단달고 추정

그림 5-4. 달고 종류

기초기법

초석 및 주변

19세기 이전 산릉의궤에서는 기초기법이 간략하게만 묘사되어 있다. 효종영릉산릉역(1659)에서는 정자각의 개기 후 전체적인 기초와 주초(柱礎) 및 계석(階石, 기단석) 기초를 구분하여 시행하였다. 관련 기록을 보면

개기(開基) 굴지(堀地)는 진장말목(眞長秣木)으로 지정(地正)하고 잡석이층(雜石二層)의 원달고역(圓達固役)은 즉 본소(조성소)가 하고, 주초(柱礎) 계석(階石) 아래는 잡석을 모아 지정하고 진토(塡土) 달고(達固) 세사(細沙) 등 작업은 소부석소에서 하며

라고 하여 조성소와 소부석소 간에 개기 시 업무분장에 대해 서술한 내용인데, 지정기법의 대강만 확인할 수 있다. 좀 더 풀어보면 전체 기초는 판축과 같이 진장말목(眞長秣木)으로 달고질한 다음 잡석(雜石)을 두 번에 걸쳐 한 켜씩 원달고(圓達固)로 다짐한다. 그리고 초석 및 기단석 하부는 잡석 지정으로 사이에 흙을 채워가며 달고질하고, 가는 모래(細沙)로 채우며 다진 것으로 판단된다.

정자각 기초에 석회를 사용하기 시작한 것은 의소세손묘소역(1752)부터인데, 석회 100섬(가마니)을 들여 썼다. 석회 물량은 공역별로 차이가 있다. 산릉역은 원소역, 묘소역에 비해 많은 물량을 사용하였다. 산릉역은 순조인릉산릉역(1835)을 제외하고 250섬에서 270섬을 사용하였다. 이에 비해 묘소역은 30섬에서 100섬으로 절반도 안 되는 물량을 들여 썼다. 원소역은 시기별로 조금 차이가 난다. 장헌세자현륭원원소역(1789) 전에는 묘소역과 별 차이가 없지만, 그 이후로는 산릉역과 동일한 물량이 사용되었다. 이는 원소의 위상 변화에 기인한 것으로 이해된다. 궁원제(宮園制)는 영조 연간에 사친인 숙빈 최씨의 묘(廟)와 묘(墓)를 궁(宮)과 원(園)으로 격상시키면서 만들어진 제도이다. 정조는 세자의 궁원(宮園)을 국왕 사친의 궁원보다 위격이 높아야 한다고 생각하여 경모궁·영우원(현륭원)의 격을 종묘(宗廟)·능묘(陵墓)에 준하도록 높였다. 이후 정조 연간의 궁원제가 상례가 되어 고종대 궁원제 정비 전까지 이어졌다. 궁원제의 변화에 따라 장헌세자현륭원원소역 이후 원소역은 산릉역에 버금가는 위격으로 공사가 진행된 것이다.

표 5-2. 정자각 지정 시 석회 물량

No.	능호	시기	석회	No.	능호	시기	석회
1	의소세손묘	1752	100石	11	휘경원	1823	250石
2	소령원	1753	70石	12	연경묘	1830	100石 三物所滓灰取用
3	순강원	1755	70石	13	인릉	1835	150石 三物所滓灰餘取
4	홍릉	1757	270石	14	경릉	1843	250石 三物所滓灰取用
5	사도세자묘	1762	50石	15	수릉	1846	250石 三物所滓灰取用
6	원릉	1776	270石	16	수릉	1855	-
7	문효세자묘	1786	30石	17	휘경원	1855	250石 三物所滓灰取用
8	현륭원	1789	270石	18	인릉	1856	250石 三物所滓灰取用
9	건릉	1800	-	19	휘경원	1864	-
10	건릉	1821	250石 三物所滓灰取用	20	예릉	1864	250石 三物所滓灰取用

『정조건릉산릉도감의궤』(1800) 이후부터는 조성소 도설(圖說) 중 정자각도(丁字閣圖)에 건물 특징과 기초기법이 기술되어 있다. 해당 기록을 보자.

개기 지평(地平) 후 굴지 깊이 6척, 동서 48척, 남북 56척, 잡석을 채우고 달고질하여 4척 5치까지 지정하고, 또한 모래와 물로 다짐하여 지정한 후 또한 2척 5치까지 추가로 쌓는다. 초석의 노출은 5치이다.[16]

"터파기할 때 땅을 평탄하게 고른 후, 6자 깊이로 동서 48자, 남북 56자로 파고, 잡석으로 메우고 4자 5치에 이를 때까지 달고질로 지정한다(雜石搗築). 또 모래에 물을 뿌려가며 달고질하여 쌓는다(沙水搗築). 초석을 설치한 다음 다시 2자 5치만큼 더 쌓은 후 초석은 5치 노출시킨다."라고 해석된다. 편의상 1자를 310mm로 가정하면, 6자 깊이, 동서 48자, 남북 56자는 깊이 1.86m, 동서 14.88m, 남북 17.36m가 된다. 정자각 부지는 보통 왕릉의 능맥이 흐르는 얕은 경사지에 위치하기 때문에 기초공사는 경사진 부지에서 진행하게 된다. 지정 깊이는 정자각 후면을 기준으로 설정한 것으로 최대 굴토 깊이를 의미한다. 현재 건릉 정자각(1821)[17]은 정전 기단의 좌우 길이는 13.36m이고, 정전 후면 기단에서 배위청 전면 기단까지의 길이는 17.18m이다. 〈그림 5-5〉와 같이 건물이 들어서는 정자각 기단 크기만큼 굴토하여 기초공사를 진행하였음을 알 수 있다. 물론 배위청 전면의 월대 부위도 지대석 위치까

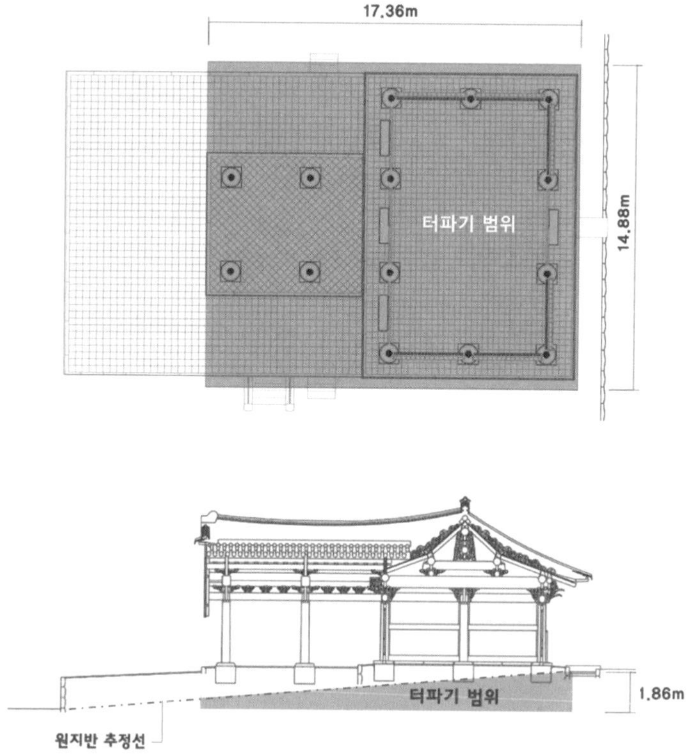

그림 5-5. 정조 건릉 정자각(1800) 터파기 추정 범위

지 평탄하게 터파기를 진행하였을 것이다.

기초기법을 보면 굴토면에서 4자 5치까지 1차 잡석도축(雜石搗築)을 하고, 초석 하부는 사수도축(沙水搗築)을 한 후 정방형으로 너비와 높이가 모두 3자인 초석[18]을 설치한다. 다시 2자 5치만큼 2차 잡석도축하면 초석의 노출 높이는 5치가 되는 것이다. 이렇게 굴토면에서 1차, 2차에 걸쳐 잡석지정을 하면 총 높이는 7자로 최초 굴토 깊이(6자)보다 1자 정도 높게 기초를 조성한 셈이 된다.(그림 5-6)

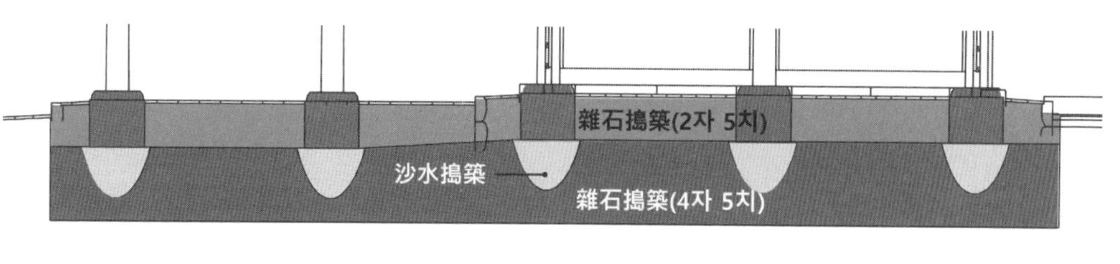

그림 5-6. 건릉 정자각(1800) 지정 방식

사수도축은 달고질을 통한 압력으로 모래 사이 물이 빠져나가면서 모래의 공극을 최소화하여 단단하게 기초를 구축하는 기법이다. 수원 화성 북문의 경우 사수간축(沙水杵築)[19] 으로 지정[20] 한 바가 있다. 북문은 10.7자(약 3.3m) 깊이로 굴토하여 정자각에 비해 깊게 팠음에도 사수도축으로만 지정하였다. 사수도축은 당시 건물에 흔히 사용되는 기법이자 성문에도 쓰일 만큼 튼튼한 기초로 인식되었음을 알 수 있다.

다음 사진을 통해 정자각 초석 하부 및 주변 기초 상황을 확인할 수 있다. 건원릉 정자각은 초석과 주변에 잡석과 흙이 섞여 있다. 인릉 정자각의 경우 초석 주변을 잡석으로 채운 모습이 확연하게 나타난다. 두 사례에서 초석 하부 사수도축은 확인되지 않지만, 초석 주변 잡석 지정 양상은 확인 가능하다.

건원릉(1764 및 1870 중건)

인릉(1856)

그림 5-7. 초석 및 지정 현황

그렇다면 정자각의 기초 물량으로 잡혀 있는 석회는 어디에 사용하였을까? 석회 250가마니는 굉장히 많은 물량이다. 사수도축 시에는 일반적으로 석회를 사용하지 않는다. 따라서 석회는 잡석도축할 때 사용하였을 것이다. 즉 온통기초에 해당하는 1차 잡석도축 때 혼합하여 사용하였을 것으로 판단된다.

건릉 정자각의 기초공사 과정을 정리하면 다음과 같다. 먼저 정전과 배위청의 기단 범위에 해당하는 넓은 범위를 굴토하여 정자각 후면 기준 약 1.8m가 넘는 깊이로 판다. 이후 초석까지 약 2/3 높이는 석회를 혼합하여 잡석도축으로 온통지정을 하고, 초석 하부는 사수도축으로 독립지정을 한 다음 초석을 설치한다. 나머지 1/3은 석회를 혼합하지 않고 다시 잡석도축으로 되메운 것으로 추정된다. 정조건릉산릉역 이전 정자각 기초도 이와 비슷했을 것으로 짐작된다. 물론 의소세손묘소역(1752) 전에는 잡석도축 시 석회가 사용되지 않았다.

지정 규모와 기법은 정조건릉산릉역 이후 거의 동일하게 유지된다. 하지만 효명세자연경묘묘소역(1830)부터는 초석 하부에 박석(博石)을 1열 깔고 초석을 설치하였다.[21] 즉 잡석도축(雜石搗築), 사수도축(沙水搗築), 배하박석(排下礡石)의 3중 지정을 한 것이다. 동절기에는 물을 사용할 수 없어 효현왕후경릉역(1843)에서는 사수도축 시 물을 사용하지 않았다.[22] 계절적인 요인을 감안하여 기초기법을 조정한 것이다.

『효명세자연경묘묘소도감의궤』 소부석소 석물질에는 박석과 동일한 기능을 한 엄석(掩石)이라는 석재명이 확인된다. 영건의궤에도 엄석이 확인되는데, 초석이나 기단 아래에 일종의 기초처럼 설치한 석재로 비교적 위계가 높은 건물과 그에 부속된 담장에 사용되었다.[23] 산릉역에서도 정자각에 엄석을 사용하였다. 『단경왕후온릉봉릉도감의궤』(1739)에는 "圓礎下掩石…月臺掩石"이라고 설치 장소를 특정하고 있어 영건역과 마찬가지로 초석, 월대 및 기단 아래에 엄석이 쓰였음을 알 수 있다.

산릉의궤에서는 엄석 외 다른 명칭도 확인된다. 초석과 월대 및 기단에 사용된 석물 용례로 엄석 17회, 박석 1회, 은주초(隱柱礎) 3회가 확인된다. 엄석의 사용 빈도가 가장 높다. 엄석은 보이지 않는 돌이라는 이두식 음독자이다. 『경종의릉산릉도감의궤』(1725)에는 초석과 엄석의 수량 및 크기가 기록되어 있다.

圓柱礎 22箇 4面 長各3尺式…掩石 44箇 長各4尺 廣各2尺 厚各78寸式[24]

엄석은 길이 4자, 너비 2자, 높이 7~8치로 개수는 44개이다. 정자각 초석은 폭과 높이가 각각 3자의 정육면체로 22개를 사용하였다. 수량과 크기를 보면 엄석은 초석 아래 2개씩 설치하고 초석 바깥으로 5치씩 돌출된 상태로 초석을 지지한 것으로 짐작된다.

『의소세손묘소도감의궤』(1752) 소부석소의 "掩石次 磚石34立"이라는 기록을 보면 엄석용으로 박석이 사용되었음을 알 수 있다. 즉 엄석은 설치 위치를 뜻하고 박석(博石)과 박석(磚石)은 엄석의 형태를 지칭한 것이다. 엄석과 박석은 동일한 규격의 석재로, 초석당 2개씩 설치하는 것을 기본으로 하였다.(표 5-3) 정순왕후사릉봉릉역(1699)에서는 초석당 4개의 엄석을 설치하여 2개씩 2중으로 설치하기도 하였다. 순조인릉산릉역(1835)에서는 초석당 3개를 설치하였는데, 이는 예외적인 경우에 해당한다.

표 5-3. 정자각의 초석 및 기단 등 하부 지정석

No.	능호	시기	초석	초석 하부	기단 및 월대 하부
1	**목릉**	1630	14	-	-
2	소현세자묘	1645	14	-	-
3	영릉	1659	14	-	-
4	**숭릉**	1674	22	下排掩石44箇	掩石111箇
5	**익릉**	1680	22	掩石44箇	掩石150箇
6	휘릉	1689	22	掩石44箇	掩石195箇
7	**사릉**	1699	14	掩石56箇	-
8	**장릉**	1699	14	掩石28介	-
9	명릉	1702	22	掩石44箇	掩石117箇
10	단의빈묘	1718	14	掩石26箇	掩石46箇
11	민회빈묘	1719	14	掩石26介 各長5尺廣3尺	-
12	**의릉**	1725	22	掩石44箇 長各4尺 廣各2尺 厚各78寸式	掩石27箇 取用城石 而不拘大小
13	**온릉**	1739	14	圓礎下 掩石28箇	月臺 掩石100箇
14	의소세손묘	1752	14	掩石次 磚石34立	-
15	**소령원**	1753	14	-	-
16	**순강원**	1755	14	-	-
17	**홍릉**	1757	14	-	-
18	사도세자묘	1762	14	-	-
19	**원릉**	1776	14	-	-
20	문효세자묘	1786	14	-	-
21	**현륭원**	1789	14	-	-
22	건릉	1800	14	-	-
23	**건릉**	1821	14	-	-
24	휘경원	1823	14	-	-
25	연경묘	1830	14	下博石28箇	下博石240箇
26	인릉	1835	14	下磚石42箇	-
27	**경릉**	1843	14	-	-
28	수릉	1846	14	-	-
29	**수릉**	1855	14	隱柱礎168塊	掩石19塊 以上景陵所在移用
30	휘경원	1855	14	-	-
31	**인릉**	1856	14	隱柱石120塊	掩石187塊
32	**휘경원**	1864	14	-	-
33	**예릉**	1864	14	隱柱礎168塊	掩石100塊

『익종수릉천봉산릉도감의궤』(1855)부터는 은주초(隱柱礎)라는 용어가 등장한다. 숨어있는 초석을 뜻하는 이두식 음독자이다. 엄석과 뜻은 같

지만 사용 위치는 초석으로만 한정된 용어로 이해된다. 문제는 수량이다. 순조인릉천봉산릉역(1856)에는 은주초 120괴, 엄석 187괴, 철종예릉산릉역(1864)에는 은주초 168괴, 엄석 100괴를 사용하였다. 엄석 수량은 기존 월대 및 기단에 설치하는 수량의 범주에 속하는데, 은주초는 기존에 비해 과하게 많은 수량이 잡혀 있다. 이는 초석 아래 2개의 엄석을 설치한 것과는 다른 기법이 적용되었음을 의미한다.

비슷한 시기에 중건된 경복궁(1868)은 건물 위계별로 적심 기법을 달리하였다. 전(殿)은 방형 장대석지정과 말각방형 잡석지정 등으로 하였는데, 비중은 장대석지정이 85%, 잡석지정이 7%를 차지한다. 당(堂)은 다양한 적심을 사용하였는데 말각방형 잡석지정이 50%로 가장 높았다.[25] 정자각은 전의 위계에 해당하므로 장대석지정일 가능성이 높다. 이보다 약간 앞서지만 『순조인릉산릉도감의궤』(1835) 소부석소 기록을 보면

> 정자각 원주초 아래 박석은 경신의궤에는 기록되어 있지 않은데, 경인년에는 장대석 28개로 이어붙여 들여 사용하였다 하므로 금번은 즉 어느 해 거행한 예를 따를 것인지 하나를 지정하여 분부하여 주심이 어떠한지요? 수결 내: 28괴를 사용한 예로 마련하여 거행하라.[26]

라고 하여 정자각 원주초 아래 박석은 경신의궤(1800, 정조건릉산릉역)에는 기재되어 있지 않고 경인년(1830, 효명세자연경묘묘소역)은 장대석 28개를 사용하여 금번도 이와 같은 방식으로 거행하라는 내용이다. 하지만 실제로는 박석 42개를 사용하였다.(표 5-3) 『효명세자연경묘묘소도감의궤』(1830)에는 박석 28개를 사용한 것으로 기록되어 있는데, 『순조인릉산릉도감의궤』(1835) 기록에 따르면 당시 장대석 28개를 박석용으로 사용하였음을 알 수 있다.

인릉 정자각(1856)의 초석 하부 기초 상세도를 보면, 초석 하부에 석재 1개, 그 밑에 장대석 3개가 설치되어 있다. 그 하부는 미확인된 구간이다. 이를 보면 초석 하부 석재는 엄석이고, 아래 3개 석재는 소위 장대석지정으로 알려진 지정기법임을 알 수 있다.

『순조인릉천봉산릉도감의궤』(1856)에서는 은주초를 120괴 사용한 것

으로 기록되어 있다. 이는 초석당 8~9개를 설치한 수량이다. 실제로는 〈그림 5-8〉과 유사하게 초석 하부 첫째 단은 박석 2개, 둘째 단은 상부 박석과 직교하여 장대석 3개, 셋째 단과 넷째 단은 상부 장대석과 직교하여 장대석 3개를 각각 설치하였을 것으로 생각된다. 은주초 168괴를 사용한 익종수릉천봉산릉역(1855)과 철종예릉산릉역(1864)에서는 초석당 12개의 은주초를 사용한 것으로, 장대석을 3개씩 4단으로 쌓은 장대석 지정을 한 것으로 추정된다. 이와 같이 익종수릉천봉산릉역(1855)을 기점으로 19세기 후반 정자각에서는 장대석 지정을 한 것으로 판단된다. 산릉의궤의 명칭을 따른다면 은주초지정기법이라고 명명할 수 있다. 이는 도설 내 정자각도의 기록과는 차이를 보이는데, 정자각도는 이와 같은 변화상을 담지 않고 전례 기록을 답습하여 작성한 것으로 짐작된다.

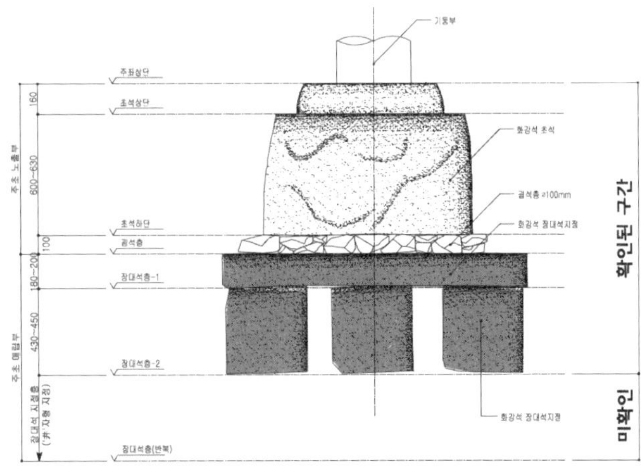

그림 5-8. 초석 하부 기초 상세도[인릉 정자각, 1856]

정리하면 18세기 전반까지는 잡석도축지정, 초석 하부 사수도축 및 엄석 설치의 3중 기초방식으로 추정된다. 이러한 지정방식은 의소세손묘소역(1752)을 기점으로 18세기 후반부터 19세기 초반까지 잡석도축지

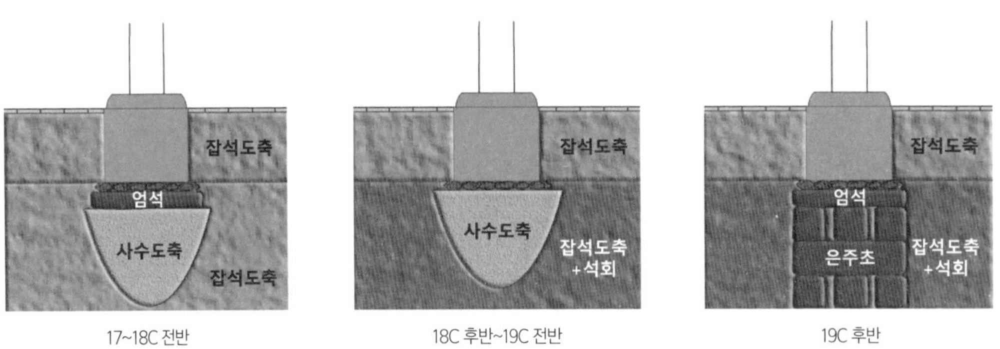

그림 5-9. 시기별 정자각 기초기법

정에 석회를 혼합하는 방식으로 강화된다. 이 시점에는 초석 하부 엄석이 표기되지 않는데, 같은 시기 월대 엄석도 생략되어 있다. 엄석 기록이 누락되었을 가능성도 있지만 불확실하다. 19세기 후반에는 익종수릉산릉역(1855)를 기점으로 은주초지정(장대석지정) 방식으로 다시 한 번 바뀌게 되는데, 이때 은주초지정을 하기 때문에 사수도축은 하지 않았을 것으로 판단된다.

이와 같은 시기별 지정기법의 변화 원인은 명확하지 않다. 이어지는 '기단 및 월대'에서 설명하겠지만 정성왕후홍릉산릉역(1757)과 영조원릉산릉역(1776)의 경우 정자각 부지가 보토된 지형임을 고려하여 기단 및 월대의 기초 시 회삼물로 다진 후 석재를 쌓았다. 산릉역 내 삼물소에서는 봉분을 조성할 때 다양한 석회 기법이 사용되었고, 당시 관료들도 석회 사용의 유용성은 인식하고 있었다. 18세기 후반에 들어서 보토로 약화된 지형의 월대 및 기단 기초를 보강하는데 석회를 몇 차례 사용하다가 점차 정자각 온통 기초에도 석회 사용이 도입된 것으로 생각된다. 19세기 후반에는 은주초지정(장대석 지정)으로 다시 한 번 기초기법에 변화가 나타나는데, 시기적으로 보면 정자각의 은주초지정 기법이 1868년 경복궁 중건을 계기로 궁궐 건축에도 도입되었을 것으로 판단된다.[27]

기단 및 월대

기단 및 월대의 기초 기법에 대한 기록은 많지 않다. 이와 관련하여 『정성왕후홍릉산릉도감의궤』(1757) 조성소 기록을 살펴보면

이번에 정자각 전면과 좌우 첨계에 **흙을 채우고 달고질한(塡土杵築)** 후 계석을 배치하였는데 본래 지형이 온전한 땅이 아니고 잡때 보토한 땅으로 관례에 따라 달고질하여 돌을 쌓은즉 장차 경사지고 무너지는 우환을 면치 못하기 때문에 **회삼물로 메워 채운(灰三物塡築)** 연후 경사지고 무너지지 않도록 별도로 감독한다는 말이 들려온 바, 그 사세를 헤아려 본즉 과연 진실과 같아 이와 같이 품정하오니 석회 25섬을 속히 결재해주시어 때에 맞춰 완축하는 바탕으로 삼으심이 어떻겠습니까? 수결 내: 석회 20섬을 우선 감결하여 취용하라.[28]

라고 하여 이번 정자각 전면과 좌우측 기단 기초부를 진토간축(塡土杵築, 흙을 채우고 달고질함) 후 기단석을 설치하여야 하는데, 보토한 곳으로 지형이 온전치 못하여 회삼물진축(灰三物塡築, 회삼물로 채워 축조함)을 할 수 있도록 석회 25섬을 요청하고 20섬을 먼저 취하라는 내용이다. 『영조원릉산릉도감의궤』(1776)에도 동일한 기록이 반복된다.[29]

정축등록(정성왕후홍릉산릉역, 1757)과 동일하게 정자각과 후면과 좌우측 기단 설치 장소가 보토한 곳으로 정성왕후홍릉산릉역과 동일하게 회삼물로 다질 수 있도록 석회 25섬을 요청하였고, 적합한 양을 취해 견고하게 할 것을 지시한다. 두 사례 모두 정자각 부지 일부가 보토됨에 따라 지반이 약화되어 진토간축(塡土杵築)에서 회삼물진축(灰三物塡築)으로 변경한 것이다. 즉 기단 및 월대의 기초기법은 보토를 하지 않은 원토(原土)인 경우에는 진토간축이 원칙이었음을 알 수 있는데, 어느 정도 깊이와 폭으로 기저부를 파고 흙을 채워가며 달고질을 하였는지는 알 수 없다.

〈표 5-3〉을 보면 기단 및 월대를 진토간축 후 계석 하부에는 초석과 마찬가지로 엄석 또는 박석을 설치하였다. 엄석과 관련하여 휘경원 정자각 수리공사 시 사진을 보면 엄석 모서리는 구휘경원(1855)의 계단 측면석이 사용되었고, 나머지는 월대와 직교하여 설치되어 있다. 이렇게 엄석을 직교해서 설치한 기법은 경복궁 건청궁 곤녕합지 누각 기초부에서도 확인되어[30] 19세기 후반 관영건축공사에 사용된 기법임을 알 수 있다.

그림 5-10. 월대 아래 엄석 [휘경원 정자각, 1863]

이와 같이 기단 및 월대는 진토간축과 엄석(박석)의 2중 기초를 기본으로 하였다. 한편 보토 과정에서 지형이 약화된 경우에는 회삼물진축과 엄석(박석)의 2중 기초로 강화된 기법이 적용되기도 하였다.

석공사

용어 정리

초석 및 주변 부재

초석

산릉의궤에서 초석은 17세기 전반 두 차례[31] 주초석(柱礎石)으로 표기한 것을 제외하고 모두 원주초(圓柱礎)로 기록되어 있다.[32] 원주초는 주좌 상면이 원형인 것을 말하는데, 주좌 하부 주각부는 방형이며 방형의 주각부 상면과 주좌가 지면 위로 노출된다. 18세기 중엽부터 19세기 중엽까지 정전과 배위청의 초석을 따로 표기하여 설치 위치를 명확하게 한 경우도 있지만, 대부분은 통합하여 기술하고 있다. 초석 수량은 14개와 22개가 가장 많다. 14개는 5칸 정자각, 22개는 8칸 정자각인 경우이다. 목릉은 초석이 16개인데, 이는 정전 측면을 3칸으로 구성하였기 때문이다. 산릉역에서 원주초는 너비와 높이가 대부분 3자이다. 정자각은 원주초만 사용되었고, 비각은 방주초 등이 사용되었다. 정자각은 원기둥, 비각은 각기둥으로 위계에 따라 초석과 기둥 형상에 차이를 둔 것이다.

고막이석과 장점석

산릉의궤에서 고막이석은 '古莫只石, 古莫石, 高莫只'로 표기하고 있다. 고막이석[古莫只石]은 『효종영릉산릉도감의궤』(1659)부터 『장렬왕후휘릉산릉도감의궤』(1689)까지 사용되다가, 한참 후인 『익종수릉천봉산릉도감의궤』(1855)에 한 차례 더 쓰였다. 고막석(古莫石)은 『정순왕후사릉봉릉도감의궤』(1699)부터 『수빈휘경원천봉원소도감의궤』(1864)까지 가장 많이 사용되었다. 고막이[高莫只]는 『철종예릉산릉도감의궤』(1864)에 한 차례 나타난다. 산릉의궤에는 주로 고막석(古莫石)이 쓰였지만, 영건의궤에서는 고막이석[古莫只石]이 중심 용어로 사용되어 차이가 있다.

표 5-4. 정자각의 초석 및 주변 석물

No.	능호	시기	초석		고막이석	장점석	디딤돌	
			정전	배위청			전면	후면(후면+전면)
1	**목릉**	1630	柱礎石16介		-	-	-	
2	소현세자묘	1645	柱礎石14介		-	-	-	-
3	영릉	1659	圓柱礎14介		四面古莫只石16介	-	-	-
4	**숭릉**	1674	圓柱礎22箇		四面古莫只石20箇	-	前面單橋石各1箇式3箇	神門外單橋石1箇
5	**익릉**	1680	圓柱礎22箇		四面古莫只石20箇	-	前三門前橋石3箇	神門外橋石1箇
6	휘릉	1689	圓柱礎22箇		四面右莫只石20箇	-	前面地方橋石3箇	神門外地方橋石1箇
7	**사릉**	1699	圓柱礎14箇		四面古莫石17箇	-	前後地方橋石5箇	
8	**장릉**	1699	圓柱14箇		-	-	前面地方橋石3箇	神門外地方橋石1箇
9	명릉	1702	圓柱礎22箇		四面古莫石25箇	-	前三門地防橋石3箇	神門外橋石1箇
10	단의빈묘	1718	圓柱礎14箇		中方下古莫石22箇	-	三門及後外橋石4箇	
11	민회빈묘	1719	圓柱礎14介		中房下古莫石19介	-	三門外橋石3介各	後門橋石1介
12	**의릉**	1725	圓柱礎22箇		四面六間古莫石23箇	-	左右挾門地防石各1箇	神門前後正門地防石各1箇
13	**온릉**	1739	圓柱礎14箇		四面古莫石20箇	-	左右挾門地方石2箇	神門前後地方石2箇
14	의소세손묘	1752	圓柱礎14箇		中防下古莫石22箇	-	左右挾門地防石各1箇	神門前後正門地防石各1箇
15	**소령원**	1753	圓柱礎14箇		四面中防下古莫石20箇	-	左右俠門地防石2箇	前後正門地防石2箇
16	**순강원**	1755	圓柱礎14介		四面中防下古莫石14介	-	左右挾門地防石2介	前後正門地防石2介
17	**홍릉**	1757	圓柱礎10箇	圓柱礎4箇	古莫石16箇	-	前後地防石4箇	
18	사도세자묘	1762	柱礎14箇		四面中防下古莫石24箇	-	正門前後地防石4箇	
19	**원릉**	1776	圓柱礎10箇	圓柱礎4箇	古莫石12箇	-	神門前後左右挾門地防石合4箇	
20	문효세자묘	1786	圓柱礎14箇		四面中防下古莫石22箇	-	左右挾門地防石	神門前後正門地防石各1箇
21	**현륭원**	1789	圓柱礎10箇	圓柱礎4箇	古莫石12箇	粧點石8箇	神門前後左右挾門地方石4箇	
22	건릉	1800	圓柱礎10箇	圓柱礎4箇	古莫石12箇	粧點石8箇	神門前後左右步石各1箇式4箇	
23	**건릉**	1821	圓柱礎10箇	圓柱礎4箇	古莫石12箇	粧點石8箇	神門前後左右步石各1箇式4箇	
24	휘경원	1823	圓柱礎10箇	圓柱礎4箇	古莫石12箇	粧點石8箇	神門前後左右步石各1箇	
25	연경묘	1830	圓柱礎10箇	圓柱礎4箇	古莫石12箇	粧點石8箇	前後左右步石各1箇式4箇	
26	인릉	1835	圓柱礎10箇	圓柱礎4箇	古莫石12箇	粧點石8箇	神門前後左右步石各1箇式4箇	
27	**경릉**	1843	圓柱礎14箇		古莫石24箇	-	內外步石8箇	
28	수릉	1846	圓柱礎14箇		古莫石12箇 古莫石8箇	-	內外步石8箇	
29	**수릉**	1855	圓柱礎14塊		古莫只石6塊 古莫只石6塊	-	步石4塊	
30	휘경원	1855	圓柱礎14塊		古莫石20箇	-	神門前後左右步石4箇	
31	**인릉**	1856	柱礎14塊		古莫只石35塊*	-	-	
32	**휘경원**	1864	圓柱礎14箇		古莫石20箇	-	神門前後左右步石4箇	
33	**예릉**	1864	圓柱礎14塊		高莫只18塊	-	-	

* 순조 인릉 고막이석은 타 물량이 포함된 것임

산릉의궤에서는 장점석(粧點石)이라는 생소한 용어가 확인된다. 유사어인 잠점석(潛占石)이 『영조원릉산릉도감의궤』(1776) 내 비각 석물로 처음 등장한다. 장점석은 『장헌세자현륭원원소도감의궤』(1789)부터 『순조인릉산릉도감의궤』(1835)까지 정자각 및 비각에 사용되었다. 영건의궤에는 잠점석과 동음어로 쓰인 용어들이 등장하는데, '蠶點石, 蠶点石, 潛点石, 蚕點石, 蚕点石' 등으로 표기되어 산릉의궤와는 차이가 있다. 선행연구에서는 산릉의궤 중 정순왕후원릉산릉역(1805)과 혜빈현륭원원소역(1816)에서 가정자각 부재로 지방잠점석(地方蠶點石)을 쓴 것을 근거로, 잠점석이 문지방 역할을 하는 부재이거나 문지방 밑에 놓은 부재로서 노출된 부분이 얕은 석재로 문과 관련된 부재로 추정한 바 있지만, 구체적인 부재로는 특정하지 못하였다.

장점석과 잠점석에 대해 살펴보자. 먼저 두 부재가 같은 부재를 지칭하는지 확인해 보자. 잠점석은 앞서 밝혔듯이 『영조원릉산릉도감의궤』의 비각에 처음 등장한다. 기술 순서를 보면, '方柱礎, 古莫石, 潛占石, 地防石' 순이다. 고막석과 지방석 사이에 잠점석이 위치한다. 『장헌세자현륭원원소도감의궤』의 비각에서는 장점석이 확인된다. 기술 순서를 보면 '方柱礎, 古莫石, 粧點石, 地防石' 순으로 원릉과 동일하다. 이후에 나오는 장점석 기술 순서도 이와 동일하여 잠점석(潛占石)과 장점석(粧點石)은 동일 부재임을 알 수 있다. 또한 기술 순서를 통해 장점석은 고막석 및 지방석과 관련된 부재임을 알 수 있다. 한편 장점석(粧點石)의 '粧'을 보면 수장재(修粧材)와 관련된 부재로 생각해 볼 수 있다.

고막이석과 장점석과의 상관관계를 살펴보자. 5칸 정자각의 고막이석 수량은 12~25개로 편차가 크지만 20개 정도가 일반적인 물량이었다. 고막이석은 정전에만 쓰인다. 정전은 정면 3칸, 측면 2칸으로 입면 기준으로는 10칸이 형성된다. 따라서 고막이석이 20개인 경우에는 입면 1칸당 2개씩 설치된 셈이다. 12개를 사용한 경우에는 주칸이 긴 어칸에는 2개씩, 나머지 퇴칸과 측면칸은 각각 1개씩 배치한 것으로 보인다. 장헌세자현륭원원소역부터 순조인릉산릉역까지 고막이석은 12개, 장점석은 8개로 동일하게 잡혀있는데, 합산하면 이전 시기 고막이석 수량인

20개와 같다. 즉 장점석이 고막이석의 일종임을 알 수 있다. 장점석이 어떤 부위에 설치된 고막이석인지 살펴보자. 장점석은 선행연구에서 문과 관련된 부재임을 밝힌 바 있고, 의궤 기술 순서 및 수장과 관련된 용어임을 고려하면 역시 문지방 하부에 설치된 고막이석을 지칭한 것으로 짐작된다. 의궤와 현존 건물의 고막이석 수량을 비교해보면 간단하게 해결될 것이다. 장점석이 기록된 6개소 중 현존하는 정자각은 현륭원(융릉) 정자각과 건릉 정자각(1821) 2곳만 남아 있다.

표 5-5. 현륭원(융릉)과 건릉의 고막이석과 장점석 수량

구분	규모	능호	시기	산릉의궤		현존 건물	
				고막이석	장점석	고막이석	장점석
정자각	5칸	현륭원	1789	12	8	12	8
	5칸	건릉	1821	12	8	12	4
비각	2칸	현륭원	1789	8	4	8	4
	1칸	건릉	1821	8	4	7	3

〈표 5-5〉와 같이 현존 현륭원(융릉)의 정자각과 비각은 고막이석과 장점석이 산릉의궤와 동일하게 구성되어 있다. 즉 입면 1칸당 2개의 고막이석과 장점석이 설치되어 있다. 건릉 정자각은 고막이석은 동일하나 장점석은 4개 적게 구성되어 있다. 즉 출입문별로 1개의 대형 석재를 설치한 것이다. 비각도 약간의 차이를 보인다. 의궤에 비해 고막이석과 장점석이 1개씩 적게 설치되어 있다. 현존 비각의 석물 배치를 보면 고막이석은 측면에 각각 2개씩, 배면에 3개, 정면에는 장점석 3개가 설치되어 있다. 산릉의궤와 현존 건물을 비교하면 석물 수량이 동일하거나 현존 건물이 더 적다. 후자는 공사 당시 계획보다 큰 석재를 확보한 경우로, 굳이 나누지 않고 그대로 사용한 것이다.

여기서 산릉의궤 소부석소 내 기재된 석물질이 계획 수량인지 아니면 실제 투입 물량인지를 따져볼 필요가 있다.[36] 석물질에 나온 수량은 계획 수량으로 보인다. 대부분의 석물질은 공사 초기 품목질에 기재되어 있다. 이 시기는 아직 능소가 정해지기 이전으로 통상 전례를 참고하여 물량을 산출한다. 돌을 뜨는 산지에 원하는 석재가 충분한 경우에는 계

정면 어칸 장점석 1칸에 1개[건릉 정자각, 1821]

좌측면 고막이석 1칸에 2개[건릉 정자각, 1821]

융릉 비각[1789]

건릉 비각[1821]

그림 5-11. 고막이석과 장점석

획보다 더 큰 석재를 들일 수도 있고, 그 반대의 경우도 가능하다. 이러한 변수로 인해 석물질에 나온 것과 실제 투입된 석재 수량이나 규격상 차이가 발생하게 된다. 건릉 정자각과 비각은 그러한 예를 보여준다.

장점석이 고막이석의 일종으로 문지방 하부에 설치된 부재임은 명확해졌다. 지금부터는 고막이석 외에 장점석(또는 잠점석)이라는 별도 용어를 사용하였는지 살펴보도록 하자. 정자각과 비각에서 출입문을 제외한 벽체는 축중방(화방벽)으로 불리는데, 외측은 전돌벽, 내측은 흙벽으로 구성된다. 고막이석은 축중방을 쌓기 위한 기초석이자 하인방을 받는 부재이다. 건릉 정자각에서 폭 약 360mm의 두꺼운 석재가 고막이석으로 사용되었다. 하지만 장점석은 문지방만 받으면 되므로 폭 150mm의 비교적 얇은 석재를 설치하였다. 상부 구조를 고려하여 석재 규격을 구분하기 위해 명칭을 달리했음을 알 수 있다.

고막이석을 표기할 때는 고막이석 앞에 사면(四面), 사면육간(四面六間), 중방하(中方下), 사면중방하(四面中方下) 등을 함께 병기하였다. 하지만 장점석이 사용되는 장헌세자현릉원원소역부터는 함께 쓰지 않았다. 사면(四面)은 평면상 전후좌우 4면에 설치할 고막이석의 위치를 설명한 것이다. 사면육간(四面六間)은 평면상 위치와 규모를 함께 표기한 것이다. 중방하(中方下)에서 중방은 하인방을 뜻한다. 즉 단면상 하인방 아래 설치 위치를 표현한 것이다. 사면중방하(四面中方下)는 평면과 단면상의 위치를 명확하게 표기한 것으로 가장 정교한 위치 설명 방법이다. 시기적으로 보면 사면(四面)은 18세기 전반까지, 중방하(中方下)는 18세기 전반에 잠깐 쓰다가 18세기 후반부터는 사면중방하(四面中方下)로 표기하였다. 위치 설명방식이 평면에서 단면으로 다시 평면과 단면을 동시에 설명하는 방식으로 발전해 간 것이다. 하지만 장헌세자현릉원원소역부터는 이와 같은 표기 방식은 사라진다. 이는 장점석이라는 새로운 부재명 사용과 밀접하게 연관되어 있다. 부재의 설치 위치와 규격이 반영된 부재명을 고안하면서 더 이상 위치 병기는 불필요해진 것이다. 표기 방식과 부재명이 더 간략하게 기록하는 방식으로 진화한 것이다.[37]

산릉의궤에서 18세기 후반부터 19세기 전반까지 장점석이라는 별도 용어를 사용한 것은 부재 규격에 따라 물량을 정교하게 산출하고자 하는 양상을 잘 보여준다. 시공 현장에서도 규격에 따른 부재명 사용은 시공 관계자 간 의사 소통을 명확하게 해 준다. 이는 공사관리 개선에도 조금이지만 도움을 주었을 것이다. 하지만 『효현왕후경릉산릉도감의궤』(1846)부터는 장점석이라는 부재명을 사용하지 않고, 전과 같이 고막이석으로 통합하여 기술된다. 보수적인 성향으로 퇴보된 것이다. 장점석이 영건의궤에 처음 기록된 시기는 산릉의궤에 비해 늦지만, 20세기 초까지 간헐적으로 기록되어 산릉의궤와는 차이를 보인다.[38]

디딤돌

정자각에는 전면 3칸 문과 후면 신문에 각각 디딤돌이 놓여있다. 산릉의궤에서 디딤돌은 '單橋石, 橋石, 地方橋石, 地防石, 步石'으로 표기되어 있다. 표기 횟수는 교석류(單橋石, 地方橋石) 6회, 지방석 4회, 보석 7회로 확인된다. 교석류는 18세기 초까지, 지방석은 18세기 초부터 후반까지, 보석은 19세기에 사용되었다.

교석(橋石)의 교(橋)는 일반적으로 다리를 의미하지만. 의궤에서는 계단을 칭하기도 한다. 하나라는 의미의 단교석(單橋石)으로 쓰기도 하였다. 『장렬왕후휘릉산릉도감의궤』(1689)에서는 지방교석(地方橋石)이라 하였고, 『경종의릉산릉도감의궤』(1725)부터는 지방석(地防石)으로 줄여서 사용하였다. 지방은 하인방에 해당하는 부재로 산릉의궤에서는 지방(地枋)으로 표기하며, 『선조목릉천장산릉도감의궤』(1630)부터 등장한다.[39] 따라서 지방석은 지방 앞에 놓인 석재를 의미한다. 선행연구에서 지방석은 고막이석의 일종으로 파악[40]하였으나 산릉의궤에서는 디딤돌로 확인된다. 『정조건릉산릉도감의궤』(1800)부터는 보석(步石)이라는 용어가 일반적으로 사용된다. 보석은 디딤돌을 의미하지만, 소맷돌이 없는 계단을 지칭하기도 한다.[41]

디딤돌 앞에도 설치 위치를 병기하였는데 표기 방식이 다양하다. 표기 방식을 분류하면 신문(神門, 배면 어칸 문)을 기준으로 삼아 신문외(神門外) 또는 후문(後門)과 전면(前面), 삼문외(三門外) 또는 전삼문(前三門)으로 구분하여 표기하였다. 신문(神門)과 정문(正門)을 기준으로 신문전후정문(神門前後正門) 또는 신문전후(神門前後)와 좌우협문(左右挾門)으로 구분하였다. 다음으로 전체적인 표기 방식으로 전후(前後), 삼문급후외(三門及後外), 정문전후(正門前後), 신문전후좌우협문(神門前後左右挾門), 신문전후좌우(神門前後左右), 내외(內外) 등 다양하다. 신문 기준은 17세기, 신문과 정문 기준은 18세기, 4문을 동시에 표시한 것은 19세기로 시기별 변화를 보인다. 여기서 문이 가지는 위계와 상징성을 엿볼 수 있다. 17세기에는 신문을 강조하고, 정문을 협문과 함께 표기하여 신문보다 위계를 낮추었다. 18세기에는 신문과 정문을 중심에 놓고 좌우협문과 위계를 구분하였다. 19세기는 문의 위계보다는 디딤돌이 놓이는 위치만 표기하여 의례적인 성격이 강했던 이전 시기보다는 실용적인 양상이 드러난다. 19세기 중엽에는 신문전후좌우(神門前後左右)로 줄이고, 다시 내외(內外)로 축약하거나 부연 설명을 생략하기도 하여 이전에 비해 더욱 단순하게 표기되었다. 앞서 보았던 고막이석의 위치 표기 방식이 단순화되는 예와 같은 맥락이다.

설치 수량을 보면 대부분 문 앞에 하나씩 설치하여 총 4개를 두었는데, 익종수릉산릉역(1843)과 효현왕후경릉산릉역(1846)에서는 8개를 설치하였다. 현존 경릉 정자각은 문 앞뒤로 하나씩 8개를 설치하여 의궤 수량과 일치한다. 수릉 정자각은 1855년에 천봉되어 설치된 정자각으로 디딤돌은 다시 4개로 줄여 설치하였는데 현존 정자각도 동일한 수량으로 설치되어 있다.

정자각에 언제부터 디딤돌이 설치되었는지 살펴보자. 의궤 기록상 현종

정전 외측 디딤돌 없음[목릉 정자각, 1630]

장점석 높이 낮음[헌릉 정자각, 1644 중건]

장점석은 높지만 디딤돌 없음 [경릉(敬陵) 정자각, 1670 중건]

정전 내측 디딤돌[경릉(景陵) 정자각, 1843]

그림 5-12. 정자각 디딤돌

숭릉산릉역(1674)부터 디딤돌이 확인된다. 현재 선조 목릉 정자각에는 디딤돌이 설치되어 있지 않다. 영릉(寧陵) 정자각은 1673년 천릉하면서 그대로 옮긴 것으로 보이는데, 현 정자각에는 4개의 디딤돌이 놓여 있다. 현재 디딤돌이 없는 정자각은 목릉 이외에도 정릉(貞陵), 헌릉, 경릉(敬陵) 등이 있다. 헌릉 정자각은 1644년 중건되었고, 정릉(貞陵) 정자각은 1669년 중건되었으며, 경릉(敬陵) 정자각은 1670년에 중건된 것으로 추정된다.[42] 이를 보면 1670년 이전에는 정자각에 디딤돌을 설치하지 않았던 것으로 짐작된다. 즉 정자각의 디딤돌 설치 시기는 의궤상 디딤돌이 나타나는 1674년 현종숭릉산릉역부터이거나 한 해 앞서 영릉(寧陵)을 천릉한 1673년일 가능성이 높다.

디딤돌이 없다는 것은 의례 시 불편을 초래한다. 반대로 디딤돌이 없다는 것은 진입할 때 불편함이 없어 설치하지 않았을 수도 있다. 실제로 목릉과 헌릉 정자각은 장점석 및 초석 운두 높이가 낮다. 경릉(敬陵) 정자각은 장점석이 이후 정자각과 마찬가지로 높지만, 디딤돌은 설치되지 않아 과도기적인 방식으로 이해된다.

기단 및 월대

기단

정자각은 기단과 월대가 이어져 있고, 기단은 정전과 배위청 기단으로 나뉜다. 산릉의궤에서는 대부분 정전과 배위청 기단을 따로 표기하였다. 정전 기단은 '簷階, 簷階, 簷階石, 簷堦石, 落水簷階, 階石' 등으로 표기되어 있다. 사용 빈도는 첨계(簷階), 첨계석(簷階石, 簷堦石), 낙수첨계(落水簷階)가 압도적으로 높다. 모두 첨계가 포함된 것으로 첨계(簷階)가 기본 용어였음을 알 수 있다. 시기적으로는 19세기 전에는 첨계(簷階), 첨계석(簷階石)이, 『정조건릉산릉도감의궤』(1800)를 기점으로 19세기에는 낙수첨계(落水簷階)가 주로 사용되었다. 영건의궤에서는 기단을 계석(階石, 堦石), 계체(階砌), 계체석(堦砌石, 階砌石) 등으로 표기하였는데, 계석이 가장 많이 쓰였다.[43] 계석은 기단 범위보다는 기단 구성 석재를 지칭하여 산릉의궤와는 표기 방식에 차이를 보인다.

계(階)의 용례를 살펴보자. '階'가 '○+階' 형식으로 쓰일 때는 첨계(簷階) 이외에도, 화계(花階), 활계(闊階), 운계(雲階), 동계(東階) 등의 용례가 확인된다. 화계(花階)는 건물 뒤 담장 아래 경사진 곳에 조성된 축대이고, 활계(闊階)는 능상에서 정자각 주변으로 이어지는 경사 지형의 법면을 처리하기 위해 정자각 좌우측에 설치하는 낮은 경계이다. 운계(雲階), 동계(東階)는 계단의 종류이다. ○+階는 기단, 축대 또는 계단 등 지칭하는 표기 방식이다. 그중 첨계는 기단을 특정하는 용어이다.

표 5-6. 정자각의 기단 명칭

No.	능호	시기	정전				배위청	
			전면	좌측면	우측면	후면	전면	측면
1	**목릉**	1630	內眉階	左右簷階		後簷階	前面眉階	左右簷階
2	소현세자묘	1645	正室中防下及月廊間磪石, 月廊3面簷階石					
3	영릉	1659	南詹階	東詹階	西詹階	後詹階	南詹階	東詹階 西詹階
4	**숭릉**	1674	一字內簷階	東西簷階		北簷階	-	-
5	**익릉**	1680	一字簷階	-	-	-	-	-
6	휘릉	1689	一字內簷階	-	-	-	簷階	
7	**사릉**	1699	前面內簷階石	-	-	-	-	-
8	**장릉**	1699	一字3間左右前後面內簷階					
9	명릉	1702	一字簷階	-	-	-	前面及左右面皆石	
10	단의빈묘	1718	內簷階	-	-	-	外簷階	
11	민회빈묘	1719	內簷堦石	-	-	-	-	
12	**의릉**	1725	一字簷階	-	-	-	簷階	
13	**온릉**	1739	一字簷階	-	-	-	三面階石	
14	의소세손묘	1752	一字簷階石	-	-	-	三面簷階石	
15	**소령원**	1753	一字簷階石	-	-	-	三面簷階石	
16	**순강원**	1755	一字簷階石	-	-	-	簷階石	
17	**홍릉**	1757	前面一字簷階石	-	-	-	前面及左右面階石	
18	사도세자묘	1762	一字築階石	-	-	-	拜位廳三面簷階	
19	**원릉**	1776	一字簷堦石	左右面		-	退階石前面	左右面
20	문효세자묘	1786	一字簷階石	-	-	-	三面簷階石12箇	
21	**현륭원**	1789	一字簷階石	左右面		-	退階石前面	左右面
22	건릉	1800	前面一字階石	左右面階石		後面階石	落水簷階前面	左右面
23	**건릉**	1821	前面一字階石	左右面階石		後面階石	落水簷階前面	左右面
24	휘경원	1823	前面一字階石	左右面階石		後面階石	落水簷階	左右面
25	연경묘	1830	落水簷階前面	左右面		後面一字階石	落水簷階	左右面
26	인릉	1835	前面一字階石	左右面階石		後面階石	落水簷階	左右面
27	**경릉**	1843	落水簷階	左面階石	右面階石	後面隅石	三面落水簷階	
28	수릉	1846	落水簷階	左面簷階石	右面簷階石	後面簷階石	3位落水簷階	
29	**수릉**	1855	落水簷階	左邊簷階石	右面簷階石	-	三面落水簷階	
30	휘경원	1855	後面一字階石	左右面		後面階石	落水簷階 前面	左右面
31	**인릉**	1856	-	-	-	-	-	-
32	**휘경원**	1864	前面階石	左右面階石		後面階石	落水簷階三面	
33	**예릉**	1864	-	-	-	-	-	-

기단(基壇)이라는 용어에 대해 좀 더 살펴보자. 기단이라는 명칭은 영건의궤[44]나 산릉의궤에서는 보이지 않는다. 조선왕조실록에도 등장하지 않는 용어이다. 현재 기단(基壇)은 일본건축에서 사용되는 용어[45]이다. 중국건축에서는 송 『영조법식』에는 계기(階基)[46]로, 건축사전에는 대기(台基, 臺基)[47]라고 표기하고 있다. 기단이라는 용어는 시점은 불분명하지만 일본건축 용어가 이입되었을 가능성이 있다. 첨계(簷階)는 산릉의궤 이외에도 조선왕조실록에 자주 등장하는 용어로, 세종 연간부터 고종 연간까지 지속적으로 등장한다. 모두 중요 건물의 기단을 지칭하는 용어로 사용되었다.[48] 세종 24년의 기록을 살펴보자.

여담이 근정문 밖에 이르면, 아헌관 이하의 관원이 근정문 밖에서 동쪽에 차례대로 서고, 왕세자가 향축을 사정전에서 받고 합문으로 나오면, 내시가 전해 받들어 월랑의 정계(正階)와 근정전의 **첨계(簷階)** 위를 거쳐, 정계로 내려와 근정문 밖에 나가서 향축을 여담에 안치한다.[49]

예조에서 왕세자가 대행하는 제사에 향축을 받는 절차에 대한 기사로 근정전의 첨계가 등장한다. 이와 같이 산릉의궤와 조선왕조실록에는 중요 건물의 기단은 첨계로 표기하였다. 더 많은 문헌을 검토하여야겠지만 조선 시대 관영건축의 주요 전각 기단을 첨계로 불렀을 가능성은 충분하다. 추후 진전된 논의를 기대해 본다.

산릉의궤상 첨계의 표기 방식을 살펴보자. 정전 기단은 전후좌우 4면에 모두 설치하지만, 배위청은 전면과 좌우면 3면만 설치한다. 시기별로 표기 방식에 차이가 있다. 『선조목릉천장산릉도감의궤』(1630)에서는 정전과 배위청의 전면 기단을 내미계(內眉階), 전면미계(前面眉階)로, 좌우면과 후면은 좌우첨계(左右簷階), 후첨계(後簷階)로 표기하였다. 『효종영릉산릉도감의궤』(1659)에서는 남첨계(南詹階), 동첨계(東詹階), 서첨계(西詹階), 후첨계(後詹階)와 같이 전면과 좌우면을 '南, 東, 西'로, 후면을 '後'로 방향과 방위를 혼용하여 표기하였다. 『현종숭릉산릉도감의궤』(1674)에서는 정전 전면을 일자내첨계(一字內簷階)로 좌우면과 후면을 동서첨계(東西簷階), 북첨계(北簷階)로 표기하였다. 『인경왕후익릉산릉도감의궤』(1680)부터 『사도세자묘소도감의궤』(1762)까지 기단석 수량은 정전 전면만 일자첨계석(一字簷階石)으로 표기하였고 나머지는 월대 물량에 포함하였다. 18세기 후반 『영조원릉산릉도감의궤』(1776)에서는 정전 전면을 일자첨계석(一字簷堦石), 좌우면을 좌우면(左右面)으로 구분하였다. 배위청은 퇴계석(退階石)이라 칭하고 전면(前面)과 좌우면(左右面)을 구분하였다. 이러한 방식은 『장헌세자현륭원원소도감의궤』(1789)에서도 동일하지만 그전과 같이 월대 물량에 통합된 표기 방식도 혼용하였다. 19세기에는 『정조건릉산릉도감의궤』(1800)가 전범이 되었다. 정전 전면을 전면일자계석(前面一字階石), 좌우면과 후면을 좌우면계석(左右面階石), 후면계석(後面階石)으로, 배위청은 낙수첨계전면(落水簷階前面)과 좌우면(左右面)으로 표기하여 이전보다 세분화 되었다. 이러한 방식은 19세기 후반까지 유사한 흐름으로 이어지는데, 이전의 월대 통합방식과는 달리 정전과 배위청의 석재 물량을 방향별로 구분하는 표기 방식이 좀 더 정교해졌음을 알 수 있다.

월대

월대는 정자각 기단 앞에 의례를 위해 설치한 넓은 대이다. 산릉의궤에서 월대는 '月臺, 月臺石, 階石'으로 표기되어 있다. 사용 빈도를 보면 월대(月臺)와 월대석(月臺石)이 압도적으로 높다. 계석은 19세기 후반에 쓰였다. 영건의궤에서도 거의 월대(月臺)로 표기하였는데, 조선왕조실록에서는 월대(越臺)로 표기하기도 하였다.[50]

월대 표기 방식은 기단 표기 방식의 변화와 유사한 흐름을 보인다. 19세기 이전에는 정전 기단 물량에 통합하여 기술하다가 『정조건릉산릉도감의궤』(1800)를 기점으로 정전 기단 물량과 구분하여 월대 전면과 좌우면 3면만 방향별로 석재 물량을 따로 표기하였다.

표 5-7. 정자각의 월대 명칭

No.	능호	시기	전면	좌측면	우측면	후면
1	**목릉**	1630	南階石	左右階石		-
2	소현세자묘	1645	四面階石			
3	영릉	1659	南面階石	月臺 東面階石	西面階石	-
4	**숭릉**	1674	月臺 3面			-
5	**익릉**	1680	月臺 前後面石	左右皆石		-
6	휘릉	1689	月臺 前後面石	左右石		-
7	**사릉**	1699	前面外簷階 階石	左右面石	-	月臺 後面石
8	**장릉**	1699	月臺 前面石	左右石		-
9	명릉	1702	月臺 前後面	左右		月臺 前後面
10	단의빈묘	1718	月臺四面 前面階石	左邊階石	右邊階石	後面 階石
11	민회빈묘	1719	前面 月臺階石	左右簷階		後面 1層階石
12	**의릉**	1725	月臺 前後面	左右面		月臺 前後面
13	**온릉**	1739	月臺 前面	左右階石		後面 階石
14	의소세손묘	1752	月臺 3面階石 左右階石			後面 1層階石
15	**소령원**	1753	月臺 3面階石 左右階石			後面 1層階石
16	**순강원**	1755	月臺 3面階石 左右階石			後面 1層階石
17	**홍릉**	1757	月臺石			
18	사도세자묘	1762	月臺 3面階石 左右階石			後面 1層階石
19	**원릉**	1776	月臺石 前後面	左右面		-
20	문효세자묘	1786	月臺 3面階石 左右階石			後面 1層階石
21	**현륭원**	1789	月臺前後面 左右面			
22	건릉	1800	月臺石 前面箇	左右面		-
23	**건릉**	1821	月臺石 前面	左右面		-
24	휘경원	1823	月臺石 前面	左右面		-
25	연경묘	1830	前面1字階石	-		-
26	인릉	1835	月臺石 前面	左右面		-
27	**경릉**	1843	前面 1字階石	左邊	(友邊)	-
28	수릉	1846	前面 1字階石	(左邊)	(友邊)	-
29	**수릉**	1855	前面 1字階石	(左邊)	(友邊)	-
30	휘경원	1855	月臺石 前面	左右面		-
31	**인릉**	1856	前後左右月臺石			
32	**휘경원**	1864	月臺石 前面3	-	-	-
33	**예릉**	1864	-	-	-	-

설치기법

초석의 치석 및 설치

정자각 초석은 산릉역의 경우 너비 3자, 높이 3자의 정육면체이다. 19세기 초석의 경우 곡선 형태의 운두는 5치, 그 하부는 2자 5치로 되어 있다. 하지만 설치 위치, 벽체 및 창호의 설치 여부에 따라 초석의 세부적인 형태는 차이가 나타난다. 배위청은 벽체가 없어 원형 주좌가 온전하게 노출된다. 정전은 전면 정문과 후면 신문에는 분합문이 설치되고, 신문 좌우면과 측면에는 화방벽이 설치되어 고막이석과 장점석의 형태에 차이가 발생한다. 이에 연동하여 인접 초석도 주좌 형태도 달라지는데, 다섯 가지 형식으로 구분된다.

첫 번째, 전면 어칸 좌우 초석은 어칸 좌우 장점석과 연결되므로 원형 주좌 측면으로 장점석 폭만큼 돌출된 형태이다. 두 번째, 전면 양측 모서리 초석은 전면은 장점석, 측면은 화방벽 고막이석과 연결되어 ㄴ자 형태로 장점석과 고막이석만큼 주좌가 확대된다. 후면 신문의 양측 초석도 동일한 형태이다. 세 번째, 측면 중앙 초석은 양측이 고막이석으로 연결되어 그만큼 확대된다. 네 번째, 후면 모서리 초석은 후면과 측면의 고막이석과 연결되어 그만큼 확대된다. 정자각을 건립하기 위해서는 배위청의 원형 주좌 형태 외에 정전의 4가지 형식을 합하여 총 5가지 형식의 초석이 필요하다. 종류가 많은 만큼 치석에도 많은 공력이 들어갔음을 알 수 있다.

19세기 후반에 건립된 인릉 정자각(1856)과 휘경원 정자각(1863)은 초석 가공에서 특이한 점이 확인된다. 인릉 정자각의 정전 전면 우측 모서리 초석을 보면 홈이 확인된다. 휘경원 정자각(1863)의 경우 측면과 후면 화방벽에 인접한 초석에서도 이와 같은 홈이 확인된다. 이 홈은 화방벽 측면 용지판을 고정하기 위한 것으로, 용지판 하부는 장부를 내고 초석 상면은 그에 맞춰 홈을 판 것이다. 이전 시기에는 보이지 않던 기법

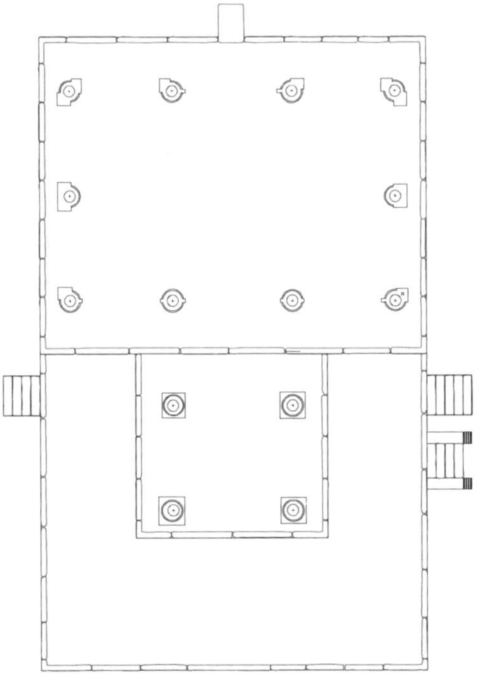

그림 5-13. 인릉 정자각 초석 평면도

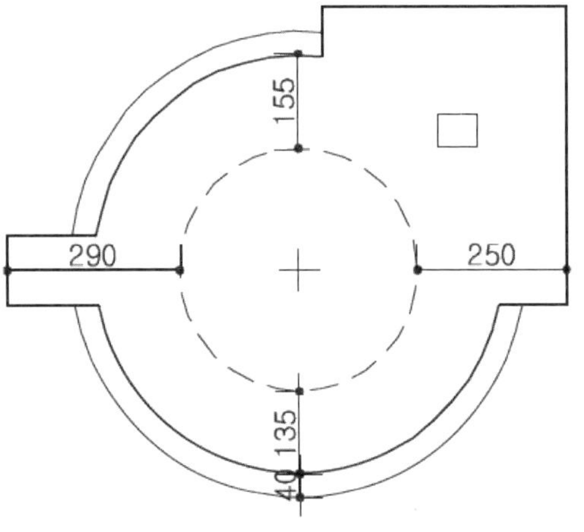

그림 5-14. 인릉 정자각 전면 우측 모서리 초석(단위: mm)

으로 목조 결구 기법이 절정에 이르렀음을 보여준다. 또한 이는 당시 석수와 목수 편수 간 업무 협조가 긴밀하였음을 보여주는 하나의 예이다.

그림 5-15. 초석 상부 용지판 홈[휘경원 정자각, 1863]

산릉의궤에 초석 등 석물 설치기법에 대한 기록은 많지 않다. 따라서 일부 기록을 통해 전반적인 설치 상황을 가늠하는 수준에서 고찰하도록 한다.

정자각 내 기초를 다진 후 기초공사 시 설치한 규준틀을 이용하여 초석의 위치를 다시 정하였을 것이다. 기초공사에서 숙마(熟麻)와 세승(細繩)을 수평줄로 사용한 것과는 달리 초석 및 월대 설치 시에는 청올치[青兀赤]라는 실을 사용하였다.[51] 청올치는 칡을 삶아 속껍질의 섬유를 한 올 한 올 엮어 만든 실로,[52] 베를 짤 때나 노(끈)를 만들 때 사용한 재료이다.[53] 산릉역에서는 초석 및 월대 외 봉분 주변 곡장(曲墻) 설치[54]나 측량할 때 사용한 것을 보면,[55] 정확한 위치를 정하거나 확인할 때 사용하였던 실임을 알 수 있다. 17세기 후반 무렵부터는 초석 설치 시 청석괴음(青石塊音)을 사용한 기록이 확인된다.[56, 57] 청석괴음(青石塊音)은 청석고임 또는 청석굄으로 읽을 수 있다. 초석의 수직 높이와 수평을 조정하기 위해 청석이라는 특정 석재로 고임을 한 것이다. 인릉 정자각(1856) 초석 하부 기초 상세도에도 초석 하부 고임석층이 약 10cm 높이로 표시되어 있다.(그림 5-8) 고임석은 초석 외 월대, 금천교 및 석축 조성 시[58] 두루 사용되었다. 고임석용 청석은 영조원릉산릉역(1776)에서는 외남산(外南山)에서 부출하여 사용한 바 있다.[59] 일반 석재에 비해 우수한 강도를 지녔던 석재 종류로 짐작된다.

초석 등 석물을 설치 때는 철물로 많든 배지내(排支乃)라는 도구를 사용하였는데, 석물 크기에 따라 종류를 달리하였다.[60] 무게가 나가는 목재나 석재를 지렛대 원리를 이용하여 들어 올리거나 짧게 움직이는 나무 연장을 지내목(支乃木)이라 한다.[61] 지내(支乃)는 지내(地乃)[62] 또는 지래(支來)로 쓰이기도 하는데, 이는 지레, 지렛대의 음차이다.[63] 즉 배지내는 철물 지렛대이다. 지내목의 경우 대지내(大支乃)는 길이 12자, 원경 6치이고, 중지내는 길이 10자, 원경 5치, 소지내는 길이 8자[64]로 길고 두꺼운 참나무(眞木)를 사용하였다. 영건역에서는 17세기부터 지내목을 사용한 기록[65]이 확인된다. 산릉역에서는 19세기에 들어 철물로 제작한 배지내를 사용한 기록이 확인된다.[66, 67, 68] 19세기에 들어 철물 지렛대를 사용함에 따라 석물이나 목물의 이동이나 뒤집는 등의 작업 효율이 개선되었을 것으로 생각된다.

기단 및 월대 쌓기 시 유회 배합비

기단 및 월대를 쌓을 때 초기 과정은 초석 설치와 크게 다르지 않다. 규준틀의 수평줄로는 청울치를 사용하였고, 기단 및 월대의 첫 단을 쌓을 때는 청석 고임석을 사용하였으며 배지내를 이용하여 석물을 설치하였다.

기단 및 월대 석재를 쌓아 올릴 때 틈새를 처리하기 위한 재료의 배합비를 살펴보자. 〈표 5-8〉은 정자각 석물 설치를 전담하는 소부석소의 품목질(수본질), 실입질 등에 기록된 기단 및 월대 쌓기 시 사용된 재료량을 정리한 것이다. 월대 및 기단은 석재를 쌓아 올릴 때 틈을 메우기(塡隙) 위해 유회(油灰)를 채워 넣는다.[69] 산릉의궤 소부석소에서 유회라는 명칭은 『소현세자묘소도감의궤』(1645)에 처음 등장하는데, 거의 사용되지 않다가 『문효세자묘소도감의궤』(1786)부터 본격적으로 사용된다. 유회라는 용어가 18세기 후반부터 정례적으로 등장한다고 해서 그 이전에 사용되지 않은 것은 아니다. 선행연구에 의하면, 유회는 조선 초기에 이미 사용되었는데, 왕릉 등 무덤을 조성할 때 덮개돌, 지대석, 문지방돌 등의 석재 접합에 사용한 것으로 나타난다.[70] 또한 산릉 관련 기록에서 더 많이 나타나 왕릉 봉분 석재의 교착재인 유회가 이후 건축물에도 적용된 것으로 추정하였고, 생석회, 들기름, 종이여물로 구성된 석재 교착용 미장재로 용어를 정리한 바 있다.[71] 유회가 틈을 메우는 용도라고 하였는데, 정자각 월대나 기단 외장에는 줄눈이 따로 없다. 그래서 틈이라는 것은 석재의 윗면과 아랫면 사이 틈을 의미한다. 아직까지 정자각 수리보고서에서 월대나 기단의 쌓기 시 회를 사용하여 접합하였다는 내용은 확인되지 않는다. 이에 대해서는 추후 조사가 필요하다.

유회에는 석회(石灰), 법유(法油, 들기름), 종이여물로는 휴지(休紙)와 백휴지(白休紙)가 사용되었다. 문효세자묘소역(1786) 이전에는 실입질에 배합재료가 표기되어 있는데, 유회소입이라는 별도의 항목으로 기재되어 있지 않아 정확한 재료 및 배합비는 확인하기 어렵다. 〈표 5-8〉에서 사도세자묘소역(1762)까지 실입질상 석회와 법유는 유회의 사용량이지만 휴지(백휴지)는 문서용으로 함께 사용되었기 때문에 얼마가 투입되었는지 알 수 없다. 또한 유회의 사용처도 불분명하다. 다만 석회와 법유는 어느 정도 일정량이 사용되었다. 산릉역의 경우 석회는 3~4섬(가마니), 법유는 3말 2되~3말 3되가 주로 사용되었다. 원소역과 묘소역은 산릉역에 비해 사용량 편차가 큰 편으로, 석회는 1~4섬, 법유는 1말 5되~3말이 사용되었다.

『문효세자묘소도감의궤』(1786)부터는 유회의 사용처, 배합재료 및 배합비 등이 자세하게 기록되어 있다. 『문효세자묘소도감의궤』 조성소 총요에는 월대 및 각양 축계에 석회 4섬, 법유 3말, 백휴지 6근을 요청[72]하는데, 실입에는 유회 4섬은 횡간(橫看)[73]에 따른다[74]고 기록되어 있다. 『정조건릉산릉도감의궤』(1800) 소부석소 품목에는 계석을 설치할 때 유회를 사용하였는데, 횡간소입이 함께 기록되어 있다. 이에 따르면 유회의 횡간소입은 석회 4섬, 법유 5말, 백휴지 7근이다.[75] 이후 의궤상 횡간소입, 횡간유회소입의 경우 배합비가 동일하여 19세기 전반 계석을 쌓을 때 사용되는 유회의 배합비는 명확히 확인된다. 하지만 사용처에 따라 횡간소입과 다른 배합비가 사용되었다. 효의왕후건릉산릉역(1821)에는 정자각의 월대 계석에는 횡간의 배합비를 따르지만 가정자각의 경우 석회 4섬, 법유 3말, 백휴지 7근[76]으로 석회와 백휴지량은 동일하나 법유는 2말 줄여서 썼다. 존치 기간이 짧은 가정자각의 건물 특성을 고려하여 배합비를 달리한 것이다.

정자각 월대 이외에 능상의 곡장 지대석, 엄박석에도 유회를 사용하였다. 순조인릉산릉역(1835)의 경우 정자각 월대는 횡간소입을 따랐다. 곡장 지대석과 엄박석은 횡간소입을 따르지 않고, 석회 3섬, 법유 3말, 백휴지 5근을 사용하도록 하였다. 실입질을 보면 석회량은 동일하지만 법유량은 품목의 양보다는 적어 월대 또는 곡장 지대석, 엄박석에서는 법유량을 2말 정도 줄여 썼던 것으로 보인다. 뒤에 이어지는 산릉역이나 원소역에서는 사용처별로 재료별 물량 일체가 표기되지 않아 배합량을 살펴보기 어렵다. 능상 내 엄박석은 익종수릉천봉산릉역(1855)부터는 나타나지 않는다. 사용량이 월대에 포함되었을 것으로 짐작되는데 명확하지는 않다.

유회 배합비는 정조건릉산릉역(1800)부터는 횡간소입을 따랐다. 횡간소입 시 유회 배합비를 보면 석회 1섬당 법유 1말 2되 2홉, 백휴지는 1.75근이다. 이를 기준으로 전후 배합비를 살펴보자. 정조건릉산릉역 이전에 석회 1섬당 법유량은 적게는 5되 6홉에서 많게는 1말 5되에 이른다. 사용빈도를 보면 8되 1홉에서 1말 1되 정도가 가장 많는데, 횡간소입보다는 다소 적은 비율에 해당한다. 휴지(백휴지)는 사도세자묘소역(1757)까지는 타 물량이 포함된 수치이다. 이를 감안하고 보면 횡간의 1.75근보다 적게 사용하였고, 특히 17세기는 휴지량이 극히 적었음을 알 수 있다. 정조건릉산릉역부터는 정자각 월대는 횡간소입을 따라 유회를 배합하여 사용하였는데, 수빈휘경원천봉원소역(1864)의 경우는 횡간을 따르지 않고 법유를 횡간 대비 2배 이상 사용하였다. 곡장 지대석과 엄박석의 경우는 횡간소입에 비해 법유와 백휴지 물량을 줄여 사용하였다. 아마도 월대에 비해 노출되는 정도가 적어 물량을 줄였던 것으로 판단된다.

표 5-8. 정자각 기단 및 월대의 유회 재료 및 사용량

No.	능호	시기	사용처	석회/유회	법유	휴지/백휴지	기록처	비고
1	**목릉**	1630	-	3石	3斗1升	休紙5斤	실입질	-
2	소현세자묘	1645	-	油灰2石			실입질	-
3	영릉	1659	-	3石	2斗	休紙2斤	실입질	-
4	**숭릉**	1674	-	4石	3斗2升五合	休紙2斤	실입질	-
5	**익릉**	1680	-	4石	3斗2升五合	休紙2斤	실입질	-
6	휘릉	1689	-	3石	3斗3升	2斤	실입질	-
7	**사릉**	1699	-	-	-	-	실입질	-
8	**장릉**	1699	-	4石	3斗3升	4斤	실입질	-
9	명릉	1702	-	4石	3斗2升五合	休紙2斤	실입질	-
10	단의빈묘	1718	-	4石	3斗	4斤	실입질	-
11	민회빈묘	1719	-	1石	1斗5升	3斤	실입질	-
12	**의릉**	1725	-	-	-	1斤	실입질	-
13	**온릉**	1739	-	3石	2斗八升	0.5斤	실입질	백휴지는 초출용 0.5斤으로 보임
14	의소세손묘	1752	-	4石	3斗	6斤	실입질	-
15	**소령원**	1753	-	-	2升	8斤	실입질	-
16	**순강원**	1755	-	油灰3石	3斗	10斤	실입질	-
17	**홍릉**	1757	-	4石	2斗2升5合	7斤	실입질	-
18	사도세자묘	1762	-	2.5石	2斗7升5合	21斤	실입질	-
19	**원릉**	1776	-	-	-	7斤	실입질	영우원 비각2칸 유회1섬 사용
20	문효세자묘	1786	월대 및 각양 축계	4섬	3斗	6斤	총요	-
			-	油灰4石	-	6斤 반	실입질	油灰所入依横看
21	**현륭원**	1789	-	油灰4石	4斗	-	실입질	油灰所入依横看
22	건릉	1800	계석	4石	5斗	7斤	품목	횡간소입
			-	油灰4石	5斗	16斤	실입	-
23	**건릉**	1821	정자각 월대 계석	4石	5斗	7斤	품목	횡간유회소입
			가정자각 월대 계석	4石	3斗	7斤	품목	유회소입
			-	油灰8石	8斗	24斤	실입	-
24	휘경원	1823	정자각 월대	4石	5斗	7斤	수본	횡간유회소입
			-	-	3斗	10斤	실입질	
25	연경묘	1830	-	滓灰4石	5斗	七斤	품목	-
			-	-	5斗	13斤	실입	-
26	인릉	1835	정자각 월대	4石	5斗	7斤	품목질	횡간소입
			곡장 지대석, 엄박석	3石	3斗	5斤	품목질	유회소입
			-	7石	6斗	18斤	실입질	-
27	**경릉**	1843	정자각 및 엄박석	油灰4石	-	-	품목	-
			곡장	3石추정	1斗	2斤	품목	곡장소입
			-	滓灰7石	6斗	14斤	실입질	-
28	수릉	1846	정자각 월대, 엄박석	油灰4石	5斗추정	월대 2斤	품목	-
			곡장	2石	1斗	2斤	품목	곡장소입
			-	滓灰6石	실입6斗	실입14斤	실입질	-
29	**수릉**	1855	정자각 월대	주초,월대30石	월대1斗3升	월대4斤	품목	-
			곡장	-	8升	1斤1권	품목	곡장소입
			-	30石	4斗8升	10斤2권10장	실입질	-
30	휘경원	1855	정자각 월대	油灰4石	-	-	수본	油灰所入依横看
			곡장 지대석	-	3升	1斤	수본	-
			곡장 지정	20石			수본	-
			-	-	5斗3升	14斤반	실입질	-
31	**인릉**	1856	정자각 주초, 월대	20石	월대3斗5升	월대3斤	품목	-
			-	20石	3斗5升	16斤2권	실입질	-
32	**휘경원**	1864	정자각 월대	油灰10斗	2斗	1斤	수본	-
			곡장 지대석	-	3升	1斤	수분	곡장유회소입
			-	-	2斗3升	16斤	실입질	-
33	**예릉**	1864	정자각 월대	-	2斗	2斤	품목	-
			곡장	-	7升	1斤	품목	-
			-	-	2斗7升	13斤2권10장	실입질	-

휴지/백휴지의 경우 휴지로 표기하지 않은 것은 백휴지임. 실입질상 휴지, 백휴지는 문서용지 등이 포함된 물량임.

선행연구에서는 고종 연간의 『탁지준절(度支準折)』의 「회석토(灰石土)」를 근거로 18세기 중엽부터 유회 배합비는 석회 1섬당 법유 5되, 종이 여물 3냥이 적용된 것으로 보았다.[77] 이는 산릉의궤의 유회 횡간소입과는 많은 차이를 보인다. 고종 연간에 유회 배합비가 바뀌었을 수는 있지만, 최소한 문효세자묘소역(1786)부터 유회 배합비는 이후 횡간소입에 근접하였다. 수빈휘경원천봉원소역(1864)에서는 법유를 횡간소입보다 2배 이상 사용하였다. 즉 18세기 말부터 19세기 전반까지 건축물의 석재 교착용 유회 배합비는 정조건릉산릉역(1800)의 횡간소입과 큰 차이는 없었을 것으로 보인다. 정리하면 정조건릉산릉역 이전 법유와 백휴지의 배합량이 점차적으로 증가하다가 정조건릉산릉역에서 배합비가 조정된 이후 19세기 전반까지 유지된 것으로 판단된다.

표 5-9. 정자각의 기단 및 월대의 유회 배합비(석회 1섬을 기준으로)

No.	능호	시기	사용처	석회/유회	법유	휴지/백휴지	비고
1	**목릉**	1630	-	1石	1斗3合	*1.6斤	
2	소현세자묘	1645	-	油灰2石	-	-	
3	영릉	1659	-	1石	6升7合	*0.67斤	
4	**숭릉**	1674	-	1石	8升1合	*0.5斤	
5	**익릉**	1680	-	1石	8升1合	*0.5斤	
6	휘릉	1689	-	1石	1斗1升	0.67斤	
7	**장릉**	1699	-	1石	1斗1升	1斤	
8	명릉	1702	-	1石	1斗	*0.5斤	
9	단의빈묘	1718	-	1石	1斗3升	1斤	
10	민회빈묘	1719	-	1石	1斗5升	3斤	
11	**온릉**	1739	-	1石	7升	-	
12	의소세손묘	1752	-	1石	7升5合	1.5斤	
13	**소령원**	1753	-	-	-	-	
14	**순강원**	1755	-	1石	1斗	3.3斤	
15	**홍릉**	1757	-	1石	5升6合	1.75斤	
16	사도세자묘	1762	-	1石	1斗1升	8.4斤	
17	문효세자묘	1786	월대 및 각양 축계	1石	1斗3升	1.5斤	
18	**현륭원**	1789	-	1石	1斗	-	
19	건릉	1800	계석	1石	1斗2升5合	1.75斤	횡간소입
20	**건릉**	1821	정자각 월대 계석	1石	1斗2升5合	1.75斤	횡간유회소입
			가정자각 월대 계석	1石	7升5合	1.75斤	유회소입
21	휘경원	1823	정자각 월대	1石	1斗2升5合	1.75斤	횡간유회소입
22	연경묘	1830	-	1石	1斗2升5合	1.75斤	-
23	인릉	1835	정자각 월대	1石	1斗2升5合	1.75斤	횡간소입
			곡장 지대석, 엄박석	1石	1斗	1.67斤	유회소입
24	**경릉**	1843	곡장 지대석	1石추정	3升3合	0.67斤	곡장소입
25	**수릉**	1846	곡장 지대석	1石	3升	1斤	곡장소입
26	**휘경원**	1864	정자각 월대	1石	3斗	1.5斤	-

*는 휴지임. 실입질상 휴지, 백휴지는 문서용지 등이 포함된 물량임.

06
목공사 시공기법

서까래누리개, 융릉 정자각(1789 이후 수리 추정)

산릉의궤 조성소 내 조성의궤 및 품목질에는 목재 및 철물의 부재명과 수량이 기록되어 있다. 『정조건릉산릉도감의궤』(1800)의 경우 15종 5,336개의 철물 기록이 확인된다. 1치 5푼의 짧은 못부터 1자 9치 정에 달하는 긴 못이 사용되었다. 여기에서는 이렇게 많고 다양한 철물들이 어떠한 역할을 하였는지 중점적으로 살펴볼 것이다. 목공사는 시공 순서를 고려하여 부위별로 '축부', '지붕가구부', '서까래 이상', '수장재'로 구분하여 분석하도록 한다.[1] 제한적인 해체수리자료로 인해 결구법에 대해서는 회첨부를 제외하고는 다루지 못하였다.

정자각에 적용된 목공사 시공기법이 일반 관영건축에서 어느 정도의 기술 수준을 점하였는지 파악할 필요가 있다. 이는 정자각의 시공기법이 범용 기술이었는지, 아니면 특수 기법인지를 확인하기 위함이다. 영건의궤에 기록된 건축물 중 정자각과 유사한 규모와 구조를 갖춘 건축물과의 비교가 효과적일 것이다. 왕실사묘(王室私廟) 중심 전각인 정당(正堂)[2]이 이에 해당한다. 영건의궤에는 정당 평면 규모가 6칸 또는 9칸으로 기록되어 있다. 하지만 실제로는 정면 3칸, 측면 2칸으로 정자각 정전과 규모면에서 유사하다.[3] 지붕도 맞배지붕이고, 가구도 오량가(도리 5개로 지어진 건물)로 정자각 정전과 동일하다. 또한 위계상으로는 원소역과 묘소역에 해당하며 관련된 산릉의궤도 남아 있어 위계적인 기법 차이 및 산릉의궤와 직접적인 비교가 가능하다. 왕실사묘 중 의궤가 남아 있는 것은 『의소묘영건청의궤』(1752), 『수은묘영건청의궤』(1764), 『경모궁개건도감의궤』(1776), 『문희묘영건청등록』(1790), 『현사궁별묘영건도감의궤』(1824)이다. 이 중 『경모궁개건도감의궤』(1776)는 정당의 규모가 20칸으로 규모가 크고 비슷한 시기의 『수은묘영건청의궤』가 있으므로 분석 대상에서 제외하고, 나머지 4

표 6-1. 왕실사묘 정당 개요

No.	묘호	시기	평면 규모	지붕형식	물목 기록처	현존 여부	영건의궤	산릉의궤
1	의소묘	1752	9칸	맞배	別工作	-	의소묘영건청의궤	의소세손묘소도감의궤
2	수은묘	1764	9칸	맞배	別工作	-	수은묘영건청의궤	사도세자묘소도감의궤
3	문희묘	1790	9칸	맞배	工作	-	문희묘영건청등록	문효세자묘소도감의궤
4	경우궁	1824	6칸	맞배	貰入	△	현사궁별묘영건도감의궤	수빈휘경원원소도감의궤

건의 의궤를 통해 정자각과 비교 검토하고자 한다. 그중 수빈박씨 별묘인 경우궁 정당[4] 은 의궤가 남아 있는 왕실사묘 중 유일하게 현존하지만 두 차례 이건 과정에서 많은 변형이 가해졌고, 새로 건립됐다는 견해도 있어 직접적으로 비교하기에는 적절하지 않다.[5] 시기별로 보면 18세기 후반 3건과 19세기 전반 1건이다. 19세기 후반의 영건의궤는 대부분 철물 수량을 통합하여 기술함에 따라 분석대상을 확보할 수 없어 시기적인 한계가 발생한 점은 아쉽게 생각한다. 이러한 비교분석은 목공사에 한정하여 진행하였다. 향후 타 공종도 이와 같은 검토가 진행되기를 기대해 본다.

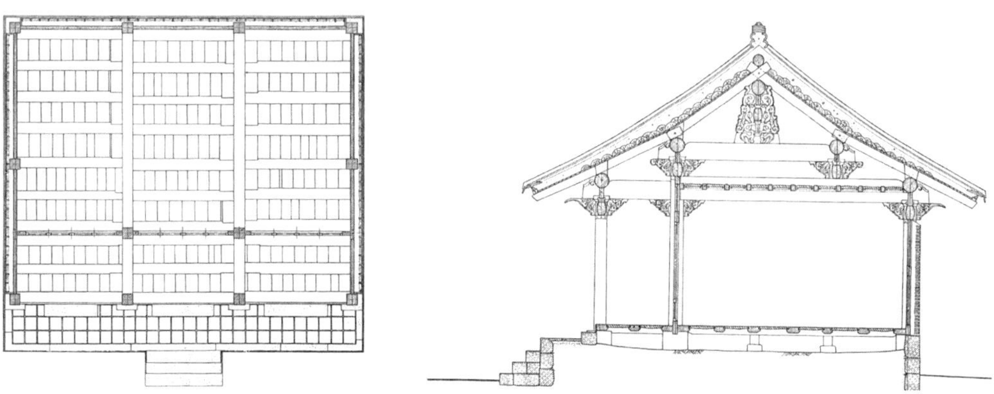

그림 6-1. 경우궁[1908] (평면도 및 단면도)

기둥

용어 정리

산릉의궤와 『국조상례보편』 등에서는 정자각 규모를 5칸 또는 8칸 등으로 칭한다. 정전과 배위청의 도리방향 칸수를 합한 것으로 실제로는 각각 8칸, 13칸에 해당한다. 기둥은 5칸 정자각은 정전 10개, 배위청 4개로 총 14개이고, 8칸 정자각은 정전 16개, 배위청 6개로 총 22개로 구성된다.

정전 측면 중앙 기둥에는 고주 또는 평주를 설치한다. 하지만 산릉의궤에서 고주와 평주를 구분한 경우는 많지 않다. 이른 예로 『선조목릉천장산릉도감의궤』(1630)에서는 정전은 고주(高柱)와 평주(平柱)로, 배위청은 주(柱)로 표기하였다. 이후 19세기 후반 『익종수릉천봉산릉도감의궤』(1855)부터 세 차례 다시 표기하였지만, 정전과 배위청을 구분하지는 않았다. 나머지에서는 『소현세자묘소도감의궤』(1645)와 『순조인릉산릉도감의궤』(1835)에서 주목(柱木)이라고 표기한 것을 제외하면 기둥은 형상을 표현한 원주(圓柱)로 표기하였으며, 배위청을 구분한 경우는 『단경왕후온릉봉릉도감의궤』(1739)에서 한 차례만 확인된다.

정자각 기둥은 정전 평주, 배위청 평주, 정전 고주 순으로 높이 차가 발생한다. 정전 고주는 종량 또는 대들보 위치의 합량(합보)을 지지한다. 합량을 지지하는 고주는 배위청 평주와 높이 차가 작아 산릉의궤에서는 평주와 통합하여 표기하고, 종량을 지지하는 고주는 대체로 구분하여 표기되어 있다.

이처럼 산릉의궤에서 정자각 기둥은 형상을 표현한 원주(圓柱)가 기본 용어로 사용되었다. 평주에 비해 2자 이상[6]의 현격한 길이 차이가 나는 경우에는 고주와 평주를 구분하였다. 『효종영릉산릉도감』에서는 "圓柱大不等14條 長11尺5寸 圓經1尺3寸"와 같이 기둥 명칭, 원재 종류, 기둥의 길이와 직경을 표기하여 기둥 관련 각종 정보를 제공하였다. 조달처를 병기하는 경우도 있다. 기둥 직경은 말원경(末圓經)으로 최소 직경을 명확히 표기하기도 하였다.

표 6-2. 정자각의 기둥

No.	능호	시기	규모	수량		규격		현존 정자각 고주	
				고주	평주	고주	평주	수량	지지
1	**목릉**	1630	5칸	*高柱4條	**정:平柱8條 배:柱4條	長16尺	정:長10尺 배:長11尺	4箇	종량
2	소현세자묘	1645	5칸	柱木14條		長5尺		-	
3	영릉	1659	5칸	圓柱大不等14條		長11尺5寸 圓經1尺3寸		-	
4	**숭릉**	1674	8칸	圓柱22次中不等22條		長12尺 圓經1尺2寸		-	
5	**익릉**	1680	8칸	圓柱22次中不等22條		長12尺 圓經1尺2寸		4箇	합장보
6	휘릉	1689	8칸	圓柱22次中不等22條		長12尺 圓經1尺2寸		4箇	종량
7	**사릉**	1699	5칸	圓柱14次小不等14條		長8尺9寸 圓徑1尺1寸5條		-	
8	**장릉**	1699	5칸	圓柱14條次中不等14條		長8尺2寸 圓徑1尺3寸		-	
9	명릉	1702	8칸	圓柱22次中不等22條		長11尺5寸 圓經1尺2寸		-	
10	단의빈묘	1718	5칸	圓柱14次小不等14條		長10尺7寸 圓經1尺2寸6分		-	
11	민회빈묘	1719	5칸	圓柱14次樓柱14條		長8尺六寸 圓經1尺3寸		-	
12	**의릉**	1725	8칸	圓柱22次中不等12條 小不等10條		長11尺5寸 圓徑1尺2寸		4箇	합장보
13	**온릉**	1739	5칸	정:圓柱10次小不等10條 배:圓柱4		長10尺 末圓經1尺3寸 長10尺5寸 末圓經1尺5寸		-	
14	의소세손묘	1752	5칸	圓柱14次小不等14株		圓徑1尺 長10尺3寸		-	
15	**소령원**	1753	5칸	圓柱14次小不等14株		圓徑1尺2寸 長9尺寸		-	
16	**순강원**	1755	5칸	圓柱14次小不等14株		長9尺5寸 圓徑1尺1寸		-	
17	**홍릉**	1757	5칸	圓柱14次小不等14株		-		2箇	합장보
18	사도세자묘	1762	5칸	圓柱14次小不等14株		圓徑1尺2寸 長10尺		-	
19	**원릉**	1776	5칸	圓柱14次小不等14株		-		2箇	합장보
20	문효세자묘	1786	5칸	圓柱14次樓柱14箇		末圓徑1尺2寸		-	
21	**현륭원**	1789	5칸	-		-		2箇	합장보
22	건릉	1800	5칸	圓柱14箇小不等14株		長15尺 徑1尺4寸		-	-
23	**건릉**	1821	5칸	圓柱14箇小不等14株		長15尺 徑1尺4寸		-	-
24	휘경원	1823	5칸	圓柱14箇小不等14株		長15尺 徑1尺4寸		-	
25	연경묘	1830	5칸	圓柱14小不等14箇		長15尺 經1尺4寸		-	
26	인릉	1835	5칸	柱木14箇次中不等14箇		-	-	-	
27	**경릉**	1843	5칸	圓柱14箇次別大不等2箇 體木12箇		-	-	2箇	종량
28	수릉	1846	5칸	圓柱14箇次別大不等2箇 體木12箇		-	-	-	
29	**수릉**	1855	5칸	高柱2箇 體木2箇	平柱12箇卜 定宮材12箇	長14尺 末圍徑1尺5寸	長12尺 末圍徑1尺5寸	2箇	종량
30	휘경원	1855	5칸	高柱2箇 卜定木2箇	平柱12箇卜 定木6箇	長14尺 末圍徑1尺5寸	長12尺 末圍徑1尺5寸	-	-
31	**인릉**	1856	5칸	圓柱14箇		-	-	2箇	종량
32	**휘경원**	1864	5칸	圓柱14箇	-	-	2箇	합장보	
33	**예릉**	1864	5칸	高柱2箇次 體木2箇	平柱12箇次 體木12箇	-	-	2箇	종량

*의 원문은 高柱4條內2條新造2條舊件取用이고, **의 원문은 정: 平柱8條內 2條新造6條舊件 배: 柱4條內2條新木以改備2條舊件以移用임.

기둥의 보강기법

정자각 기둥 머리부는 띠철로 보강되어 있다. 기둥 머리부는 창방과 익공을 결구하기 위해 十자 형태로 사괘를 튼다. 사괘맞춤부는 단면 손실이 큰 편이고 하중이 집중되어 갈램, 부러짐 등 손상이 발생할 수 있다. 이러한 구조적인 결함을 방지하기 위해 정자각 기둥 머리에는 띠철로 보강되어 있다. 물론 기둥띠철은 장식적인 역할도 겸한다.

띠철 보강 방식은 시기에 따라 차이가 있다. 띠철 설치 위치부터 살펴보자. 정자각의 기둥 개수는 5칸 정자각은 14개, 8칸 정자각은 22개이다. 띠철 수량은 기둥 수량과 같은 예도 있지만, 차이를 보이기도 한다. 명칭에도 차이가 확인된다.(표 6-3) 『단경왕후온릉봉릉도감의궤』(1739)까지 띠철은 우주대철(隅柱帶鐵, 隅柱臺鐵)로 표기되어 있다. 이는 우주에만 띠철을 설치한 것을 의미한다. 띠철 수량을 보면 민회빈봉묘역(1719)까지는 6개만 사용하였다. 현존 정자각의 기둥띠철 수량을 확인해 보자. 8칸 정자각인 익릉은 정전의 배면 양쪽 퇴칸 우주와 배위청 전면의 좌측 우주에 띠철을 고정하였다. 5칸 정자각인 단종 장릉은 정전과 배위청의 퇴칸 우주에 각각 하나씩 6개를 고정하였다. 8칸 정자각인 의릉은 정전 퇴칸 기둥 6개, 배위청 기둥 6개에 고정되어 있다. 숭릉과 휘릉은 후대 수리과정에서 띠철이 추가된 것으로 보인다. 5칸 정자각인 온릉은 모든 기둥에 띠철을 고정하였다.

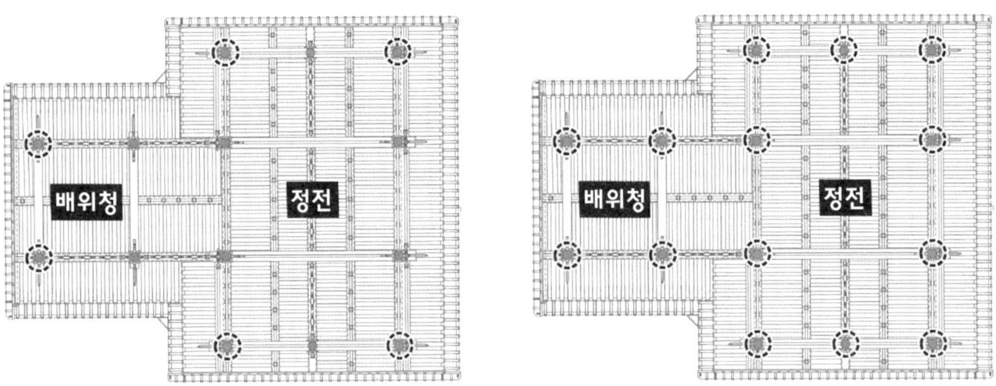

17C~18C 초　　18C 중엽~19C

그림 6-2. 정자각 기둥띠철의 위치 변천 모식도

정리하면 18세기 초까지는 하중을 가장 많이 받는 정전과 배위청의 우주 상부에만 띠철을 고정하였다. 경종의릉산릉역(1724)에서는 정전 퇴칸과 배위청 기둥으로 고정 범위가 확대되어 과도기적 양상을 보인다. 18세기 중엽부터는 모든 기둥에 띠철을 보강하였다. 우주에서 전체 기둥으로 구조 보강과 의장 강화가 확대되었음을 알 수 있다.

표 6-3. 정자각의 기둥 보강

No.	능호	시기	규모	현존 정자각 띠철			띠철 개수	띠철길이	띠철박이
				띠철 개수	띠철당 박이개수	박이 배열			
1	**목릉**	1630	5칸	-	-	-	帶鐵6介	-	-
2	소현세자묘	1645	5칸				-	-	-
3	영릉	1659	5칸				-	-	-
4	**숭릉**	1674	8칸	22	8	3형	隅柱6帶鐵6鑞染	3尺5寸	-
5	**익릉**	1680	8칸	3	8	1형	隅柱帶鐵6鑞染	4尺	朴只2寸廣頭釘48箇鑞染
6	휘릉	1689	8칸	22	12	3형	隅柱帶鐵6鑞染	4尺	朴只2寸廣頭釘48箇鑞染
7	**사릉**	1699	5칸	-	-	-	-	-	-
8	**장릉**	1699	5칸	6	8	1형	隅柱臺鐵6鑞染	4尺	朴只2寸廣頭釘48箇鑞染
9	명릉	1702	8칸				隅柱帶鐵6介鑞染	4尺	朴只2寸廣頭釘48箇鑞染
10	단의빈묘	1718	5칸				隅柱帶鐵6箇鑞染	4尺	隅柱帶鐵朴只2寸廣頭釘 48箇鑞染
11	민회빈묘	1719	5칸				隅柱帶鐵6箇鑞染	4尺	2寸廣頭釘鑞染
12	**의릉**	1725	8칸	12	8	1형	隅柱臺鐵12箇鑞染	4尺	隅柱帶鐵朴只2寸廣頭釘 48箇鑞染
13	**온릉**	1739	5칸	14	8	1형	隅柱帶鐵14	4尺	丁具
14	의소세손묘	1752	5칸				圓柱帶鐵14箇鑞染	-	釘具鑞染
15	**소령원**	1753	5칸	14	8	1형	圓柱帶鐵14箇鐮染	-	釘具鐮染
16	**순강원**	1755	5칸	14	8	1형	圓柱帶鐵14介鑞染	-	釘具鑞染
17	**홍릉**	1757	5칸	14	12	1형	圓柱帶鐵14介鑞染	-	釘具鑞染
18	사도세자묘	1762	5칸				圓柱帶鐵14箇鑞染	-	丁具鑞染
19	**원릉**	1776	5칸	14	8	1형	-	-	-
20	문효세자묘	1786	5칸				圓柱帶鐵14箇鑞染	-	釘具鑞染
21	**현륭원**	1789	5칸	14	10	1형	圓柱帶鐵14箇鑞染	-	釘具鑞染
22	건릉	1800	5칸				柱帶鐵14箇鑞染	-	釘具鑞染
23	**건릉**	1821	5칸	14	12	3형	柱帶鐵14箇鑞染	-	釘具鑞染
24	휘경원	1823	5칸				柱帶鐵14箇鑞染	-	釘具鑞染
25	연경묘	1830	5칸				*柱帶鐵8(14)箇鑞染	-	釘具鑞染
26	인릉	1835	5칸				柱帶鐵14箇鑞染	-	釘具鑞染
27	**경릉**	1843	5칸	14	8	2형	柱帶鐵14箇鑞染	-	釘具鑞染
28	수릉	1846	5칸				柱帶鐵14箇鑞染	3尺8寸	-
29	**수릉**	1855	5칸	14	8	2형	柱帶鐵14箇鑞染	3尺8寸	-
30	휘경원	1855	5칸				柱帶鐵14箇鑞染	3尺8寸	-
31	**인릉**	1856	5칸	14	8	2형	柱帶鐵14箇鑞染	3尺8寸	-
32	**휘경원**	1864	5칸	14	8	2형	柱帶鐵14箇鑞染	3尺8寸	-
33	**예릉**	1864	5칸	14	12	3형	柱帶鐵14箇鑞染	4尺4寸	-

*연경묘는 기둥띠철은 8개, 동자주띠철은 14개로 표기되어 있는데, 오기로 보임.

단경왕후온릉봉릉역(1739)까지는 우주대철로 표기하다가, 의소세손 묘소역(1753)부터는 원주대철(圓柱帶鐵)로 표기하고, 정조건릉산릉역(1800)부터는 축약하여 주대철(柱帶鐵)로 표기하였다. 특정 기둥이 아닌 전체 기둥에 띠철을 고정하는 방식은 명칭 변화를 통해서도 확인할 수 있다.

산릉의궤에서 띠철은 길이만 표기되어 있다. 띠철 길이는 3자 5치에서 4자 4치까지 기둥 직경을 고려하여 정하였다. 현존 정자각의 띠철 춤을 살펴보자. 강릉(1695 중건)은 75mm, 순강원(1755)은 60mm, 융릉(현륭원, 1789)은 78mm, 건릉(1821)은 90mm, 인릉(1856)은 96mm, 예릉(1864)은 90mm이다. 시기가 내려올수록 띠철 춤을 키워 기둥 머리부의 손상 방지와 의장성이 강화되었음을 알 수 있다.

띠철을 고정하는 띠철못을 의궤에서는 띠철박이[帶鐵朴只]로 표기한다. 의궤상 못의 길이, 형태 및 수량은 경종의릉산릉역(1724)까지만 확인된다. 띠철박이 길이는 2치이고, 광두정(廣頭釘)을 사용하여 의장적인 효과를 부가하였다. 수량을 보면 띠철당 8개씩 고정한 것으로 보인다. 현존 정자각의 띠철당 띠철박이는 8개가 가장 많고, 10개 또는 12개를 고정하기도 하였다. 띠철박이의 배열 형태도 시기에 따라 변하였다. 융릉(현륭원) 정자각(1789)까지는 일렬(1형)로 고정하였다. 건릉 정자각(1821)부터는 2열 형태로 2형[·˙·˙], 3형[:·:·]과 같이 배열되는데, 2형이 일반적이었다. 이는 띠철 춤이 커지는 것과 연동된다. 띠철 춤이 커짐에 따라 기둥과 밀착을 위해 2열로 고정한 것이다.

장릉(莊陵) 정자각(1698) / 건릉 정자각(1821)

그림 6-3. 기둥띠철

정당의 기둥 보강기법

정당은 평주 10개와 고주 2개로 구성된다. 평주는 외부 정·배면 각각 4개와 측면 중앙 2개이고, 정면 내측에는 고주 2개가 위치하며, 동자주는 측면 대들보 위 2개씩, 내부 대들보 위에 1개씩 총 6개가 설치된다. 의궤 기록을 보면 기둥띠철은 18세기 후반에는 10개, 19세기 전반에는 12개로 기술되어 있다. 기둥 구성과 기둥띠철 수량을 비교해 보면, 18세기 후반에는 외부 평주에만 설치하였고, 19세기 전반에는 외부 평주 외에 내부 고주에도 추가로 설치한 것으로 보인다. 기둥띠철당 광두정 수량은 문희묘와 경우궁만 확인된다. 기둥띠철당 광두정 수량은 문희묘는 기둥과 동자주 구분 없이 12개이고, 경우궁의 경우 기둥은 20개, 동자주는 12개를 설치하여 이전 시기보다 증가되었다.[8](표 6-21 참고) 문희묘는 방형 기둥 한 면당 1열로 3개씩(1형), 경우궁은 2열로 5개씩(3형) 설치한 것으로 판단된다. 현 경우궁 정당은 각기둥으로 4면에 각각 3개씩 총 12개가 고정되어 있고, 동자주에는 띠철이 설치되어 있지 않다. 의궤와의 수량 차이는 이건 시 변형으로 이해된다.

그림 6-4. 기둥띠철[경우궁 정당, 1908]

이와 같이 정당도 정자각과 마찬가지로 기둥띠철의 설치 부위가 확대되어 가고, 18세기 후반에는 1열로, 19세기 전반에는 2열로 고정하여 기둥의 구조 보강과 의장 강화가 유사한 방식으로 진행되었음을 알 수 있다.

표 6-4. 정당의 기둥과 기둥 철물

No.	묘호	시기	기둥	기둥철물
1	의소묘	1752	柱12次 樓柱12條	柱帶鐵 8箇丁具高柱帶鐵 2箇丁具
2	수은묘	1764	柱12次 內8介舊材仍用 4介樓柱4條	柱帶鐵釘具 10介
3	문희묘	1790	高柱 2介 長11尺6寸 體木2介 平柱10介 長9尺 體木10介	柱帶鐵 16介* 朴只中廣頭釘 192介*
4	경우궁	1824	高柱2次 大樑1箇 前面柱4次內 3次大樑1箇 間柱2次 體木2箇 後面柱4次 體木4箇	柱頭帶鐵 12箇朴只大廣頭釘 240箇

*는 동자주 물량이 포함된 것임.

창방

용어 정리

산릉의궤에서 창방은 '昌防, 昌枋'으로 표기되어 있는데, 창방(昌防)이 중심용어로 사용되었다. 반면 영건의궤에서는 17~18세기에는 '昌方'으로, 19세기에는 '昌防'으로 표기되어[9] 산릉의궤와는 차이를 보인다. 정자각은 종량을 받는 동자주에 대부분 (뜬)창방을 걸어 횡방향 가구를 강화한다. 하지만 의궤에는 이 창방을 별도로 구분하지 않고 창방으로 통합하여 기술되어 있다. 산릉의궤에서는 창방과 뜬창방 간 규격 차이가 없어 별도 구분은 하지 않았던 것으로 보인다.

표 6-5. 정자각의 창방

No.	능호	시기	규모	창방 개수	창방 규격
1	**목릉**	1630	5칸	昌防10條	長15尺
2	소현세자묘	1645	5칸	昌防21條	9條長10尺12條長16尺
3	영릉	1659	5칸	昌防中不等14條小不等10條	14條長14尺圓經1尺2寸 10長14尺圓經1尺2寸
4	**숭릉**	1674	8칸	昌防34次中不等10條樓柱24條	-
5	**익릉**	1680	8칸	昌防34次中不等7條樓柱27條	-
6	휘릉	1689	8칸	昌防34次中不等7條樓柱27條	-
7	**사릉**	1699	5칸	昌防次5條內樓柱9條宮材6條	-
8	**장릉**	1699	5칸	昌防次樓柱21條	-
9	명릉	1702	8칸	昌防34次小不等14條樓柱20條	-
10	단의빈묘	1718	5칸	昌防21次中不等20條樓柱1條	-
11	민회빈묘	1719	5칸	昌防21次樓柱21條	-
12	**의릉**	1725	8칸	昌防34次小不等5條樓柱29條	-
13	**온릉**	1739	5칸	昌防25次樓柱15株	-
14	의소세손묘	1752	5칸	昌防21次中不等21株	-
15	**소령원**	1753	5칸	昌防21次中不等21株	-
16	**순강원**	1755	5칸	昌防21次中不等21株	-
17	**홍릉**	1757	5칸	昌防21次小不等2株樓柱19株	-
18	사도세자묘	1762	5칸	昌防21次中不等21株	-
19	**원릉**	1776	5칸	昌防21次小不等2株樓柱19株	-
20	문효세자묘	1786	5칸	昌防21次樓柱21箇	-
21	**현륭원**	1789	5칸	昌防21次小不等2株樓柱19株	御間5次長14尺圍圓徑1尺1寸 13次長15尺3寸 3次長12尺圍圓徑1尺
22	건릉	1800	5칸	昌防21箇樓柱21株	14箇長17尺 7箇長14尺5寸 竝徑1尺2寸
23	**건릉**	1821	5칸	昌防21箇樓柱21株	14箇長17尺 7箇長14尺5寸 竝徑1尺2寸
24	휘경원	1823	5칸	昌防21箇樓柱21株	14箇長17尺 7箇長14尺5寸 竝徑1尺2寸
25	연경묘	1830	5칸	昌防21箇樓柱21箇	14箇長15尺 7箇長12尺5寸 竝高1尺
26	인릉	1835	5칸	昌枋次體木21箇	-
27	**경릉**	1843	5칸	昌枋21箇次體木21箇	-
28	수릉	1846	5칸	昌防21箇次體木21箇	-
29	**수릉**	1855	5칸	昌防21次體木21箇代卜定宮材	-
30	휘경원	1855	5칸	昌防21箇卜定木2箇	長15尺
31	**인릉**	1856	5칸	昌防21箇	-
32	**휘경원**	1864	5칸	昌防21箇	-
33	**예릉**	1864	5칸	昌防21箇次體木21箇	-

『효종영릉산릉도감의궤』(1659)에서는 "昌防 中不等 十四條 各長正入十四尺圓經一尺二寸 小不等十條 各長正入十四 尺圓經一尺二寸"과 같이 원재의 등급 및 수량, 길이와 직경 등 창방 규격이 기술되어 있다. 기둥 표기와 같은 방식이다. 하지만 대부분의 산릉의궤에는 창방 규격이 생략되어 있다.

18세기 말에서 19세기 초 창방 규격 표기는 두 가지로 나뉜다. 『장헌세자현륭원원소도감의궤』(1789)에서는 어칸 창방 5개, 어칸과 연결되는 배위청 창방 3개, 뺄목 창방 13개로 세분하여 정확히 표기하였다. 하지만 이후 19세기 초에는 일반 창방 7개, 뺄목 창방 14개로 구분하여 단순화되었고, 수량도 실제로는 일반 창방 8개, 뺄목 창방이 13개로 맞지 않아 정교함이 떨어졌다. 이마저도 이후에는 표기되지 않았다.

초엽

초엽은 일반 목조건축에서 잘 쓰이지 않는 부재이다. 정자각에서 초엽은 창방 뺄목이 쳐지는 것을 방지하기 위해 뺄목 하부에 받친 부재를 말한다. 산릉의궤에서 초엽은 계자각(鷄子脚)과 초엽(草葉)으로 표기되어 있다. 계자각은 『익종수릉산릉도감의궤』(1846)에 처음 등장한다. 계자각은 닭의 형상과 유사하여 붙여진 명칭으로 주로 난간을 구성하는 부재를 칭하는데, 산릉의궤에서는 형태가 닮아서인지 계자각으로 표기하였다. 초엽은 넝쿨형상이 조각된 부재로 장식적인 의미가 가미된 명칭이다. 계자각과 초엽이 특정 부재를 지칭하는 정확한 용어가 아니기 때문에, 의궤에서는 이 부재에 대한 마땅한 용어를 찾지 못해 '道里下鷄子脚', '昌防頭下草葉'처럼 도리 또는 창방 아래라고 부연 설명을 하였다.

표 6-6. 정자각의 초엽

No.	능호	시기	현존 정자각 초엽	초엽
1	**소령원**	1753	6	-
2	**순강원**	1755	-	-
3	**홍릉**	1757	6	-
4	사도세자묘	1762	-	-
5	**원릉**	1776	6	-
6	문효세자묘	1786	-	-
7	**현륭원**	1789	-	-
8	건릉	1800	-	-
9	**건릉**	1821	-	-
10	휘경원	1823	-	-
11	연경묘	1830	-	-
12	인릉	1835	-	-
13	**경릉**	1843	4(정전)	-
14	수릉	1846	-	道里下鷄子脚6箇次體木1箇
15	**수릉**	1855	6	昌防頭下草葉6箇頭折取用
16	휘경원	1855	-	昌防頭下草葉6箇頭折取用 各長5尺厚4寸5分各廣2尺
17	**인릉**	1856	6	道里下鷄子脚6箇
18	**휘경원**	1864	6	道里下鷄子脚6箇
19	**예릉**	1864	6	昌防下草葉6箇樓柱1株

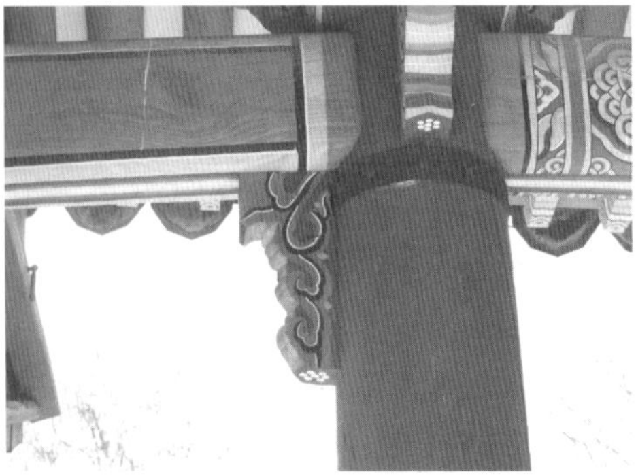

홍릉 정자각(1757)

원릉 정자각(1776)

그림 6-5. 초엽

현존 정자각을 보면 초엽의 등장 시기는 의궤 기록보다 90년 정도 앞선다. 소령원 정자각(1753)의 초엽이 가장 이른 시기의 것으로 확인된다. 이후 홍릉 정자각(1757), 원릉 정자각(1776)에도 사용하였으나 이후 70여 년간 쓰지 않다가 경릉 정자각(1843)부터 재등장하여 이후 줄곧 설치하였다. 초엽은 정전과 배위청 우주 위치의 창방 뺄목 6곳에 설치하였는데, 경릉 정자각은 정전 우주 4곳에만 설치되어 있다. 초엽은 비교적 소량이어서 의궤에는 생략되었던 것으로 보이는데, 적당한 용어를 부여하지 못하여 누락되었을 가능성도 있다. 우주에 위치한 창방 뺄목은 풍판의 하중을 받아 처지기 쉬운 부재이다. 초기 형태로 보이는 홍릉 정자각의 초엽은 크기가 작아 창방 뺄목 처짐에 적극적으로 대응하지 못하였다. 하지만 원릉 정자각부터는 초엽 규모가 대폭 커져 뺄목 처짐에 효과적으로 대응하였고, 더불어 의장인 역할도 한층 강화되었다.

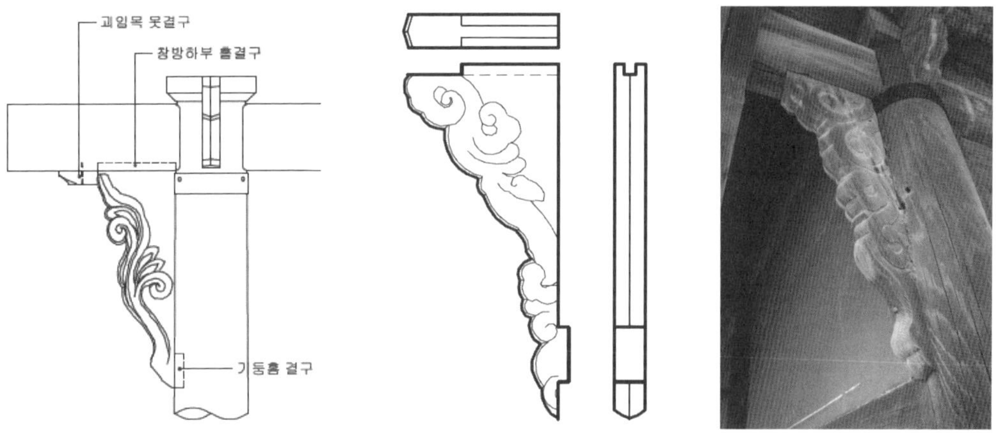

인릉 정자각(1856) 휘경원 정자각(1863) 예릉 정자각(1864)

그림 6-6. 초엽 고정

초엽의 원재는 체목이나 누주를 사용하거나 두절목을 쓰기도 하였다. 초엽 설치는 상면과 측면 하부에 장부를 내어 기둥과 창방 뺄목에 결구하고 초엽 하부에 못을 박아 기둥에 고정하였다. 인릉 정자각이 경우 창방 뺄목 하부에 고임목을 추가로 설치하여 보강하기도 하였다.

보

용어 정리

대량과 평량

산릉의궤에서 대량은 '大擧栿, 大栿, 大樑, 大樑' 등으로 표기되어 있다. 대거복(大擧栿)은 『의인왕후유릉산릉도감의궤』(1601)와 『선조목릉천장산릉도감의궤』(1630)에 두 차례 사용되었다. 지금 가장 많이 사용하는 명칭인 대들보의 이두식 표현이다. 즉 대들보라는 용어는 17세기 초 이전부터 사용되었던 용어임을 알 수 있다. 대거복은 영건의궤에서는 보이지 않는다.[11] 이후 글자수를 줄여 대복(大栿)으로 표기하였는데 18세기 초인 『인현왕후명릉산릉도감의궤』(1702)까지 쓰였다. 대보(大樑)는 『경종의릉산릉도감의궤』(1725)까지 비교적 짧은 기간만 사용되었다. 그 이후 『의소세손묘소도감의궤』(1752)부터는 줄곧 대량(大樑)으로 표기하였다. 이러한 변화는 영건의궤와는 약간의 차이를 보인다. 영건의궤에서 17세기에는 대복(大栿), 18세기에는 대보(大樑)로 표기하였고, 대량(大樑)은 『화성성역의궤』(1801) 이후 사용되어[12] 산릉의궤에 비해 사용 시기가 늦다.

산릉의궤에서 배위청의 보는 정전과 구분하여 '栿, 樑, 中樑, 大栿, 平栿, 平樑' 등으로 표기하였다. 평복(平栿)은 17세기 후반에 쓰였고, 복(栿)은 18세기 초까지 사용하였으며, 이후 18세기 내내 보(樑)라 표기하였다. 중량(中樑), 대보(大栿)는 각각 한 차례만 쓰였다. 『정조건릉산

표 6-7. 정자각의 대량과 평량

No.	능호	시기	규모	대량 개수	대량 규격	평량 개수	평량 규격
1	**목릉**	1630	5칸	大擧栿2條	長25尺	栿2條	배:長14尺
2	소현세자묘	1645	5칸	大樑2條	長22尺	中樑2條	長17尺
3	영릉	1659	5칸	大栿大不等2條	長頭幷20尺圓經1尺5寸	大栿中不等1條	長頭幷16尺圓徑1尺4寸
4	**숭릉**	1674	8칸	大栿2次大不等2條	長21尺圓經1尺8寸	平栿2次小不等2條	長13尺8寸圓經1尺1寸
5	**익릉**	1680	8칸	大袱2次大不等2條	長25尺圓經1尺8寸	平袱3次小不等3條	長16尺8寸圓經1尺1寸
6	휘릉	1689	8칸	大栿2次大不等2條	長25尺圓經1尺8寸	平栿3次小不等3條	長16尺8寸圓經1尺1寸
7	**사릉**	1699	5칸	大栿2次大不等2條	長13尺6寸圓徑1尺7寸	栿次中不等2條	長9尺9寸圓徑1尺1寸
8	**장릉**	1699	5칸	大栿2次大不等2條	長15尺圓徑1尺5寸	栿次中不等2條	-
9	명릉	1702	8칸	大栿2次大不等2條	長25尺圓經1尺8寸	栿3次中不等3條	長16尺8寸圓經1尺1寸
10	단의빈묘	1718	5칸	大栿2次大不等2條	長14尺廣1尺4寸 高1尺8寸	栿2次中不等2條	長18尺廣1尺2寸 高1尺2寸6寸
11	민회빈묘	1719	5칸	大栿2次大不等2條	長14尺高1尺6寸 廣1尺4寸	栿2次中不等2條	長11尺
12	**의릉**	1725	8칸	大栿2次大不等2條	長25尺圓徑1尺8寸	栿3次中不等3條	-
13	**온릉**	1739	5칸	大栿2次大不等2條	長16尺6寸 圓經1尺7寸	栿2次小不等2株	長11尺圓經1尺6寸
14	의소세손묘	1752	5칸	大樑2次大不等2株	圓徑2尺1寸長15尺	栿2次中不等2株	圓徑1尺8寸長12尺
15	**소령원**	1753	5칸	大樑2次大不等2株	圓徑1尺5寸長15尺5寸	栿2次中不等2株	圓徑1尺2寸長12尺
16	**순강원**	1755	5칸	大樑2次大不等2株	長15尺圓徑1尺6寸	栿2次中不等2株	長12尺圓徑1尺3寸
17	**홍릉**	1757	5칸	大樑2次大不等2株	-	栿2次中不等2株	-
18	사도세자묘	1762	5칸	大樑2次大不等2株	圓徑2尺1寸長17尺	栿2次中不等2株	圓徑1尺8寸長12尺
19	**원릉**	1776	5칸	大樑2次大不等2株	-	栿2次中不等2株	-
20	문효세자묘	1786	5칸	大樑2次不等2株	長15尺	栿2次不等2株	長11尺貿用
21	**현륭원**	1789	5칸	大樑2次大不等2株	長29尺圍圓徑1尺8寸	栿2次中不等2株	長14尺圍圓徑1尺3寸
22	건릉	1800	5칸	大樑2箇大不等2株	長25尺高1尺7寸	平樑2箇中不等2株	長21尺高1尺6寸
23	**건릉**	1821	5칸	大樑2箇大不等2株	長25尺高1尺7寸	平樑2箇中不等2株	長21尺高1尺6寸
24	휘경원	1823	5칸	大樑2箇大不等24株	長25尺高1尺7寸	-	-
25	연경묘	1830	5칸	大樑2大不等2箇	長25尺高1尺7寸	平樑2中不等2箇	長18尺高1尺4寸
26	인릉	1835	5칸	大樑2箇	長30尺末圓徑2尺	平樑次大不等2箇	-
27	**경릉**	1843	5칸	大樑2箇次統木2箇	-	平樑2箇次統木2箇	-
28	수릉	1846	5칸	大樑2箇次卜定大樑2箇	-	平樑2箇次卜定大樑2箇	-
29	**수릉**	1855	5칸	大樑2箇1箇仁政殿道里 次1箇仁政殿風板次	長30尺末圍徑2尺5寸	平樑2箇大不等1箇 體木1箇	長16尺末圍徑2尺
30	휘경원	1855	5칸	大樑2箇卜定木2箇	長30尺末圍徑2尺5寸	平樑2箇卜定木2箇	長16尺末圍徑2尺
31	**인릉**	1856	5칸	大樑2箇	-	平樑2箇	-
32	**휘경원**	1864	5칸	大樑2箇	-	平樑2箇	-
33	**예릉**	1864	5칸	大樑2箇次卜定木2箇	-	平樑2箇次卜定木2箇	-

릉도감의궤』(1800)부터 19세기에는 평량(平樑)으로 표기하였다. 배위청 보는 삼량가에 해당하는 보로, 영건의궤에서도 삼량가의 보는 '栿(木), 栿(木), 平樑'으로 표기하였다.[13] 즉 용어만 봐도 어느 정도 구조를 이해할 수 있도록 명칭이 부여되었음을 알 수 있다.

산릉의궤에서 대량과 평량의 표기 방식은 동일하다. 『효종영릉산릉도감의궤』(1659)의 경우를 예로 들면, "大栿 大不等二條 各長頭幷正入二十尺 圓經一尺五寸"과 같이 보의 종류, 원재의 종류와 개수, 보의 규격을 길이, 원경 순으로 표기하였다. 이러한 표기 방식은 19세기 중엽까지 이어지는데, 18세기 초와 19세기 초에는 보의 원경 대신 높이를 표기하기도 하였다. 직경은 치목된 보의 대각선 길이로, 높이는 치목된 보의 높이로 짐작된다. 직경은 원재에서 보의 소요 단면을 확보하는 치목의 중간 단계를 의미하며, 높이는 보의 최종 치목 수치를 의미한 것이다. 치수 계획적인 측면에서 보면 보의 높이를 표기하는 방식이 근대적인 방식이라 할 수 있지만 전 시기로 확대되지는 못하였다.

합량과 종량

정전은 측면 2칸 중앙에 고주를 두는 경우가 있다. 고주를 두는 경우 양쪽에 결구되는 보를 흔히 맞보 또는 합장보라고 한다. 산릉의궤에서는 '合掌樑, 合掌栿, 合掌椺, 合長椺, 合樑' 등으로 표기되어 있다. 합장(合掌)이 손을 맞댄 모습을 뜻하므로 합장량(合掌樑), 합장복(合掌栿), 합장보(合掌椺) 모두 맞댄 보라는 뜻의 이두식 명칭이다. 합보(合椺)는 동음어로 된 용어인 셈이다. 합량(合樑)은 대거복(大擧栿)을 대량(大樑)으로 줄인 것처럼 축약한 용어이다. 시기적으로 보면 합장복(合掌栿)은 18세기 초까지, 합장보(合掌椺)는 18세기에, 합장보(合長椺)는 19세기 초까지, 그리고 합량(合樑)은 그 이후로 사용되었다.

정전은 오량가로 대량 위에 종량을 설치한다. 산릉의궤에서 종량은 '蓋栿, 終樑, 從栿, 終栿, 終椺, 宗樑' 등으로 표기된다. 개복(蓋栿)은 덮는다는 뜻이고, 종량(終樑), 종보(終椺), 종복(終栿)은 마지막에 설치하는 보를 의미한다. 종복(從栿), 종보(從椺)는 대량에 부속된다는 의미[14]이고, 종량(宗樑)은 가장 높은 곳에 위치한 보를 말한다. 개복(蓋栿)과 종량(終樑)은 17세기 초에 각각 한 차례씩만 사용된다. 종복(從栿)과 종복(終栿)은 18세기 전반까지 혼용되었고, 종보(從椺)는 18세기에 주로 쓰였으며, 종량(宗樑)은 19세기에 사용되었다. 영건의궤와 비교하면 종복(從栿), 종보(從椺), 종량(宗樑)은 사용 시기가 유사하지만, 개복(蓋栿), 종복(終栿) 및 종보(終椺)은 영건의궤에서는 사용되지 않았던 것으로 보인다.[15] 합량과 종량의 표기 방식은 대량이나 평량과 동일하다.

표 6-8. 정자각의 합량과 종량

No.	능호	시기	규모	합량 개수	합량 규격	종량 개수	종량 규격
1	**목릉**	1630	5칸	-	-	蓋栿8條	-
2	소현세자묘	1645	5칸	合掌樑4條	長16尺	終樑4條	長15尺
3	영릉	1659	5칸	-	-	從栿小不等2條	長10尺圓經1尺2寸
4	**숭릉**	1674	8칸	合掌栿4次中不等4條	長10尺5寸圓經1尺5寸	終栿2次樓柱2條	長7尺圓經1尺1寸
5	**익릉**	1680	8칸	合掌袱4次中不等4條	長12尺5寸圓經1尺5寸	終袱6次樓柱6條	長9尺5寸圓經1尺1寸
6	휘릉	1689	8칸	合掌栿8次中不等8條	長12尺5寸圓經1尺5寸	終栿6次樓柱6條	長9尺5寸圓經1尺1寸
7	**사릉**	1699	5칸	-	-	從栿4次材木4條	長4尺
8	**장릉**	1699	5칸	合掌栿4次宮材4條	長7尺5寸圓徑1尺5寸	從栿4次宮材4條	長6尺5寸圓徑9寸
9	명릉	1702	8칸	合掌栿8次中不等8條	長12尺5寸圓經1尺5寸	終栿6次小不等6條	長9尺5寸圓經1尺1寸
10	단의빈묘	1718	5칸	合掌栿4次中不等4條	長24尺廣1尺2寸高1尺5寸	終樑4次樓柱4條	長11尺廣8寸高2尺3寸
11	민회빈묘	1719	5칸	合掌樑2次中不等2條應入者4條而今番則間架尺短故以2條用之	-	從樑4次樓柱4條	長5尺
12	**의릉**	1725	8칸	合掌栿8次中不等8條	-	終栿6次小不等6條	-
13	**온릉**	1739	5칸	-	-	從栿4次材木4條	長4尺
14	의소세손묘	1752	5칸	合掌樑4次樓柱4株	-	從樑4次宮材4株	-
15	**소령원**	1753	5칸	合掌樑4次樓柱4株	-	從樑4次宮材4株	-
16	**순강원**	1755	5칸	合掌樑4次樓柱4株	-	從樑4次宮材4株	-
17	**홍릉**	1757	5칸	合掌樑4次樓柱4株	-	從樑4次樓柱4株	-
18	사도세자묘	1762	5칸	合掌樑4次樓株4株	-	從樑4次宮材4株	-
19	**원릉**	1776	5칸	合掌樑4次樓柱4株	-	從樑4次樓柱4株	-
20	문효세자묘	1786	5칸	合掌樑4次樓柱4箇	-	從樑4次樓柱4箇	-
21	**현륭원**	1789	5칸	合掌樑4次樓柱4株	長14尺圍圓徑1尺2寸	從樑4次樓柱十3株	長10尺園圓徑1尺
22	건릉	1800	5칸	合長樑4箇中不等4株	長18尺高1尺4寸	宗樑4箇小不等4株	長16尺高1尺4寸
23	**건릉**	1821	5칸	合長樑4箇中不等4株	長18尺高1尺4寸	宗樑4箇小不等4株	長16尺高1尺4寸
24	휘경원	1823	5칸	合長樑4箇中不等4株	長18尺高1尺4寸	宗樑4箇小不等4株	長16尺高1尺4寸
25	연경묘	1830	5칸	合長樑4中不等4箇	長16尺高1尺4寸	宗樑4中不等4箇	高1尺4寸長十6尺
26	인릉	1835	5칸	合樑次大不等4箇	-	宗樑次體木4箇	-
27	**경릉**	1843	5칸	合樑4箇次統木4箇	-	宗樑4箇次別大不等4箇	-
28	수릉	1846	5칸	合樑4箇次別大不等1箇卜定木3箇	-	宗樑4箇次體木4箇	-
29	**수릉**	1855	5칸	合樑4箇1箇體木3箇卜定宮材	長15尺末圍徑1尺5寸	宗樑4箇徑體木	長15尺末圍徑1尺5寸
30	휘경원	1855	5칸	合樑4箇卜定木4箇	長15尺末圍徑1尺5寸	宗樑4箇卜定木4箇	長15尺末圍徑1尺5寸
31	**인릉**	1856	5칸	合樑4箇	-	宗樑4箇	-
32	**휘경원**	1864	5칸	合樑4箇	-	宗樑4箇	-
33	**예릉**	1864	5칸	合樑4箇次體木4箇	-	宗樑4箇次樓柱4箇	-

보의 보강기법

산릉의궤에 보에 대한 직접적인 철물보강은 기록되어 있지 않다. 도리를 보강하는 철물이 보에 고정되지만, 이는 도리의 밀림이나 이완을 방

그림 6-7. 합량띠철[휘릉 정자각, 1897 중건]

지하는 목적이지 보를 보강하기 위한 것은 아니다. 의궤에는 기록되어 있지 않지만 휘릉 정자각의 경우 고주와 결합되는 합량을 띠철로 보강한 사례가 확인된다. 휘릉 정자각은 1689년에 건립되지만, 1897년 화재가 발생하여 중건된 것이다.[16] 합량을 보강하기 위한 띠철은 이때 설치된 것으로 보인다. 19세기 말에는 합량도 철물을 보강했음을 알 수 있다. 이러한 합량띠철은 1869년에 중건된 흥인지문 등에서도 확인된다.

도리와 장혀

용어 정리

도리

도리는 서까래를 받는 부재로 정자각에서는 모두 굴도리를 썼다. 정자각은 정전은 오량가, 배위청은 삼량가로 구성된다. 즉 정전은 주심도리, 중도리, 종도리로, 배위청은 주심도리와 종도리로 구성된다. 정전은 1출목 이익공을 갖추어 배위청의 이익공과는 위계를 두기도 하는데, 이 경우 정전에는 외목도리가 추가된다.

산릉의궤에서 주심도리와 중도리는 구별하지 않지만, 종도리는 구분하기도 하였다. 외목도리도 구분하는 경우와 그렇지 않은 경우가 있다. 정전에 1출목 익공을 갖춘 경우 도리 수량은 맞배지붕 5칸 정자각은 26개, 맞배지붕 8칸 정자각은 43개, 팔작지붕 8칸 정자각은 47개이다. 이와 같은 도리 수량을 고려하여 용어를 살펴보자.

표 6-9. 정자각의 도리 수량

구분	맞배 5칸 정자각		맞배 8칸 정자각		팔작 8칸 정자각	
	정전(1출목)	배위청	정전(1출목)	배위청	정전(1출목)	배위청
주심도리	6개	4개	10개	6개	14개	7개
중도리	6개	-	10개	-	6개	-
종도리	3개	2개	5개	3개	3개	2개
외목도리	5개	-	9개	-	13개	-
외기도리	-	-	-	-	2개	-
소계	20개	6개	34개	9개	38개	9개
합계	26개		43개		47개	

먼저 출목도리가 없는 정자각 도리 용례를 살펴보자. 산릉의궤에서 도리는 '道里, 申道里, 斜防道里, 樑' 등으로 표기되어 있다. 배위청 도리를 지칭하는 신도리(申道里)는 『선조목릉천장산릉도감의궤』(1630)에 한 차례, 사방도리(斜防道里)는 『소현세자묘소도감의궤』(1645)에 한 차례 등장하고, 나머지는 모두 도리(道里)로 표기하였다. 사방도리(斜防道里)는 정자각에 쓰이지 않는 용어로, 『영조원릉산릉도감의궤』(1776)까지 격이 낮은 수라간, 수복방 등에서 사방(斜防) 또는 사방도리(斜防道里)를 도리의 총칭으로 사용하였다.

양도리(樑道里) 또는 도리급량(道里及樑)으로 표기한 사례는 『효종영릉산릉도감의궤』(1659)부터 『장경왕후사릉봉릉도감의궤』(1699)까지 5차례 확인된다. 여기서 양(樑)은 종도리를 의미하며, 도리(道里)는 주심도리와 중도리를 일컫는다. 양(樑)은 보(椺)를 나타낼 때 사용되지만 보를 지칭할 때 접두어 없이 단독으로 쓰인 경우는 많지 않다. 양(樑)이 접두어 없이 단독으로 쓰일 때에는 대개 종도리를 지칭한다. 대부분 '양도리(樑道里)', '양도리주(樑道里柱)' 또는 '도리급량보(道里及樑椺)' 등과 같이 주요 가구부재와 함께 수량을 표기할 때 사용된다.

양(樑)이 종도리를 의미하는지 좀 더 살펴보자. 목조건축공사에서 상량식은 가장 중요한 의례이다. 여기서 상량(上樑)은 정칸 종도리 장혀에 상량문을 넣고 종도리 올리면서 거행하는 행사로 목조의 중요 가구부 완성을 의미한다. 이어지는 '미장공사'에서 살펴보겠지만 양상도회(樑上塗灰)의 양상(樑上)도 종도리를 위를 지칭한다. 양(樑)을 단독으로 쓸 때에는 종도리를 지칭한다고 봐도 크게 무리는 없을 것이다.

이와 같이 양(樑)이라는 특정 용어를 사용하였지만, 결과적으로 종도리를 분리해서 수량 및 규격을 표현하지는 않았다. 이는 창방과 뜬창방을 구분하지 않은 것과 마찬가지로 도리 위치별 규격 차이가 없어 구분하지 않은 것이다. 18세기 이후부터 19세기 『순조인릉산릉도감의궤』(1835)까지 종도리는 도리(道里)에 포함되어 표기되었다. 이후 『효현왕후경릉산릉도감의궤』(1843)부터는 원도리(圓道里)로 표기하였다. 도리 형태를 구체적으로 명시한 것으로, 출목도리 수량이 통합된 것 외에는 기존의 표기 방식과 차이가 없다.

산릉의궤에서 출목도리는 외목도리(外木道里)와 외도리(外道里)로 표기되어 있다. 외목도리(外木道里)는 18세기 초 『경종의릉산릉도감의궤』(1725)까지 사용되고, 18세기 후반 『정성왕후홍릉산릉도감의궤』(1757)부터 19세기 초 『효명세자연경묘묘소도감의궤』(1830)까지는 외도리로 표기되었는데, 그 이후는 원도리에 통합 표기되었다. 출목도리를 외목도리로 표기하다가 외도리로 줄인 것은 앞선 사례와 같이 용어를 압축한 경우이다. 출목도리는 주심도리에 비해 직경이 작기 때문에 구분하여 표기할 필요가 있는데, 오히려 19세기 중엽 이후에는 원도리 수량에 포함시켜 표기 방식의 정밀함이 퇴보되는 양상을 보여준다.

표 6-10. 정자각의 도리

No.	능호	시기	규모	출목	도리 개수	도리 규격	외목도리 개수	외목도리 규격
1	**목릉**	1630	5칸	1출목	정:道里21條 배:申道里6條	정:7條各長17尺 14條各長12尺 배:各長11尺	-	-
2	소현세자묘	1645	5칸	-	斜防道里21條	6條各長16尺15條各長13尺	-	-
3	영릉	1659	5칸	-	樑道里幷中不等14條 小不等10條	14條各長14尺圓經1尺 10條各長13尺圓經1尺	-	-
4	**숭릉**	1674	8칸	1출목	道里及樑幷34次 中不等10條樓柱24條	御間道里長13尺8寸 左右挾間道里長11尺5寸 左右退間道里長7尺 拜位廳3間道里長各9尺5寸	外木道里13次 小不等4條 樓柱9條	-
5	**익릉**	1680	8칸	1출목	道里及樑幷34次 中不等10條樓柱24條	御間道里長13尺8寸 左右挾間道里長11尺5寸 左右退閣道里長7尺 拜位廳3間道里長各9尺5寸	外木道里9次 小不等1條 樓柱8條	-
6	휘릉	1689	8칸	1출목	道里及樑幷34次 小不等34條	御間道里長13尺8寸 左右挾間道里長11尺5寸 左右退間道里長7尺 拜位廳3間道里長各9尺5寸	外木道里9次 小不等1條 樓柱8條	-
7	**사릉**	1699	5칸	-	道里及樑次21條 樓柱13條宮材8條	-	-	-
8	**장릉**	1699	5칸	-	道里次樓柱21條	御間門道里長9尺9寸 左右挾間道里長7尺9寸 拜位廳2間道里長7尺9寸	-	-
9	명릉	1702	8칸	-	道里34次小不等14條 樓柱20條	御間道里長13尺8寸 左右挾間道里長11尺5寸 左右退閣道里長7尺 拜位廳3間道里長各9尺5寸	外木道里9次 小不等9條	-
10	단의빈묘	1718	5칸	-	道里21次小不等8條 樓柱13條	正間道里長14尺 左右挾間道里長14尺 拜位廳2間道里各長14尺	-	-
11	민회빈묘	1719	5칸	-	道里21次樓柱21條	-	-	-

표 6-10. 계속

No.	능호	시기	규모	출목	도리 개수	도리 규격	외목도리 개수	외목도리 규격
12	**의릉**	1725	8칸	1출목	道里34次小不等6條 樓柱28條	御間道里長13尺8寸 左右挾間道里長11尺5寸 左右退閣道里長7尺 拜位廳3間道里長各9尺5寸	外木道里9次 樓柱9條	-
13	**온릉**	1739	5칸	-	道里21次樓柱6條 小不等15條 樑3次樓柱2條	御間11尺 左右侯間各10尺 拜位廳各9尺	-	-
14	의소세손묘	1752	5칸	-	道里21次小不等21株	-	-	-
15	**소령원**	1753	5칸	-	道里21次小不等21株	-	-	-
16	**순강원**	1755	5칸	-	道里21次小不等21株	御間長12尺挾間長8尺	-	-
17	**홍릉**	1757	5칸	1출목	道里21次小不等2株 樓柱19株	-	外道里5次 小不等5株	-
18	사도세자묘	1762	5칸	-	道里21次小不等21株	-	-	-
19	**원릉**	1776	5칸	1출목	道里21次小不等2株 樓柱19株	-	外道里5次 小不等5株	-
20	문효세자묘	1786	5칸	-	道里21次樓柱21箇	-	-	-
21	**현륭원**	1789	5칸	1출목	道里26次樓柱26株	御間5次長14尺 13次長15尺3寸 3次長12尺圍圓徑1尺1寸	-	-
22	건릉	1800	5칸	-	道里21箇樓柱21株	正中1間14尺左右2間各12尺 南北長24尺 14箇各長17尺 7箇各長14尺5寸竝徑1尺2寸	外道里5箇 宮材5株	長17尺 徑1尺1寸
23	**건릉**	1821	5칸	1출목	道里21箇樓柱21株	正中1間14尺左右2間各12尺 南北長24尺 14箇各長17尺 7箇各長14尺5寸竝徑1尺2寸	外道里5箇 宮材5株	長17尺 徑1尺1寸
24	휘경원	1823	5칸	-	道里21箇樓柱21株	正中1間14尺左右2間各12尺 南北長24尺 14箇各長17尺 7箇各長14尺5寸竝徑1尺2寸	外道里5箇 宮材5株	長17尺徑 1尺1寸
25	연경묘	1830	5칸	-	道里21樓柱21箇	正中1間14尺左右2間各12尺 南北長24尺 14箇各長15尺 7箇各長12尺5寸竝徑1尺2寸	外道里5箇 宮材5箇	長15尺 經1尺1寸
26	인릉	1835	5칸	-	道里次體木21箇	正中1間14尺左右2間各12尺 南北長24尺	-	-
27	**경릉**	1843	5칸	1출목	圓道里26箇次體木26箇	正中1間14尺左右2間各12尺 南北長24尺	-	-
28	수릉	1846	5칸	-	圓道里26箇次體木26箇	正中1間14尺左右2間各12尺 南北長24尺	-	-
29	**수릉**	1855	5칸	1출목	圓道里26箇卜定宮材	正中1間14尺左右2間各12尺 南北長24尺 各長16尺末圍徑1尺4寸	-	-
30	휘경원	1855	5칸	-	圓道里26箇卜定木26箇	正中1間14尺左右2間各12尺 南北長24尺 各長16尺末圍徑1尺4寸	-	-
31	**인릉**	1856	5칸	1출목	圓道里26箇	正中1間14尺左右2間各12尺 南北長24尺	-	-
32	**휘경원**	1864	5칸	1출목	圓道里26箇	正中1間14尺左右2間各12尺 南北長24尺	-	-
33	**예릉**	1864	5칸	1출목	圓道里26箇次 體木26箇內5箇樓柱	正中1間14尺左右2間各12尺 南北長24尺	-	-

출목은 현존 정자각의 출목수임.

기둥, 보, 도리는 전통 목조건축의 근간이다. 기둥은 건물 높이, 보는 건물 측면 길이, 도리는 정면 길이를 표현한다. 산릉의궤에서도 도리의 규격, 특히 길이를 상세히 기록하고 있다. 도리의 일반적인 표기 방식은 기둥, 보와 같이 도리 수량, 원재 등급, 길이 및 직경 등을 표시한다. 하지만 목물을 기술하기 전 건물 규모를 알 수 있도록 앞서 열거한 기둥, 보, 도리 등의 규격을 별도로 표기하기도 하였다. 이러한 방식은 『현종숭릉산릉도감의궤』(1674)부터 『단경왕후온릉봉릉도감의궤』(1739)까지 나타나고, 그 이후는 별도로 표기하지 않다가, 『정조건릉산릉도감의궤』(1800)부터는 조성소 도설의 정자각도에 그림과 건축개요를 설명하면서 다시 표기하였다. 일부 시기를 제외하면 산릉의궤에서는 건축개요를 표기하는 방향으로 작성되었다. 17세기 중엽부터 18세기 초까지 도리 규격은 건축개요에는 표기하고 목물 목록에서는 생략하였다.

건축개요에서 도리 표기 방식을 살펴보자. 5칸 정자각은 정전 3칸을 어칸(御間)과 좌우협칸(左右挾間)으로 구분하였다. 8칸 정자각은 5칸 정전을 중앙부터 어칸(御間), 좌우협칸(左右挾間), 좌우퇴칸(左右退間)으로, 배위청은 배위청 2칸, 배위청 3칸 등으로 표기하였다. 19세기에 들어 정전 3칸은 정중1칸(正中一間), 좌우2칸(左右二間)으로 위치만 설명하는 방식으로 단순화된다.

영건의궤에서는 『화성성역의궤』를 기점으로 협칸(挾間, 夾間), 변칸(邊間) 등의 용어가 추가되었고, 그 이전에는 어칸(御間)과 퇴(退)라는 명칭만 확인된다.[17] 산릉의궤와는 표기 방식에 차이가 있는데, 오히려 산릉의궤의 표기 방식이 『화성성역의궤』를 기점으로 영건의궤에서도 활용된 것이 아닌가 생각된다. 현재는 대개 3칸 건물은 가운데 칸을 어칸, 좌우측 칸을 퇴칸으로 설명한다. 하지만 산릉의궤에서는 18세기 중엽까지 좌우칸을 협칸으로 지칭하고 있어, 지금의 사용 방식과는 차이가 있다. 건물개요에서 도리 길이는 뺄목을 제외하고 기둥 중심 간격으로 표기하였다.

장혀

산릉의궤에서 장혀는 '長舌'로 일관되게 표기되어 있다. 장혀 수량은 도리와 같다. 대부분 도리 수량에 맞추는데, 간혹 출목도리 장혀를 따로 표기한 경우도 있다. 『정성왕후홍릉산릉도감의궤』(1757)와 『영조원릉산릉도감의궤』(1776)가 이에 해당하는데, 수량만 별도로 기입한 것으로 큰 의미를 부여하기는 어렵다. 일반 장혀에 비해 출목장혀는 단면 춤이 작아 세분하여 표기할수록 물량 산출이 정교해지는데, 산릉의궤에서는 용어 분화가 나타나지 않았다. 이는 영건의궤에서도 마찬가지다.[18] 아마도 기둥, 보, 도리에 비해 규격이 작아 일일이 세분하지는 않았던 것으로 짐작된다.

표 6-11. 정자각의 장혀

No.	능호	시기	규모	*출목	장혀 개수	장혀 규격
1	**목릉**	1630	5칸	1출목	정:長舌15條 배:長舌6條	정:3各長14尺 12各長11尺 배:長11尺
2	소현세자묘	1645	5칸	-	長舌21介	6介各長15尺 15介各長13尺
3	영릉	1659	5칸	-	長舌24小不等12條	長14尺圓徑6寸
4	**숭릉**	1674	8칸	1출목	長舌34次中不等10條樓柱7條	-
5	**익릉**	1680	8칸	1출목	長舌34次中不等3條樓柱14條	-
6	휘릉	1689	8칸	1출목	長舌43次中不等21條半	-
7	**사릉**	1699	5칸	-	長舌次11條樓柱7條宮材4條	-
8	**장릉**	1699	5칸	-	長舌次樓柱11條	-
9	명릉	1702	8칸	-	長舌34次樓柱17條	-
10	단의빈묘	1718	5칸	-	長舌21次小不等1條樓柱9條半	-
11	민회빈묘	1719	5칸	-	長舌21次樓柱10條半	-
12	**의릉**	1725	8칸	1출목	長舌43次樓柱21條半	-
13	**온릉**	1739	5칸	-	長舌25次樓柱12條半	-
14	의소세손묘	1752	5칸	-	長舌21次長吉7立小不等2株	-
15	**소령원**	1753	5칸	-	長舌21次小不等7株	-
16	**순강원**	1755	5칸	-	長舌21次小不等10株	-
17	**홍릉**	1757	5칸	1출목	長舌21次小不等1株樓柱10株 長舌5次小不等2株半	-
18	사도세자묘	1762	5칸	-	長舌21次小不等2株樓柱5株	-
19	**원릉**	1776	5칸	1출목	長舌21次小不等1株樓柱10株 長舌5次小不等2株半	-
20	문효세자묘	1786	5칸	-	長舌21次樓柱10箇半	-
21	**현륭원**	1789	5칸	1출목	長舌26次樓柱13株	長15尺3寸
22	건릉	1800	5칸		長舌26箇樓柱13株	-
23	**건릉**	1821	5칸	1출목	長舌26箇樓柱13株	-
24	휘경원	1823	5칸	-	長舌26箇樓柱13株	-
25	연경묘	1830	5칸	-	長舌26樓柱6箇半	長14尺高7寸
26	인릉	1835	5칸	-	長舌次體木13箇	-
27	**경릉**	1843	5칸	1출목	長舌26箇次樓柱13箇	-
28	수릉	1846	5칸	-	長舌26箇次體木13箇	-
29	**수릉**	1855	5칸	1출목	長舌26箇次體木13箇代卜定宮材13箇	-
30	휘경원	1855	5칸	-	長舌26箇卜定木10箇	-
31	**인릉**	1856	5칸	1출목	長舌26箇	-
32	**휘경원**	1864	5칸	1출목	長舌26箇	-
33	**예릉**	1864	5칸	1출목	長舌26箇次樓柱13箇	-

*출목은 현존 정자각의 출목수임.

도리의 보강기법

회첨부 보강

정자각은 정전에 직교하여 배위청이 결합되어 있다. 구조상 회첨부의 견고한 결합이 기술적 해결 과제였다. 정전은 수장재와 미장벽체가 갖추어져 있지만, 배위청은 기둥으로만 축부가 구성되어 있다. 즉 정전과 배위청은 종횡 변형에 대응하는 강성 차이가 발생한다. 이는 회첨부를 이완시키는 요인으로 작용한다. 18세기 이후의 정자각은 정전과 배위청 간 주심도리 높이가 같아, 회첨부에는 정전의 대량과 주심도리, 배위청의 주심도리가 十자 형태로 만나게 된다. 4개의 부재를 잘 치목하여 맞추더라도 시간 경과에 따른 목재의 건조 수축으로 결구부가 느슨해지기 마련이다. 이는 상부 지붕부까지 영향을 미쳐 누수를 비롯한 하자요인이 된다. 조선 후기 정자각을 건립하는데 관여한 목수와 낭청 등 관료들도 이와 같은 고민을 하였을 것이다. 이에 대한 대응 조치가 어떠한 방식으로 이루어졌는지 살펴보자.

가장 이른 시기의 조치는 회차음인연철(會次音引連鉄)이라는 철물을 사용하여 보강하는 방법이었다. 이 철물은 영건의궤 관련 선행연구에서는 확인되지 않은 철물이다. 회차음(會次音)은 회첨의 이두식 표현이다. 따라서 회차음인연철(會次音引連鉄)은 "회첨을 당기는 연철"로 풀이되며, 회첨인연철로 읽을 수 있다. 회첨을 잡아주는 역할을 하는 철물을 의미하지만 문헌상 설치 위치는 알 수 없다. 회첨인연철은 『효종영릉산릉도감의궤』(1659)에서 처음 등장하여 『문효세자묘소도감의궤』(1786)까지 사용된다. 대부분 2개를 사용하였고 길이는 2자이다. 박이는 못머리가 있는 두정으로 10개에서 최대 28개까지 사용하였으나 대체로 12개 정도를 사용하였다. 2015년 온릉 정자각 해체보수공사 시 조사 기회를 가졌는데, 이때 회첨인연철을 찾을 수 있었다. 정전 정면 내측 주심도리 이음부 1곳에서 2자 길이의 띠철에 7개의 못이 고정되어 있는 모습을 확인할 수 있었다.(그림 6-8)

『단경왕후온릉봉릉도감의궤』(1739)에는 "會次音引連鐵 2 各長1尺5寸 朴只 3寸 頭丁 18箇"라고 기록되어 있다. 현존 회첨인연철과 길이와 못

그림 6-8. 회첨인연철 [온릉 정자각, 1739]

수량은 차이가 있지만, 일반적인 산릉역에서의 철물 규격과 못 수량과는 대체로 일치하므로, 현장에서 찾아낸 철물을 회첨인연철로 특정할 수 있었다. 즉 회첨인연철은 정전과 배위청이 만나는 지점의 주심도리를 보강하기 위해 설치한 철물임을 알 수 있다. 회첨인연철은 17세기 중엽부터 18세기 말까지 사용되었다. 사용 위치가 밝혀짐에 따라 회첨인연철은 "회첨부의 주심도리 이음부를 잡아주는 연철"이라고 용어를 정리할 수 있다.

그림 6-9. 회첨부 띠철 [헌릉 정자각, 1822 수리 추정]

4개의 회첨인연철을 쓴 사례가 『숙빈상시봉원도감의궤』(1752)와 『인빈상시봉원도감의궤』(1753)에서 확인된다. 헌릉 정자각의 수리 사진을 보면 회첨부를 띠철로 十자 형태로 보강하였는데, 이 띠철이 회첨인연철이다. 이는 단경왕후온릉봉릉역과 비슷한 시기인 1748년 수리 시 설치된 것으로 추정된다.[19] (그림 6-9)

회첨인연철 다음으로 정자철(丁字鐵) 또는 정자연철(丁字連鐵)이 쓰였는데, 글자 그대로 정자형 철물이다. 정자철은 민회빈봉묘역(1719)에서 처음 사용되었고, 이후 휘경원천봉원소역(1863)까지 쓰였지만 19세기에는 사용 빈도가 떨어졌다. 정자철은 2개 또는 4개를 사용하였는데, 18세기는 4개, 19세기에는 2개를 주로 사용하였다. 정자철은 길이만 1자 5치로 표기되어 있다. 정자철의 세 방향 길이를 각각 5치로 하여 더한 길이인지, 정자철의 좌우길이만 표시한 것인지 불분명하다. 정자철을 고정하는 못은 『민회빈봉묘도감의궤』에 한 차례 표기되어 있는데, 정자철마다 3치 두정을 18개씩 사용하였다. 즉 정자철 1방향마다 6개씩 고정한 것이다. 정자철은 명칭 때문에 설치 위치를 쉽게 특정할 수 있다. 정자각에서 정자철이 쓰일 만한 위치는 정자각의 명칭과 동일하게 정전과 배위청이 만나는 회첨부이다. 정자철이 2개인 경우는 정전의 주심도리와 대량의 결구부에 고정한 것이고, 4개인 경우는 정전 결구부 외에 배위청의 주심도리와 정전의 주심도리 간 결구부에 추가로 설치한 것으로 짐작된다.

정자철은 융릉(현륭원) 정자각의 해체수리 시 사진자료에서 확인된다.(그림 6-10) 정자철의 한 방향 길이는 대략 1자 5치에 해당하여 의궤상의 규격과 일치한다. 고정못은 대량쪽으로 4개만 확인되는데, 간격상 6개를 고정한 것으로 보이며 세 방향을 합산하면 18개로 민회빈봉묘역(1719)에서 사용된 수치와 동일하다. 융릉(현륭원) 정자각은 의궤에는 회첨부에 4개의 정자철을 사용한 것으로 표기하였는데, 실제로는 2개만 설치한 것으로 확인된다.

정자철을 사용한 것은 민회빈봉묘역부터인데 이때는 회첨인연철을 사용하지 않았다. 정자철을 회첨인연철의 대체 철물로 사용하려는 의도로

수리 전

수리 후

그림 6-10. 회첨부 정자철[융릉 정자각, 1789]

볼 수 있다. 하지만 이후 정자철은 설치 수량을 4개로 늘렸음에도 회첨인연철과 상당 기간 같이 사용하였다. 이 시기에 회첨인연철도 사용 수량을 2개에서 4개로 늘렸는데, 18세기 후반에는 다시 2개를 사용하다가 차츰 사용 빈도를 줄여 18세기 말부터는 사용하지 않았다. 비슷한 시기인 18세기 말부터 정자철 사용 빈도는 조금 줄어드는데, 이는 기록상 누락으로 판단된다. 정자철과 회첨인연철을 중복하여 사용한 18세기 후반은 회첨부를 보강하기 위한 노력이 극대화된 시기로 이해된다.

19세기 후반에 들어서는 정자철 외에도 산지정(山支釘) 또는 산지철(山支鐵) 2개를 정전 및 배위청의 주심도리 교차부에 고정하여 결구부를 강화하였다.(그림 6-11) 회첨부를 고정하기 위한 노력은 19세기 후반에도 지속되었음을 알 수 있다.

산지정[수릉 정자각, 1855]

산지정 홈[인릉 정자각, 1856]

그림 6-11. 산지정과 홈

표 6-12. 정자각의 도리 철물보강1

No.	능호	시기	규모	회첨부	주심도리
1	**목릉**	1630	5칸	-	-
2	소현세자묘	1645	5칸	-	-
3	영릉	1659	5칸	-	會次音引連鉄2各長2尺 朴只4寸頭釘12介
4	**숭릉**	1674	8칸	-	會次音引連鐵2各長2尺 朴只4寸頭釘12箇
5	**익릉**	1680	8칸	-	會次音引連鐵2箇各長2尺 朴只4寸頭釘12箇
6	휘릉	1689	8칸	-	會次音引連鐵2箇各長2尺 朴只4寸頭釘12箇
7	**사릉**	1699	5칸	-	會次音引連鐵2各長1尺5寸 朴只3寸頭釘18箇
8	**장릉**	1699	5칸	-	會次音引連鐵2箇各長2尺朴只4寸頭丁12箇
9	명릉	1702	8칸	-	會次音引連鐵2箇各長2尺 朴只4寸頭釘10箇
10	단의빈묘	1718	5칸	-	會次音引連鐵2箇各長2尺會次音朴只4寸頭釘10箇
11	민회빈묘	1719	5칸	丁字鐵2箇各長1尺5寸 朴只3寸頭釘18箇	-
12	**의릉**	1725	8칸	-	會次音引連鐵2箇各長2尺會次音朴只2寸頭釘28箇
13	**온릉**	1739	5칸	-	會次音引連鐵2各長1尺5寸朴只3寸頭丁18箇
14	의소세손묘	1752	5칸	丁字鐵4箇各長1尺5寸釘具	會次音引連鐵2箇各長2尺釘具
15	**소령원**	1753	5칸	丁字鐵4箇各長1尺5寸釘具	會次音引連鐵4箇各長2尺釘具
16	**순강원**	1755	5칸	丁字鐵4介各長1尺5寸釘具	會次引連鐵4介各長2尺釘具
17	**홍릉**	1757	5칸	丁字鐵4介釘具鑞染	-
18	사도세자묘	1762	5칸	丁字鐵4箇各長1尺5寸丁具	會次音引連鐵2箇各長2尺釘具
19	**원릉**	1776	5칸	丁字鐵4箇釘具	-
20	문효세자묘	1786	5칸	丁字鐵4箇各長1尺5寸釘具	會次音引連鐵2箇各長2尺釘具
21	**현륭원**	1789	5칸	丁字鐵4箇釘具	-
22	건릉	1800	5칸	-	-
23	**건릉**	1821	5칸	-	-
24	휘경원	1823	5칸	-	-
25	연경묘	1830	5칸	丁字連鐵釘具2箇	-
26	인릉	1835	5칸	丁字連鐵2箇	-
27	**경릉**	1843	5칸	丁字連鐵2箇	-
28	수릉	1846	5칸	-	-
29	**수릉**	1855	5칸	-	-
30	휘경원	1855	5칸	丁字釘2箇 山支釘2箇	-
31	**인릉**	1856	5칸	-	-
32	**휘경원**	1864	5칸	丁字鐵2箇 山支鐵2箇	-
33	**예릉**	1864	5칸	丁字連鐵2箇	-

『선조목릉천장산릉도감의궤』와 『소현세자묘소도감의궤』에서는 철물 수량이 다른 건물과 통합하여 기술되어 철물 정보를 알 수 없는 경우가 대부분임. 이는 '목공사 시공기법'의 다른 표에서도 동일하게 적용됨.

도리 이음부 보강

도리 이음부를 보강하기 위한 철물로는 도리연철이 있다. 산릉의궤에는 중도리연철(中道里連鉄)과 도리연철(道里連鐵)로 표기되어 있다. 중도리연철은 『효종영릉산릉도감의궤』(1659)부터 『장헌세자현륭원원소도감의궤』(1789)까지 나타나고, 『정조건릉산릉도감의궤』(1800)부터는 도리연철로 표기되었다.

먼저 사용된 중도리연철에 대해 살펴보자. 중도리연철은 설치 위치를 중도리로 특정하고 있다. 철물 수량은 8~18개로 다양하다. 평면 규모와 지붕형식으로 구분하면 5칸 팔작지붕인 효종영릉산릉역은 8개, 8칸 팔작지붕인 현종숭릉산릉역에서도 동일하게 8개를 사용하였고, 8칸 맞배지붕은 모두 18개, 일반적인 5칸 맞배지붕은 10~13개를 주로 사용하였다. 정자각 유형별 중도리 개수는 5칸 팔작지붕은 외기도리 포함 4개, 8칸 팔작지붕은 외기도리 포함 8개, 8칸 맞배지붕은 10개, 5칸 맞배지붕은 6개이다. 정자각의 중도리 수량보다 의궤상 도리연철의 수량이 더 많다. 그렇다면 중도리연철은 중도리 이외의 도리에도 사용된 것으로 볼 수 있다.

맞배지붕 5칸 정자각을 통해 중도리연철의 사용 위치를 확인해 보자. 5칸 맞배지붕 정자각은 정전은 주심도리 6개, 중도리 6개, 종도리 3개, 배위청은 주심도리 4개, 종도리 2개로 총 21개로 구성된다. 도리별로 도리연철을 고정한다면 주심도리는 6개, 중도리는 4개, 종도리 3개로 총 13개가 필요하다. 중도리연철을 13개 쓴 경우는 18세기 후반으로 이때는 모든 도리에 연철을 사용하였음을 알 수 있다. 그 이전 중도리연철은 11개를 주로 썼다. 이때는 배위청의 종도리 1개를 추가로 고정하였을 것으로 추정된다. 따라서 5칸 정자각의 경우 18세기 중엽까지는 정전 내 도리에만 고정하다가 점차적으로 배위청의 도리까지 연철 고정을 확대하고, 18세기 말엽에는 정자각의 모든 도리에 고정하는 방식으로 변화되었음을 알 수 있다.

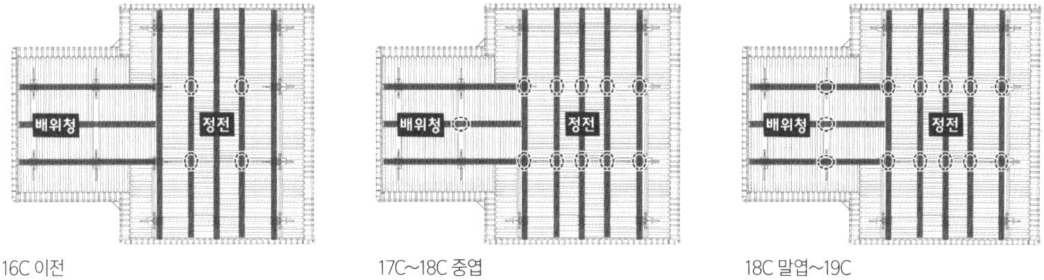

그림 6-12. 정자각 도리연철 설치 위치 변천 모식도

이와 같이 중도리연철은 용어와는 달리 중도리 이외에도 설치한 것으로 보인다. 『정조건릉산릉도감의궤』(1800)부터는 중도리라는 위치는 생략

하여 도리연철로 표기하고, 실제 모든 도리에 띠철을 설치하였다.

도리연철의 설치 위치가 점차 확대되어나가는 양상을 확인할 수 있었는데, 중도리연철이라고 특정하여 표기된 이유는 이전 시기에는 중도리에만 연철을 사용하였음을 반증하는 것이다. 중도리는 장연과 단연이 만나는 부위로 구조상 중요한 위치이므로 다른 부위보다도 먼저 고정을 하였을 것이다. 중도리연철이라는 명칭은 조선 전기 또는 그 이전부터 이러한 방식으로 도리 이음부를 보강하였을 가능성을 시사한다.

도리연철의 길이는 1자이다. 고정못은 도리연철당 4개로 양측 도리에 각각 2개씩 고정하였음을 알 수 있다. 도리연철은 대부분 도리의 나비장 이음부 위에 설치되어 육안상 노출되지 않는다. 현륭원(융릉) 정자각(1789)의 경우는 예외적으로 보와 만나는 부위에 설치되어 확인할 수 있다.(그림 6-13)

중도리와 종량 맞춤부 보강

중도리는 장연과 단연이 만나는 부위로 처마 하중에 의해 장연 뒤뿌리가 들리거나 도리가 바깥으로 밀려나가는 현상이 발생할 수 있다. 이를 방지하기 위해 정자각에서는 중도리를 철물로 보강하였다.(그림 6-13) 중도리 보강철물로 가장 먼저 등장하는 것은 의소세손묘소역(1752)부터 장헌세자현륭원원소역(1789)까지 쓰인 견마철(牽馬鐵)이었다. 견마(牽馬)는 마부가 말을 끄는 행위로, 견마철은 인위적으로 잡아당기는 철물을 뜻한다. 즉 견마철은 도리가 밀려나가지 않도록 잡아당기는 철물로 볼 수 있다. 또는 말고삐처럼 양쪽으로 말 머리를 잡아당기는 듯 도리를 붙잡고 있는 모습을 표현한 명칭으로도 볼 수 있다. 물론 견마철이 도리에만 사용되는 것은 아니다. 영건의궤에서는 『창덕궁수리소의궤』(1633)부터 등장하여 사용 시기가 오래된 철물 중 하나이다.[20] 산릉의궤와는 사용 시기에 시차를 보인다. 견마철은 12개 또는 14개를 사용했는데 12개를 사용한 빈도가 조금 높다. 정자각에서 정전에서 종량과 중도리가 만나는 지점에 양측으로 두 개씩 설치하면 총 16개가 필요하다. 내부에만 설치하는 경우에는 12개만 필요하여 견마철은 대부분 내부에만 설

표 6-13. 정자각의 도리 철물보강2

No.	능호	시기	규모	도리 간	중도리+종보 간	현존 정자각 중도리 철물 개수
1	**목릉**	1630	5칸	連鐵10介	-	12
2	소현세자묘	1645	5칸	-	-	
3	영릉	1659	5칸	中道里連鉄8各長1尺 朴只4寸頭釘32介	-	
4	**숭릉**	1674	8칸	中道里連鐵8各長1尺 朴只4寸頭釘32箇	-	4?
5	**익릉**	1680	8칸	中道里連鐵18箇各長1尺 朴只4寸頭釘72箇	-	-
6	휘릉	1689	8칸	中道里連鐵18箇各長1尺 朴只4寸頭釘72箇	-	
7	**사릉**	1699	5칸	-	-	8?
8	**장릉**	1699	5칸	中道里連鐵12箇各長1尺 朴只4寸頭釘45箇	-	12
9	명릉	1702	8칸	中道里連鐵18箇各長1尺 朴只4寸頭釘72箇	-	
10	단의빈묘	1718	5칸	中道里連鐵朴只4寸頭釘72箇 中道里連鐵18箇各長1寸	-	
11	민회빈묘	1719	5칸	-	-	
12	**의릉**	1725	8칸	中道里連鐵18箇各長1尺 中道里連鐵朴只4寸頭釘72箇	-	-
13	**온릉**	1739	5칸	-	-	12
14	의소세손묘	1752	5칸	中道里連鐵10箇各長1尺釘具	牽馬鐵12箇	
15	**소령원**	1753	5칸	中道里連鐵11箇各長1尺釘具	牽馬鐵12箇	12
16	**순강원**	1755	5칸	中道里連鐵11介各長1尺釘具	牽馬鐵12介	8
17	**홍릉**	1757	5칸	中道里連鐵朴只13介各長1尺 朴只5寸頭釘52介	牽馬鐵14介釘具	-
18	사도세자묘	1762	5칸	中道里連接鐵11箇各長1尺釘具	牽馬鐵12箇釘具	
19	**원릉**	1776	5칸	中道里連鐵朴只1尺釘13箇 朴只5寸頭釘52箇	牽馬鐵14箇釘具	12
20	문효세자묘	1786	5칸	中道里連鐵11箇各長1尺釘具	牽馬鐵12箇	
21	**현륭원**	1789	5칸	中道里連鐵朴只1尺釘13箇 中道里朴只5寸頭釘52箇	牽馬鐵14箇釘具	12
22	건릉	1800	5칸	道里連鐵13箇各長1尺 朴只5寸頭釘52箇	-	
23	**건릉**	1821	5칸	道里連鐵13箇各長1尺 道里朴只5寸頭釘52箇	-	12
24	휘경원	1823	5칸	道里連鐵13箇各長1尺 道里朴只5寸頭釘52箇	-	
25	연경묘	1830	5칸	道里朴只5寸頭釘52箇 道里連鐵長1尺釘具13箇	樑口連鐵釘具12箇	
26	인릉	1835	5칸	道里連鐵13箇各長1尺 朴只4寸頭釘52箇	樑口連鐵12箇	
27	**경릉**	1843	5칸	道里連鐵13箇各長1尺 道里朴只5寸頭釘50箇	樑口連鐵12箇	8
28	수릉	1846	5칸	道里連鐵14箇長1尺5寸釘具	樑口連鐵12箇 長2尺5寸釘具	
29	**수릉**	1855	5칸	道里連鐵14箇長1尺5寸釘具	樑口連鐵12箇 長2尺5寸釘具	12
30	휘경원	1855	5칸	道里連鐵1尺5寸14箇釘具	樑口連鐵 2尺5寸12箇釘具	
31	**인릉**	1856	5칸	道里連鐵14箇1尺5寸釘具	樑口連鐵12箇 長2尺5寸釘具	12
32	**휘경원**	1864	5칸	道里連鐵1尺5寸14箇釘具	樑口連鐵2尺5寸 12箇釘具	12
33	**예릉**	1864	5칸	道里連鐵14箇長1尺5寸釘具	樑口連鐵12箇 長2尺5寸釘具	12

*는 팔작지붕임. ?는 일부만 확인된 개수로 추가될 수 있음.

치된 것으로 볼 수 있다. 14개라는 수량은 설치 위치가 다소 애매하여 잘못 산출된 수치로 생각된다. 견마철은 규격이나 박이 수량은 표기되어 있지 않다. 현존 정자각을 보면 도리를 감싼 후 철물을 꼬아서 종량 측면에 댄 후 못으로 고정하였다. 융릉(현륭원) 정자각은 도리에 2개, 종량 측면에는 2개의 못을 박아 고정하였다. 현존 정자각을 조사해보면 의소세손묘소역(1752) 이전 건립된 곳에서도 견마철이 확인된다. 두 가지 가능성이 있는데, 첫 번째는 그 이전 의궤에서 견마철 기록이 누락되었을 경우이고, 두 번째는 후대의 보수과정에서 견마철이 추가되었을 가능성이다. 후자의 가능성이 조금 높아 보인다. 익릉 정자각(1680)과 의릉 정자각(1724)에는 견마철이 없으며, 나머지는 보수과정에서 추가되었을 것으로 판단된다.

그림 6-13. 견마철[융릉 정자각, 1789]

견마철은 의궤상 장헌세자현륭원원소역(1789)까지 쓰이고 한 동안 사용하지 않다가 효명세자연경묘묘소역(1830)부터는 양구연철(樑口連鐵)이라는 새로운 철물을 사용하게 된다. 양구(樑口)는 종량과 중도리의 맞춤부를 지칭한다. 종량의 도리 맞춤부가 입처럼 중도리를 물고 있는 것을 형상화한 명칭으로 이해된다. 양구연철의 수량은 12개로 견마철과 동일하다. 즉 같은 기능을 하는 철물임을 알 수 있다. 견마철은 기능을 설명한 용어인데, 양구연철은 설치 위치를 비교적 구체적으로 표현하여 철물 명칭이 좀 더 정교해졌음을 알 수 있다.

수릉 정자각(1855)

인릉 정자각(1856)

그림 6-14. 양구연철

양구연철은 규격이 표기되어 있다. 길이는 2자 5치이다. 견마철에 비해 길어졌음을 알 수 있다. 설치 위치가 조정되는데 견마철이 종량 상면을 기준으로 60°~90°에 수직에 가깝게 고정한 것과는 달리 양구연철은 종량 상면을 기준으로 30°~45°로 길게 빼어 고정하였다. 〈그림 6-14〉와 같이 견마철보다 양구연철이 좀 더 견고하게 중도리의 밀림을 방지하고 있다. 의궤에는 고정못의 수량 및 형태가 기록되어 있지 않다. 〈그림 6-14〉를 보면 도리면과 종량면에 각각 3~4개의 못을 고정하는데, 못의 길이 및 형태를 보면 3치 두정에 해당한다. 견마철에 비해 양구연철은 더 길고 도리면과 종량면에 더 넓은 면적으로 밀착하였으며 못 수량도 증가시켜 중도리 보강력을 증대시켰다. 양구연철은 단순히 명칭만 바뀐 것이 아니라 기법 변화도 반영된 용어로 볼 수 있다.

정당의 도리 보강기법

정당은 정자각과 같은 회첨부가 없는 건물로 도리 간 및 종량과 중도리 간 보강철물만 확인된다. 의소묘와 수은묘에서는 도리 보강철물이 사용되지 않았다. 의소묘의 묘소역인 의소세손묘소역에서는 견마철이 사용되고 있는 것과는 차이가 있다. 문희묘영건역과 경우궁영건역에서는 견마철이 각각 22개, 16개씩 사용되었다. 종량과 중도리의 양쪽에 견마철을 사용할 경우 총 16개가 필요하다. 문희묘는 6개를 추가로 사용한 것인데, 위치는 불분명하다. 정자각은 대체로 외측에는 사용하지 않았는데, 정당은 오히려 외측까지 수량을 잡고 있어 기록상 정자각보다 철물 보강을 강화하고 있다. 산릉역에서는 19세기 초에는 견마철 또는 양구연철 기록이 나타나지 않는데, 경우궁을 보면 영건역에서는 18세기 후반부터 19세기 초까지 견마철을 설치하였음을 알 수 있다.

도리연철은 경우궁에서만 쓰였다. 10개를 사용하여 주심도리, 중도리, 종도리 모든 도리의 이음부를 보강하였음을 알 수 있다. 도리연철은 정자각과 정당 간 시공기법에 차이가 나타나는 부분이다. 정자각에서는 17세기 초부터 19세기 후반까지 꾸준히 도리연철을 사용하였지만, 정당에서는 18세기 후반에는 사용하지 않아 기록상 정자각에 비해 시공기법이 뒤처지는 것으로 나타난다.

표 6-14. 정당의 도리와 도리철물

No.	묘호	시기	도리	도리철물
1	의소묘	1752	道里15次 樓柱15條	-
2	수은묘	1764	道里15次內 5介舊材仍用 10介樓柱10條	-
3	문희묘	1790	從樑4介次 體木4介 仇兀道里15介 長9尺 體木15介	牽馬鐵 22介 朴只5寸頭釘 66介
4	경우궁	1824	宗樑4次體木4箇 圓道里15箇次體木5箇	牽馬鐵釘具16箇 連鐵釘具10箇

동자주와 대공

용어 정리 및 원재(原材)

산릉의궤에서 동자주는 일관되게 동자주(童子柱)로 표기되어 있다. 영건의궤에서도 대부분 동일하게 기록되어 있다.[21] 산릉의궤에서 대공은 '大工, 臺工'으로 표기되었다. 대공(大工)은 18세기 중엽인 『단경왕후온릉봉릉도감의궤』(1739)까지 쓰였고, 이후 『문효세자묘소도감의궤』(1786)에서 한 차례 쓰인 것을 제외하고 줄곧 대공(臺工)으로 표기되었다. 영건의궤에서는 『수은묘영건청의궤』(1764)를 기점으로 변경되어[22] 약간의 시차를 보인다.

동자주는 산릉의궤 기록과 현존 정자각 간 수량 차가 발생한다. 5칸 맞

표 6-15. 정자각의 동자주와 대공

No	능호	시기	규모	동자주	대공	동자주띠철	현 정자각	
							동자주	띠철
1	**목릉**	1630	5칸	-	-	-	4	4
2	소현세자묘	1645	5칸	-	-	-		
3	영릉	1659	5칸	-	大工5樓柱4條	-		
4	**숭릉**	1674	8칸	童子柱8次材木2條	大工7次材木3條半	童子柱帶鐵8各長3尺2寸	8	8
5	**익릉**	1680	8칸	童子柱8大材2條	大工10次樓柱8條	童子柱朴只2寸廣頭釘144箇 臺鐵12各長3尺2寸	12	12
6	휘릉	1689	8칸	童子柱8次大材2條	大工10次樓柱8條	童子柱朴只2寸廣頭釘144箇 臺鐵12各長3尺2寸		
7	**사릉**	1699	5칸	童子柱次材木1條	大工次宮材3條	童子柱帶鐵8部各長3尺2寸 朴只2寸廣頭釘96箇	4	-
8	**장릉**	1699	5칸	童子柱次材木2條	大工次宮材6條	童子柱朴只2寸廣頭丁100箇 臺鐵8各長3尺2寸	8	-
9	명릉	1702	8칸	童子柱8次材木2條	大工10次樓柱8條	童子柱朴只2寸廣頭釘144箇 臺鐵12箇各長3尺2寸		
10	단의빈묘	1718	5칸	童子柱8次材木3條	大工7次樓柱5條	童子柱朴只2寸廣頭釘60箇 童子臺鐵12箇各長2尺2寸		
11	민회빈묘	1719	5칸	童子柱8次材木2條	大工7次材木5條	-		
12	**의릉**	1725	8칸	童子柱8次裁折木	大工10次裁折木	童子柱朴只2寸廣頭釘144箇 童子臺鐵12箇各長3尺2寸	12	8
13	**온릉**	1739	5칸	童子柱4次材木1條	大工7次宮材3條半	童子柱帶鐵8部各長3尺2寸 朴只1寸廣頭丁96箇	8	-
14	의소세손묘	1752	5칸	童子柱次材木1株	臺工7次樓柱2株	童子柱帶鐵8箇釘具		
15	**소령원**	1753	5칸	童子柱4次材木1株	臺工7次樓柱2株	童子柱帶鐵2箇釘具	4	4
16	**순강원**	1755	5칸	童子柱4次材木2株	臺工7次樓柱3株	童子柱帶鐵8介釘具	4	4
17	**홍릉**	1757	5칸	童子柱8次材木2株	臺工7次樓柱4株	童子柱臺鐵8介釘具	4	4
18	사도세자묘	1762	5칸	童子柱次材木1株	臺工7次樓柱2株	童子柱帶鐵8箇丁具		
19	**원릉**	1776	5칸	童子柱8次材木2株	臺工7次樓柱4株	童子柱帶鐵8箇釘具	8	8
20	문효세자묘	1786	5칸	童子柱8次大椽木1箇	大工7次厚正板14立	童子柱帶鐵8箇釘具		
21	**현륭원**	1789	5칸	童子柱8次材木4株	臺工7次4次樓柱2株 3次頭折木	童子柱帶鐵8箇釘具	8	8
22	건릉	1800	5칸	童子柱8箇樓柱2株	臺工7箇裁餘木14箇	童子柱帶鐵釘具8箇		
23	**건릉**	1821	5칸	童子柱8箇樓柱2株	臺工7箇裁餘木14箇	童子柱帶鐵釘具8箇	8	4
24	휘경원	1823	5칸	童子柱8箇樓柱3株	臺工7箇樓柱4株	童子柱帶鐵釘具8箇		
25	연경묘	1830	5칸	童子柱8	臺工7中不等2箇	童子柱帶鐵釘具14箇		
26	인릉	1835	5칸	童子柱8箇次樓柱2箇	臺工7坐次中不等4箇	童子柱帶鐵釘具4箇		
27	**경릉**	1843	5칸	童子柱8箇次樓柱2箇	臺工7坐次體木4箇	童子柱帶鐵釘具4箇	-	-
28	수릉	1846	5칸	童子柱8箇次體木2箇	臺工7坐次體木4箇	童子柱帶鐵8箇長3尺5寸		
29	**수릉**	1855	5칸	童子柱8箇次體木2箇 頭折取用	臺工7坐次體木4箇 除實用3箇	童子柱帶鐵8箇長3尺5寸	-	-
30	휘경원	1855	5칸	童子柱8箇頭折取用	臺工7箇卜定木1箇	童子柱帶鐵長3尺5寸8箇		
31	**인릉**	1856	5칸	童子柱8箇	臺工7坐	童子柱帶鐵8箇長3尺5寸	-	-
32	**휘경원**	1864	5칸	童子柱8箇	臺工7坐	童子柱帶鐵3尺5寸8箇	-	-
33	**예릉**	1864	5칸	童子柱8箇次樓柱1箇半	臺工7箇次體木4箇	-	-	-

배지붕 정자각은 일반적으로 8개의 동자주가 필요하다. 의궤에서도 동일하게 8개로 표기되어 있다. 현존 정자각에는 동자주를 4개 쓴 경우와 전혀 사용되지 않은 경우가 있다. 이런 경우에도 산릉의궤에는 여전히 8개로 표기되어 있다. 이는 산릉의궤 목물이 계획 물량이었음을 강력하게 시사한다. 산릉역은 전례에 해당하는 기존 등록을 참고하여 물량을 산출하고 목수 도편수의 의견을 들어 목물 물량을 품한다. 하지만 실제

공사과정에서 변경된 목물 수량이 최종적으로 의궤에 반영되지는 않았음을 알 수 있다.

동자주가 4개로 줄어든 경우는 홍릉 정자각에서 확인되는데, 대량의 춤이 높아 동자주 설치가 어려워 생략하였다. 동자주를 쓰지 않는 경우는 경릉 정자각을 비롯하여 19세기 정자각에서 확인된다. 19세기 정자각은 대부분 사분변작으로, 중도리 위치의 창방이 동자주 역할을 대신하였다.

동자주 보강기법

동자주는 종량을 지지하고 창방과 결구해야 하므로 규격에 비해 단면 손실이 크다. 산릉역에서는 일찍부터 이에 대한 대비책으로 동자주대철(童子柱帶鐵)을 설치하였다. 산릉의궤에서 동자주띠철은 『현종숭릉산릉도감의궤』(1674)에서 처음 확인되고, 이후 지속적으로 사용되었다. 하지만 동자주와 마찬가지로 현존 정자각에는 동자주가 없는데도 철물 물량이 잡혀있어, 이 역시 계획 물량이었음을 알 수 있다. 동자주나 동자주띠철은 수량이 적은 편이어서 실제 투입 여부는 크게 신경 쓰지 않았던 것으로 추측된다.

융릉 정자각(1789)

건릉 정자각(1821)

그림 6-15. 동자주띠철

동자주띠철의 규격과 못의 형태 및 수량 등은 18세기 전반까지만 확인된다. 동자주띠철은 산릉역의 경우 동자주당 12개의 못을 고정하였고, 2치 길이의 광두정을 사용하였다. 묘소역은 단의빈묘소역(1718)에서만 확인되는데, 동자주당 5개의 못을 고정하였다. 산릉역은 동자주띠철의 길이가 3자 2치이고, 묘소역은 2자 2치이다. 묘소역은 동자주 단면이 작기 때문에 못도 줄여서 사용한 것이다. 현존 정자각을 조사해보면 융릉(현륭원) 정자각(1789)까지는 동자주띠철 한 면당 3개의 광두정을 일렬(1형)로 설치하여 동자주당 1개씩 고정하였다. 19세기 들어 건릉 정자각(1821)의 경우는 동자주띠철 한 면당 광두정을 2열로 5개씩(3형) 고정하여 동자주당 20개씩 못으로 고정하였다. 이는 기둥띠철의 변화 양상과 동일하다.

정당의 동자주 보강기법

정당의 경우 모든 동자주를 띠철로 보강하였는데, 광두정 수량이 기록된 문희묘와 경우궁을 보면 동자주당 12개씩 고정한 것으로 나타난다. 동자주 한 면당 3개씩 광두정을 고정한 것이다. 정자각과 비교하면 정당의 동자주 철물 보강기법은 18세기까지는 동일하지만 19세기에 들어서는 정자각에 비해 적은 수량으로 고정하였다. 앞서 살펴본 기둥띠철과 연계해 보면, 정당은 기둥띠철은 정자각과 동일하게 보강하였지만, 동자주는 19세기에도 이전 시기 기법이 유지되었던 것으로 추정된다.

표 6-16. 정당의 동자주와 동자주띠철

No.	묘호	시기	동자주	동자주띠철
1	의소묘	1752	童子柱6次 樓柱1條	童子柱帶鐵 6箇丁具
2	수은묘	1764	童子柱6次 樓柱1條 3尺	童子柱帶鐵釘具 6介
3	문희묘	1790	童子柱6次 體木1介 半	柱帶鐵 16介* 朴只中廣頭釘 192介*
4	경우궁	1824	童子柱6次 體木1箇	(동자주)柱頭帶鐵 6箇朴只大廣頭釘 72箇

*는 기둥 물량이 포함된 것임.

서까래 이상 고정기법

목공사에서 철물은 서까래를 비롯하여 지붕부 부재 고정에 가장 적극적으로 사용되었다. 부재 종류가 많으므로 시공과정을 고려하여 총 3단계로 나누어 살펴보도록 한다. 평고대~서까래개판은 서까래를 중심으로 지붕부 바탕을 1차적으로 완성되는 단계이고, 부연부터 산자판(목기연개판)까지는 지붕부의 테두리를 마감하는 단계이며, 누리개~적심은 기와잇기 전 최종적으로 목공사를 마무리하는 단계이다.

평고대~서까래개판

평고대

용어 정리

평고대는 지붕곡을 형성하기 위해 서까래 끝에 설치하는 부재이다. 통상 홑처마의 경우는 평고대, 겹처마에서는 서까래 위는 초매기, 부연 위는 이매기라 부른다. 하지만 초매기, 이매기는 산릉의궤상에는 등장하지 않는 용어이다.

산릉의궤에서 평고대가 어떻게 표기되었는지 살펴보자. 초매기, 이매기에 해당되는 부재가 처음으로 표기된 예는 『효종영릉산릉도감의궤』(1659)이다. 초매기는 구로대(仇老臺), 이매기는 평고대(平古代)라 기록되어 있다. 구로대(仇老臺)는 지금은 쓰이지 않는 낯선 용어이다. 먼저 익숙한 평고대 용례부터 살펴보자. 평고대는 평고대와 평고대박이 두 가지 용례가 다르게 나타난다. 목부재인 평고대는 '平古代, 平高臺, 平交臺'로 표기되었다. 『단경왕후온릉봉릉도감의궤』(1739)까지는 평고대(平古代, 平高臺)로, 『의소세손묘소도감의궤』(1752)부터는 평교대(平交臺)로 표기하였다. 홑처마는 평고대(平古代, 平高臺)로, 겹처마에서는 초매기, 이매기 부재를 통합하여 평교대(平交臺)로 표기하였다. 『효현왕후경릉산릉도감의궤』(1843)부터는 초매기, 이매기를 각각 초평교대(初平交臺), 재평교대(再平交臺)로 표기하였다.

겹처마의 경우 앞서 언급한 구로대(仇老臺)라는 용어가 등장한다. 이에 대해서는 선행연구에서 초매기와 착고가 일체화된 통평고대임을 밝힌 바 있다.[23] 또한 의궤 기록을 통해 조선 후기 관영건축에서는 화성성역을 계기로 통평고대가 초매기와 착고로 분화되었음을 밝혔다.[24] 이는 현존 정자각을 통해서도 확인된다. 산릉의궤에서 초매기에 해당되는 이 부재는 '仇老臺, 求露臺, 仇累臺'라 표기되는데, 구로대(求露臺)가 중심 명칭이고 나머지는 한 차례씩만 등장한다. 이 명칭은 『장헌세자현륭원원소도감의궤』(1789)까지만 나타나고, 『정조건릉산릉도감의궤』(1800)부터는 착고에 해당되는 부연간판(浮椽間板), 착고(着古) 등이 등장한다.

산릉의궤가 남아 있는 정자각 가운데 통평고대는 홍릉(1757)과 원릉(1776)에서 확인된다. 다른 정자각은 수리과정에서 착고가 있는 평고대 형태로 변경된 것으로 판단된다. 산릉의궤가 없는 정자각 중에도 19세기 이전 중건되거나 중건 이후 수리된 것 중 경릉(敬陵, 1670 중건), 효릉(孝陵, 1690 중건), 희릉(禧陵, 17세기 후반 개수 추정), 영릉(永陵, 1728 건립), 장릉(長陵, 1731 천릉), 창릉(昌陵, 1756 중건) 등 6건의 통평고대 사례가 확인된다.

이와 같이 의궤 및 현존 정자각을 통해 18세기 말까지 관영건축에서는 통평고대가 일반적이었음을 알 수 있다. 이는 통상 통평고대가 매우 오래된 기법으로 여겨지는 것과는 다른 결과이다. 조선 시대 관영건축으로 한정해서 보면 통평고대의 설치 여부는 건립연대 또는 수리시기를 판단할 수 있는 중요한 지표가 될 수 있다. 즉 이는 의궤와 현존 유구 간 비교연구를 통해 시공기법의 편년 확보가 가능하다는 점을 보여주는 중요한 사례로서 의의를 지닌다.

그림 6-16. 통평고대 [선릉, 1706 중건]

그림 6-17. 통평고대 흔적 [휘릉, 1680 건립, 1895 중건]

평고대박이의 용례를 보자. 『장헌세자현륭원원소도감의궤』(1789)까지는 구로대박이[求露臺朴只], 평교대박이[平交臺朴只]로 목부재와 못의 용례가 다르지 않았다. 하지만 『정조건릉산릉도감의궤』(1800)부터는 구로대라는 목부재가 사라짐에 따라 이전의 구로대박이[求露臺朴只]는 평교대박이[平交臺朴只]로, 평교대박이[平交臺朴只]는 부연평교대박이[浮椽平交臺朴只]로 변경된다. 『효현왕후경릉산릉도감의궤』(1843)부터는 초평교대는 평교대박이와 재평교대는 부연평교대박이와 짝을 이뤄 표기되었다. 결과적으로 목부재와 고정못 간 다른 명칭이 사용된 것이다. 이 같은 차이는 다음과 같은 과정을 거치면서 발생한 것으로 추정된다. 먼저 통평고대에 해당하는 구로대가 착고와 분리되는 평고대로 대체되는 과정에서 초매기, 이매기 간 규격에 차이가 나지 않아 평교대로만 불리게 된다. 이후 위치에 따라 정밀한 부재 계획을 위해 초평교대, 재평교대로 명칭이 분화된다. 반면 그 이전부터 평교대박이와 부연평교대박이는 못의 규격 차이로 용어를 달리하였고, 이후 관습적으로 사용하면서 목부재와 고정못 간 용어 차이가 발생하게 된 것이다. 한편 평고대에서 초평교대, 재평교대로 분리될 때 평교대(박이), 부연평교대(박이)를 차용하지 않았다. 목수 편수가 철물 수량을 산출하므로, 고정못의 명칭은 익히 알고 있었지만, 동일 규격에 설치 위치를 달리하는 특성을 고려하여 평고대 명칭이 선택된 것으로 짐작된다.

착고는 『정조건릉산릉도감의궤』(1800)부터 등장하는데, '浮椽間板, 婦椽間板, 婦椽着古, 着古, 着罟, 着戶' 등 다양하게 표기되었다. 부연간판(浮椽間板, 婦椽間板)에서 간판(間板)은 부연 사이에 있는 판재로 착고의 위치와 구조를 뜻한다. 『순조인릉산릉도감의궤』(1835)에서는 부연착고(婦椽着古)로 표기되는데, 부연에 붙어 있는 것을 뜻한다. 이후 착고는 단독으로 표기되는데, 착호(着戶)는 호(戶)가 음가자일 수도 있지만 부연을 막는 문으로 부연을 기둥으로 상징한 음독자로 볼 수도 있다. 착고(着罟) 역시 고(罟)는 음가자로 그물이라는 뜻을 지니므로 부연 사이를 막는 그물로도 볼 수 있다.

표 6-17. 정자각의 평고대 및 평고대박이

No.	능호	시기	장연	단연	부연	평고대		평고대박이		착고
						초매기	이매기	초매기	이매기	
1	**목릉**	1630	-		-	-		-		-
2	소현세자묘	1645	248		-	-		-		-
3	영릉	1659	48	48	192#	仇老臺17介 中不等3條	平古代17介 中不等1條	仇老臺朴只 5寸頭釘194介	平古代朴只 4寸釘204介	-
4	**숭릉**	1674	156	120	280#	求露臺20次 中不等2條	平高臺23次 樓柱2條	求露臺朴只 5寸頭釘310箇	平高臺朴只 3寸5分釘330箇	-
5	**익릉**	1680	180	180	180	求露臺20次 樓柱5條	平高臺23次 樓柱3條	求露臺朴只 5寸頭釘200箇	平高臺朴只 3寸5分釘200箇	-
6	휘릉	1689	180	180	180	求露臺20次 樓柱5條	平高臺23次 樓柱3條	求露臺朴只 5寸頭釘200箇	平高臺朴只 3寸5分釘200箇	-
7	**사릉**	1699	170		-	-	平古代次 楼柱1条	-	平古代朴只 4寸釘120箇	-
8	**장릉**	1699	100	64	-	-	平高臺次 楼柱2条	-	平高臺朴只 3寸5分釘150箇	-
9	명릉	1702	180	180	180	求露臺20次 樓柱5條	平高臺23次 樓柱3條	求露臺朴只 5寸頭釘200箇	平高臺朴只 3寸5分釘200箇	-
10	단의빈묘	1718	-		108	求露臺10次 中不等3條	平高臺18次 材木2條	求露臺朴只 5寸頭釘140箇	平高臺朴只 3寸5分釘138箇	-
11	민회빈묘	1719	170		-	-	平高臺次 中不等1條	-	-	-
12	**의릉**	1725	168 (23)	120	-	求露臺次 樓柱3條	平高臺次 樓柱2條	求露臺朴只 5寸頭丁147箇	平高臺朴只 3寸5分釘137箇	-
13	**온릉**	1739	170		-	求露臺10次 樓柱3條	平古代 樓柱2條	-	平高臺朴只 5寸丁120介	-
14	의소세손묘	1752	100	62	-	求露臺次 樓柱3株	平交臺次 樓柱2株	求露臺朴只 5寸頭釘118箇	平交臺朴只 3寸5分釘117箇	-
15	**소령원**	1753	104	60	-	求露臺次 樓柱3株	平交臺次 樓柱2株	求露臺朴只 5寸頭釘106箇	平交臺朴只 5寸5分釘116箇	-
16	**순강원**	1755	104	76	-	求露臺次 樓柱3株	平交臺次 樓柱2株	求露臺朴只 5寸頭釘106介	平交臺朴只 5寸5分釘200介	-
17	**홍릉**	1757	200		-	求露臺12次 樓柱3株	平交臺12次 樓柱2株	求露臺朴只 5寸頭釘150介	平交臺朴只 6(寸)釘150介	-
18	사도세자묘	1762	132	91*	-	求露臺次 樓柱3株	平交臺次樓柱2株	求露臺朴只 5寸頭釘118箇	平交臺朴只 4寸釘118箇	-
19	건원릉	1764	132	84*	-	仇累臺次 樓柱3株	平交臺次 大條里木11箇	정:仇累臺朴只 8寸頭釘80箇 배:仇累臺朴只 8寸頭釘34箇	정:平交臺朴只 6寸頭釘80箇 배:平交臺朴只 6寸頭釘34箇	-
20	**원릉**	1776	212		-	求露臺12次 樓柱3株	平交臺12次 樓柱2株	求露臺朴只 5寸頭釘150箇	平交臺朴只 6寸釘150箇	-

표 6-17. 계속

No.	능호	시기	장연	단연	부연	평고대		평고대박이		착고
						초매기	이매기	초매기	이매기	
21	문효세자묘	1786	170		124	求露臺10次 大椽木3箇	平交臺次 大椽木3箇	求露臺朴只 5寸頭釘118箇	平交臺朴只 3寸5分釘117箇	-
22	**현륭원**	1789	148 (22)	96	126	求露臺9次 樓柱2株	-	求露臺朴只 5寸頭釘150箇	平交臺朴只 6寸釘150箇	-
23	건릉	1800	140	92	140	平交臺18箇 樓柱4株		平交臺朴只 6寸頭釘150箇	浮椽平交臺朴只 6寸頭釘150箇	浮椽間板 134立
24	**건릉**	1821	140	92	140	平交臺18箇 樓柱4株		平交臺朴只 6寸頭釘150箇	浮椽平交臺朴只 6寸頭釘150箇	浮椽間板 134立
25	휘경원	1823	140	92	140	平交臺18箇 樓柱4株		平交臺朴只 6寸頭釘150箇	婦椽平交臺朴只 6寸頭釘150箇	婦椽間板 134立
26	연경묘	1830	134	130	134	平交臺18樓柱2箇		平交臺朴只 6寸頭釘134箇	婦椽平交臺朴只 6寸頭釘150箇	婦椽間板 134
27	인릉	1835	134	130	134	平交臺18箇 次體木2箇		平交臺朴只 6寸頭釘150箇	婦椽平交臺朴只 5寸5分頭釘150箇	婦椽着古 134立
28	**경릉**	1843	130	108	128	初平交臺 12箇次樓柱2箇	再平交臺 12箇次樓柱1箇半	平交臺朴只 6寸頭釘150箇	婦椽平交臺朴只 6寸頭釘150箇	着古 128箇
29	수릉	1846	130	108	130	初平交臺 12箇次體木2箇	再平交臺 12箇次樓柱3箇	平交臺朴只 6寸釘134箇	婦椽平交臺朴只 5寸釘134箇	着戶 124箇
30	**수릉**	1855	130	108	130	初平交臺12箇次 體木2箇	再平交臺12箇次 樓柱2箇	平交臺朴只 6寸釘134箇	婦椽平交臺朴只 5寸114箇	着戶 124箇
31	휘경원	1855	130	108	130	初平交臺 12箇卜定木1箇	再平交臺 12箇卜定木1箇	平交臺朴只 6寸頭釘134箇	婦椽平交臺朴只 5寸頭釘134箇	着戶 124箇
32	**인릉**	1856	130	108	130	初平交臺12箇	再平交臺12箇	平交臺朴只 6寸頭釘134箇	婦椽平交臺朴只 5寸頭釘134箇	着戶 124箇
33	**휘경원**	1864	130	108	130	初平交臺12箇	再平交臺12箇	平交臺朴只 6寸頭釘134箇	婦椽平交臺朴只 5寸頭釘134箇	着罟 124箇
34	**예릉**	1864	130	130	130	初平交臺 12箇次樓柱1箇半	再平交臺 12箇次樓柱1箇半	平交臺朴只 6寸釘120箇	婦椽平交臺朴只 5寸釘134箇	着罟 124箇

( )는 별연 수량임. *는 추정 개수임. #은 선자연, 선자부연 포함 개수임. 별연은 이어지는 '서까래'를 참조할 것

평고대의 원재

평고대는 단면은 작지만 길기 때문에 큰 원재가 필요하다. 평고대의 원재로는 누주가 가장 많이 사용되었다. 원재로 몇 개의 평고대를 켜서 분할했는지 살펴보자. 사용 빈도가 높은 누주를 살펴보면 시기가 내려올수록 원재당 평고대 수가 증가하고 있음을 알 수 있다. 효명세자연경묘묘소역(1830)을 기점으로 증가치가 좀 더 확연하게 구분된다. 그 이전에는 원재당 평고대수는 4~7.7개였는데, 효명세자연경묘묘소역(1830)부터는 6~9개까지 증가한다. 단면이 작고 긴 평고대는 다른 부재에 비해서 켜기가 쉽지 않다. 19세기 누주의 원재 규격은 비슷한데[25] 19세기 중엽을 기점으로 가공된 최종 목재의 수량이 증가한다는 것은 그만큼 톱 제재 기술의 개선과 관련성이 있었을 것으로 생각된다.

표 6-18. 정자각의 원재당 평고대 수량

No.	능호	시기	평고대 원재	평고대 수량		원재 수량		초매기/원재	이매기/원재
				초매기	이매기	초매기	이매기		
1	영릉	1659	中不等	17	17	3	3	5.67	5.67
2	**숭릉**	1674	中不等	20	23	2	2	10.00	11.50
3	**익릉**	1680	樓柱	20	23	5	3	4.00	7.67
4	휘릉	1689	樓柱	20	23	5	3	4.00	7.67
5	명릉	1702	樓柱	20	23	5	3	4.00	7.67
6	**홍릉**	1757	樓柱	12	12	3	2	4.00	6.00
7	**원릉**	1776	樓柱	12	12	3	2	4.00	6.00
8	**현륭원**	1789	樓柱	9		2		4.50	
9	**건릉**	1800	樓柱	18		4		4.50	
10	휘경원	1823	樓柱	18		4		4.50	
11	연경묘	1830	樓柱	18		2		9.00	
12	인릉	1835	體木	18		2		9.00	
13	**경릉**	1843	樓柱	12	12	2	1.5	6.00	8.00
14	**수릉**	1846	體木	12	12	2	3	6.00	4.00
15	**휘경원**	1855	卜定木	12	12	1	1	12.00	12.00
16	**예릉**	1864	樓柱	12	12	1.5	1.5	8.00	8.00

평고대 고정기법

서까래와 부연의 평고대박이 비율을 살펴보자. 평고대 고정비율을 보면 평고대박이는 서까래와 부연당 1.2개 미만으로 나타난다.(표 6-19) 서까래와 부연 모두 못으로 하나씩 고정하여 평고대와 완벽하게 밀착되도록 한 것이다. 1개를 초과한 경우는 망실 등을 고려한 여유치로 생각된다. 예외적으로 단종장릉봉릉역(1699)에서는 고정비율이 1.5로 나온다. 단종 장릉 정자각은 홑처마로 정순왕후 사릉 정자각과 규모와 양식이 거의 같지만 사릉 정자각의 고정비율 1.2에 비해 높게 나온다. 이는 못의 규격 차이에 기인한 것으로 짐작된다. 사릉은 4치 못을 사용한데 반해, 장릉은 3치 5푼 못을 사용함에 따라 작은 못을 쓰는 대신 더 많이 박아 고정력을 강화하려고 했던 것으로 생각된다.

평고대박이의 규격 변화를 보자. 특히 구로대가 사라지는 정조건릉산릉역(1800)을 기점으로 평고대박이 규격에 변화가 발생하였는지 살펴보자. 초매기 고정못인 구로대박이는 태조건원릉정자각중수역(1764)에서 예외적으로 8치 두정(頭釘)을 사용한 것을 제외하고는 5치 두정이 일관되게 사용되었다. 구로대가 사라진 뒤 평고대박이는 6치 두정으로 길어진다.

이매기 고정에 해당되는 평고대박이는 구로대박이에 비해 규격 변화가 큰 편으로, 3치 5푼 정부터 6치 두정까지 사용되었다. 3치 5푼 정은 의소세손묘소역(1752)까지 주로 사용되었다. 숙빈상시봉원역(1753)에서 5치 5푼 정이 쓰인 이래 5치 정, 5치 5푼 정, 5치 두정이 본격적으로 사용되었고, 정조건릉산릉역(1800) 이래 5치 두정, 5치 5푼 두정, 6치 두정을 사용하였다.

초매기박이는 이매기박이보다 일반적으로 길다. 이는 초매기가 서까래와 고정되고, 이매기는 단면이 작은 부연과 고정되기 때문이다. 몇몇 사례에서는 이매기박이가 더 긴 사례도[26] 확인되지만 예외적인 경우로 판단된다.

표 6-19. 정자각의 서까래 및 부연당 평고대박이 고정비율

No.	능호	시기	장연	단연	부연	평고대박이(A)		A/장연	A/부연
						초매기	이매기		
1	**목릉**	1630	–		–	–		–	–
2	소현세자묘	1645	248		–	–		–	–
3	영릉	1659	48	48	192#	–	–	0.95	1.05
4	**숭릉**	1674	156	120	280#	194	204	0.99	1.18
5	**익릉**	1680	180	180	180	310	330	1.11	1.11
6	휘릉	1689	180	180	180	200	200	1.11	1.11
7	**사릉**	1699	170		–	120		1.20	
8	**장릉**	1699	100	64	–	150		1.50	
9	명릉	1702	180	180	180	200	200	1.11	1.11
10	단의빈묘	1718	–		108	148	138	–	1.28
11	민회빈묘	1719	170		–	180		–	
12	**의릉**	1725	168(23)	120	145@	147	137	1.01	–
13	**온릉**	1739	170		–	120		–	
14	의소세손묘	1752	100	62	100@	118	117	1.18	–
15	**소령원**	1753	104	60	104@	106	116	1.02	–
16	**순강원**	1755	104	76	104@	106	200	1.02	–
17	**홍릉**	1757	200		–	150	150	–	–
18	사도세자묘	1762	132	91*	132@	118	118	1.18	–
19	건원릉	1764	132	84*	132@	132	112	1.00	–
20	**원릉**	1776	212		–	150	150	?	–
21	문효세자묘	1786	170		124	118	117	–	1.06
22	**현륭원**	1789	148(22)	96	126	150	150	1.19	1.19
23	건릉	1800	140	92	140	150	150	1.07	1.07
24	**건릉**	1821	140	92	140	150	150	1.07	1.07
25	휘경원	1823	140	92	140	150	150	1.07	1.07
26	연경묘	1830	134	130	134	134	150	1.00	1.12
27	인릉	1835	134	130	134	150	150	1.12	1.12
28	**경릉**	1843	130	108	128	150	150	1.15	1.17
29	수릉	1846	130	108	130	134	134	1.03	1.03
30	**수릉**	1855	130	108	130	134	114	1.03	0.88
31	휘경원	1855	130	108	130	134	134	1.03	1.03
32	**인릉**	1856	130	108	130	134	134	1.03	1.03
33	**휘경원**	1864	130	108	130	134	134	1.03	1.03
34	**예릉**	1864	130	130	130	120	134	0.92	1.03

( )는 별연 개수임. *는 추정 개수임. #은 선자연, 선자부연 포함 개수임. @는 부연 수량이 기록되지 않아 서까래 수량을 대입한 것임.

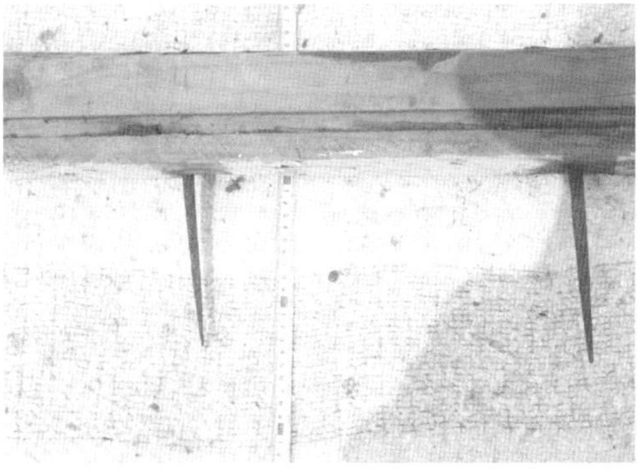

헌릉 정자각(1903 수리 추정)

융릉(1789 이후 수리 추정)

그림 6-18. 평고대박이

못 형태를 보면 초매기박이는 일관되게 두정(頭釘)을 사용하였고, 이매기박이는 구로대가 사라지는 시점부터 두정(頭釘)을 사용하였다. 두정 사용은 고정력을 한층 끌어올리려는 의도로, 정조건릉산릉역(1800)을 기점으로 이매기까지 고정력을 강화시킨 것이다. 한편 두정 사용은 시공성을 높이는 방법이기도 하다. 못을 박을 때 못 머리에 타격하는 것이 정확성을 높일 수 있다. 또한 불안한 타격으로 인한 못의 망실을 줄일 수 있다. 하지만 못 머리가 완전히 밀착되도록 고정하지 않으면 상부 부재가 조금씩 뜰 수 있어 주의를 요하였다.

평고대박이 외에 평고대 이음부를 거멀정[巨勿釘, 巨物釘]으로 고정하였다. 17세기 후반부터 18세기 전반까지는 지속적으로 사용되었다. 거멀정은 6~20개까지 사용하였는데, 12개가 가장 일반적이다. 하지만 18세기 후반에 들어서 간헐적으로 쓰이다가 장헌세자현륭원원소역(1789)에서 마지막으로 사용하고, 19세기에 들어서는 사용되지 않았다. 이는 이매기박이의 규격 변화와 관련된 것으로 짐작된다. 18세기 전반까지 이매기박이는 3치 5푼 정을 주로 사용하면서 거멀정을 함께 사용하였다. 하지만 18세기 후반부터는 이매기박이의 길이를 증가시켜 충분한 고정력을 확보함에 따라 거멀정까지 추가로 고정할 필요가 없게 된 것이다.

표 6-20. 정자각의 평고대 거멀정

No.	능호	시기	평고대 거멀정	No.	능호	시기	평고대 거멀정
1	**목릉**	1630	-	18	사도세자묘	1762	-
2	소현세자묘	1645	-	19	건원릉	1764	-
3	영릉	1659	平古代連接 中巨勿釘6介	20	**원릉**	1776	平交臺連接 巨勿釘12箇
4	**숭릉**	1674	平高臺連接 巨勿釘12箇	21	문효세자묘	1786	-
5	**익릉**	1680	平高臺連接 巨勿釘12箇	22	**현륭원**	1789	椽接巨勿釘10箇
6	휘릉	1689	平高臺連接 巨勿釘12箇	23	건릉	1800	-
7	**사릉**	1699	平古代連接 巨勿釘8箇	24	**건릉**	1821	-
8	**장릉**	1699	平高臺連接 巨勿釘12箇	25	휘경원	1823	-
9	명릉	1702	平高臺連接 巨勿釘12箇	26	연경묘	1830	-
10	단의빈묘	1718	平高臺連鐵 巨物釘20箇	27	인릉	1835	-
11	민회빈묘	1719	平高臺連鐵 巨勿釘12箇	28	**경릉**	1843	-
12	**의릉**	1725	平高臺連貼 巨勿釘6箇	29	수릉	1846	-
13	**온릉**	1739	平高臺連 中巨勿丁8箇	30	**수릉**	1855	-
14	의소세손묘	1752	-	31	휘경원	1855	-
15	**소령원**	1753	-	32	**인릉**	1856	-
16	**순강원**	1755	-	33	**휘경원**	1864	-
17	**홍릉**	1757	平交臺連接 巨勿釘12介	34	**예릉**	1864	-

이와 같이 평고대 고정기법은 정조건릉산릉역(1800)을 기점으로 변화되었다. 후술하겠지만 정조건릉산릉역을 계기로 다른 부위에서도 철물 규격이 커지고 설치 간격이 좁아지는 현상이 나타난다. 이는 통평고대인 구로대가 평고대 착고 체계로 변화되는 것과도 일정 정도 상관관계가 있을 것으로 추정되지만 단정하기는 어렵다. 여하튼 평고대 고정기법은 18세기 후반부터 변화의 조짐이 보이는데, 구로대박이는 5치 두정을, 평고대박이는 3치 5푼 정에서 6치 정으로 점차 길이를 증가시켜 사

그림 6-19. 조선 후기 초매기 고정

용하였다. 정조건릉산릉역을 계기로 평고대박이, 부연평고대박이 모두 6치 두정을 사용하면서 부연 고정이 한층 강화되었다.

정당의 평고대 고정기법

정당의 초매기와 이매기는 서까래 및 부연마다 한 개씩 고정하여 정자각과 고정 방식은 동일하다. 하지만 못 규격은 차이를 보인다. 정당의 경우 18세기 후반 의소묘와 수은묘에서는 구로대박이는 6치 두정, 평고대박이는 5치 정을 사용하였고, 문희묘에서는 각각 6치 두정, 6치 정으로 고정하였다. 19세기 전반 경우궁에서는 문희묘와 같이 고정하였다. 한편 정자각의 경우 18세기 후반 의소세손묘소역에서는 구로대박이는 5치 두정, 평고대박이는 3치 5푼 정을, 사도세자묘소역에서는 각각 5치 두정, 4치 정을, 문효세자묘소역에서는 각각 5치 두정, 3치 5푼 정을 사용하여 정당에 비해 각각 1치 정도가 짧다. 산릉역의 경우 18세기 후반 구로대박이는 5치 두정, 평고대박이는 6치 두정으로 정당에 비해 구로대박이는 1치 짧은데, 19세기에 들어서 정조건릉산릉역부터 정당과 규격이 동일해 진다. 결과적으로 18세기 후반에는 묘소역의 정당이 산릉역의 정자각보다 더 긴 못을 사용한 것이다.

이와 같이 영건역과 산릉역 간 시공기법에 차이가 발생하는 이유는 전례를 따르는 전통에서 비롯되었을 것으로 생각된다. 영건역은 이전 전례에 해당하는 영건의궤를 참고하지만 산릉의궤를 참고하지는 않았다. 산릉역도 마찬가지였다. 그 결과 관영건축에서 영건역과 산릉역 간 시공기법이 상당 기간 격차를 보이게 되는데, 19세기에 들어서는 유사한 기법이 사용된다. 평고대 고정기법은 그러한 예의 하나이다.

표 6-21. 정당의 구로대와 구로대박이

No.	묘호	시기	장연	부연	구로대	구로대박이	평고대	평고대박이	착고
1	의소묘	1752	62	62	仇累臺次 不等1條	仇累臺朴只 6寸頭丁 62箇	平交臺4次 不等半條	平交臺朴只 5寸丁 62箇	-
2	수은묘	1764	60	60	九累臺4次 長松木2介	仇累臺朴只 6寸頭釘 60介	平交臺4次 長松木2介	平交臺朴只 5寸釘 60介	-
3	문희묘	1790	70	70	仇累臺4介 次體木1介	朴只 6寸頭釘 70介	平交臺4介次 邊板2立	朴只 6寸釘 70介	-
4	경우궁	1824	72	72	-	-	平交枱8次 體木2箇	朴只 6寸釘 140介	着署 70

서까래[27]

용어 정리

오량가(五梁架) 건물은 중도리를 기준으로 중도리와 처마도리에 장연(長椽), 중도리와 종도리에 단연(短椽)을 걸어 지붕부를 구성한다. 장연, 단연은 현재 서까래를 표현하는 가장 일반적인 용어이다. 하지만 이 용어가 언제부터 사용되었는지, 아니면 언제부터 정착되었는지는 알려진 바가 없다.

영건의궤에서는 17세기 중엽 『창덕궁수리도감의궤』(1647)에 처음으로 장연이라는 용어가 확인되고, 이후 18세기 중엽인 『의소묘영건청의궤』(1752)에 재등장하였으며, 이후 지속적으로 사용되었다. 단연은 『의소묘영건청의궤』에 처음 나타나고 그 이후로 사용되었다.[28]

한편 산릉의궤에서는 〈표 6-22〉와 같이 장연은 『선조목릉천장산릉도감의궤』(1630)에서 처음 확인되는데, 평연(坪椽)과 함께 쓰이다가 『현종숭릉산릉도감의궤』(1674)부터는 장연으로 쓰였다. 일부에서는 원목인 대연(大椽)으로 기록하였지만 사용 빈도는 낮고, 대부분 장연으로 표기하였다. 단연은 『선조목릉천장산릉도감의궤』(1630)에 처음 등장하는데, 이후 대연(臺椽)이라는 명칭으로 대체되다가 『태조건원릉정자각중수도감의궤』(1764)에 재등장하고, 『장헌세자현륭원원소도감의궤』(1789) 이후로 지속적으로 사용되었다.

정리하면 18세기 전반까지는 장연과 단연은 장연(長椽, 大椽)과 대연(臺椽)으로 표기하다가 『정조건릉산릉도감의궤』(1800)를 기점으로 지금과 같은 장연과 단연으로 표기하였음을 알 수 있다. 단연이라는 명칭 이전에는 대연(臺椽)이 중심용어로 쓰였다. 대(臺)는 높게 만든 곳이라는 뜻으로 장연보다 높은 위치에 설치된 부재 명칭으로 추측되는데, 장연의 다른 명칭인 대연(大椽)과 혼선을 피하기 위해 사용된 것으로 짐작된다.

표 6-22. 정자각의 서까래와 서까래박이

No.	능호	시기	장연	단연	서까래박이
1	**목릉**	1630	정:坪椽44, 拘里臺椽14 拘里內長椽短椽幷37條, 배:椽木22巨里		*
2	소현세자묘	1645	大椽248介		*
3	영릉	1659	48條坪椽	48條中代椽	椽頭朴只 9寸頭釘 68介
4	**숭릉**	1674	長椽156箇	臺椽120箇	椽頭朴只 9寸頭釘 160箇
5	**익릉**	1680	長椽180箇	臺椽180箇	椽頭朴只 9寸頭釘 160箇
6	휘릉	1689	長椽180箇	臺椽180箇	椽頭朴只 9寸頭釘 160箇
7	**사릉**	1699	長椽臺椽次大椽170介		椽頭朴只 9寸頭釘 100介
8	**장릉**	1699	長椽55巨里	臺椽32巨里	椽頭朴只 9寸頭釘 100介
9	명릉	1702	長椽180箇	臺椽90箇兩折180箇	椽頭朴只 9寸頭釘 160箇
10	단의빈묘	1718	-	-	椽頭朴只 9寸頭釘 128箇
11	민회빈묘	1719	大椽臺椽并 170箇		椽頭朴只 8寸頭釘 100箇
12	**의릉**	1725	長椽145箇	臺椽120箇 中臺椽23箇	椽頭朴只 9寸頭釘 143箇
13	**온릉**	1739	長椽臺椽次大椽170介		椽頭朴只 9寸頭丁 100介
14	의소세손묘	1752	大椽100箇	臺椽62箇	椽頭朴只 9寸頭釘 118箇
15	**소령원**	1753	大椽104箇	臺椽60箇	椽頭朴只 9寸頭釘 200箇
16	**순강원**	1755	大椽104介	臺椽次 大椽38介腰折掛置	椽頭朴只 9寸頭釘 200箇
17	**홍릉**	1757	大椽臺椽幷200介		椽頭朴只 9寸頭釘 150介
18	사도세자묘	1762	長椽132箇	臺椽次大椽62箇	椽頭朴只 9寸頭釘 118箇
19	건원릉	1764	長椽次大椽木132箇	短椽次大椽木56箇	長椽頭中朴只 8寸頭釘 192箇 短椽首尾朴只 8寸頭釘 192箇
20	**원릉**	1776	大椽臺椽212箇		椽頭朴只 9寸頭釘 150箇
21	문효세자묘	1786	椽次大椽木170箇		椽頭朴只 9寸九釘 118箇
22	**현륭원**	1789	大椽126箇	短椽96箇 中短椽22箇	椽頭朴只 9寸頭釘 150箇
23	건릉	1800	長椽140箇 大椽木140箇	短椽92箇 大椽木60箇	椽頭朴只 9寸頭釘 150箇 長椽中心朴只 1尺釘 10箇
24	**건릉**	1821	長椽140箇 大椽木140箇	短椽92箇 大椽木60箇	椽頭朴只 9寸頭釘 150箇 長椽中心朴只 1尺釘 10箇
25	휘경원	1823	長椽140箇 大椽木140箇	短椽92箇 大椽木60箇	椽頭朴只 9寸頭釘 150箇 長椽中心朴只 1尺釘 10箇
26	연경묘	1830	長椽134貿大椽134箇	短椽130貿大椽130箇	椽頭朴只 9寸頭釘 134箇 長椽中心朴只 1尺釘 10箇
27	인릉	1835	長椽次扇子大椽134箇	短椽次大椽130箇	椽頭朴只 9寸頭釘 134箇 長椽中心朴只 1尺頭釘 10箇
28	**경릉**	1843	長椽130箇次 扇子大椽63箇伐去木67箇	短椽108箇次 大椽98箇伐去木10箇	椽頭朴只 9寸頭釘 150箇 長椽中心朴只 1尺頭釘 10箇
29	수릉	1846	長椽130箇次 扇子大椽130箇	短椽108箇次 次大椽108箇	椽頭朴只 1尺釘 134箇 中心朴只 1尺釘 134箇 短椽椽頭朴只 9寸頭釘 180箇
30	**수릉**	1855	長椽130箇次 扇子大椽130箇	短椽108箇次 次大椽108箇	椽頭朴只 1尺釘 134箇 中心朴只 1尺釘 134箇 短椽椽頭朴只 9寸頭釘 180箇
31	휘경원	1855	長椽130箇 扇子大椽130箇	短椽108箇次 次大椽55箇	椽頭朴只130箇 中心朴只130箇 短椽椽頭朴只 9寸頭釘 180箇
32	**인릉**	1856	長椽130箇	短椽108箇	椽頭朴只 1尺釘 134箇 中心朴只 1尺釘 65箇 短椽椽頭朴只 9寸頭釘180箇
33	**휘경원**	1864	長椽130箇	短椽108箇	椽頭朴只 1尺釘 134箇 中心朴只 1尺釘 134箇 短椽頭朴只 9寸頭釘 180箇
34	**예릉**	1864	長椽130箇	上下短椽130箇	椽頭朴只 1尺頭釘 130箇 中心朴只 1尺頭釘 80箇 短椽椽頭朴只 9寸頭釘 90箇 尾朴只 9寸頭釘 60箇

*는 다른 건축물 물량이 통합되어 정확한 수량을 알 수 없는 경우임.

서까래 물량 표기 방식

서까래 고정기법을 이해하기 위해서는 먼저 산릉의궤에서 서까래 물량을 어떻게 표기하는지, 즉 장연과 단연의 표기 방식과 정전과 배위청이 만나는 부위의 서까래 물량을 어떻게 표기하였는지 파악할 필요가 있다.

서까래 단위

서까래를 세는 단위는 낱개와 쌍으로 구분된다. 낱개 단위는 조(條)와 개(介, 箇)가 쓰였는데 대부분 개(箇)로 표기하였다. 쌍으로 세는 단위는 거리(巨里)이다. 거리는 『선조목릉천장산릉도감의궤』(1630)와 『단종장릉봉릉도감의궤』(1699)에서만 두 차례 확인된다. 거리는 의궤에 자주 등장하는데 서까래 단위로 사용할 때는 서까래를 건다는 의미의 이두식 표현으로 생각된다. 선조목릉천장산릉역(1630)에서는 배위청을 연목(椽木) 22거리(巨里)로 구성하였는데, 현존 정자각 배위청의 서까래 수량은 44개로 22거리의 2배이다. 단종장릉봉릉역(1699)에서는 장연 55거리, 대연 32거리로 서까래를 구성하였는데, 현존 정자각은 정전 장연 70개, 단연 70개, 배위청 장연 40개로 장연은 110개, 단연 70개로 의궤상의 장연 55거리와 대연 32거리의 2배에 해당된다. 즉 거리(巨里)는 서까래를 쌍으로 거는 단위임을 알 수 있다.

정전과 배위청 결합부 '별연(別椽)'의 수량 산정

정자각에서 서까래는 정전과 배위청이 결합할 때, 정전 어칸의 장연 전체와 좌우칸 장연의 일부 및 배위청 장연 일부가 짧아지게 된다. 여기서는 일반적인 장연과는 달리 단연 정도로 짧아지는 서까래를 편의상 '별도의 서까래'라는 의미로 '별연(別椽)'이라 칭하기로 한다.

별연은 통상 장연의 위치에 해당하여 장연으로 물량을 잡을 수도 있고, 길이로 볼 때는 단연과 거의 같아 단연으로 헤아릴 수도 있다. 아니면 다른 용어를 특정하여 산정할 수도 있다. 서까래 물량 산정 방식을 살펴보면 당시 공사 계획과 그 과정이 얼마나 세밀하였는지 가늠해 볼 수 있다.

서까래 표기 방식 중에는 중대연(中臺椽), 중단연(中短椽), 상하단연(上下短椽)이라는 특수 명칭이 확인된다. 모두 단연을 표기하는 방식이다. 중대연(中臺椽)은 경종의릉산릉역(1724)에서 확인된다. 정자각에서 정전과 배위청 서까래가 교차하는 방식은 두 가지이다.[29] 경종 의릉 정자각은 〈그림 6-20〉과 같은 형식으로 정전과 배위청 교차부에 배위청 장연이 위치하게 되어, 교차부 정전의 장연이 짧아지게 된다. 이 부위 서까래를 별연으로 산정하고 현존 의릉 정자각의 서까래 수량을 조사해보면, 장연은 135개, 단연은 112개, 별연은 22개이다. 현존 정자각과 산릉의궤를 비교하면 〈표 6-23〉과 같이 장연과 단연이 8~10개 정도 적고, 별연은 중대연보다 1개 적다. 이는 이후 보수과정에서 변화된 것으로 보인다. 별연과 중대연의 수량이 별 차이가 없어 중대연이 정전의 별연을 지칭한 것임을 알 수 있다.

표 6-23. 산릉의궤와 현존 정자각의 서까래 수량 비교

No.	능호	시기	산릉의궤			현존 정자각		
			장연	단연(상하단연)	중대연(중단연)	장연	단연	별연
1	**의릉**	1725	145	120	23	135	112	22
2	**융릉**	1789	126	96	(22)	123	94	23
3	**예릉**	1864	130	(130)	-	117	90	29

장헌세자현륭원원소역(1789)에서는 중단연(中短椽)을 22개 사용하였다. 융릉(현륭원) 정자각도 정전과 배위청의 접합부의 서까래 배열은 배위청 우선으로 의릉 정자각과 동일하다. 〈표 6-23〉을 보면 장연과 단연 간 수량 차이가 거의 없고, 중단연은 별연보다 1개 적다. 즉 중단연이 별연임을 알 수 있다.

철종예릉산릉역(1864)에서는 상하단연(上下短椽) 130개를 사용하였다. 현존 정자각과 산릉의궤를 비교하면 장연, 단연이 각각 13개, 11개 부족하다. 이 또한 후대 보수과정에서 줄어든 것으로 판단된다. 〈그림 6-21〉과 같이 정전의 어칸 부분과 배위청이 정전과 만나는 부분의 별연을 하단연(下短椽)으로, 정전의 단연을 상단연(上短椽)으로 표기한

것임을 알 수 있다. 현존 정자각의 하단연은 29개로, 1864년 정자각 조성 시에는 30개 이상 되었을 것으로 판단된다. 여기서 눈여겨볼 부분은 예릉 정자각의 장연과 단연의 수량을 의궤에서 동일하게 표기하고 있는 것이다. 이러한 경우 별연이 단연 수량에 포함된 것임을 상기하면 산릉의궤에서 장연과 단연의 수량을 동일하게 표기한 여러 의궤에서 별연을 단연에 포함하고 있다고 볼 수 있고, 대략 단연 수량의 10~30개 정도를 장연 수량으로 산정하면 서까래 물량 보정이 가능하다.

이와 같은 예외적인 경우를 제외하고 산릉의궤에서 별연은 장연 수량에 포함된 것으로 보인다. 이는 물량을 정확하게 산정하는 방식보다 물량을 쉽게 산정하는 방식으로 계획한 것으로 이해할 수 있다. 좀 더 물량을 정밀하게 산정하기 위해 중대연(中臺椽), 중단연(中短椽), 상하단연(上下短椽)이라는 용어를 특정하여 사용한 경우도 있지만, 일반적인 표기 방식으로 확산되지는 않았던 것으로 보인다.

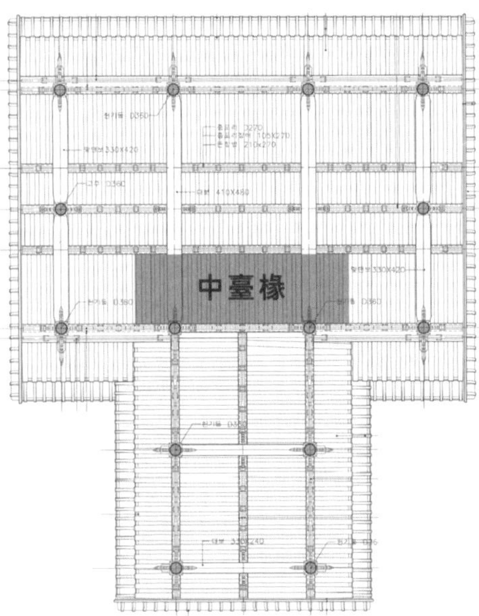

그림 6-20. 중대연, 중단연 위치도

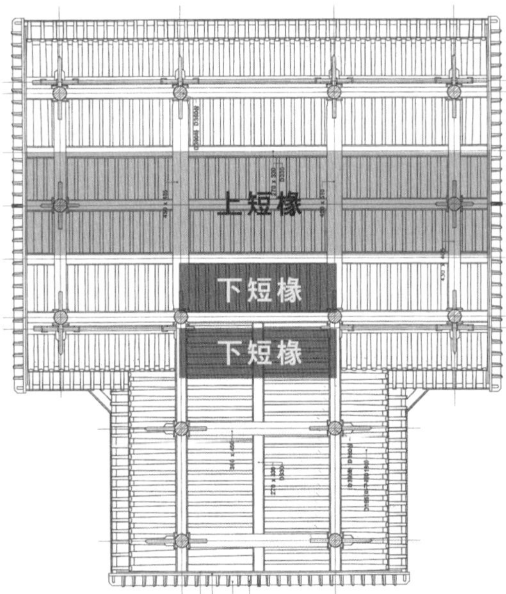

그림 6-21. 상하단연 위치도

산릉의궤와 현존 정자각의 서까래 수량 비교

산릉의궤에서 목물 등 각종 재료는 조성소에 두 번 나오는데, 첫 번째는 조성(물력)의궤 또는 품목질에 기록되고, 두 번째는 잡물총수 또는 실입질에 기록된다. 후자는 실제로 목물이 투입된 물량을 부재명보다는 원재의 총량으로 기록한다. 전자는 계획 물량에 해당된 것으로 보이고, 부재명 중심으로 투입량을 기록한 것이다. 조성의궤에는 물량만 기록되어 전후 사정을 파악하기 어렵지만, 품목질에는 어느 해 등록을 참고하거나 또는 각년등록을 취고하여 물량을 산정하였음을 밝히고 있다. 품목질에서 목재량을 표기한 것은 『단경왕후온릉봉릉도감의궤』(1739)부터이다. 해당 기사를 살펴보자. 1739년 3월 11일 유학(幼學) 김태남(金台南)의 상소를 시작으로 복위 논의가 이뤄지고 3월 25일 폐비 신씨의 복위가 결정되었다. 품목질은 4월 1일부터 작성하는데, 4월 12일 목물에 대해 품의를 올리는데 기록을 보면

정자각 정전 3칸 배위청 2칸 합 5칸에 들어가는 바 목물 수효는 무인과 신해 양년의 등록을 참고하여 대략 따라서 마련하도록 품하옵니다.[30]

라고 하여 정자각의 목물 수효는 무인등록(1698, 정순왕후사릉봉릉역)과 신해등록(1731, 선의왕후의릉산릉역)을 참고하여 마련할 것을 품하고 있다. 왕후릉이면서도 봉릉역에 해당하여 정성왕후사릉과 가장 가까운 시기 왕후의 산릉역인 선의왕후의릉을 참조하여 물목을 마련한 것이다. 조성소의 업무가 본격적으로 시작된 지 약 10일 만에 목물을 요청한 것으로, 도면을 작성하고 물목을 뽑는 등의 충분한 준비과정을 통해 산출된 물량이 아니라 유사한 전례를 참조하여 대략적으로 뽑은 것이다. 목물 등 각종 재료를 이른 시기에 넉넉히 준비해야 되는데, 시간이 촉박하므로 전례에 의지하여 물량을 산출한 것이다.[31] 비록 대략 산출한 것이지만 축부와 가구부의 부재 수량은 크게 달라지지 않는다. 다만 재료 수급에 따라 규격은 변경될 수는 있다. 하지만 서까래 이상부터는 정확한 물량 산출이 쉽지 않다. 정전과 배위청의 구조가 다르

고, 결합부가 발생하기 때문이다. 산릉의궤와 현존 정자각의 서까래 물량을 확인해보면 산릉의궤의 물량 계획이 얼마나 정교하였는지 확인할 수 있다.

산릉의궤와 현존 정자각 18동에 대해 직접적으로 비교가 가능한데, 〈표 6-24〉를 보면 수량이 일치하는 경우는 『장경왕후사릉봉릉도감의궤』(1699) 한 차례만 확인된다. 나머지는 장연, 단연, 합산 물량에서 모두 차이가 나타난다. 장연의 수량 차이는 10% 미만인 경우는 10건, 15% 미만으로 확대하면 12건으로 약간 증가한다. 단연은 10% 미만인

표 6-24. 산릉의궤와 현존 정자각의 서까래 수량 분석

No.	능호	시기	산릉의궤			현존 정자각			의궤-정자각			(의궤-정자각)/의궤 (%)		
			장연	단연	합계	장연	단연	합계	장연	단연	합계	장연	단연	합계
1	**목릉**	1630	-		-	124(19)	80	204						
2	소현세자묘	1645	248		248									
3	영릉	1659	48	48	96									
4	**숭릉**	1674	156	120	276	127(25)	72	199	29	48	77	19	40	28
5	**익릉**	1680	180	180	360	176(24)	112	288	4	68	72	2	38	20
6	휘릉	1689	180#	180	360									
7	**사릉**	1699	170		170	106(20)	64	170			0			0
8	**장릉**	1699	100	64	164	110(19)	70	180	-10	-6	-16	-10	-9	-10
9	명릉	1702	180#	180	360				180	180	360			
10	단의빈묘	1718	-		-									
11	민회빈묘	1719	170#		170#									
12	**의릉**	1725	168(23)	120	288	177(22)	112	289	-9	8	-1	-5	7	0
13	**온릉**	1739	170		170	119(21)	74	193			-23			-14
14	의소세손묘	1752	100#	62#	162#									
15	**소령원**	1753	104#	60	164	115(19)	58	173	-11	2	-9	-11	3	-5
16	**순강원**	1755	104	76	180	114(20)	72	186	-10	4	-6	-10	5	-3
17	**홍릉**	1757	200		200	139(23)	90	229			-29			-15
18	사도세자묘	1762	132	91*	223									
19	건원릉	1764	132#	84*#	216#	142(26)		234	-10	-8	-18	-8	-10	-8
20	**원릉**	1776	212		212	149(26)	98	247			-35			-17
21	문효세자묘	1786	170#		170#									
22	**현륭원**	1789	148(22)	96	244	146(23)	94	240	2	2	4	1	2	2
23	건릉	1800	140#	92#	232#									
24	**건릉**	1821	140	92	232	150(22)	92	242	-10	0	-10	-7	0	-4
25	휘경원	1823	140#	92#	232#									
26	연경묘	1830	134#	130	264#									
27	인릉	1835	134#	130	264#									
28	**경릉**	1843	130	108	238	136(24)	84	220	-6	24	18	-5	22	8
29	수릉	1846	130#	108	238#									
30	**수릉**	1855	130	108	238	142(27)	86	228	-12	22	10	-9	20	4
31	휘경원	1855	130#	108	238#									
32	**인릉**	1856	130#	108	238	151(26)	92	243	-21	16	-5	-16	15	-2
33	**휘경원**	1864	130	108	238	138(25)	86	224	-8	22	14	-6	20	6
34	**예릉**	1864	130	130	260	148(31)	90	238	-18	40	22	-14	31	8

( )는 별연 수량임. *는 정조 건릉에서 단연 수량을 원목 대비 1.5배로 분할하여 산출함에 따라 이 방식을 적용하여 추정한 수량임.

는 산릉의궤와 현존 정자각의 서까래 수량차이가 10% 미만인 것이고, 는 10~15%인 것이며, #은 현존 정자각 18동을 기준으로 15% 미만으로 추정한 것임.

경우는 7건으로 장연에 비해서 빈도수가 낮다. 합산 물량을 보면 10% 미만인 경우는 13건이고, 15% 미만인 경우는 15건으로 장연의 빈도수보다는 높다. 18건의 분석치를 나머지 의궤에 대입해 보더라도 비슷한 결과가 나온다. 이를 보면 장연의 물량은 비교적 실제 물량에 근접하여 산출하였지만, 단연 물량은 정확도가 매우 떨어진다. 단연 물량이 부정확한 이유는 『인경왕후익릉산릉도감의궤』(1680)와 같이 장연 물량과 동일하게 산출했기 때문이다. 이는 배위청도 정전과 같은 오량가로 산출하면서 발생한 오류로 보인다. 『효현왕후경릉산릉도감의궤』(1843) 이후의 오류는 효현왕후경릉산릉역의 서까래 수치를 전례로 삼아서 발생한 오류이다. 이러한 결과 서까래 물량은 17세기 말부터 19세기 초까지가 실제에 가장 근접하여 산출한 것으로 보이고, 19세기 중엽 이후는 오히려 17세기 후반의 방식대로 오류가 발생하여 목물에 있어서는 산출방식이 퇴보하였다.

서까래 고정기법

장연의 중도리 고정

효종영릉산릉역(1659)부터 수빈휘경원천봉·원소역(1863)까지 서까래 고정못을 연두박이[椽頭朴只]라고 표기하고 있다. 연두박이는 부재 명칭과 못을 고정하는 위치인 연두(椽頭)와 박다의 이두식 명사형인 박이[朴只]의 합성어이다. 여기서 연두(椽頭)가 서까래 어디를 지칭하는지 살펴보자. 오량가는 주심도리, 중도리, 종도리에 장연과 단연을 거는 구조이다. 연정을 한 개 박을 경우 장연과 단연의 앞과 뒷부분 중 어디에 고정해야 서까래 처짐이 발생하지 않고 상부 하중에 대응할 수 있는가를 알면 그 위치는 쉽게 풀린다. 장연은 주심도리에서 서까래를 내밀고, 부연을 비롯해 기와잇기에 필요한 재료 하중을 견뎌야 하므로 장연 뒤뿌리를 고정하는 것이 가장 중요하다. 장연 뒤뿌리만 고정하면 그에 의지해 단연은 연침으로 긴결해도 비교적 안정적으로 상부 하중에 대응할 수 있다. 이와 관련하여 『태조건원릉중수도감의궤』(1764)의 별공작 기록을 살펴보면

단연수미박이(短椽首尾朴只) 8치 두정 192개, 장연두중박이(長椽頭中朴只) 8치 두정 192개

라고 하여 장연을 두박이[頭朴只]와 중박이[中朴只], 단연을 수박이[首朴只]와 미박이[尾朴只]로 고정하였음을 알 수 있다. 단연을 수박이와 미박이로 고정한다는 것은 경사진 단연과 종도리가 만나는 윗부분을 머리[首]로 보고, 중도리와 만나는 아랫부분을 꼬리[尾]로 표현한 것이다. 이를 장연의 두박이[頭朴只]와 중박이[中朴只]에 대입하면, 수(首)와 같이 머리를 의미하는 두박이[頭朴只]는 장연이 중도리와 접하는 부위를 연정으로 고정한 것으로 이해할 수 있다. 한편 중층건물의 하층 서까래를 고정하는 부재로 연두창방(椽頭昌防)이 있다. 이는 서까래 뒤뿌리를 고정하기 위한 부재로 연두(椽頭)의 위치는 더욱 명확해진다.

다음으로 장연 뒤뿌리에 연정을 얼마나 고정했는지 살펴보자. 연두박이만으로 고정하는 방식은 18세기 말 장헌세자현릉원원소역(1789)이 마지막이므로 우선 18세기까지 살펴보자. 이 시기의 장연 전체 수량 대비 연두박이의 비율은 ±10%로 나타난다. 숙빈상시봉원역(1753)과 인빈상시복원역(1755)의 경우 연두박이가 200개로 표기되어 있는데, 비슷한 시기에 이와 같은 전례가 없고 산릉역에 비해 위계가 낮은 봉원역에서 두 배 이상의 철물을 고정한 것은 상식을 벗어난 것으로 100개를 200개로 잘못 표기한 것으로 판단된다. 이렇게 보면 이 시기에는 대체적으로 연정 비율이 10% 부족하게 잡혀있는 것으로 산출된다. 이는 반대로

전경

상세

그림 6-22. 장연 중도리 고정[융릉 정자각, 1789]

장연 물량을 연정에 비해 10% 많이 잡은 것으로 볼 수도 있는데, 후자가 더 타당해 보인다. 앞서도 목물 산정은 전례를 참고하여 대략 산정하였고, 현존 정자각과 비교해도 10% 내외의 물량 차이를 보인다. 후술하겠지만 철물은 목물에 비해 물량 산출의 정확도가 높은 편이다. 즉 18세기까지 장연은 서까래 1개당 연두박이 1개를 고정하였음을 알 수 있다.

18세기까지 서까래 고정기법은 융릉(현륭원) 정자각 해체수리 시 사진 자료를 통해 확인할 수 있다. 사진에서 보듯 중도리 위 장연 뒤뿌리에는 대부분 연정이 고정되어 있다.

산릉의궤에서 연침은 18세기까지는 등장하지 않지만 19세기에는 기록되어 있다. 하지만 정자각 해체수리 시 자료를 보면 대부분 서까래 단부를 연침으로 연결하는 모습을 확인할 수 있다. 이는 후대로 갈수록 의궤가 상세하게 기록되는 경향을 보여준다.

그림 6-23. 17~18세기 연정 고정: 장연의 중도리 고정

장연의 주심·중도리 고정

19세기에 들어서 정조건릉산릉역(1800)을 계기로 장연중심박이[長椽中心朴只]가 본격적으로 등장한다. 장연중심박이는 부재명인 장연과 고정 위치인 중심, 그리고 이두식 명사인 박이의 합성어이다. 장연이 도리와

만나는 부위는 주심도리와 중도리이다. 이 중 중도리에는 연두박이로 고정하므로 중심박이는 당연히 주심도리 위치를 뜻한다. 장연중심(長椽中心)이 글자 그대로 장연 가운데를 지칭하므로 위치는 더욱 명확해진다. 정조건릉산릉역(1800)부터 효현왕후경릉산릉역(1843)까지 장연중심박이는 10개씩 고정하였다. 이는 장연 수량 대비 10% 미만이다. 중심박이는 수량이 적어 구조적인 기능보다는 평고대를 설치하기 위한 기준 서까래 고정용으로 보는 것이 합당하다. 19세기 전반은 장연중심박이가 도입되는 시기로 볼 수 있다.

19세기에 들어 『정조건릉산릉도감의궤』(1800)부터 연침(聯針)이 기록되기 시작한다.

표 6-25. 정자각의 서까래 고정

No.	능호	시기	산릉의궤		장연박이		단연박이		장연-박이		단연-박이		장연-박이(%)		단연-박이(%)	
			장연	단연	중심	연두	미	연두	중심	연두	미	연두	중심	연두	미	연두
1	**목릉**	1630	–		–	–	–	–	–	–	–	–	–	–	–	–
2	소현세자묘	1645	248		–	–	–	–	–	–	–	–	–	–	–	–
3	영릉	1659	48	48	–	68	–	–	–	20	–	–	–	142	–	–
4	**숭릉**	1674	156	120	–	160	–	–	–	4	–	–	–	103	–	–
5	**익릉**	1680	180	180	–	160	–	–	–	-20	–	–	–	89	–	–
6	휘릉	1689	180#	180	–	160	–	–	–	-20	–	–	–	89	–	–
7	**사릉**	1699	170		–	100	–	–	–	–	–	–	–	–	–	–
8	**장릉**	1699	100	64	–	100	–	–	–	0	–	–	–	100	–	–
9	명릉	1702	180#	180	–	160	–	–	–	-20	–	–	–	89	–	–
10	단의빈묘	1718	–		–	128	–	–	–	–	–	–	–	–	–	–
11	민회빈묘	1719	170#		–	100	–	–	–	–	–	–	–	–	–	–
12	**의릉**	1725	168(23)	120	–	143	–	–	–	-25	–	–	–	88	–	–
13	**온릉**	1739	170		–	100	–	–	–	–	–	–	–	–	–	–
14	의소세손묘	1752	100#	62#	–	118	–	–	–	18	–	–	–	118	–	–
15	**소령원**	1753	104#	60	–	200	–	–	–	96	–	–	–	192	–	–
16	**순강원**	1755	104	76	–	200	–	–	–	96	–	–	–	192	–	–
17	**홍릉**	1757	200		–	150	–	–	–	–	–	–	–	–	–	–
18	사도세자묘	1762	132	91*	–	118	–	–	–	-16	–	–	–	89	–	–
19	건원릉	1764	132	84*	192		192		-72	0	12	12	45	100	114	114
20	**원릉**	1776	212		–	150	–	–	–	–	–	–	–	–	–	–
21	문효세자묘	1786	170#		–	118	–	–	–	–	–	–	–	–	–	–
22	**현륭원**	1789	148(22)	96	–	150	–	–	–	2	–	–	–	101	–	–
23	건릉	1800	140#	92#	10	150	–	–	-130	10	–	–	7	107	–	–
24	**건릉**	1821	140	92	10	150	–	–	-130	10		–	7	107	–	–
25	휘경원	1823	140#	92#	10	150	–	–	-130	10	–	–	7	107	–	–
26	연경묘	1830	134#	130	10	134	–	–	-124	0	–	–	7	100	–	–
27	인릉	1835	134#	130	10	134	–	–	-124	0	–	–	7	100	–	–
28	**경릉**	1843	130	108	10	150	–	–	-120	14	–	–	8	115	–	–
29	수릉	1846	130#	108	134	134	–	180	4	4	–	46	103	103	–	167
30	**수릉**	1855	130	108	134	134	–	180	4	4	–	46	103	103	–	167
31	휘경원	1855	130#	108	134	134	–	180	4	4	–	46	103	103	–	167
32	**인릉**	1856	130#	108	65	134	–	180	-64	4	–	46	50	103	–	167
33	**휘경원**	1864	130	108	134	134	–	180	4	4	–	46	103	103	–	167
34	**예릉**	1864	130	130	80	130	60	90	-50	0	-70	-40	62	100	46	69

( )는 별연 수량임. *는 정조 건릉에서 단연 수량을 원목 대비 1.5배로 분할하여 산출함에 따라 이 방식을 적용하여 추정한 수량임. #은 현존 정자각 18동을 기준으로 추산한 것임.

헌릉과 온릉 정자각은 2015년 해체수리를 진행하였다. 그 당시 현장조사할 기회를 얻어 서까래 고정기법을 살펴본 바 있었는데, 장연의 중도리 고정 외에 주심도리를 고정한 중심박이를 확인할 수 있었다. 온릉 정자각은 1739년에 건립되었다. 1823년 온릉 개수 후 관원에게 시상한 내용이 확인되는데, 이때 정자각도 수리된 것으로 보인다. 2001년 서까래 이상 해체보수를 하였는데, 당시 서까래를 대부분 교체하여 당초 온전한 모습을 볼 수 없었지만, 일부 중심박이는 확인할 수 있었다. 헌릉 정자각은 1644년에 중건되었고, 이후 1748년, 1822년, 1902년에 수리

그림 6-24. 장연 주심도리 고정[온릉 정자각, 1823 수리 추정]

그림 6-25. 장연 중도리, 주심도리 고정 [헌릉 정자각, 1822 수리 추정]

그림 6-26. 19세기 전반 연정 고정: 장연의 주심·중도리 고정

된 바 있다. 최근에는 1989년에 서까래 이상 해체보수하였다. 현장조사 결과 축부와 지붕가구부는 1748년 이전의 모습으로 보이고, 서까래 장연부는 1822년 수리 시 모습으로 판단되며, 단연부는 1902년 수리된 것으로 추정된다.[34] 헌릉 정자각의 경우 장연은 중도리 위 서까래마다 모두 연두박이를 고정하였다. 〈그림 6-25〉와 같이 주심도리상의 중심박이는 박공 옆을 고정하고 서까래 6개 간격으로 고정되어 있다. 이처럼 이 시기 중심박이는 작은 수량으로 기준 서까래 고정용임을 알 수 있다.

장연의 주심·중도리 및 단연의 중도리·종도리 고정

19세기 후반 무렵부터 장연과 함께 단연 고정방식에도 현격한 변화가 나타난다. 익종수릉산릉역(1846)에서는 장연 103개, 단연 108개에 연두박이 134개, 중심박이 134개, 단연연두박이 180개를 고정하였다. 이후 세 차례의 산릉역에서도 동일한 수치가 기록되어 있다. 이는 장연은 중도리 외 주심도리를 전량 고정하고, 단연은 종도리 전체를 고정하고도 46개가 남는 수량이다. 순조인릉천봉산릉역(1856)의 경우 연두박이와 단연연두박이의 수량은 익종수릉산릉역과 동일하지만, 장연중심박이를 65개 사용하여 주심도리의 연정 비율은 절반으로 줄어든다. 철종예릉산릉역(1864)에서는 장연 130개, 상하단연 130개에 연두박이 130개, 중심박이 80개, 단연연두박이 90개, 미박이(尾朴只) 60개를 고정하여 장연은 중도리에는 서까래 전체, 주심도리는 약 60%를, 단연의 경우 종도리에는 약 70%, 중도리에는 약 40%를 고정한 것으로 산출된다. 즉 중도리 위 장연연두박이를 제외하고 도리 위 서까래를 모두 50% 전후로 전체적으로 고정한 것이다.

이와 비슷한 경우로 태조건원릉정자각중수역(1764)에서는 장연의 경우 중도리에는 전량, 주심도리는 45%, 단연은 종도리와 중도리 모두 전량 이상 고정하였다. 건원릉 정자각은 시기적으로 볼 때 예외적인 시공기법을 보여준다. 이는 건원릉이 가지는 위상과 상징성의 영향으로 당시로서는 최고의 기술이 구현된 것으로 평가할 수 있다. 결과적으로 80여년 앞선 기술이다. 앞서 익종수릉산릉역(1843) 등 4건의 산릉역에서 단연의 종도리를 전량 고정하고도 46개 정도가 남았음을 언급한 바 있다. 이는 단연의 약 42%에 해당하는 물량으로 건원릉, 예릉과 같이 단연과 중도리의 고정 물량으로 보인다. 태조건원릉정자각중수역에서 쓰인 미박이[尾朴只]라는 명칭과 기법은 당시로서는 특수한 기법이었고, 이것이 산릉의궤에서는 표기된 전례가 없어 단연연두박이에 미박이 물량이 포함된 것으로 짐작된다. 이후 철종예릉산릉역에서는 적합한 용어인 미박이[尾朴只]가 사용되었다.

이처럼 19세기 후반 무렵부터는 서까래를 전체 도리에 고정하였다. 장연은 중도리 전체와 주심도리 전체 또는 절반 정도를 고정하고, 단연의 경우 종도리에는 전체적으로, 중도리에는 절반 정도를 고정하였다. 이는 이전 시기에 비해 서까래가 거의 완벽하게 도리에 밀착 고정되었음을 의미한다. 그만큼 기와지붕의 바탕이 매우 견고해졌음을 알 수 있다.

정면 우측

배면 좌측

그림 6-27. 정전의 장연 주심·중도리, 단연 종도리 고정[인릉 정자각, 1856]

인릉 정자각은 2009년 해체수리되었다. 수리보고서 중 서까래 관련 사진자료를 분석해 보면, 정전의 경우 중도리에서 장연은 서까래마다 연두박이를 고정하였고, 중심박이는 서까래 2개마다 1개씩 고정하였다. 단연의 경우 단연연두박이는 대체로 서까래마다 고정하였는데, 미박이는 당골막이에 가려 확인되지 않는다. 배위청의 경우 종도리는 서까래마다 고정하였고, 중심박이는 정전과는 달리 서까래 3개마다 1개씩 고정하여 차이를 보인다. 이러한 고정방식은 의궤 기록과 거의 유사하다. 다만 중심박이의 비율은 의궤 기록보다는 다소 떨어진다.

배위청[인릉 정자각, 1856]

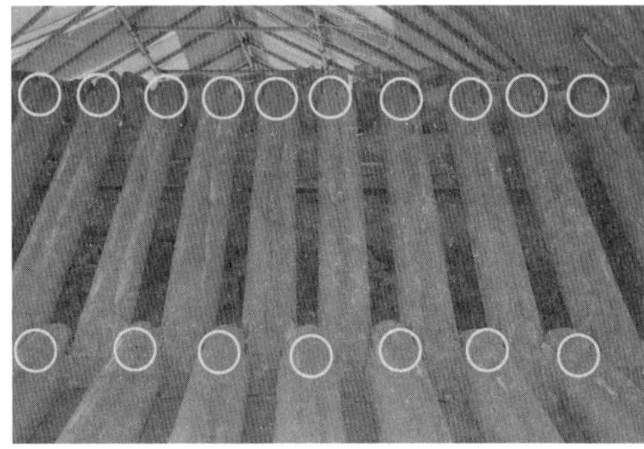

정전[건원릉 정자각, 1870 중건]

그림 6-28. 장연 주심·중도리 고정

건원릉 정자각은 2006년에 수리되었다. 수리보고서 내 사진자료를 살펴보면 장연에서 중심박이는 확인되지 않는데, 연두박이는 서까래마다 고정되어 있다. 단연의 경우 단연연두박이는 서까래마다 고정하였지만, 미박이는 확인되지 않았다. 건원릉 정자각은 1776년 중건되고, 100년 뒤 1870년에 다시 중건되는데 서까래 이상은 1870년에 수리된 것으로 판단된다. 따라서 수리보고서에서 확인되는 고정기법은 1870년의 기법인데, 이때 중심박이와 미박이는 생략한 것으로 짐작된다.

그림 6-29. 정전의 단연 종도리·중도리 고정[헌릉 정자각, 1903 수리 추정]

그림 6-30. 정전의 단연 종도리 고정[헌릉 정자각, 1903 수리 추정]

헌릉 정자각은 1644년 중건 이후 세 차례 수리되었는데, 단연부는 앞서 1903년에 수리된 것으로 추정하였었다. 그 이유는 단연 고정기법에서 단연연두박이와 미박이가 확인되었기 때문이다. 〈그림 6-29〉를 보면, 단연연두박이는 최소 서까래 2개마다 1개씩 고정하였고, 미박이는 서까래 4개마다 1개씩 고정되어 있다. 이러한 기법은 19세기 후반 무렵 이후부터 이어진 것인데, 새로 건립하는 정자각에 비해서는 연정 물량을 줄여서 수리한 것으로 판단된다.

위의 세 가지 사례를 종합하면, 장연과 단연의 연두박이는 대부분 고정하였고, 중심박이는 절반 정도 고정하거나 생략하기도 하였으며, 단연 미박이는 서까래 2~4개마다 고정했음을 알 수 있다.

그림 6-31. 19세기 후반 연정 고정: 장연의 주심·중도리 및 단연의 중도리·종도리 고정

서까래 설치

연정

서까래 직경은 17세기 후반 『효종영릉산릉도감의궤』(1659)와 『현종숭릉산릉도감의궤』(1674)에서 확인되는데 모두 6치로 기록되어 있다. 도리 직경은 5건 확인되는데,[35] 1~1.4자로 기록하고 있다. 장연의 연두박이는 대부분 9치로 그 이상도 일부 확인된다. 장연중심박이는 대부분 1자이다. 이 수치를 토대로 보면 장연의 연두박이는 〈그림 6-33〉과 같이

도리에 약 70mm 정도 박혀 깊게 박히지는 않는다. 반면 장연의 중심박이는 〈그림 6-32〉와 같이 1자로 도리에 약 120mm 정도 박혀 구조적인 역할을 충분히 하고 있다. 못 형태 중 못 머리 유무를 살펴보자. 중도리와 종도리에 고정하는 연정은 두정(頭釘)으로 못 머리가 있지만, 주심도리에 고정하는 연정은 일반 정(釘)으로 못 머리가 없다. 두정은 서까래 뒤뿌리의 들림을 방지하는 역할을, 일반 정은 서까래의 위치 고정을 목적으로 용도가 달랐던 것으로 보인다. 덧붙이자면 중도리 위 장연과 단연이 겹치는 부위와 종도리 위 단연에는 개판을 깔더라도 못 머리가 돌출된 부위는 마감에 영향을 주지 않는다. 하지만 주심도리 위 장연 윗면에 못 머리가 있으면 개판을 덮을 때 밀착되지 않아 마감이 불량하게 된다. 이를 고려하여 주심도리 위치의 중심박이는 못 머리가 없는 것을 사용한 것으로 생각된다.

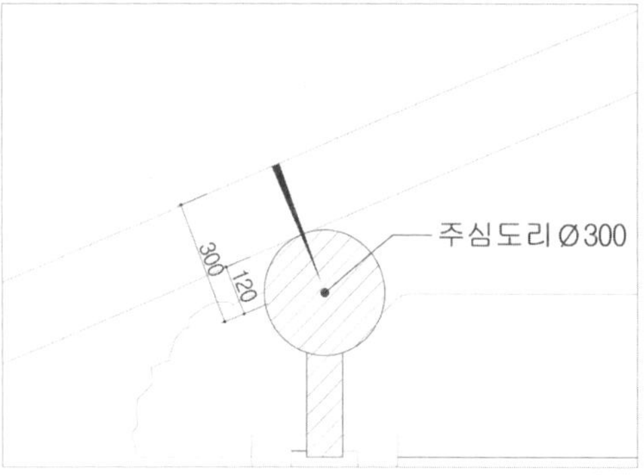

그림 6-32. 주심도리 연정 설치

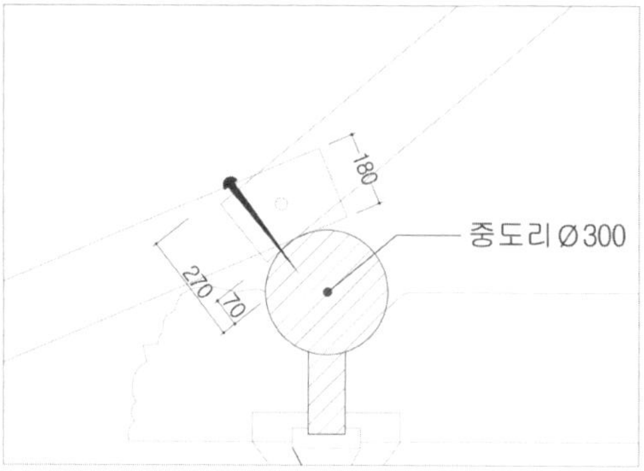

그림 6-33. 중도리 연정 설치

연침

연침은 산릉의궤에 '杻木 3束, 杻骨 4丹, 杻木 200丹'으로 기록되는데, 뉴목(杻木) 3속(束)이 가장 일반적인 수량으로 싸리나무 3묶음을 의미한다. 연침은 싸리나무를 꼬아서 연침구멍으로 꿰어 서까래를 결속시키는 역할을 한다. 의궤에서는 연침의 수량 정도만 확인되고 실제적인 기법은 확인할 수 없다. 정자각 수리보고서를 보면 연침구멍의 형태는 융릉, 인릉 및 휘경원에서 8각형으로 확인되고, 직경은 융릉 및 휘릉 정자각의 경우 30mm로 파악된다.

융릉 정자각(1789)

휘경원 정자각(1863)

그림 6-34. 연침 구멍

정당의 서까래 고정기법

의소묘와 수은묘는 물량상 중도리 위 장연은 모두 연두박이로 고정한 것으로 나타난다. 문희묘의 경우 태조건원릉정자각중수역(1764)과 유사하게 중도리 위 장연은 모두 연두박이로 고정하고, 주심도리에는 중박이로 장연 2개마다 1개씩 고정하는 것으로 물량이 잡혀 있다. 다만 건원릉의 경우 8치 두정을 사용하였지만, 문희묘는 연박이는 9치 두정, 중박이는 5치 두정을 사용하여 연정 규격에는 차이가 있다. 이 시기 정자각은 연두박이로만 고정하여 정당과는 기법상 차이가 나타난다.

19세기 전반 경우궁의 경우 중도리와 주심도리 위 장연 모두 연두박이와 중심박이로 고정하였다. 단연의 경우 고정 위치가 표시되어 있지 않아 두 가지 경우를 고려해 볼 수 있다. 첫 번째는 종도리와 중도리를 서까래 2개 간격으로 고정한 것이고, 두 번째는 연두박이에 모두 고정하는 경우이다. 어쨌거나 단연연두박이는 전체 또는 절반 정도 고정한 것임에는 틀림없다. 이러한 기법은 정자각에서는 건원릉이 가장 빠르고 80여 년 뒤 수릉 정자각(1846)에 다시 구현되었다. 건원릉을 예외적인 경우로 본다면 경우궁은 수릉 정자각보다 약 20여 년 정도 앞서 단연까지 고정하는 기법이 적용된 셈이 된다.

표 6-26. 정당의 서까래와 서까래박이

No.	묘호	시기	서까래	서까래박이
1	의소묘	1752	長椽62次 大椽木62箇 短椽62次 大椽木31箇	椽頭朴只 9寸頭丁 60箇
2	수은묘	1764	長椽60次內 22次大椽木22介 38次長松木19介 短椽60次 中椽木60介	椽頭朴只 9寸頭釘 60介
3	문희묘	1790	長椽70介次 椽木70介 短椽70介次 大椽木70介	頭朴只 9寸頭釘 70介 中朴只 5寸頭釘 35介
4	경우궁	1824	椽次 卜定大椽72箇 短椽次 卜定大椽72箇	頭及中心朴只 9寸頭釘 144介 朴只 9寸頭釘 72介

허가연

용어 정리

허가연(虛家椽) 또는 허가(虛家)는 학계 및 현장에서 익숙하지 않은 용어이다. 비슷한 용어로 덧서까래, 덧집이 사용되고 있지만, 기능이 다른 것임을 선행연구[36]에서 논한 바 있다. 선행연구에서는 허가는 "사용자가 필요로 하는 지붕형상을 만들기 위해, 서까래 구성이 완료된 후 그 위에 만드는 빈 공간이다."라고 정의하였다. 즉 지붕 하중 경감을 목적으로 하는 덧서까래와 허가연의 설치 목적이 다르다는 것이다.[37] 하지만 허가(연)도 결과적으로 지붕 하중을 경감시키는 역할을 겸하였다.

산릉의궤에서 허가연과 관련된 용어를 살펴보자. 목부재 허가연은 『경종의릉산릉도감의궤』(1725)에서 허칸대연[虛間臺椽]으로 기록되고, 이후 나타나지 않다가 『익종수릉산릉도감의궤』(1846)에 허가연(虛家椽)이 등장하고 그 이후 지속된다. 허칸대연[虛間臺椽]과 허가연(虛家椽) 둘 다 비어 있는 공간을 구성하는 서까래를 뜻한다. 허가박이 및 허가연박이는 『영조원릉산릉도감의궤』(1776)에서는 "虛家朴只 1尺 釘 6箇 8寸 釘 30箇"로, 『정조건릉산릉도감의궤』(1800)부터는 "虛家椽朴只 1尺 釘 6箇 8寸 頭釘 30箇"로 표기되어 있다. 두 의궤 모두 못의 규격 및 수량이 동일하다. 『익종수릉산릉도감의궤』(1846)부터는 "虛家朴只 1尺5寸 釘 6箇 虛家椽朴只 8寸 頭釘 60箇"로 표기하여 허가박이[虛家朴只]와 허가연박이[虛家椽朴只]를 구분하였다. 이를 보면 앞선 의궤에서는 박이 수량을 통합해서 표기한 것임을 알 수 있다. 『익종수릉산릉도감의궤』(1846)에서는 허가박이와 허가연박이를 구분한 것 외에도 허

표 6-27. 정자각의 허가연 및 허가연박이 등

No.	능호	시기	허가연	허가도리	허가주	허가바탕	허가연박이	허가도리박이
1	**목릉**	1630	-	-	-	-	-	-
2	소현세자묘	1645	-	-	-	-	-	-
3	영릉	1659	32條合閣椽各長10尺初鍊用之	-	-	合閣加栿樓柱1條半	合閣椽朴只 8寸頭釘 35介	-
4	**숭릉**	1674	合閣椽次大椽30箇	-	-	-	合閣椽朴只 7寸頭釘 96箇	-
5	**익릉**	1680	-	-	-	-	-	-
6	휘릉	1689	-	-	-	-	-	-
7	**사릉**	1699	-	-	-	-	-	-
8	**장릉**	1699	-	-	-	-	-	-
9	명릉	1702	-	-	-	-	-	-
10	단의빈묘	1718	-	-	-	-	-	-
11	민회빈묘	1719	-	合閣樑次材木1條	-	-	-	-
12	**의릉**	1725	虛間臺椽10箇	-	-	-	-	-
13	**온릉**	1739	-	-	-	-	-	-
14	의소세손묘	1752	-	-	-	-	-	-
15	**소령원**	1753	-	-	-	-	-	-
16	**순강원**	1755	-	-	-	-	-	-
17	**홍릉**	1757	-	-	-	-	-	-
18	사도세자묘	1762	-	-	-	-	-	-
19	건원릉	1764	-	-	-	-	-	-
20	**원릉**	1776	-	-	-	-	虛家朴只 1尺釘 6箇 8寸釘 30箇	-
21	문효세자묘	1786	-	-	-	-	-	虛家抹樓心只 7寸頭釘2箇
22	**현륭원**	1789	-	-	-	-	虛家朴只 1尺釘 6箇 8寸釘 30箇	-
23	건릉	1800	-	-	-	-	虛家椽朴只 1尺釘 6箇 8寸頭釘 30箇	-
24	**건릉**	1821	-	-	-	-	虛家椽朴只 1尺釘 6箇 8寸頭釘 30箇	-
25	휘경원	1823	-	-	-	-	虛家椽朴只 1尺釘 6箇 8寸頭釘 30箇	-
26	연경묘	1830	-	-	-	-	虛家椽朴只 1尺釘 6箇 8寸頭釘 30箇	-
27	인릉	1835	-	-	-	-	虛家椽朴只 1尺釘 6箇 8寸釘 30箇	-
28	**경릉**	1843	-	-	-	-	虛家椽朴只 1尺釘 6箇 8寸頭釘 30箇	-
29	수릉	1846	虛家椽30箇次中椽30箇	虛家道里1箇次扇子大椽1箇	虛家柱	虛家所湯裁餘取用	虛家朴只 1尺5寸釘 6箇 虛家椽朴只 8寸頭釘 60箇	-
30	**수릉**	1855	虛家椽30箇次中椽30箇	虛家道里1箇次扇子大椽1箇	虛家柱1箇邊板取用	虛家所湯裁餘取用	虛家朴只 1尺5寸釘 6箇 虛家椽朴只 8寸頭釘 60箇	-
31	휘경원	1855	虛家椽30箇次中椽30箇	虛家道里1箇次扇子大椽1箇	虛家柱1箇裁餘取用	虛家所湯邊板取用	虛家朴只 1尺5寸釘 6箇 虛家椽朴只 8寸頭釘 60箇	-
32	**인릉**	1856	虛家椽30箇	虛家道里1箇	虛家柱	虛家所湯	虛家朴只 1尺5寸釘 6箇 虛家椽朴只 8寸頭釘 60箇	-
33	**휘경원**	1864	虛家椽30箇	虛家道里1箇	虛家柱	虛家所湯	虛家朴只 1尺5寸釘 6箇 虛家椽朴只 8寸頭釘 60箇	-
34	**예릉**	1864	虛家椽30箇次大椽30箇	虛家道里1箇次貿大椽1箇	虛家柱頭折取用	虛家所湯頭折取用	(虛家)椽朴只 8寸釘 60箇	虛家道里朴只 1尺5寸釘4箇

가도리(虛家道里), 허가주(虛家柱), 허가바탕[虛家所湯]이 새롭게 등장한다. 이는 허가를 구성하기 위한 부재들이고, 허가박이는 이 부재들을

고정하기 위한 못임을 알 수 있다. 허가도리박이[虛家道里朴只]는 『철종예릉산릉도감의궤』(1864)에 처음으로 기록되고, 이후 『명성황후홍릉산릉도감』(1898)과 『순명황후유강원원소도감의궤』(1904)에는 허가도리박이 외에 허가주박이를 뜻하는 원단박이[椽端朴只]와 허가바탕박이인 바탕박이[所撑朴只]가 등장한다.

산릉의궤에서 허가(虛家)라는 명칭이 보편화되기 이전, 허가에 해당되는 부재를 지칭하는 명칭이 일부 존재하였었다. 『효종영릉산릉도감의궤』(1659)와 『현종숭릉산릉도감의궤』(1674)에는 합각연(合閣椽), 합각연박이(合閣椽朴只), 합각덧보[合閣加栿]가 등장한다. 둘 다 팔작지붕으로 합각부를 구성하기 위해 추가로 설치한 허가연과 허가바탕을 일컫는 명칭이다. 팔작지붕에는 당연히 필요한 구조부재인데 허가라는 명칭을 사용하지 않고도 부재를 설명하는데 무리가 없었던 것으로 보인다. 허가라는 명칭이 보편화된 이후에는 팔작지붕 침전인 명성황후홍릉산릉역(1898)과 순명황후유강원원소역(1904)에서도 같은 부위의 부재에 허가연, 허가도리 등의 용어가 사용되었다.

허가의 구성과 고정기법

허가를 어디에 어떻게 구성하였는지 살펴보자. 앞서 팔작지붕에서 허가는 합각부를 구성하기 위한 부재임을 설명하였다. 하지만 대부분의 정자각은 맞배지붕이다. 선행연구에서는 허가 구성을 배위청 용마루 전체에 맞추어 허가연을 설치하였을 가능성과 정전과 배위청 접합부 및 박공부에 설치하였을 가능성 중 배위청의 지붕 높이를 전반적으로 높이기 위해 전자가 타당하다는 의견을 제시한 바 있다.[38] 이에 대해 검토해 보자.

맞배지붕에 허가가 필요한 곳은 1차적으로 정전과 배위청이 만나는 결합부이다. 『민회빈봉묘도감의궤』(1719)에는 합갑량차 재목1조(合閣樑次 材木1條), 『경종의릉산릉도감의궤』(1725)에는 허칸대연 10개(虛間臺椽 10箇)가 기록되어 있다. 합각량 1조는 배위청이 정전과 맞닿으면서 그 위에 설치한 허가도리로 보인다. 허칸대연 10개는 배위청의 허가도리에 설치한 허가연으로 보인다. 대연(臺椽)은 단연 크기를 말하므로 허가연 10개는 허가를 구성하기에 적정한 길이와 수량에 해당된다. 『영조원릉산릉도감의궤』(1764)부터는 "虛家朴只 1尺 釘 6箇 8寸 釘 30箇"로 표기되어 있다. 이는 허가연에 8치 정 30개, 나머지 허가를 구성하는데 1자 정 6개를 고정하였다는 것을 의미한다. 허가 구성을 이해하기 위해서는 허가연이 몇 개 사용되었는지 파악할 필요가 있다. 허가연박이가 30개라고 하면 허가연마다 허가연박이를 1개 또는 2개 고정하느냐에 따라 허가연의 수량은 30개 또는 15개가 된다. 비슷한 시기에 허가연 및 허가연박이의 수량을 살펴보자. 『경모궁개건도감의궤』(1777)에는 소차10칸소입(小次10間所入)으로 "(虛家)椽木 6介 朴只 8寸 丁 16介"가 기록되어 있다.[39] 소차(小次) 건물은 10칸으로 ㄱ자로 꺽인 팔작지붕이다. 여기서 허가연이 6개[40]이고 허가연박이는 16개로 허가연당 박이는 2.67개로 2개 이상이다. 『문희묘영건청등록』(1790)에는 어재실수보소입(御齋室修補所入)에 "(虛家)椽木 8介 朴只 6寸 頭釘 16介", 향대청6칸변작수보소입(香大廳六間變作修補所入)에 "(虛家)椽木6介 朴只 5寸 頭釘 12介", 전사청5칸반변작수보소입(典祀廳五間半變作修補所入)

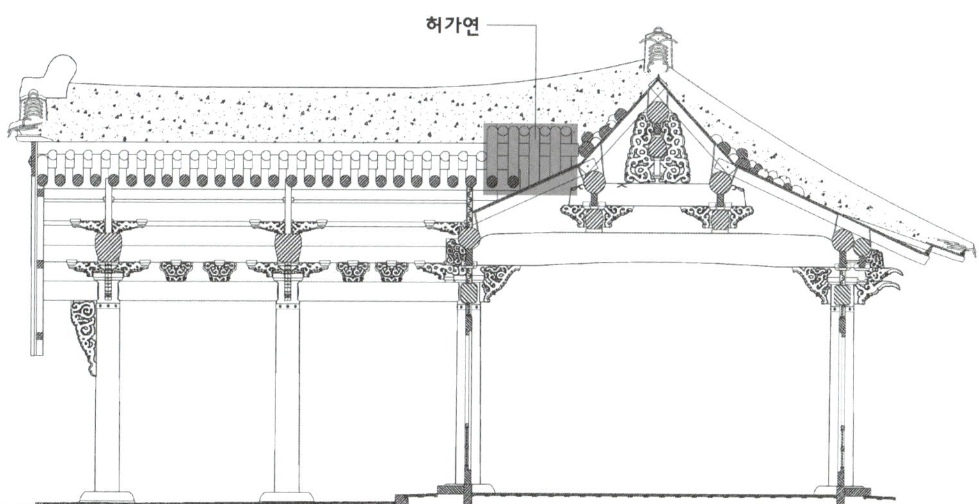

그림 6-35. 원릉 정자각[1776] 종단면도

에 "(虛家)椽木 6介 朴只 6寸 頭釘 6介 5寸 頭釘 6介"로 표기되어 있어 허가연당 허가연박이를 2개 이상 고정하였음을 알 수 있다. 이와 같이 영조원릉산릉역(1776)과 비슷한 시기 이후에는 허가연당 2개 이상의 허가연박이를 고정하였다. 그렇다면 원릉 정자각도 허가연마다 상단과 하단에 1개씩 2개의 허가연박이를 고정한 것으로, 허가연의 수량은 15개 정도로 추측할 수 있다.

2005년 원릉 정자각의 해체수리 시 현황도면(그림 6-35)을 보면 현존 정자각에는 배위청과 정전이 만나는 부위에 허가연은 8개가 설치되어 있어 산릉의궤와는 7개 정도 수량 차이가 난다. 원릉 정자각의 수리 이력[41]을 보면 2005년 해체보수공사 전까지 중수기록이 나타나지 않아 현존 정자각은 1776년 창건 모습을 간직한 것으로 판단된다. 그렇다면 허가연 15개는 계획 물량으로 보는 것이 타당할 것이다. 이 부위에 몇 개의 허가연이 들어갈지는 도면을 그려보지 않으면 예측하기가 쉽지 않다. 즉 허가연 수량은 정확히 산출된 것이 아니라 대략적인 계획 물량임을 알 수 있다. 허가연박이 이외에 '1척 정 6개'가 기록되어 있는데, 이에 대해서는 뒤에 설명하도록 하겠다.

허가도리를 어디에다 걸 것인가에 대해 짚어보자. 허가도리를 중도리 위치에 걸 것인지 아니면 종심 위치에 걸 것인지에 따라 허가 구성이 바뀐다. 2가지 가능성은 모두 존재한다. 〈표 6-28〉은 현존 정자각의 수리 보고서에 실린 수리 전 현황도면을 참고하여 허가연의 수량과 설치 위

표 6-28. 현존 정자각의 허가연 및 설치 위치

No.	능호	시기	수리 시기	최근 수리 시기	허가연	허가연 설치 위치
1	헌릉	1644	1748, 1822, 1903	1989, 2015	10	종도리
2	강릉	1695	1807*, 1870*, 1917*	2006	5	종도리
3	광릉	1696	-	1985, 2010	10	종도리
4	현릉	1699	1879	2006	없음	-
5	**의릉**	1725	1741,1827	2002	없음	-
6	건원릉	1776	1870	1966, 2000	8	종도리
7	**원릉**	1764	1776, 1879, 1916*	1991, 2005	8	종심
8	**융릉**	1789	-	2008	없음	-
9	**건릉**	1821	-	2013	6	종도리
10	**경릉**	1843	1879, 1897*, 1916*	-	10	종도리
11	**수릉**	1855	1897*, 1899*, 1916*	2004	없음	종도리
12	**인릉**	1856	1897*	2009	10	종도리

*는 왕릉 수리 내용으로 정자각 수리 여부는 알 수 없는 경우임.

치를 정리한 것이다. 이를 보면 원릉을 제외하고는 모두 종도리 위에 허가연을 설치하였다. 종심 위에 허가연을 설치하면 자연스러운 용마루곡을 형성하기 어렵기 때문이다.

『익종수릉산릉도감의궤』(1846)부터는 허가 부재들이 허가연, 허가도리, 허가주, 허가바탕으로 구분되는데, 주목할 것은 허가연과 허가연박이의 수량이다. 허가연은 30개, 허가연박이는 60개로 나오는데, 이전에는 허가연 물량을 15개로 잡았을 것으로 보았는데 이때부터 2배 증가한 것이다. 의궤 기록이 맞다면 허가연은 배위청과 정전의 만나는 부위 이외에 허가연을 설치한 것으로 봐야한다. 허가연이 설치될 만한 곳은 배위청의 나머지 부위와 박공부 측면이다.

먼저 배위청에 설치하였을 가능성을 검토해보자. 문제는 배위청 어디에 허가연을 설치하였을 것인가이다. 선행연구에서는 배위청 전체에 허가연을 나누어서 설치하였을 것으로 추정하였다.[42] 하지만 배위청은 삼량가로 해체수리도면을 살펴보면 〈그림 6-36〉처럼 배위청 지붕면과 서까래 사이의 공간은 적심을 조금 넣고, 보토를 깔 정도밖에 되지 않는다. 여기에 허가연을 설치하면 정상적인 기와잇기를 할 수 없다.

배위청 전체에 허가연을 설치하지 않았다면 그래도 가능성이 있는 곳은 배위청과 정전이 만나는 부위와 가까운 배위청 첫 번째 칸 위이다. 현존 정자각은 배위청의 용마루곡과 정전과 만나는 부위를 살펴보면, 배위청의 용마루는 배위청까지는 일정하게 직선 형태로 뻗어가다가 정전과 만나는 즉 허가연 설치 위치부터 살짝 곡선 형태로 바뀌어 정전의 용마루의 측면 양성의 중간보다 약간 높은 지점에 접속하고 있다.(그림 6-37) 따라서 현존 정자각이 당초의 지붕곡을 간직한 것으로 가정하면, 정전과 인접한 배위청 첫 번째 칸 상부에 허가연을 설치하였을 가능성은 없다. 물론 정자각의 지붕곡이 변형되었을 가능성도 있지만 현존 정자각 모두가 이와 같은 형태를 취하고 있으므로 지붕곡의 변형을 논하는 것은 다소 무리가 따른다. 선행연구에서는 산릉의궤의 도설을 근거로 하여 배위청의 용마루와 정전의 용마루가 일치되고, 이를 위해 허가연을 배위청 전체에 나누어 설치[43]하였을 것으로 보았지만, 배위청

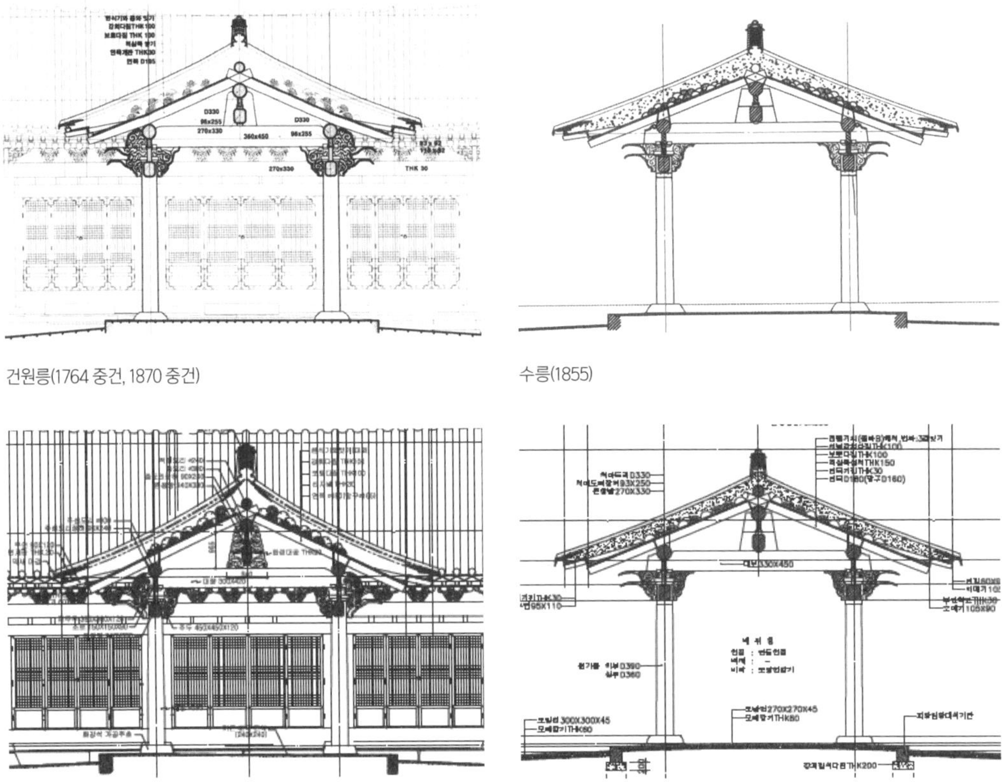

건원릉(1764 중건, 1870 중건) 수릉(1855)

인릉(1856) 휘경원(1863)

그림 6-36. 정자각 배위청 단면도

은 의례를 준비하며 이동하는 공간으로 정전에 비해 위계가 떨어진다. 즉 정전과 배위청의 용마루를 일치시킨다는 것은 당시 유교사회 기준으로는 적합한 발상이 아니다. 또한 산릉의궤의 도설은 설계도면이 아닌 의례상 참고용으로 도면의 정확도 여부가 떨어지므로, 배위청의 용마루를 높이기 위한 방편으로 허가연을 설치하였다고는 볼 수 없다.

배위청 종도리 위에 허가연 설치가 어렵다면 결국 설치할 수 있는 위치는 박공부 집거연 측면 외에는 없다. 1830년대 궁궐 영건의궤에서 맞배지붕에 허가 기록이 있는 것은 행각 또는 복도각 정도이고 허가연도 대부분 16개를 사용하였다.[44] 행각이나 복도각이 본 건물과 만나기 위해

건원릉(1764 중건, 1870 중건)

건릉(1821)

수릉(1855)

예릉(1864)

그림 6-37. 정자각 배위청 용마루곡

지붕 높이를 일부 상승시키기 위한 목적으로 사용한 것으로 판단되는데, 맞배지붕에 허가연 물량을 잡은 것은 의미가 있다. 비슷한 시기 익종수릉산릉역(1846) 이후부터는 허가연을 이전보다 15개 늘려서 30개를 사용하였다. 15개 정도의 허가연을 집거연 옆에 설치하였을 가능성을 검토해보자. 후술하겠지만 익종수릉산릉역(1846)부터 집거연은 2열로 설치한 것으로 추정된다. 정전 측면은 박공과 풍판을 가설하는데, 이는 측면 도리 등 가구부의 하중을 가중시킨다. 따라서 측면부의 하중 경감이 필요한데, 허가연을 이러한 목적으로 집거연 옆에 설치하였을 가능성이 있다. 정전 측면에 허가연을 2열로 설치하면 16개가 소요되어 허가연의 증가량과 거의 일치한다. 광릉 정자각 박공부 수리 사진을 보면 집거연이 1열로 설치되어 있고 옆으로 서까래가 3열 설치되어 있다. 집거연을 2열로 보면, 허가연 2열이 설치된 경우로 볼 수 있다.(그림 6-38) 익종수릉산릉역(1846)부터는 집거연을 2열로 증가[15] 시키는데, 증가된 허가연 15개는 집거연 옆에 허가연을 2열로 배치하여 박공부 측면 하중을 경감하고, 목기연의 받이재 역할을 하기 위해 설치하였을 것으로 추정된다.

그림 6-38. 집거연과 허가연[광릉 정자각, 1696]

지금부터는 허가의 구조 및 고정기법에 대해 살펴보자. 『문효세자묘소도감의궤』(1786)에는 "虛家抹樓心朴只 7寸 頭釘 2箇"로 표기되어 있다. 허가마루는 허가도리로 7치 두정 2개를 박아 고정하였다. 『익종수릉산릉도감의궤』(1846)에는 "虛家道里 1箇次 扇子大椽 1箇"로 표기되어 있다. 즉 허가도리는 선자연감 대연으로 일반 서까래보다 큰 직경의 부재를 사용하였다. 『철종예릉산릉도감의궤』(1864)에는 "虛家道里朴只 1尺5寸 釘 4箇"로 표기되어 허가도리를 4개의 못으로 고정하였음을 알 수 있다. 허가도리 양단에 2개씩 박았을 것으로 생각된다. 따라서 그 이전에 허가연박이 외에 허가박이로 '1尺 釘 6箇'나 '1尺5寸 釘 6箇'를 고정한 것은 허가도리에 4개, 허가주나 허가바탕에 1개씩 고정한 것으로 풀이할 수 있다. 『익종수릉산릉도감의궤』(1846)부터는 허가 부재가 세분화되는데, 허가박이의 길이가 기존 '1尺 釘'에서 '1尺 5寸 釘'으로 증가한다. 하지만 현존 정자각을 분석해보면, 허가도리를 제외하고, 허가주 및 허가바탕은 확인되지 않는다. 수리과정에서 사라졌을 수도 있지만 도면을 보면 허가주와 허가바탕을 설치할 만한 공간이 확인되지 않는다. 결국 허가주, 허가도리는 계획상 물량임을 알 수 있다. 이러한 부재는 팔작지붕의 허가에 쓰이는 것인데, 산릉의궤에서는 팔작지붕의 허가 부재가 맞배지붕으로 변경되면서도 관습적으로 표기되었던 것이다.

이와 같이 산릉역에서 허가연은 18세기 후반 영조원릉산릉역(1764)을 계기로 본격적으로 사용하기 시작하였고, 주로 정전과 배위청의 접합부를 마감하기 위한 목적으로 설치되었다. 이후 익종수릉산릉역(1846)을 기점으로 허가연 수량을 이전보다 2배로 증가시키고, 허가도리, 허가주, 허가바탕 등을 허가의 모든 구성 부재의 기록이 나타나 이전보다 물량 계획을 세분화하였지만, 실제로는 허가주와 허가바탕은 설치되지 않았다. 추가로 증가한 허가연은 측면 박공부의 하중 경감과 목기연의 받이재 역할을 위해 정전의 집거연 옆에 2열로 배치하였을 것으로 추정된다.

종심

용어 정리

양쪽으로 엇갈려 설치한 단연 위에 도리방향으로 설치한 부재를 흔히 종심목이라고 한다. 산릉의궤에서 종심에 대한 기록은 생략되는 경우가 많았다. 종심(宗心)은 『효현왕후경릉산릉도감의궤』(1843)에 처음으로 등장한 이후 동일한 명칭이 유지된다. 『경종의릉산릉도감의궤』(1725)에서는 양심(樑心)이라고 한 차례 표기한 예가 있다.

목부재인 종심에 비해 박이는 일찍부터 기록하였는데, 목재와는 다른 명칭이 사용되었다. 『효종영릉산릉도감의궤』(1659)부터 박이명이 확인되는데, "中心朴只 1尺 釘 7介"로 기록되어 있다. 이후 못의 규격이나 수량상 변동은 있지만, 18세기 말인 『장헌세자현륭원원소도감의궤』(1789)까지 중심박이라고 표기하였다. 『태조건원릉정자각중수도감의궤』(1764)에서는 양심박이[樑心朴只]라고 표기하였는데, 이는 『경종의릉산릉도감의궤』(1725)에서 목부재 양심(樑心)과 일치한 사례이지만, 역시 한 차례만 나타난다. 『정조건릉산릉도감의궤』(1800)부터는 종심박이[宗心朴只]이라 표기하였고, 이후 동일하게 기록되어 있다.

결국 종심은 중심(中心), 양심(樑心), 종심(宗心)과 같은 명칭으로 불렸고, 박이명도 이와 같았다. 18세기 말까지는 중심(中心)이 대표용어였고, 19세기에 들어서는 종심(宗心)으로 변경된다. 종심(宗心)은 지금과 같은 명칭이므로 의심할 여지가 없다. 종심은 마루 중심을 뜻한다. 양심(樑心)은 종도리의 가운데를 의미하므로 단면상의 위치를 설명하는 것은 종심과 같지만, 종도리에 박는 것으로 오해할 소지가 있는 용어이다. 마지막으로 중심(中心)이라는 명칭은 종심이나 양심과 같이 단면상 가운데를 의미하지만 위치가 다소 애매한 용어이다. 따라서 중심(中心) 또는 중심박이[中心朴只]가 종심(박이)이나 양심(박이)과 같은 부재인지 검토할 필요가 있다. 『영조원릉산릉도감의궤』(1776)에서 중심박이[中心朴只]의 기술 순서를 살펴보면

부방초박이 6치 광두정 270개, 덧방박이 4치정 100개, 취두대사슬 3거리 각 장 3파, 거물정 20개, 취두박이 1척 6치 정 20개, **중심박이 1척 정 10개**, 북수박이 5치 두정 3개, 잡상박이 8치 광두정 42개[46]

라고 하여 중심박이에 앞에는 부방초박이, 덧방박이, 취두대사슬, 거멀정, 취두박이가, 뒤에는 북수박이, 잡상박이가 기술된다. 대부분 막새, 용마루 및 내림마루에 시공되는 장식기와와 관련된 것이다. 따라서 중심박이는 용마루 시공과 관련된 부재임을 알 수 있다. 다른 산릉의궤에서도 이와 같은 기술 순서로 작성된 예가 많다. 중심박이는 1자 또는 2자 정을 사용하였다.

하지만 이후에는 중심 또는 중심박이는 다른 시기에 다른 기능을 하는 부재로 재등장한다. 앞에서 서까래박이로 19세기 초부터 장연중심박이[長椽中心朴只]를 사용하기 시작하고, 19세기 후반에는 중심박이[中心朴只]로 용어가 단순화되었음을 설명한 바 있다. 동일한 명칭인 중심박이[中心朴只]가 19세기 후반에는 장연중심박이의 기능을 한 것이다. 후술하겠지만[47] 중심(中心)이라는 부재는 19세기 후반에는 서까래누리개로 쓰이고, 못의 규격과 수량이 다른 중심박이[中心朴只]가 (장연)중심박이와 함께 사용되었다. 즉 중심은 18세기까지는 종심과 같은 기능을 하며 건물의 중앙에 사용되는 부재를 의미하였지만, 19세기 전반에는 장연중심박이로 쓰이면서 장연의 중앙 위치에 해당하는 주심도리에 고정하는 기능으로 변모하였고, 19세기 후반에는 장연중심박이의 기능과 함께 중도리 상부 서까래를 눌러주는 누리개 역할로 명칭이 바뀌었다. 이처럼 산릉의궤에서 중심이라는 명칭은 시기별로 기능을 달리하였다. 중심이라는 명칭은 부재의 중앙 위치를 설명하기 쉽다는 용어적 특징으로 인해 다른 기능의 건축 부재에 여러 차례 중복되어 사용된 것이다.

종심의 원재

종심의 원재가 본격적으로 기록되는 것은 『효현왕후경릉산릉도감의궤』(1843) 이후로, 선자대연(扇子大椽) 또는 무대연(貿大椽)이 사용되었다. 경종의릉산릉역(1724)에서는 대연을 원재로 들여썼다. 대연은 직경이 6치인 경우가 많은데 선자대연은 이보다 직경이 큰 편으로, 종심은 6치 이상의 서까래 부재가 사용되었음을 알 수 있다. 종심에 대한 기록이 19세기 초까지 나타나지 않은 이유는 수량이 적고, 다량의 물량이 계획된 서까래와 규격상 큰 차이가 없기 때문이었다. 하지만 19세기에 들어 목부재를 세분하여 기록하는 경향이 확대되면서 종심목도 기록하게 된 것으로 판단된다.

종심 고정기법

종심은 8칸 정자각인 의릉 정자각에서는 8개, 19세기 중엽 이후 5칸 정자각에서는 모두 5개를 사용하였다. 즉 1칸당 1개의 종심을 사용한 셈이다.

종심박이는 정조건릉산릉역(1800) 전에는 대부분 10개를 사용하였다. 대부분 5칸 정자각이므로 종심당 종심박이는 2개씩으로, 종심 양 끝에 하나씩 고정하였음을 알 수 있다. 정조건릉산릉역부터는 대부분 종심박이를 20개씩 썼다. 즉 종심당 종심박이는 4개씩으로, 이전보다 견고하게 고정하였음을 알 수 있다.

종심박이 규격은 17세기에는 1자 정을, 18세기에는 1자 정과 2자 정을 비슷한 빈도로 사용하였는데, 정조건릉산릉역을 계기로 19세기 전반에는 1자 5치 정을, 익종수릉산릉역(1846) 이후부터는 2자 정을 사용하였다. 종심 직경을 6치로 가정하면 1자 정은 단연에 2치 5푼 정도 고정되고, 1자 5치 정은 단연에 전체적으로 고정되며, 2자 정은 단연을 뚫고 종도리에 2치 정도 깊이로 고정된다.

이러한 종심박이의 변화는 종심의 역할과 관련이 있다. 종심은 용마루를 구성하는 기와 바탕과 지붕수리용 사슬과 관련된 철물[48]을 고정하는 받이재 역할을 한다. 이와 더불어 단연 교차부를 눌러주며 잡아주는 역할을 하는데 이는 서까래 고정기법과도 연관된다. 앞서 서까래 고정기법에서 19세기 전반까지 단연을 고정한 경우는 태조건원릉정자각중수역(1764)에서 예외적으로 나타난 기법임을 설명하였다. 따라서 19세기 전반까지 단연은 연침에 의해 긴결되고 장연 뒤뿌리를 받침재로 삼아 설치될 뿐,[49] 목부재와는 직접적으로 고정되지 않았다. 17세기 종심은 종심박이가 겨우 단연에 물리는 정도이고, 12~14자에 달하는 종심의 양 끝을 고정하는 것으로는 단연과의 밀착 고정은 힘들어, 견고한 기와 바탕 역할로는 미흡했다. 18세기에는 2자 정을 종심박이로 사용하여 직접적으로 종도리에 고정하여 단연을 고정시키는 역할을 하려고 했던 것으로 보인다. 하지만 종심의 양 끝단을 고정하는 것만으로는

표 6-29. 정자각의 종심 및 종심박이

No.	능호	시기	종심	종심박이
1	**목릉**	1630	-	-
2	소현세자묘	1645	-	-
3	영릉	1659	-	中心朴只 1尺釘 7介
4	**숭릉**	1674	-	中心朴只 1尺釘 10箇
5	**익릉**	1680	-	中心朴只 1尺釘 10箇
6	휘릉	1689	-	中心朴只 1尺釘 10箇
7	**사릉**	1699	-	中心朴只 1尺釘 10箇
8	**장릉**	1699	-	中心朴只 1尺釘 10箇
9	명릉	1702	-	中心朴只 1尺釘 10箇
10	단의빈묘	1718	-	中心朴只 2尺釘 10箇
11	민회빈묘	1719	-	中心朴只 1尺釘 12箇
12	**의릉**	1725	樑心大椽 8箇	中心朴只 1尺釘 6箇
13	**온릉**	1739	-	中心朴只 2尺丁 10介
14	의소세손묘	1752	-	中心朴只 2尺釘 10箇
15	**소령원**	1753	-	中心朴只 2尺釘 10箇
16	**순강원**	1755	-	中心朴只 2尺釘 10介
17	**홍릉**	1757	-	中心朴只 1尺釘 10介
18	사도세자묘	1762	-	中心朴只 2尺丁 10箇
19	건원릉	1764	-	정:樑心朴只 2尺頭釘 12箇 배:樑心朴只 2尺頭釘 20箇
20	**원릉**	1776	-	中心朴只 1尺釘 10箇
21	문효세자묘	1786	-	中心朴只 2尺釘 10箇
22	**현륭원**	1789	-	中心朴只 1尺釘 10箇
23	건릉	1800	-	宗心朴只 1尺5寸釘 20箇
24	**건릉**	1821	-	宗心朴只 1尺5寸釘 12箇
25	휘경원	1823	-	宗心朴只 1尺5寸釘 20箇
26	연경묘	1830	-	宗心朴只 1尺5寸釘 10箇
27	인릉	1835	-	宗心朴只 1尺5寸釘 12箇
28	**경릉**	1843	宗心 5箇次 扇子大椽 5箇	宗心朴只 1尺5寸釘 20箇
29	수릉	1846	宗心 5次 扇子大椽 5箇	宗心朴只 2尺釘 20箇
30	**수릉**	1855	宗心 5箇次 扇子大椽 5箇	宗心朴只 2尺釘 20箇
31	휘경원	1855	宗心 5箇次 扇子大椽 5箇	宗心朴只 2尺釘 20箇
32	**인릉**	1856	宗心 5箇	宗心朴只 2尺釘 20箇
33	**휘경원**	1864	宗心 5箇	宗心朴只 2尺釘 20箇
34	**예릉**	1864	宗心 5箇次 貿大椽 5箇	宗心朴只 2尺釘 20箇

충분하지 않았을 것이다. 19세기 전반에는 종심박이 수량을 이전보다 2배로 늘리고 종심박이 1자 5치 정을 사용하여 종심이 단연과 견고하게 밀착되면서 용마루 기와잇기의 견고한 바탕 역할을 할 수 있게 되었다. 19세기 후반 무렵에 들어 종심박이로 2자 정을 사용하여 종도리까지 고정하면서, 한층 더 종심 역할이 강화되었다.

그림 6-39. 17~18세기 종심 고정

그림 6-40. 19세기 종심 고정

정당의 종심 고정기법

정당도 정자각과 마찬가지로 종심 명칭은 19세기 이전에는 양심(樑心)과 중심(中心)이 혼용되었고, 19세기 이후에는 종심(宗心)을 사용하였다. 정당은 종심당 2개 정도를 고정하였는데, 정자각은 19세기 이전 종심당 2개씩, 19세기 이후에는 4개씩 고정하여 차이를 보인다.

못 규격을 보면 정자각은 19세기 이전에는 2자 정과 1자 정이 혼용되었지만, 2자 정의 사용 빈도가 높았다. 반면 정당에서는 1자 정만을 사용하여 이 또한 차이가 나타난다. 한편 19세기 경우궁의 경우 휘경원 정자각(1823)과 동일한 규격의 못을 사용한 바 있다. 하지만 정당의 종심박이 수량은 여전히 기존 기법을 유지하여 정자각에 비해 개선된 양상은 확인되지 않는다.

표 6-30. 정당의 종심과 종심박이

No.	묘호	시기	단연	종심	종심박이
1	의소묘	1752	62	樑心次 大椽木3箇	樑心朴只 1尺丁 9箇
2	수은묘	1764	60	中心次 豆里木4介	樑心朴只 1尺釘 4介
3	문희묘	1790	70	樑心次 大椽木4介	朴只 1尺釘 8介
4	경우궁	1824	72	宗心次 卜定大椽3箇	朴只 1尺5寸釘 6介

서까래개판

용어 정리와 사용 시기

산릉의궤에서 연개판(椽蓋板)이라는 명칭은 『현종숭릉산릉도감의궤』(1674)에 처음 등장한다. 그 이전 『선조목릉천장산릉도감의궤』(1630)에서는 연상판각판자(椽上板閣板子)라는 다소 생소한 명칭이 사용되었지만 한 차례만 등장하고 사라진다. 19세기 중엽인 『효현황후경릉산릉도감의궤』(1843)부터 장연개판(長椽蓋板), 단연개판(短椽蓋板)으로 위치를 명확하게 구분하였는데, 이는 이후 19세기 후반까지 이어진다.

서까래개판 고정못은 『현종숭릉산릉도감의궤』(1674)에서부터 연개판박이[椽蓋板朴只]로 표기되었다. 이후 동일하게 기록되다가 『익종수릉산릉도감의궤』(1846)부터는 장연개판박이[長椽蓋板朴只], 단연개판박이

[短椽蓋板朴只]로 분화된다.

서까래개판은 선조목릉천장산릉역(1630)부터 등장한다. 물론 그 이전부터 사용되었을 것이다. 선조목릉천장산릉역 이후 세 차례를 제외하고는 단경왕후온릉봉릉역(1739)까지 약 100년간 서까래개판이 설치되었다. 그 이후 의소세손묘소역(1752)부터 수빈휘경원원소역(1823)까지 약 70년 동안 사용되지 않다가 효명세자연경묘묘소역(1830)부터는 지속적으로 사용된다. 즉 18세기 중엽부터 19세기 초까지 서까래개판이 설치되지 않은 것이다. 왜 그랬는지 의문이 든다. 당시 산릉도감의 관료들은 개판이 산자엮기보다 효율적임을 명확히 인식하고 있었다. 『단경왕후온릉봉릉도감의궤』 조성소 기록을 보면

> 각년 등록과 신해등록(1731)을 취고한 바 정자각은 모두 서까래개판을 사용하였는데 무인년 등록(1698, 정성왕후사릉봉릉역) 중에는 비록 서까래개판 물목이 없지만 상량일자가 박두에 있을 뿐 아니라 서까래개판은 즉 물력이 약간 더 들어가오나 공사가 편리하고 (반면) 토역(土役)은 즉 산자를 깔고 흙을 치고 기와를 덮고 마른 후 앙벽를 두 번 하고 사벽을 치는 등 일자를 많이 소비하므로 변경하여 분부하심이 어떻겠습니까?[50]

라고 하여 각년 등록 및 신해등록(1731, 선의왕후의릉산릉역)을 참고한 결과 서까래개판을 대부분 사용하였고, 산자엮기는 흙을 치고 기와공사까지 건조를 기다려야 하며 앙벽을 바르는 등 공정도 복잡하고 시간이 많이 소요되는 단점을 들어 약간 물력이 들더라도 개판을 사용하자고 건의하였고 결국 수용되었다.

이처럼 서까래개판 사용의 장점을 정확히 알고 있었음에도 그 이후 약 70년간 단절되었다. 그 이유 중 하나는 산릉역이 전례를 따라 역사를 진행하였기 때문이다. 산릉역은 기존 등록을 참고하여 역사를 진행하되 당시의 여건을 반영하여 공역을 완성한다. 의소세손묘소역(1752)은 무신등록(戊申謄錄)을 참고하여 역사를 진행하였는데, 정확히 어떤 등록인지는 확인되지 않는다. 사도세자묘소역(1764)은 병신등록(壬申謄錄, 1752) 즉 의소세손묘소역을 전례로 삼아 역사를 진행함에 따라 서까래

개판을 사용하지 않게 되었다. 정성왕후홍릉산릉역(1757), 영조원릉산릉역(1776)은 특정 등록을 참고하지 않고 전반적으로 검토하여 역사를 진행하였는데, 이때 서까래개판을 설치하지 않은 것이 이후 전례가 되어 한동안 서까래개판을 사용하지 않게 된 것이다.

서까래개판의 원재

서까래개판은 『선조목릉천장산릉도감의궤』(1630)에서 처음 확인된다. 하지만 서까래개판의 원재가 확인되는 것은 『현종숭릉산릉도감의궤』(1674)부터로 단경왕후온릉봉릉역(1739)까지 누주와 재목이 함께 또는 단독으로 사용되었다. 누주와 재목을 반입하여 현장에서 개판 규격에 맞게 켜서 사용한 것이다. 그 이후 개판을 사용하지 않다가 효명세자연경묘묘소역(1830)부터 다시 설치된다. 이때부터는 장송판(長松板)이 쓰인다. 여전히 누주와 궁재를 함께 사용하였지만, 장송판을 사용한 빈도가 높아 장송판 사용이 일반화되었음을 알 수 있다. 앞서 보았듯이 정조건릉산릉역(1800) 이후 장송판, 박송판 등 판재는 외도고 또는 사저를 통해 쉽게 구할 수 있었다. 따라서 서까래개판의 원재도 판재를 들여 쓴 것이다. 서까래개판을 한동안 사용하지 않다가 19세기 중엽부터 재사용한 것은 이러한 건축 자재 시장의 변화와도 밀접하게 관련되었을 것으로 추측된다.

서까래개판의 배열과 고정기법

서까래개판의 배열

서까래개판의 배열은 장연개판을 1장 깐 경우와 2장 깐 경우로 구분된다. 장연개판은 대체로 주심도리를 기준으로 2장으로 분할하여 깐 것으로 보인다. 후술하겠지만 기록상 1장으로 깐 경우는 경종의릉산릉역(1724)이 유일한데, 분석 결과에 의하면 2장으로 설치하였을 가능성이 높다.

1장으로 까는 것보다는 2장으로 분할하여 까는 경우가 절대적으로 많은 것은 긴 판재 생산이 쉽지 않고, 시공 측면에서 유리하기 때문이다.

표 6-31. 정자각의 서까래개판과 서까래개판박이

No.	능호	시기	장연	단연	개판 수량		개판박이 수량	
					장연개판	단연 개판	장연개판	단연개판
1	**목릉**	1630	-		椽上板閣板子次材木25條		-	-
2	소현세자묘	1645	248		-	-	-	-
3	영릉	1659	48	48	-	-	-	-
4	**숭릉**	1674	156	120	椽蓋板次 樓柱24條 材木20條		椽蓋板朴只 3寸召釘 2,600箇	
5	**익릉**	1680	180	180	椽蓋板次 樓柱50條		椽蓋板朴只 3寸召釘 2,600箇	
6	휘릉	1689	180	180	材木97條		椽蓋板朴只 3寸召釘 2,600箇	
7	**사릉**	1699	170		-	-	-	-
8	**장릉**	1699	100	64	-	-	椽蓋板朴只 3寸召釘 2,000箇	
9	명릉	1702	180	180	椽蓋板次 樓柱9條 材木50條		椽蓋板朴只 3寸召釘 2,500箇	
10	단의빈묘	1718	-		緣蓋板次 樓柱10條 材木25條		椽蓋板朴只 3寸召釘 1,730箇	臺椽蓋板朴只 3寸召釘 252箇
11	민회빈묘	1719	170		緣蓋板次 樓柱20條 材木20條		椽蓋板朴只 3寸召釘 1,515箇	臺椽蓋板朴只 3寸召釘 269箇
12	**의릉**	1725	168(23)	120	椽蓋板 次材木60條		椽蓋板朴3寸召釘 1,400箇	
13	**온릉**	1739	170		椽蓋板次 宮材10條 材木15條		蓋板朴只3寸召丁 1,730介	
14	의소세손묘	1752	100	62	-	-	-	-
15	**소령원**	1753	104	60	-	-	-	-
16	**순강원**	1755	104	76	-	-	-	-
17	**홍릉**	1757	200		-	-	-	-
18	사도세자묘	1762	132	91*	-	-	-	-
19	건원릉	1764	132	84*	-	-	-	-
20	**원릉**	1776	212		-	-	-	-
21	문효세자묘	1786	170		-	-	-	-
22	**현륭원**	1789	148(22)	96	-	-	-	-
23	건릉	1800	140	92	-	-	-	-
24	**건릉**	1821	140	92	-	-	-	-
25	휘경원	1823	140	92	-	-	-	-
26	연경묘	1830	134	130	長椽蓋板410 長松板410立		-	-
27	인릉	1835	134	130	椽蓋板次長松板290立		-	-
28	**경릉**	1843	130	108	長椽蓋板124立次 樓柱24箇	短椽蓋板108立次 長松板100立 治鍊邊板8立	-	-
29	수릉	1846	130	108	長椽蓋板次 長松板195立	短椽蓋板次 長松板108立	長椽蓋板朴只 4寸頭釘 1,240箇	短椽蓋板朴只 4寸頭釘 780箇
30	**수릉**	1855	130	108	長椽蓋板124立次樓柱 31箇	短椽蓋板130立次長松 板130立	長椽蓋板朴只 4寸頭釘 1,072箇	短椽蓋板朴只 4寸頭釘 780箇
31	휘경원	1855	130	108	長椽蓋板130立次 長松板260立	短椽蓋板110立次 長松板110立	長椽蓋板朴只 4寸頭釘 1,240箇	短椽蓋板朴只 4寸頭釘 780箇
32	**인릉**	1856	130	108	長椽蓋板次 長松板 195立	短椽蓋板次 長松板 108立	長椽蓋板朴只 4寸頭釘 1,040箇	短椽蓋板朴只 4寸頭釘 500箇
33	**휘경원**	1864	130	108	長椽蓋板次 長松板 129立	短椽蓋板次 長松板 108立	長椽蓋板朴只 4寸頭釘 1,240箇	短椽蓋板朴只 4寸頭釘 780箇
34	**예릉**	1864	130	130	長椽蓋板124立次 長 松板148立	短椽蓋板130立次 長松板130立	長椽蓋板朴只 4寸頭釘 1.104箇	短椽蓋板朴只 4寸頭釘 780箇

( )는 별연 수량임. *는 정조 건릉에서 단연 수량을 원목 대비 1.5배로 분할하여 산출함에 따라 이 방식을 적용하여 추정한 수량임.

일단 1장은 치목하기가 쉽지 않다. 치목을 하더라도 시공 전에 뒤틀림이 발생할 수 있다. 1장으로 까는 경우 개판박이를 2개 줄이는 것 외에는 보관, 운반, 설치 측면에서는 2장으로 까는 것보다 불리하다.

서까래개판의 고정기법

개판당 몇 개의 못을 고정하고 어떤 못을 사용하였는지 살펴보자. 개판박이는 『현종숭릉산릉도감의궤』(1674)부터 확인되는데, "椽蓋板朴只 3寸 召釘 2,600箇"로 기록되어 있다. 개판 수량은 누주와 재목으로 기록되어 알 수 없으므로 서까래 물량으로 추정하였다. 지붕면을 기준으로 한 면[51]당 서까래 물량에서 1개씩 뺀 것을 개판 수량으로 산정하였다. 장연개판은 152장이고 단연개판은 118장이다. 장연개판을 2장 설치한 경우 장연개판은 304장, 단연개판은 118장이 되므로 개판은 총 422장이 소요된다. 이를 개판박이 2,600개로 나눠보면 6.04가 산출되어, 개판당 6개의 못을 고정하였음을 알 수 있다. 이 수치를 개판 길이에 따라 적용해보자. 단연개판, 장연 윗개판(중도리~주심도리), 장연 아랫개판(주심도리~처마끝)의 수평투영 길이는 각각 1,050mm, 2,270mm, 1,631mm이고 길이 비율을 고려하여 개판당 개판박이를 각각 4개, 8개, 6개로 산정하면 총 개판박이 수량은 2,600개로 산출되어 의궤 기록과 정확히 일치된다.(표 6-32) 즉 단연개판은 4개, 장연 윗개판(긴 것)은 8개, 장연 아랫개판(짧은 것)은 6개의 못으로 고정하였음을 알 수 있다. 단연개판은 네 모서리에 하나씩 고정한 것이고, 장연개판은 네 모서리 이외에 측면 사이에 2개에서 4개를 추가로 박아 단단히 고정한 것으로 산출된다.

민회빈묘소역(1719)은 장연개판박이와 단연개판박이가 구분되어 있어 정밀한 산출이 가능하다. 개판 수량은 표기되어 있지 않고 서까래는 장연, 단연의 총 수량인 170개로만 표기되어 있다. 개판 수량을 추정하기 위해 민회빈묘소역과 위계가 유사한 사례를 참조하여 장연, 단연을 각각 104개, 66개로 추정하였다.[52] 〈표 6-32〉를 보면 단연개판은 개판당 4개, 장연 윗개판은 8개, 장연 아랫개판은 7개로 산출되는데, 개판 길이는 정확히 알 수 없지만 현종숭릉산릉역(1674)에 비해 장연 아랫개판당 개판박이를 1개 추가하여 고정한 것으로 산출된다.

경종의릉산릉역(1724)의 경우 개판박이가 1,400개로 줄어든다. 장연 168개(별연 23개), 단연 120개인데 장연개판을 2장으로 볼 경우는 개

표 6-32. 정자각의 서까래개판당 개판박이

No.	능호	시기	장연	단연	개판 종류	현 정자각 개판 길이 (mm)	개판 추정 수량	개판박이 추정(①)			의궤상 개판박이(②)	①-②
								개판당	소계	합계		
					단연	1,050	118	4	472			
1	**숭릉**	1674	156	120	장연上	2,270	152	8	1,216	2,600	2,600	0
					장연下	1,631	152	6	912			
					합계		422					
					단연	-	64	4	256	256	252	4
2	민회빈묘	1719	104*	66*	장연上	-	100	8	800	1,500	1,515	-15
					장연下	-	100	7	700			
					합계		264			1,756	1,767	-11
					단연	1,095	118	4				
3	**의릉**	1725	168(23)	120	장연上	2,175	164	66	472	1,456	1,400	56
					장연下	1,500						
					합계		282					
					단연	775	64	4	256			
4	**온릉**	1739	104*	66*	장연上	1,715	100	8	800	1,656	1,730	-74
					장연下	1,615	100	6	600			
					합계		264					
					단연	1,525	108	7.2	777.6	777.6	780	-2.4
6	**수릉**	1855	130	108	장연上	1,840	130	4.4	1,091.2	1,091	1,072	19
					장연下	1,725	130					
					합계		368			1,869	1,852	17
					단연	-	108	7.1	781	781	780	1
7	휘경원	1855	130	108	장연上	-	130	4.7	1,222	1,222	1,240	-18
					장연下	-	130					
					합계		368			2,003	2,020	-17
					단연	1,830	108	4.5	486	486	500	-14
8	**인릉**	1856	130	108	장연上	1,830	130	4.5	1,116	1,116	1,040	76
					장연下	1,710	130					
					합계		368			1,602	1,540	62
					단연	1,500	108	7.2	777.6	777.6	780	-2.4
9	**휘경원**	1864	130	108	장연上	1,900	130	4.8	1238.4	1,238	1,240	-2
					장연下	1,740	130					
					합계		368			2,016	2,020	-4
					단연	-	130	6	780	780	780	0
10	**예릉**	1864	130	130	장연上	-	130	4.7	1,165.6	1,166	1,104	62
					장연下	-	130					
					합계		390			1,946	1,884	62

*는 비슷한 시기 산릉역의 장연과 단연의 비를 감안하여 추정한 서까래 수량임. 장연上은 처마끝부터 주심도리까지 장연개판이고, 장연下는 주심도리부터 중도리까지의 개판임. 현 정자각 개판 길이는 수평 투영길이임.

판 수량은 446장[53]이고, 1장으로 볼 경우는 282장[54]이다. 개판당 개판박이를 산출하면 각각 3.14개, 4.96개[55]로 장연개판은 1장으로 설치하였을 것으로 보인다. 세부적으로 보면 단연개판은 4개, 장연개판은 6개의 개판박이를 사용하여 고정한 것으로 산출된다. 하지만 타 사례와 비교해 보면 비슷한 시기에 산릉역보다 위계가 떨어지는 묘소역 또는 봉릉역도 최소한 1,700개 이상의 개판박이를 사용하였고, 8칸 정자각의 경우 2,500개 이상을 사용한 것을 보면 동일한 8칸 정자각인 의릉 정자각에 개판박이를 1,400개만 사용한 것은 설득력이 떨어진다. 이는 2,400개의 오기가 아닌가 생각된다. 이런 경우 의릉 역시 장연개판을 2장으로 나누어 사용하였을 것으로 판단된다. 단경왕후온릉역(1739)도 민회빈묘소역(1719)과 같이 서까래 수량을 추정하여 개판당 개판박이를 산출하면 단연개판은 4개, 장연 윗개판은 8개, 장연 아랫개판은 6개의 개판박이를 사용한 것으로 분석된다. 따라서 18세기 전반까지의 개판당 개판박이는 단연개판은 4개, 장연 윗개판은 8개, 장연 아랫개판은 6개가 일반적이었던 것으로 판단된다.

19세기 중엽 이후 다시 개판을 설치한다. 이때에는 개판과 개판박이 모두 장연과 단연으로 구분하여 물량을 표기하여 18세기 전반에 비해 표기 방식이 정교해졌다. 이러한 수치를 대입하여 개판당 개판박이의 수량을 산출하면 〈표 6-32〉와 같이 이전과는 달리 단연 개판에는 개판당 6개 이상, 장연 개판은 윗개판, 아랫개판 길이가 유사하여 각각 4개 이상씩 개판박이가 사용된 것으로 나온다. 이전에 비해 개판당 개판박이가 단연개판은 2개 이상 증가한 반면 장연개판은 2~4개씩 감소한 양상이다. 이러한 변화의 원인에 대해 짚어보자. 정자각은 18세기 전반까지는 3분 변작을, 19세기에는 대부분 4분 변작을 취한다.[56] 3분 변작에서 4분 변작으로 변경하기 위해서는 서까래 고정이 강화되는 것을 전제로 한다. 3분 변작은 4분 변작에 비해 중도리 위치가 종도리에 가까워지고, 이에 따라 장연의 뒤뿌리 길이가 길어진다. 이는 처마의 처짐에 대응에 유리하다. 19세기 정자각이 4분 변작을 취하는 것은 전술하였듯이 서까래가 모든 도리에 고정되는 방식으로 고정력이 강화되어감에 따라 가능해진 변화였다. 결과적으로 장연은 주심도리를 기준으로 처마부와 뒤뿌리의 길이가 거의 같아졌고 단연의 길이와도 거의 유사하게 되었다. 이에 따라 장연의 위아래 개판과 단연개판의 길이가 거의 비슷하게 바뀌게 된다. 이런 경우 개판 길이가 비슷해지므로 개판당 개판박이도 차이가 나지 않게 된 것이다.

하지만 19세기 중엽부터의 개판당 개판박이는 장연의 위아래 개판은 개판박이를 동일하게 한 것으로 보이지만, 단연의 개판박이는 장연개판박이보다는 1.5배 이상 많은 수량을 사용하였다. 장연개판박이를 이전 보다 적게 사용한 이유는 개판 위 누리개의 고정을 대폭 강화하였기 때문으로 판단된다.[97] 이전에는 누리개당 2개의 누리개박이로 고정하였지만 19세기 중엽부터는 누리개박이를 서까래 4~7개마다 고정하였다. 따라서 누리개박이가 개판박이의 기능을 대체함에 따라 개판박이의 수량을 그만큼 줄인 것이다. 단연개판의 길이는 18세기 전반까지의 장연 아랫개판의 길이가 유사하다. 이 경우 6개 정도의 개판박이를 사용한 것을 보면 길이 증가에 따른 자연스러운 증가로 이해된다. 단연개판은 45°에 가까운 사선으로 설치하기 때문에 고정력을 강화시킨 것은 합리적인 조치로 여겨진다.

그림 6-41. 서까래개판박이 [헌릉 정자각, 1903 수리]

서까래개판박이는 현종숭릉산릉역(1674)부터 단경왕후온릉봉릉역(1739)까지는 "3寸 召釘"을 사용하였다. 못 길이는 3치이고, 못의 형태는 소정이다. 소정이 어떠한 형태인지는 알 수 없으나 못 머리가 없는 형태임에는 분명하다. 서까래개판 두께가 약 1치이므로 2치 정도 서까래에 박고 개판을 고정한 것이다. 익종수릉산릉역(1846)부터 수빈휘경원천봉·원소역(1863)까지는 "4寸 頭釘"을 사용한다. 못 길이는 4치이고 못의 형태는 못머리가 있는 두정이다. 길이도 길어지고 형태도 튼튼하게 변화된 것이다. 이전보다 개판을 좀 더 강력하게 고정할 수 있게 되었다. 정자각 해체수리 시 자료에서는 개판당 몇 개의 개판박이를 고정하였는지 확인하기가 어려웠다. 또한 요즘은 개판 한 쪽은 고정하고 반대편은 서까래에 고정한 후 개판에 꺾어서 눌러 놓는데, 이는 직경이 작은 양정(洋釘)에서만 가능한 기법으로 보인다. 조선 시대 못은 단면이 사각형으로 일부로 꺾어서 쓰지는 않았을 것으로 추정된다. 부연개판이기는 하지만 〈그림 6-48〉의 융릉 정자각의 부연개판을 보면 양쪽 모두 못으로 고정하였음을 알 수 있다. 정리하면 18세기 전반까지는 3치 소정의 개판박이를 사용하였고, 개판당 개판박이는 단연개판에는 4개, 장연 윗개판은 8개, 장연 아랫개판 6개로 고정하는 것이 일반적이었다. 19세기 중엽 이후 개판박이는 4치 두정 또는 4치 정을 사용하였다. 도리변작의 변화에 따른 단연과 장연의 개판 길이가 유사해지고 장연누리개의 고정방식이 강화되면서 장연 개판박이의 수량은 이전보다 감소하여 4개씩 고정하였다. 반면 단연개

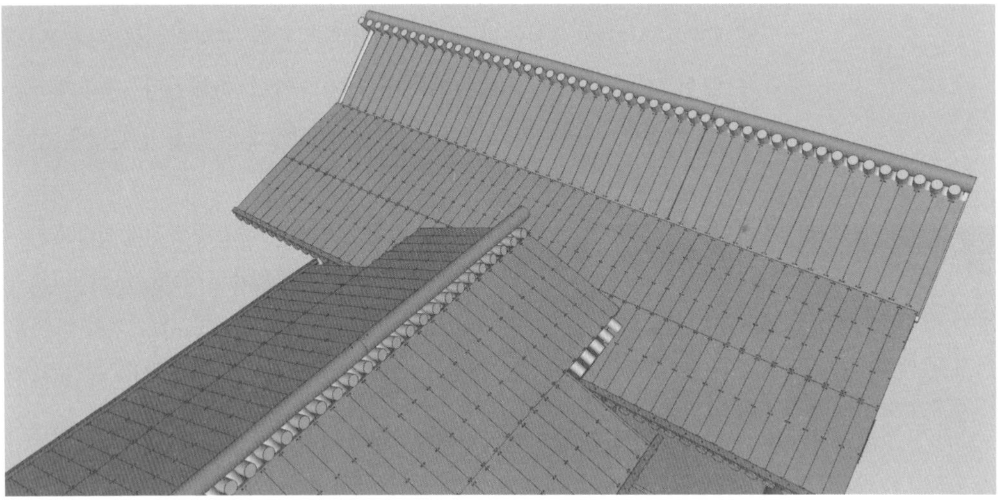

그림 6-42. 17~18세기 전반 서까래개판 고정

그림 6-43. 19세기 중엽 이후 서까래개판 고정

판은 길이의 증가와 더불어 밀착력을 강화하기 위해 이전보다 많은 6개 이상의 개판박이로 고정하였던 것으로 판단된다.

부연~산자판(목기연개판)

부연

용어 정리

부연은 겹처마를 구성하기 위해 서까래 위에 덧댄 방형 서까래이다. 산릉의궤에서는 '付椽, 浮椽, 婦椽'으로 표기되어 있다. 『장헌세자현륭원원소도감의궤』(1789)까지는 부연(付椽)으로 기록되어 있고, 『태조건원릉정자각중수도감의궤』(1764)와 『정조건릉산릉도감의궤』(1800)에서 두 차례 부연(浮椽)으로 표기된 바 있다. 『수빈휘경원원소도감의궤』(1823) 이후부터는 부연(婦椽)으로 표기되었다. 즉 18세기 말까지는 부연(付椽), 그 이후는 부연(婦椽)이 대표용어로 사용된 것이다. 부연의 시기별 명칭 변화는 영건의궤와 동일하다.[58]

부연이라는 명칭에는 부재의 의미가 녹아 있다. 부연(付椽)은 덧붙인 서까래라는 뜻으로 위치 또는 구조적인 정보를 제공하고, 부연(浮椽)은 떠 있는 서까래라는 의미로 처마 끝 부연의 형상을 나타낸다. 부연(婦椽)은 이두식 음가자에 가깝지만 뜻도 살아있는데, 평서까래에 시집온 부인 서까래로 평서까래에 종속된 양상을 보여준다. 이와 같이 부연 명칭이 구조적, 형태적 정보를 제공하는 것에서 다소 유교적인 정서를 띤 용어로 변경된 점은 흥미롭다.

부연박이는 부연박이[付椽朴只], 항박이[項朴只], 미박이[尾朴只]로 표기되는데, 항박이와 미박이는 짝을 이뤄 일관되게 기록되어 있다. 항박이의 항(項)[59]은 형성문자로 머리 뒤쪽, 목덜미를 뜻한다. 항박이[項朴只]는 부연의 목덜미에 박는다는 의미의 훈독자로 목박이로 읽을 수 있다. 미박이[尾朴只]는 음독자로 부연의 꼬리에 박는 것을 의미하며 미박이로 읽는다. 고정 위치에 대해서는 이어지는 '부연 고정기법'에서 다루도록 한다.

부연의 원재

부연은 단면이 작고, 짧은 부재이다. 그래서 원재는 어느 것을 사용해도 문제가 되지 않는다. 그럼에도 산릉의궤에서는 시기별로 선호되는 원재가 확인된다. 경종의릉산릉역(1724)까지는 재목(材木)만 분할하여 사용하였다. 이후 장헌세자현륭원원소역(1789)까지는 주로 재목과 누주(樓柱)를 썼다. 정조건릉산릉역(1800)부터는 주로 궁재(宮材)와 누주를 들여 썼다.

원재의 변화는 원재의 수량 감소와 관련되어 있다. 일반적으로 관영건축에서 목재의 규격은 부등목, 누주, 궁재, 재목 순으로 원경과 길이가 줄어든다.[60] 부연의 원재로 재목을 사용한 18세기 초까지는 20~42주로 많은 목재가 소요되었는데, 19세기에는 궁재나 누주 수량이 5~14주로 대폭 줄어든다. 목재 사정이 나아지지 않은 상황에서 궁재나 누주와 같이 큰 부재가 선호된 것은 원재의 부재화율이 높은 점과 동시에 치목 기술의 개선이 가져온 결과로 짐작된다. 작은 원재는 작은 부재만 켤 수 있지만 큰 원재는 다양한 부재를 생산할 수 있다. 그렇다면 굳이 작은 원재를 여러 개 들이는 것보다 큰 부재 한 개를 조달하는 것이 효율적이다. 하지만 큰 부재를 잘게 나누기 위해서는 치목 기술이 뒷받침되어야 한다. 앞서 설명했듯이 18세기 중엽부터 톱장이가 4종으로 분화된 것은 그만큼 치목 기술의 발전과 관련되어 있다.[61] 18세기 초에서 말까지 재목과 누주 등이 혼용된 것은 이와 같은 변화의 과정으로 볼 수 있다.

표 6-33. 정자각의 부연 및 부연박이

No.	능호	시기	부연	부연(①)	부연박이	(①-부연박이) ①-목박이 ①-미박이
1	**목릉**	1630	-	-	-	-
2	소현세자묘	1645	-	付椽板260立	-	-
3	영릉	1659	192#	付椽192介 材木24條#	項朴只 8寸頭釘 204介 尾朴只 7寸頭釘 204介#	12 12
4	**숭릉**	1674	280#	付椽280次 材木20條#	項朴只 8寸頭釘 320箇 尾朴只 6寸頭釘 320箇#	40 40
5	**익릉**	1680	180	付椽180次 材木42條	項朴只 8寸頭釘 200箇 尾朴只 6寸頭釘 200箇	20 20

표 6-33. 계속

No.	능호	시기	부연	부연(①)	부연박이	(①-부연박이) ①-목박이 ①-미박이
6	휘릉	1689	180	付椽180次 材木42條	項朴只 8寸頭釘 200箇 尾朴只 6寸頭釘 200箇	20 20
7	**사릉**	1699	-	-	-	-
8	**장릉**	1699	-	-	-	-
9	명릉	1702	180	付椽180次 材木47條	項朴只 8寸頭釘 200箇 尾朴只 6寸頭釘 198箇	20 20
10	단의빈묘	1718	108	付椽108次 材木40條	項朴只 8寸頭釘 134箇	26 -
11	민회빈묘	1719	-	-	-	-
12	**의릉**	1725	145@	付椽次 材木20條及 裁折木推移用之	項朴只 8寸頭釘 137箇 尾朴只 6寸頭釘 137箇	-8 -8
13	**온릉**	1739	-	-	-	-
14	의소세손묘	1752	100@	付椽次 樓柱5株 材木5株	付椽朴只 8寸頭釘 114箇 付椽項朴只 6寸頭釘 200箇 付椽尾朴只 6寸頭釘 200箇	(-14) 100 100
15	**소령원**	1753	104@	付椽次 樓柱5株 材木5五株	付椽項朴只 8寸頭釘 116箇 付椽尾朴只 6寸頭釘 212箇	12 108
16	**순강원**	1755	104@	付椽次 樓柱2株 材木3株 頭折木推移用之	付椽項朴只 8寸頭釘 200介 付椽尾朴只 6寸頭釘 202介	96 96
17	**홍릉**	1757	-	付椽次 材木15五株 頭折木推移取用	付椽項朴只 8寸頭釘 150介 尾朴只6 寸頭釘 150介	?
18	사도세자묘	1762	132@	付椽次 樓柱5株 材木5株	付椽朴只 8寸頭釘 118箇 項朴只 8寸頭釘 118箇 尾朴只 6寸頭釘 118箇	(-14) -14 -14
19	건원릉	1764	132@	浮椽次 長大條里木40箇	(정)浮椽中尾朴只8寸頭釘160箇 (배)浮椽(中)尾朴只7寸頭釘68箇	28 36
20	**원릉**	1776	-	付椽次 材木15株 頭折木推移取用	付椽項朴只 8寸頭釘 150箇 尾朴只 6寸頭釘 150箇	?
21	문효세자묘	1786	124	付椽124次 大椽木8箇	付椽朴只 8寸頭釘 114箇 付椽項朴只 8寸頭釘 100箇 付椽尾朴只 6寸頭釘 200箇	(-10) -24 76
22	**현륭원**	1789	126	付椽126次內 66箇材木取用 60箇 頭折木取用	付椽朴只 8寸頭釘 150箇 尾朴只 6寸頭釘 150箇	24 24
23	건릉	1800	140	浮椽140箇 宮材14株	浮椽項朴只 8寸頭釘 150箇 尾朴只 6寸頭釘 150箇	10 10
24	**건릉**	1821	140	浮椽140箇 宮材14株	浮椽項朴只 8寸頭釘 150箇 尾朴只 6寸頭釘 150箇	10 10
25	휘경원	1823	140	婦椽140箇 宮材14株	項朴只 8寸頭釘 150箇 尾朴只 6寸頭釘 150箇	10 10
26	연경묘	1830	134	婦椽134箇 宮材5箇	婦椽項尾朴只 8寸6寸頭釘 各134箇	0
27	인릉	1835	134	婦椽134箇次 樓柱5箇	項朴只 8寸頭釘 150箇 尾朴只 6寸頭釘 150箇	16
28	**경릉**	1843	128	婦椽128箇次 樓柱8箇	婦椽項朴只 8寸頭釘 154箇 婦椽尾朴只 6寸頭釘 154箇	26
29	수릉	1846	130	婦椽130箇次 樓柱8箇	婦椽項朴只 9寸頭釘 134箇 尾朴只 7寸頭釘 (134)箇	4
30	**수릉**	1855	130	婦椽130箇次 樓柱8箇	婦椽項朴只 9寸頭釘 114箇 尾朴只 7寸頭釘 114箇	-16 -16
31	휘경원	1855	130	婦椽130箇 頭折取用	婦椽項朴只 9寸頭釘 134箇 尾朴只 7寸頭釘 134箇	4
32	**인릉**	1856	130	婦椽130箇	婦椽項朴只 9寸頭釘 134箇 尾外只 7寸頭釘134箇	4
33	**휘경원**	1864	130	婦椽130箇次 樓柱6箇	婦椽項朴只 9寸頭釘 134箇 尾朴只 7寸頭釘 134箇	4
34	**예릉**	1864	130	婦椽130箇	婦椽項朴只 9寸釘 134箇 尾朴只 7寸釘 134箇	4

#은 선자부연 포함 수량임. @는 부연 수량이 기록되지 않아 서까래 수량을 대입한 것임.

부연 고정기법

부연 수량은 어떻게 산출하였는지 살펴보자. 정전과 배위청의 교차부로 인해 부연은 서까래보다 더 줄어들게 된다. 하지만 산릉의궤에서 부연의 수량은 서까래와 동일하게 기록되어 있다. 서까래와 마찬가지로 개략적으로 산출한 것이다. 정전과 배위청이 겹치는 부위의 물량은 앙시도와 같은 도면을 그리지 않고서는 산출하기가 쉽지 않다. 정확한 수량은 실제 공사를 진행하면서 결정되었을 것이다. 부연과 같은 작은 부재는 쉽게 제작할 수 있기 때문에 굳이 정교하게 물량 산출을 하지 않았음을 알 수 있다.

부연박이의 종류와 고정 위치를 살펴보자. 산릉의궤에서 부연박이는 『효종영릉산릉도감의궤』(1659)에 처음 나타난다. "項朴只 8寸 頭釘 尾朴只 7寸 頭釘"으로 표기되어 목박이 8치, 미박이 7치 두정이 사용되었음을 알 수 있다. 그 이후 현종숭릉산릉역(1674)부터 효현왕후경릉산릉역(1843)까지는 목박이 8치 두정, 미박이 6치 두정이 사용되었다.

목박이는 미박이에 비해 2치(약 6cm) 정도 길다. 즉 목박이가 더 큰 단면의 부재를 고정하였음을 알 수 있다. 부연 형태를 보면 고정 위치는 간단하게 풀린다. 부연이 서까래와 맞닿는 부위의 형태는 장변 삼각형으로 주심도리 쪽으로 갈수록 좁아진다. 따라서 부연 형태상 목박이는 처마쪽이고 미박이는 한자 의미대로 꼬리, 즉 부연 뒤뿌리에 고정하는 것이다.

그런데 전술한 서까래박이 중에도 미박이가 있다. 이때 미박이는 단연과 중도리가 만나는 부위를 고정한 것이며, 수미박이[首尾朴只]로 표기되어 의미가 명확하다. 부연과 서까래 모두 동물 특히 새의 형상을 연상하며 미박이라는 명칭을 부여한 것으로 생각된다. 단연에서는 용마루 쪽에 머리를 둔 모습이라면, 부연에서는 처마 쪽을 머리로 생각하여 명칭을 붙인 것이다. 이렇게 생각하고 부연을 보면 정말 새처럼 보이고, 마치 날아갈 듯한 부연을 목박이, 미박이로 단단히 부여잡은 모습이 그려진다. 동물의 신체 부위와 결합하여 부재 위치를 표기하는 방식은 당시 건축문화의 일면을 보여준다.

익종수릉산릉역(1846)부터는 목박이, 미박이가 각각 9치, 7치로 전보다 1치씩 길어진다. 그만큼 서까래에 깊숙이 박혀 부연 뒷뿌리가 들리는 것을 방지하였다.

목박이와 미박이의 길이를 증가시켜 고정력을 강화하는 방식 외에도 부연박이[付椽朴只]를 추가로 설치한 사례도 확인된다. 의소세손묘소역(1752), 사도세자묘소역(1762), 문효세자묘소역(1786)이 이에 해당한다. 모두 18세기 후반 묘소역으로 부연 수량 이상으로 부연박이를 계획하였다. 좀 더 강력하게 부연을 고정하는 방법이기는 하지만 특수한 사례로 여겨진다.

부연에 몇 개의 부연박이를 고정하였는지 살펴보자. 〈표 6-33〉을 보면 부연과 부연박이의 수량차를 확인할 수 있는데, 대체적으로 부연보다 부연박이가 20개 정도 많다. 실제로 부연박이를 1개 이상 박았는지 아니면 망실 등을 고려하여 여유치를 준 것인지는 알 수 없지만, 목박이, 미박이를 각각 1개씩 고정하는 것이 정석이었음을 알 수 있다. 여기에서 부연보다 부연박이를 적게 산출된 사례도 네 차례 확인되는데,[62] 실제로는 1개씩 고정하였을 것으로 보인다. 정조건릉산릉역(1800)부터는 부연박이 수량이 부연에 비해 10개 미만으로 줄어든다.

그림 6-44. 부연 고정[융릉, 1789 이후 수리 추정]

18세기 중엽 과도하게 많은 물량으로 부연박이를 기록한 사례가 확인된다. 의소세손묘소역(1752), 숙빈상시봉원역(1753), 인빈상시봉원역

(1755), 문효세자묘소역(1786)에서는 목박이, 미박이 물량이 약 두 배 정도 잡혀 있다. 앞서 부연박이[付椽朴只]를 추가로 사용한 두 묘소역도 이에 포함된다. 모두 산릉역이 아닌 공역으로 원소역, 묘소역의 경우 물량 산출의 정밀성이 떨어졌던 것으로 생각된다.

융릉 정자각 사진을 보면 목박이와 미박이는 약 1자(30cm) 간격으로 고정하였음을 알 수 있다. 모두 못머리가 있는 두정(頭釘)을 사용하였다. 이와 같이 산릉역에서 부연은 목박이, 미박이 2종의 못을 부연마다 고정하였는데, 19세기 전반까지는 목박이는 8치 두정, 미박이는 6치 두정을 사용하였고, 19세기 후반 무렵부터는 각각 9치 두정, 7치 두정을 사용하여 이전보다 강력하게 고정하였다.

그림 6-45. 조선 후기 부연 고정

통평고대와 부연 고정기법의 변화

앞서 통평고대인 구로대가 정조건릉산릉역(1800)을 기점으로 더 이상 사용되지 않고, 초평고대와 착고로 변화되었음을 설명한 바 있다. 통평고대의 변화는 부연 고정과도 연관된다. 통평고대의 가장 오래된 실례는 통일신라시기 경주 안압지에서 발견된 3점의 평고대이다.[63] 통평고대의 사용 시점은 목구조에서 부연을 사용한 시점과 동일할 것이다. 부연의 사용은 6세기 중반 중국 북제로부터 백제로 도입되었을 가능성이 있지만, 7세기 중반 이후 당과의 활발한 교류가 이루어지면서 보편화되었을 것으로 추정되고 있다.[64] 현존하는 고려 시대 건물로는 봉정사 극락전과 대웅전, 부석사 무량수전과 조사당, 수덕사 대웅전에 통평고대가 남아 있고, 17세기 건물로는 율곡사 대웅전, 통영 세병관, 피향정 등이 있다.[65]

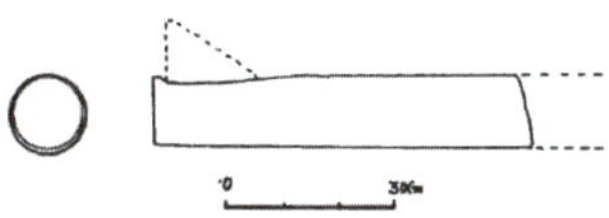

그림 6-46. 안압지 출토 서까래

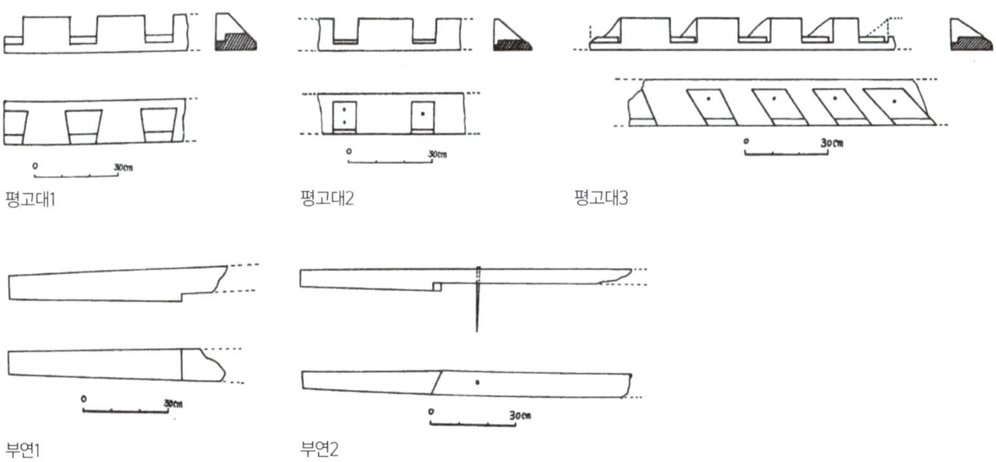

그림 6-47. 안압지 출토 부재

가장 이른 시기의 사례인 안압지 출토 목부재를 차례로 살펴보자. 〈그림 6-46〉을 보면 평고대가 놓이는 서까래 부위가 약간 오목하게 처리되어 있다. 통평고대 3점을 보자. 평고대 단면을 보면 직각삼각형 형태이고 외측에는 턱을 두고 있다. 평고대 속 부연 홈의 간격을 보면 평고대1은 일정하지만 평고대2는 평고대1보다 간격이 넓고, 평고대3은 점차 간격이 줄어든다. 즉 평고대2와 평고대3는 방사형 서까래의 평고대(이하 방사연평고대)이다. 평고대2와 평고대3은 부연홈에 각각 1개 또는 2개의 못 흔적이 확인된다. 즉 서까래마다 방사연평고대가 못으로 고정되었음을 알 수 있다. 반면 못 고정 흔적이 보이지 않는 일반 통평고대는 몇 개의 서까래 간격으로 못 고정을 하였을 것으로 판단된다. 부연홈의 평면 형태를 보면 평고대1은 안쪽이 넓은 사다리꼴 형태이고 평고대2와 평고대3은 직사각형 형태이다. 봉정사 극락전과 대웅전도 안쪽이 넓은 사다리꼴 형태이다.[66] 즉 통평고대 중 사다리꼴 형태의 부연홈이 남아 있는 것이 고식의 기법이라 할 수 있다. 조선 후기 목조건축에는 목기연과 결합되는 박공부에 통평고대와 동일한 기법이 남아 있다. 박공부를 조사해 보면 이와 같이 사각형과 사다리꼴형 두 가지 형태가 확인된다.[67] 통평고대의 부연 맞춤 홈과 같이 박공부의 사다리꼴 형태는 고식 기법으로 볼 수 있다.

부연1과 부연2의 단면은 평고대 맞춤부에 턱을 내고 뒤뿌리는 턱을 준 만큼 춤이 줄어들어 있다. 부연2는 평고대와의 결구부 선단이 경사처리되어 방사형 부연임을 알 수 있다. 부연박이는 부연2에서만 확인되는데 1개만 설치되어 있다. 뒤뿌리가 확인되지 않아 고정 여부는 알 수 없지만, 못 흔적에서 약 50cm 뒤로 못 흔적이 보이지 않는다. 앞서 융릉의 경우 목박이와 미박이 간격이 약 1자(30cm)인 것으로 보면 부연2는 1개의 못으로 고정하였을 가능성도 있다. 봉정사 극락전의 경우 부연박이를 2개 고정하였는데,[68] 고려 시대 기법인지 조선 시대 수리과정의 모습인지는 알 수 없다. 조선 전기 이전 부연 고정기법은 뚜렷하지 않지만, 정자각을 통해 조선 후기 관영건축에서는 부연박이 2개로 부연 뒤뿌리를 고정하는 방식이 일반적이었음을 알 수 있다.

정조건릉산릉역(1800)을 계기로 통평고대를 쓰지 않고, 착고 방식으로 변경된다. 의궤 기록상 직전에 시행된 화성성역(1796)에서 최초로 착고가 사용된다. 화성성역 중 장안문 공역에 참여한 장인 중 승려 굉흡이 편수로 투입되었다. 이는 150년 이상 다포건축의 경험이 없었던 도성 내 장인 대신 승장의 경험이 필요했기 때문이다.[69] 승려가 관영건축의 목수로 참여하는 경우는 간혹 있지만 편수로 투입되는 것은 매우 이례적인 일이었다. 이는 정조 연간의 실용적인 분위기와도 연관이 있다. 관영건축은 전례를 참고하기 때문에 변화 속도가 느린 편이지만, 사찰 건축은 대형 목조건축을 구현하기 위해 부족한 자재로 창의성을 발휘하며 기술의 변화에 적극적으로 대응했다. 화성성역 과정에서 승려 편수의 참여는 가구법을 변화시키는데도 한몫 하였을 것이다. 이러한 과정에서 통평고대가 초매기, 착고 방식으로 변모한 것으로 판단된다. 사찰건축에서는 이러한 변화과정이 관영건축보다도 몇 십년 전에 일어났을 것으로 여겨지며, 실효성이 검증된 다음 관영건축에 적용된 것으로 추측해 볼 수 있다.

통평고대에 비해 초매기, 착고 방식이 어떠한 이점이 있기에 이러한 변화가 수용되었을까? 앞서 안압지 출토 부연을 통해 부연박이가 한 개만 사용되었을 가능성을 언급하였다. 철물이 귀하던 시기 부연 결구와 고정을 위해 통평고대 형식이 고안되었을 가능성이 있다. 이후 점차 부연박이는 2개로 증가하였는데도 여전히 통평고대를 관습적으로 사용하였을 것이다. 그러면서 점차 부연 결구부가 사다리꼴에서 직사각형으로 단순화되었을 것으로 짐작된다. 통평고대는 치목도 어렵고 팔작지붕의 경우 앙곡과 안허리가 발생하여, 이 부분의 치목은 매우 까다롭고 정교한 기술을 요한다. 또한 치목에도 통평고대와 맞춤부가 사다리꼴이거나 턱이 있는 경우 추가적인 시간이 소요된다. 하지만 초매기, 착고 방식은 치목에 거의 힘을 들이지 않는다. 그만큼 시간을 단축시킬 수 있는 것이다. 부연박이를 2개 고정하기 때문에 처짐이 발생할 우려도 적고, 부연누리개 고정[70]으로 한 번 더 처짐을 방지하기 때문에 구조적인 문제도 발생하지 않는다. 이와 같이 치목의 간편성과 시공기간은 단축시킬 수 있는 이점 때문에 초매기, 착고 방식은 한 차례 시도된 후 계속해서 사용되었던 것이다.

통평고대에서 초매기와 착고로의 전환은 작은 변화로 보이지만 건축기술사 측면에서 보면 시공기술이 한 단계 도약하는 상징적인 사건에 해당한다. 18세기 중반 이후 판재의 수요 증가, 판재를 켜는 톱 가공기술의 발전과 함께 민간에서의 판재 구입이 수월해진다. 더불어 철물의 품질도 향상되고 철물 고정기법도 강화된다. 건축생산환경 변화와 건축기술력 발전이 결합되어 이음과 맞춤의 전통을 벗어나, 부재 단면을 단순화하고 철물로 강력하게 고정하여 내외부의 경계를 판재로 마감하는 방식으로 변환시킬 수 있게 된 것이다.

부연개판

용어 정리

부연은 판재를 덮어 마감하는데, 이를 부연개판이라 하고 고정못은 부연개판박이라 한다. 산릉의궤상 부연개판과 부연개판박이의 표기는 전술한 부연과 부연박이에 개판(蓋板)이라는 명칭만 부가된 것으로 특이한 점은 없다. 다만 부연 명칭을 생략한 채 개판, 개판박이로 표기하였는데, 의궤의 기술 순서를 보면 대부분 부연 다음에 표기되어 부연개판임을 알 수 있다.

부연개판의 원재

17세기에 부연개판은 작은 원재인 재목을 사용하였다. 18세기 초부터 중엽까지는 재목과 그보다 큰 궁재, 누주 중 한 가지를 함께 사용하였고, 부족한 수량은 두절목(頭折木)을 켜서 사용하였다. 두절목은 소요목재를 치목하기 위해 양 끝단을 절단하면서 남은 짧은 목재이지만 부연개판을 생산해 내는 데는 큰 문제가 없었다. 그 이후 19세기 후반까지 누주가 선호되지만 두절목을 사용한 경우도 많았다. 판재인 장송판(長松板)을 원재로 사용한 경우는 18세기 후반 두 차례만 나타난다.[71] 서까래개판은 효명세자연경묘묘소역(1830)부터 장송판을 원재로 썼지만 부연개판은 길이가 짧기 때문에 굳이 장송판을 쓰지는 않았던 것이다.

부연개판은 길이가 짧아 어떤 목재를 원재로 사용해도 상관 없었다. 하지만 시기별로 선호된 원재의 흐름을 읽어볼 수 있다. 판재 상태의 원재 반입은 예외적인 경우이고, 건립연대가 내려올수록 큰 원재를 선호하였다. 이는 부연처럼 후대로 내려올수록 원재의 반입 수량을 줄이려는 의도로 이해된다.

표 6-34. 정자각의 부연개판 및 부연개판박이

No.	능호	시기	부연	부연개판	부연개판박이(②)	부연개판(①)	②/①
1	**목릉**	1630	-	扶椽蓋板具朴排		-	-
2	소현세자묘	1645	-	付椽蓋板260立	-	260	-
3	영릉	1659	192#	付椽盖板191立 材木12條	付椽盖板朴只 3寸召釘 764介	191	4.0
4	**숭릉**	1674	280#	付椽蓋板次 材木10條	付椽蓋板朴只 3寸召釘 890箇	280*	3.2
5	**익릉**	1680	180	付椽蓋板次 材木18條	付椽蓋板朴只 3寸召釘 600箇	180*	3.3
6	휘릉	1689	180	付椽蓋板次 材木18條	付椽蓋板朴只 3寸頭釘 600箇	180*	3.3
7	**사릉**	1699	-	-	-	-	-
8	**장릉**	1699	-	-	-	-	-
9	명릉	1702	180	蓋板次宮材18條	付椽蓋板朴只 3寸召釘 600箇	180*	3.3
10	단의빈묘	1718	108	付椽蓋板次 宮材10條	付椽蓋板 3寸召釘 520箇	108*	4.8
11	민회빈묘	1719	-	-	-	-	-
12	**의릉**	1725	145@	付椽蓋板次材木12條 及裁折木推移用之	付椽蓋板朴只 3寸召丁 100箇	145*	0.7
13	**온릉**	1739	-	-	-	-	-
14	의소세손묘	1752	100@	付椽蓋板次 材木12株 宮材10株	付椽蓋板朴只 3寸召釘 700箇	100*	7.0
15	**소령원**	1753	104@	付椂蓋板次 樓柱3株 宮材2株	付椽蓋板朴只 3寸召釘 500箇	104*	4.8
16	**순강원**	1755	104@	付椽蓋板次 樓柱1株 宮材1株 不足者以頭折木作板用之	付椽蓋板朴只 3寸召釘 500介	104*	4.8
17	**홍릉**	1757	-	蓋板次 樓柱10株 (頭折木推移取用)	付椽蓋板朴只 3寸頭釘 100介	-	-
18	사도세자묘	1762	132@	付椽蓋板次 材木12株宮材10株	蓋板朴只 3寸召釘 700箇	100*	7.0
19	건원릉	1764	132@	浮椽蓋板 次長松板30立	정:蓋板朴只 4寸頭釘 544箇 배:蓋板朴只 4寸頭釘 216箇	132*	5.8
20	**원릉**	1776	-	蓋板次 樓柱10株 頭折木推移取用	付椽蓋板朴只 3寸頭釘 100箇	-	-
21	문효세자묘	1786	124	蓋板次 長公板7立 厚松板3立	付椽蓋板朴只 3寸召釘 700箇	124*	5.6
22	**현륭원**	1789	126	蓋板次 頭折木取用	付椽蓋板朴只 3寸頭釘 100箇	126*	0.8
23	건릉	1800	140	浮椽蓋板134立 樓柱4株	浮椽蓋板朴只 4寸頭釘 900箇	134	6.7
24	**건릉**	1821	140	浮椽蓋板134立 樓柱4株	浮椽蓋板朴只 4寸頭釘 900箇	134	6.7
25	휘경원	1823	140	婦椽蓋板134立 樓柱4株	蓋板朴只 4寸頭釘 900箇	134	6.7
26	연경묘	1830	134	婦椽蓋板134	婦椽蓋板朴只 4寸頭釘 536箇	134	4.0
27	인릉	1835	134	婦椽蓋板134立次 頭折取用	婦椽蓋板朴只 3寸頭釘 800箇	134	6.0
28	**경릉**	1843	128	婦椽蓋板128立次 樓柱5箇	婦椽蓋板朴只 3寸頭釘 700箇	128	5.5
29	수릉	1846	130	婦椽蓋板124立次 體木6箇	蓋板朴只 3寸釘 774箇	124	6.2
30	**수릉**	1855	130	婦椽蓋板124立次 體木6箇	蓋(板)朴只 3寸釘 744箇	124	6.0
31	휘경원	1855	130	婦椽蓋板124立 頭折取用	蓋板朴只 3寸釘 774箇	124	6.2
32	**인릉**	1856	130	婦椽蓋板124立	蓋板朴只 3寸釘 520箇	124	4.2
33	**휘경원**	1864	130	婦椽蓋板124立	蓋板朴只 4寸釘 774箇	124	6.2
34	**예릉**	1864	130	婦椽蓋板130箇次 長松頭折取用	蓋板朴只 4寸釘 704箇	130	5.4

#은 선자부연 포함 수량임. @는 부연 수량이 기록되지 않아 서까래 수량을 대입한 것임. *은 부연개판 수량이 기록되지 않아 편의상 부연 수량과 동일하게 산정한 것임.

부연개판 고정기법

〈표 6-34〉는 부연개판당 부연개판박이 비율을 정리한 것인데, 수치가 정수로 떨어지지는 않는다. 부연개판당 부연개판박이는 3개 이상부터 7개까지 다양하게 나온다. 1개 미만도 나타나지만 이는 오기로 짐작된다. 부연 길이에 큰 차이가 없음에도 부연개판당 개판박이 수량이 차이 나는 것은 쉽게 납득되지 않는다.

부연개판당 부연개판박이 수량은 4개에서 6개 이상이 가장 많다.[72] 빈도수는 18세기 중엽부터는 5개 이상이 많고, 정조건릉산릉역(1800)부터는 6개 이상도 많아져 점진적인 증가세가 확인된다. 의궤 기록상 부연개판은 4개 이상의 못으로 고정하는데, 18세기 중엽부터는 좀 더 많은 못으로 고정한 것으로 나타난다.

부연개판박이는 3치 또는 4치 못이 쓰였는데, 3치 못이 일반적이었다. 못 형태는 세 가지가 쓰였다. 인빈상시봉원역(1755)까지는 소정(召釘)을, 그 이후 문효세자묘소역(1786)까지는 소정(召釘)과 두정(頭釘)을 혼용하였다. 그 이후 두정을 주로 쓰다가 익종수릉산릉역(1846)부터는 정(釘)을 사용하였다. 못머리가 있는 두정(頭釘)이 고정력이 가장 좋음에도, 19세기 중엽 이후 사용하지 않은 것은 개판박이의 수량 증가와 관련되었을 것으로 생각된다. 정리하면 부연개판당 부연개판박이는 정조건릉산릉역(1800)을 기점으로 그 이전에는 4개 이상, 그 이후는 6개 이상을 고정하여 전보다 부연개판 고정이 강화되었다.

그림 6-48. 부연개판 고정 [융릉, 1789 이후 수리 추정]

정당의 부연과 부연개판 고정기법

정당도 정자각과 같이 목박이와 미박이가 짝을 이뤄 부연을 고정하였는데, 못 규격에는 차이가 있다. 의소묘에서는 정자각과 동일하게 목박이 8치 두정, 미박이 6치 두정을 사용하였지만, 나머지 사례에서는 정자각보다 1치 정도 짧은 못을 사용하였다.

못 규격은 정당과 정자각 간 차이가 없지만 개판당 박이 수량은 차이가 있다. 정자각과 정당 모두 18세기 후반에는 개판당 4개의 못을 고정하였다. 19세기에 들어서 정자각은 6개 이상의 못을 고정하였는데, 경우궁 정당은 여전히 4개의 못으로 고정하여 정자각 기법과는 차이가 있다.

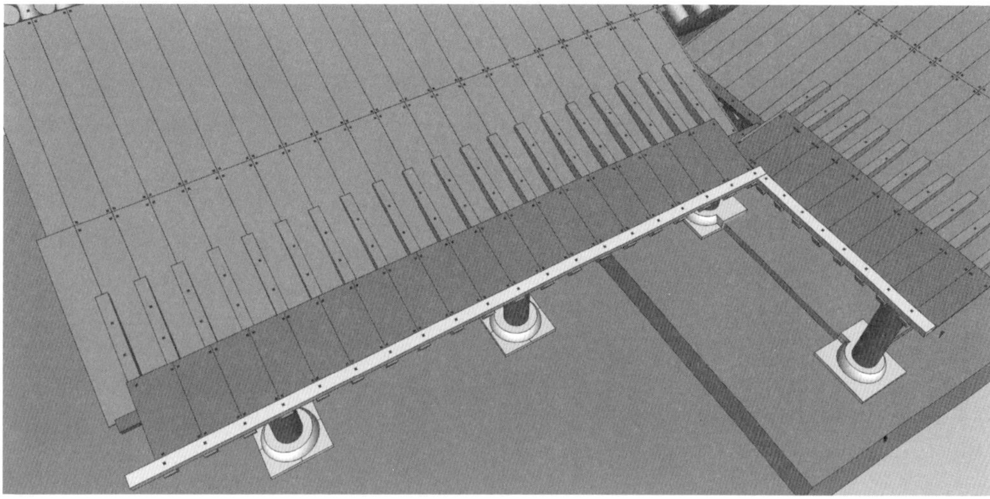

그림 6-49. 17~18세기 부연개판 고정

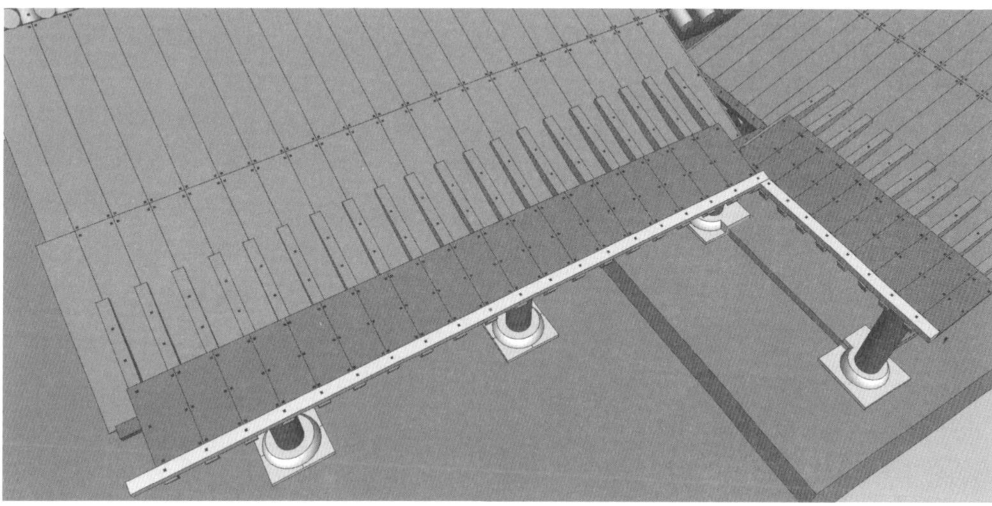

그림 6-50. 19세기 부연개판 고정

표 6-35. 정당의 부연 및 부연개판 고정

No.	묘호	시기	부연	부연개판	부연박이	부연개판박이
1	의소묘	1752	付椽62次 材木8條	付椽蓋板60次 修粧板10立	付椽項朴只 8寸頭丁 62箇 尾朴只 6寸頭丁 62箇	付椽蓋板朴只 3寸召丁 240箇
2	수은묘	1764	付椽60次 裁餘木取用	付椽蓋板58次 裁餘木取用	付椽項朴只 7寸頭釘 60介 尾朴只 5寸頭釘 60介	付椽蓋板朴只 3寸釘 256介
3	문희묘	1790	付緣70介次 體木4介	蓋板70立次 邊板10立	項朴只 9寸頭釘 70介 尾朴只 5寸頭釘 70介	朴只 3寸頭釘 284介
4	경우궁	1824	婦緣72次 體木7箇	蓋板68次 體木5箇	項及尾朴只 7寸5寸頭釘 各72介	朴只 3寸頭釘 272箇

집거연(집부사)

용어 정리

박공부를 고정하기 위한 바탕재 서까래를 현재는 집거연, 집우사 등으로 부른다. 『韓國建築辭典』에서는 집거연(執扶舍), 집부연(執扶椽)으로 칭하는데, 집거연은 박공을 받는 서까래로, 집부연은 집거연을 받는 서까래로 정의[73]하였다. 용어가 비슷하지만 용도는 구분되어 있다. 산릉의궤에서는 비슷한 어감이지만 이와는 다르게 표기되어 있다.

산릉의궤에서 집거연과 유사한 용어는 세 차례 정도만 확인된다. 『단종장릉봉릉도감의궤』(1699)에는 집희연(執希椽)으로 표기되어 있다. 듬성듬성 잡아 모은 서까래 정도로 풀이할 수 있다. 『효종영릉산릉도감의궤』(1659)와 『현종숭릉산릉도감의궤』(1674)에는 팔작지붕 합각부 부재를 각각 양지말대연(樑之末大椽), 좌우합각차대연(左右合閣次大椽)으로 표기하였다. 양지말대연(樑之末大椽)은 종도리 끝의 서까래를 말하고, 좌우합각차대연(左右合閣次大椽)은 좌우 합각부를 구성하기 위한 대연으로 각각 5개씩 사용하였다. 정자각은 지붕면이 6개이므로 집거연은 최소 6개 필요한데, 대연 5개로 6개를 나누어 쓴 것으로 보인다.

집거연 고정못은 '執巨椽朴只, 執巨朴只, 執巨連朴只, 執介西朴只, 執付西朴只' 등으로 표기되어 있다. 집거연박이[執巨椽朴只]가 가장 많이 사용되었다. 집거박이[執巨朴只]와 집거연박이[執巨連朴只]는 '椽'자를 생략하거나 '連'자로 고쳐 쓴 것이다. 그중 집거연(執巨椽)은 잡아서 거는 서까래라는 의미로 음독+음가+음독자로 해석할 수 있다. 한편 영건의궤인 『수은묘영건청의궤』(1764) 별공작 정당소입과 『문희묘영건청등록』(1790) 공작 안향청소입에는 집개연박이[執介椽朴只]로 표기되어 있다. 집개연(執介椽)은 집게 형태의 서까래라는 뜻으로 서까래가 걸린 모양을 빗댄 용어이다. 집거연(執巨椽)은 집게연을 음가자로 표기한 게 아닌가 여겨진다.

『명성황후홍릉산릉도감의궤』(1898)에서는 집개서박이[執介西朴只], 『순명황후유강원원소도감의궤』(1904)에서는 집부서박이[執付西朴只]로 표기되어 있다. 집개서(執介西)는 집개연(執介椽)과 유사하고, 집부서

표 6-36. 정자각의 집거연 및 집거연박이

No.	능호	시기	집거연	집거연박이
1	**목릉**	1630	-	-
2	소현세자묘	1645	-	-
3	영릉	1659	樑之末 大椽5條	執巨椽朴只 8寸頭釘 12介
4	**숭릉**	1674	左右合閣次 大椽5箇	執巨椽朴只 8寸頭釘 6箇
5	**익릉**	1680	-	執巨椽朴只 8寸頭釘 25箇
6	휘릉	1689	-	執巨椽朴只 8寸頭釘 25箇
7	**사릉**	1699	-	執巨椽頭朴只 6寸頭釘 25箇 朴只 3寸頭釘 48箇
8	**장릉**	1699	執希椽 3巨里	執巨椽朴只 8寸頭釘 25箇
9	명릉	1702	-	執巨椽朴只 8寸頭釘 25箇
10	단의빈묘	1718	-	執巨椽朴只 8寸頭釘 18箇
11	민회빈묘	1719	-	執巨椽朴只 6寸頭釘 25箇
12	**의릉**	1725	-	執巨椽朴只 8寸頭釘 20箇
13	**온릉**	1739	-	執巨椽朴只 8寸頭丁 25介
14	의소세손묘	1752	-	執巨朴只 8寸頭釘 10箇
15	**소령원**	1753	-	執巨朴只 8寸頭釘 24箇
16	**순강원**	1755	-	執巨朴只 8寸頭釘 24介
17	**홍릉**	1757	-	執巨椽朴只 8寸頭釘 25介
18	사도세자묘	1762	-	執巨朴只 8寸頭釘 10箇
19	건원릉	1764	-	-
20	**원릉**	1776	-	執巨椽朴只 8寸釘 25箇
21	문효세자묘	1786	-	執巨朴只 8寸頭釘 10箇
22	**현륭원**	1789	-	執巨椽朴只 8寸釘 25箇
23	건릉	1800	-	執巨連朴只 8寸頭釘 30箇
24	**건릉**	1821	-	執巨連朴只 8寸頭釘 30箇
25	휘경원	1823	-	執巨連朴只 8寸頭釘 30箇
26	연경묘	1830	-	執巨椽朴只 8寸頭釘 20箇
27	인릉	1835	-	執巨椽朴只 8寸頭釘 30箇
28	**경릉**	1843	-	執巨椽朴只 8寸頭釘 30箇
29	수릉	1846	-	執巨椽朴只 9寸頭釘 36箇 1尺釘 24箇
30	**수릉**	1855	-	執巨椽朴只 9寸頭釘 36箇 1尺釘 24箇
31	휘경원	1855	-	執巨椽朴只 9寸頭釘 36箇 1尺釘 24箇
32	**인릉**	1856	-	執巨椽朴只 9寸頭釘12箇
33	**휘경원**	1864	-	執巨連朴只 9寸頭釘 36箇 1尺釘 24箇
34	**예릉**	1864	-	執巨椽朴只 9寸頭釘 36箇 1尺釘 24箇

(執付西)는 집개서(執介西)에서 변화된 것으로 보인다. 결과적으로 가장 늦게 사용되는 집부서(執付西)는 현재 사용되는 집부사(집우사)와 가장 유사하다.

산릉의궤에서 목부재인 집거연은 한 차례도 등장하지 않고, 팔작지붕에서 유사한 뜻의 부재명만 등장할 뿐이다. 집거연은 박공부에서 풍판널과 박공널을 고정하기 위한 바탕재이고, 목기연을 설치하기 위한 받침재이기도 하다. 집거연의 기능은 명확하지만 서까래를 사용하는 경우가 많아 별도로 수량을 잡지 않고, 장연이나 단연 수량에 포함시켰을 것으로 보인다. 이에 비해 철물은 노야소에서 생산할 때 그 사용처를 명확히 구분해야 누락되지 않으므로 집거연박이를 별도로 기록한 것으로 생각된다.

즉 집거연의 용어 변화는 박이를 통해 알 수 있다. 집거연(執巨椽)이 19세기 중엽까지 중심용어였고, 20세기 초에는 지금 쓰이는 용어와 유사한 집부서(執付西)로 바뀐다. 집부사는 20세기 초 관영건축에서 쓰이는 용어가 지금까지 이어진 사례 중의 하나이다. 이 책에서는 편의상 산릉의궤의 중심용어인 집거연을 정식 명칭으로 사용하도록 한다.

집거연의 배열과 고정기법

집거연은 실무에서는 박공의 바탕재인 서까래 한 열을 지칭하기도 하고, 그 뒤에 이어지는 3~4열 서까래까지 지칭하기도 한다. 먼저 산릉의궤에서 지붕면에 집거연을 몇 열씩 계획했는지 살펴보자.

팔작지붕 정자각인 효종영릉산릉역(1659)과 현종숭릉산릉역(1674)에서는 각각 12개, 6개의 박이를 계획하였다. 정자각은 지붕면이 6면으로 집거연을 1열로 설치할 경우 최소 6개의 집거연이 필요하다. 효종영릉산릉역과 현종숭릉산릉역에서는 집거연당 각각 2개, 1개의 못을 사용하여 고정한 것이다. 『단종장릉봉릉도감의궤』(1699)에는 '執希椽 3巨里'로 유일하게 집거연 수량이 표기되어 있다. 거리(巨里)는 앞서 서까래 단위를 설명할 때 서까래 한 쌍을 일컫는 단위임을 밝힌 바 있다. 즉 집거연 3쌍을 의미하고, 정전 양측과 배위청에 각각 1쌍씩 설치하였음을 알 수 있다. 하지만 정전의 경우 단연에 해당하는 집거연이 추가로 필요하므로 10개의 집거연이 사용되었을 것이다. 집거연박이는 25개를 사용했으므로 집거연당 2개 이상, 즉 집거연의 위아래에 각각 고정하였을 것으로 보인다. 이처럼 산릉의궤에서 집거연은 박공 측면 1열의 서까래만을 지칭한 것으로 파악된다.

정자각은 대부분 맞배지붕으로 집거연은 단종장릉산릉역(1699)과 마찬가지로 10개가 필요하다. 그래서 집거연에 못을 하나 고정한 경우에는 10개, 2개 고정한 경우에는 20개가 필요하다. 산릉의궤에서는 장헌세자현륭원원소역(1789)까지 산릉역과 원소역은 24~25개의 집거연박이를 사용하였고, 묘소역은 10개의 못을 사용하였다. 그렇다면 묘소역은 집거연당 1개씩, 산릉역과 원소역은 2개 이상 고정한 것으로 볼 수 있다. 집거연을 단단히 고정하기 위해서는 집거연 상단과 하단을 모두 고정해야 한다. 그래야만 풍판과 박공을 고정할 때 움직이지 않고 받이재로서 역할을 충분히 할 수 있다. 묘소역은 산릉역과 원소역보다 격이 낮아 집거연박이의 수량을 절반으로 한 것으로 보이나 이럴 경우 집거연을 제대로 고정되기 어려울 것이다. 실제 묘소역에서는 다른 철물이라도 대체하여 고정하였을 것으로 생각된다.

정조건릉산릉역(1800)부터는 집거연박이가 25개에서 30개로 증가하고, 익종수릉산릉역(1846)부터는 9치 두정 36개, 1자 정 24개로 못의 종류와 수량이 함께 늘어난다. 집거연박이의 수량은 집거연 받침목과 집거연을 고정하면서 증가한 것으로 보인다. 정전의 경우 중도리 선상의 누리개 위에 집거연을 설치하는데, 누리개 없이 집거연을 설치하는 경우집거연 하부가 비어 있게 되어 받침목을 추가로 놓게 된다. 이에 따라 집거연 고정을 강화하기 위해 누리개 외 집거연 받침목까지 고정한 것으로 보인다. 하지만 받침목 고정은 8~12개의 못 정도면 충분하므로 9치 두정 36개 외에 1자 정 24개를 어디에 추가로 고정하였는지는 불분명하다. 하지만 집거연박이의 수량 증가를 보면 이 시기부터 집거연을 2열로 설치하였을 가능성을 보여준다. 앞서 집거연의 역할이 박공의 받이재인 동시에 목기연의 받침목 역할을 한다고 하였다. 목기연은 부연과 같이 목박이, 미박이가 하나의 세트를 이뤄 고정되는데, 목기연을 고정하기 위해서는 2열의 받침재가 필요하다. 따라서 이 시기에는 집거연 2열 설치를 정례화 하여 목기연을 고정했을 것으로 추정된다. 물론 이 시기 이전에도 목기연의 미박이를 위해 받침재를 설치하였을 것이지만 정식으로 박이 수량을 잡지 않고 공사 중에 남은 박이를 사용하였을 것으로 생각된다. 효현왕후경릉산릉역(1843)까지 집거연박이는 8치 두정을 사용하였다. 서까래 직경이 대부분 6치이므로 2치 정도 개판 및 서까래에 고정된 셈이다. 반면 익종수릉산릉역(1846)부터는 9치 두정, 1자 정을 사용하여 개판 및 서까래에 3치, 4치 깊이로 단단히 고정하였음을 알 수 있다.

정리하면 집거연의 설치 및 고정은 익종수릉산릉역(1846)을 기점으로 변화된다. 그 이전에는 박공 측면에 1열로 설치하고, 산릉역과 원소역의 경우 집거연 상단과 하단을 고정하는 것을 기본으로 하였으며 추가적으로 집거연 받침목에도 못을 박아 고정하였다. 19세기 초부터는 박이 수량을 증가시켰는데 익종수릉산릉역(1846)부터는 집거연을 2열로 설치하고, 못의 길이와 수량을 증가시켜 고정력을 강화하였을 것으로 추정된다.

광릉 정자각(1696)

융릉 정자각(1789 이후 수리 추정)

그림 6-51. 집거연

정당의 집거연 고정기법

『문희묘영건청등록』과 『현사궁별묘영건도감의궤』에는 집거연의 기록이 나타나지 않는다. 의소묘와 수은묘의 집거연박이 수량을 보면 집거연은 정자각과 마찬가지로 박공 옆으로 1열만 설치한 것으로 보인다. 정자각의 묘소역과 유사하게 집거연 상단과 하단을 모두 고정하지 않고 집거연당 1개 또는 일부만 2개를 고정한 것으로 보인다.

표 6-37. 정당의 집거연과 집거연박이

No.	묘호	시기	집거연	집거연박이
1	의소묘	1752	-	執破椽八朴只 9寸頭丁 12箇
2	수은묘	1764	-	執介椽朴只 1尺釘 8介
3	문희묘	1790	-	-
4	경우궁	1824	-	-

목기연

용어 정리

목기연은 박공이나 합각부를 외기로부터 보호하고 내림마루를 구성하기 위해 설치한다. 산릉의궤에서 목기연은 '毛叱知, 隅只, 朴工隅只, 朴工浮椽, 木只, 木只椽' 등으로 표기되어 있다. 가장 이른 시기 명칭인 모질지(毛叱知)는 『소현세자묘소도감의궤』(1645)에 한 차례 등장하는데 그 의미는 명확하지 않다. 다음으로 등장하는 우지(隅只)는 『효종영릉산릉도감의궤』(1659)부터 『장헌세자현륭원원소도감의궤』(1789)까지 사용된다. 우지(隅只)는 모퉁이를 나타내는 음독자이다. 굳이 의미를 부여하면 전면에서 볼 때 측면 모퉁이에 위치를 설명한 용어로 풀이할 수 있다. 『태조건원릉정자각중수도감의궤』(1764)에는 박공부연(朴工浮椽)이라는 명칭을 한 차례 사용하였다. 외양상 부연과 차이가 없으므로 박공부연이라 칭한 것이다. 『문효세자묘소도감의궤』(1786)에 목기[木只]라는 명칭이 등장하고, 『정조건릉산릉도감의궤』(1800)부터 19세기 후반까지는 현재 부르고 있는 목기연[木只椽]이라는 명칭이 사용되었다. 즉 요즘 쓰이는 목기연(모끼연)이라는 용어가 일반화된 것은 19세기 초부터임을 알 수 있다.

목기연박이는 부연박이와 마찬가지로 목박이[項朴只], 미박이[尾朴只]가 짝을 이룬다. 『장헌세자현륭원원소도감의궤』(1789)까지는 우기목박이[隅只項朴只], 미박이[尾朴只]라고 표기하였고, 『정조건릉산릉도감의궤』(1800)부터는 목기연목박이[木只椽項朴只], 미박이[尾朴只]로 표기하였다. 『태조건원릉정자각중수도감의궤』(1764)에서 목부재는 박공부연(朴工浮椽)으로, 박이는 목기연목박이[木只椽項朴只], 미박이[尾朴只]로 표기한 바 있다. 이때 목부재명, 박이명이 처음으로 함께 등장하는데, 박이명으로 목기연[木只椽]을 쓴 것도 이때가 처음이다.

이와 같이 목기연은 18세기 말까지 우지(隅只)를 중심 용어로 사용하였고, 19세기 초부터는 목기연[木只椽]이라는 명칭을 사용하였으며, 박이명도 같이 변화하였다. 다만 박이에서 목기연[木只椽] 명칭이 18세기 중엽에 앞서 출현한 점이 차이라고 할 수 있다. 영건의궤에서는 17세기

『창덕궁수리도감의궤』(1647)에서는 목기[目只], 목기[木妓]라 표기되는데 이는 예외적인 경우이고, 이후 대부분은 목기[木只]라 표기하였으며, 19세기 의궤에서는 목기연[木只椽]이라 칭하였다.[74] 산릉의궤에 비해 영건의궤에서는 목기[木只]라는 명칭이 일찍 중심용어로 자리 잡아 사용 시기에 차이가 나타난다.

표 6-38. 정자각의 목기연 및 목기연박이

No.	능호	시기	목기연(①)	목기연박이	현 정자각 목기연(②)	목박이-① 미박이-①	목박이-② 미박이-②
1	**목릉**	1630	-	-	-	-	-
2	소현세자묘	1645	毛叱知90介	-	-	-	-
3	영릉	1659	隅只30介 材木3條	隅知項朴只 8寸頭釘 30介 尾朴只 7寸頭釘 30介	-	-	-
4	**숭릉**	1674	隅只39次材木2條	隅只項朴只 8寸頭釘 30箇 尾朴只 7寸頭釘 30箇	47	-9 -9	-17 -17
5	**익릉**	1680	隅只116次 材木5條	隅只項朴只 8寸頭鎙 100箇 尾朴只 7寸頭釘 120箇	61	-16 4	39 59
6	휘릉	1689	隅只116次 材木5條	隅只項朴只 8寸頭釘 100箇 尾朴只 7寸頭釘 120箇	113	-16 4	-13 7
7	**사릉**	1699	隅只次 材木5條	隅只項朴只 6寸頭釘 62箇 尾朴只 6寸頭釘 62箇	47	-	15 15
8	**장릉**	1699	隅只次 材木5條	隅只項朴只 8寸頭釘 100箇 尾朴只 7寸頭釘 100箇	45	-	55 55
9	명릉	1702	隅只116次 材木10條	隅只項朴只 8寸頭釘 100箇 尾朴只 7寸頭釘 120箇	-	-16 4	-
10	단의빈묘	1718	隅只60次 材木9條 中不等10條	隅只項朴只 8寸頭釘 67箇 尾朴只 7寸頭釘 60箇	-	7 0	-
11	민회빈묘	1719	朴工隅只次 材木5條	隅只項朴只 6寸頭釘 62箇 隅只尾朴只 6寸頭釘 62箇	-	-	-
12	**의릉**	1725	隅只116次 材木10條	隅只項朴只 8寸頭釘 70箇 隅只尾朴只 7寸頭釘 70箇	71	-46 -46	-1 -1
13	**온릉**	1739	隅只次 材木5條	隅只項朴只 7寸頭丁 62箇 尾朴只 6寸頭丁 62箇	57	-	5 5
14	의소세손묘	1752	隅只次 材木10株	隅只項朴只 8寸頭釘 70箇 尾朴只 7寸頭釘 70箇	-	-	-
15	**소령원**	1753	隅只次 宮材4株 材木1株	隅只項朴只 8寸頭釘 70箇 尾朴只 7寸頭釘 70箇	65	-	5 5
16	**순강원**	1755	隅只次 宮材2株 材木1株	隅只項朴只 8寸頭釘 70介 隅只尾朴只 7寸頭釘 70介	65	-	5 5
17	**홍릉**	1757	隅只次 材木7株 (頭折木推移取用)	隅只項朴只 8寸頭釘 100介 尾朴只 7寸頭釘 120介	75	-	25 45
18	사도세자묘	1762	隅只次 材木5株	隅只項朴只 8寸頭釘 70箇 尾朴只 7寸頭丁 70箇	-	-	-
19	건원릉	1764	朴工浮椽中條里木33箇	정:木只椽項朴只 9寸頭釘 50箇 尾朴只 8寸頭釘 50箇 배:木只椽項朴只 9寸頭釘 90箇 尾朴只 7寸頭釘 90箇	89	-	51 51
20	**원릉**	1776	隅只次 材木7株 頭折木推移取用	隅只項朴只 8寸頭釘 100箇 尾朴只 7寸頭釘 120箇	71	-	29 49
21	문효세자묘	1786	木只次 頭折取用	隅只項朴只 8寸頭釘 70箇 尾朴只 7寸頭釘 70箇	-	-	-
22	**현륭원**	1789	隅只次 邊板取用	隅只項朴只 8寸頭釘 100箇 尾朴只 7寸頭釘 120箇	89	-	11 31
23	건릉	1800	木只椽87箇 宮材4株	木只椽項朴只 8寸頭釘 130箇 尾朴只 7寸頭釘 130箇	-	-	-
24	**건릉**	1821	木只椽87箇 宮材4株	木只椽項朴只 8寸頭釘 130箇 木只椽尾朴只 7寸頭釘 130箇	95	43 43	35 35

표 6-38. 계속

No.	능호	시기	목기연(①)	목기연박이	현 정자각 목기연(②)	목박이-① 미박이-①	목박이-② 미박이-②
25	휘경원	1823	木只椽87箇 劈鍊木7箇	木只椽項朴只 8寸頭釘 130箇 尾朴只 7寸頭釘 130箇	-	43 43	-
26	연경묘	1830	木只椽96 裁餘取用	木只椽項尾朴只 8寸7寸頭釘 各96箇	-	0 0	-
27	인릉	1835	木只椽96箇次 頭折取用	木只椽項朴只 8寸頭釘 130箇 尾朴只 6寸頭釘 130箇	-	34 34	-
28	**경릉**	1843	木只椽120箇次 樓柱2箇	木只椽項朴只 8寸頭釘 130箇 尾朴只 6寸頭釘 130箇	87	10 10	43 43
29	수릉	1846	木只椽120箇次 體木1箇半	木只椽項朴只 8寸頭釘 96箇 尾朴只 6寸頭釘 96箇	-	-24 -24	-
30	**수릉**	1855	木只椽120箇次 木1箇半內 半箇頭折取用 實用一箇	木只椽項朴只 8寸頭釘 96箇 尾朴只 6寸頭釘 96箇	101	-24 -24	5 5
31	휘경원	1855	木只椽120箇 頭折取用	木只椽項朴只 8寸頭釘 96箇 尾朴只 6寸頭釘 96箇	-	-24 -24	-
32	**인릉**	1856	木只椽120立	木只椽項朴只 7寸頭釘 104箇 尾朴只 6寸頭釘 104箇	101	-16 -16	-3 -3
33	**휘경원**	1864	木只椽120箇	木只椽項朴只 8寸頭釘 96箇 尾朴只 6寸頭釘 96箇	91	-24 -24	5 5
34	**예릉**	1864	木只椽120次 樓柱3箇	木只椽項朴只 8寸釘 96箇 尾朴只 6寸釘 90箇	93	-24 -24	3 -3

1유형(   )은 산릉의궤와 현존 정자각 간 수량 차가 10개 미만인 것이고, 2유형(   )는 타 사례에 비해 수량 정확도가 높은 것을 표시한 것임.

목기연 고정기법

목기연은 부연과 같이 목박이, 미박이를 각각 1개씩 박아 고정한 것으로 보인다. 하지만 산릉의궤에는 이러한 예상과는 조금 다르게 기록되어 있다. 목기연 대비 목기연박이의 수량이 20개 이상 많은 경우가 8차례 확인된다. 경종의릉산릉역(1724)에서는 목기연박이가 46개 모자라고, 정조건릉산릉역(1800)에서는 43개가 남는다. 남는 것보다는 모자라는 것이 문제다. 이는 기록상의 오류로 짐작된다. 이를 확인하기 위해 현존 정자각의 목기연 수량을 확인해 보았다. 의궤상의 목기연 수량과 많은 차이가 확인되는데, 대체적으로 의궤에 더 많은 수량이 기록되어 있다. 즉 의궤에 목기연 수량이 잘못 표기되었음을 알 수 있다. 현존 정자각과 의궤상 목기연의 수량 차가 10개 이상인 경우는 6곳으로 확인된다. 현존 정자각과 의궤상 목기연박이의 수량 차가 20개 이상인 경우는 목기연박이가 잘못 표기된 것으로 볼 수 있다. 이와 같이 오류가 발생한 것을 제외하면 〈표 6-38〉의 목기연과 목기연박이를 1유형(   )으로 표시한 것만 정확하게 기록된 것으로 보이고, 또한 현존 정자각이 없어 확인할 수는 없지만 2유형(   )으로 표시한 것도 1유형으로 표기된 것과 수치가 유사하여 비교적 정확한 것으로 판단할 수 있다. 목기연의 경우 2건(최대[75] 7건), 목기연박이의 경우 11건(최대 20건) 정도의 의궤만 제대로 작성된 것이다.

이와 같은 많은 오류가 발생했는지 정확한 원인은 알 수 없지만, 그 이유는 대략 다음과 같이 추정할 수 있다. 첫째는 목기연 수량에 대해 신경을 적게 썼기 때문이다. 분석 대상 34개 중 14개 의궤에서 목기연 수량이 기록되어 있지 않다. 이는 전례를 참고하여 대략적으로 원재의 물량만 확보하여 공사를 진행하면서 목기연을 치목했기 때문이다. 목기연의 경우 원재가 부족하면 두절목(頭折木), 재여목(裁餘木)을 취하면 되므로 문제가 되지 않았을 것이다. 둘째는 잘못 산출된 목기연 수량을 전례로 참고하여 작성되었기 때문이다. 예를 들어 경종의릉산릉역(1724)은 인현왕후명릉산릉역(1702)을 참고하여 산릉역을 진행하였는데,[76] 목기연 수량은 동일하게 116개로 기록되어 있다. 하지만 목기연박이는 『인현왕후명릉산릉도감의궤』에서는 목박이 100개, 미박이 120개로 표기된 반면, 『경종의릉산릉도감의궤』에서는 각각 70개로 표기되어 있다. 현존 의릉 정자각의 목기연은 71개로 의궤상 목기연박이와 거의 일치한다. 즉 경종의릉산릉역의 목기연은 인현왕후명릉산릉역을 따랐지만, 목기연박이는 실제 소요 수량을 기록한 것이다. 목기연 수량은 전례를 참고하다 보니 잘못 표기된 경우가 많았다. 목기연박이 역시 잘못 표기된 경우가 많으나 목기연에 비해서는 비교적 제대로 표기하였다. 목부재보다 박이 수량이 정확한 경우는 생산처의 차이로 볼 수 있다. 목부재는 조성소 관할로 문제가 생겨도 자체 해결이 가능했지만, 철물은 노야소에서 생산해야 하므로 조성소에서 노야소로 정확하게 수량을 알려주어야 차질 없이 제작할 수 있었다. 그래서 철물 수량이 더 정확한 경우가 많았다. 18세기 이전 의궤에서 목부재는 없지만 박이 기록이 많은 것은 이 또한 생산처의 차이에 따른 것으로 짐작된다.[77]

목기연박이는 순조인릉산릉역(1835)을 기점으로 규격 변화가 발생한다. 그 전에는 목박이는 8치 두정, 미박이는 7치 두정을 사용하였는데, 이후에는 목박이는 동일하게 8치 두정을 사용하지만 미박이는 이전보다

1치를 줄여 6치 두정을 사용하였다. 이는 다른 부재의 박이가 후대로 내려올수록 길어지는 것과는 다른 모습이다. 목기연박이와 비슷한 고정 기법을 가진 부연박이는 익종수릉산릉역(1846)을 기점으로 전에는 목박이, 미박이를 각각 8치 두정, 6치 두정을 사용하다가, 이후에는 9치 두정, 7치 두정을 사용하였다. 이를 보면 1830~1840년대 비슷한 시기에 부연박이와 목기연박이의 규격에 변화가 발생하였음을 알 수 있다. 부연박이는 규격이 증가한 반면, 목기연박이는 규격을 다소 줄인 모습이지만 현격한 차이로는 보이지 않는다. 이는 당시 목기연박이도 부연박

융릉 정자각(1789 이후 수리 추정)

휘릉(1680 건립, 1895 중건)

그림 6-52. 목기연 고정

그림 6-53. 조선 후기 목기연 고정

이처럼 목박이와 미박이의 길이를 2치 차이로 줘도 구조적으로 문제가 없다고 판단하고, 규격을 조정한 것으로 생각된다.

산자판(목기연개판)

용어 정리

목기연개판은 목기연을 덮는 널인데, 아직까지 통용되는 명칭이 부재한 상태이다. 『韓國建築辭典』에는 모끼연개판, 모끼산자판, 너새개판, 산자판 등으로 소개하고 있다.[78] 하지만 산릉의궤에서는 일관되게 산자판(散子板)으로 기록되어 있다. 영건의궤에 해당하는 『태조건원릉정자각중수도감의궤』(1764)에서만 박공부연개판(朴工浮椽蓋板)으로 칭하였다. 『인경왕후익릉산릉도감의궤』(1680)와 『영조원릉산릉도감의궤』(1776)의 기술 순서를 통해 산자판이 목기연개판에 해당되는지 확인해 보자.

박공판, 연개판, 연개판덧방, 우지, 산자판, 풍차판, 솔목(朴工板 椽蓋板 椽蓋板加叱防 隅只 散子板 風遮板 率木)[79]

부연, 개판, 우지, 산자판, 박공판, 삼면풍차(付椽 蓋板 隅只 散子板 朴工 三面風遮)[80]

두 의궤 모두 목기연에 해당되는 우지(隅只) 다음에 산자판이, 그 다음에는 박공에 해당되는 부재가 표기되어 있다. 다른 의궤도 이와 다르지 않아 산자판이 목기연개판임을 알 수 있다. 영건의궤에도 동일하게 표기되어 있다.[81]

산자판의 고정못은 산자판박이[散子板朴只]로 동일하게 표기되어 있는데, 『태조건원릉정자각중수도감의궤』(1764)에서는 박공부연을 생략하고 개판박이[蓋板朴只]로 표기한 바 있다.

산릉의궤, 영건의궤 모두 산자판이라는 용어를 사용하였음에도 지금은 사전에만 있을 뿐 실무에서는 더는 사용하지 않고 목기연개판이라고 불리고 있다. 산자판은 산자엮기와 용어가 비슷하여 혼선을 피하기 위해 목기연개판이라는 명칭이 선택된 게 아닌가 한다.

산자판의 원재

산자판은 두께는 얇지만 긴 부재로 비교적 큰 원재가 필요하다. 산자판은 수빈휘경원원소역(1823)까지 누주가 가장 많이 사용되었고, 다음으로 궁재가 많이 사용되었다. 누주나 궁재는 2, 3주만 있어도 산자판을 얻을 수 있기 때문에 선호된 것이다. 태조건원릉정자각중수역(1764)과 문효세자묘소역(1786)에서 판재를 원재로 사용한 사례가 있지만 본격적으로 판재를 원재로 사용한 것은 효명세자연경묘묘소역(1830)부터이다. 이때부터 장송판이나 치련변판(治鍊邊板)을 원재로 사용하였다. 산자판 원재가 판재로 변화되는 시점은 서까래개판, 부연개판과 동일하다.

그림 6-54. 산자판박이 [융릉, 1789 이후 수리 추정]

정자각은 박공부가 정전 양측, 배위청 전면 3곳에 설치되므로 산자판은 지붕 경사면별로 6곳에 설치해야 한다. 지붕 경사면당 산자판수는 2닢인 경우가 대부분이다. 1닢을 쓴 경우는 3차례 확인되는데, 효종영릉산릉역(1659)과 현종숭릉산릉역(1674) 모두 팔작지붕으로 박공부가 짧아 문제가 없었던 것이다. 철종예릉산릉역(1864)에서는 맞배지붕임에도 산자판 1닢을 사용하였다. 예외적인 경우로 볼 수 있다.

산자판 고정기법

산자판을 목기연에 어떻게 고정하였는지 살펴보자. 〈표 6-39〉에서 목기연당 산자판박이 고정 비율을 보면 대체적으로 2개 이하로 나타난다. 앞서 의궤와 현존 정자각 간 목기연 수량 차이가 많고, 목부재보다는 철물이 더 정확히 기록되었음을 언급한 바 있다. 현존 정자각의 목기연 대비 산자판박이 비율은 의궤상 비율보다 전반적으로 높은데, 2개 이상이 가장 많다. 세분해서 보면 1.5개 이하 4회, 1.5~2.5개 7회, 2.5~3.5개 6회, 3.5개 초과 2회로 나타나 1.5개 이상이 대부분이다. 2개 이상은

13회[82]로, 총 18개 중 72%를 차지하여 목기연당 산자판박이를 2개 이상 고정하였음을 알 수 있다. 시기적으로 뚜렷한 경향은 보이지 않지만 정조건릉산릉역(1800) 이후 목기연당 2개 이상 못 고정이 정착된 것으로 판단된다.

산자판박이의 길이와 형태를 보자. 장헌세자현륭원원소역(1789)까지는 대부분 3치 소정을 사용하였다. 태조건원릉정자각중수역(1764)에서 3

표 6-39. 정자각의 산자판 및 산자판박이

No.	능호	시기	산자판	산자판박이(③)	목기연(①)	현 정자각 목기연(②)	③/①	③/②
1	**목릉**	1630	-	-	-	-	-	-
2	소현세자묘	1645	-	-	90	-	-	-
3	영릉	1659	散子板6立 樓柱1條	散子板朴只 3寸召釘 60介	30	-	2.00	-
4	**숭릉**	1674	散子板6次 材木1條	散子板朴只 3寸召釘 60箇	39	47	1.54	1.28
5	**익릉**	1680	散子板12次 樓柱3條	散子板朴只 3寸召釘 220箇	116	61	1.90	3.61
6	휘릉	1689	散子板12次 樓柱3條	散子板朴只 3寸召釘 220箇	116	113	1.90	1.95
7	**사릉**	1699	散子板次 宮材1條	散子板朴只 2寸召釘 160箇	-	47	-	3.40
8	**장릉**	1699	散子板次 宮材2條	散子板朴只 3寸召釘 150箇	-	45	?	3.33
9	명릉	1702	散子板12次 樓柱3條	散子板朴只 3寸召釘 120箇	116	-	1.03	-
10	단의빈묘	1718	散子板12次 樓柱3條	散子板朴只 3寸召釘 110箇	60	-	1.83	-
11	민회빈묘	1719	散子板次 樓柱1條 材木1條	散子板朴只 2寸召釘 133箇	-	-	-	-
12	**의릉**	1725	散子板次 樓柱2條	散子板朴只 3寸召釘 100箇	116	71	0.86	1.41
13	**온릉**	1739	散子板 宮材2條	散子板朴只 2寸召丁 160箇	-	57	-	2.81
14	의소세손묘	1752	散子板次 樓柱2株	散子板朴只 3寸召釘 200箇	-	-	-	-
15	**소령원**	1753	散子板次 樓柱1株	散子板朴只 3寸釘 200箇	-	65	-	3.08
16	**순강원**	1755	散子板次 樓柱1株	散子板朴只 3寸召釘 200介	-	65	?	3.08
17	**홍릉**	1757	散子板次 材木4株	散子板朴只 3寸召釘 120介	-	75	?	1.60
18	사도세자묘	1762	散子板次 樓柱2株	散子板朴只 3寸召丁 200箇	-	-	-	-
19	건원릉	1764	朴工浮椽蓋板次 松板12立	정:蓋板朴只 3寸頭釘 60箇 배:蓋板朴只 3寸頭釘 15箇	-	89	-	0.84
20	**원릉**	1776	散子板次 材木4株	散子板朴只 3寸召釘 120箇	-	71	-	1.69
21	문효세자묘	1786	散子板 邊板取用	散子板朴只 3寸召釘 200箇	-	-	-	-
22	**현륭원**	1789	散子板次 樓柱2株	散子板朴只 3寸召釘 120箇	-	89	-	1.35
23	건릉	1800	散子板12立 宮材2株	散子板朴只 3寸頭釘 400箇	87	-	4.60	-
24	**건릉**	1821	散子板12立 宮材2株	散子板朴只 3寸頭釘 400箇	87	95	4.60	4.21
25	휘경원	1823	散子板12立 宮材2株	散子板朴只 3寸釘 400箇	87	-	4.60	-
26	연경묘	1830	散子板12 長松板12立	散子板朴只 3寸釘 150箇	96	-	1.56	-
27	인릉	1835	散子板次 長松板20立	散子板朴只 3寸頭釘 300箇	96	-	3.13	-
28	**경릉**	1843	散子板12立次治鍊邊板12立	散子板朴只 3寸頭釘 300箇	120	87	2.50	3.45
29	수릉	1846	散子板12立次 長松板12立	散子板朴只 4寸頭釘 200箇	120	-	1.67	1.98
30	**수릉**	1855	散子板12立次 長松板12立	散子板朴只 4寸頭釘 200箇	120	101	1.67	1.98
31	휘경원	1855	散子板12立次 長松板12立	散子板朴只 4寸頭釘 200箇	120	-	1.67	-
32	**인릉**	1856	散子板12立	散子板朴只 4寸頭釘 208箇	120	101	1.73	2.06
33	**휘경원**	1864	散子板12立	散子板朴只 4寸頭釘 200箇	120	91	1.67	2.20
34	**예릉**	1864	散子板6立次 卜定木半箇	散子板朴只 4寸釘 200箇	120	93	1.67	2.15

치 두정을 사용한 바 있는데, 정조건릉산릉역(1800)을 기점으로 본격적으로 사용하였다. 익종수릉산릉역(1846)부터는 4치 두정을 사용하여 목기연에 깊숙이 박혀 고정력이 강화되었다.

그림 6-55. 조선 후기 산자판 고정

정당의 목기연과 산자판 고정기법

정당에서 목기연은 정자각과 마찬가지로 목박이, 미박이로 고정하였는데, 부연처럼 못 길이는 차이가 있다. 정당에서 부연은 정자각에 비해 1치 정도 짧은 것을 사용했는데, 목기연의 경우 목박이는 1치~2치, 미박이는 2치~3치 정도 짧은 못을 사용하였다.

정당에서 산자판은 정자각과 마찬가지로 목기연에 2개씩 고정하고, 못 규격도 동일하여 기법상 차이는 보이지 않는다.

표 6-40. 정당의 목기연, 목기연박이, 산자판 및 산자판박이

No.	묘호	시기	목기연	목기연박이	산자판	산자판박이
1	의소묘	1752	木只42次 材木6條	木只項朴只 7寸頭丁 42箇 尾朴只 5寸頭丁 42箇	散子板8次 樓柱1條	散子板朴只 3寸召釘 88箇
2	수은묘	1764	木只50次 材木4介	木只項朴只 7寸頭釘 50介 尾朴只 4寸頭釘 50介	散子板6次 樓柱1條	散子板朴只 3寸召釘 100介
3	문희묘	1790	木只56介 裁餘取用	項朴只 7寸頭釘 56介 尾朴只 5寸頭釘 56介	散子板8立次 邊板4立	朴只 3寸頭釘 112介
4	경우궁	1824	木只58次 體木2箇半	項及尾朴只 6寸4寸頭釘 各58介	散子板4立 朴工裁餘取用	朴只 3寸頭釘 116介

서까래누리개

용어 정리

『韓國建築辭典』에서 누리개는 한식 목조 건물의 지붕서까래의 뒷목을 눌러 놓은 나무로, 서까래누리개, 부연누리개, 목기연누리개로 구분하였다.[83] 하지만 학계나 실무에서는 별도의 구분 없이 누리개 또는 서까래누리개로 통칭해서 사용하고 있다. 그동안 누리개는 서까래를 눌러주는 잡목 정도로 인식되어 세부 기법은 관심 밖이었다. 하지만 지금의 시각과는 달리 산릉의궤에서는 위치에 따라 다양하게 구분되어 있다.

산릉의궤 속 서까래와 서까래개판 관련 누리개 명칭을 살펴보자. 『태조건원릉정자각중수도감의궤』(1764) 내 중누리개박이[中累里介朴只]가 누리개 부재명으로는 처음으로 확인된다. 누리개라는 정식 명칭은 『정조건릉산릉도감의궤』(1800)에 장연누리개(長椽累里介), 장연누리개박이[長椽累里介朴只]로 표기하면서 등장하였고, 이후 현재와 같은 누리개 명칭이 일반적으로 사용되었다. 한편 정조건릉산릉역(1800) 전후 누리개로 보이는 다른 명칭이 확인된다.

표 6-41. 정자각의 서까래누리개와 박이, 서까래개판누리개와 박이

No.	능호	시기	장연	단연	서까래누리개	서까래누리개 박이	서까래개판누리개	서까래개판누리개 박이
1	**목릉**	1630	-		-	-	-	-
2	소현세자묘	1645	248		-	-	-	-
3	영릉	1659	48	48	-	中道里加叱防浮朴只 1尺5寸釘 7介	-	-
4	**숭릉**	1674	156	120	-	道里加叱防浮朴只 1尺7寸釘 12箇	椽蓋板加叱防次 材木8條	椽蓋板加叱防朴只 4寸釘 230箇
5	**익릉**	1680	180	180	-	中道里加防浮朴只 1尺7寸釘 18箇	椽蓋板加叱防次 材木8條	(椽蓋板)加防朴只 4寸釘 230箇
6	휘릉	1689	180	180	-	中道里加防浮朴只 1尺7寸釘 18箇	椽蓋板乫防次 材木8條	(椽蓋板)加叱防朴只 4寸釘 230箇
7	**사릉**	1699	170		-	中道里加叱防付朴只 1尺5寸釘 16箇	-	-
8	**장릉**	1699	100	64	-	中道里加防付朴只 1尺7寸釘 10箇	-	(椽蓋板)加防朴只 4寸釘 200箇
9	명릉	1702	180	180	-	中道里加防浮朴只 1尺7寸釘 18箇	(椽蓋板)乫防朴只次 宮材8條	(椽蓋板)加枋朴只 4寸釘 100箇
10	단의빈묘	1718	-		-	中道里乫防浮朴只 1尺1寸釘 15箇	-	(椽蓋板)乫防朴只 4寸釘 83箇
11	민회빈묘	1719	170		-	中道里乫坊付朴只 1尺5寸釘 9箇	-	-

표 6-41. 계속

No.	능호	시기	장연	단연	서까래누리개	서까래누리개 박이	서까래개판누리개	서까래개판누리개 박이
12	**의릉**	1725	168(23)	120	-	中道里加防浮朴只 1尺5寸釘 18箇	(椽蓋板)叱加朴只次 邊板50立	(椽蓋板)加防朴只 1寸釘 18箇
13	**온릉**	1739	170		-	中道里加防朴只 1尺5寸丁 16介	-	-
14	의소세손묘	1752	100	62	-	中道里能方浮朴只 1尺釘 15箇	-	-
15	**소령원**	1753	104	60	-	中道里能方朴只 1尺釘 18箇	-	-
16	**순강원**	1755	104	76	-	中道里能方朴只 1尺釘 18介	-	-
17	**홍릉**	1757	200		-	中道里能防浮朴只 1尺7寸釘 18介	-	-
18	사도세자묘	1762	132	91*	-	中道里加防浮朴只 1尺釘 15箇		-
19	건원릉	1764	132	84*	-	정:中累里介朴只 2尺頭釘 51箇 中累里介朴只 2尺釘 26箇 배:中累里介朴只 2尺釘 18箇	-	-
20	**원릉**	1776	212		-	中道里乫防浮朴只 1尺7寸釘 18箇	-	正間樓里介朴只 1尺釘 100箇
21	문효세자묘	1786	170		-	中道里乫方浮朴只 1尺釘 15箇	-	-
22	**현륭원**	1789	148(22)	96	-	中道里能防浮朴只 1尺7寸釘 18箇	-	正間樓里介朴只 1尺釘 100箇
23	건릉	1800	140	92	-	道里能防朴只 1尺9寸釘 11箇	長椽累里介9箇 邊板9立	長椽累里介朴只 1尺釘 100箇
24	**건릉**	1821	140	92	-	道里能防朴只 1尺9寸釘 11箇	長椽累里介9箇 邊板9立	長椽累里介朴只 1尺釘 100箇
25	휘경원	1823	140	92	-	道里乫防朴只 1尺9寸釘 11箇	長椽累里介9箇 邊板9立	累里介朴只 1尺釘 100箇
26	연경묘	1830	134	130	-	道里能防朴只 1尺9寸釘 11箇	-	長椽累里介朴只 1尺釘 50箇
27	인릉	1835	134	130	-	道里乫防朴只 1尺9寸頭釘 11箇	椽累里箇10箇次 邊板取用	長椽累里箇朴只 1尺5寸釘 80箇
28	**경릉**	1843	130	108	中心16箇次 扇子大椽6箇 伐去木10箇	道里能防朴只 1尺9寸頭釘 11箇	椽累里介8立次 邊板8立	長椽累里介朴只 1尺5寸釘 100箇
29	수릉	1846	130	108	中心30箇次 貿大椽30箇	中心朴只 1尺5寸釘 180箇	長椽累里介6立次 邊板取用 短椽累里介6立次 邊板取用	長椽累里介朴只 1尺5寸釘 60箇
30	**수릉**	1855	130	108	中心30箇次 貿大椽30箇	中心朴只 1尺釘 180箇	長椽累里介6立次 邊條里取用 短椽累里介6立次 邊板取用	長椽累里介朴只 1尺(5)寸釘 35箇
31	휘경원	1855	130	108	中心30箇次 貿大椽30箇	中心朴只 1尺釘 20箇	長椽累里介6立次 邊条里取用 短椽累里介6立次 邊板取用	長椽累里介朴只 1尺5寸釘 60箇
32	**인릉**	1856	130	108	中心30箇 貿大椽30箇	中心朴只 1尺釘 65箇	長椽累里介6立 短椽累里介6立 中心30箇	長椽累里介朴只 1尺5寸釘 27箇
33	**휘경원**	1864	130	108	中心30箇	中心朴只 1尺釘 134箇	長椽累里介6立 短椽累里介6立	長椽累里介朴只 1尺5寸釘 50箇
34	**예릉**	1864	130	130	中心30箇次 貿大椽30箇	中心朴只 1尺5寸釘 150箇	長椽累里介9立次 邊板取用 短椽累里介6立次 邊板取用	長椽累里箇朴只 1尺5寸釘 36箇

( )는 별연 개수임. *는 정조 건릉에서 단연 수량을 원목 대비 1.5배로 분할하여 산출함에 따라 이 방식을 적용하여 추정한 수량임.

전술하였듯이 지붕 속 부재명은 목부재보다는 박이가 먼저 등장하였다.

누리개 관련 고정못은 『효종영릉산릉도감의궤』(1659)부터 확인되는데, "中道里加叱防浮朴只 1尺5寸 釘 7介"로 표기되어 있다. '加叱防'이 덧방과 같이 덧댄 부재를 뜻하고 '浮'는 떠 있는 것을 의미하므로, 중도리덧방부박이[中道里加叱防浮朴只]는 중도리와 직접 닿지 않고 한 켜 위에 덧댄 부재를 고정하는 못으로 풀이된다. 연정이 보통 9치이므로 중도리덧방부박이 1자 5치 정은 상당히 긴 못에 해당한다. 즉 중도리 위 서까래를 설치하고 장연의 뒤뿌리가 들리지 않도록 누리개를 대고 고정한 것이다. 이 박이명은 장헌세자현륭원원소역(1789)까지 쓰이고 정조건릉산릉역(1800)부터는 도리덧방박이[道里能防朴只]로 단순하게 변한다. 이후 익종수릉산릉역(1846)부터는 중심박이[中心朴只]로 한 번 더 바뀐다.[84] 기능을 설명하는 긴 명칭이 점차 단순화되는 과정을 보면 관영건축에서 누리개의 고정이 일반화 되었음을 추측케 한다.

서까래개판누리개에 대해 살펴보자. 『현종숭릉산릉도감의궤』(1674)에서는 중도리덧방부박이 외에 연개판덧방[椽蓋板加叱防]과 연개판덧방박이[椽蓋板加叱防朴只]가 표기되어 있다. 이는 서까래개판 위에 덧댄 부재와 고정못에 해당한다. 중도리덧방은 우리가 알고 있는 누리개 기능과 일치한다. 하지만 서까래개판덧방은 일반적인 누리개와는 조금 다르다. 이는 서까래개판이 들뜨지 않도록 덧대는 부재로, 서까래 뒤뿌리의 들림을 방지하기보다는 서까래개판을 눌러주는 역할을 한다. 기능상 차이는 있지만 하부 부재를 눌러주는 기능을 하므로 큰 틀에서 누리개에 포함해도 될 듯하다. 연개판덧방박이는 경종의릉산릉역(1724)까지만 사용된다.[85] 그 이유는 그 뒤로 약 70년간 개판을 사용하지 않았기 때문이다. 시간이 지남에 따라 그 기법이 잊힌다거나 다른 기법으로 변경되었을 것으로 보인다.

한편 『영조원릉산릉도감의궤』(1776)와 『장헌세자현륭원원소도감의궤』(1789)에서는 정칸누리개박이[正間樓里介朴只]가 등장하는데, 『정조건릉산릉도감의궤』(1800)의 장연누리개박이와 못의 길이나 수량이 동일하여 같은 못임을 알 수 있다. 영조원릉산릉역부터는 중도리덧방부박이와 정칸누리개박이가 같이 사용되었는데, 이에 대해서는 뒤에서 살펴보도록 한다.

『효현왕후경릉산릉도감의궤』(1843)부터는 중심박이와 부재명으로 중심(中心)이 나타나고, 『익종수릉산릉도감의궤』(1846)부터는 장연누리개(長椽累里介) 외에 단연누리개(短椽累里介)도 등장한다.

정리하면 누리개라는 정식 명칭이 사용된 것은 19세기 초부터이다. 산릉의궤에서는 중도리 위치에 설치하는 누리개와 서까래개판 위치에 설치된 누리개가 동시에 쓰이면서 설치 위치 및 목적에 따라 용어를 달리하였고 시기별로 변화를 거듭하였다.

서까래누리개의 원재

서까래누리개는 정조건릉산릉역(1800)부터 수량과 원재가 확인되는데, 효현왕후경릉산릉역(1843)까지 장연누리개 8~10개를 변판으로 나누어 사용하였다. 익종수릉산릉역(1846)부터는 단연누리개도 설치하였는데 장연누리개와 같이 변판을 사용하였다.

중심(中心)이라는 부재는 효현왕후경릉산릉역(1843)부터 나타난다. 선자대연이나 대연 또는 벌거목(伐去木) 을 원재로 쓴 것을 보면 6치 이상의 직경을 가진 목재를 사용했음을 알 수 있다. 대연 정도 규격을 기본으로, 수량이 모자란 경우에는 벌거목을 사용했던 것으로 짐작된다.

서까래개판누리개는 현종숭릉산릉역(1674)부터 인현왕후명릉산릉역(1702)까지 재목 또는 궁재를 원재로 사용하였다. 비슷한 시기 영건역인 영녕전수개역(1667)에서 재목은 길이 10자, 말원경 1자였고, 종묘수개역(1725)에서 궁재는 길이 11자, 말원경 1.4자였다. 직경 1자 이상의 원재를 나누어 사용하였는데, 연개판덧방박이가 4치이므로 연개판덧방은 2치 정도 두께의 판재였음을 알 수 있다. 경종의릉산릉역(1724)에서는 (연개판)덧방박이감으로 변판(邊板) 50닢을 사용하였다.

서까래누리개 고정기법

서까래누리개 중 중도리덧방은 용어를 달리하며 계속 설치되었지만 연개판덧방과 장연누리개는 설치 시기가 달랐다. 따라서 서까래누리개 고정기법은 연개판덧방이 설치된 18세기 초까지와 설치되지 않은 18세기 중엽부터 19세기 중엽까지, 그리고 장연누리개가 설치되는 19세기 중엽 이후로 구분할 수 있다.

중도리덧방은 『효종영릉산릉도감의궤』(1659)에서 처음으로 확인되는데, 박이만 기록되어 있다. 『효현왕후경릉산릉도감의궤』(1843) 이후 등장하는 목부재 중심(中心)은 6치 이상의 직경을 가진 목재로, 중도리덧방도 이와 유사한 규격으로 추정된다. 고정못은 장헌세자현륭원원소역(1789)까지는 1자~1자 7치 정을 사용하였다. 산릉역에서는 1자 5치~1자 7치 정을 사용하였지만, 원소역이나 묘소역에서는 1자~1자 5치 정을 사용하여 공역별 위계가 나타난다. 1자 5치 정을 쓴 경우, 중도리덧방 두께가 6치, 서까래 직경이 6치, 개판 두께가 1치라고 가정하면, 못은 중도리에 2치 정도 고정된다. 1자 7치 정이면 중도리에 4치 정도 고정된다. 앞서 중도리덧방부박이는 중도리까지 고정한 것으로 설명하였는데, 이를 만족하기 위해서는 중도리덧방이 6치 이하이거나 박이가 1자 7치 정 이상은 되어야 한다. 중도리덧방이 누리개의 효과를 발휘하기 위해서는 목재 직경도 크고 고정못도 긴 것이 유리하다. 따라서 1자 5치 이하의 못은 그 효과가 떨어졌을 것으로 생각된다. 산릉역에서 1자 7치 정(7회)을 1자 5치 정(4회)보다 더 많이 쓴 것을 보면 이를 알 수 있다. 고정못은 대개 15~18개를 사용하였는데, 의궤 기록상 중도리덧방당 2~3개씩 고정한 것으로 산출된다.

태조건원릉정자각중수역(1764)에서는 "中樑里介朴只 2尺 釘"을 사용하였는데, 비슷한 시기 고정못보다 긴 편이다. 고정못 수량을 보면 특이하게 장연만 설치된 배위청에도 고정한 것으로 나타난다. 정전에는 2자 두정 51개, 2자 정 26개, 배위청에는 2자 정 18개로, 총 95개를 사용하였다. 서까래 3개마다 2개씩 고정한 것으로 산출된다. 타 왕릉에 비해 더 긴 못으로 조밀하게 고정하였다. 건원릉이라는 상징성 때문으로 이해된다.

정조건릉산릉역(1800)부터는 도리덧방박이의 명칭 변경과 함께 규격과 수량이 바뀐다. 1자 9치 정 11개를 고정하였는데 효현왕후경릉산릉역(1843)까지 동일한 기법이 이어진다. 전에 비해 더 긴 못을 쓰는 대신 수량은 줄였다. 도리덧방당 2개 정도를 고정한 것으로 보인다. 효현왕후경릉산릉역(1843)의 경우 중심은 16개인데, 고정못은 11개로 수량이 맞지 않는 사례도 확인된다.

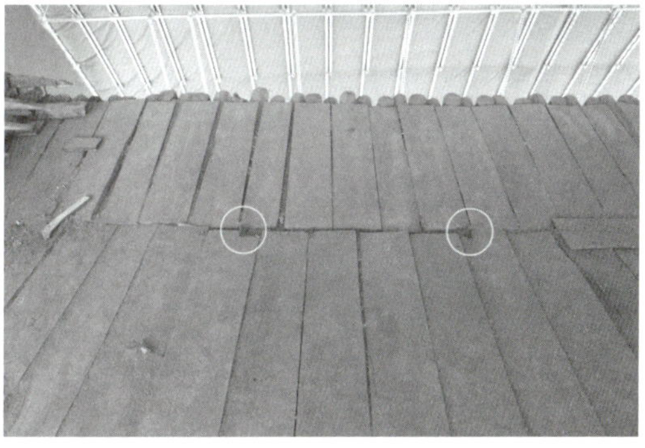
그림 6-56. 정전의 중심박이 [헌릉 정자각, 1903 수리 추정]

익종수릉산릉역(1846)부터는 중심박이로 명칭이 변경되는데, 짧은 못을 쓰는 대신 수량은 대폭 증가했다. 목부재 중심은 30개인데, 중심박이는 1자 5치 정 180개를 사용하였다. 중심당 6개의 못을 고정한 셈이다. 중심은 직경 6치 대연 30개를 사용하였는데, 수량상 정전 정면과 배면 중도리 위치에 각각 3~4열을 배치한 것[88]으로 산출되고, 고정못도 서까래 2~3개당 1개씩 고정한 것으로 산출된다. 즉 서까래누리개의 역할이 대폭 강화되었던 것으로 추측된다. 이는 수빈휘경원천봉원소역(1863)까지 이어지는데, 중심박이 수량은 장연 수량 전체보다 약간 많거나 절반으로 줄어든다.[89]

신정왕후수릉산릉역(1892) 가정자각 조성 시에는 중심 32개에 중심박이 1자 5치 정 100개를 고정하여 정자각에 비해 못 수량은 줄었지만 19세기 말까지 유사한 기법이 이어졌던 것으로 짐작된다.

그런데 정자각 수리 사진 자료를 확인해 보면, 의궤 기록과는 차이를 보인다. 중도리 위치에 설치되는 누리개는 1열로 설치되는 경우가 대부분(그림 6-56, 57, 58)이다. 헌릉 정자각의 경우 중심박이는 서까래 5개당 1개씩 고정하여 의궤 기록상 서까래 2~3개당 1개씩 고정한 것보다 넓은 간격으로 고정되어 있다. 정자각 수리과정에서 변경된 것으로 볼 수도 있지만, 그보다는 산릉역에서 중심과 중심박이 물량을 과다하게 계획했던 것으로 판단된다.

서까래개판누리개의 고정기법을 살펴보자. 18세기 초까지는 연개판덧방과 중도리덧방을 동시에 사용하였다. 연개판덧방은 두께 2치 정도의 판재로 판단된다. 재목당 3~4닢의 판재를 뽑을 수 있는데, 재목이나 궁재 8개를 사용했으므로 연개판덧방은 24~32닢 정도가 생산되었을 것이다. 30닢 안팎의 연개판덧방을 어떻게 배열하였을지 의문이다. 연개판덧방이 기록된 정자각은 모두 8칸 정자각인데, 그중 숭릉 정자각은 팔작지붕이다. 그리고 정전과 배위청의 총 도리 길이는 각각 약 60자, 25자 정도 된다. 맞배지붕일 경우, 정전에만 설치한다면 연개판덧방 길이가 10자 정도인 경우 정전 정면과 배면 길이의 합이 120자이므로 연개판덧방을 도리방향으로 2줄에서 3줄 깐 것으로 볼 수 있고, 배위청까지 설치한다면 170자로 1줄 정도 설치하는 것으로 산출된다. 연개판덧방을 정전과 배위청에 모두 설치했는지는 불분명하다.

구조적인 가능성을 살펴보자. 이 시기에 장연 뒤뿌리는 모두 연두박이로 고정하였다. 이 경우 배위청은 종도리에 양쪽으로 연정을 고정하므로 뒤뿌리가 강력하게 고정되고, 그 위에 설치된 종심과 용마루는 자연스럽게 누리개 역할을 한다. 하지만 정전은 중도리에 연정을 고정하더라도 상부에 중도리덧방을 제외하고는 누리개가 없어 추가적인 누리개 부재가 필요하다. 구조적인 목적이라면 정전에만 설치했을 가능성이 큰데, 연개판덧방의 의미와 못의 길이로 볼 때 누리개보다는 연개판을 눌러준다는 의미가 더 커서 설치 위치를 특정할 수는 없는 상황이다. 일단 명칭 그대로 정전과 배위청 모두 연개판덧방을 설치한 것으로 보고자 한다.

못은 어디에 고정하였는지 살펴보자. 인경왕후익릉산릉역(1680)과 장렬왕후휘릉산릉역(1689)에서는 장연 180개에 연개판덧방박이 4치 정 230개를 사용하였다. 연개판덧방은 판재이므로 위아래 하나씩 고정하는 것이 적합하다. 이 경우 장연 2개 간격으로 위아래로 고정한 것으로 산출된다. 단종장릉산릉역에서는 장연 100개에 연개판덧방박이를 200개 사용하여 장연마다 연개판덧방을 고정한 것으로 산출된다. 경종의릉산릉역(1724)에서는 변판 50닢을 사용하였는데, 연개판덧방박이는 1

치 정 18개를 사용하였다. 고정못의 길이와 수량이 이전과 달라지는데 오기로 짐작된다.

이후 장헌세자현륭원원소역(1789)까지는 서까래개판을 설치하지 않아 서까래개판누리개는 필요하지 않았다. 한편 개판을 사용하지 않은 시기인 영조원릉산릉역(1776)부터는 정칸누리개박이가 등장한다. 정칸누리개박이는 뒤에 등장하는 장연누리개박이와 같은 못이다. 아마도 약 50년 간 서까래개판누리개를 설치하지 않으면서 지붕구조에 문제가 생겼을 가능성이 있다. 따라서 이를 보완하기 위해 새롭게 정칸누리개가 등장한 것으로 판단된다. 이때부터 수빈휘경원원소역(1823)까지는 고정기법이 비슷했다. 정조건릉산릉역(1800)을 예로 살펴보면, 장연누리개 변판 9닢을 1자 정 100개로 고정하였다. 누리개박이로 1자 정이라면 장연누리개의 두께는 5치 이상이었을 것이다. 서까래 직경이 대개 6치이므로 장연누리개가 너무 얇으면 서까래를 뚫고 못이 돌출되기 때문이다. 장연누리개는 변판 이지만 두꺼운 편으로 누리개로서의 역할을 충분히 수행했을 것으로 보인다.

장연누리개가 정전에만 사용된 것인지, 배위청에도 사용한 것인지 검토해보자. 익종수릉산릉역(1843)부터는 장연누리개로 변판 6닢을 사용하므로 함께 살펴보도록 한다. 정조 건릉과 익종 수릉은 정자각 규모가 동일하다. 정전과 배위청의 도리 방향 총 길이는 약 140자이다. 140자를 변판 9개 또는 6개로 나누면, 변판 길이는 각각 15.6자, 23.3자로 산출된다. 정전만 누리개를 설치한 경우 변판 길이는 각각 9.8자, 14.7자로 산출된다. 길이 23.3자의 원재는 부등목에 해당하고, 14.7자, 15.6자는 누주, 9.8자는 궁재 이하 원재에 해당된다. 부등목은 기둥, 보 등에, 누주는 창방, 도리 또는 수장재에 쓰이며, 궁재 이하는 다양한 부재에 사용된다. 변판을 어느 원재로 사용하였는지가 문제인데, 부등목은 아닐 것이다. 부등목은 대형 가구 부재로 소요 길이에 맞춰 양끝을 톱으로 절단하고, 나머지 소요 단면은 대자귀로 초련한 후, 손자귀로 재련하고 필요한 경우 대패로 정련하지만, 수장재는 반듯해야 하므로 톱으로 켜서 사용한다. 그러므로 변판은 수장재로 쓰는 누주에서 생산되었을 가능성이 크다. 누주 길이가 13~15자 정도이고 직경도 1.3~1.5자 정도이므로 수장재 등을 켜고 남은 부분을 변판으로 사용하였을 것이다. 변판 9개를 깔았을 경우는 정전과 배위청에 모두 설치한 경우이고, 6개를 깔았을 경우는 정전에만 설치하였을 것으로 생각된다. 부연누리개 고정기법에서 설명하겠지만 장연누리개의 설치 위치는 정자각 전체에서 정전으로만 범위가 축소된다. 19세기 중엽에는 배위청 서까래 상부 적심을 철물로 고정함에 따라 적심이 장연누리개 역할을 대체하였을 것으로 보인다. 장연누리개 9개 설치 시 1자 정 100개로 산출된다. 변판 위아래에 하나씩 고정할 경우 50곳에 고정한 것인데, 장연이 140개이므로 결국 서까래 3개마다 고정한 것으로 볼 수 있다.

그런데 수릉 정자각 지붕부의 장연누리개는 지금까지의 복잡한 분석 결과와는 뚜렷한 차이를 보인다. 〈그림 6-57〉을 보면 변판 두께는 5~6치 정도이고, 박이는 서까래 7개당 하나씩, 변판 위아래가 아닌 1열로 고정되어 있고, 못의 노출 높이를 고려하면 변판 두께는 5~7치 정도를 추정된다. 사례가 제한적이지만 의궤상 장연누리개박이의 규격과 수량은 과다하게 계획되었을 가능성이 크다.

그림 6-57. 정전 중심과 장연누리개박이, 연목 7개당 고정 [수릉 정자각, 1855]

순조인릉산릉역(1835)과 효현왕후경릉산릉역(1843)에서는 1자 5치 정을 사용하였다. 서까래 직경은 6치, 개판 두께는 1치 정도, 목부재에 5치 정도 깊이로 고정된다고 가정하면, 1자 정도 두께의 큰 누리개가 필요하다. 5치 두께의 변판을 2겹으로 깔았는지 1자 두께의 목재를 설치했는지는 불분명하다.

익종수릉산릉역(1846)부터는 장연누리개 외에 단연누리개를 사용하였는데, 단연누리개박이는 보이지 않는다. 단연누리개박이가 장연누리개박이에 포함된 것인지 기록상 누락된 것인지 명확하지 않다. 철종예릉산릉역(1864)을 제외하고 수빈휘경원천봉원소역(1863)까지 장연누리개, 단연누리개 모두 변판 6닢씩 사용하였다.

장연누리개 고정을 살펴보자. 장연누리개 6닢에 1자 5치 정의 장연누리개박이를 27~60개 고정하였다. 전보다 긴 못을 쓰는 대신 수량은 1/3~1/2로 줄어든다. 정전은 장연이 108개, 박이가 60개이다. 변판을 위아래로 고정했다면 서까래 4개마다 고정하였을 것이다. 신정왕후수릉 산릉역(1892) 가정자각도 1자 5치 정의 장연누리개박이를 60개 사용한 것으로 보아 19세기 말까지 동일한 기법이 이어진 것으로 보인다.

해체 중(좌측 단연누리개 일부 확인)

해체 후, 단연누리개, 연목 7개당 고정

그림 6-58. 중심, 단연누리개[융릉 정자각, 1789 이후 수리 추정]

융릉(현륭원)의 수리 사진을 보면 단연누리개 고정기법을 확인할 수 있다.(그림 6-58) 융릉 정자각은 1789년에 건립하였지만 19세기 후반에 수리되었을 것으로 추정되는데,[95] 다소 두꺼운 변판 1장을 깔고 서까래 7개 간격으로 1개씩 박이를 고정하였다.

지금까지 서까래누리개 고정기법에 대해 살펴보았는데 분석과정이 복잡하므로 요약해 보도록 한다. 의궤 기록상 서까래누리개는 중도리 위에 덧대는 중도리덧방과 서까래개판 위에 설치하는 연개판덧방을 함께 고정하여 서까래가 들리는 것을 안정적으로 제어하였다. 중도리덧방은 19세기 들어서 도리덧방으로, 19세기 후반 무렵에는 중심으로 명칭이 축약된다. 의궤 기록상 18세기 말까지 중도리덧방은 6치 이상의 두께를 갖춘 부재로 산릉역의 경우 1자 7치 정을 주로 사용하였고, 중도리덧방당 2~3개를 고정한 것으로 산출된다. 19세기 초 도리덧방은 1자 9치 정으로 전보다 못 길이가 길어지고 도리덧방당 2개씩 고정한 것으로 나타난다. 19세기 후반 무렵 중심은 중도리에 3~4열로 배치하여 누리개 량이 대폭 증가하는데, 못은 1자 5치 정으로 줄지만 중심당 6개씩 고정하여 전에 비해 누리개 역할을 강화한 것으로 분석된다. 그렇지만 현존 정자각 수리 사진자료에서 누리개는 대체로 1열로 배치되어 있고, 못 간격도 의궤보다 넓어 의궤 수량은 과다하게 계획된 물량임을 알 수 있다. 의궤 기록상 서까래개판누리개는 18세기 초까지는 연개판덧방으로 18세기 후반에는 정칸누리개로, 19세기에 들어서는 장연누리개로 명칭이 변경되고, 19세기 후반에는 장연누리개, 단연누리개로 분화된다. 18세기 초까지 사용된 연개판덧방은 변판으로 장연의 주심도리와 중도리 중간에 배위청까지 설치하였는데, 4치 정으로 서까래 2개당 변판 위아래를 고정한 것으로 추정된다. 18세기 후반의 정칸누리개와 19세기 전반 장연누리개는 고정기법이 동일하다. 장연누리개는 4치 두께의 변판을 사용하였고, 서까래 3개마다 변판 위아래를 1자 정으로 고정한 것으로 분석된다. 19세기 후반 장연누리개, 단연누리개로 분화되면서 고정기법도 변화된다. 전보다 길어진 1자 5치 정을 사용하여 이 시기에는 1자 두께 정도의 누리개를 서까래 4개마다 변판 위아래로 고정한 것으로 추정되는데, 중심과 마찬가지로 과다한 계획 물량으로 판단된다.

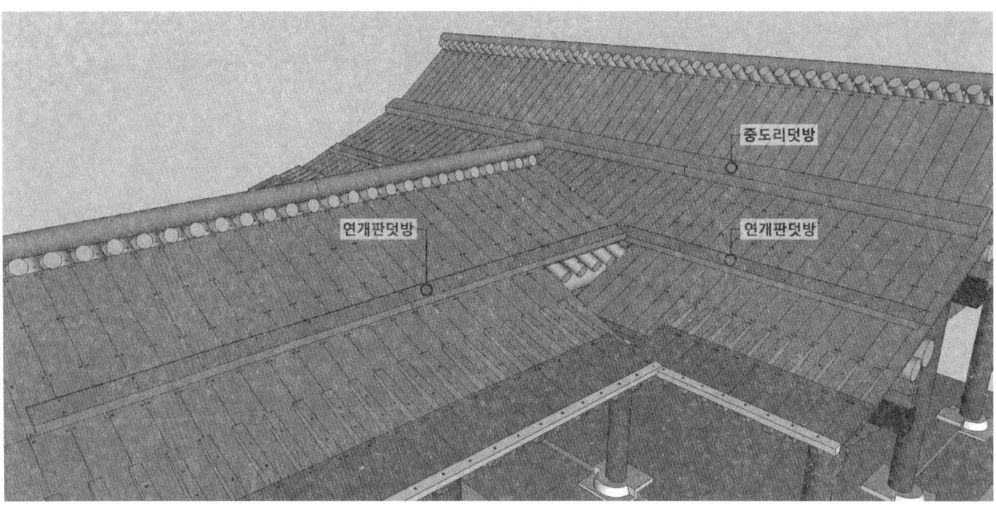

그림 6-59. 17~18세기 전반 서까래누리개 고정

이와 같이 서까래누리개는 산릉의궤상에는 많은 물량을 계획하였지만 실제로는 절반 이하의 물량만 투입된 것으로 판단된다. 따라서 다음에 제시되는 추정도는 실제기법이기보다는 계획기법으로 이해하면 좋을 듯하다. 그럼에도 의궤에서 보이는 기법을 보면 조선 후기 관영건축공사에는 서까래 상부를 강력하게 고정하기 위한 중요 구조 부재로서 누리개를 인식하였고, 이는 현재의 누리개에 대한 상식과는 분명 차이가 있다. 이에 대해서는 추후 연구가 진행되어야 할 것이다.

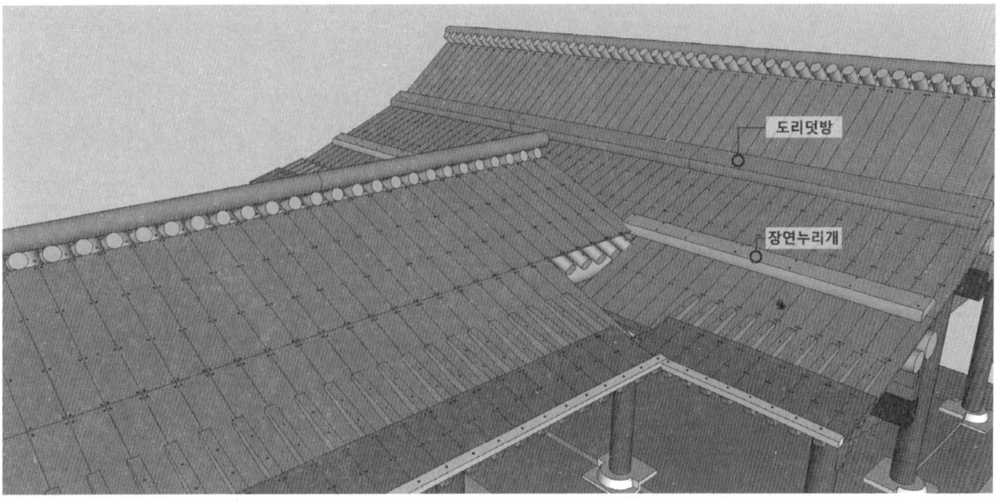

그림 6-60. 19세기 전반 서까래누리개 고정

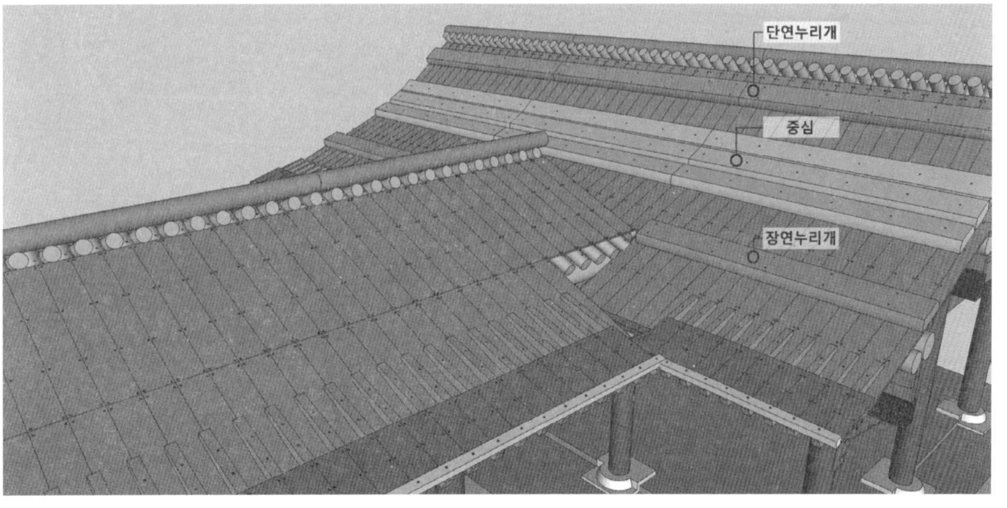

그림 6-61. 19세기 후반 서까래누리개 고정

정당의 서까래누리개 고정기법

『문희묘영건청등록』과 『현사궁별묘영건도감의궤』에는 집거연과 마찬가지로 서까래누리개 기록은 보이지 않는다. 의소묘와 수은묘 정당에서는 서까래누리개를 중동누리개(中同累里介)로 표기하고 장변판 6닢을 사용하였다. 중동누리개는 산릉역의 중도리덧방과 같은 부재이다. 중동누리개박이[中同累里介朴只]는 『수은묘영건청의궤』에만 기록되는데 1자 5치 정 12개를 사용하였다. 변판이 6닢이므로 누리개당 2개씩 고정한 셈이다. 누리개당 못 수량은 유사한데, 묘소역인 의소세손묘소역, 사도세자묘소역 및 문효세자묘소역에서 1자 정의 중도리덧방부박이를 사용한 것과는 차이를 보인다.

서까래누리개로 판단되는 부재로 부아지(浮阿只)가 있다. 이 부재는 산릉의궤에는 등장하지 않는다. 기술 순서를 보자. 『의소묘영건청의궤』에서는 "付椽累里介, 木只累里介, 浮阿只, 中同累里介, 朴工" 순으로 기술되는데, 부아지가 목기연누리개와 중동누리개 사이에 위치한다. 고정못은 "付椽累里介朴只, 木只累里介朴只, 浮阿只朴只, 木只舥方朴只" 순으로 목기누리개박이와 목기덧방박이 사이에 기술되어 목기연누리개와 관련된 부재임을 알 수 있다. 『수은묘영건청의궤』에서도 기술 순서가 동일하다. 부아지는 철물 기술 순서로만 보면 목기연누리개와 관련된 부재로 보이는데, 의소묘와 수은묘의 경우 목기연누리개 외에 목기덧방까지 있어 별도 부재는 필요하지 않다. 따라서 목기연누리개와 관련 부재로 보는 것은 무리가 있다. 목부재의 기술 순서를 보면 부아지 다음에 서까래누리개에 해당하는 중동누리개 앞에 위치하여, 기술 순서대로 시공하면 부연누리개를 설치한 다음, 목기연누리개를 설치하고, 이후 부아지, 중동누리개를 차례로 설치한 것으로 해석된다. 즉 목기연누리개보다는 서까래누리개와 관련성이 큰 것으로 추정된다. 부아지박이[浮阿只朴只]는 1자 3치 정 16개를 고정하였다. 이는 정자각에서 19세기의 장연누리개가 정식으로 등장하기 이전 영조원릉산릉역(1776)과 장헌세자현륭원원소역(1789)에서 사용된 정칸누리개박이와 유사하다. 18세기 후반 무렵 정당의 부아지는 누리개당 3개 정도를 고정한 것으로 보인다. 정자각의 장연누리개기법이 등장하기 이전 기법으로 추정된다.

표 6-42. 정당의 서까래누리개와 서까래누리개박이

No.	묘호	시기	서까래누리개	서까래누리개박이
1	의소묘	1752	中同累里介次 長邊板6立 浮阿只次 長邊板6立	浮阿只朴只 1尺3寸丁 16箇
2	수은묘	1764	中同累里介次 長邊板6立 浮阿只次 長邊板6立	中同累里介朴只 1尺5寸釘 12介 浮阿只朴只 1尺3寸釘 16介
3	문희묘	1790	-	-
4	경우궁	1824	-	-

부연누리개

용어 정리

부연누리개는 부연의 처짐 방지를 위해 부연 뒤뿌리에 설치하는 부재이다. 산릉의궤에서 부연누리개의 명칭은 『정조건릉산릉도감의궤』(1800)에서 "부연누리개(浮椽累里介), 부연누리개박이[浮椽累里介朴只]"로 처음 등장한다. 부연누리개는 늦게 등장하지만, 고정못은 『현종숭릉산릉도감의궤』(1674)부터 꾸준히 누리개박이[樓里介朴只, 樓里箇朴只]라는 명칭이 표기되어 왔다. 여기서 누리개박이가 부연누리개박이인지 서까래누리개박이인지 의궤 기술 순서를 통해 살펴보도록 하자. 『현종숭릉산릉도감의궤』에서는 "付椽項朴只, (付椽)尾朴只" 다음에 '(付椽)樓里介朴只'가 기술되어 있고, 『영조원릉산릉도감의궤』에서는 "付椽項朴只, (付椽)尾朴只, 中道里乻防浮朴只" 다음에 '樓里介朴只'가 기록되어 있고, '隅只樓里介朴只' 다음에 '正間樓里介朴只'가 기술되어 있다. 즉 누리개박이가 부연누리개박이를 지칭함을 알 수 있다.

『효종영릉산릉도감의궤』(1659)에서는 누리개박이라는 명칭과 달리 부연부박이[(付椽)浮朴只]라고 표기되어 있다. 기술 순서를 보면 "付椽項朴只, (付椽)尾朴只" 다음에 '(付椽)浮朴只'가 표기되어 부연 관련 부재임을 알 수 있다. 못의 길이나 수량이 이후 부연누리개박이와 유사하여 부연부박이가 부연누리개박이임을 알 수 있다. 명칭상 서까래누리개인 중도리덧방부박이와 유사한데, (부연)부박이가 누리개박이로 명칭이 변경된 것은 그 기능이 누리개로서 명확하고, 당시에는 서까래누리개라는 명칭을 사용하지 않아 굳이 부연누리개박이로 용어를 구분할 필요가 없었기 때문이다. 장연누리개가 등장하는 이전 영조원릉산릉역 이후 정칸누리개라는 명칭이 사용되면서 부연누리개를 지칭하는 누리개와 구분하기 시작하였고, 정조건릉산릉역부터는 장연누리개, 부연누리개로 구분하여 사용 위치에 따라 부재명을 명확히 한 것이다.

누리개박이라는 용어가 일찍 정립된 것에 반해 목부재인 부연누리개(浮椽累里介)는 『정조건릉산릉도감의궤』(1800)에 처음 등장한다. 그 이전에는 『경혜인빈상시봉원도감의궤』(1755)와 『태조건원릉정자각중수도

표 6-43. 정자각의 부연누리개 및 부연누리개박이

No.	능호	시기	부연	부연누리개	부연누리개박이
1	**목릉**	1630	-	-	-
2	소현세자묘	1645	-	-	-
3	영릉	1659	192#	-	(付椽)浮朴只 1尺頭釘 57介
4	**숭릉**	1674	280#	-	樓里介朴只 9寸頭釘 70箇
5	**익릉**	1680	180	-	樓里箇朴只 9寸頭釘 45箇
6	휘릉	1689	180	-	樓里箇朴只 9寸頭釘 45箇
7	**사릉**	1699	-	-	-
8	**장릉**	1699	-	-	-
9	명릉	1702	180	-	樓里箇朴只 9寸頭釘 45箇
10	단의빈묘	1718	108	飽朴只次 宮材4條	樓里箇朴只 9寸頭釘 24箇
11	민회빈묘	1719	-	-	-
12	**의릉**	1725	145@	-	樓里箇朴只 9寸頭釘 54箇
13	**온릉**	1739	-	-	樓里介朴只 4寸丁 83介
14	의소세손묘	1752	100@	-	樓里箇朴只 1尺頭釘 24箇
15	**소령원**	1753	104@	-	樓里介朴只 1尺頭釘 36箇
16	**순강원**	1755	104@	樓里介次 邊板頭折木 劈鍊片木	樓里介朴只 1尺釘 36介
17	**홍릉**	1757	-	-	樓里介朴只 9寸頭釘 45介
18	사도세자묘	1762	132@		樓里介朴只 1尺頭釘 24箇
19	건원릉	1764	132@	累里介次 薄松板40立 松板22立	정:累里介朴只 1尺5寸頭釘 26箇 배:累里介朴只 1尺5寸頭釘 18箇
20	**원릉**	1776	-	-	樓里介朴只 9寸頭釘 50箇
21	문효세자묘	1786	124	-	樓里介朴只 1尺頭釘 24箇
22	**현륭원**	1789	126	-	樓里介朴只 9寸頭釘 50箇
23	건릉	1800	140	浮椽累里介9箇 邊板9立	浮椽累里介朴只 1尺釘 100箇
24	**건릉**	1821	140	浮椽累里介9箇 邊板9立	浮椽累里介朴只 1尺釘 100箇
25	휘경원	1823	140	婦椽累里介9箇 邊板9立	婦椽累里介朴只 1尺釘 100箇
26	연경묘	1830	134	婦椽累里介 9邊板取用	婦椽累里介朴只 1尺釘 50箇
27	인릉	1835	134	婦椽累里箇10箇次 邊板取用	婦椽累里箇朴只 1尺釘 60箇 營建用餘
28	**경릉**	1843	128	婦椽累里介10箇次 邊板10立	婦椽累里介朴只 1尺釘 80箇
29	수릉	1846	130	婦椽累里介10箇次 邊板取用	婦椽累里介朴只 1尺釘 60箇
30	**수릉**	1855	130	婦椽累里介10箇次邊板取用	婦椽累里介朴只 1尺釘 35箇
31	휘경원	1855	130	婦椽累里介10箇 邊板取用	婦椽累里介朴只 1尺釘 60箇
32	**인릉**	1856	130	-	婦椽累里介朴只 1尺釘 27箇
33	**휘경원**	1864	130	(婦椽)累里介板50立	婦椽累里介朴只 1尺釘 60箇
34	**예릉**	1864	130	(婦椽)累里介9立次 邊板取用	婦椽累里介朴只 1尺釘 36箇

#은 선자부연 포함 개수임. @는 부연 수량이 기록되지 않아 서까래 수량을 대입한 것임.

감의궤』(1764)에 누리개(累里介)라는 명칭이 두 차례 등장한다. 그 전에는 『단의빈묘소감의궤』(1718)에 덧박이[韶朴只]라는 부연누리개로 보이는 명칭이 기록되어 있다. 의궤에서 "구로대, 부연, 덧박이, 박공" 순으로 기술되어 부연누리개로 추정되지만 한 차례밖에 등장하지 않아 불명확하다. 박이명에 비해 부연누리개라는 목부재명은 뒤늦게 등장하였다. 이는 18세기 말까지 부연누리개를 정식 부재로 보지 않고 다른 부재를 생산하고 남은 부재를 재활용했기 때문으로 이해된다. 하지만 『정조건릉산릉도감의궤』부터는 좀 더 정교하게 세부 부재를 구분하면서, 부연누리개 역시 기록되었던 것으로 짐작된다.

부연누리개의 원재

인빈상시봉원역(1755)에서는 변판, 두절목, 벽련편목(劈鍊片木)을 사용하였다. 태조건원릉정자각중수역(1764)에서는 박송판(薄松板) 40닢, 송판(松板) 22닢을 사용하였다. 정조건릉산릉역(1800)부터는 변판을 원재로 대부분 9~10닢을 사용하였다. 수빈휘경원천봉원소역(1863)에서는 누리개판 50닢을 사용하였는데, 일반적인 변판과는 길이가 다른 판재였을 것으로 생각된다. 부연누리개도 서까래누리개와 마찬가지로 변판을 원재로 사용하였다.

부연누리개 고정기법

정자각 수리 사진을 보면 부연 뒤뿌리에 판재로 된 부연누리개가 도리 방향으로 고정되어 있다.(그림 6-62) 부연누리개 두께는 부연개판보다 약간 두꺼운 정도로 1치 5푼이나 2치 정도로 보인다. 부연누리개는 정조건릉산릉역부터 변판 9닢 또는 10닢을 사용했다. 서까래누리개 고정기법에서 설명했듯이 누리개 9닢을 설치한 경우는 약 15자 길이의 누주를 원재로 사용했을 것으로 추정된다. 정전과 배위청이 만나는 부위에서 부연은 수량이 줄어들지만, 의궤에서는 장연누리개와 동일 물량으로 기록되어 있다. 부연누리개는 위에는 얇은 보토가 깔리므로 부연누리개 또한 얇은 판재로 설치해야된다. 즉 의궤 기록이 뚜렷하지 않은

18세기까지의 부연누리개 역시 판재가 사용되었을 것으로 보인다.

수릉 정자각(1855)

융릉 정자각(1789 이후 수리 추정)

그림 6-62. 부연누리개

부연누리개 고정기법은 정조건릉산릉역(1800)을 전후로 바뀐다. 정조건릉산릉역 전에는 9치 두정을 주로 사용하였는데, 일부 1자 두정을 사용하기도 하였다. 부연누리개 두께를 2치 정도로 가정하면 부연에는 3치, 서까래에는 4~5치 정도 물린다. 못 수량은 산릉역, 원소역, 묘소역 간 차이가 있다. 산릉역은 50개 내외, 원소역은 36~50개, 묘소역은 24개를 고정하였다. 산릉 정자각은 5칸, 8칸 규모에 상관없이 비슷한 수량으로 기재되어 있다. 부연 수량을 알 수 있는 것 중 8칸 정자각과 5칸 정자각을 각각 인현왕후명릉산릉역(1702)과 장헌세자현륭원원소역(1789)을 예로 들어 살펴보자. 인현왕후명릉산릉역의 경우 부연은 180개이고, 부연누리개박이는 45개이다. 부연누리개박이를 변판에 위아래로 고정할 경우 부연 8개마다, 변판에 하나씩 고정할 경우에는 부연 4개마다 고정한 것으로 산출된다. 장헌세자현륭원원소역의 경우 부연은 126개, 박이는 50개이다. 변판 위아래에 고정 시 부연 5개마다, 변판 가운데 1열로 고정 시에는

그림 6-63. 부연누리개박이[융릉 정자각, 1789 이후 수리 추정]

부연 2.5개마다 고정한 것으로 산출된다. 융릉(현륭원) 정자각 수리 사진을 보면 부연누리개박이는 1열로 고정한 것으로 보이는데, 설치 간격은 확인되지 않는다.(그림 6-63)

정조건릉산릉역(1800)부터는 1자 정으로 고정하는데, 못 수량은 차이가 있다. 정조건릉산릉역과 수빈휘경원원소역(1823)은 부연 140개에 부연누리개박이 100개를 계획하였다. 부연 위아래 고정 시 서까래 3개마다, 하나씩 고정 시에는 서까래 1.5개마다 고정한 것으로 산출된다. 이전보다 부연누리개 고정이 강화된 것이다. 순조인릉산릉역(1830)부터는 못 수량이 줄어 대체로 60개 정도를 사용하였다. 부연 수량은 130개이다. 변판 위아래에 고정 시 부연 4개마다, 1개씩 고정 시는 부연 2개마다 고정한 것으로 산출된다. 전보다 부연 고정 간격이 줄어들었다. 순조인릉천봉산릉역(1856)과 철종예릉산릉역(1864)에서는 박이가 각각 27개, 36개로 줄어드는데 예외적인 경우로 생각된다.

이처럼 부연누리개 고정은 정조건릉산릉역(1800)을 기점으로 대폭 강화되다가, 이후 고정 간격은 늘어나지만 전보다는 좁게 대략 부연 2~3개마다 고정한 것으로 산출된다. 하지만 전술한 서까래누리개의 실제 고정간격이 의궤보다 2배 이상이었음을 상기하면 부연누리개도 실제로

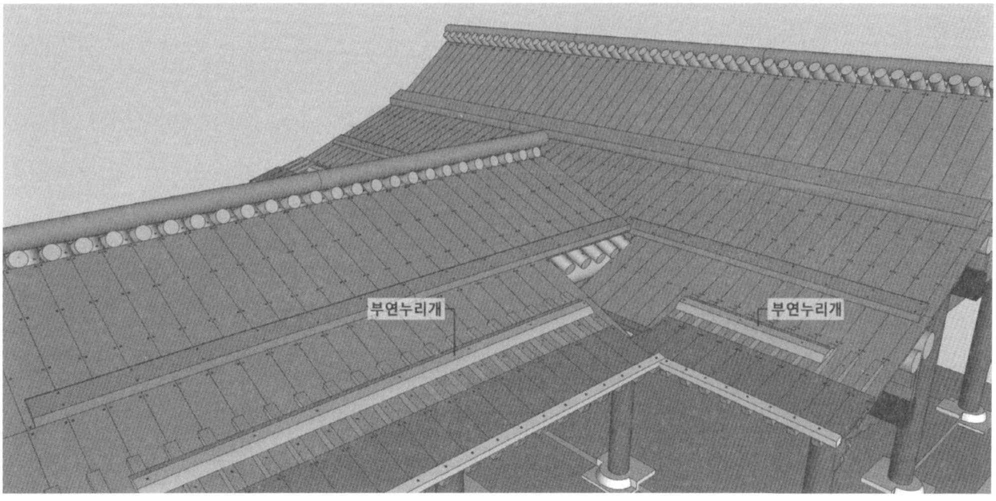

그림 6-64. 조선 후기 부연누리개 고정

는 서까래 4~6개당 1개씩 고정하였을 것으로 추정된다.

정당의 부연누리개 고정기법

정당의 경우 1자~1자 5치 정의 부연누리개박이를 사용하였는데, 시기가 내려올수록 설치 간격이 넓어진다. 의소묘는 부연 2개당 1개씩, 수은묘는 3개당 1개씩, 문희묘는 4.5개당 1개씩, 경우궁은 4개당 1개씩 고정한 것으로 정자각은 정당보다 작은 대개 1자 정을 사용하였지만, 18세기 후반에는 부연 2.5개당 1개씩, 19세기 전반에는 부연 1.5개당 1개씩 조밀하게 고정한 것으로 산출된다.

정당과 정자각 간 못 길이와 설치 간격은 차이를 보이지만, 못 길이에 따라 설치 간격을 조정한 점은 유사하다.

표 6-44. 정당의 부연누리개와 부연누리개박이

No.	묘호	시기	부연	부연누리개	부연누리개박이
1	의소묘	1752	62	付椽累里介次 長邊板6立	付椽累里介朴只 1尺3寸丁 30箇
2	수은묘	1764	60	付椽纍里介次 長邊板6立	付椽累里介朴只 1尺釘 20介
3	문희묘	1790	70	累里介次 邊板6立	朴只 1尺5寸釘 16介
4	경우궁	1824	72	累里介次 邊板6立	朴只 1尺5寸釘 18箇

목기연누리개

용어 정리

산릉의궤에서 목기연누리개는 『정조건릉산릉도감의궤』(1800)부터 등장한다. 장연누리개, 부연누리개의 등장 시기와 동일하다. 고정못은 『영조원릉산릉도감의궤』(1776)에서 우기누리개박이[隅只樓里介朴只]로 표기되면서 등장한다. 그 이전 시기에는 목기연누리개, 목기연누리개박이에 대한 기록은 보이지 않으며 명칭도 다르고 연속성도 떨어진다. 『정순왕후사릉봉릉도감의궤』(1699)에는 "加叱防朴只 6寸頭釘 22箇"로 표기되어 있는데, 우기목박이, 미박이, 덧방박이 순으로 기술되어 있다. 『민회빈봉묘도감의궤』(1719)에는 "隅只能防朴只 6寸頭釘 22箇"로 표기되어 있는데, 사릉봉릉역(1699)과 고정못 길이 및 수량이 동일하여 덧방박이와 우기덧방박이가 동일한 못임을 알 수 있다. 한편 『단경왕후온릉봉릉도감의궤』(1739)에서는 목기연누리개가 가박이[加朴只]로 표기한 바 있는데, 서까래누리개인 중도리덧방부박이와 표기 방식이 유사하여 누리개를 표기한 것으로 짐작된다. 이러한 명칭과는 달리 『태조건원릉정자각중수도감의궤』(1764)에서는 산릉의궤에서는 목기통박이[木只桶朴只]이라는 다소 생소한 박이명이 등장하기도 하였다.

이처럼 『정조건릉산릉도감의궤』(1800) 전 목기연누리개가 산발적으로 등장하는 것은 목재, 고정못 모두 소량이어서 정식으로 계획하지 않고 공사 중 남은 목재와 철물을 활용하였기 때문인 것으로 추측된다. 다른 부재명과 같이 정조건릉산릉역부터는 세밀한 공사 진행을 위해 목기연누리개와 고정못도 기술하였던 것으로 짐작된다.

목기연누리개의 고정기법

목기연누리개도 다른 누리개처럼 변판을 원재로 사용하였다. 변판 기록은 정조건릉산릉역(1800)부터 확인되지만, 그 전에도 사용했을 것으로 추측된다. 목기연누리개는 변판 6닢 또는 12닢을 사용하였다. 19세기 초에는 6닢, 중엽 이후는 12닢을 사용하였다. 6닢은 지붕면 단부에 하나씩, 12닢은 2개씩 사용한 경우에 해당한다.

목기연누리개는 17세기 말부터 18세기 초까지는 6치 두정 22개로 고정하였다. 6치 두정은 변판 두께 2치, 목기연 뒤뿌리 두께가 2~3치라면 집거연 또는 목기연 받침목에는 1~2치밖에 물리지 않아 고정력은 떨어졌을 것으로 생각된다. 이 시기에 목기연 수량은 기록되어 있지 않다. 현존 사릉 정자각을 예로 들어보자. 목기연은 47개이다. 변판 좌우로 각각 고정한 경우에는 목기연 4개마다, 하나씩 고정하면 목기연 2개마다 고정한 것으로 산출된다. 목기연누리개의 고정 간격은 적당하지만, 고정못이 짧아 누리개로서 역할을 충분히 했을지 의문이다.

태조건원릉정자각중수역(1764)부터는 1자 정을 사용하였는데, 못 수량은 차이가 있다. 건원릉은 69개의 못을 사용하였는데, 영조원릉산릉역에서는 7개를 사용하였다. 두 공역 모두 일반적인 예와는 차이가 있다.

정조건릉산릉역(1800)부터는 24개의 못을 사용하다가 익종수릉산릉역(1846)부터 36개로 늘어난다. 이는 목기연 수량 증가와 관련 있다. 정조건릉산릉역부터 순조인릉산릉역까지는 약 90개의 목기연을 사용하였다. 목기연누리개 설치 간격은 변판 좌우에 각각 고정한 경우는 목기연 7.5개마다, 하나씩 고정하면 3.75개마다 고정한 것으로 산출된다. 익종수릉산릉역(1846)부터 목기연누리개박이가 36개로 늘어나는데 목기

표 6-45. 정자각의 목기연누리개 및 목기연누리개박이

No.	능호	시기	목기연	목기연 (현 정자각)	목기연누리개	목기연누리개박이
1	**목릉**	1630	-		-	-
2	소현세자묘	1645	90		-	-
3	영릉	1659	30		-	-
4	**숭릉**	1674	39	47	-	-
5	**익릉**	1680	116	61	-	-
6	휘릉	1689	116	113	-	-
7	**사릉**	1699	-	47	-	加叱防朴只 6寸頭釘 22箇
8	**장릉**	1699	-	45	-	-
9	명릉	1702	116		-	-
10	단의빈묘	1718	60		-	-
11	민회빈묘	1719	-		-	隅只舵防朴只 6寸頭釘 22箇
12	**의릉**	1725	11	71	-	-
13	**온릉**	1739	-	57	加朴只次 宮材3條	舵防朴只 6寸頭丁 22箇
14	의소세손묘	1752	-		-	-
15	**소령원**	1753	-	65	-	-
16	**순강원**	1755	-	65	樓里介次 邊板 頭折木 劈鍊片木	-
17	**홍릉**	1757	-	75	-	-
18	사도세자묘	1762	-		-	-
19	건원릉	1764	-	89	-	정:木只桶朴只 1尺釘 50箇 배:木只桶朴只 1尺釘 19箇
20	**원릉**	1776	-	71	-	隅只樓里介朴只 1尺釘 7箇
21	문효세자묘	1786	-		-	-
22	**현륭원**	1789	-	89	-	-
23	건릉	1800	87	95	木只椽累里介6箇 邊板6立	木只椽累里介朴只 1尺釘 24箇
24	**건릉**	1821	-		木只椽累里介6箇 邊板6立	木只椽累里介朴只 1尺釘 24箇
25	휘경원	1823	87		木只椽累里介6箇 邊板6立	(木只椽)累里介朴只 1尺釘 24箇
26	연경묘	1830	96		木只椽累里介6 邊板取用	木只椽累里介朴只 1尺釘 20箇
27	인릉	1835	96		-	(木只椽)累里箇朴只 1尺釘 24箇
28	**경릉**	1843	120	87	(木只椽)累里介12立次 邊板12立	(木只椽)累里介朴只 7寸頭釘 24箇
29	수릉	1846	120		(木只椽)累里介12立次 邊板取用	木只椽累里介朴只 1尺釘 36箇
30	**수릉**	1855	120	101	(木只椽)累里介12立次 邊條里取用	木只椽累里介朴只 1尺釘 36箇
31	휘경원	1855	120		(木只椽)累里介12立 邊板取用	木只椽累里介朴只 1尺釘 36箇
32	**인릉**	1856	120	101	(木只椽)累里介12立	木只椽累里介朴只 1尺釘 30箇
33	**휘경원**	1864	120	91	(木只椽)累里介12立	木只椽累里介朴只 1尺釘 36箇
34	**예릉**	1864	120	93	-	木只椽累里介朴只 1尺釘 36箇

연은 의궤기록상 120개로, 변판 좌우에 각각 고정한 경우에는 목기연 6.7개마다, 하나씩 고정하면 3.3개로 산출되어 전보다는 설치 간격이 약간 줄어든다. 18세기와 비교하면 목기연누리개의 설치 간격은 넓어지지만, 고정못이 길어 집거연나 목기연 받침목에 더 깊게 박혀 누리개 역할을 제대로 수행했을 것으로 판단된다. 〈그림 6-65〉를 보면 수릉 정자각은 목기연 4개마다 목기연누리개박이를 1개씩 고정하였음을 알 수 있다.

수릉 정자각(1855)

휘릉 정자각(1895 중건)

그림 6-65. 목기연누리개

그림 6-66. 조선 후기 목기연누리개 고정

정리하면 18세기 말까지 목기연누리개는 정식 부재로 인정받지 못하다가 19세기에 들어서 목기연누리개와 목기연누리개박이로 정식 명칭을 부여받는다. 18세기 초까지는 6치 두정을 사용하여 목기연 2개마다 1개씩 고정한 것으로 보이는데, 못 길이가 짧아 누리개로서 역할은 충분하지 못했다. 18세기 후반부터는 1자 정을 사용하여 받이재에 깊이 고정되고, 19세기에는 목기연 3~4개마다 1개씩 고정하여 누리개 본연의 기능을 수행할 수 있게 되었다.

정당의 목기연누리개 고정기법

정자각의 목기연누리개 명칭은 19세기에 들어 정립되지만, 정당은 18세기 후반부터 명칭과 기법이 뚜렷하게 나타난다. 의소묘, 수은묘, 문희묘에 해당하는 묘소역의 정자각에서는 목기연누리개가 기록되어 있지 않다. 의소묘와 수은묘는 목기연누리개 외에 부아기[浮阿只]와 목기덧방[木只龍方]이 사용되었다. 정자각에서 목기연누리개 외에 목기덧방을 추가로 사용한 예가 없어, 의소묘와 수은묘 정당 건립 시 목기연누리개 외에 목기덧방을 추가로 설치하였는지는 불분명하다. 정당은 누리개를 지붕면 단부당 온장에서 2장까지 설치한 것으로 기록되어 있다. 누리개박이는 1자 또는 1자 3치 정을 사용하여 목기연 2.3~3.6개마다 고정한 것으로 산출된다.

정당은 정자각에 비해 이른 시기부터 목기(연)누리개라는 명칭을 사용하고 목기연누리개 고정도 좀 더 긴 못으로 조밀하게 고정하였다. 의궤 기록상 정당의 목기연누리개 시공기법은 정자각에 비해 약 50년 정도 앞서고 있다.

표 6-46. 정당의 목기연누리개와 목기연누리개박이

No.	묘호	시기	목기연	목기연누리개	목기연누리개박이
1	의소묘	1752	42	木只累里介次 長邊板8立 –	木只累里介朴只 1尺3寸丁 16箇 木只龍方朴只 1尺3寸丁 16箇
2	수은묘	1764	50	木只累里介次 長邊板6立 –	木只累里介朴只 1尺釘 16介 木只龍方朴只 1尺3寸釘 16介
3	문희묘	1790	56	累里介8次 邊板8立	朴只 1尺3寸釘 24介
4	경우궁	1824	58	累里介4次 邊板4立	朴只 1尺釘 16箇

적심

용어 정리 및 고정기법

적심은 지붕곡을 잡기 위해 보토를 깔기 이전에 쌓는 목재로 보토량을 줄여 지붕 하중을 경감시키는 역할을 한다.

산릉의궤에서 적심은 '積心, 赤心'으로 표기되어 있는데, 대부분 '積心'으로 기록되었다. '積心'은 중앙에 쌓는다라는 의미로, 장연과 단연이 만나는 중도리 위를 채운다라고 풀이된다.

산릉의궤에서 적심은 17세기까지는 보이지 않고 18세기부터 간헐적으로 확인되는데, 『효현왕후경릉산릉도감의궤』(1843)부터는 원재가 명확히 표기되어 있다. 원재를 보면 이러한 상황을 쉽게 이해할 수 있다. 18세기까지 적심 원재는 대부분 변판(邊板), 부파부등(腐破不等), 벌목(伐木), 재절목(裁折木), 두절목(頭折木), 벽련편목(劈鍊片木) 등 주요 부재를 치목하고 남은 목재를 재활용하였다. 즉 굳이 의궤에 기록할 필요가 없었다. 하지만 효현왕후경릉산릉역(1843)부터는 대연(大椽) 40~50개로 제대로 된 원재를 사용하였다. 즉 적심이 정식 부재로 인정된 것이다.

그림 6-67. 적심 [융릉 정자각, 1789 이후 수리 추정]

그림 6-68. 적심과 적심연철 [근정전, 1867]

순조인릉산릉역(1835)부터는 적심박이[赤心朴只], 적심편철[赤心片鐵]이 등장하고 이후 수량을 증가시켜 사용하였다. 적심을 단단히 고정시키기 위한 철물로, 적심이 단순 보토 대용이 아닌 상부 목부재로서 역할이 좀 더 분명해졌음을 알 수 있다. 이전 적심은 보토 바탕으로 단순히 쌓아 두었기 때문에, 흘러내릴 염려도 있고 건조 수축 등으로 보토 상부 기와골의 변형을 가져오는 요인이 될 수 있었다. 철물로 적심을 고정하는 것은 이러한 요인을 사전에 방지하고자 한 의도로 이해된다.

표 6-47. 정자각의 적심 및 적심박이

No.	능호	시기	적심	적심박이
1	**목릉**	1630	-	-
2	소현세자묘	1645	-	-
3	영릉	1659	-	-
4	**숭릉**	1674	-	-
5	**익릉**	1680	-	-
6	휘릉	1689	-	-
7	**사릉**	1699	-	-
8	**장릉**	1699	-	-
9	명릉	1702	積心次 材木37條 邊板60立 輸石所移來腐破不等9條	-
10	단의빈묘	1718	積心次 邊板57立	-
11	민회빈묘	1719	-	-
12	**의릉**	1725	積心次 伐木 及裁折木	-
13	**온릉**	1739	積心次 山役取用	-
14	의소세손묘	1752	-	-
15	**소령원**	1753	-	-
16	**순강원**	1755	積心次 邊板 頭折木 劈錬片木	-
17	**홍릉**	1757	-	-
18	사도세자묘	1762	-	-
19	건원릉	1764	-	-
20	**원릉**	1776	-	-
21	문효세자묘	1786	積心次 斫伐木取用	-
22	**현륭원**	1789	-	-
23	건릉	1800	-	-
24	**건릉**	1821	-	-
25	휘경원	1823	-	-
26	연경묘	1830	-	-
27	인릉	1835	-	赤心朴只 1尺2寸釘 40箇 赤心片鐵釘具 30箇
28	**경릉**	1843	積心60箇次 大椽24箇 邊板36箇	積心朴只 1尺2寸釘 50箇
29	수릉	1846	積心次 貿大椽20箇 劈錬20箇次 大椽30箇 大椽10箇	積心朴只 2尺釘 240箇 連鐵 200箇 長2尺釘具
30	**수릉**	1855	積心次 貿大椽20箇 劈錬20箇次 大椽30箇 大椽10箇	積心朴只 2尺釘 240箇 連鐵200箇 長2尺釘具
31	휘경원	1855	積心次 貿大椽20箇 劈錬20箇次 大椽30箇 大椽10箇	積心朴只 1尺釘240箇 連鐵 長2尺 240箇
32	**인릉**	1856	積心次	赤心朴只 2尺釘200箇 連鐵 182箇 長2尺釘具
33	**휘경원**	1864	積心次	積心朴只 2尺釘 240箇 連鐵 長2尺 200箇
34	**예릉**	1864	赤心次 大椽30箇 貿大椽20箇	積心朴只 3尺釘 100箇 連鐵 100箇 長2尺釘具

적심박이는 효현왕후경릉산릉역까지 1자 2치 정 40~50개가 사용되었다. 수량상 적심의 양 끝과 중간 정도를 고정하였던 것으로 추정된다. 익종수릉산릉역(1846)에서는 2자 정으로 길이지고, 수량도 240개로 6배 정도 늘어났으며 2자 길이의 연철 200개를 함께 사용하였다. 서까래 3~4개 간격으로 적심을 고정하고, 연철로 적심이 흘러내리지 않도록 2중으로 견고하게 고정한 것이다. 이는 적심이 누리개 기능까지 병행했음을 뜻한다. 익종수릉산릉역 이후 다소 수량 변화는 있지만 유사한 기법이 유지된다.

이처럼 19세기 중엽 이후 관영건축공사에서는 적심과 같은 단순 목재조차도 정식 부재로 인식하고 지붕부의 내구성을 강화하기 위한 세심한 노력을 이어나갔다.

정당의 적심 고정기법

정당도 정자각과 마찬가지로 19세기 이전까지 적심 철물은 등장하지 않았다. 적심목은 두절목 등 공사 중 남는 목재를 사용하였다. 경우궁 정당은 1자 정 20개와 9치 두정 40개를 적심박이로 사용하였다. 이는 정자각보다 10년 정도 앞선 기법인데, 연철을 사용하지 않아 과도기적인 기법으로 이해된다. 경우궁의 원소역인 수빈휘경원원소역에서는 사용되지 않던 기법으로, 적심 고정기법은 영건역이 조금 앞서는 것으로 나타난다.

표 6-48. 정당의 적심과 적심박이

No.	묘호	시기	목기연	적심	적심박이
1	의소묘	1752	42	-	-
2	수은묘	1764	50	積心次 頭折木及舊材破木取用	-
3	문희묘	1790	56	賊心次 吐木100介	-
4	경우궁	1824	58	積心 邊板頭折木取用	朴只 1尺釘 20箇 朴只 9寸頭釘 40體箇

수장재 고정기법

산릉의궤에서 수장(修粧)이라는 명칭은 『효종영릉산릉도감의궤』(1659)와 『단종장릉봉릉도감의궤』(1699)에서만 두 차례 확인된다. 『효종영릉산릉도감의궤』에서는 조성소 정자각 물목 부분에 별도 항목으로 표기되어 있다. 수장 내에는 지방(地防), 중방(中防), 얼골인방[於乙骨引防], 벽선(壁縇), 반자(盤子), 적첩(赤貼), 중깃[中衿] 등의 부재가 열거되어 있다. 즉 수장에는 벽체를 구성하는 인방과 벽선, 천장을 구성하는 반자, 용지판에 해당하는 적첩, 미장벽체의 뼈대에 해당하는 중깃 등이 포함된다. 『단종장릉봉릉도감의궤』(1699)에서는 "修粧次 地防, 引防, 細箭, 赤貼, 中衿"과 같이 창호를 수장에 포함하였지만, 『효종영릉산릉도감의궤』에서는 창호를 세살소입[細箭所入]으로 구분하여 다소 차이가 있다. 수장재 고정기법에서는 인방과 벽선, 용지판 등을 살펴보고, 중깃은 미장공사에서 다루도록 한다.

인방과 화인방

인방

인방은 기둥과 기둥 또는 벽선에 가로질러 벽체의 뼈대 또는 문틀이 되는 가로재이다.[96] 보통 위치에 따라 상인방, 중인방, 하인방으로 구분[97]하는데, 산릉의궤 명칭과는 차이가 있지만 편의상 이를 준용하도록 한다. 산릉의궤에서 인방 부재는 인방(引防), 중방(中防), 지방(地防), 중지방(中地防)으로 표기되는데, 시기에 따라 위치를 달리한다.

산릉의궤에 기록된 인방 부재의 수량을 현존 정자각과 비교하여 해당 인방 부재가 어떤 위치의 부재를 지칭하는지 살펴보자. 목릉 정자각(1630)을 제외하고 현존 정자각의 인방 수량은 하인방 10개, 중인방 6개, 상인방 4개로 동일하므로, 이를 기준으로 비교해 보자. 『소현세자묘소도감의궤』(1645)에서는 지방(地防) 10개, 중방(中防) 6개, 인방(引防) 4개를 사용하여 지방, 중방, 인방이 각각 하인방, 중인방, 상인방을 지칭함을 알 수 있다. 이러한 명칭은 17세기 말까지 지속된다. 이후 18세기에 접어들어 『인현왕후명릉산릉도감의궤』(1702)부터 변화되는데, 중방(中防) 16개, 중지방(中地防) 16개, 인방(引防) 4개로 표기되어 있다. 이러한 표기법은 『단의빈묘소도감의궤』(1718)에서도 동일하게 적용된다. 인방 4개는 당연히 상인방을 일컫는데, 중방 16개, 중지방 16개가 어느 인방을 지칭하는지는 불분명하다. 『경종의릉산릉도감의궤』(1725)에서는 중방(中防) 10개, 중지방(中地防) 6개, 인방(引防) 4개로 기술되어, 중방이 하인방을, 중지방이 중인방을 지칭함을 알 수 있다. 중지방은 세 차례만 나타나 과도기적인 명칭으로 보인다. 용어상 지방과 관련성이 크지만 실제로는 중인방을 지칭하여 혼란을 야기한다.

『단경왕후온릉봉릉도감의궤』(1739)를 계기로 산릉도감의궤와 원소도감의궤에서는 중방(中防) 10개, 인방(引防) 10개로 기술하였지만, 묘소도감의궤에서는 여전히 지방(地防) 10개, 중방(中防) 6개, 인방(引防) 4개로 기존 표기 방식이 유지된다. 산릉역과 원소역에서의 중방과 인방이 어느 부재를 지칭하는지 살펴보자. 앞서 『경종의릉산릉도감의궤』에서 중방이 하인방을 지칭함을 확인한 바 있다. 그렇다면 중방 10개, 인방 10개에서 인방 10개는 중인방 6개, 상인방 4개를 합한 수량임을 알 수 있다. 하지만 여전히 중방(中防)이라는 명칭이 하인방을 지칭하는 것인지 의문이 남는다. 용어상 중인방을 지칭하는게 적절해 보이기 때문이다. 위치상 하인방은 고막이석 위에 설치된다. 따라서 석물 용어를 재확인해 볼 필요가 있다. 앞서 석공사의 〈표 5-4〉에서 고막이석은 『단의빈묘소도감의궤』부터 『문효세자묘소도감의궤』(1789)까지 '中方下古莫

石'으로 표기하고, 그 이후로는 '中方下'는 생략하고 '古莫石'만 표기하였다. 중방하고막석(中方下古莫石)은 중방 하부에 고막이석이 설치되어 있음을 명확히 해준다. 즉 석물에서는 18세기 초부터 중방이라는 명칭이 하인방을 지칭하는 용어로 사용된 것이다. 목물에서 중방이라는 명칭은 『정순왕후사릉봉릉도감의궤』(1699)부터 변화하기 시작하여 '中防', '中地防'으로 분화되고, 『단경왕후온릉봉도감의궤』에서는 불명확한 용어인 '中地防'은 '引防'으로 통합되고 '中防'은 하인방을 지칭하게 된다. 이후 이러한 표기 방식이 유지된다.

군이 지방, 중방, 인방의 세 가지 인방 명칭을 포기하고, 중방, 인방 두 가지만 사용되었는지 궁금증이 남는다. 〈표 6-49〉는 현존 정자각의 인방 춤을 정리한 것이다. 중인방과 상인방의 춤은 거의 같지만 하인방은 상대적으로 춤이 크다. 부재 규격을 고려하여 중인방과 상인방 명칭이 통합된 것임을 알 수 있다. 석물에서 18세기 말 고막이석과 장점석(잠점석)이 부재의 규격 차이로 분화된 것과 같은 맥락이다.

표 6-49. 정자각의 인방 춤 치수(단위: mm)

No.	능호	시기	하인방	중인방	상인방	
					전면	배면
1	의릉	1724	310	210	230	230
2	소령원	1753	240	210	240	290
3	순강원	1755	270	210	210	210
4	현륭원	1789	250	230	240	240
5	건릉	1821	270	240	220	220
6	경릉	1843	290	180	240	240
7	인릉	1856	300	250	240	240
8	휘경원	1863	358	240	230	230

인방은 18세기까지 누주와 소부등이 주로 사용되었다. 19세기에는 누주와 궁재, 체목이 원재로 사용되었다. 인방은 대부분 원재 1주로 2개를 켜서 사용하였다.

화인방

산릉의궤에는 화인방(畵引防)이라는 부재가 등장한다. 명칭상 인방의 일종임을 알 수 있다. 하지만 화인방이라는 부재명이 일관되게 사용된 것은 아니다. 17세기 말부터 18세기 전반까지는 괘인벽(掛引壁)으로,

표 6-50. 정자각의 인방

No.	능호	시기	규모	하인방	중인방	상인방	현존 정자각		
							하	중	상
1	**목릉**	1630	5칸	中防地防8條			12	5	6
2	소현세자묘	1645	5칸	地防10介內 6介各長13尺 4介各長13尺	中防6介內 4介各長13尺 2介各長12尺	引防4介內 2介各長15尺 2介各長13尺			
3	영릉	1659	5칸	地防10小不等 1條長15尺圓經1尺3寸 樓柱4條 長13尺圓經1尺2寸	中防6樓柱3條	於乙骨引防4中不等1條 長13尺圓經1尺3寸 小不等1條 長13尺圓經1尺3寸			
4	**숭릉**	1674	8칸	地防10次樓柱5條	中防6次樓柱3條	引防4次 樓柱2條	10	6	4
5	**익릉**	1680	8칸	地防10次樓柱5條	中防6次樓柱3條	引防4次樓柱2條	10	6	4
6	휘릉	1689	8칸	地防10次樓柱5條	中防6次樓柱3條	引防4次樓柱2條			
7	**사릉**	1699	5칸	中防及引防次10條內宮材3條材木7條			10	6	4
8	**장릉**	1699	5칸	地防次樓柱3條材木3條	-	引防次樓柱2條	10	6	4
9	명릉	1702	8칸	中防16次樓柱8條	中地防16次樓柱8條	引防4次小不等2條			
10	단의빈묘	1718	5칸	中防16次樓柱8條	中地防16次樓柱8條	引防4次小不等2條			
11	민회빈묘	1719	5칸	中防引防并20次樓柱10條					
12	**의릉**	1725	8칸	中防10次樓柱5條	中地防6次樓柱3條	引防4次樓柱2條	10	6	4
13	**온릉**	1739	5칸	中防10次樓柱1條 材木4條	引防10次樓柱1條 材木4條		10	6	4
14	의소세손묘	1752	5칸	地防次樓柱4株小不等1株	中防6次長吉1立 樓柱5株	引防次小不等1株樓柱1株			
15	**소령원**	1753	5칸	-	中防8次樓柱1株	引防8次樓柱1株宮材3株	10	6	4
16	**순강원**	1755	5칸	-	中防8次樓柱1株宮材3株	引防8次樓柱1株宮材3株	10	6	4
17	**홍릉**	1757	5칸	中防10次小不等1株樓柱4株	引防10次小不等1株樓柱4株		10	6	4
18	건원릉	1762	5칸	地防次小不等1株 樓柱4株	中防6次長吉1立 樓柱5株	引防次小不等1株 樓柱1株			
19	**원릉**	1776	5칸	中防10次小不等1株 樓柱4株	引防10次小不等1株 樓柱4株		10	6	4
20	문효세자묘	1786	5칸	地方10次樓柱5箇	中防6次樓柱3箇	引防6次樓柱3箇			
21	**현륭원**	1789	5칸	中防10次樓柱5株	引防10次樓柱5株		10	6	4
22	건릉	1800	5칸	中防10箇樓柱3株宮材2株	引防10箇宮材5株				
23	**건릉**	1821	5칸	中防10箇樓柱3株宮材2株	引防10箇宮材5株		10	6	4
24	휘경원	1823	5칸	中防10箇樓柱3株宮材2株	引防10箇宮材5株				
25	연경묘	1830	5칸	中防10宮材5箇	引防10宮材5箇				
26	인릉	1835	5칸	中防10箇次樓柱5箇	引防10箇次樓柱5箇				
27	**경릉**	1843	5칸	中防10箇次樓柱5箇	引防10箇次樓柱5箇		10	6	4
28	수릉	1846	5칸	中防10箇次樓柱5箇	引防10箇次體木5箇				
29	**수릉**	1855	5칸	中防10箇次體木5箇	引防10箇次體木5箇		10	6	4
30	휘경원	1855	5칸	中防10箇卜定木6箇	引防10箇卜定木6箇				
31	**인릉**	1856	5칸	中防10箇	引防10箇		10	6	4
32	**휘경원**	1864	5칸	中防10箇	引防10箇		10	6	4
33	**예릉**	1864	5칸	中防10箇次體木5箇	引防10箇次體木5箇		10	6	4

18세기 후반부터 19세기 초까지는 화인벽(畵引壁)으로, 19세기 중엽 이후부터는 화인방(畵引防)으로 표기되었다. 괘인벽에서 화인벽으로, 다시 화인방으로 바뀐 것이다. 괘인벽은 인방을 건 벽으로, 화인벽은 그림을 장식한 인방벽으로, 화인방은 그림을 장식한 인방재로 풀이할 수 있다. 여기에서는 편의상 마지막 시기에 사용된 화인방을 중심용어로 사용하도록 한다.

화인방이 어디에 설치된 부재인지 확인해 보자. 괘인벽부터 화인방까지

의궤에 기록된 수량은 4개 또는 8개이다. 수량과 인방 위치를 감안하여 살펴보면 화인방은 정전 측면 합량 아래 익공과 결합된 인방재임을 알 수 있다. 초익공과 이익공에 각각 결합된 화인방은 5칸 정자각은 8개, 8칸 정자각은 16개가 필요하고, 이익공에만 결합된 경우에는 5칸 정자각은 4개, 8칸 정자각은 8개가 소요된다. 〈표 6-51〉과 같이 순강원 정자각(1755)까지는 이익공의 정전에서는 이익공 위치에만, 초익공의 정전에서는 초익공 위치에만 화인방을 사용하였는데, 5칸 정자각인 홍릉(1757)부터는 8개의 화인방을 사용하여 초익공, 이익공 모두 화인방이 사용되었음을 알 수 있다. 화인방은 측면 보 아래 익공과 일체화된 부재로 보방향의 측면을 보강하는 구조적인 역할을 한다. 화인방은 맞배지붕에서는 보기 드문 부재로 이에 대해서는 추후 연구가 필요하다.

그림 6-69. 1단 화인방[익릉 정자각, 1680]

그림 6-70. 2단 화인방[홍릉 정자각, 1757]

화인방은 18세기 전반까지는 합량 아래 첫 번째 단의 익공 위치에만 설치하다가, 18세기 후반부터는 두 번째 단의 익공 위치까지 모두 설치하여 구조적 보강 기능이 한층 강화되었다. 화인방이 단순히 구조적인 역할만 하는 것은 아니다. 괘인벽, 화인벽이라는 명칭에서 보듯 벽체를 구성하는 부재라는 의미가 내포되어 있다. 익공 초각면과 만나는 벽체면은 미장하기에 까다로운 부위이다. 이는 익공 초각면 인접 미장 부위의 원초적인 하자 요인이기도 하다. 화인방을 2단으로 설치함에 따라 측면 벽체 미장면이 장방형으로 단순 구획되어 시공성이 월등하게 향상되었다. 결과적으로 미장 하자를 사전에 방지하는 역할을 하였다.

화인방은 중부등목, 소부등목, 궁재, 누주, 체목 등을 원재로 썼다. 인방과 같이 원재로 2개씩 켜서 쓰는 것을 기본으로 하였다.

표 6-51. 정자각의 화인방

No.	능호	시기	규모	화인방	현존 정자각	
					화인방	정전 익공
1	**목릉**	1630	5칸	-	-	-
2	소현세자묘	1645	5칸	-		
3	영릉	1659	5칸	-		
4	**숭릉**	1674	8칸	掛引壁4次小不等二條	4	이익공
5	**익릉**	1680	8칸	掛引壁8次中不等4條	4	이익공
6	휘릉	1689	8칸	挂引壁8次中不等4條		
7	**사릉**	1699	5칸	掛引壁次宮材2條	4	초익공
8	**장릉**	1699	5칸	引壁次樓柱2條	-	초익공
9	명릉	1702	8칸	掛引壁8次樓柱4條		
10	단의빈묘	1718	5칸	掛引壁4次小不等2條		
11	민회빈묘	1719	5칸	掛引壁4次樓柱2條		
12	**의릉**	1725	8칸	掛引壁8次樓柱4條	4	이익공
13	**온릉**	1739	5칸	掛引壁次 宮材2條	4	이익공
14	의소세손묘	1752	5칸	畫引壁4次長吉4立		
15	**소령원**	1753	5칸	畫引壁4次中不等2株	4	초익공
16	**순강원**	1755	5칸	畵引壁4次中不等2株	4	초익공
17	**홍릉**	1757	5칸	畵引壁4次小不等3株	8	이익공
18	건원릉	1762	5칸	畵引壁4次樓柱2株		
19	**원릉**	1776	5칸	畫引壁4次不等3株	8	이익공
20	문효세자묘	1786	5칸	畵引壁4次樓柱2箇		
21	**현륭원**	1789	5칸	畵引壁4次小不等4株	8	이익공
22	건릉	1800	5칸	畵引壁4箇小不等2株		
23	**건릉**	1821	5칸	畵引壁4箇	8	이익공
24	휘경원	1823	5칸	畵引壁8箇小不等3株		
25	연경묘	1830	5칸	畵引壁8各長14尺高8寸樓柱4箇		
26	인릉	1835	5칸	畵引防8箇次中不等4箇		
27	**경릉**	1843	5칸	畵引防8箇次體木2箇統木半箇	8	이익공
28	수릉	1846	5칸	畵引防8箇次體木2箇半別大不等1箇半		
29	**수릉**	1855	5칸	畵引防8箇次體木2箇半內實用2箇大不等1箇半	8	이익공
30	휘경원	1855	5칸	畵引防8箇卜定木4箇		
31	**인릉**	1856	5칸	畵引防8箇	8	이익공
32	**휘경원**	1864	5칸	畵引防8箇	8	이익공
33	**예릉**	1864	5칸	畵引防8箇體木4箇	8	이익공

벽선과 토벽선

용어 정리 및 원재

벽선은 기둥 옆에 부착하여 창호나 미장 벽체의 틀을 형성한다. 산릉의궤에서는 벽선(壁縇) 외에 토벽선(土壁縇)이라는 명칭이 등장한다. 토벽선은 미장 벽체에 설치한 벽선을 의미한다. 산릉의궤에서는 창호 설치를 위한 수직재는 벽선으로, 미장 벽체의 틀을 구성하기 위한 것은 토벽선으로 구분하고 있다.

산릉의궤에서 벽선은 '壁縇, 壁渲, 壁楥, 壁楦' 등으로 표기하였는데, '壁縇'과 '壁楥'이 주로 쓰였다. 벽선(壁縇)은 18세기까지 사용되었고, 벽선[壁楥]은 19세기에 주로 쓰였다. 정자각에서 문은 정전 정면 3곳, 배면 1곳, 총 4곳에 설치된다. 벽선은 1칸당 2개씩 총 8개가 필요하다. 대부분의 의궤에서도 8개로 표기되어 있다. 일부 18개로 표기된 경우도 있지만 이는 오기에 해당한다.

산릉의궤에서 토벽선은 '土壁縇, 土壁渲, 土壁楥, 土壁楦' 등으로 표기되어 있다. 벽선과 마찬가지로 18세기까지는 토벽선(土壁縇), 19세기에는 토벽선[土壁楥]이 주로 쓰였다. 토벽선은 미장벽으로 구성되는 측면 4칸과 배면 2칸에 설치된다. 하인방과 중인방 사이와 중인방과 상인방 사이에 2개씩, 1칸당 4개씩 총 24개가 필요하다. 의궤에도 대체로 24개로 표기하고 있으나 16개, 26개로 표기한 경우도 있다. 토벽선은 수량이 모자라더라도 작은 규격의 부재이기 때문에 시공 현장에서 적절히 처리될 수 있다.

그림 6-71. 벽선 [홍릉 정자각, 1757]

그림 6-72. 토벽선과 창방 하부 수장재 [홍릉 정자각, 1757]

토벽선은 아니지만 토벽선과 같은 규격의 부재가 정전 배면 창방 하부에 1개씩 설치되는데, 현존 정자각에서는 홍릉 정자각(1757)부터 확인된다.

이 부재는 산릉의궤에 별도로 명시되지 않으며 박이도 표기되어 있지 않다. 부재 수량이 적기 때문에 별도로 표기하지 않은 것이다. 토벽선과 마찬가지로 미장의 완성도를 높이기 위한 목적으로 설치한 부재이다. 화인방이 2단으로 변화되는 시기와 동일하게 등장하여 미장을 위한 시공기법의 변화를 읽을 수 있다. 이에 대해서는 '미장공사 시공기법'에서 언급하도록 하겠다.
벽선은 누주와 궁재를 원재로 하여 인방처럼 원재 1개당 2개를 제재하여 사용하였다. 토벽선은 18세기 전반까지는 재목을 원재로 하여 재목 1개당 6~8개를 제재하여 사용하였다. 18세기 후반에는 변판이나 두절목을, 19세기 중엽부터는 조리목인 대조리(大條里), 변조리(邊條里)를 들여 썼다.

벽선과 토벽선 고정기법

벽선

벽선 고정못의 종류에 대해 살펴보자. 효현왕후경릉산릉역(1843)까지는 대부분 1자 정을 사용하였다. 익종수릉산릉역(1846)부터는 '9寸 道乃釘'을 사용하기 시작한다. 도내정은 광두정과 달리 못의 머리 부분을 꺾어 접고 두드려 홈구멍(도내)에 맞게 만든 못[98]이다. 기존에 못 머리 없는 1자 길이의 정을 옆으로 박는 것은 숙련된 목수라 해도 쉬운 일이 아닐 것이다. 19세기 중엽부터는 못 머리가 있는 도내정을 사용하고, 못머리 부분은 홈을 내서 노출되지 않도록 한 것으로 보인다. 수은묘영건역(1764)과 문희묘영건역(1789)에서도 사창(斜窓)을 고정하기 위해 도내정을 사용[99]한 것을 보면, 도내정은 창호 고정을 위해 주로 사용된 철물로 짐작된다.
벽선박이의 길이가 줄어드는 것은 19세기 중엽 이후 벽선 너비가 좁아지는 것과 관련된다.(표 6-52) 벽선박이는 벽선 두께를 고려하면 기둥에 약 3치 안팎으로 고정된 것으로 보인다.
벽선은 1칸당 2개씩 설치하므로 벽선박이는 최소 8개가 필요하다. 이를 기준으로 벽선당 몇 개의 못을 고정하였는지 확인해 보자. 벽선박이 수량은 8개, 12개, 16개, 24개 등으로 확인된다. 그중 24개의 빈도수가 가장 높고, 그 다음으로 16개가 사용되었다. 효종영릉산릉역의 경우 벽선당 1개씩 고정하였는데 이는 과도기적인 경우에 해당하며, 이후로는 2개 또는 3개를 고정하였다. 벽선당 박이 수량은 산릉역, 원소역, 묘소역에 따라 차이가 나타난다. 산릉역은 대체적으로 벽선당 3개를 고정하다가 19세기 중엽 도내정 사용을 계기로 2개씩 고정하였고, 원소역과 묘소역은 2개 또는 1.5개씩 고정하다가 수빈휘경원원소역(1823)을 계기로 산릉역과 동일하게 고정하였다. 즉 위계에 따라 벽선박이의 시공기법에 차이를 두었지만 19세기 이후에는 동일한 기법이 적용된 것이다.

표 6-52. 정자각의 벽선 너비(단위: mm)

No.	능호	시기	전면 어칸 우측	전면 우측 협칸 좌측
1	**의릉**	1724	188	215
2	**소령원**	1753	198	189
3	**순강원**	1755	201	201
4	**현륭원**	1789	201	203
5	**건릉**	1821	207	227
6	**경릉**	1843	181	181
7	**휘경원**	1863	191	191

토벽선

토벽선 고정못은 장헌세자현륭원원소역(1789)까지는 소정(召釘)을, 정조건릉산릉역(1800)부터는 두정(頭釘)을 사용하였다. 못 길이는 효현왕후경릉산릉역(1843)까지는 4치 못을, 익종수릉산릉역(1846)부터는 6치 못을 사용하여 길이가 대폭 늘어난다. 토벽선 너비는 2치에서 2치 5푼 정도이다.(표 6-53) 4치 못인 경우 기둥에 1치 5푼~2치 깊이로 박힌다. 하지만 19세기 중엽부터는 6치 못을 사용함에 따라 기둥에 3치 5푼~4치 정도 깊숙이 고정하여 미장벽체의 틀로써 안정성을 확보하게 되었다.

표 6-53. 정자각의 토벽선 너비(단위: mm)

No.	능호	시기	배면 우측 협칸 좌측
1	**순강원**	1755	113
2	**현륭원**	1789	46
3	**건릉**	1821	61
4	**경릉**	1843	82
5	**휘경원**	1863	70

그림 6-73. 토벽선당 토벽선박이 2개 고정 [온릉 정자각, 1739]

토벽선박이의 수량을 살펴보자. 토벽선은 24개이다. 토벽선당 박이 수량은 편차가 큰 편이다. 토벽선당 박이가 정수로 떨어지지 않는 경우도 발생하는데, 대체로 토벽선당 2개, 3개 또는 4개 이상을 고정한 것으로 나타난다. 장헌세자현릉원원소역(1789)까지는 2개 또는 3개를 고정하였는데 2개 고정이 빈도수가 높다. 정조건릉산릉역(1800)부터는 토벽선당 4개 이상의 박이를 고정하여 확연한 변화가 나타난다. 익종수릉산릉역(1846)부터는 토벽선박이가 90개에서 100개로 증가된다. 10개 증가분은 창방 하부 부재 고정못도 포함되었을 것으로 짐작된다.

정당의 벽선과 토벽선 고정기법

벽선

정당에서 벽선박이는 문희묘 정당에서만 쓰였다. 벽선 6개에 9치 두정 6개를 고정하여 벽선당 1개의 벽선박이를 고정한 것으로 나타난다. 묘소역인 의소세손묘소역, 사도세자묘소역 및 문효세자묘소역의 정자각 모두 벽선당 1자 정 2개씩 고정한 것과는 차이가 있다. 정당에서는 벽선 고정 철물이 기록되어 있지 않지만, 실제로는 사용하였을 것으로 판단된다.

표 6-54. 정자각의 벽선과 토벽선

No	능호	시기	벽선	벽선박이	토벽선	토벽선박이	현존 정자각	
							벽선	토벽선
1	**목릉**	1630	-	-	-	-	8	36
2	소현세자묘	1645	壁縇8介長10尺	-	-	-		
3	영릉	1659	壁縇8樓柱4條	壁縇朴只1尺釘8介	土壁縇24材木3條	土壁縇朴只4寸召釘48介		
4	**숭릉**	1674	壁縇18次樓柱4條	壁縇朴只1尺釘24箇	土壁縇24次材木3條	土壁縇朴只4寸召釘72箇	8	12
5	**익릉**	1680	壁縇18次樓柱4條	壁縇朴只1尺釘24箇	土壁縇24次材木4條	土壁縇朴只4寸召釘72箇	8	24
6	휘릉	1689	壁縇18次樓柱9條	壁縇朴只1尺釘24箇	土壁縇24次材木4條	土壁縇朴只4寸召釘72箇		
7	**사릉**	1699	壁縇次材木4條	壁縇朴只8寸釘12箇	土壁縇次材木4條	土壁縇朴只4寸頭釘48箇	8	28+2
8	**장릉**	1699	壁縇次宮材4條	壁縇朴只1尺釘12箇	土壁縇次材木4條	土壁縇朴只4寸召釘52箇	8	26
9	명릉	1702	壁縇8次樓柱4條	壁縇朴只1尺釘24箇	土壁縇24次樓柱4條	土壁縇朴只4寸召釘40箇		
10	단의빈묘	1718	壁縇8次樓柱4條	壁縇朴只1尺釘24箇	土壁縇24次材木4條	土壁縇朴只4寸召釘40箇		
11	민회빈묘	1719	壁縇8次宮材4條	壁縇朴只8寸釘12箇	土壁縇26次材木3.5條	土壁縇朴只4寸頭釘47箇		
12	**의릉**	1725	壁縇8次宮材4條	壁縇朴只1尺釘16箇	土壁縇24次材木3條	土壁縇朴只4寸召釘120箇	8	24
13	**온릉**	1739	壁縇8次材木4條	-	土壁縇12次材木14條	-	8	24
14	의소세손묘	1752	壁縇次宮材4株	壁縇朴只1尺釘16箇	土壁縇次材木4株	土壁縇朴只5寸召釘40箇		
15	**소령원**	1753	壁縇8次宮材4株	壁縇朴只1尺釘16箇	-	土壁縇朴只5寸召釘80箇	8	24+2
16	**순강원**	1755	壁渲8次宮材4株	-	土壁渲26次 宮材1株材木2株	土壁渲朴只5寸召釘80介	8	24
17	**홍릉**	1757	-	壁縇朴只1尺釘24介	土壁縇邊板推移	土壁縇朴只4寸召釘40介	8	24+2
18	건원릉	1762	壁縇次宮材4株	壁縇朴只1尺丁16箇	土壁縇次材木4株	土壁縇朴只5寸召丁18箇		
19	**원릉**	1776	-	壁縇朴只1尺釘24箇	土壁縇邊板推移	土壁縇朴只4寸召釘46箇	8	24+2
20	문효세자묘	1786	壁縇8次樓柱4株	劈縇朴只1尺釘16箇	土壁縇次頭折取用	土壁縇朴只5寸召釘40箇		
21	**현륭원**	1789	-	-	土壁縇邊板取用	土壁縇朴只4寸召釘46箇	8	24+2
22	건릉	1800	壁椶8箇樓柱4株	壁椶朴只1尺釘24箇	土壁椶16宮材2株	土壁椶朴只4寸頭釘90箇		
23	**건릉**	1821	壁椶8箇樓柱4株	壁椶朴只1尺釘24箇	土壁椶16宮材2株	土壁椶朴只4寸頭釘90箇	8	24+2
24	휘경원	1823	壁椶8箇樓柱4株	壁椶朴只1尺釘24箇	土壁椶16箇劈鍊木4箇	土壁椶朴只4寸頭釘90箇		
25	연경묘	1830	壁椶8宮材2箇	壁椶朴只4寸頭釘24箇	土壁椶24大條里12箇	-		
26	인릉	1835	壁椶8箇次宮材4箇	壁椶朴只1尺釘24箇	土壁椶次大條里24箇	土壁椶朴尺4寸頭釘90箇		
27	**경릉**	1843	壁楦8箇次統木邊板 樓柱3箇	壁楦朴只1尺釘24箇	土壁楦24箇次 邊條里24箇	土壁楦朴只4寸頭釘90箇	8	24+2
28	수릉	1846	壁椶8箇次體木4箇	壁椶朴只 9寸道乃釘16箇	土壁椶24箇次 邊條里取用	土壁椶朴只6寸釘100箇		
29	**수릉**	1855	壁楦8箇次體木4箇 內實用2箇	壁楦朴只 9寸道乃釘16箇	土壁楦24箇次 邊條里取用	土壁楦朴只6寸釘100箇	8	24+2
30	휘경원	1855	壁椶8箇卜定木2箇	壁椶朴只 6寸道乃釘16箇	土壁椶24箇 邊條里取用	土壁椶朴只6寸頭釘100箇		
31	**인릉**	1856	壁椶8箇	壁椶朴只 9寸道乃頭釘16箇	土壁椶24箇	土壁椶朴只5寸頭釘72箇	8	24+2
32	**휘경원**	1864	壁楦8箇	分閤壁楦朴只 9寸道乃釘16箇	土壁楦24箇	土壁楦朴只6寸頭釘100箇	8	12
33	**예릉**	1864	壁椶8箇次樓柱2箇	分閤壁楦朴只 9寸道乃釘16箇	土壁椶24箇次 邊條里取用	土壁楦朴只6寸頭釘100箇	8	24+2

현존 정자각 토벽선 수량에 +2는 창방 하부 수장재 수량임.

표 6-55. 정당의 벽선과 벽선박이

No.	묘호	시기	벽선	벽선박이
1	의소묘	1752	壁縇6次 樓柱3條	-
2	수은묘	1764	門壁椶6次 樓柱3條	-
3	문희묘	1790	壁楦6次 厚正板3立	朴只 9寸頭釘 6介
4	경우궁	1824	-	-

토벽선

정당에서는 18세기 후반의 경우 토벽선당 4치 두정을 2개에서 3개 미만으로 고정하였다. 정자각과 기법상 거의 차이가 나지 않는다. 19세기 전반에는 토벽선박이가 표기되지 않아 기법 비교는 어려운 상황이다.

표 6-56. 정당의 토벽선과 토벽선박이

No.	묘호	시기	토벽선	토벽선박이
1	의소묘	1752	土壁縇28次 材木4條	土壁縇朴只 4寸頭釘 56箇
2	수은묘	1764	土壁楆28次 裁餘木取用	土壁楆朴只 4寸頭釘 56介
3	문희묘	1790	土壁楦26介次 邊板9立	朴只 4寸頭釘 72介
4	경우궁	1824	土壁楆28次 邊板	-

판벽

용어 정리 및 원재

정자각은 내측은 미장벽이고 외측은 중인방 아래는 전돌을 쌓은 축중방(화방벽), 위로는 미장벽이 구성된다. 이러한 벽체 구성은 순조인릉산릉역(1835)부터 변화되는데, 내측 중인방 하부에 판벽을 설치하였다. 이는 다음과 같은 요인이 반영된 결과로 추측된다. 시공 측면에서 습식공법인 미장벽은 양생 기간을 요하고 동절기 시공도 어렵지만, 건식공법인 판벽은 공기를 단축하고 계절의 영향을 받지 않기 때문에 유리하다. 유지관리 측면에서도 미장 벽체는 시공 후 균열 및 탈락이 발생할 수 있지만 판벽은 그러한 염려가 줄어든다. 이는 서까래 사이 앙토 미장을 개판 설치로 변경한 것과 같은 맥락이다. 정전 중인방 하부는 도배로 마감하므로 미장벽이든 판벽이든 큰 문제가 없다.

하지만 이러한 변화가 19세기 중엽에 이르러서야 나타난 점은 매끄럽게 이해되지 않는다. 이와 관련하여 『경종의릉산릉도감의궤』(1725) 조성소 기록을 보면

정자각 토벽은 마땅히 건정할 때 화환(火患)으로 근심할 수 있고, 또한 심히 정밀하지 않기 때문에 판벽

으로 하고자 합니다. 여러 능이 아울러 토벽인즉 전의 제도가 없어 처음으로 만들어 불편을 미치기 때문에 전에 의거하여 토벽으로 하고자 계획하거니와

라고 하여 겨울철에 들어서 토벽을 양생하는데 불을 피우면 화재가 우려되고, 품질도 좋지 않아 판벽 설치를 고민하였지만, 전례(前例)가 없어 이전대로 토벽으로 시공한 것이다. 판벽의 시공 편의를 명확하게 인식했음에도 전례가 없어 새로운 시도를 포기한 것이다. 이는 조선 후기 관영건축공사에서 전례라는 강력한 구심력이 효율적인 시공 변화의 걸림돌이었음을 보여주는 단적인 장면이다.

현존 정자각을 보면 경릉 정자각(1843) 이후부터는 정전 측면 합량 상부를 모두 판벽으로 마감하고 있다. 이는 축중방 내측에 설치되는 판벽 설치 시기와 유사하다. 19세기 중엽 이후 정자각에서는 판벽 범위를 최대한 확대하고 미장 범위를 최소화하려 했음을 알 수 있다.

그림 6-74. 합량 상부 판벽 [경릉 정자각, 1843]

19세기 중엽에 이르러 개판도 다시 설치되는데, 판벽과 사용 시기가 유사한 점은 짚어 볼 필요가 있다. 앞서 언급했듯이 19세기에 들어 민간 목재상을 통한 판재 조달이 수월해졌다. 판벽, 개판 외에도 판재형 부재들은 19세기부터는 원목 대신 판재를 들여와 필요한 치수만큼 잘라 쓰면서 시공성이 대폭 개선된다. 판벽 및 개판의 사용과 판벽의 설치 범위 확대는 목재 공급 환경의 변화가 시공 기법의 변화를 유도하는 양상을 선명하게 보여준다. 이는 건축기술사적으로 주목할 만한 변화상으로 평가할 수 있다.

산릉의궤에서 판벽은 '板壁, 華防內板壁, 火防內板壁' 등으로 표기되어 있다. 화방내판벽(華防內板壁, 火防內板壁)은 지금 익숙하게 사용하는 화방벽의 용례이기도 하다. 판벽은 띠장을 설치하여 고정하는데, 띠장은 '帶, 帶木, 板壁帶'로 표기되어 있다. 판벽의 원재로는 장송판을 들여 썼는데, 장송판 1장을 2장으로 나눠 사용하였다.

표 6-57. 정자각의 판벽, 판벽박이와 띠장

No.	능호	시기	규모	판벽	판벽박이	띠장
1	인릉	1835	5칸	板壁次長松板40立	板壁朴只4寸頭釘150箇	-
2	**경릉**	1843	5칸	板壁84立次長松板42立	板壁朴只4寸頭釘120箇	帶3箇次邊條里3箇
3	수릉	1846	5칸	-	-	-
4	**수릉**	1855	5칸	華防內板壁72立次長松板33立	-	帶木3箇邊條里取用
5	휘경원	1855	5칸	火防內板壁72立長松板36立	-	帶木3箇邊條理取用
6	**인릉**	1856	5칸	-	-	-
7	**휘경원**	1864	5칸	板壁33立	-	板壁帶3箇
8	**예릉**	1864	5칸	火防內壁6間次長松板33立	-	帶次長大邊條理6箇

판벽 고정기법

판벽은 〈그림 6-75〉와 같이 하인방과 중인방에 홈을 파고 판재 위아래에 장부를 내어 맞춤한다. 외측 중인방 측면 가까이에는 마루널처럼 판재 너비보다 조금 크게 홈을 내어 판재를 한 장씩 끼워 설치한다. 판벽은 인방과 맞춤만으로는 고정되지 않기 때문에 외측에 띠장 하나를 가로로 대고 못으로 고정하였다.

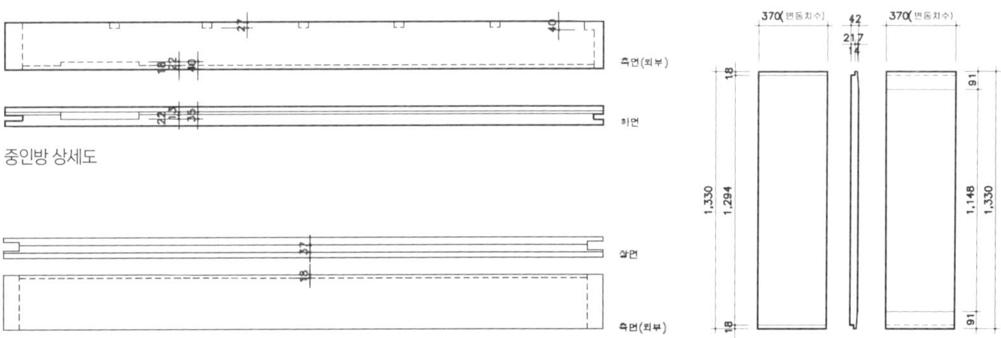

그림 6-75. 인방과 판재 상세도[휘경원 정자각, 1863]

그림 6-76. 판벽[휘경원 정자각, 1863]

의궤에는 띠장박이는 없고 판벽박이만 확인된다. 판벽박이는 띠장을 판벽에 고정하기 위한 못이다. 판벽박이는 두 차례만 확인되는데, 모두 4치 두정을 사용하였다. 판재 두께가 1치 5푼 정도이므로 띠장에는 2치 5푼 정도 물려 고정한 것이다.

판재당 몇 개씩 고정했는지 살펴보자. 효현왕후경릉산릉역(1843)의 경우 판재는 84개이고 판벽박이는 120개로, 판재당 1.42개의 못을 고정한 것으로 산출된다. 순조인릉산릉역(1835)의 경우 판벽은 장송판 40닢을 사용하였는데, 원재의 2배로 제재하므로 판재는 80닢에 해당한다. 판벽박이가 150개이므로 판재당 1.87개를 고정한 셈이다. 휘경원 정자각(1863)의 경우 판재 너비가 일정하지 않다.(그림 6-76) 이를 보면 판재 너비가 큰 경우는 판재당 2개, 좁은 경우는 1개씩 고정한 것으로 짐작된다. 판재 너비를 감안하여 판재당 2개 이하로 고정한 것이다.

용지판

용어 정리 및 원재

정자각 정전 측면과 배면 퇴칸 벽은 전돌로 중인방까지 축중방(화방벽)을 쌓고 측면과 윗면을 용지판으로 마감하였다. 용지판은 일반적으로 화방벽이 기둥과 직접 만나지 않도록 기둥 옆에 세운 판재 로 알려져 있다. 산릉의궤에서 용지판이라는 명칭은 19세기 중엽에 이르러 등장한다.

용지판의 사용 부위 및 용어 변화에 대해 살펴보자. 산릉의궤에서 용지판은 '赤貼, 立赤貼, 橫赤貼, 立龍脂板, 橫龍脂板, 龍脂板' 등으로 표기되어 왔다. 적첩(赤貼)은 인경왕후익릉(1680)부터 적첩(赤貼)과 와적첩(臥赤貼)으로 분화되고, 단의빈묘소역(1718)부터는 입적첩(立赤貼)과 횡적첩(擴赤貼)으로 표기되는데, 이는 19세기 중엽 무렵 효명세자연경묘묘소역(1830)까지 지속되었다. 순조인릉산릉역(1835)부터 입용지판(立龍脂板)과 횡용지판(橫龍脂板)으로 변경되고 이후 유지된다. 적첩(赤貼)은 풀이하면 붉게 칠해서 붙인 부재 정도로 해석할 수 있다. 『韓

표 6-58. 정자각의 용지판

No.	능호	시기	입용지판	횡용지판	입용지판박이	횡용지판박이	현 정자각	
							입	횡
1	**목릉**	1630	-	-	-	-	○	○
2	소현세자묘	1645	-	-	-	-		
3	영릉	1659	赤貼18材木4條		中防赤貼朴只 4寸召釘 33介			
4	**숭릉**	1674	-	-	火防赤貼朴只 4寸召釘 33箇		○	×
5	**익릉**	1680	赤貼次樓柱2條材木3條		火防赤貼朴只 4寸召釘 33箇	橫接貼朴只 4寸召釘 33箇	○	○
6	휘릉	1689	赤貼次樓柱2條材木3條		火防赤貼朴只 4寸召釘 33箇	橫接貼朴只 4寸召釘 33箇		
7	**사릉**	1699	赤貼次材木3條	臥赤貼次材木1條	火防赤貼朴只 3寸頭釘 32箇	橫赤貼朴只 3寸釘 32箇	○	○
8	**장릉**	1699	赤貼次材木3條	-	火防赤貼朴只 4寸召丁 33箇	橫赤貼朴只 4寸召釘 33箇	○	○
9	명릉	1702	-	橫赤貼次樓柱1條	火防赤貼朴只 4寸召釘 23箇	橫赤貼朴只 4寸召釘 23箇		
10	단의빈묘	1718	立赤貼材木2條	撗赤貼4次材木1條	火防赤貼朴只 4寸召釘 23箇	火防撗貼朴只 4寸召釘 23箇		
11	민회빈묘	1719	立赤貼次材木3條	橫赤貼次材木1條	立赤貼朴只 3寸釘 36箇	橫赤貼朴只 3寸釘 36箇		
12	**의릉**	1725	立赤貼次材木2條	橫赤貼次樓柱1條	火防赤貼朴只 4寸召釘 23箇	火防橫赤貼朴只 3寸召釘 44箇	○	×
13	**온릉**	1739	赤貼次材木3條	臥赤貼次材木1條	火防朴只 3寸頭丁 33箇	橫赤貼朴只 3寸丁 42箇	○	○
14	의소세손묘	1752	立赤貼次材木2株	橫赤貼次材木1株	火防立赤貼朴只 4寸召釘 40箇	火防橫赤貼朴只 4寸召釘 23箇		
15	**소령원**	1753	立赤貼12次材木2株	橫赤貼3次宮材1株	火防立赤貼朴只 4寸召釘 38箇	火防橫赤貼朴只 4寸召釘 24箇	○	○
16	**순강원**	1755	立赤貼12次材木2株	橫赤貼3次宮材1株	火防立赤貼朴只 4寸召釘 38介	火防橫赤貼朴只 4寸召釘 24介	○	○
17	**홍릉**	1757	立赤貼12次材木2株	橫赤貼3次宮材1株	火防赤貼朴只 4寸召釘 23介	橫赤貼朴只 4寸召釘 23介	○	×
18	건원릉	1762	立赤貼次材木2株	橫赤貼次材木1株	火防立赤貼朴只 4寸召丁 40箇	橫赤貼朴只 4寸召丁 23箇		
19	**원릉**	1776	立赤貼12次材木2株	橫赤貼3次宮材1株	火防赤貼朴只 4寸召釘 23箇	橫赤防朴只 4寸召釘 23箇	○	○
20	문효세자묘	1786	赤貼12次長松板12立	橫赤貼3次長松板3立	火防立赤貼朴只 4寸召丁 40箇	火防橫赤貼朴只 4寸召釘 23箇		
21	**현륭원**	1789	立赤貼12次邊板取用	橫赤貼3次樓柱1株	火防赤貼朴只 4寸召釘 23箇	橫赤貼朴只 4寸頭釘 23箇	○	○
22	건릉	1800	立赤貼8立邊板4立	橫赤貼4立邊板4立	赤貼朴只 4寸頭釘 52箇			
23	**건릉**	1821	立赤貼8立邊板4立	橫赤貼4立邊板4立	赤貼朴只 4寸頭釘 52箇		○	○
24	휘경원	1823	立赤貼8立樓柱1株半	橫赤貼4立樓柱半株	赤貼朴只 4寸釘 52箇			
25	연경묘	1830	立赤貼3樓柱半箇	橫赤貼12長松板12立	赤貼朴只 4寸釘 52箇			
26	인릉	1835	立龍脂板次長松板12立	橫龍脂板3立次宮材1箇	赤貼朴只 4寸釘 52箇			
27	**경릉**	1843	龍脂板18立次樓柱2箇		赤貼朴只 4尺釘 52箇		○	○
28	수릉	1846	立龍脂板12箇次體木2箇	橫龍脂板3箇次體木1箇	龍脂板朴只 5寸頭釘 90箇			
29	**수릉**	1855	立龍脂板12箇次體木2箇	橫龍脂板3箇次體木1箇	龍脂板朴只 5寸頭釘 90箇		○	○
30	휘경원	1855	立龍脂板12立卜定木1箇	橫龍脂板3立卜定木1箇	龍脂板朴只 5寸頭釘 90箇			
31	**인릉**	1856	立龍脂板12箇	橫龍脂板3箇	龍脂板朴只 5寸頭釘 70箇		○	○
32	**휘경원**	1864	立龍脂板12箇	橫龍脂板3箇	龍脂板朴只 5寸頭釘 90箇		○	○
33	**예릉**	1864	立龍脂板12立次 體木1箇半樓柱2箇	橫龍脂板3立次 體木1箇半樓柱2箇	龍脂板朴只 5寸釘 90箇 甘佐非長 7寸 12箇鑞染釘具		○	○

國建築辭典』에서는 "지붕이 없는 닫집·보개에서 포살미의 위쪽에 가로댄 여모판(운공판) 밑에 댄 널, 통이층 고주 중층 머름 위에도 앞뒤에 설치하고 있음"이라고 설명하고 있다.[102] 적첩은 용지판 외 닫집과 유사한 왕실사묘 정당의 감실 부재로도 사용되었다.[103] 즉 적첩은 특정 부재가 아니라 마감을 위해 붙인 널 정도로 정의할 수 있다. 용지판(龍脂板)은 풀이가 어려운 용어이다. 용지(龍脂)는 사전상 뜻은 솜이나 헝겊을 나무에 감아 기름을 묻혀 초 대신 불을 켜는 물건[104]으로 부재명과는 관련이 없고, 한자 개별 의미도 상관성이 떨어져 이두식 음가자로 여겨진다. 적첩과 용지판은 앞에 입(立)과 횡(橫)이라는 접두어를 각각 붙여 설치 방식 및 위치를 설명하고 있다. 입적첩(立赤貼), 입용지판(立龍脂板)은 기둥 옆에 세운[立] 용지판이고, 횡적첩(橫赤貼)과 횡용지판(橫龍脂板)은 축중방 상부에 가로로[橫] 댄 용지판이다.

용지판박이에는 부재 및 벽체 명칭이 추가되어 중방적첩박이[中防赤貼朴只], 화방적첩박이[火防赤貼朴只]로 표기되기도 하였다. 고정못의 명칭 변화는 목부재와 동일하지만 시기적인 차이는 있다. 고정못은 목부재보다도 먼저 적첩박이[赤貼朴只], 횡적첩박이[橫赤貼朴只]로 분화하였지만, 입적첩박이[立赤貼朴只], 횡적첩박이[橫赤貼朴只]로 본격적으로 바뀐 것은 18세기 후반부터이다. 정조건릉산릉역(1800)부터는 적첩박이[赤貼朴只]로 통합되고, 익종수릉산릉역(1843)부터는 용지판박이[龍脂板朴只]가 사용되기 시작한다. 이처럼 용어 변화의 방식과 시점에 차이가 발생하는 것은 앞서 '목기연'에서 설명했듯이 목공사와 철물 제작의 차이에서 기인한 것이다. 철물 수량은 목수 편수가 물목을 잡아 노야소에 보낸다. 초기에는 설치 위치를 명확히 표시해야 철물 생산과정에서 실수가 발생하기 않기 때문에 중방적첩박이, 화방적첩박이와 같이 위치를 명기하고, 적첩박이, 횡적첩박이와 같이 설치 위치를 분리하여 표기하였다. 목부재 용어는 변화하더라도 노야소에서는 이를 받아들이는 속도를 감안하여 기존 명칭이 오랜 기간 유지되었던 것으로 생각된다. 고정못 명칭은 입적첩박이와 횡적첩박이 간 못의 형태와 길이가 같아지면서 자연스럽게 통합되었을 것이다.

용지판이 언제부터 정자각에 설치되었는지 살펴보자. 현존 정자각 중 경릉(敬陵, 1670 중건), 혜릉(1720), 의릉(1724), 창릉(1756 중건), 홍릉(1757)은 화방벽 상면이 용지판 없이 미장으로 마감되어 있다. 이를 제외하고는 측면과 상면 모두 용지판을 갖추고 있다. 앞서 목부재명보다 박이명이 설치 위치에 따라 명칭 분화가 선행되었음을 언급하였다. 효종영릉산릉역(1659)과 현종숭릉산릉역(1674)에서는 화방적첩박이로 33개를 사용하였고, 인경왕후익릉산릉역(1680)부터는 화방적첩박이 33개, 황적첩박이 33개를 사용하여 산릉의궤상 현종숭릉산릉역까지는 입용지판만 설치하였음을 알 수 있다. 『선조목릉산릉도감의궤』(1630)와 『소현세자묘소도감의궤』(1645)는 기록 자체가 상세하지 않고 물량도 통합하여 표기되어, 효종영릉산릉역 이전 상황은 확인하기 어렵다. 현재 목릉 정자각의 입용지판과 횡용지판이 모두 설치되어 있지만 당초 것인지는 불분명하다. 후대 보수과정에서 설치되었을 가능성이 조금 높아 보인다. 산릉의궤 기록대로라면 현종숭릉산릉역(1674)까지는 입용지판만 설치하였고, 인경왕후익릉산릉역(1680)을 기점으로 횡용지판을 설치하기 시작한 것으로 볼 수 있다. 현존 정자각과 좀 더 비교해 보자. 대체로 입용지판은 1칸당 2개씩 설치되고, 횡용지판은 1칸당 1개씩 설치되어 있다. 하지만 17세기 후반 정자각 중 정릉(貞陵, 1669 중건), 경릉(敬陵, 1670 중건)은 측면 2칸에 횡용지판이 하나로 설치되어 있다. 이후 정자각에서는 2개로 분리되지만 희릉 정자각(1691 중건), 강릉 정

그림 6-77. 측면 축중방 일체[경릉(敬陵) 정자각, 1670 중건]

그림 6-78. 측면 용지판 분리[희릉 정자각, 1691 중건]

자각(1695 중건)에서는 횡용지판이 기둥을 온전히 감싸며 과도기적인 양상을 보인다. 즉 횡용지판은 1670년 전후 설치하기 시작한 것으로 추측된다. 초기에는 측면 축중방이 일체화되어 용지판 1장으로 2칸을 마감하였다. 1690년대 들어 축중방이 분리되지만 용지판은 여전히 기둥을 감싸는 기존 방식을 고수하다가 18세기에 들어서 완전히 분리된 것으로 판단된다.

용지판의 원재는 18세기 중엽까지는 재목을 주로 사용하였는데, 재목 1조로 6개를 켜서 썼다. 18세기 말과 19세기 초에는 장송판과 변판을 썼고 그 이후로는 누주 또는 체목 등을 원재로 사용하였다.

용지판 고정기법

용지판은 기둥이나 중인방에 맞춰 그렝이질을 하여 맞대고 철물로 고정한다. 입용지판은 기둥에, 횡용지판은 중인방에 고정한다. 용지판박이는 18세기까지 소정(召釘)을, 19세기에는 주로 두정(頭釘)을 사용하였다. 고정못의 길이는 19세기 전반까지는 4치, 19세기 후반 무렵에는 5치 못을 사용하였다. 용지판 두께는 1치 5푼 정도이다. 19세기 전반에는 목부재에 2치 5푼 깊이로 고정되지만, 19세기 후반 무렵부터는 3치 5푼 정도 깊게 고정되어 이전보다 고정 방식이 개선된다.

용지판당 박이 수량은 시기적 차이가 있는데, 산릉역, 원소역, 묘소역 간 위계도 잘 지켜지지 않았다. 입용지판은 1칸당 2개씩 총 12개, 횡용지판은 1칸당 1개씩 총 6개를 설치했다. 입용지판은 용지판당 각각 2개, 3개를 고정하면 총 개수는 각각 24개, 36개가 되고, 횡용지판은 용지판당 각각 4개, 5개, 6개, 7개를 고정하면 총 개수는 각각 24개, 30개, 36개, 42개로 산출된다. 입용지판은 위치에 따라 규격 변화가 없지만 횡용지판은 주칸 변화에 따라 길이 변화가 발생할 수 있다. 이러한 수치를 기준으로 용지판당 몇 개의 못을 고정하였는지 살펴보자. 장헌세자현륭원원소역(1789)까지 입용지판박이와 횡용지판박이를 구분하였다. 이때까지 입용지판은 용지판당 2개 또는 3개의 못으로 고정했다. 빈도수를 보면 3개를 고정한 경우가 많지만 시기적인 변화 양상은 나타나지 않는다. 횡용지판은 용지판당 4~7개씩 고정하여 편차가 심하다. 시기적인 변화도 확인된다. 17세기까지는 용지판당 5~6개에서 18세기 전반까지는 6~7개로 조금 늘어나지만 18세기 후반 이후는 4개로 줄어든다. 정조건릉산릉역(1800) 이후 입용지판박이와 횡용지판박이의 수량이 통합되는데 19세기 전반에는 52개를 사용하여 고정하였다. 이전 시기에서 입용지판과 횡용지판의 수량이 동일해지는 경향을 보이므로 19세기 전반도 유사하게 적용해 보면, 입용지판박이 26개, 횡용지판박이 26개로 입용지판은 용지판당 2개, 횡용지판도 4개씩 고정한 것으로 산출된다. 하지만 익종수릉산릉역(1846)을 계기로 용지판박이가 90개로 급증한다. 이 경우 용지판당 입용지판은 4개씩, 횡용지판은 7개씩 고정한 것으로 산출되어 갑작스럽게 강화된 고정 방식으로 변경된다.

입용지판과 횡용지판은 대부분 입용지판 위에 횡용지판을 얹혀 맞댄 상

그림 6-79. 용지판 사개맞춤, 입용지판 측면 마감재[수릉 정자각, 1855]

그림 6-80. 용지판 사개맞춤, 감잡이[건원릉 정자각, 1870 중건]

그림 6-81. 용지판 감잡이, 입용지판 측면 마감재 [헌릉 정자각, 1822 수리 추정]

그림 6-82. 용지판 감잡이, 입용지판 측면 마감재[예릉 정자각, 1864]

태로 마감하였는데, 일부에서는 사괘맞춤이나 나비장맞춤을 하였다. 정자각 중 사괘맞춤은 정릉(貞陵, 1669 중건), 현릉(1699 중건), 장릉(長陵, 1731), 수릉(1855), 건원릉(1870 중건)에서 확인된다. 나비장맞춤은 목릉 정자각(1630)에서 확인된다. 철종예릉산릉역(1864)의 경우에는 7치 길이의 납염된 감잡이[甘佐非] 12개를 추가하여 입용지판과 횡용지판 경계를 고정하였다. 적극적인 철물 사용례이다. 그 이전 정자각 중에도 감잡이를 쓴 사례가 확인된다. 헌릉 정자각(1822 수리 추정)에서는 감잡이당 광두정을 입용지판에 2개씩, 횡용지판에 3개씩 고정하였다. 경릉 정자각(1843)에서는 감잡이당 작은 두정을 입용지판에 4개씩, 횡용지판에 4개씩 고정하였다. 예릉 정자각(1864)에서는 감잡이당 못을 입용지판에 3개씩, 횡용지판에 3개씩 고정하였다. 건원릉 정자각(1870)은 감잡이당 입용지판과 횡용지판에 각각 큰 광두정 2개씩, 작은 광두정 2개씩 총 8개로 고정하였다. 의궤상 감잡이는 철종예릉산릉역에서만 보이지만 그 이전인 19세기 초부터 사용한 것으로 보이며, 그 이전에는 입용지판과 횡용지판을 사괘맞춤 등으로 결구한 것으로 판단된다. 또한 19세기 정자각에서는 입용지판과 기둥 사이에 마감재를 덧대어 입용지판의 밀림을 보강하고 의장적인 효과를 주는 등 섬세한 기법이 사용되었다.

정당의 용지판 고정기법

현존 칠궁 내 정당은 측면과 배면의 화방벽은 가운데 기둥이 노출되지 않도록 일체화되어 있다. 덕안궁과 같이 용지판은 화방벽 단부에 입용지판 2개씩 총 6개가 설치되어 있는데, 배면은 창방 아래까지 긴 부재가 설치되어 있다.(그림 6-83) 횡용지판은 설치되어 있지 않다. 의궤에는 용지판이 2개로만 기록되어 차이가 있다. 아마도 배면의 긴 용지판만 표기한 것으로 추정된다. 『현

그림 6-83. 덕안궁 정당

사궁별묘영건도감의궤』에는 용지판박이가 기술되어 있지 않아 19세기의 기법은 확인할 수 없다. 18세기 후반 정당의 용지판박이는 5치 두정, 8치 두정, 1자 정으로 일관성이 떨어진다. 용지판당 3개 또는 4개씩 못을 고정한 것으로 추정된다. 아마도 배면의 긴 용지판을 안정적으로 고정하기 위해 긴 못을 사용하였던 것으로 짐작된다.

표 6-59. 정당의 용지판과 용지판박이

No.	묘호	시기	용지판	용지판박이
1	의소묘	1752	火防赤貼次 宮材1條	火防赤貼朴只 8寸頭釘 6箇
2	수은묘	1764	火坊赤貼2次 宮材半隻	火坊赤貼朴只 5寸頭釘 8介
3	문희묘	1790	龍脂板2次 補階板2立	朴只1尺 釘6介
4	경우궁	1824	龍脂板2次 體木半箇	-

07
지붕공사 및 미장공사 시공기법

취두, 경릉(1670)

지붕공사

기와와 막새

용어 정리

산릉의궤에서 기와는 와자(瓦子)[1]라 칭한다. 기와 규격은 대와(大瓦), 중와(中瓦), 상와(常瓦)로 구분하고, 수키와와 암키와는 각각 부와(夫瓦), 여와(女瓦)로 표기되어 있다. 정자각은 가장 큰 규격인 대와를 올려 지붕을 마감한다. 인경왕후익릉산릉역(1680)에서는 동절기 공역상 기와 제작이 어려워 중와를 사용[2]한 적이 있지만, 나머지 산릉역에서는 모두 대와로 마감하였다. 원소역과 묘소역에서도 대부분 대와를 사용하였다.

산릉의궤에 기록된 기와 및 막새 명칭은 지금과는 차이가 있다. 대와는 '大牙鍊, 大牙鍊瓦, 大瓦'로 표기되어 있다. 대아련(大牙鍊)은 『사도세자묘소도감의궤』(1762)까지 단독으로 쓰였고, 대아련(大牙鍊)과 대아련와(大牙鍊瓦)는 18세기 전반까지 중심용어로 사용되었다. 대와(大瓦)는 『단경왕후온릉봉릉도감의궤』(1739)부터 쓰였는데 18세기 후반부터 중심용어로 사용되었다.

기와 물량은 산릉의궤 내 번와소(燔瓦所)에서 확인할 수 있다. 조성소에서도 『의소세손묘소도감의궤』(1752)까지는 개와소입 항목을 따로 두어 표기하였다. 양소(兩所) 간 물량 차이가 발생하는 경우도 있는데, 번와소 물량이 최종 물량으로 좀 더 정확하다. 『단경왕후온릉봉릉도감의궤』(1739)의 경우 조성소에는 "大牙鍊瓦 5訥 598張"으로, 번와소에서는

표 7-1. 정자각의 기와, 방초와 방초박이

No.	능호	시기	기와	방초		방초박이
				부방초	여방초	
1	**목릉**	1630	大牙鍊1000張	-		防草朴只 190介 終瓦朴只 94介
2	소현세자묘	1645	大牙鍊8訥992張	大防草1訥356張		-
3	영릉	1659	-	大牙鍊夫女防草962張*		夫防草瓦朴只 9寸廣頭釘 170介
4	**숭릉**	1674	大牙鍊瓦夫女幷11訥 (大牙鍊瓦10訥792張)	大防草夫女幷1訥700張 (大防草962張)		夫防草瓦朴只 9寸廣頭釘 296箇
5	**익릉**	1680	中牙鍊瓦夫女幷14訥800張 (中牙鍊10四訥800八百張)	中防草夫女幷980張 (中防草夫女幷980張)		夫防草朴只 9寸廣頭釘 270箇
6	휘릉	1689	大牙鍊瓦夫女幷11訥50張 大牙鍊實入10訥300張* (大牙鍊10訥300張)	大防草夫女幷1訥700張 大方草實入1訥2張* (大防草1訥2張)		夫防草朴只 9寸廣頭釘 270箇
7	**사릉**	1699	大牙鍊5訥570張內 大牙鍊3訥551張實入	夫防草239張內 143張實入	女防草240張內 159張實入	夫防草朴只 8寸廣頭釘 230箇
8	**장릉**	1699	大牙鍊瓦夫女幷3訥500張 품목	大防草夫女幷500張		夫防草朴只 9寸廣頭釘 200箇
9	명릉	1702	大牙鍊瓦女夫幷8訥162張 (大牙鍊8訥162張)	大防草女夫幷527張 (大防草527張)		夫防草朴只 9寸廣頭釘 270箇
10	단의빈묘	1718	大牙鍊女夫瓦幷6訥351張 (大牙鍊6訥287張)	大防草女夫瓦 幷866張 (大防草660張)		大防草朴只 9寸廣頭釘 200箇
11	민회빈묘	1719	大牙鍊瓦女夫并4訥20張 (大牙鍊4訥20張)	大防草女夫并282張 (大防草282張)		夫防草朴只 8寸廣頭釘 231箇
12	**의릉**	1725	大牙鍊瓦8訥20張 (大牙鍊7訥868張)	大芳草女夫幷422張 (大防草422張)		夫防草朴只 9寸頭釘 250箇
13	**온릉**	1739	大牙鍊瓦5訥598張 (大瓦5訥598張)	大夫防草259張 (大防草335張)	大女防草240張	夫防草朴只 8寸廣頭丁 230介
14	의소세손묘	1752	大瓦209張 常瓦9訥100張	防草706張		夫防草朴只 5寸廣頭釘 250箇
15	**소령원**	1753	(大瓦7訥500張)	-		夫防草朴只 9寸廣頭釘 200箇
16	**순강원**	1755	(常瓦10訥500張 會簷大瓦140張)	(防草660張 大防草8張)		夫防草朴只 9寸廣頭釘 200介
17	**홍릉**	1757	(大瓦7訥630張	(大防草510張)		夫防草朴只 6寸廣頭釘 270介
18	사도세자묘	1762	(大牙鍊148張 常瓦8訥522張)	(防草663張)		夫方草朴只 5寸廣頭丁 205箇
19	건원릉	1764	大瓦2訥900張	夫防草24張	女防草136張	정:防草朴只 7寸廣頭釘 110箇 박:防草朴只 7寸廣頭釘 74箇 배:防草朴只 7寸廣頭釘 38箇 박:防草朴只 7寸廣頭釘 17箇
20	**원릉**	1776	(大瓦9訥640張)	(大防草490張)		夫防草朴只 6寸廣頭釘 270箇
21	문효세자묘	1786	(大瓦8訥200張)	(防草705張)		夫防草朴只 7寸廣頭釘 250箇
22	**현륭원**	1789	(大瓦9訥730張)	(大防草590張)		夫防草朴只 6寸廣頭釘 270箇
23	건릉	1800	(大瓦9訥930張)	(大防草650張)		防草朴只 8寸廣頭釘 276箇
24	**건릉**	1821	(大瓦4訥)	(大防草12張)		防草朴只 8寸廣頭釘 276箇
25	휘경원	1823	(大瓦10訥440張)	(大防草960張)		防草朴只 8寸廣頭釘 276箇
26	연경묘	1830	-	-		防草朴只 8寸廣頭釘 150箇
27	인릉	1835	-	-		防草朴只 8寸廣頭釘 276箇
28	**경릉**	1843	-	-		防草朴只 8寸廣頭釘 276箇
29	수릉	1846	-	-		防草朴只 8寸頭釘 150箇
30	**수릉**	1855	-	-		防草朴只 8寸頭釘 150箇
31	휘경원	1855	-	-		防草朴只 8寸頭釘 150箇
32	**인릉**	1856	-	-		防草朴只 8寸頭釘 150箇
33	**휘경원**	1864	-	-		防草朴只 8寸頭釘 150箇
34	**예릉**	1864	-	-		防草朴只 8寸頭釘 150箇

본 표의 기와는 조성소 내 蓋瓦所入 및 실입질을 정리한 것으로 실입질은 *로 표시하였고, ( )는 번와소 물량을 정리한 것임.

"大瓦 5訥 598張"이라고 표기하였다. 양소 간 기와 수량이 동일하여 대아련과 대와가 같은 기와를 지칭함을 알 수 있다. 선행연구에서는 영건의궤에 기록된 아련(牙鍊)이 17세기까지만 나타나 일반기와와는 다른 기와로 판단[3]하였으나, 산릉의궤에서는 대아련(大牙鍊), 대아련와(大牙鍊瓦) 모두 대와(大瓦)와 동일한 기와를 지칭한다.

산릉의궤에서 기와 물량은 "大牙鍊瓦夫女弁 11訥 大瓦 7訥 630張"과 같이 암키와, 수키와를 구분하지 않고 통합 물량으로 표기되어 있다.
인빈상시봉원역(1753)에서는 "常瓦 10訥 500張 會簷 大瓦 140張"을 사용하였다. 회첨(會簷)이라는 명칭이 확인되는데, 평기와는 작은 크기의 상와를 설치하고 빗물이 집중되는 회첨골 기와는 대와를 사용하여 부위별로 규격 변화를 주기도 하였다.
막새는 대부분 대방초(大防草)로 표기되어 있다. 막새 물량은 대방초부녀(大防草夫女)와 같이 수막새와 암막새를 함께 표기하는 경우가 많았다. 『단경왕후온릉봉릉도감의궤』(1739)에서는 대부방초(大夫防草), 대녀방초(大女防草)로, 『정순왕후산릉봉릉도감의궤』(1699)와 『태조건원릉정자각중수도감의궤』(1764)에서는 부방초(夫防草), 여방초(女防草)로 구분하여 표기하였다. 막새 고정못은 대부분 부방초박이[夫防草朴只], 방초박이[防草朴只]로 표기하여 숫막새에만 고정하였음을 알 수 있다.

기와잇기

산릉의궤에서 기와잇기는 개와(蓋瓦)라 칭한다. 개와소입(蓋瓦所入)에는 기와 물량을 제외하고 기와잇기에 소요되는 나머지 재료는 기술되어 있지 않다. 또한 개와 관련 기록도 매우 소략하여 세부적인 기법을 다루는 데에는 한계가 있다. 따라서 일부 기법을 소개하는 수준으로 살펴보고자 한다.
지붕공사는 적심 위에 보토를 깔면서 시작된다. 보토를 깔면서 지붕면의 곡을 잡고, 알매흙을 친 다음 암키와를 올리고 홍두깨흙으로 수키와를 이어나간다. 기와잇기는 흙을 기본 재료로 사용한다. 조선 후기 지붕공사에서 보토를 까는 모습은 19세기 중엽에 작성된 서유구의 『임원경제지』를 참고할 수 있다.

「개복(蓋覆): 동제(東制)」

위아래 서까래가 서로 만나는 중도리 언저리는 자연히 굽어지기 때문에 반드시 진흙(泥土)을 두껍게 깔아야 한다. 이로 인해 위로는 지붕마루에서부터 아래로는 처마끝까지 완전히 한 채의 흙집(土宇)을 만들고 나서야 비로소 기와를 덮을(覆瓦) 수 있다.(『금화경독기』)[4]

당시 일반적인 지붕공사에서는 진흙으로 보토를 완성했음을 알 수 있다. 산릉역에서 흙은 정자각 개기(開基) 즉 터파기를 하면서 얻을 수 있다. 터파기 흙의 품질이 좋지 않더라도 능소에서 멀지 않은 곳에서 충분히 취할 수 있었다. 근래는 지붕공사에는 강회다짐을 하면서 석회를 썼지만, 산릉의궤에서는 지붕 재료로 석회 기록은 확인되지 않는다. 산릉의궤에 축중방에 소요되는 석회 3섬(가마니)도 빠짐없이 기록된 것을 보면, 산릉역 내 지붕공사에서는 대량의 석회가 들어가는 강회다짐은 시행되지 않았던 것으로 판단된다.[5]

기와잇기는 받침장을 설치한 후 암막새 기와를 시작으로 암키와를 깐 다음, 숫막새를 설치하고 숫키와를 이어나간다. 산릉역에서는 부방초박이(夫防草朴只)로 숫막새를 견고하게 고정하였다. 막새는 장식적인 기능을 한다. 고려 시대 이전 암막새는 내림새가 얇은 띠 형태를 취했다. 하지만 조선 시대에는 내림새 중앙 끝이 뾰족한 반타원 형태를 띠었고, 내림새 공간이 넓어지면서 그만큼 다양한 문양을 새겼다. 막새가 장식적인 역할만 담당한 것은 아니었다. 고려 시대 암막새는 내림새가 연함을 가리는 정도였다. 반면 조선 시대 내림새는 면적도 넓고 아래로 길게 내려와 연함 외 평고대까지 빗물로부터 보호하는 역할을 겸하였다. 암막새가 목부재 보호를 담당했다면, 숫막새는 전체적인 기와 고정을 담당했다. 끝단에 위치한 숫막새 양단을 고정하면 숫막새 뒤 수키와도

처마부

박공부

그림 7-1. 부방초박이[융릉 정자각, 1789 이후 수리 추정]

흘러내리지 않게 되고, 그 사이 암막새를 비롯한 암키와의 흘러내림을 방지할 수 있게 된다. 융릉 정자각은 박공부를 포함하여 숫막새가 모두 부방초박이로 고정되어 있다.(그림 7-1) 이는 다른 정자각에서도 부분적으로 확인된다.

산릉의궤에서는 『정조건릉산릉도감의궤』(1800) 이전에는 부방초박이로, 이후로는 방초박이로 표기하였다. 막새 물량은 대부분 부녀방초를 통합하여 기술하고 있다. 〈표 7-2〉를 보면 부방초와 부방초박이의 비율이 일정치 않다. 부방초박이 수량은 일정 범위 내에서 유지되지만, 부방초는 편차가 심하고 특히 17세기 물량은 18세기 이후보다 확연하게 많이 잡혀 있다. 현존 정자각의 부방초는 산릉역의 경우 팔작지붕인 숭릉 정자각을 제외하고 대부분 200개 내외이다. 현존 정자각과 의궤에 기록된 부방초 간 수량 차를 보면 숭릉과 익릉 정자각은 각각 498개, 261개로 나타난다. 현존 정자각과 비슷한 경우는 사릉의 실입질 물량과 온릉의 번와소 물량 정도이다. 당시 기와 물량 산출의 정밀함이 매우 떨어졌음을 알 수 있다.

앞서 목공사에서 의궤에 기록된 서까래 이상 부재 물량이 현존 정자각과 차이가 많았음을 지적한 바 있다. 태조건원릉정자각중수역(1764)은 정전과 정전 박공부, 배위청과 배위청 박공부로 부위별 부방초 물량을 세분화하였다. 현존 정자각과 비교하면 정전 박공부는 정확히 일치하고 배위청은 비슷하지만, 정전은 2배 정도로 많은 물량이 잡혀 있다. 지금은 기와 물량 산출 시 도면을 활용하지만, 조선 후기에는 개략적인 산출에 의지할 수밖에 없었다. 물량 산출의 편의를 위해 정전과 배위청을 독립된 두 개의 맞배지붕으로 상정한 후 산출했던 것으로 짐작된다. 결과적으로 회첨부 물량이 중복되어 과한 물량이 산출된 것이다. 따라서 〈표 7-1〉과 같이 계획 물량에 해당하는 조성소 물량과 실제 투입되는 번와소 물량 간 차이가 발생하게 된 것이다.

18세기에 들어서 여전히 물량 차이는 있지만 의궤상 부방초와 부방초박이의 편차가 줄어든다. 물량 산출 정밀도가 이전에 비해 조금 개선되었다고 할 수 있다. 단경왕후온릉봉릉역(1739)의 경우 부방초는 259장, 부

표 7-2. 정자각의 방초와 방초박이 비율

No.	능호	시기	부방초①	(부)방초박이②	현 정자각 부방초③	①-③	①/②(%)
1	**목릉**	1630	-	190, 94終	186	-	-
2	소현세자묘	1645	678	-	-	-	-
3	영릉	1659	481	170	-	-	283
4	**숭릉**	1674	(781)	296	283	498	(163)
5	**익릉**	1680	(490)	270	229	261	181
6	휘릉	1689	(501)	270	-	-	(186)
7	**사릉**	1699	239/143實	230	137	102/6	89/53
8	**장릉**	1699	250	200	155	95	125
9	명릉	1702	(264)	270	-	-	98
10	단의빈묘	1718	(330)	200	-	-	165
11	민회빈묘	1719	(141)	231	-	-	61
12	**의릉**	1725	168	250	229	-61	67
13	**온릉**	1739	259(168)	230	183	76(-15)	113/(73)
14	의소세손묘	1752	253	250	-	-	141
15	**소령원**	1753	-	200	169	-	-
16	**순강원**	1755	(334)	200	163	171	167
17	**홍릉**	1757	(255)	270	186	69	94
18	사도세자묘	1762	(332)	205	-	-	162
19	건원릉	1764	-	정:110 박:74 배:38 박:17	정:59 박:74 배:32 박:29	-	-
20	**원릉**	1776	(245)	270	189	-	91
21	문효세자묘	1786	(353)	250	-	-	141
22	**현륭원**	1789	(295)	270	203	-	109
23	건릉	1800	(325)	276	-	-	118
24	**건릉**	1821	-	276	212	-	-
25	휘경원	1823	(480)	276	-	-	174
26	연경묘	1830	-	150	-	-	-
27	인릉	1835	-	276	-	-	-
28	**경릉**	1843	-	276	199	-	-
29	수릉	1846	-	150	-	-	-
30	**수릉**	1855	-	150	198	-	-
31	휘경원	1855	-	150	-	-	-
32	**인릉**	1856	-	150	198	-	-
33	**휘경원**	1864	-	150	211	-	-
34	**예릉**	1864	-	150	-	-	-

본 표의 기와는 조성소 내 개와소입 및 실입질을 정리한 것으로 ( )는 번와소의 물량을 정리한 것임. 實은 실입을 뜻하고, 終은 종와박이(終瓦朴只)를 뜻함

방초박이는 230개로 비슷하게 물량 계획이 이루어졌다. 하지만 부방초 실제 투입 수량은 168장으로 계획에 비해 많이 줄어들었다. 인현왕후명릉산릉역(1702), 의소세손묘소역(1752), 정성왕후홍릉산릉역(1757), 영조원릉산릉역(1776), 장헌세자현륭원원소역(1789)에서는 부방초와 부방초박이 물량의 차이가 좁혀졌다. 19세기 전반까지 산릉역의 경우 부방초박이가 270개 내외로 많은 물량이 계획되었다. 이는 전 시기의 8칸 정자각의 부방초박이 물량을 그대로 사용하면서 발생한 오류이다. 19세기 후반 무렵 이후에는 150개의 부방초박이를 계획하였는데, 이는 5칸 정자각에 맞게 물량을 조정한 것이다. 현존 정자각과 비교하면 50개 정

도 적어 이 또한 실제 들어가는 물량과는 차이가 발생하였다.

부방초박이는 18세기 전반까지 산릉역의 경우 9치 두정을 사용하였는데, 18세기 후반에는 6~7치 두정으로 짧아졌다가 19세기에는 다시 8치 두정으로 길어졌다. 부방초박이는 목부재에 고정되는 것이 아니라 부연개판 위 보토에 고정된다. 9치로 했을 경우 개판 윗면에 근접하거나 개판에 박힐 수도 있다. 18세기 후반에는 개판을 설치하지 않고 산자를 엮은 후 앙토로 마감하기 때문에, 못이 길게 박히면 앙토에 균열이 발생하게 되어 못 길이를 줄였던 것으로 추측된다. 19세기 중엽부터 다시 개판을 설치하면서 8치 못으로 못 길이를 조정한 것으로 보인다.

한편 선조목릉천장산릉역(1630)에서는 "防草朴只 190介" 외에 "終瓦朴只 94介"를 사용하였다. 부방초 물량은 표기되지 않아 알 수 없는데, 현존 정자각의 부방초는 186개로 부방초당 방초박이는 1:1의 비율이었음을 알 수 있다. 그렇다면 종와박이 94개는 어디에 설치했을까? 먼저 종와(終瓦)가 어떤 기와인지 파악해 보자. 한자 의미상 끝에 위치한 기와인데, 평기와 끝인 방초(막새)를 제외하면 두 가지 가능성을 생각해 볼 수 있다. 첫 번째는 양성 위의 수키와로 현존 정자각 수량은 108개이다. 두 번째는 박공부의 암막새 다음 암키와로 현존 정자각의 수량은 90개이다. 구조적으로 보면 박공부의 암막새는 내림마루의 양성이 잡아주기 때문에 굳이 고정할 필요는 없다. 양성 위 수키와가 바람이 불면 떨어질 수 있어 종와일 가능성이 높다. 하지만 이후 종와박이가 나타나지 않아 설치 위치는 특정하기가 곤란하다.

부방초를 고정하기 위해서는 중앙에 구멍을 뚫어야 한다. 이러한 작업을 한 장인이 안자장(鞍子匠)이다. 전술했듯이 안자장은 18세기 전반까지는 1명만 투입되었는데, 18세기 말부터는 2명을 기본으로 최대 9명까지 투입하기도 하였다. 이는 시공 기간을 조금이라도 단축하기 위한 방편으로 짐작된다. 정순왕후사릉봉릉역(1739)에서는 도성 내 거주하는 안자장 이말준을 불러서 정자각 개와 시 구멍 뚫기[作孔]를 시킨 예가 있다.[6]

용마루

산릉의궤와 영건의궤에서 용마루라는 명칭은 보이지 않는다. 또한 산릉의궤에서는 용마루 쌓기 기법과 관련된 내용도 확인되지 않는다. 선행 연구에서는 용마루 구성 기와 중 적새보다 조금 튀어나온 기와를 복미와(覆眉瓦)라고 칭하였음[7]을 밝힌 바 있다.

한편 산릉의궤에는 용마루 쌓기 시 사용되었을 것으로 짐작되는 철물이 확인된다. 양상열와박이[樑上列瓦朴只]와 양상덧방박이[樑上加防朴只]이다. 둘 다 양상(樑上)이라는 접두어에 박이명을 붙인 합성어이다. 양상(樑上)은 종도리 위를 가리키며 용마루 부위를 지칭하는 용어이다.[8] 열와(列瓦)는 나란히 놓인 기와를 뜻하므로 적새를 지칭한 것으로 짐작된다. 즉 양상열와박이[樑上列瓦朴只]는 용마루적새박이로 풀이할 수 있다.

정자각 수리 자료 중 양상열와박이로 보이는 철물은 확인되지 않았다. 다행히 창덕궁 인정전, 경복궁 근정전 및 숭례문 수리 자료에서 실례를 찾아 볼 수 있다.(그림 7-2) 인정전은 용마루에 6개 정도가 설치되어 있다. 숭례문은 적새 2/3 지점까지 설치되어 있다. 근정전은 최상단 적새 위치까지 설치되어 있다. 근정전 수리보고서에서는 이 철물을 종심박이로 명명하였는데, 길이는 1.8m로 5개가 설치되어 있다.[9] 모두 관영건축을 대표하는 중층 건물로 길이 5~6자의 긴 못으로 적새 최상단 또는 2/3 지점에 이르도록, 용마루 중심에 5개 또는 6개의 양상열와박

인정전(1856 중수)

숭례문(1867 중수)

근정전(1867 중건)

그림 7-2. 양상열와박이

이가 설치되어 있다. 양상열와박이는 적새가 흔들리지 않도록 고정하는 역할을 한 것으로 보인다. 사례 모두 못 하부에 사슬이 설치된 것을 보면 지붕을 오르내리기 위한 사슬 고정 역할도 겸했음을 알 수 있다.

산릉의궤에서 양상열와박이는 길이가 대부분 2자이지만 2자 5치가 사용된 예도 있다. 이는 정자각에 쓰인 가장 긴 못 중 하나이다. 융릉 정자각을 예로 들어보자. 융릉 정자각은 용마루에 적새 7단을 쌓았다. 종심 윗면에서 최상단 적새 윗면까지 높이는 674mm이고, 종심 직경은 105mm이다. 2자(620mm) 정을 설치할 경우 종심의 절반 정도 고정한다고 가정하면 양상열와박이는 밑에서 3번째 적새 위치까지 설치되게 된다. 2자 5치(775mm) 정을 사용할 경우에는 적새의 최상단까지 설치할 수 있다.

근정전 수리보고서에서는 이 못을 종심박이로 명명하였다. 하지만 앞서 '목공사 시공기법'에서 설명했듯이 종심박이는 종심 고정못이다. 정자각에서 종심박이는 19세기에는 1자 5치 정 12개를 사용하여, 양상열와박이와는 규격과 용처가 다른 별개의 철물이다. 양상열와박이의 용례가 확인되었으므로 앞으로는 제대로 된 명칭이 사용되어야 할 것이다.

양상열와박이는 영조원릉산릉역(1776)까지만 사용되고 그 이후에는 나타나지 않는다. 대부분 5~8개를 사용하였다. 태조건원릉정자각중수역(1764)에서 정전에 16개, 배위청에 20개로 조밀하게 계획한 바 있지만, 이는 예외적인 경우에 해당된다. 5칸 정자각의 경우 정전과 배위청

그림 7-3. 양상열와박이가 사용되었던 적새[근정전, 1867 중건]

그림 7-4. 양상등사거리대사슬[장릉(莊陵) 정자각, 1699]

의 용마루 길이는 대체로 비슷하거나 배위청이 조금 작은 편이다. 양상열와박이를 5개 설치할 경우에는 정전에는 3개, 배위청에는 2개, 8개 설치할 경우에는 각각 4개씩 고정하였을 것으로 추정된다.

양상열와박이를 종심에 고정한 다음 사슬을 설치하고, 양상열와박이에 꽂을 수 있도록 미리 구멍을 뚫어 놓은 적새를 위로 하나씩 쌓는다. 〈그림 7-3〉을 보면 양상열와박이를 고정하기 위해 적새 가운데 큰 구멍이 뚫려 있다. 이러한 작업은 안자장의 역할 중 하나이다.

양상열와박이에 고정되는 사슬은 산릉의궤에서는 '樑上登沙巨里大沙士乙, 樑上登沙去里大沙士乙, 樑上沙乭, 登沙乭, 宗沙瑟' 등으로 표기되어 있다. 18세기까지 주로 양상등사거리대사슬[樑上登沙巨里大沙士乙]로 표기했는데, 등사슬(登沙乭)로 줄여 쓰기도 하였다. 19세기에는 종사슬(宗沙瑟), 양상사슬(樑上沙乭)로 표기하였고, 최종적으로 사슬(沙瑟)로 축약되었다. 양상등사거리대사슬[樑上登沙巨里大沙士乙]은 용마루에 오르기 위해 거는 대사슬로 풀이할 수 있다. 정자각 조성 후 시간이 지나면 양상도회에 균열이나 탈락이 생길 수 있고, 지붕 기와골이 흐트러지는 등의 하자가 발생할 수 있다. 즉 지붕 수리 시 지붕을 오르내릴 때의 편의를 위해 양상등사거리대사슬(이하 사슬)을 미리 설치했던 것이다. 현존 정자각에서는 드물게 확인되는데, 대부분 근래의 수리과정에서 사라진 것으로 짐작된다.(그림 7-4) 사슬은 대부분 10개(箇) 또는 5거리(巨里)를 사용했다. 여기서 거리는 서까래와 같이 양쪽으로 건다는 의미의 단위로, 1거리는 지붕면 양쪽으로 갈라진 사슬 2개를 뜻한다. 아마도 정전에 3곳, 배위청에 2곳 설치하였을 것이다. 길이는 대부분 1파(把)로 표기되어 있는데, 『단경왕후온릉봉릉도감의궤』(1739)에는 4자로 표기된 바도 있다. 1파(把)는 두 팔을 벌렸을 때 양 손끝 길이로 대략 1.8m 정도 된다.[10] 정자각 사슬은 손잡이인 원환(圓環)을 갖추었고, 길이는 4~6자로 짐작된다. 사슬 수량은 근정전의 경우 양상열와박이 수량과 일치하는데, 산릉역에서는 일치하지 않는다. 이에 대해서는 양상덧방박이[樑上加防朴只]라는 낯선 철물과 함께 살펴보도록 하자.

산릉의궤에서 양상덧방박이는 '樑上加加叱防朴只, 樑上加防朴只, 加叱

防朴只, 龍防朴只, 樑上龍朴只, 龍朴只' 등으로 표기되어 있다. 19세기 전반까지는 '樑上龍防朴只, 樑上加防朴只'의 빈도가 높았고, 19세기 후반에는 '樑上龍朴只, 龍朴只'이로 명칭이 축약되었다. 양상덧방박이[樑上加防朴只]는 용마루 덧방에 고정한 못으로 풀이할 수 있다. 용마루 덧방이 종심을 의미하는지는 명확하지 않지만, 용마루상에 별도의 부재가 없으므로 아마도 종심에 고정했던 못으로 추측된다. 이어지는 명칭들은 '樑上'을 생략하거나 이두식 동음으로 표기하며 달라진 것이다. 19세기 후반에는 '防'자도 생략하여 표기하였다. 즉 양상덧방박이와 양상열와박이는 같은 부위에 설치한 철물로 보인다. 양상열와박이는 18세기 중엽까지 쓰이지만, 양상덧방박이는 19세기 후반까지 설치되었다. 양상덧방박이는 양상열와박이에 비해 짧은 9치 두정을 사용하였다. 종심에 2치 정도 고정한다고 가정하면 7치 정도만 남는다. 이 길이는 적새를 쌓기 전 착고와 부고를 쌓은 높이에 해당된다. 따라서 적새를 고정하는 역할을 하는 양상열와박이와는 기능을 달리한다. 양상덧방박이 수량을 보면, 18세기 전반까지는 5개를 고정하였다. 정성왕후홍릉산릉역(1757)을 계기로 10배 증가하여 50개가 되고, 태조건원릉정자각중수역(1764)에서는 1자 정으로 긴 못을 사용하는 대신 수량은 20개로 줄였다. 한편 묘소역은 여전히 5개만 사용하여 산릉역과는 수량 차이가 확연하게 나타난다. 하지만 장헌세자현륭원원소역(1789)을 계기로 산릉역, 원소역, 묘소역 모두 50개로 동일해진다.

여기서 주목할 점은 18세기 전반까지 설치된 양상덧방박이의 수량 5개가 사슬 수량과 일치한다는 것이다. 이는 사슬을 고정하기 위한 용도로 양상덧방박이를 설치하였을 가능성을 시사한다. 즉 양상열와박이는 사슬 고정보다는 적새를 잡아주는 기능을 하였을 것으로 보인다. 이는 근정전 등 앞서 사례를 든 중층 건물의 양상열와박이와는 양상을 달리한다. 물론 정자각의 양상열와박이가 사슬보다 대개 1~3개 정도 아주 근소하게 많기 때문에 근정전처럼 양상열와박이에 사슬을 고정하였을 수도 있다. 하지만 정자각에서는 영조원릉산릉역(1776)을 마지막으로 양상열와박이를 사용하지 않았다. 그리고 비슷한 시점에 양상덧방박이는

표 7-3. 정자각의 양상열와박이, 양상덧방박이 및 양상등사거리대사슬

No.	능호	시기	양상열와박이	양상덧방박이	양상등사거리대사슬
1	**목릉**	1630	-	-	沙登京巨里鐵鎖6部
2	소현세자묘	1645	-	-	-
3	영릉	1659	樑上列瓦朴只 2尺釘 5介	樑上加加叱防朴只 9寸頭釘 12介	樑上登沙巨里大沙士乙 7各長1把大圓環各3
4	**숭릉**	1674	樑上列瓦朴只 2尺釘 8箇	加叱防朴只 9寸頭釘 5箇	樑上登沙巨里大沙士乙10各長1把圓環具
5	**익릉**	1680	樑上列瓦朴只 2尺釘 8箇	加防朴只 9寸頭釘 5箇	樑登沙巨乙里大沙士乙10各長1把圓環具
6	휘릉	1689	樑上列瓦朴只 2尺釘 8箇	加防朴只 9寸頭釘 5箇	樑上登沙巨里大沙士乙10各長1把圓環具
7	**사릉**	1699	樑上列瓦朴只 2尺釘 6箇	加叱防朴 9寸頭釘 5箇	-
8	**장릉**	1699	樑上列瓦朴只 2尺釘 8箇	樑上加防朴只 9寸頭釘 5箇	梁上登沙昰沙乭10各長1把圓環具
9	명릉	1702	樑上列瓦朴只 2尺釘 8箇	加防朴只 9寸頭釘 5箇	樑上登沙巨乙里大沙士乙10各長1把圓環具
10	단의빈묘	1718	樑上列瓦朴只 2尺釘 5箇	樑上莻防朴只 9寸頭釘 5箇	樑上登沙巨里大沙士乙10箇各1把圓環具
11	민회빈묘	1719	樑上列瓦朴只 2尺釘 6箇	莻防朴只 9寸頭釘 5箇	-
12	**의릉**	1725	樑上列瓦朴只 2尺釘 10箇	樑上加防朴只 9寸頭釘 5箇	樑上登沙昰里大沙乭7箇 朴只5寸頭釘7箇
13	**온릉**	1739	樑上列瓦朴只 2尺丁 6介	樑上加防朴只 9寸頭丁 5介	樑上登沙巨里大沙乭10介各長4尺
14	의소세손묘	1752	-	樑上莻防朴只 9寸頭釘 5箇	樑上登沙巨里大沙乭10箇各1把圓環具
15	**소령원**	1753	-	樑上莻方朴只 9寸頭釘 5箇	樑上登沙巨里大沙乭5巨里各長2把圓環具
16	**순강원**	1755	-	樑上莻方朴只 9寸頭釘 5介	樑上登沙巨里大沙乭5巨里各長2把圓環具
17	**홍릉**	1757	樑上列尾朴只 2尺釘8介	樑上莻防朴只 9寸頭釘 50介	-
18	사도세자묘	1762	-	樑上加叱防朴只 9寸頭丁 5箇	樑上登沙去里大沙士乙10巨里各長1把圓環具
19	건원릉	1764	정:瓦樑朴只 2尺5寸釘 16箇 배:瓦棟朴只 2尺5寸釘 20箇	정: 瓦朴只 1尺釘 20箇	-
20	**원릉**	1776	樑上列瓦朴只 2尺釘 8箇	樑上㖙防朴只 9寸頭釘 50箇	登沙乭5巨里各長1把圓環釘具
21	문효세자묘	1786	-	樑上莻防朴只 9寸頭釘 5箇	樑上登沙巨里大沙乭10箇各1把圓環具
22	**현륭원**	1789	-	樑上莻防朴只 9寸頭釘 50箇	登沙乭5巨里各長1把圓環排目具
23	건릉	1800	-	樑上莻防朴只 9寸頭釘 50箇	-
24	**건릉**	1821	-	樑上㖙防朴只 9寸頭釘 50箇	-
25	휘경원	1823	-	樑上㖙防朴只 9寸頭釘 50箇	-
26	연경묘	1830	-	樑上莻防朴只 9寸頭釘 50箇	-
27	인릉	1835	-	樑上㖙防朴只 9寸頭釘 30箇	宗沙瑟4巨里
28	**경릉**	1843	-	樑上莻防朴只 9寸頭釘 50箇	-
29	수릉	1846	-	樑上莻朴只 9寸釘 50箇	沙瑟 7箇長6把單環具*
30	**수릉**	1855	-	樑上莻朴只 9寸釘 50箇	沙瑟 7箇長6把單環具*
31	휘경원	1855	-	-	沙瑟 具單環7巨里長6把*
32	**인릉**	1856	-	-	沙瑟 7箇長6把單環具*
33	**휘경원**	1864	-	樑上加朴只 9寸頭釘 50箇	沙瑟 具單環7巨里長6把*
34	**예릉**	1864	-	莻朴只 9寸釘 50箇	樑上沙乭7巨里長33尺單環具

*는 취두대사슬을 포함한 물량으로 판단됨.

수량을 이전보다 10배 증가시켰다. 따라서 이 시점에 이르러 양상열와박이의 사슬 고정 역할을 양상덧방박이로 대체하였거나 아니면 그 이전부터 그러했을 가능성도 있다.

18세기 후반부터 양상덧방박이의 수량이 10배 늘어난 이유에 대해서는 부연 설명이 필요하다. 양상덧방박이는 설치된 최종 높이가 적새보다 낮으므로 착고나 부고와 관련되었을 가능성이 높다. 양상덧방박이를 50개 고정할 경우 융릉 정자각에 대입해 보면 용마루에 약 53cm 간격으로 설치한 것으로 산출된다. 이렇게 조밀한 간격으로 설치하였다면

착고 및 부고의 뼈대 역할을 충분히 하였을 것이다. 더하여 양상덧방박이에 새끼를 엮어 적새 바탕을 구성하였을 가능성도 있다. 이에 대해 조사된 바가 없어 지금으로서는 단정할 수 없다. 용마루와 지붕의 수리 과정에서 양상덧방박이 기법이 사라져 버렸을 가능성도 남아 있다. 추후 수리과정에서 확인되길 기대해 본다.

취두와 용두

취두

취두는 용마루 끝에 설치된 장식 기와로 산릉의궤에서는 모두 '鷲頭'로 표기되어 있다. 정자각에는 정전 양 끝에 2개, 배위청 전면에 1개가 설치되어 있다. 산릉의궤에는 취두 수량과 동일하게 북수(北首), 운각(雲角)이 함께 표기되어 있다. 선행연구에 따르면 취두는 세 부분으로 나뉘는데, 북수는 지붕면 받침이고 그 위에 운각을 올리고 맨 위에 취두를 올린다.[12] 즉 산릉역에서는 17세기 전반부터 19세기 전반까지 일관되게 북수, 운각, 취두를 하나의 세트로 사용한 것임을 알 수 있다.[13] 효현왕후경릉산릉역(1843)부터는 번와소를 설치하지 않고 경공(京貢)을 통해 취두를 조달함에 따라 물량이 기록되어 있지 않다. 영건의궤에서는 18세기 말까지 북수와 운각은 간헐적으로 확인되고, 19세기부터 하나의 세트로 나타난다.[14]

취두 관련 철물로는 '北首朴只, 鷲頭朴只, 巨勿釘, 鷲頭大沙士乙' 등이 있다. 북수박이[北首朴只]는 북수 고정못으로, 5치 두정 3개를 사용하였다. 북수박이는 17세기 후반부터 18세기 말까지 사용되었다. 태조건원릉정자각중수역(1764)에서는 2자 5치 정의 취두박이가 쓰인 바 있다. 이후 취두박이는 장헌세자현륭원원소역까지(1789)까지 1자 5치 정을 사용하였고, 정조건릉산릉역(1800)부터는 3자 정을 사용하였다. 18세기 후반에는 짧은 취두박이와 북수박이가 혼용되기도 하였는데, 정조건릉산릉역부터 긴 취두박이를 사용함에 따라 북수박이는 더 이상

표 7-4. 정자각의 취두 및 취두박이

No.	능호	시기	북수	운각	취두	북수박이	취두박이	거멀정
1	**목릉**	1630	-	雲角1介	-	-	-	-
2	소현세자묘	1645	北首3介	雲閣3介	-	-	-	-
3	영릉	1659	北首3介	雲角3介	鷲頭3	北首朴只 5寸頭釘 3介	-	巨勿釘24介
4	**숭릉**	1674	北首3	雲角3	鷲頭3	北首朴只 5寸頭釘 3箇	-	巨馬乙釘24箇
5	**익릉**	1680	北首3	雲角3	鷲頭3	北首朴只 5寸頭釘 3箇	-	巨勿釘24箇
6	휘릉	1689	北首3	雲角3	鷲頭3	北首朴只 5寸頭釘 3箇	-	巨勿釘24箇
7	**사릉**	1699	北首3箇	雲角3箇	鷲頭3箇	北首朴只 5寸頭釘 3箇	-	鷲頭朴只 巨勿釘18箇
8	**장릉**	1699	北首3	雲角3	鷲頭3	北首朴只 5寸頭釘 3箇	-	巨勿釘24箇
9	명릉	1702	北首3箇	雲角3箇	鷲頭3箇	北首朴只 5寸頭釘 3箇	-	巨勿釘24箇
10	단의빈묘	1718	北首3箇	雲角3箇	鷲頭3箇	北首朴只 5寸頭釘 3箇	-	巨勿釘24箇
11	민회빈묘	1719	北首3箇	雲角3箇	鷲頭3箇	北首朴只 5寸頭釘 3箇	-	鷲頭朴只 巨勿釘6箇
12	**의릉**	1725	北首3箇	雲角3箇	鷲頭3箇	北首朴只 5寸頭釘 3箇	-	巪勿丁6箇
13	**온릉**	1739	北首3箇	雲角3箇	鷲頭3箇	北首朴只 5寸頭丁 3介	-	巨勿丁28介
14	의소세손묘	1752	北首3箇	雲角3箇	鷲頭3箇	北首朴只 5寸頭釘 3箇	-	巨勿釘24箇
15	**소령원**	1753	北首3箇	雲角3箇	鷲頭3箇	北首朴只 5寸頭釘 3箇	-	巨勿釘24箇
16	**순강원**	1755	北首3介	雲角3介	鷲頭3介	北首朴只 7寸頭釘 3介	-	巨勿釘24介
17	**홍릉**	1757	北首3箇	雲角3箇	鷲頭3箇	北首朴只 5寸頭釘 3介	-	巨勿釘24介
18	사도세자묘	1762	北首3箇	雲角3箇	鷲頭3箇	北首朴只 5寸頭丁 3箇	-	巨勿丁24箇
19	건원릉	1764	北首2箇	雲角2箇	-	-	정:鷲頭朴只 2尺5寸釘 2箇 배:鷲頭朴只 2尺5寸釘 1箇	정:巨勿釘8箇 배:巨勿釘4箇
20	**원릉**	1776	北首3箇	雲角3箇	鷲頭3箇	北首朴只 5寸頭釘 3箇	鷲頭朴只 1尺5寸釘 20箇	巨勿釘20箇
21	문효세자묘	1786	北首3箇	雲角3箇	鷲頭3箇	北首朴只 5寸頭釘 3箇	鷲頭朴只 1尺5寸釘 3箇	巨勿釘24箇
22	**현륭원**	1789	北首3箇	雲角3箇	鷲頭3箇	北首朴只 5寸頭釘 3箇	鷲頭朴只 1尺5寸釘 20箇	巨勿釘24箇
23	건릉	1800	北首3箇	雲角3箇	鷲頭3箇	-	鷲頭朴只 3尺釘 3箇	巨勿釘12箇
24	**건릉**	1821	-	-	-	-	鷲頭朴只 3尺釘 3箇	巨勿釘12箇
25	휘경원	1823	北首3箇	雲角3箇	鷲頭3箇	-	鷲頭朴只 3尺釘 3箇	巨勿釘12箇
26	연경묘	1830	-	-	-	-	鷲頭朴只 3尺釘 3箇	巨勿釘12箇
27	인릉	1835	-	-	-	-	鷲頭朴只 3寸頭釘 3箇	巨勿釘12箇
28	**경릉**	1843	-	-	-	-	鷲頭朴只 3尺釘 3箇	巨勿釘12箇
29	수릉	1846	-	-	-	-	鷲頭朴只 3寸釘 3箇	巨勿釘12箇 長8寸鑞染
30	**수릉**	1855	-	-	-	-	鷲頭朴只 3寸釘 3箇	巨勿釘12箇 長8寸鑞染
31	휘경원	1855	-	-	-	-	鷲頭朴只 3寸釘 3箇	巨勿釘 長8寸12箇
32	**인릉**	1856	-	-	-	-	鷲頭朴只 3尺釘 3箇	巨勿釘12箇 長8寸鑞染
33	**휘경원**	1864	-	-	-	-	鷲頭朴只 3尺釘 3箇	巨勿釘 長8寸12箇
34	**예릉**	1864	-	-	-	-	鷲頭朴只 3尺釘 3箇	8寸巨勿釘 12箇鑞染 5寸巨勿釘 32箇

설치하지 않았다. 북수박이와 취두박이 외에 거물정(巨勿釘)이 쓰였다. 거물정은 비슷한 발음인 거말정[巨馬乙釘]으로 표기한 예가 있고, 취두박이거물정[鷲頭朴只巨勿釘]으로 사용 위치를 명확히 한 경우도 있지만, 대부분은 거물정(巨勿釘)으로 기록되어 있다. 거멀정은 정조건릉산릉역 전에는 대체로 24개를 설치하였는데, 이후에는 절반으로 줄어든

다. 거멀정 24개는 취두 1개당 8개씩, 12개는 4개씩 고정한 셈이다.

거멀정 수량 변화는 취두 구성의 변화를 보면 쉽게 이해된다. 천장이나 정자각 중수를 제외하고 효명세자연경묘묘소역(1830)까지는 산릉의궤 기록상 3단으로 취두를 구성하였다.[15] 현존 정자각을 보면 3단 취두는 경릉(敬陵, 1670), 순강원(1753), 융릉(1789) 및 건릉(1821) 정자각에서만 확인되고, 나머지는 모두 2단 취두로 구성되어 있다.

표 7-5. 정자각의 취두대사슬과 현존 정자각의 취두

No.	능호	시기	취두대사슬	현존 정자각 취두	
				수량	구성
1	**목릉**	1630	鷲頭沙土乙 3部	3	2단
2	소현세자묘	1645	-		
3	영릉	1659	鷲頭大沙土乙 3巨里各長3把		
4	**숭릉**	1674	鷲頭大沙土乙 3巨里各長3把	정 2	2단
5	**익릉**	1680	鷲頭大沙土乙 3巨里各長3把	배 1	2단
6	휘릉	1689	鷲頭大沙土乙 3巨里各長3把		
7	**사릉**	1699	-	3	2단
8	**장릉**	1699	鷲頭大沙乬 3巨里各長3把	3	1단(신설)
9	명릉	1702	鷲頭大沙土乙 3巨里各長3把		
10	단의빈묘	1718	鷲頭大沙土乙 3巨里各長3尺		
11	민회빈묘	1719	鷲頭3把沙乬 3部1把沙乬6部		
12	**의릉**	1725	鷲頭大乷 3巨里各長3把	3	2단
13	**온릉**	1739	鷲頭大沙乬 3巨里各長8尺	-	-
14	의소세손묘	1752	鷲頭大沙乬 3巨里各長3尺		
15	**소령원**	1753	鷲頭大沙乬 3巨里各長3把	3	1단(2단 추정)
16	**순강원**	1755	鷲頭大沙乬 3巨里各長4把	3	정 3단, 배 1단(신)
17	**홍릉**	1757	鷲頭大沙乬 3巨里各長3把	3	2단
18	사도세자묘	1762	鷲頭大沙土乙 3巨里各長3把		
19	건원릉	1764	-		
20	**원릉**	1776	鷲頭大沙乬 3巨里各長3把	3	정 2단, 배 1단
21	문효세자묘	1786	鷲頭大沙乬 3巨里各長3尺		
22	**현륭원**	1789	鷲頭大沙乬 3巨里各長3把	3	정 3단, 배 1단
23	건릉	1800	長沙瑟 釘具 3巨里各長6把		
24	**건릉**	1821	長沙瑟 釘具 3巨里各長6把	3	정 3단, 배 1단
25	휘경원	1823	長沙瑟 釘具 3巨里各長6把		
26	연경묘	1830	長沙瑟6把釘具 3巨里		
27	인릉	1835	長沙瑟 釘具 3巨里各長6把		
28	**경릉**	1843	長沙瑟 釘具 3巨里各長6把	3	2단
29	수릉	1846	沙瑟 7箇長6把單環具*		
30	**수릉**	1855	沙瑟 7箇長6把單環具*	3	2단
31	휘경원	1855	沙瑟 具單環 7巨里長6把*		
32	**인릉**	1856	沙瑟 7箇長6把單環具*	3	2단
33	**휘경원**	1864	沙瑟 具單環 7巨里長6把*	3	1단
34	**예릉**	1864	沙乬 鐵 3巨里長25尺	3	2단

* 양상등사거리대사슬 물량이 포함된 것으로 판단됨.

『고궁 건물막새 등 문양조사』(이하 『고궁 막새 조사』)보고서에 의하면, 궁궐 취두는 6종으로 분류된다. 첫 번째는 해태가 용마루를 문 형상으로 창경궁 명정문 등에서 보이며, 제작 시기는 18세기 내지 중창연대인 17세기까지 올라가는 것으로 보았다. 두 번째는 꼬리에 용을 새긴 형상으로 창경궁 문정전을 예로 들고 있다. 세 번째는 용이 용마루를 문 형상으로 창경궁 양화당 등에서 확인되며 제작 시기는 19세기 중엽 이후로 추정하였다. 네 번째는 새끼 용이 따로 장식된 경우로 19세기 후반 이후의 형식으로 판단하였다. 다섯 번째는 특수형으로 경복궁 집옥재를 예로 들었다. 마지막은 기타로 다섯 가지 분류 외의 유형으로 정리하였다. 임란 후 궁궐 재건 시기에는 격식을 따르며 해태류의 취두가 제작되었는데, 18세기에는 보이지 않는 지붕 끝까지 신경 쓸 필요가

경릉[敬陵, 1670]

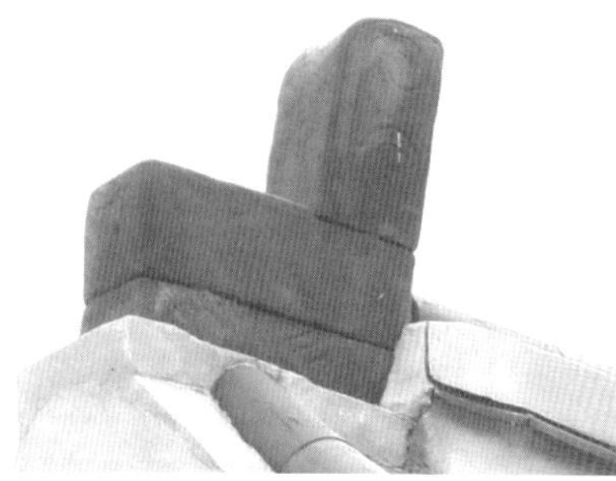

순강원[1753]

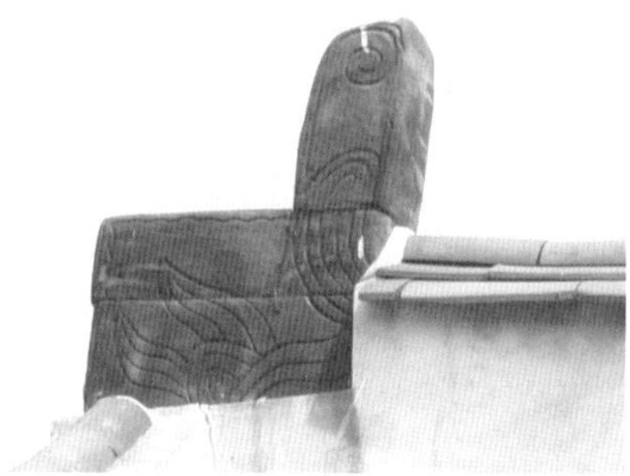

융릉[1789]

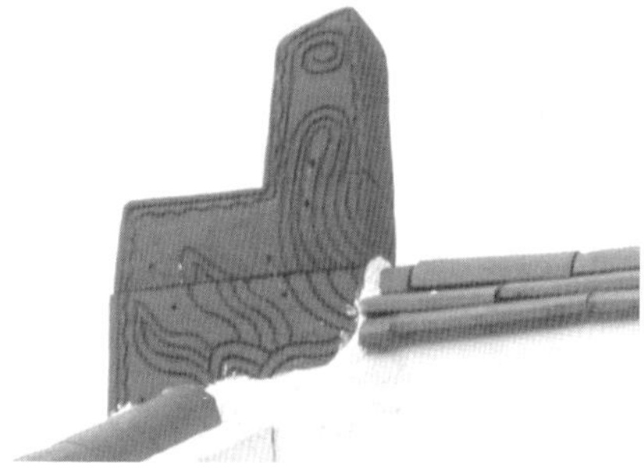

건릉[1821]

그림 7-5. 정자각의 3단 취두 구성

없다는 실용적인 양상을 취하며 조각도 형식화된다. 19세기에 들어서면 원래의 격식을 잃어버리게 되는데, 해태가 용으로 변하고 꼬리는 용, 머리는 해태였다가 나중에는 용의 머리로 변화되었다. 19세기 후반에는 용머리는 용마루를 물지 않고 독립하여 단순한 용으로 변화되었을 것으로 보고 있다. 또한 18세기까지 작은 건물에서는 2단의 취두 구성을 취한 것으로 판단하였다.

〈그림 7-5〉는 3단으로 구성된 정자각의 취두 사례이다. 두 가지 유형으로 분류된다. 경릉(敬陵, 1670)은 『고궁 막새 조사』 분류 기준의 두 번째 유형으로 해태 머리에 용 꼬리를 결합한 형태이다. 나머지 순강원(1753), 융릉(1789) 및 건릉(1821)의 취두는 첫 번째 유형인 해태가 용마루를 문 형상을 추상적으로 표현한 것인데, 머리 뒤 갈기 부분을 확대한 형상으로 정확히 첫 번째 유형은 아니다. 두 유형은 조각의 차이

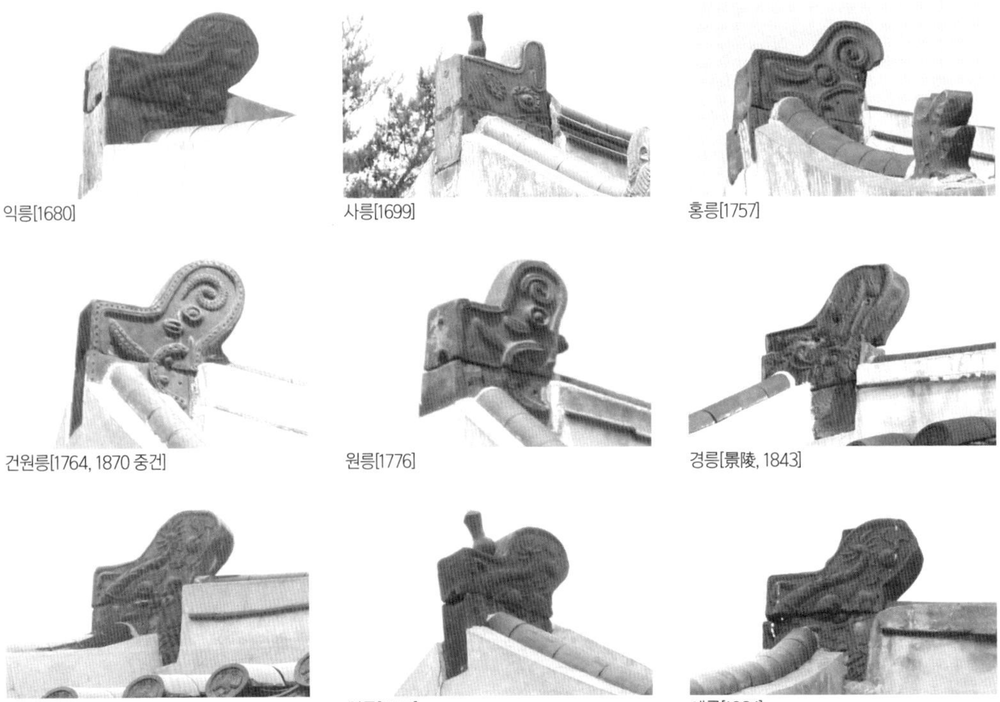

그림 7-6. 정자각의 2단 취두 구성

외에도 맨 위의 취두 형태가 다르다. 경릉(敬陵)이 ㄴ자 형태라면 나머지는 수직으로 서 있는 직사각형이다. 형태를 달리함에 따라 취두를 고정하는 거멀정 수량에도 차이가 발생한다. 경릉(敬陵)은 복수와 운각, 운각과 취두에 각각 한 면에 2개씩 총 8개의 거멀정을 사용하였다. 나머지는 복수와 운각은 2개, 운각과 취두는 1개로 총 6개를 사용하였다. 앞서 취두당 거멀정의 설치 수량은 정조건릉산릉역(1800) 이전에는 8개, 이후에는 4개였음을 언급한 바 있다. 이 수치에 따르면 경릉(敬陵)의 취두는 19세기 전의 것이 분명하다. 나머지 3개는 수치상 중간에 해당하여 18세기 중엽부터 19세기 초까지의 과도기적인 모습으로 추정된다. 경릉(敬陵)의 취두는 고식으로 건립 당시인 1670년까지 올라갈 것으로 판단된다.

〈그림 7-6〉은 산릉의궤와 비교가 가능한 현존 정자각 중 조선 후기에 제작된 것으로 판단되는 2단 구성의 취두 사례이다. 2가지 유형으로 분류된다. 첫 번째 유형은 『고궁 막새 조사』 분류 기준의 세 번째인 용이 용마루를 문 형상으로 익릉(1680), 경릉(景陵, 1843), 수릉(1855), 인릉(1856) 및 예릉(1864) 취두가 이에 해당한다. 나머지는 추상적으로 표현된 형상이다. 자세히 보면 입을 벌려 이빨을 드러내고, 취두 윗부분에 눈으로 보이는 모양과 꼬리나 구름이 말린 모습을 볼 수 있는데, 해태가 용마루를 문 형상을 표현한 것으로 이해된다. 경릉(景陵) 이후의 취두는 『고궁 막새 조사』에서 19세기 중엽 이후에 제작된 것으로 판단한 바 있는데, 제작 시기가 일치한다. 현존 정자각 중 2단 취두의 거멀정 구멍을 보면 취두당 4개의 거멀정이 설치되었음을 알 수 있다. 이는 의궤 수량과 일치한다. 즉 경릉(景陵) 이후에 제작된 취두는 건립 당시의 것으로, 19세기 중엽 이후부터 취두 구성이 3단에서 2단으로 변화되었음을 알 수 있다.

여기서 좀 더 짚어 볼 부분이 있다. 『태조건원릉정자각도감의궤』(1764)에서 재료 수량은 정전과 배위청 심지어 박공까지 구분하여 세밀하게 기록하고 있다는 점이다. 건원릉은 복수 2개, 운각 2개를 새로 마련하여 3단 취두를 계획하였다. 하지만 거멀정 수량은 정전 8개, 배위청 4

개로 취두당 거멀정은 4개로 2단 취두 구성에 해당한다. 이는 현존 건원릉 정자각 취두에 있는 거멀정 구멍 수와 일치한다. 한편 정순왕후사릉봉릉역(1699)에서는 취두거멀정을 18개 계획하였다. 이는 취두당 6개 사용한 것인데 과도기적인 3단 구성의 거멀정 수량과 일치한다. 사릉 정자각(1699) 이후부터 취두 형상이 해태 머리의 추상화 방식으로 변하는데, 『고궁 막새 조사』의 기준에 따르면 이는 17~18세기 기법에 해당한다. 사릉(1699) 취두가 후대에 변경되었는지는 불명확하지만, 홍릉(1757), 건원릉(1764), 원릉(1776)의 2단 취두는 건립 당시의 것일 가능성이 높다. 즉 이 시기 산릉역에서는 계획한 것과는 달리 실제로는 2단 취두를 취했을 것으로 추정된다. 정리하면 18세기 후반과 19세기 초에는 2단 취두와 3단 취두가 혼용되었는데, 19세기 중엽부터는 2단 취두 구성이 정례화된 것으로 판단된다.

취두 고정에 대해 살펴보자. 사도세자묘소역(1762)까지는 5치 두정의 북수박이만 사용하였는데, 이 시기 취두는 3단 구성을 취하였다. 경릉(敬陵) 정자각의 취두를 보면, 착고, 부고를 쌓은 뒤 적새 한 장을 깔고 난 다음 북수가 설치되어 있다.(그림 7-7) 적새와 북수 밑바닥에 미리 북수박이 구멍을 뚫어 놓고, 착고와 적새 한 장 깐 후 북수를 설치한 것이다. 북수박이는 길이가 약 15cm이므로 부고 위치까지 고정하였을 것이다. 근정전은 3단 취두를 취하였는데 내부에는 보토를 채웠다. 정자각 취두 내부도 동일하게 흙으로 다져 채웠을 것으로 보인다. 북수와

경릉(敬陵, 1670)

현릉(1699)

그림 7-7. 취두

운각은 거멀정으로 측면을 고정하고, 다시 운각을 흙으로 채우고 맨 위의 취두를 놓기 전에 취두 내부의 모양대로 흙을 다져 쌓은 후 취두를 씌웠을 것으로 추측된다. 마지막으로 운각과 취두를 거멀정으로 고정하였을 것이다.

그림 7-8. 취두박이와 수키와[근정전, 1867 중건]

태조건원릉정자각중수역(1764)에서 취두박이를 사용한 바 있는데, 정조건릉산릉역(1800) 이후로 북수박이는 사용하지 않고 취두박이로만 고정하였다. 정조건릉산릉역 이후 취두박이는 3자 정을 사용하였다. 이는 정자각 공사에서 사용된 가장 긴 못에 해당한다. 근정전에서는 6자에 해당하는 취두박이를 사용한 바 있다. 근정전 취두박이는 종심에 고정되어 있다. 정자각에서 3자 정도는 종심에 직접 고정할 수 있는 길이에 해당한다. 이전 북수박이에 비해 뼈대 역할이 강화된 것이다. 현릉 정자각은 2단으로 취두를 구성하였는데, 아랫단은 중앙부를 막아 2중 방형 형태로 구조상 안정적으로 제작되었다.(그림 7-7) 다른 취두도 이와 같이 제작하였다. 인릉 정자각은 2단 취두로 구성되는데 아랫단의 높이는 41cm, 윗단은 46cm로 총 높이는 87cm이다. 취두박이를 종심에 고정하면 취두박이의 머리 부분은 취두 윗 단의 가운데 이상까지 이르게 된다. 근정전의 경우 취두 길이가 정자각의 2배인 172cm로 세심한 시공이 요구되었다. 근정전에서는 취두박이 바깥으로 수키와 두 장을 원형으로 두르고 내부를 마른 흙과 잔가지를 넣어 취두박이를 보호 하였다. 이러한 코어 구조로 인해 안정적으로 취두가 고정될 수 있었다.

마지막으로 취두대사슬에 대해 살펴보자. 산릉의궤에서 취두대사슬은 17세기에는 '鷲頭大沙士乙'로, 18세기는 '鷲頭大沙乭'로 표기하였는데, 정조건릉산릉역(1800)을 계기로 19세기 전반에는 장사슬(長沙瑟)로 줄였고, 익종수릉산릉역(1846)을 기점으로 사슬(沙瑟)로 한 번 더 축약된다. 수량은 효현왕후경릉산릉역(1843)까지는 3거리(巨里), 즉 취두

세 곳에 양쪽 지붕면으로 2개씩 사슬을 걸었다. 이후 수량이 증가하는데 이는 양상등사거리대사슬이 포함된 것으로, 19세기 후반에도 이전과 같이 설치하였을 것으로 짐작된다. 취두대사슬 길이는 18세기 말까지는 3파(把)로 기록되어 있다. 산릉역인 경종의릉산릉역에서는 8자로 표기한 반면, 묘소역은 3자로 기록하여 산릉역과 묘소역 간 차이가 확인된다. 정조건릉산릉역(1800) 이후는 6~7파로 그전보다 2배 정도 길어지는데, 경종의릉산릉역의 길이를 기준으로 대입하면 16자가 된다. 8자는 약 2.4m, 16자는 약 4.8m이다. 앞서 살펴본 경릉(敬陵) 정자각 취두를 보면 사슬로 감아 취두를 고정한 것처럼 보인다.(그림 7-7) 하지만 취두대사슬은 길이가 16자 정도로 취두 고정용으로만 보는 것은 적절치 않다. 휘경원 정자각의 경우 정전 용마루에서 막새까지의 길이는 6.4m이고, 배위청은 4.8m이다. 취두대사슬이 16자인 경우 배위청 지붕면 길이와 동일하고, 정전은 3/4 정도에 이른다. 익종수릉산릉역(1846)부터는 단환구(單環具)라 하여 원환을 끝에 하나 붙이는데 이는 끈을 추가로 메기 위한 고리 역할을 할 수 있다. 즉 취두대사슬도 양상등사거리대사슬처럼 기와 수리를 위한 용도로 볼 수 있다. 양상등사거리대사슬이 용마루에 오르거나 그 일대를 수리하기 위한 용도라면 취두대사슬은 내림마루와 그 일대를 수리하기 위한 용도로 판단된다.

용두

용두는 정자각 지붕 내림마루 중간 지점에 설치된다. 산릉의궤에는 '龍頭'로 일관되게 표기되어 있다. 현존 정자각 중 팔작지붕인 숭릉 정자각을 제외한 나머지는 모두 맞배지붕을 갖추고 있다. 맞배지붕 정자각에는 정전 내림마루에 4개, 배위청에 2개, 총 6개의 용두가 설치되어 있다. 팔작지붕 정자각에는 추녀마루에 추가로 설치되므로 총 12개가 필요하다. 하지만 산릉의궤에 기록된 용두 수량은 이와 같지 않다. 팔작지붕 정자각인 『효종영릉산릉도감의궤』(1659)에서는 12개로 일치하지만, 『현종숭릉산릉도감의궤』(1674)에서는 2개 많은 14개로 기록되어 있다. 이후 정자각은 모두 맞배지붕임에도 산릉역은 대부분 14개로 계획되었다. 반면, 인방상시봉원역(1753)까지 봉릉역, 원소역 및 묘소역에서는 6~8개를 계획하여 비교적 오차가 적었다. 하지만 정성왕후홍릉산릉역(1757)부터는 위계 구분 없이 모두 14개로 계획하여 수량 오류가 오히려 확대되었다.

한편 용두 고정용 철물인 용두박이[龍頭朴只]는 대부분 12개로 표기되었고, 간헐적으로 6개로 기록된 바도 있다. 현존 정자각의 용두 수량 6개와 비교하면 같거나 2배 많은 수량이다. 용두보다는 용두박이가 좀 더 정확하게 계획되었음을 알 수 있다. 팔작지붕은 용두 12개에 용두박이가 12개이므로 용두 대비 용두박이 수량이 일치한다. 하지만 맞배지붕은 용두가 6개임에도 대부분 12개로 기록하고 있다. 태조건원릉정자각중수역(1764)의 경우 정전에 용두박이 4개, 배위청에 2개를 계획하여 현존 정자각의 용두 수량과 일치한다. 용두박이 수량이 대체로 부정확했던 이유는 전례를 따르면서 발행한 오류로 짐작된다. 용두 역시 현종숭릉산릉역(1674)에서 14개로 표기된 이래 오히려 위계가 낮은 공역에서는 실제 수량과 가깝게 계획하였지만, 시간이 지나면서 오류가 확대되었다. 용두, 용두박이 모두 수량이 적어 반복된 오류가 바로잡히지 못했던 것으로 생각된다.

용두박이는 의궤상의 기록일 뿐 정자각 수리보고서에서는 확인할 수 없었다. 아마도 후대의 수리과정에서 사라진 것으로 짐작된다. 용두박이는 두 차례를 제외하고 모두 1자 5치 정을 사용하였다. 적새를 5단 쌓았을 경우 1자 5치는 용두 밑바닥을 기준으로 산자판(목기연개판)에 닿는다. 이 경우 용두박이는 용두와 무관하게 적새만을 고정하는 역할을 한다. 용두박이라는 명칭을 고려하면 적새에 물려 용두 내 일정 높이까지 설치하여 용두를 고정하였을 것으로 보인다. 이러한 방식의 용두 시공은 다음과 같이 추정해 볼 수 있다. 착고를 쌓고 적새는 미리 구멍을 뚫어 용두박이와 함께 설치하고 마지막으로 적새 위에 용두를 놓는다. 내림마루에 양상도회를 바르면서 용두 밑 부분을 고정하고, 양상도회를 마친 후 용두 입 속으로 양상도회 시 남은 재료나 보토를 용두박이의 윗부분까지 채워 다졌을 것으로 짐작된다.

내림마루

용두

그림 7-9. 융릉 정자각(1789 이후 수리 추정)

표 7-6. 정자각의 용두와 용두박이

No.	능호	시기	용두	용두박이
1	**목릉**	1630	-	-
2	소현세자묘	1645	龍頭 12介	-
3	영릉	1659	龍頭 12介	龍頭朴只 1尺5寸釘 12介
4	**숭릉**	1674	龍頭 14	龍頭朴只 1尺5寸釘 12箇
5	**익릉**	1680	龍頭 7	龍頭朴只 1尺5寸釘 12箇
6	휘릉	1689	龍頭 12	龍頭朴只 1尺5寸釘 12箇
7	**사릉**	1699	龍頭 6箇	龍頭朴只 1尺5寸釘 6箇
8	**장릉**	1699	龍頭 6	龍頭朴只 1尺5寸釘 12箇
9	명릉	1702	龍頭 6箇	龍頭朴只 1尺5寸釘 12箇
10	단의빈묘	1718	龍頭 8箇	龍頭朴只 1尺5寸釘 12箇
11	민회빈묘	1719	龍頭 6箇	龍頭朴只 1尺5寸釘 6箇
12	**의릉**	1725	龍頭 14箇	龍頭朴只 2尺釘 6箇
13	**온릉**	1739	龍頭 8箇	龍頭朴只 1尺5寸丁 12箇
14	의소세손묘	1752	龍頭 14箇	龍頭朴只 1尺5寸釘 12箇
15	**소령원**	1753	龍頭 6箇	龍頭朴只 1尺5寸釘 12箇
16	**순강원**	1755	龍頭 6介	龍頭朴只 1尺釘 12介
17	**홍릉**	1757	龍頭 14箇	龍頭朴只 1尺5寸釘 20介
18	사도세자묘	1762	龍頭 14箇	龍頭朴只 1尺5寸丁 12箇
19	건원릉	1764	龍頭 2箇	정:龍頭朴只 1尺5寸釘 4箇 배:龍頭朴只 1尺5寸釘 2箇
20	**원릉**	1776	龍頭 14箇	-
21	문효세자묘	1786	龍頭 14箇	龍頭朴只 1尺5寸釘 12箇
22	**현륭원**	1789	龍頭 14箇	-
23	건릉	1800	龍頭 14箇	龍頭朴只 1尺5寸釘 12箇
24	**건릉**	1821	-	龍頭朴只 1尺5寸釘 12箇
25	휘경원	1823	龍頭 14箇	龍頭朴只 8寸廣頭釘 276箇
26	연경묘	1830	-	龍頭朴只 1尺5寸釘 12箇
27	인릉	1835	-	龍頭朴只 1尺5寸釘 12箇
28	**경릉**	1843	-	龍頭朴只 1尺5寸釘 12箇
29	수릉	1846	-	龍頭朴只 1尺5寸釘 12箇
30	**수릉**	1855	-	龍頭朴只 1尺5寸釘 12箇
31	휘경원	1855	-	龍頭朴只 1尺5寸釘 12箇
32	**인릉**	1856	-	龍頭朴只 1尺5寸釘 6箇
33	**휘경원**	1864	-	龍頭朴只 1尺5寸釘 12箇
34	**예릉**	1864	-	龍頭朴只 1尺5寸釘 12箇

미장공사

의궤에서 공종은 재료에 따라 분류된다. 목공사는 목역(木役), 석공사는 석역(石役)이라 하고 장인은 목수, 석수라 부른다. 미장공사는 토역(土役)이라 하는데, 장인은 니장(泥匠)이라 칭하여 공종과 장인명이 일치하지 않는다. 산릉역에서 니장은 미장벽인 방벽, 서까래 사이의 앙벽, 화방벽인 축중방, 지붕마루의 양상도회, 건물 내부 및 기단 위 방전 포배 등을 담당하였다. 여기에서는 산릉의궤에 주요 재료로 기록된 방벽, 축중방, 당골벽, 양상도회에 대해 살펴보고자 한다.

방벽

산릉의궤에는 정자각의 벽체를 '傍壁, 房壁'으로, 방벽에 쓰이는 흙을 '防土'로 칭하고 있다.

바탕 및 외엮기

용어 정리 및 원재

『2023 문화재수리표준시방서』(이하 표준시방서) 내 미장공사에 따르면 벽체 바탕 및 외엮기는 중깃, 가시새, 힘살, 외 및 새끼로 구성된다.[24] 산릉의궤에서 바탕 및 외엮기 재료는 '中衿, 椳, 椳木' 및 '藁索'으로 기록되어 있다. 산릉의궤에서 중깃은 『현종숭릉산릉도감의궤』(1674)에서 '中矜'으로 한 차례 표기한 것을 제외하고는 모두 '中衿'으로 표기되어 있다. 중깃[中衿]은 '衿'이 매다라는 뜻이 있어 벽체 가운데를 잡아맨다는 의미로 음독자와 훈독자의 합성어이다. 중깃은 17세기 후반부터 목부재의 하나로 기록되었다. 삭(槊)은 선행연구에서 가시새라고 밝힌 바 있다.[25] 가시새는 『문효세자묘소도감의궤』(1786)부터 '槊, 槊木'으로 표기하였다. 외는 『태조건원릉정자각중수도감의궤』(1764)부터 '椳木'으로 기록하였다. 새끼는 『정조건릉산릉도감의궤』(1800)부터 '藁索'으로 기록하였는데 말린 새끼를 뜻한다. 산릉의궤에서는 힘살에 해당하는 재료명은 확인되지 않는다. 영건의궤에 보이는 벽체 바탕 및 외엮기 재료의 명칭은 산릉의궤와 차이가 없다. 다만 영건의궤에서 중깃은 18세기 초부터 나타나고, 가시새, 외목, 새끼는 17세기 중엽부터 기록되어,[26] 사용시기는 차이를 보인다.

표 7-7. 정자각의 바탕 및 외엮기

No.	능호	시기	중인방 下 판벽	중깃	가시새	외목	새끼
1	**목릉**	1630	-	-	-	-	-
2	소현세자묘	1645	-	-	-	-	-
3	영릉	1659	-	中衿48材木3條	-	-	-
4	**숭릉**	1674	-	中衿50次以邊板用之	-	-	-
5	**익릉**	1680	-	中衿50次以邊板用之	-	-	-
6	휘릉	1689	-	中衿50次以邊板用之	-	-	-
7	**사릉**	1699	-	中衿次材木2條	-	-	-
8	**장릉**	1699	-	中衿次材木2條	-	-	-
9	명릉	1702	-	中衿次邊板30立	-	-	-
10	단의빈묘	1718	-	中衿次邊板30立	-	-	-
11	민회빈묘	1719	-	中衿次材木3條	-	-	-
12	**의릉**	1725	-	中衿次邊板25立	-	-	-
13	**온릉**	1739	-	中衿次材木2條	-	-	-
14	의소세손묘	1752	-	-	-	-	-
15	**소령원**	1753	-	中衿次邊板7立	-	-	-
16	**순강원**	1755	-	中衿次邊板7立	-	-	-
17	**홍릉**	1757	-	中衿邊板取用	-	-	-
18	사도세자묘	1762	-	中衿次邊板7立	-	-	-
19	건원릉	1764	-	-	-	椳木5同	-
20	**원릉**	1776	-	中衿邊板取用	-	-	-
21	문효세자묘	1786	-	中衿次邊板取用	槊次眞長木130箇	椳木12同	-
22	**현륭원**	1789	-	中衿邊板取用	-	-	-
23	건릉	1800	-	中衿木30箇邊板10立	槊木300箇小眞木4駄	椳木8駄	藁索4同
24	**건릉**	1821	-	中衿木30箇邊板10立	槊木300箇小眞木4駄	椳木8駄	藁索4同
25	휘경원	1823	-	中衿木30箇邊板10立	槊木300箇小眞木4駄	椳木8駄	藁索4同
26	연경묘	1830	-	中衿木34邊條里取用	槊木200小眞木1駄半	椳木5駄	藁索4同
27	인릉	1835	○	中衿次中條里34箇	槊木300箇次小眞木4駄	椳木8駄	-
28	**경릉**	1843	○	中衿30箇次邊條里24箇	槊眞木	椳木	藁索
29	수릉	1846	-	中衿33箇次邊條里取用	槊眞木	椳木	藁索
30	**수릉**	1855	○	中衿33箇邊條里取用	槊眞木	椳木	藁索
31	휘경원	1855	○	中衿33箇邊條里取用	槊木300箇小眞木4駄	椳木8駄	藁索4同
32	**인릉**	1856	-	中衿33箇	槊眞木	椳木	藁索
33	**휘경원**	1864	○	中衿33箇	槊眞木	椳木	藁索
34	**예릉**	1864	○	中衿72箇次邊條里取用	-	-	-

중깃의 원재는 18세기 초까지는 재목, 변판을 혼용하였고, 19세기 초에는 변판을, 이후는 변조리가 쓰였다. 가시새는 진장목(眞長木), 소진목(小眞木), 진목(眞木)을 썼는데 크기나 길이에는 차이가 있지만 수종은 참나무로 동일했다.

바탕 및 외엮기 시공기법

정자각은 정전 측면 4칸과 배면 2칸, 총 6칸의 벽체를 미장한다. 내측은 전체를 미장하고 외측은 중인방 상부는 미장으로, 하부는 축중방으로 마감한다. 19세기 중엽부터는 내측 중인방 하부에 판벽을 설치하기도 하였다.

표 7-8. 정자각의 중깃

No.	능호	시기	중인방 下 판벽	의궤상 중깃 수량	벽체 안목 길이(mm)		중깃 수량(1칸 내 하벽 기준)			중깃 간격(mm)		
					배면	측면	배면	측면	총수량	배면	측면	평균
1	헌릉	1644	-	-	3,030	2,400	4	3	40	606	600	603
2	**숭릉**	1674	-	50	2,650	2,890	(3)	(4)	(44)	(663)	(578)	(620)
3	**익릉**	1680	-	50	2,450	3,220	(3)	(4)	(44)	(613)	(644)	(628)
4	**온릉**	1739	-	-	2,582	2,017	4	3	40	516	504	510
5	**현륭원**	1789	-	-	3,225	3,256	5	5	60	538	543	540
6	**건릉**	1821	-	30	3,195	3,195	(5)	(5)	(60)	(533)	(533)	(533)
7	**경릉**	1843	○	30	2,933	2,858	(5)	(5)	(30)	(489)	(476)	(483)
8	**인릉**	1856	-	33	3,130	3,130	5	5	60	522	522	522
9	**휘경원**	1863	○	33	2,885	2,883	5	5	30	481	481	481
10	**예릉**	1864	○	72	2,929	2,929	(6)	(6)	(72)	418	418	418

벽체 안목 길이는 배면은 배면 우측, 측면은 측면의 배면의 길이임. ( )는 추정 수치임.

외엮기 작업은 중깃을 설치하면서 시작된다. 산릉의궤에 기록된 중깃 수량은 17세기 후반에는 50개, 19세기에는 30~34개이다. 예릉(1864)에서는 예외적으로 72개를 계획한 바 있다. 정자각 수리자료에서 확인된 중깃 개수는 〈표 7-8〉과 같다. 헌릉(1644)과 온릉(1739)은 배면과 측면에 1칸 벽체당 각각 4개씩, 3개씩, 총 40개의 중깃이 설치되어 있다. 숭릉과 익릉은 의궤상 중깃 수량은 50개이다. 비슷한 시기 헌릉과 온릉의 중깃 간격을 적용하면 총 44개를 설치한 것으로 산출된다. 현륭원(융릉), 인릉, 휘경원 모두 배면과 측면 1칸 벽체당 각각 5개씩 설치하여 이전보다 중깃 수량이 증가하였다. 중깃 간격은 시기가 내려올수록 점진적으로 줄어든다. 17세기 전반 헌릉의 경우 60cm였던 것이 18세기 말 현륭원(융릉)은 54cm로, 19세기 후반 휘경원은 48cm로, 예릉은 42cm로 줄어들었다. 이는 가급적 좁은 간격으로 중깃을 설치하여 미장 바탕을 견고하게 하기 위한 변화 과정으로, 외엮기 시공기법이 개선되는 양상을 잘 보여준다.

19세기 정자각은 의궤상 중깃 수량과 실제 수량 간 차이가 있다. 인릉은 의궤상 33개지만 실제로는 60개를 설치했고, 휘경원은 의궤에는 33개지만 실제로는 30개이다. 중깃 수량은 18세기에는 기록하지 않다가 『정조건릉산릉도감의궤』(1800)부터 다시 기록하였다. 건릉에서는 중인방을 기준으로 상벽과 하벽을 구분하지 않고 벽체를 하나로 보고 중깃 수량을 산출한 것으로 추정된다. 이것이 전례가 되어 의궤에는 실제와는 다르게 절반 수량만 기록된 것이다. 순조인릉산릉역(1835)부터는 내측 중인방 하부에 판벽을 사용하면서 중깃 수량이 맞아떨어졌으나, 이후 판벽을 쓰지 않는 경우에도 관성적으로 이전 수량대로 계획하여 오류가 이어졌다. 예릉(1864)에서는 예외적으로 정확한 수량을 계획했던 것으로 추정된다.

그림 7-10. 중깃 마구리와 가시새 홈[융릉 정자각, 1789]

그림 7-11. 벽체 바탕 및 외엮기[휘경원 정자각, 1863]

중깃은 너비 50~60mm 정도의 각재로, 대부분 평평한 면이 전면을 향하도록 설치되어 있다. 다만 현륭원(융릉) 중깃의 경우 6각형으로, 뾰족한 부분을 전면에 배치하였다.[27] 중깃은 인방 상면과 하면에 홈을 파고, 중깃 단부는 인방 홈에 맞춰 장부를 내어 인방과 결구된다. 온릉 정자각의 경우 인방 상부 홈은 크기가 45×30mm, 깊이는 40mm이고, 하부는 각각 45×25mm, 25mm로 상부 홈이 약간 깊게 치목되어 있다.

상인방 상부

하인방 하부

그림 7-12. 중깃 홈(온릉 정자각, 1739)

중깃 측면에는 장방형의 홈을 내어 가시새를 꿸 수 있도록 하였다. 선행 연구에서 관영건축공사에서 중깃 하부 가시새 고정을 위해 노루발[獐足]이라는 부재를 설치하였을 것으로 추정[28]한 바 있다. 근래 숭릉 정자각에서 노루발로 고정된 사례가 확인되었다.[29] 『정조건릉산릉도감의궤』부터는 가시새 수량을 기록하였는데, 대체로 300개로 잡았다.

표 7-9. 정자각의 가시새

No.	능호	시기	중인방 下 판벽	의궤상 가시새 수량	벽체 안목 높이(mm)		가시새 수량					가시새 간격(mm)		
					윗벽	아랫벽	배면上	배면下	측면上	측면下	수량	윗벽	아랫벽	평균
1	헌릉	1644	-	-	925* 1,268**	1,424	3열	3열	4열	3열	172	388* 373**	637	508
2	**온릉**	1739	-	-	1,105	1,215	3열	3열	3열	3열	156	478	533	505
3	**현륭원**	1789	-	-	1,147	1,418	4열	4열	4열	4열	288	332	423	378
4	**건릉**	1821	-	300	1,040	1,180	-	-	-	-	-	-	-	-
6	**인릉**	1856	-	-	983	1,308	3열	4열	3열	4열	252	417	386	401
7	**휘경원**	1863	○	-	950	-	3열	-	3열	-	108	400	-	400

벽체 안목 높이는 측면의 배면의 길이임. 가시새 간격은 가시새 최상단과 최하단이 인방에서 각각 75mm 이격한 것으로 가정하여 산출한 값임. 헌릉의 *는 배면, **는 측면의 수치임

〈표 7-9〉는 현존 정자각의 수리자료를 통해 확인된 가시새 기법을 정리한 것이다. 18세기 전반 이전 헌릉과 온릉의 경우 가시새가 3열씩 설치되어 있다. 헌릉 정자각은 화인방이 출현하기 이전 시기의 것이다. 따라서 측면 윗벽 높이가 높은 편으로, 가시새가 1열 더 설치되어 있다. 현존 헌릉과 온릉의 가시새 수량은 각각 172개, 156개로, 문효세자묘소역(1786)의 130개와 유사하다. 이때까지 가시새는 3열 설치를 기본으로 하였음을 알 수 있다. 현존 융릉(현륭원, 1789)에는 윗벽, 아랫벽 모두 4열씩, 총 288개가 설치되어 있는데, 정조건릉산릉역의 300개와 유사하여 이 시기 가시새 기법에 변화가 발생되었음을 알 수 있다. 휘경원(1863)은 아랫벽에 판벽을 설치하여 가시새 수량은 108개이다. 판벽을 설치하였음에도 가시새 물량은 여전히 300개로 잡혀 있다. 이는 앞서 살펴본 중깃의 오류와 동일하다.

가시새 설치 간격은 윗벽은 33~48cm인데, 아랫벽은 39~64cm로 상대적으로 큰 차이가 발생한다. 이는 18세기 말부터 아랫벽 내 가시새 수량이 1개 늘어나면서 발생한 차이로, 가시새 간격이 이전보다 약 10cm 정도 좁아지면서 미장 바탕이 좀 더 견고해지게 되었다. 가시새 크기는 일정하지 않은데 대략 너비 2~5cm 정도의 참나무를 썼다. 토벽선과 중깃에 홈을 내어 가시새를 위아래로 교차하여 꿰고, 필요한 경우 쐐기를 하나 더 박아 고정하였다.

그림 7-13. 중깃과 가시새 홈[온릉 정자각, 1739]

그림 7-14. 중깃과 가시새 결구[융릉 정자각, 1789]

외목은 직경 1~2cm 정도의 잡목을 사용하였다. 〈표 7-10〉는 현존 정자각의 수리자료를 기초로 정리한 외목 설치 기법이다. 외목은 설외와 눌외로 나뉜다. 설외는 세로로 세운 것이고, 눌외는 가로로 눕힌 것이다. 설외는 가시새와 새끼로 엮고, 눌외는 설외와 새끼로 엮는다. 〈표 7-10〉의 사례를 보면 눌외는 가시새 위아래로 설치되고, 설외는 가시새 내측에 설치되어 있다. 물론 다른 변례가 있을 수 있다. 그런데 굳이 가시새 내측에 설외를 설치하였는지 의문이 든다. 이는 외엮기 작업의 효율성과 관련지어 살펴볼 수 있다. 외엮기 순서를 보면 가시새를 기준으로 설외를 먼저 엮어야 하고, 눌외는 이미 엮어진 설외를 활용하여 하나씩 엮어나가게 된다. 눌외보다 긴 설외를 먼저 엮어야하므로 일의 효율을 고려하면 설외 재료를 건물 내부에 모와서 한꺼번에 설치한 다음, 짧은 눌외를 건물 바깥에서 설치한 것으로 짐작된다.

표 7-10. 정자각의 외목 설치기법

No.	능호	시기	조사 위치	외목 설치 위치		井자 구역(mm)		井자 구역당 외목 수량		눌외 1열당 외목 수량	외목 간격(mm)	
				설외	눌외	폭	높이	설외	눌외		설외	눌외
1	선릉	1706	측면 아랫벽	내측	외측	484	535	10	9	1	44	54
2	**온릉**	1739	배면 윗벽	내측	외측	516	417	10	8	1	47	46
3	**현륭원**	1789	배면 윗벽	내측	외측	538	332	14	5	1	36	55
4	**인릉**	1856	측면 아랫벽	내측	외측	522	386	12	5	5~6	40	64
5	**휘경원**	1863	측면 윗벽	내측	외측	481	400	9	5	3~4	48	67
6	휘릉	1897	측면 윗벽	내측	외측	583	465	11	5	4~6	49	78

井자 구역은 중깃과 가시새가 격자로 구획된 영역임.

설외와 눌외는 중깃과 가시새에 의해 정(井)자로 구획된 격자 내부에 설치된다. 〈표 7-10〉을 보면 정자 구역당 설외는 9~14개로 설치 간격은 36~49mm로 큰 차이는 없다. 이에 반해 눌외 간격은 시기별로 차이가 있다. 눌외는 정자 구역당 5~9개를 설치하였다. 설치 간격은 19세기 이전에는 46~55mm이고, 19세기 후반에는 64~78mm로 차이를 보인다. 또한 18세기 말까지는 눌외 1열당 1개의 외목을 사용하였는데, 19세기 후반에는 3~6개를 다발로 묶어 뚜렷한 변화가 나타난다. 19세기 후반 눌외 간격의 증가는 다발로 묶은 눌외 설치기법과 관련된다. 눌외를 왜 다발 단위로 설치하였을까? 설외와 눌외 중에 중력에 영향을 받는 것은 눌외이다. 눌외는 흙을 치면서 무게가 더해져 양생과정에서 부분적으로 처짐이 발생할 수 있다. 이는 시간이 경과하면서 균열의 원인이 될 수 있다. 눌외를 다발로 묶으면 다발 두께가 가시새와 비슷해

측면 아랫벽 외측[선릉 정자각, 1706]

배면 윗벽 외측[온릉 정자각, 1739]

배면 윗벽 외측[융릉 정자각, 1789]

측면 아랫벽 외측[인릉 정자각, 1856]

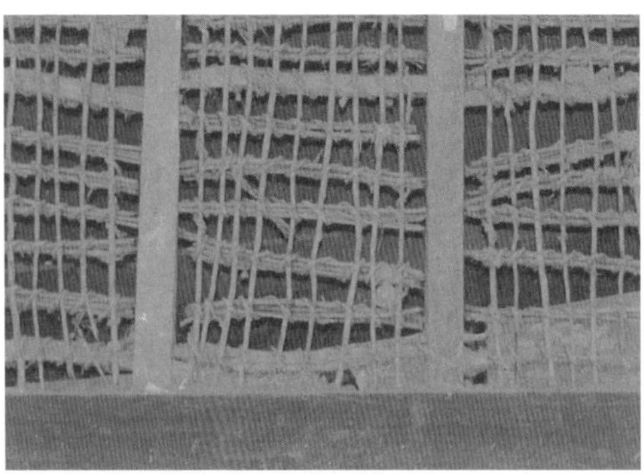

측면 윗벽 내측[휘경원 정자각, 1863]

측면 윗벽 외측[휘릉 정자각, 1897]

그림 7-15. 정자각 외엮기

져 처짐이 거의 발생하지 않는다. 다발로 묶으면 울퉁불퉁한 표면으로 인해 표면적이 증가하여 접착력 또한 향상된다. 1열당 눌외 두께의 증가분을 고려하면 실질적으로 눌외 간격은 이전과 별반 차이가 없게 된다. 미장공사는 재료적인 특성상 하자가 가장 많이 발생하는 공종이다. 눌외를 다발로 묶는 방식은 하자 발생 빈도를 줄이고자 한 개선된 미장기법으로 평가할 수 있다.

정자각의 미장 벽체 바탕 및 외엮기 기법을 표준시방서의 미장공사[30]와 비교해 보자. 표준시방서에 기술된 외엮기 재료인 힘살은 산릉의궤에서는 등장하지 않는다. 선행연구에서도 의궤 기록상 힘살이 확인되지 않았던 점[31]을 보면 조선 후기 관영건축공사에서 힘살은 사용되지 않았던 것으로 생각된다. 중깃부터 살펴보자. 표준시방서에는 "중깃의 설치 간격은 기둥벽선에서 60mm 이격하여 설치하고, 간격은 300~400mm 간격정도로 한다."라고 되어 있다. 정자각 또한 표준시방서와 같이 인방에 홈을 내어 고정하였다. 하지만 정자각에서는 벽선에서 이격 거리 없이 균등하게 중깃을 설치하며, 중깃 간격은 481~603mm로 시기가 내려올수록 간격을 좁게 하여 표준시방서 내용과 다르다. 가시새는 표준시방서에는 "상하인방과 중방에서 30~60mm 정도 떨어지게 설치하고, 간격은 600mm 정도로 한다."라고 되어 있다. 정자각에서 가시새는 중깃에 엮지 않고 중깃에 홈을 내에 꿰어서 고정하며, 인방에서 이격 거리는 유사하지만 가시새 간 간격은 378~508mm로 시기가 내려올수록 간격을 좁아지고 있어 역시 표준시방서와 차이가 있다.

외목은 표준시방서에는 "눌외는 30mm로 간격으로 중깃에 외새끼로 감아 견고히 엮고, 설외는 30~50mm 간격으로 가시새와 눌외에 견고하게 엮어낸다."라고 되어 있다. 정자각에서 설외는 36~49mm 간격으로 가시새와 눌외와 엮어 유사하지만, 눌외는 46~78mm의 간격으로 중깃과는 엮이지 않으며 시기가 내려올수록 간격도 넓어지며 다발 형태로 설외와 엮여 표준시방서와는 차이를 보인다.

이와 같이 산릉의궤상 정자각의 바탕 및 외엮기 설치기법은 표준시방서에 비해 중깃 간격은 넓고, 가시새 간격은 좁으며, 외목 간격도 눌외의 경우 넓어 전체적으로 차이가 나타난다. 따라서 향후 관영건축을 비롯하여 다양한 건축 유형별 미장 기법의 정밀한 조사가 진행되어야 하고, 그 결과를 반영하여 표준시방서에서는 미장 기법이 좀 더 세밀하게 기술되어야 할 것이다.

표 7-11. 정자각과 문화재수리표준시방서 간 바탕 및 외엮기 설치 간격 비교(단위: mm)

구분	중깃 간격		가시새 간격		외목 간격	
	벽선	중깃 간	인방	가시새 간	설외	눌외
표준시방서	60	300~400	30~60	600	30~50	30
정자각	-	481~603	30~75	378~508	36~49	46~78

사벽첩

용어 정리

산릉의궤에는 사벽첩(沙壁貼)과 사벽첩박이[沙壁貼朴只]가 기록되어 있다. 현존 정자각을 살펴보면 벽체 테두리에 졸대 형식의 각재가 종종 확인되는데, 이 부재가 사벽첩이다. 즉 사벽첩(沙壁貼)은 사벽에 붙인 목재 졸대이고, 사벽첩박이[沙壁貼朴只]는 사벽첩을 고정하기 위한 철물이다. 산릉의궤에는 사벽첩박이만 수량이 기재되어 있는데, 『현종숭릉산릉도감의궤』(1674)에 처음 등장하고 『장헌세자현륭원원소도감의궤』(1789)

표 7-12. 정자각의 사벽첩

No.	능호	시기	사벽첩박이	No.	능호	시기	사벽첩박이
1	**목릉**	1630	-	18	사도세자묘	1762	-
2	소현세자묘	1645	-	19	건원릉	1764	-
3	영릉	1659	-	20	**원릉**	1776	沙壁貼朴只1寸5分釘800箇
4	**숭릉**	1674	沙壁貼朴只1寸5分釘1510箇	21	문효세자묘	1786	-
5	**익릉**	1680	沙壁貼朴只1寸5分釘1000箇	22	**현륭원**	1789	沙壁接朴只1寸5分釘800箇
6	휘릉	1689	沙壁貼朴只1寸5分釘1000箇	23	건릉	1800	-
7	**사릉**	1699	-	24	**건릉**	1821	-
8	**장릉**	1699	沙壁接朴只1寸5分釘500箇	25	휘경원	1823	-
9	명릉	1702	沙壁貼朴只1寸5分釘800箇	26	연경묘	1830	-
10	단의빈묘	1718	沙壁貼朴只1寸5分釘670箇	27	인릉	1835	-
11	민회빈묘	1719	沙壁貼朴只1寸5分釘70箇 今番則沙壁貼不用故初不用	28	**경릉**	1843	-
12	**의릉**	1725	沙壁貼朴只1寸5分釘40箇	29	수릉	1846	-
13	**온릉**	1739	-	30	**수릉**	1855	-
14	의소세손묘	1752	-	31	휘경원	1855	-
15	**소령원**	1753	-	32	**인릉**	1856	-
16	**순강원**	1755	-	33	**휘경원**	1864	-
17	**홍릉**	1757	沙壁貼朴只1寸5分釘800介	34	**예릉**	1864	-

까지 기록되어 있다. 산릉의궤와 현존 정자각 간 사벽첩 설치 시기는 차이를 보인다. 현존 정자각 내 사벽첩은 목릉 정자각(1630)부터 휘릉 정자각(1895)까지 지속적으로 확인된다. 17세기 전반 현존 정자각의 사벽첩은 당초부터 설치했지만 의궤에 기록되지 않은 경우와 후대 보수과정에서 추가되었을 가능성이 모두 존재한다. 사벽첩은 졸대로 된 작은 부재이기 때문에 애초부터 표기되지 않았을 가능성이 높다. 그렇다면 19세기 정자각에서 보이는 사벽첩은 어떻게 해석해야 할까? 아마도 『정조건릉산릉도감의궤』(1800)에서 사벽첩박이가 누락되었던 것이 전례로 굳어져 반복적인 오류가 이어졌던 것으로 생각된다.

사벽첩 고정기법

사벽첩은 20~30mm 너비의 각재로, 사벽 내·외측 인방과 벽선에 졸

배면 'ㅁ'자형 사벽첩

측면 'ㅁ'자형 사벽첩

그림 7-16. 사벽첩[숭릉 정자각, 1674]

배면 'ㅁ'자형 사벽첩

내부 'ㅁ'자형 사벽첩

그림 7-17. 사벽첩[원릉 정자각, 1776]

대 형태로 설치된다. 일종의 재료분리대 역할을 한다. 사벽첩을 설치하면 미장재가 인방과 벽선에 바로 닿지 않고 졸대에 의지하여 깨끗하게 마감할 수 있다. 이러한 기법은 정자각 외 재실에서도 일부 확인된다. 고급 미장 기법인 사벽첩은 18세기 후반부터 20세기 초반까지 창덕궁 후원에서 많이 사용되었고, 궁집에서도 확인된다.[32] 관영건축 외 사벽첩의 설치 여부는 추후 조사가 필요하다.

현존 정자각 내 사벽첩은 설치 위치와 방식이 제각각이다. 사벽첩의 설치 유형은 인방과 토벽선에 모두 설치한 'ㅁ'자형, 토벽선과 중인방(윗벽)에 설치한 'ㄩ'자형, 중인방(윗벽)에만 설치한 'ㅡ'자형, 인방 위아래에만 설치한 '='자형 네 가지로 분류된다. 'ㅡ', '='자형은 원래의 것은 아니고 수리과정에서 변형된 것으로 추정된다. 18세기 전반까지는 'ㅁ', 'ㄩ'자형을 혼용하다가 18세기 후반부터는 'ㅁ'자형을 취하였다. 현존 정자각 내측을 보면 사벽첩 방식의 변화과정을 이해할 수 있다. 18세기 전반까지 아랫벽은 상하 인방과 측면 토벽선으로 'ㅁ'자형의 완벽한 미장공간이 형성된다. 하지만 윗벽 배면은 상부는 창방이, 측면은 초익공이 위치하여 'ㄩ'자형으로 밖에 처리할 수 없었다. 숭릉 정자각 측면은 'ㅁ'자형 마감을 시도하였는데 일반적인 방식은 아니었다. 하지만 홍릉 정자각(1757)부터는 윗벽 창방 하부에 토벽선과 동일한 단면의 수장재를 설치하고, 화인방도 2단으로 설치하여[33] 아랫벽과 같이 'ㅁ'자형 미장 공간을 확보할 수 있게 되었다. 이때부터는 내외부 윗벽, 아랫벽 모두 'ㅁ'자형 미장 공간을 확보하여 사벽첩 또한 'ㅁ'자 형태의 시공이 가능해졌다. 화인방과 창방 아래 수장재 또한 방형의 깔끔한 미장 벽체를 완성하기 위한 조치였음을 다시금 확인할 수 있다.

사벽첩이 내부와 외부 어디에 설치되었는지 살펴보자. 내외부 모두 설치한 정자각은 강릉(1695), 창릉(1757), 원릉(1776) 세 곳이다. 강릉 정자각 내부는 변형된 것으로 보이고, 창릉 정자각은 홍릉 정자각과 동일한 시기에 지어졌지만 창방 아래 수장재를 설치하지 않아 윗벽은 기존 'ㄩ'자 방식으로 사벽첩이 설치되어 있다. 원릉 정자각은 내외부 모두 'ㅁ'자 방식으로 사벽첩을 설치하여 홍릉 정자각 이후 완벽하게 변모한

표 7-13. 원릉 정자각의 사벽첩 길이(단위: mm)

구분		인방 길이	벽선 길이	내부 합계	외부 합계
배면	윗벽	2,968	1,280	16,992	16,992
	아랫벽	2,968	1,310	17,112	
측면	윗벽	2,668	1,280	31,584	31,584
	아랫벽	2,668	1,310	31,824	
합 계				146,088	

양상을 보여준다.

원릉 정자각은 사벽첩박이 800개를 사용하여 사벽첩을 고정하였다. 사벽첩 설치 길이는 총 146,088mm로 산출된다. 이를 800개로 나누면 사벽첩박이 간격은 182mm이다. 즉 6치 간격으로 조밀하게 고정한 것이다. 이러한 방식으로 사벽첩박이 간격을 산출하면 숭릉은 88mm, 익릉은 115mm, 장릉(莊陵)은 191mm로 점차적으로 설치 간격이 증가하는 것을 볼 수 있다. 17세기 후반 숭릉(1674)이나 익릉(1680)은 각각 3치, 4치 간격으로 매우 조밀하게 고정하였다. 17세기 말과 18세기 초인 장릉(莊陵, 1699), 명릉(1702) 이후는 6치 정도로 간격을 조정하였는데, 이는 18세기 동안 유지되었던 것으로 보인다. 19세기는 사벽첩박이의 정보가 없어 확인할 수는 없지만 18세기 기법이 그대로 유지되었을 것으로 생각된다. 사벽첩박이는 못 머리가 없는 1치 5푼 정이 사용되었다.

표 7-14. 현존 정자각의 사벽첩

No	능호	시기	개수 시기	사벽첩박이	내부		외부 윗벽		화인방	창방 下 수장재
					배면	측면	배면	측면		
1	**목릉**	1630	1769, 1868	-			⊔	□	1단	
2	헌릉	1644	1748, 1822	-	아랫벽□	아랫벽□			1단	
3	**숭릉**	1674	1879	1寸5分釘 1,510箇			⊔	□	1단	
4	강릉	1695	1765	-	윗벽_ 아랫벽=	윗벽_ 아랫벽=	⊔	⊔	1단	
5	**장릉**	1699	-	1寸5分釘 500箇				⊔		
6	현릉	1699	1879	-			_	_	1단	
7	창릉	1757	-	-	윗벽⊔ 아랫벽□	윗벽⊔ 아랫벽□	⊔	⊔	2단	
8	건원릉	1764	1879	-	□	□			2단	○
9	**원릉**	1776	1885	1寸5分釘 800箇	□	□	□	□	2단	○
10	**경릉**	1843	-	-	□	□			2단	○
11	**인릉**	1856	-	-	아랫벽□	아랫벽□			2단	○
12	휘릉	1895	-	-	□	□			2단	○

재료 배합

용어 정리

정자각은 정전 내부 전체와 외부 윗벽을 사벽(沙壁)으로 마감하였다. 산릉의궤에서 사벽은 두 가지 의미로 쓰였다. 첫 번째는 단일 재료이고, 두 번째는 미장 재료를 통칭한다. 산릉의궤 조성소 품목질에는 사벽소입(沙壁所入)이라는 항목에 사벽 재료가 표기되어 있다. 이때 사벽은 미장 재료를 통칭하는 용어이다. 사벽소입 내 사벽입량(沙壁入量)이라고 물량을 따로 잡은 경우는 별도의 미장 재료를 의미한다. 서유구의 『임원경제지』에는 다음과 같이 사벽을 설명하고 있다.

「仰壁」

집 상부의 서까래 사이를 치올려다 보면 산자가 그대로 노출된 곳이 있는데 그곳을 진흙으로 바른다. 흙이 마르기를 기다렸다가 다시 **노란 빛깔의 곱고 차진 모래(黃細黏沙, 속명은 沙壁土)**를 말린 말똥(馬矢)과 섞어서 진흙으로 반죽하여 벽을 바른다. 그것을 세상에서는 앙벽이라 부른다.(『금화경독기』)[34]

「沙壁土」

우리나라 건축 제도에서 온돌을 깔고 벽을 치장하는 데는 모두 붉은 찰흙(赤黏土)을 사용한다. 그런데 이 흙의 성질이 거칠어서 마르기만 하면 곧 균열이 생긴다. 이때 **노랗고 가는 모래흙(黃細沙土)** 중 점착력이 있는 것을 취해 말똥(馬矢)과 섞어 반죽한다. 그 다음 이것을 붉은 찰흙(泥) 위에 엷게 발라서 갈라진 틈을 덮어 메우고, 평탄하지 못한 부분을 평탄하게 만드는데 이를 세상에서는 사벽(沙壁)이라 일컫는다.(『금화경독기』)[35]

이에 따르면 노랗고 가는 모래흙(黃細沙土) 중 점도가 있는 미장 재료가 사벽토(沙壁土)이고, 말똥과 모래흙을 섞은 것을 사벽(沙壁)이라 통칭함을 알 수 있다. 산릉공역 중 재실 등에서는 말똥인 마분(馬糞), 마통(馬通)을 사벽과 함께 섞어서 사용하였다.[36] 이는 『임원경제지』의 내용과 일치한다. 재실 등 건축에서는 교착재로 말똥을 주로 사용하였고, 정자각 같이 중요한 건물은 말똥 대신 다른 교착제가 사용되었음을 알 수 있다. 여기서 중요한 것은 산릉의궤에서 단일 재료 사벽(沙壁)이라

함은 노란 빛깔의 곱고 차진 모래[黃細黏沙]라는 점이다.

사벽 재료인 백와(白瓦)에 대해서는 선행연구에서 의견이 나뉜다. 백와를 백토와 동일한 재료로 여긴 경우[37]와 백토와 다른 재료로 판단한 경우가 있다.[38] 전자의 경우 이에 대한 논거는 제시되어 있지 않다. 후자는 백토가 조선 초기 자기(磁器)의 재료로 기록되었고 백와는 산릉역의 경우 와서(瓦署)에서 공급한다는 점을 들어 니토보다 입자가 고운 양질의 점토, 진흙을 의미한다고 보았고, 사벽공사의 초벌과 재벌 시 짚여물과 섞어 사용한 것으로 이해하였다. 산릉의궤에서 백와는 『현종숭릉산릉도감의궤』(1674)에 처음 표기된 후 인현왕후명릉산릉역(1702)까지 지속적으로 쓰였는데, 이후 사용하지 않다가 단경왕후온릉봉릉역(1739)에서 마지막으로 사용하였다. 『경종의릉산릉도감의궤』(1725)의 사벽소입에서는 "白瓦不用"이라 하여 백와를 사용하지 않았음을 명확히 하고 있다. 단경왕후온릉봉릉역에서도 그전에 15섬을 사용하던 것을 5섬으로 대폭 줄였다. 따라서 산릉역에서 백와는 17세기부터 18세기 초까지 주로 사용하였지만 18세기 중엽 이후부터는 쓰이지 않았음을 알 수 있다. 단의빈묘소역(1718)의 사벽소입에는 "白瓦 以瓦署進排 而今番則 墓所內黃土用之"라고 하여 "백와를 와서에서 진배하여야 하나 금번은 묘소 내 황토를 사용한다."라고 하였다. 백와 대용으로 황토를 사용한 것이다. 이것을 보면 백와가 황토와 유사한 성질의 재료이고, 선행연구 중 후자에서 주장한 입자가 고운 양질의 진흙임을 알 수 있다.

사벽 재료 중 휴지(休紙)와 교말(膠末)은 『현종숭릉산릉도감의궤』(1674)부터 지속적으로 사용된다. 휴지는 조선 후기 서적을 만들고 남은 여분의 종이나, 재단하고 남은 부스러기 종이를 잘게 잘라 물에 불려서 사용한 종이여물이다.[39] 휴지는 경종의릉산릉역(1724)까지 사용되고, 그 이후로는 깨끗한 백휴지(白休紙)가 사용되었다. 교말(膠末)은 아교풀로 점착력을 높여주는 접착제이다.[40]

표 7-15. 정자각의 사벽 재료 및 재료량

No.	능호	시기	석회	사벽	백와	황토	휴지/백휴지	교말
1	**목릉**	1630	-	-	-	-	-	-
2	소현세자묘	1645	-	-	-	-	-	-
3	영릉	1659	-	-	-	-	4斤8兩*	6斗3升
4	**숭릉**	1674	-	-	15石	-	4斤8兩*	6斗3升
5	**익릉**	1680	-	-	15石	-	4斤8兩*	6斗升
6	휘릉	1689	-	-	15石	-	4斤8兩*	6斗3升
7	**사릉**	1699	-	-	14石	-	2斤	3斗
8	**장릉**	1699	-	-	15石	-	1斤*	3斗
9	명릉	1702	-	入量	15石	-	4斤8兩*	6斗3升
10	단의빈묘	1718	-	入量	-	黃土**	4斤8兩*	-
11	민회빈묘	1719	-	負取	-	-	2斤	4斗
12	**의릉**	1725	-	入量	白瓦不用	-	4斤8兩*	4斗3升
13	**온릉**	1739	-	-	5石	-	2斤	3斗
14	의소세손묘	1752	-	入量	-	-	4斤	4斗
15	**소령원**	1753	-	入量	-	-	4斤	4斗
16	**순강원**	1755	-	入量	-	-	4斤	4斗
17	**홍릉**	1757	-	入量	-	-	4斤	4斗
18	사도세자묘	1762	-	入量	-	-	4斤	4斗
19	건원릉	1764	-	40馱	-	-	依橫看	
20	**원릉**	1776	-	入量	-	-	4斤	4斗
21	문효세자묘	1786	3石	入量	-	-	4斤	4斗
22	**현륭원**	1789	-	入量	-	-	4斤	4斗
23	건릉	1800	-	入量	-	-	5斤	5斗1升
24	**건릉**	1821	-	入量	-	-	5斤	5斗1升
25	휘경원	1823	-	入量	-	-	5斤	5斗1升
26	연경묘	1830	-	入量	-	-	5斤	5斗
27	인릉	1835	-	隨所入	-	-	5斤	5斗1升
28	**경릉**	1843	-	隨所入	-	-	5斤	5斗
29	수릉	1846	-	隨所入	-	-	5斤	5斗
30	**수릉**	1855	-	隨所入	-	-	5斤	5斗
31	휘경원	1855	-	隨所入	-	-	5斤	5斗1升
32	**인릉**	1856	-	-	-	-	3斤	5斗
33	**휘경원**	1864	-	-	-	-	5斤	5斗1升
34	**예릉**	1864	-	隨所入	-	-	5斤	5斗1升

*는 휴지임. **의 원문은 白瓦 以瓦署進排 而今番則 墓所內黃土用之임.

재료 배합

의궤에 기록된 사벽소입 재료에 대해서는 정벌마감[41]으로 한정하는 견해와 초벌, 재벌, 정벌을 모두 포함한다는[42] 견해가 공존한다. 이에 대해 살펴보자. 『정조건릉산릉도감의궤』(1800) 조성소 품목에는 다음과 같은 기사가 등장한다.

이번에는 날씨가 추워져 토역이 열고, 합벽(合壁)은 아직 반도 다하지 못하였다.[43]

여기서 합벽(合壁)은 초벌바름의 맞벽치기로 짐작된다. 이에 대해서는 『임원경제지』의 「牆壁」에서도 확인할 수 있다.

…그런 뒤에 노랗고 차진 진흙(黃黏土泥)으로 안쪽부터 바른다. 안쪽이 다 마른 다음에는 바깥쪽을 마저 바른다. 안팎이 마르기를 기다렸다가 사벽토를 사용하여 말린 말똥과 반죽하여 그 위에 엷게 바른다.(『금화경독기』)[44]

초벌은 어떤 재료를 사용했는지 살펴보자. 『정성왕후산릉도감의궤』(1757) 조성소 품목질의 기록을 보면

이번에 정자각, 재실 앙토(仰土), 방벽(傍壁)할 때 니장 소용 세절곡초(細折穀草)는 등록에 의거하여 들어가는 양을 진배할 일[45]

이라고 하여 앙토, 방벽 시 니장 소용 세절곡초(細折穀草), 즉 잘게 자른 곡초를 필요한 양만큼 진배할 것을 품하고 있다. 여기서 앙토는 앙벽의 바름용 흙을, 방벽은 미장벽체를 뜻한다. 위와 같은 기록은 산릉의궤에서 지속적으로 확인된다. 『문효세자묘소도감의궤』(1786)[46]에서도 동일한 내용이 확인된다. 『의소세손묘소도감의궤』(1752) 조성소 감결질에는 "泥土所用 細折草 及樑上塗灰時 心草"[47]라 하여 세절곡초를 혼합한 흙은 니토(泥土)로 칭하였다. 즉 진흙인 니토에 잘게 자른 곡초를 혼

융릉 정자각(1789)

인릉 정자각(1856)

그림 7-18. 초벌바름

합하여 미장 초벌 재료로 사용한 것이다. 이와 관련하여 『임원경제지』의 「牆壁」에서는 초벌용 흙을 '노랗고 차진 진흙(黃黏土泥)'으로, 「沙壁土」에서는 '붉은 찰흙(赤黏土)'이라 하였다.

정자각의 벽체 초벌바름은 진흙에 짚여물이 혼합된 정도만 확인할 수 있다.(그림 7-18)

산릉의궤에서는 서까래 사이 미장부위를 앙벽(仰壁)이라 칭하지만, 앙벽소입은 기록되어 있지 않다. 이와 관련하여 『단경왕후온릉봉릉도감의궤』(1739) 조성소 기록을 보면

토역은 즉 산자를 엮고 기와 양생[乾正] 후 앙벽을 두 번 바르고(再度[48]) 사벽을 칠한다(着漆).[49]

사벽 착칠(着漆)은 얇게 바른다는 것으로 정벌을 의미한다. 『임원경제지』의 「仰壁」에서도 사벽은 정벌로 해석된다.

산릉의궤에서 니토와 세절곡초 외 초벌 재료는 확인되지 않는다. 또한 재벌 재료도 확인할 수 없다. 『임원경제지』의 사벽도 정벌바름으로 해석되고, 앞서 단경왕후온릉봉릉역(1739)에서 앙벽 정벌을 사벽으로 칠한 것을 보면 정자각의 사벽소입은 방벽과 앙벽의 정벌 물량으로 판단되며, 재벌 재료는 초벌 재료와 거의 차이가 없었을 것으로 추정된다. 선행연구에서도 재벌바름은 초벌바름과 동일할 것으로 추정한 바 있다.[50]

사벽소입의 배합비를 살펴보자. 개별 재료인 사벽[黃細黏沙][51]은 『인현왕후명릉산릉도감의궤』(1702)부터 기록되는데 물량을 구체적으로 기록하지 않고 "入量" 또는 "隨所入"라고 하여 "들어가는 물량에 따른다." 라고만 기술되어 있다. 개별 재료인 사벽은 『임원경제지』에 따르면 황세점사(黃細黏沙)인데 영조원릉산릉역(1776)에서는 동작 일대에서 굴취하여 가마니에 담아 강변으로 옮긴 후 배로 운반하여 능소로 운반한[52] 바 있다. 수빈휘경원원소역(1823)에서는 기존 문서에 기록되지 않아 근처에 산지를 물어 사서 쓰도록 하였다.[53] 사벽[黃細黏沙]과 백와가 함께 사용된 경우는 인현왕후명릉산릉역(1702)에서만 한 차례 확인된다. 태조건원릉정자각중수역(1764)에서 40태(駄)를 들여 쓴 것이 유일하게

확인된 사벽[黃細黏沙] 물량이다. 타 정자각에서도 비슷한 물량을 투입했을 것으로 보이나 단정하기에는 이르다.

백와는 현종숭릉산릉역(1674)부터 인현왕후명릉산릉역(1702)까지 대부분 15섬을 썼는데, 그 이후에는 들이지 않다가 단경왕후온릉봉릉역(1739)에서 5섬을 사용하고 더 이상 쓰지 않았다. 선행연구에서 분석한 영건역의 배합비는 영녕전수개역(1667)에서는 세사와 백와의 비가 2:1~3:1로, 남별전중건역(1677)에서는 2.35:1로, 종묘개수역(1725)에서는 2:1로 산출하였다.[54] 18세기 초로 내려올수록 백와의 비중이 커지고 있다. 산릉역에서 백와가 사용된 시기는 1674~1702년에 집중된다. 이 시기 영건역의 배합비를 토대로 산릉역의 세사와 백와 비를 산출하면 대략 2.5:1 정도로 나온다. 이 비를 적용하면 세사는 37.5섬 정도로 산출된다. 문효세자묘소역(1786)에서는 산릉역 중 유일하게 석회를 3섬 사용하였다. 세사 물량 37.5섬에 비하면 소량임을 알 수 있다.

사벽 재료 배합비는 주재료인 세사 또는 사벽[黃細黏沙]을 기준으로 산출해야 하지만 물량이 기록되어 있지 않아 여의치 않다. 나머지 부재료 중 지속적으로 사용된 휴지를 기준으로 삼을 수밖에 없다.

〈표 7-16〉을 보면 백와를 사용한 시기인 17세기 후반까지는 휴지:백와:교말의 배합비는 1근:3.33섬:1.4말이 일반적이었다. 18세 후반부터는 휴지:교말의 배합비는 1근:1말로 나타난다. 18세기 후반에는 백와를 사용하지 않고, 교말도 이전보다 줄었다. 왜 이러한 현상이 발생했는지는 알 수 없다. 18세기 후반부터 백와 대신 백토를 사용한 것으로 추정한 연구가 있지만, 참고한 문헌 자료가 2건[55]에 불과하여 추가적인 검토를 요한다. 정자각 미장공사에서 백토는 선호된 재료가 아니었다. 뒤에서 설명하겠지만 축중방과 양상도회 공사에서는 2~4차례 정도만 백토를 들여 썼다. 양상도회의 경우 장헌세자현륭원원소역에서 백토의 점성이 떨어지는 문제를 지적한 바 있다. 세사(細沙)와 사벽[黃細黏沙]은 유사하게 보이지만 엄밀히 말하면 다른 재료이다. 세사는 가늘고 고운 입자의 모래이고, 사벽[黃細黏沙]은 『임원경제지』에 따르면 노랗고 가늘며 점도가 있는 모래흙이다. 앞서 백와는 일반 진흙보다 입자가 고운 양질의 점

토라고 하였다. 세사와 백와의 교합물이 가지는 물성을 점성이 있는 사벽[黃細黏沙]으로 대체하면서, 이전보다 점도가 우수하여 부재료인 휴지 및 교말도 줄여서 쓴 것으로 짐작된다. 한편 인현왕후명릉산릉역 이전 세사를 기록하지 않은 이유는 구하기 쉬운 재료이기 때문에 별도로 표기하지 않았던 것으로 생각된다.

표 7-16. 정자각의 사벽 배합비(휴지 1근 기준)

No.	능호	시기	석회(섬)	사벽	백와(섬)	황토	휴지/백휴지(근)	교말(말)
1	**목릉**	1630	-	-	-	-	-	-
2	소현세자묘	1645	-	-	-	-	-	-
3	영릉	1659	-	-	-	-	1	1.40
4	**숭릉**	1674	-	-	3.33	-	1	1.40
5	**익릉**	1680	-	-	3.33	-	1	1.33
6	휘릉	1689	-	-	3.33	-	1	1.40
7	**사릉**	1699	-	-	7.00	-	1	1.50
8	**장릉**	1699	-	-	15.00	-	1	3
9	명릉	1702	-	○	3.33	-	1	1.40
10	단의빈묘	1718	-	○	-	○	1	-
11	민회빈묘	1719	-	○	-	-	1	2
12	**의릉**	1725	-	○	-	-	1	0.96
13	**온릉**	1739	-	-	2.50	-	1	1.50
14	의소세손묘	1752	-	○	-	-	1	1
15	**소령원**	1753	-	○	-	-	1	1
16	**순강원**	1755	-	○	-	-	1	1
17	**홍릉**	1757	-	○	-	-	1	1
18	사도세자묘	1762	-	○	-	-	1	1
19	건원릉	1764	-	○	-	-	○	
20	**원릉**	1776	-	○	-	-	1	1
21	문효세자묘	1786	0.75	○	-	-	1	1
22	**현륭원**	1789	-	○	-	-	1	1
23	건릉	1800	-	○	-	-	1	1.02
24	**건릉**	1821	-	○	-	-	1	1.02
25	휘경원	1823	-	○	-	-	1	1.02
26	연경묘	1830	-	○	-	-	1	1
27	인릉	1835	-	○	-	-	1	1.02
28	**경릉**	1843	-	○	-	-	1	1
29	수릉	1846	-	○	-	-	1	1
30	**수릉**	1855	-	○	-	-	1	1
31	휘경원	1855	-	○	-	-	1	1.02
32	**인릉**	1856	-	-	-	-	1	1.67
33	**휘경원**	1864	-	-	-	-	1	1.02
34	**예릉**	1864	-	○	-	-	1	1.02

양생 및 보양

정자각은 시공 기간이 두 달 이내로 짧고, 벽체 미장도 3~4일 만에 끝내야 했다. 동절기라 하더라도 지금의 문화재 수리와 같이 공사를 중지할 수도 없었다. 즉 양생 시간을 단축시키기 위한 방편이 필요했다. 이와 관련하여 『경종의릉산릉도감의궤』(1725) 조성소 기록을 살펴보면

정자각 및 비각, 수라칸, 수복방 토벽을 숯을 피워 건조시켰으며, 대와 152장과 상와 526장을 취용하여야 합니다.[56]

라고 하여 음력 12월 21일 동절기 한 가운데 진행된 공역에서 대와와 상와를 들여 화로를 만들고 숯을 피워 미장벽이 얼지 않도록 난방 조취를 취하였음을 알 수 있다. 숙빈상시봉원역(1753)에서는 음력 8월 4일 정자각을 상량하였는데, 벽체 건조를 위해 숯 50섬을 요청한다.[57] 이를 보면 습도가 높은 늦여름에도 공사 기간 단축을 위해 숯을 피웠음을 알 수 있다. 정조건릉산릉역(1800)에서는 날이 추워 맞벽이 반도 완성되지 않자 숯을 피우기 위해 숯 200섬을 요청하기도 하였다.[58] 앙벽과 방벽 미장을 각각 9월 10일, 9월 19일[59]에 시작하였는데, 이미 가을에 접어들어 숯을 피워 양생한 것이다.

이처럼 산릉역 내 정자각 등 건축공사는 공사 기간이 촉박하기 때문에 동절기뿐 아니라 필요하면 하절기에도 기와로 화로를 만들고 숯을 피워 미장벽체를 양생하였다. 다만 계절과 기후를 고려하여 숯 양은 조절하였다.

축중방

용어 정리

산릉의궤에서는 『효종영릉산릉도감의궤』(1659)부터 축중방(築中防)이라는 명칭이 확인된다. 축중방은 중방까지 쌓는다는 의미로 벽체 범위를 설명하는 용어이다. 전돌을 쌓은 벽체로 화방벽의 일종이다. 축중방이라는 명칭은 17세기 후반부터 등장하는데, 이때 중방은 중인방을 가리킨다. 하지만 앞서 밝혔듯이 18세기 이후 중방은 하인방을 지칭하는 용어로 변경[60]됨에도 축중방은 특정 벽체를 지칭하는 용어로 굳어져 계속 사용되었다.

표 7-17. 정자각의 축중방 재료 및 재료량

No.	능호	시기	반전	석회	백토	휴지/백휴지	죽미
1	**목릉**	1630	-	-	-	-	-
2	소현세자묘	1645	-	-	-	-	-
3	영릉	1659	1訥554張	9石	-	1斤11兩*	2斗7升
4	**숭릉**	1674	2訥	50石	-	1斤11兩	2斗7升
5	**익릉**	1680	2訥	16石	-	1斤11兩	2斗7升
6	휘릉	1689	2訥	16石	-	1斤11兩	2斗7升
7	**사릉**	1699	615張	8石	-	13兩5錢	1斗3升5合
8	**장릉**	1699	1訥	16石	-	休紙1斤*	3斗
9	명릉	1702	2訥	16石	-	1斤11兩*	2斗7升
10	단의빈묘	1718	2訥	16石	-	體紙1斤11兩	2斗7升
11	민회빈묘	1719	619箇	7石	-	13兩5錢	1斗4升
12	**의릉**	1725	1訥325張	8石	-	1斤11兩*	2斗7升
13	**온릉**	1739	1訥300張	8石	-	13兩5戔	1斗3升5合
14	의소세손묘	1752	-	8石	-	1斤11兩	2斗7升
15	**소령원**	1753	-	8石	2石	1斤11兩	2斗7升
16	**순강원**	1755	-	水灰2石	5石	1斤11兩	依橫看
17	**홍릉**	1757	-	8石	-	1斤11兩	3斗
18	사도세자묘	1762	-	8石	入量	1斤11兩	2斗7升
19	건원릉	1764	-	8石	-	1斤11兩	3斗
20	**원릉**	1776	-	8石	-	1斤11兩	-
21	문효세자묘	1786	-	8石	-	1斤11兩	-
22	**현륭원**	1789	-	8石	-	1斤11兩	3斗
23	건릉	1800	-	8石	-	2斤11兩	5斗
24	**건릉**	1821	-	8石	-	2斤11兩	5斗
25	휘경원	1823	-	8石	隨所入	2斤11兩	3斗
26	연경묘	1830	-	8石	-	2斤11兩	5斗
27	인릉	1835	-	8石	-	2斤11兩	5斗取用
28	**경릉**	1843	-	8石	-	2斤11兩	5斗
29	수릉	1846	-	8石	-	2斤11兩	5斗
30	**수릉**	1855	-	8石	-	2斤1兩	5斗
31	휘경원	1855	-	8石	-	2斤	5斗
32	**인릉**	1856	-	4石7斗	-	2斤	2斗5升
33	**휘경원**	1864	-	8石	-	2斤1兩	5斗

*는 휴지임.

산릉의궤 조성소 내 '築中防所入'에는 축중방에 소요되는 재료와 재료량이 기록되어 있다.(표 7-17) 축중방은 반전(半甎)을 주재료로 교착재로는 석회(石灰), 백토(白土), 휴지(休紙), 백휴지(白休紙), 죽미(粥米) 등을 사용하였다. 반전(半甎)은 반방전으로 『단경왕후온릉봉릉도감의궤』(1739)까지만 물량이 기록되어 있다. 석회는 지속적으로 사용되었는데, 『인빈상시봉원도감의궤』(1755)에서 수회(水灰)라는 명칭이 한 차례 등장한다. 선행연구에서 수회는 건축물의 내외 바닥이나 화방벽, 굴뚝, 담장 등에 쓰이는 방전의 교착재이고, 조선 초기에는 묘실의 석재 빈틈을 메우는 재료에서 후대 방전용으로 전용된 것으로, 휴지, 법유(法油), 죽미 등으로 배합하였음을 밝힌 바 있다.[9] 양상도회(樑上塗灰)를 양상수회(樑上水灰)라고 지칭하는 용례를 통해 수회가 양상도회에서 사용되었던 것으로 추정한 연구도 있다.[62] 수회가 전돌 교착재 외에도 미장재료 사용되었음을 알 수 있다. 『일성록』에서 "건회에 물을 뿌려 둔 것이 수회라 한다.(乾灰灑水塡之是謂水灰矣)"[63]는 기록을 보면 수회는 생석회에 물을 뿌려 피운 것으로 지금의 소석회에 해당된 것임을 알 수 있다.[64] 산릉의궤에서 백토는 네 차례 정도만 기록되어 있다. 『임원경제지』에 백토는 다음과 같이 기술되어 있다.

「白土」

백토는 곳곳마다 있지만 가루가 희고 점착력이 있는 것이 좋다. 요새 사람들은 백토를 섞어 반죽하여 담장에 바르는데 기와조각 사이에 흰 무늬가 아름답게 생긴다. 그중 호서의 보령에서 산출되는 것이 특이하다. 그 지방 사람은 이 백토로 방실의 내벽을 바른다. 곱기가 옥과 같고, 밝기가 거울과 같으므로 종이로 도배를 하지 않더라도 사방의 벽이 환하게 밝다.(『금화경독기』)[65]

『임원경제지』에 따르면 백토는 글자 그대로 희고 점착력이 있는 흙인데, 산릉역에서는 기록상 간헐적으로 쓰였다. 죽미(粥米)는 쌀죽의 일종이다.

재료 배합

반방전을 쌓을 때 크기 조정 시에는 각귀[角耳]라는 연장을 사용하였다.[66] 전돌을 쌓을 때 기준 줄은 조바[條所]와 세승(細繩)을 썼다.[67] 축중방을 쌓는 반죽의 주재료는 석회이다. 현존 정자각을 통해 전돌 크기와 줄눈 두께를 파악할 수 있지만 원래의 것인지 불분명하다. 여기서는 배합비 정도만 살펴보도록 한다.

표 7-18. 반방전당 석회량(반방전 100장 기준)

No.	능호	시기	반방전(장)	석회(섬)	반방전 100장당 석회량(섬)
1	영릉	1659	1,554	9	0.58
2	**숭릉**	1674	2,000	50	2.50
3	**익릉**	1680	2,000	16	0.80
4	휘릉	1689	2,000	16	0.80
5	**사릉**	1699	615	8	1.30
6	**장릉**	1699	1,000	16	1.60
7	명릉	1702	2,000	16	0.80
8	단의빈묘	1718	2,000	16	0.80
9	민회빈묘	1719	619	7	1.13
10	**의릉**	1725	1,325	8	0.60
11	**온릉**	1739	1,300	8	0.62

반방전이 기록된 17세기 후반부터 18세기 전반까지 반방전당 석회 사용량을 살펴보자. 눌(訥)은 기와나 방전을 세는 단위인데, 1눌은 1,000장에 해당한다.[68] 13개 사례 중 6곳에서는 1눌 또는 2눌을 사용하였는데 이는 대략적인 수치로 짐작되고, 나머지는 벽체 면적을 고려하여 소요량을 산정한 것으로 보인다. 〈표 7-18〉을 보면 현종숭릉산릉역(1674)에서는 반방전 2,000장에 석회 50섬(石, 가마니)으로 다른 산릉역에 비해 물량이 과다하게 잡혀 있다. 최대치와 최소치를 제외하면 반방전 100장당 0.6~0.8섬 정도의 석회를 사용한 것으로 산출된다.

표 7-19. 정자각의 축중방 배합비(석회 1섬 기준)

No.	능호	시기	석회(섬)	백토(섬)	휴지(근)	죽미(말)
1	**목릉**	1630	-	-	-	-
2	소현세자묘	1645	-	-	-	-
3	영릉	1659	1	-	0.19	0.30
4	**숭릉**	1674	1	-	0.03	0.05
5	**익릉**	1680	1	-	0.11	0.17
6	휘릉	1689	1	-	0.11	0.17
7	**사릉**	1699	1	-	0.11	0.17
8	**장릉**	1699	1	-	0.06	0.19
9	명릉	1702	1	-	0.11	0.17
10	단의빈묘	1718	1	-	0.11	0.17
11	민회빈묘	1719	1	-	0.12	0.20
12	**의릉**	1725	1	-	0.21	0.34
13	**온릉**	1739	1	-	0.11	0.17
14	의소세손묘	1752	1	-	0.21	0.34
15	**소령원**	1753	1	0.25	0.21	0.34
16	**순강원**	1755	1	2.5	0.84	-
17	**홍릉**	1757	1	-	0.21	0.38
18	사도세자묘	1762	1	入量	0.21	0.34
19	**원릉**	1776	1	-	0.21	0.38
20	문효세자묘	1786	1	-	0.21	-
21	**현륭원**	1789	1	-	0.21	-
22	건릉	1800	1	-	0.21	0.38
23	**건릉**	1821	1	-	0.34	0.63
24	휘경원	1823	1	-	0.34	0.63
25	연경묘	1830	1	隨所入	0.34	0.38
26	인릉	1835	1	-	0.34	0.63
27	**경릉**	1843	1	-	0.34	0.63
28	수릉	1846	1	-	0.34	0.63
29	**수릉**	1855	1	-	0.34	0.63
30	휘경원	1855	1	-	0.26	0.63
31	**인릉**	1856	1	-	0.25	0.63
32	**휘경원**	1864	1	-	0.44	0.56
33	**예릉**	1864	1	-	0.26	0.63

석회 1섬당 백토, 휴지, 죽미의 배합비는 〈표 7-19〉와 같다. 18세기 초까지는 석회 1섬당 휴지:죽미의 비는 0.11근:0.17말이었다. 경종의릉산

릉역(1724)을 기점으로 정조건릉산릉역(1800)까지는 0.21근:0.34~0.38말로 이전보다 2배 이상 증가하였다. 효의왕후건릉산릉역(1821)을 기점으로 0.34근:0.63말로 이전보다 한 번 더 1.5~2배 정도 증가하였는데, 19세기 후반에는 죽미량은 그대로 이고 휴지량은 조금 줄었다. 하지만 17세기와 18세기 휴지와 죽미량은 유사하지만 석회는 17세기에 비해 18세기에 절반으로 줄어들어, 석회 1섬을 기준으로 하면 오히려 휴지와 죽미가 늘어나 접착력이 강화된 것처럼 보여 주의를 요한다. 18세기, 19세기 석회 물량이 동일한 것을 보면 17세기에 과다하게 계획된 석회량이 18세기 이후 조정된 것으로 짐작된다. 18세기에 비해 19세기에는 교합재량이 증가하여 접착력을 강화한 양상이 뚜렷하다. 백토는 숙빈상시봉원역(1753)과 인빈상시봉원역(1755)에서 두 차례만 확인되고 소요량 편차도 큰 편으로, 축중방의 주요 교착재로는 사용되지 않았던 것으로 보인다.

당골벽

도리 위 서까래 사이 틈을 막아 미장하는 것을 당골벽 또는 당골막이라 한다. 여기서는 편의상 방벽, 앙벽의 음운을 따라 당골벽으로 칭하도록 한다. 『韓國建築辭典』에는 당골벽[當谷壁], 연골벽[椽谷壁], 당골막이[當谷] 등으로 정리되어 있다.[69] 산릉의궤에서 당골벽 관련 명칭은 『선조목릉천장산릉도감의궤』(1630)에서 '丹骨亇只'[70]가 한 차례 확인된다. 당골[丹骨]은 당이라는 음가자와 서까래 사이의 골이라는 음훈자의 합성어이고, 막이[亇只]는 막는다는 뜻의 음가자이다. 여기서 당골막이는 당골벽을 구성하는 빼대 목부재에 해당한다. 산릉의궤에 당골막이 또는 당골벽에 대한 기록이 없는 이유는 재료량이 적기 때문이다. 당골벽 빼대는 잡목이나 타 부위 목재를 사용하고 남은 것을 쓰면 되고, 바름재는 방벽과 다를 바 없어 방벽량에 포함시켰을 것이기 때문이다.

산릉의궤에는 『효현왕후경릉산릉도감의궤』(1843)부터 토소란(土小欄)이라는 명칭이 등장한다. 소란(小欄)은 우물천장이나 순각반자를 구성하기 위한 작은 졸대이다. 토소란은 명칭상 흙과 관련된 각재임을 알 수 있다. 현존 정자각을 살펴보면 당골벽 하부에 설치된 작은 졸대가 확인된다. 이른 시기의 장릉(章陵, 1627 건립, 1827 수리)과 공릉(1677)부터 휘릉 정자각(1897)까지 총 6곳이 확인된다. 즉 토소란은 당골벽을 치기 위해 도리 상부와 미장벽체가 만나는 부위의 재료분리대로 당골벽을 반듯하게 마감할 수 있도록 설치한 졸대이다. 대체로 19세기에 건립되거나 수리된 정자각에서 토소란이 확인되는 것을 보면 공릉 정자각도 19세기 이후 수리될 때 설치한 것으로 추정된다.

표 7-20. 정자각의 토소란

No.	능호	시기	수리	토소란	현 정자각 토소란
1	장릉	1627	1827	-	○
2	공릉	1677	-	-	○
3	건원릉	1764	1870	-	○
4	**경릉**	1843	1879	土小欄30箇次邊條里10箇	-
5	수릉	1846	-	-	
6	**수릉**	1855	-	土小欄42箇邊條里取用土小欄朴只2寸釘550箇	○
7	휘경원	1855	-	土小欄44邊條里取用	
8	인릉	1856	-	-	○
9	**휘경원**	1864	-	-	-
10	**예릉**	1864	-	土小欄42箇次邊條里取用土小欄朴只2寸釘550箇	○
11	휘릉	1897	-	-	○

『철종예릉산릉도감의궤』에는 토소란과 토소란박이가 표기되어 대략적인 고정기법을 확인할 수 있다. 정전은 오량가, 배위청은 삼량가이므로 정전 10개소, 배위청 6개소에 토소란을 설치해야 한다. 예릉 정자각의 경우 토소란박이는 못머리가 없는 2치 정을 42개 사용하였다. 토소란 총 설치 길이는 180,220mm 이다. 토소란 42개로 나누면, 토소란 길이는 평균 4,314mm로 약 14자로 산출된다. 토소란 총 길이를 토소란박이 550개로 나누면 토소란박이의 간격은 328mm로, 약 1자 간격으로 고정했음을 알 수 있다. 토소란은 19세기 초 당골벽 마감을 위해 설치하기 시작하여 19세기 중엽 이후로는 보편적으로 사용되었다. 토소란은 정자각 외 18세기 후반 궁집과 20세기 초반 왕실 재실에서도 확인된다. 또한 광해군 연간에 지어진 종묘 정전에서도 확인된다. 이를 보면 토소란 기법은 17세기 초까지 올라갈 것으로 짐작된다. 토소란은 사

벽첩과 마찬가지로 관영건축에 쓰인 고급 미장기법이라 할 수 있다.

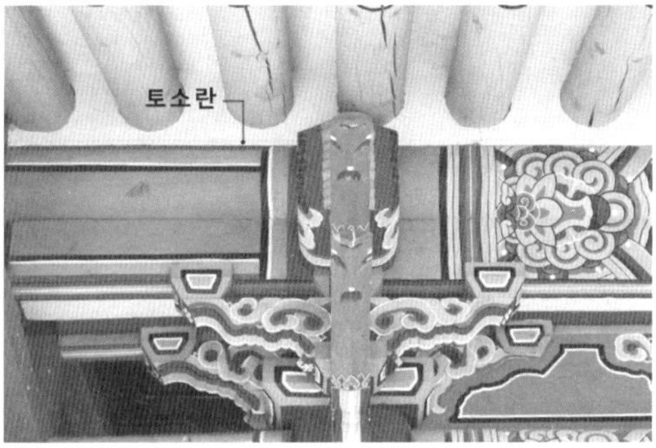

인릉 정자각(1856)

건원릉 정자각(1870)

그림 7-19. 토소란

양상도회

용어 정리

의궤에는 양상도회(樑上塗灰)라는 명칭이 확인된다. 선행연구에서 양상도회는 지붕마루의 양성바름을 지칭하고, 지붕마루 양면에 회를 발라 마감한 것으로 정의한 바 있다. 양상(樑上)은 지붕마루 즉 용마루를 뜻한다. 용마루라는 특정 용어가 없는 상황에서 용마루의 회바름을 설명하기 위해 고안한 용어가 양상도회인 것이다. 양상도회에서 '樑'은 종도리를 의미하고, '樑上'은 '종도리 위'로 직역되지만 실질적으로는 용마루를 지칭한다. 즉 양상도회는 '용마루에 회를 칠한다.'라고 풀이할 수 있다. 현재 쓰이는 양성바름은 양상도회에서 양상과 유사한 발음인 '양성'과 도회의 뜻인 '바름'이 어우러져 지금까지 이어져 온 것으로 추측된다.

산릉의궤 조성소 내에는 '樑上塗灰所入'이라는 항목을 두어 양상도회에 필요한 재료들을 열거하고 있다. 양상도회 재료에는 석회(石灰), 백토(白土), 황토(黃土), 휴지(休紙), 죽미(粥米), 법유(法油), 생포(生布), 북심(北心) 등이 등장한다. 법유(法油), 생포(生布), 북심(北心)을 제외하면 축중방 재료와 별 차이가 없다.

표 7-21. 정자각의 양상도회 재료 및 재료량

No.	능호	시기	석회	백토	황토	휴지/백휴지	죽미	법유	생포	북심
1	**목릉**	1630	-	-	-	-	-	-	-	-
2	소현세자묘	1645	-	-	-	-	-	-	-	-
3	영릉	1659	80石	-	-	15斤*	1石9斗	7斗	10尺	-
4	**숭릉**	1674	85石	-	-	15斤*	1石9斗	6斗6升5合	10尺	-
5	**익릉**	1680	80石	-	-	15斤*	1石9斗	6斗6升5合	10尺	-
6	휘릉	1689	80石	-	-	15斤*	1石9斗	6斗6升5合	10尺	-
7	**사릉**	1699	70石	-	-	10斤	1石	6斗	-	-
8	**장릉**	1699	80石	-	-	1斤*	12斗	5斗1升	10尺	-
9	명릉	1702	80石	-	-	15斤*	1石9斗	6斗6升5合	10尺	-
10	단의빈묘	1718	80石	-	-	15斤*	1石9斗	6斗	11尺	-
11	민회빈묘	1719	80石	-	-	10斤	14斗9升	6斗	-	-
12	**의릉**	1725	69石	-	-	15斤*	1石9斗	5斗6升5合	10尺	-
13	**온릉**	1739	70石	-	-	10斤	1石	5斗6升5合	白布10尺	-
14	의소세손묘	1752	85石	-	-	15斤	1石	4斗	10尺	-
15	**소령원**	1753	70石	-	-	15斤	1石	4斗	10尺	-
16	**순강원**	1755	水灰40石	-	-	15斤	依横看	4斗	10尺	北心次空石
17	**홍릉**	1757	80石	-	-	15斤	1石	4斗	-	
18	사도세자묘	1762	85石	白土	黃土	-	-	依横看	10尺	-
19	**원릉**	1776	80石	-	-	15斤	1石	4斗	-	-
20	문효세자묘	1786	40石	-	-	15斤	-	3斗	-	-
21	**현륭원**	1789	80石	△	-	15斤	-	4斗	-	-
22	건릉	1800	60石	-	-	29斤	1石	5斗2升5合	-	-
23	**건릉**	1821	60石	-	-	29斤	1石5斗	5斗2升5合	-	-
24	휘경원	1823	60石	-	-	29斤	1石5斗	5斗2升5合	-	-
25	연경묘	1830	30石	-	-	20斤	1石	5斗	-	-
26	인릉	1835	60石	-	-	29斤	1石5斗	5斗2升5合	-	-
27	**경릉**	1843	60石	-	-	29斤	1石5斗	5斗2升5合	-	-
28	수릉	1846	60石	-	-	29斤	1石5斗	5斗2升5合	-	-
29	**수릉**	1855	60石	-	-	10斤	5斗	3斗2升5合	-	-
30	휘경원	1855	60石	-	-	15斤	1石5斗	3斗2升5合	-	-
31	**인릉**	1856	60石	-	-	7斤	5斗	3斗2升5合	-	-
32	**휘경원**	1864	60石	-	-	15斤	1石5斗	3斗2升5合	-	-
33	**예릉**	1864	60石	-	-	30斤	1石5斗	5斗2升5合	-	-

△은 추정을 표시한 것임. *는 휴지임.

법유는 들기름이다. 생포는 생베로 상복(喪服)을 만드는데 사용되었다.[75] 북심(北心)은 『인빈상시봉원도감의궤』(1755)에 한 차례만 등장하는데 "北心次 空石"이라 하여 북심감으로 빈 가마니를 사용하였다. 북심의 용례를 좀 더 살펴보자. 『효종영릉산릉도감의궤』(1659)에는 "양상도회용 붓심초[扶叱心草]를 보토소에서 행용하는 고초비내(藁草飛乃)를 빌려 쓴 후 돌려보내."[76]라는 기록이 있다. 『단경왕후온릉봉릉도감의궤』(1739)에서는 "양상도회 시 북심초(北深草)를 본관이 필요한 만큼 들이라."[77]라는 기록이 보인다. 『의소세손묘소도감의궤』(1752)에는 "양상도회 시 심초(心草)를 이전 지방관 소입에 따라 진배하였다."[78]라고 기록되어 있다. 즉 붓심초[扶叱心草], 북심초(北深草), 심초(心草) 모두 북심

의 이칭임을 알 수 있다. 북심과 관련하여 『승정원일기』에는

> 영릉…정자각 양상에 박락이 발생한 곳은 마땅히 다시 도회를 해야 하는데 양상과 기와를 덮은 곳이 높고 경사가 있어 발을 딛기 어려워 반드시 부초(夫草)를 덮어야 (진행)할 수 있고 기계를 풀 위에 설치한 연후 장차 도회(塗灰)를 할 수 있다.[79]

라는 기록이 보인다. 부초(夫草) 역시 붓심초[扶叱心草], 북심초(北深草), 심초(心草)의 다른 명칭으로 보인다. 즉 북심은 지붕 경사 때문에 보행이 어려워 기와 위에 가마니 등을 깔고 이동할 수 있는 바닥재이며, 그 위에 기계(가설 비계)를 설치할 수 있도록 하는 일종의 보양재임을 알 수 있다.

그림 7-20. 답장과 유사한 형식의 비계[수릉 정자각공사]

양상도회 시공 관련 답장(踏掌)이라는 명칭이 확인된다. 『익종수릉천봉산릉도감의궤』(1855) 조성소 품목질에는 "樑上塗灰時 泥匠踏掌所用 中竹八箇 入用是如爲臥乎"라는 기록이 보인다. 답장(踏掌)은 밟고 올라가도록 만든 판자(板子) 또는 계단을 뜻[80]한다. 수릉 정자각 양상도회 시 니장이 작업할 수 있도록 가설비계를 구성하기 위해 중죽(中竹) 8개로 답장을 제작하였음을 알 수 있다. 〈그림 7-20〉은 수릉 정자각 수리 시 양상도회 전 가설 비계를 설치한 장면이다. 이와 같이 조선 후기 정자각 공사에서도 지붕 위 사선 방향으로 이동하거나 용마루와 평행하게 수평 이동할 수 있도록 대나무 등으로 가설 비계 형태의 답장을 설치하였음을 알 수 있다.

재료 배합

양상도회를 시공하는 용마루와 내림마루 등은 외기에 노출되어 있어 하자 발생 가능성이 높다. 또한 보수하기도 까다로운 부위에 해당한다.

『승정원일기』에 양상도회 수리 관련 기록이 18세기에만 150건 정도 확인되는 것[81]을 보면 그 양상을 이해할 수 있다. 이와 관련하여 『인현왕후명릉산릉도감의궤』 조성소 기록을 보면

정자각 양상도회감 석회 80섬, 축중방 면회감 16섬을 등록에 의거하여 취해와 반죽을 만들어 양상도회할 때 장인 등이 충분히 잘 바르도록 신칙하시온 바인데, 장인 등이 계산을 잘못하여 (양상도회에) 축중방에 들어가는 회를 써서 두껍게 바른 탓에 회 20여 말이 부족하온 바 20여 말을 삼물소에 명하여 추가로 내려주시옵소서.[82]

라고 하여 양상도회를 꼼꼼히 시공하라는 지시에 니장은 이를 염려해 석회를 당초 계획 물량보다도 더 많이 사용하다 곤란한 상황에 처한다. 이는 양상도회 시공의 어려움에 대해 당시 관료와 장인 모두 인식하고 있었음을 보여준다.

양상도회 재료 배합에 대해 살펴보자. 양상도회는 석회를 주재료로 휴지, 죽미, 법유를 교합하여 사용하였고, 18세기 중엽까지는 생포를 함께 사용하였다. 〈표 7-22〉는 석회 1섬(가마니)당 배합비를 정리한 것이다. 생포는 효종영릉산릉역(1659)부터 사도세자묘소역(1762)까지 양상도회 시 10자 정도를 사용하였다. 선행연구에서 생포는 『숙종명릉산릉도감의궤』(1721)에서 병풍을 에워싸는 재료였다는 것을 근거로 용마루 기와를 미장 전이나 후에 에워싸기 위한 것으로, 현재 용마루에 시공되는 동망과 같은 기능을 하는 것으로 보았다.[83] 산릉의궤에서 양상도회 시 생포 기능에 대해 직접적인 기록은 확인되지 않는다. 이와 관련하여 『영조혼전도감의궤』(1776) 혼전별공작의 기록을 보면

각양 상탁 기명 등 착칠 시 니장 소용 가저모 10냥, 고수 3냥, 골회 2말, 태말 4되, 백포 10자, 생포 10자, 자저포 1자, 설면자 5냥 등 내려주시오며[84]

라고 하여 상탁, 기명 등 착칠 시 칠장 소용으로 생포 10자를 내려줄 것을 요청한다. 여기서 칠 작업을 하기 전 생포로 상탁 등을 감싸며 미

장벽체의 외목과 같이 균열을 방지하는 기능을 하였음을 알 수 있다. 즉 양상도회 시 생포는 선행연구의 견해와 같이 균열 방지 목적으로 설치되었던 재료로 추정할 수 있다.

석회는 18세기 말까지 80섬을 기준으로 사용하였다. 가장 이른 시기의 효종영릉산릉역(1659)의 배합비는 회 1섬당 휴지 3냥, 죽미 3.1되, 법유 0.88되이다. 18세기 전반까지는 대체적으로 이를 따르고 있다. 18세기 후반에 들어 배합비가 변화된다. 휴지량은 인빈상시봉원역(1755)과 문효세자묘소역(1786)에서는 이전보다 두 배를 사용하였지만 죽미는 2되 정도를 쓰거나 생략하고, 법유량은 편차가 커 배합비가 일정하지 않다. 사도세자묘소역(1762)을 마지막으로 생포는 더 이상 사용되지 않았다. 사도세자묘소역에서는 백토를 사용한 바 있는데, 이와 관련하여 『장헌세자현륭원원소도감의궤』 조성소 기록을 보면

정자각 비각 양상도회 소입 백토 성질이 기름지지(매끄럽지) 않아 장차 종이를 더해 진흙을 만들어 틈이 생기는 것을 피하고자 하며, 백휴지 10근 더해서 감결하여 주십시오.

라고 하여 양상도회에 들어가는 백토가 점성이 부족하여 균열을 피하고자 백휴지 10근을 추가로 요청하였다. 백토 성능이 기대에 미치지 못하여 백휴지를 추가로 요구한 것이다. 여기서 백토는 장헌세자현륭원원소역(1789) 이외에는 시도된 바가 없다. 정조건릉산릉역(1800)을 계기로 백휴지량을 14근으로 대폭 증가시키면서 배합비가 전체적으로 조정되었다. 19세기 전반의 배합비는 대체로 석회 1섬당 휴지 7.7냥, 죽미 3.3되, 법유 0.88되이다. 휴지는 18세기 전반에 비해 두 배 이상 증가하고, 죽미와 법유는 유사한 배합비를 보인다. 18세기 말 생포를 설치하지 않으면서 줄어든 내구성을 휴지량을 늘림으로써 해결했던 것으로 추정된다. 석회량이 80섬에서 60섬으로 줄어든 점은 이 시기 뚜렷한 변화 중 하나이다. 마치 양상도회 두께가 25% 정도 감소한 것처럼 보인다. 하지만 80섬은 8칸 정자각의 계획 물량으로 5칸 정자각으로 변화되었음에도 전례에 따라 과다하게 물량을 계획한 것을, 정조건릉산릉역

을 계기로 실제 소요량에 맞게 60섬으로 조정했던 것으로 판단된다.

19세기 후반에 들어 다시 한 번 배합비에 변화가 보인다. 석회 1섬당 휴지는 2.7~4.0냥, 죽미는 0.8~3.3되, 법유는 0.54되 정도로 바뀌었다. 19세기 전반에 비해 전체적으로 줄어드는데, 변화 요인은 찾기 힘들다. 영건역에서는 정조대 문희묘영건역(1789) 이후 19세기 전반까지 죽미 대신 유피(楡皮, 느릅나무 껍질)을 우려낸 물을 사용하여 교착성을 높였는데,[86] 산릉역에서는 이와 같은 기법은 나타나지 않았다.

한편 산릉역에서는 양상도회를 할 때 우천 시 보양재로 파유둔(破油芚)을 사용하기도 하였다.[87]

표 7-22. 정자각의 양상도회 배합비(석회 1섬 기준)

No.	능호	시기	석회(석)	백토	황토	(백)휴지(양)	죽미(승)	법유(승)	생포
1	**목릉**	1630	–	–	–	–	–	–	–
2	소현세자묘	1645	–	–	–	–	–	–	–
3	영릉	1659	1	–	–	3.0	3.1	0.88	○
4	**숭릉**	1674	1	–	–	2.8	2.9	0.78	○
5	**익릉**	1680	1	–	–	3.0	3.1	0.83	○
6	휘릉	1689	1	–	–	2.0	3.1	0.83	○
7	**사릉**	1699	1	–	–	2.3	2.1	0.86	–
8	**장릉**	1699	1	–	–	0.2	1.5	0.64	○
9	명릉	1702	1	–	–	3.0	3.1	0.83	○
10	단의빈묘	1718	1	–	–	3.0	3.1	0.75	○
11	민회빈묘	1719	1	–	–	2.0	1.9	0.75	–
12	**의릉**	1725	1	–	–	3.5	3.6	0.82	○
13	**온릉**	1739	1	–	–	2.3	2.1	0.81	○
14	의소세손묘	1752	1	–	–	2.8	1.8	0.47	○
15	**소령원**	1753	1	–	–	3.4	2.1	0.57	○
16	**순강원**	1755	1	–	–	6.0	–	1.00	○
17	**홍릉**	1757	1	–	–	3.0	1.9	0.50	–
18	사도세자묘	1762	1	○	○	–	–	–	○
19	**원릉**	1776	1	–	–	3.0	1.9	0.50	–
20	문효세자묘	1786	1	–	–	6.0	–	0.75	–
21	**현륭원**	1789	1	△	–	3.0	–	0.50	–
22	건릉	1800	1	–	–	7.7	2.5	0.88	–
23	**건릉**	1821	1	–	–	7.7	3.3	0.88	–
24	휘경원	1823	1	–	–	7.7	3.3	0.88	–
25	연경묘	1830	1	–	–	10.7	0.3	1.67	–
26	인릉	1835	1	–	–	7.7	3.3	0.88	–
27	**경릉**	1843	1	–	–	7.7	3.3	0.88	–
28	수릉	1846	1	–	–	7.7	1.7	0.88	–
29	**수릉**	1855	1	–	–	2.7	0.8	0.54	–
30	휘경원	1855	1	–	–	4.0	3.3	0.54	–
31	**인릉**	1856	1	–	–	1.9	0.8	0.54	–
32	**휘경원**	1864	1	–	–	4.0	3.3	0.54	–
33	**예릉**	1864	1	–	–	8.0	3.3	0.88	–

착유

산릉역에서는 정자각 공사 중 양상도회를 마친 후 방수 효과를 높이기 위해 기름칠을 하였다. 먼저 관영건축에서 가장 많이 쓰였던 법유가 산릉역에서는 어디에 사용되었지 확인해보자. 〈표 7-23〉과 같이 법유는 홍살문, 정자각 내 의물인 신어평상(神御平牀), 정자각과 비각 내 양상도회, 단청과 재실의 반자, 대차(大次)의 단청 등에 사용되었다. 법유 사용량 총합과 실입 물량을 비교해 보면 같은 경우도 있고 물량 차가 심한 경우도 있는데, 대체로 조금 적거나 조금 많은 수준이다. 법유량을 보면 정자각과 비각의 양상도회와 단청에 주로 사용되었음을 알 수 있다. 정조건릉산릉역을 계기로 정자각 단청의 법유량이 전에 비해 1.5~2배 정도 증가하는 부분은 유의해서 볼 필요가 있다. 이에 대해서는 뒤에서 설명하도록 한다.

양상도회 마감에 어떤 기름을 칠하였는지 살펴보자. 『정조건릉산릉도감의궤』(1800) 조성소 기록을 보면

정자각 양상도회 시 니장(泥匠) 소용 및 도유(塗油) 시 가칠장 소용 도기명(陶器皿)과 부정(釜鼎) 등 물품을 후록하여 품정하오니[88]

라고 하여 정자각 양상도회 시 기름을 칠하는 도유(塗油)의 업무가 가칠장에 속하였음을 알 수 있다. 이와 함께 『순조인릉천봉산릉도감의궤』(1856) 조성소 기록을 보면

정자각 이하 가칠장 물종을 후록하여 품하오니 이에 따라 봉감하여 취용하심이 어떨겠습니까?
수결: 감결대로 하라.
후(後)
뇌록 10말, 정분 10말, 주토 6말 … 명유소입(明油所入) 법유(法油) 5되, 백반(白礬) 3돈, 무명석(無名石) 12냥, 상황단 1근[89]

이라 하여 가칠장의 물종에 각종 단청 안료와 함께 명유(明油)가 포함

되어 있다. 즉 가칠장이 바르는 기름이 명유임을 알 수 있다. 명유는 무명석을 넣어 끓인 들기름으로 물건에 덧칠하거나 겉칠용으로 쓰였는데,[90] 단청면 위 도포제로 가장 많이 사용되었다.[91] 무명석은 바위에 붙어있는 쌀알 만한 크기의 작은 덩이의 광물을 말하는데 검은 갈색의 윤기가 있다.[92] 이와 관련하여 『순조인릉산릉도감의궤』(1835) 조성소 기록을 보면

정자각 비각 양상도회 착유(着油)소입 법유 9말 2되 5홉을 봉감하여 취용하심이 어떻겠습니까?[93]

라고 하여 양상도회 착유 소입으로 법유 9말 2되 5홉을 요청한다. 양상도회소입에는 정자각은 석회 60섬, 백휴지 29근, 죽미 1섬 5말, 법유 5말 2되 5홉[94]이고, 비각은 석회 10섬, 백휴지 10근, 죽미 6말, 법유 1말 5되[95]이다. 정자각과 비각의 법유 합산량은 6말 7되 5홉으로 양상도회 착유 소입과는 차이가 있다. 하지만 양상도회소입 다음에 기술되는 명유소입을 보면, 정자각은 법유 8말 5되, 백반 11냥, 무명석 1근, 상황단 2근[96]이고, 비각은 법유 7되 5홉, 백반 5돈, 무명석 12냥[97]으로 기록되어 있다. 정자각과 비각의 명유소입 법유 합산물량이 정확히 양상도회 착유 소입 법유 9말 2되 5홉(정자각 8말 5되+비각 7되 5홉)과 일치한다. 즉 정자각 공사에서 양상도회 바름 후 명유를 칠하였음을 알 수 있다.

명유가 언제부터 어느 곳에 사용하였는지 보자. 『선조목릉천장산릉도감의궤』(1630) 조성별소의 기록을 보면

홍문 1좌…칠감 주토 2되, 명유감 법유 1말 5홉 무명석 1냥, 백반 5돈, 황단 5돈, 아교 15각[98]

이라 하여 홍살문에 명유를 칠하였는데, 이는 『태조건원릉정자각중수도감의궤』(1764)까지 확인된다.

다음으로는 정자각 내 의물인 신어평상에 명유가 사용되었다. 이는 『효종영릉산릉도감의궤』(1659)부터 『단경경왕후온릉봉릉도감의궤』(1739)까지 확인된다. 『민회빈봉묘도감의궤』(1719)에서는 처음으로 정자각에

표 7-23. 산릉의궤 내 법유와 명유 사용량(단위: 斗)

No.	능호	시기	홍살문	신어평상	정자각			비각		신도비각	재실	대차	합계	실입
					양상도회	단청	명유	양상도회	단청	양상도회	명유	단청		
1	**목릉**	1630	0.15	-	-	-	-	-	-	-	-	-	0.15	-
2	소현세자묘	1645	-	-	-	-	-	-	-	-	-	-	0	-
3	영릉	1659	明油	明油	7	3	-	-	-	-	-	-	10	10
4	**숭릉**	1674	明油	明油	6.65	-	-	-	-	-	-	-	6.65	10.05
5	**익릉**	1680	明油	明油	6.65	3.4	-	-	-	-	-	-	10.05	10.05
6	휘릉	1689	明油	明油	6.65	3.4	-	-	-	-	-	-	10.05	-
7	**사릉**	1699	-	-	6	3.4	-	-	-	-	-	-	9.4	-
8	**장릉**	1699	-	明油	5.1	3.4	-	-	-	-	-	-	8.5	-
9	명릉	1702	明油	明油	6.65	3.4	-	-	-	-	-	-	10.05	10.05
10	단의빈묘	1718	明油	-	6	3	-	-	-	-	-	-	9	10.1
11	민회빈묘	1719	-	-	6	3.5	-	-	-	-	-	-	9.5	8.35
12	**의릉**	1725	明油	明油	5.65	3	-	-	0.1	-	-	-	8.75	10.5
13	**온릉**	1739	-	明油	5.65	3.4	-	-	-	-	-	-	9.05	9.05
14	의소세손묘	1752	-	-	4	3	-	-	-	-	-	-	7	7
15	**소령원**	1753	-	-	4	4.5	-	-	0.5	2	-	-	11	9.5
16	**순강원**	1755	-	-	4	4.5	-	-	-	-	-	-	8.5	8.5
17	홍릉	1757	-	-	4	4	-	-	-	-	-	-	8	-
18	사도세자묘	1762	-	-	依橫看	3	-	-	-	-	-	-	3	2
19	건원릉	1764	0.05	-	依橫看	1.3	-	-	-	-	-	-	1.35	-
20	**원릉**	1776	-	-	4	4	-	1	0.75	-	-	-	9.75	-
21	문효세자묘	1786	-	-	3	4	3	법유	-	-	-	-	10	5
22	**현륭원**	1789	-	-	4	4	-	1	0.75	-	-	2.55	12.3	12
23	건릉	1800	-	-	5.25	8.5	-	1.5	0.75	-	-	-	16	8.5
24	**건릉**	1821	-	-	5.25	8.5	-	1.5	0.75	-	-	-	16	17.5
25	휘경원	1823	-	-	5.25	8.5	-	1.5	-	-	-	-	15.25	17.5
26	연경묘	1830	-	-	5	5	分閣0.5	-	-	-	-	-	10.5	10.5
27	인릉	1835	-	-	5.25	8.5	-	1.5	0.75	-	斑子0.5	-	16.5	19
28	**경릉**	1843	-	-	5.25	8.5	-	1.5	0.75	-	斑子0.5	-	16.5	16.5
29	수릉	1846	-	-	5.25	8.5	-	1.5	-	-	斑子0.5	-	15.75	16.5
30	**수릉**	1855	-	-	3.25	6.5	-	0.7	0.55	-	斑子0.5	-	11.5	11
31	휘경원	1855	-	-	3.25	6.5	-	0.7	0.5	-	-	-	10.95	-
32	**인릉**	1856	-	-	3.25	6	-	0.7	0.5	-	-	-	10.45	12.8
33	**휘경원**	1864	-	-	3.25	6.5	-	0.9	0.5	-	-	-	11.15	10.5
34	**예릉**	1864	-	-	5.25	8.5	-	1.5	0.75	-	-	-	16	19

明油는 법유을 주재료로 하고, 명유량은 법유량과 동일하게 표기하므로 명유도 함께 표기하였음.

명유가 사용되었다. 기록을 보면

삼면풍차 및 전면 위아래 지방, 벽선, 원기둥 등처 모두 주홍과 명유를 칠한다.[99]

라고 하여 외기에 면한 부위에 주홍칠을 하고 명유를 칠하였음을 알 수 있다. 명유소입을 보면 그전과 차이가 없어 이전 시기에도 동일한 부위에 명유를 칠했음을 알 수 있다.

『사도세자묘소도감의궤』(1762) 조성소 기록을 보면

선좌이(先佐耳) 도내목 24개, 윤통(輪筒) 2개에 명유를 주칠하고[100]

라고 하여 선좌이(분합문)를 고정하는 도내목과 신문 내측 상부에 설치하는 윤통에도 명유를 칠하였다. 『정조건릉산릉도감의궤』(1800)부터는 정자각과 비각의 명유소입은 별도 항목으로 재료 및 배합비가 명시되어 있다.

명유 사용량을 살펴보자. 홍살문은 두 차례만 확인된다. 선조목릉천장산릉역(1630)에서는 1되 5홉을 계획하였는데 지금의 부피 단위[101]로 환산하면 2.7l로 산출된다. 태조건원릉정자각중수역(1764)은 5홉으로 많은 양은 아니었다. 소량이 사용된 신어평상의 경우 물량은 적시되어 있지 않다. 홍살문과 신어평상의 명유 물량은 소량으로 정자각 물량에 포함시켰던 것으로 보인다. 『효명세자연경묘묘소도감의궤』(1830) 조성소 기록에 따르면 정자각 분합 착유에 법유 5되가 소요[102]되었음을 알 수 있다. 『수빈휘경원원소도감의궤』(1823) 조성소 기록에 의하면 정자각과 비각의 기둥과 창문 착유에 법유 1말 5되가 쓰였다.[103] 앞선 기록을 통해 〈표 7-24〉와 같이 정자각과 비각의 기둥과 창호의 명유 소요량을 대략적으로 산출할 수 있다.

표 7-24. 정자각과 비각의 명유(법유) 사용량 추정(단위: 되)

	기둥(개)	창호(칸)	기둥	창호	합계
정자각	14	4	6.81	5	11.8
비각	4	1	1.94	1.25	3.2
합계	18	5	8.75	6.25	15.0

이를 보면 정자각은 기둥 14개소에 6되 8홉 정도 착칠용 명유가 사용되었을 것으로 보인다. 비각은 전체적으로 3되 2홉 정도 명유가 들어갔는데, 인방 등을 추가하더라도 4되를 넘지는 않을 것으로 보인다. 〈표 7-25〉 비각의 법유량을 보면 영조원릉산릉역(1776)부터 7되 5홉을 사용하여 기존 5되보다 많은 양을 사용하였다. 정자각의 법유량은 18세기까지는 4말 정도였는데, 정조건릉산릉역(1800)을 계기로 1.5~2배 정도 증가하였다.

이러한 명유소입 내 법유량의 증가 시점은 양상도회 후 명유를 본격적으로 칠하면서 변화된 것으로 짐작된다. 〈표 7-24〉를 보면 정자각 기둥

표 7-25. 산릉의궤 내 명유 사용처 및 재료량

No.	능호	시기	홍살문	신어평상	정자각				비각				기타
					법유	백반	무명석	황단	법유	백반	무명석	황단	
1	**목릉**	1630	1升5合	-	-	-	-	-	-	-	-	-	-
2	소현세자묘	1645	-	-	-	-	-	-	-	-	-	-	-
3	영릉	1659	明油	明油	3斗	10兩6戔	7兩	5兩5戔	-	-	-	-	-
4	**숭릉**	1674	明油	明油	-	-	-	-	-	-	-	-	-
5	**익릉**	1680	明油	明油	3斗4升	11兩9戔5	9兩	1斤10兩6錢5分	-	-	-	-	-
6	휘릉	1689	明油	明油	3斗4升	11兩9錢5	9兩	1斤10兩3錢5分	-	-	-	-	-
7	**사릉**	1699	-	-	3斗4升	11兩9錢5	9兩	3兩	-	-	-	-	-
8	**장릉**	1699	-	明油	3斗4升	3斤	9兩	3斤7兩	-	-	-	-	-
9	명릉	1702	明油	明油	3斗4升	11兩9錢5分	9兩	1斤10兩3錢5分	-	-	-	-	-
10	단의빈묘	1718	明油	-	3斗	3兩	-	-	-	-	-	-	-
11	민회빈묘	1719	-	-	3斗5升	11兩9錢5分	9兩	5兩2錢	-	-	-	-	*
12	**의릉**	1725	明油	明油	3斗	11兩9錢5分	9兩	1斤11兩	1升	-	-	-	-
13	**온릉**	1739	-	明油	3斗4升	11兩9戔5分	5兩	1斤	-	-	-	-	-
14	의소세손묘	1752	-	-	3斗	9兩	-	3兩	-	-	-	-	-
15	**소령원**	1753	-	-	4斗5升	12兩	1斤5兩	7兩	5升	3戔	半斤	5兩	-
16	**순강원**	1755	-	-	4斗5升	11兩5戔	1斤	1斤	-	-	-	-	-
17	홍릉	1757	-	-	4斗	11兩	9兩	2斤	-	-	-	-	-
18	사도세자묘	1762	-	-	3斗 所入依横看				-	-	-	-	@
19	건원릉	1764	5合	-	1斗3升 所入依横看				-	-	-	-	-
20	**원릉**	1776	-	-	4斗	11兩	9兩	2斤	7升5合	4錢5分	12兩	7兩5錢	-
21	문효세자묘	1786	-	-	4斗	11兩	9兩	2斤	-	-	-	-	3斗
22	**현륭원**	1789	-	-	4斗	11兩	9兩	2斤	7升5合	-	12兩	7兩5戔	-
23	건릉	1800	-	-	8斗5升	11兩	1斤	-	7升5合	5錢	12兩	-	-
24	**건릉**	1821	-	-	8斗5升	11兩	1斤	常2斤	7升5合	5錢	12兩	-	-
25	휘경원	1823	-	-	8斗5升	10兩	1斤	常2斤	-	-	-	-	-
26	연경묘	1830	-	-	5斗	10兩	1斤	2斤	-	-	-	-	#5升
27	인릉	1835	-	-	8斗5升	11兩	1斤	常2斤	7升5合	5錢	12兩	-	^5升
28	**경릉**	1843	-	-	8斗5升	11兩	1斤	常2斤	7升5合	5錢	12兩	-	^5升
29	수릉	1846	-	-	8斗5升	11兩	1斤	常2斤	-	-	-	-	^5升
30	**수릉**	1855	-	-	6斗5升	8兩	1斤	常1斤	5升5合	3戔	12兩	-	^5升
31	휘경원	1855	-	-	6斗5升	8兩	1斤	常1斤	5升5合	3戔	12兩	-	-
32	**인릉**	1856	-	-	6斗	8兩	1斤	常1斤	5升	3錢	12兩	-	-
33	**휘경원**	1864	-	-	6斗5升	8兩	1斤	常1斤	5升	3錢	12兩	常2兩	-
34	**예릉**	1864	-	-	8斗5升	12兩	1斤	常2斤	7升5合	5錢	12兩	-	-

본표는 정조산릉도감의궤 이전 정자각과 비각 명유소입은 단청소입내 법유, 백반, 무명석, 황단 물량을 표기한 것임. *의 원문은 3面風遮 及前面上下地防 壁縇 圓柱等處 皆朱紅漆임. @의 원문은 先佐耳道乃木24箇 輪筒2箇 朱漆是遣임. #은 정자각 分閤임. ^은 斑子임. 황단 중 常은 常黃丹임.

과 창호에 소요된 법유량은 1말 1되 8홉 정도이고, 나머지는 인방과 풍판을 칠한 양으로 추정되는데 명유를 착유하더라도 굉장히 소량이었을 것으로 생각된다. 정자각은 정조건릉산릉역을 계기로 양상도회 후 본격적으로 명유를 칠한 것으로 판단된다. 그 이전 영조원릉산릉역(1764)부터 비각 양상도회에 명유량을 증가시켜 사용하면서 성능을 검증했던 것으로 추정된다.

정자각의 명유 배합량을 살펴보자. 18세기까지는 법유 4말, 백반 11냥, 무명석 9냥, 황단 2근 정도를 사용하였고, 19세기에는 법유는 6말 5되

~8말 5되, 백반은 11냥, 무명석은 1근, 황단 2근으로 법유와 무명석량이 증가하였다. 비각은 18세기 말부터 법유는 7되 5홉, 백반은 3~5전, 무명석은 12냥을 일반적으로 사용하였다.

정자각 명유 배합비는 법유 1되를 기준으로 보면, 〈표 7-26〉과 같이 18세기까지는 백반 0.3~0.4냥, 무명석은 0.3냥, 황단은 0.8냥 정도였다. 19세기에는 법유 1되당 백반은 0.1냥, 무명석은 0.2냥, 황단은 0.4냥 정도로 전에 비해 2배 정도 백반, 무명석, 황단이 줄었다. 명유의 주재료인 법유가 2배 정도 늘어나고 나머지 재료는 오히려 줄어든 것이다. 변화 요인은 명확하지 않다. 이러한 배합비 변화가 방수 측면에서 어떤 효과를 보이는지는 향후 실험을 통해 확인되어야 할 것이다.

표 7-26. 정자각의 명유 배합비(법유 1되 기준)

No.	능호	시기	법유(되)	백반(냥)	무명석(냥)	황단(냥)
1	**목릉**	1630	-	-	-	-
2	소현세자묘	1645	-	-	-	-
3	영릉	1659	1	0.4	0.2	0.2
4	**숭릉**	1674	-	-	-	-
5	**익릉**	1680	1	0.4	0.3	0.8
6	휘릉	1689	1	0.4	0.3	0.8
7	**사릉**	1699	1	0.4	0.3	0.1
8	**장릉**	1699	1	1.4	0.3	1.6
9	명릉	1702	1	0.4	0.3	0.8
10	단의빈묘	1718	1	0.1	-	-
11	민회빈묘	1719	1	0.3	0.3	0.1
12	**의릉**	1725	1	0.4	0.3	0.9
13	**온릉**	1739	1	0.4	0.1	0.8
14	의소세손묘	1752	1	0.3	-	0.1
15	**소령원**	1753	1	0.3	0.5	0.2
16	**순강원**	1755	1	0.3	0.4	0.4
17	홍릉	1757	1	0.3	0.2	0.8
18	사도세자묘	1762	-			
19	건원릉	1764	-			
20	**원릉**	1776	1	0.3	0.2	0.8
21	문효세자묘	1786	1	0.3	0.2	0.8
22	**현륭원**	1789	1	0.3	0.2	-
23	건릉	1800	1	0.1	0.2	-
24	**건릉**	1821	1	0.1	0.2	0.4
25	휘경원	1823	1	0.1	0.2	0.4
26	연경묘	1830	1	0.2	0.3	0.6
27	인릉	1835	1	0.1	0.2	0.4
28	**경릉**	1843	1	0.1	0.2	0.4
29	수릉	1846	1	0.1	0.2	0.4
30	**수릉**	1855	1	0.1	0.2	0.2
31	휘경원	1855	1	0.1	0.2	0.2
32	**인릉**	1856	1	0.1	0.3	0.3
33	**휘경원**	1864	1	0.1	0.2	0.2
34	**예릉**	1864	1	0.1	0.2	0.4

08
조선 후기 관영건축 시공기술의 전개

건릉 정자각(1821)

산릉의궤와 정자각을 통해 조선 후기 관영건축의 시공기술을 살펴본 결과, 정조건릉산릉역(1800)을 기점으로 시공기술의 뚜렷한 변화가 포착되었다. 임진왜란 이후부터 18세기 말까지 200여 년 동안 시공기술은 큰 변화 없이 기존 기술을 답습해 왔다. 어떠한 요인이 시공기술의 발전을 제약하였을까? 한편 정조건릉산릉역을 기점으로 실무성이 강화된 의궤 기록, 전문성이 증대된 시공관리 조직의 개편, 공정별 시공기법의 발달 등 다양한 측면에서 시공기술의 개선 양상이 관찰된다. 어떠한 측면이 이러한 변화를 견인하였을까? 이 장에서는 이 두 가지 의문점에 대해 짚어 보도록 한다. 마지막으로 시공기술의 개선 양상과 그 한계를 정리하며 글을 마치고자 한다.

전례라는 틀에 갇힌 시공기술

생물학적 진화는 유전자의 변이, 선택, 보유라는 메커니즘을 통해 전개된다.[1] 문화적 진화도 유사한 방식으로 진행된다. 다만 생물학적 복제가 디지털 방식이라면 문화적 복제는 아날로그 방식이라는 점이 큰 차이이다. 문화적 복제의 수단은 모방이다.[2] 문화적 모방에는 어떠한 방식으로든 학습 과정을 거치게 된다. 아날로그 방식의 모방은 디지털 방식과 달리 모방 과정에서 변이 발생률이 높다. 건축은 문화적 복제의 대표적인 예라 할 수 있다.[3] 건축도 모방을 통해 예술적, 기술적 정보가 전달되고, 이를 통해 한 시대를 풍미했던 스타일이 형성되고 일정 기간 일정 지역에서 유행하게 된다. 장인들의 시공기술은 다양한 학습 과정을 거쳐 후배 기술자들에게 전수된다. 이러한 전수 과정에서 기술적 변이가 발생하게 된다. 변이의 형태는 기술의 답습, 새로운 기술의 고안, 기술의 퇴보 등 다양한 방식으로 전개된다. 실력을 갖춘 장인이 경제력이 든든한 건축주를 만난다면 자신만의 새로운 기술을 시도해 볼 기회를 얻게 된다. 새로운 기술적 변주는 다양한 개성으로 표출된다. 조선 후기 사찰 건축이 그 예이다. 임진왜란 이후 건립된 많은 사찰 건축을 보면 저마다 개성을 뽐낸다. 관영건축에 비해 재력이 풍부하지 못한 상태에서도 장인의 기술력을 최대치로 끌어올려 다양한 변주가 시도된 것이다.

이에 반해 임진왜란 이후부터 18세기 말까지 국가가 건립한 관영건축의 시공기술은 변이가 적었다. 국가라는 건축주가 동원할 수 있는 최대한의 인력과 재료를 지원했음에도 시공기술은 답보 상태에 머물러 있었다. 사찰 건축으로 대표되는 민간의 시공기술은 건축주의 재력과 장인의 기술력 및 창의력이 건축의 품질을 담보했다. 반면 관영건축에 있어서 시공기술의 품질은 전례(前例)라는 틀에 의해 강력하게 통제되고 있었다. 관영건축에서 전례를 존속시킨 매개체는 바로 준공보고서인 의궤(儀軌)와 등록(謄錄)이었다.

산릉공사의 진행과정을 보면 쉽게 이해할 수 있다. 산릉역에서 정자각 등 건축공사는 조성소(造成所)가 담당하였다. 조성소는 행정관료인 낭청(郎廳)이 총괄하였다. 낭청의 첫 업무는 당해 산릉역의 위계와 성격 등이 유사한 전례서인 등록을 검토하는 것이었다. 낭청이 임명되고 7일에서 10일 이내에 각종 자재와 인력을 조달해야 하는데, 기존 등록이 없었다면 이는 불가능한 일이었다. 낭청은 기존 등록을 검토하면서 공사 관리 방식을 수월하게 습득할 수 있었고, 짧은 공사기간(정자각 평균 51일)에도 효과적으로 관리능력을 발휘할 수 있었다. 이와 같이 의궤와 등록은 효율적인 시공관리를 위한 공사매뉴얼로서 순기능을 하였다. 하지만 기존 방식의 답습이라는 한계도 동시에 드러냈다. 그러한 예를 몇 가지 살펴보자. 첫 번째는 서까래개판의 미설치이다. 서까래개판은 18세기 중엽부터 19세기 초까지 70여 년간 정자각에 설치되지 않았다. 당시 관료들도 앙토바름에 비해 개판이 시공성과 내구성 측면에서 유리하다는 인식을 했지만, 몇 차례 사용하지 않던 것이 전례가 되어 장기간 설치하지 않게 되었다. 두 번째는 서까래개판과 같이 판벽의 미설치이다. 정자각 내부의 판벽 설치 역시 18세기 중엽 산릉역에서 검토되었다. 서까래개판과 같이 습식공법의 단점을 정확히 인식하고 건식공법인 판벽으로 대체하고자 하였으나 전례가 없다는 점이 발목을 잡았다. 결과적으로 100여 년 뒤인 19세기 중엽에야 판벽을 설치하게 되었다. 세 번째 1764년 시행된 태조건원릉정자각중수역에서는 다양한 새로운 기법들이 도입되었다. 하지만 산릉역에서는 이러한 기법들은 70~80여 년 뒤에 비로소 도입되게 된다. 건원릉 정자각이라는 상징성 때문에 당시로서는 최고의 기술이 도입된 측면도 있지만 건원릉정자각중수역이 영건역의 일종으로 산릉역의 전례로 여겨지지 않았기 때문이기도 하였다. 이러한 기법이 바로 산릉역에 도입되었다면 이후에는 더 나은 기술로 발전하였을 가능성도 있었다. 참으로 안타까운 지점이다. 네 번째는 산릉공사에 뒤늦은 도입된 강철이다. 영건역에서는 17세기 후반부터 건축도구 제작에 강철을 사용하였다. 반면 산릉역에서는 정조건릉산릉역을 계기로 19세기에 이르러서야 비로소 사용하기 시작했다. 강철의 이점에도 불구하고 영건역의 기술이 산릉역의 전례로서 작동하지 않으면서 산릉공사에서 오랜 기간 강철이 사용되지 않은 점은 전례라는 구심력이 얼마나 강력했나를 잘 보여준다. 이렇게 전례를 참고하는 메커니즘은 한 번 적용되거나 적용되지 않았던 기술이 상당 기간 고착되는 주요 요인이 되었다. 즉 조선 후기 관영건축은 의궤와 등록이라는 전례서에 의해 시공기술의 발전이 상당 기간 제약되어 온 것이다.

한 가지 덧붙이자면 의궤에 기록된 물량에는 많은 오류가 확인된다. 현존 정자각과의 비교를 통해 산릉의궤 내 품목질에 표기된 자재 물량은 계획 물량이었음이 확인되었다. 특히 서까래 이상의 목부재 및 철물 수량은 현존 정자각과 불일치하는 경우가 많았다. 정밀한 도면에 의한 수량 산출 시스템을 갖추지 못한 것이 근본적인 원인이었지만, 짧은 기간 내 수량 산출을 마쳐야 하는 상황을 고려하면 기존 등록상의 물량 활용은 당시로서는 최선책이었을 것이다. 동일한 규모의 건축물이라면 전례를 활용하는 것이 문제가 되지 않지만, 규모가 변경되었음에도 기존 물량을 그대로 취한 것은 전례 답습이 지닌 취약점 중 하나였다. 그렇지만 비록 계획 물량이라 하더라도 당시 시공기술 수준을 헤아릴 수 있는 정보를 제공해 준다는 점에서 사료적 가치는 충분히 인정된다고 할 수 있다.

화성성역 전후 시공기술의 변화상

정조건릉산릉역을 기점으로 시공기술상 변화가 뚜렷하게 관찰된다. 이에 대해서는 건축 생산 환경 측면에서 대동법이라는 새로운 수취 제도의 시행과 실용적인 건축기술의 진전이라는 측면에서 정조건릉산릉역 직전에 시행된 화성성역과의 관련성을 살펴보고자 한다.

임진왜란과 병자호란을 겪은 후 국가 재건 과정에서 조선 후기 수취 제도가 개편되었다. 광해군 연간 1608년 경기도에서 처음 시행된 대동법은 점차 전 지역으로 확대되었다. 대동법 시행을 통해 국가 재정에서 비중이 높았던 공물(貢物)과 진상(進上)이 대동세로 변경되었고, 중앙 정부는 이렇게 확보된 세수로 소요 물자를 조달할 수 있게 되었다. 이는 유통의 확대와 수공업 및 상업 발달을 촉진하였으며 결과적으로 근대적인 형태의 상품·화폐경제체제로의 전환을 견인하였다. 대동법 시행은 건축 생산 환경에도 적지 않은 영향을 미쳤다. 전근대적인 강제부역 형태를 벗어나 대동법으로 마련된 세수를 통해 고용노동자인 모군(募軍)을 부릴 수 있게 되었다. 산릉공사의 보조일꾼도 그러한 영향을 받았다. 강제부역 형태인 연군은 17세기 전반까지만 투입되었고, 이후로는 승군(僧軍)과 모군으로 대체되었다. 모군은 19세기 후반까지 지속적으로 고용되었는데, 17세기까지만 해도 비용이 발생하지 않는 승군이 선호되었다.

양난을 거치면서 관속 장인의 조달 체계가 와해되었다. 17세기 후반에는 도성 내 장인이 부족하여 멀리 전라도, 경상도의 군, 현에서 1, 2명의 장인을 데려오는 등 어려움을 겪었다. 18세기 중엽에 이르러 비로소 도성 내 장인을 중심으로 안정적인 인력 조달이 가능하게 되었다. 이러한 변화는 오히려 지방 장인들이 최신의 관영건축 공사를 경험하기 어려운 상황으로 이어졌고, 서울과 지방 간 건축기술 교류가 단절되는 역효과를 낳기도 했다. 18세기 말 시행된 화성성역에서는 아문 및 군문 소속 목수 30여 명 외 한양의 민간 목수 200여 명이 대거 투입되었다. 이어지는 인정전 영건에도 목수 총 268명 중 250여 명의 민간 목수가 참여하였다. 이는 관속 장인이 축소된 만큼 민간 장인의 증가를 뜻하며, 더불어 민간 건축 시장의 성장을 시사한다. 대동법 시행으로 상업이 발달하고, 도시 내 각종 일거리가 확대되면서 임노동자 계층이 한양으로 유입되었으며, 이는 도성의 인구 증가로 이어졌다. 한양의 범위가 도성 바깥으로 확대되면서 건축 수요도 당연히 증가되었다. 도시 성장과 맞물려 민간의 건축 장인들도 활발히 활동하게 된 것이다.

조선 후기 산릉역에서의 철물 조달과 제작은 시공 효율을 높이기 위한 방향으로 전개되었다. 왕과 왕후 사망 후 한 달 안팎으로 능소가 정해지는데, 이 기간 내 초기에 쓰이는 철물과 철제품을 준비해야 했다. 특히 석물을 캐내는 부석의 역에 다량의 석공 도구가 요구되었다. 17세기 후반에는 외방(外方)에서 초기 공역에서 소요되는 철제품과 원철을 공급받았는데, 기한 내 공급이 여의치 않아 공사에 차질을 빚곤 하였다. 철 생산지에서 철물을 모은 뒤 철제품을 제작해서 한 달 이내에 보내는 것은 애초부터 무리한 계획이었다. 이러한 문제점을 해결하기 위해 경종 의릉산릉역(1724)부터는 외방(外方)에서 초기 연장을 공급받지 않고, 재련 철물인 정철을 제공받아 노야소에서 자체 제작하였다. 이를 통해 연장을 표준화하고 적기에 각소별로 철물을 제공하여 시공성을 높일 수 있었다. 한편 이러한 변화에는 대동법 시행이 직간접적인 영향을 미쳤다. 즉 철물을 외방에 복정(卜定)하기보다는 도성에서 마련하고 그 비용을 각 읍에 징수하는 방식을 취한 것이다.

조선 후기 관영건축 공사에서 철물은 연장이나 건축 철물의 사용처에 따라 추추조(麤麤造), 추조(麤造), 정조(精造), 정정조(精精造) 등 4등급으로 관리해 왔다. 하지만 화성성역을 계기로 가장 품질이 떨어지는 추추조는 제조하지 않고, 이전에 비해 불순물은 대폭 낮춰 등급별로 고

품질의 철제품을 제작하였으며, 건축 철물은 용도와 요구 성능에 맞추어 품질이 강화되었다. 더욱이 정조건릉산릉역부터 19세기에는 산릉공사에서도 강철을 도입해 건축 도구의 강도를 높였고, 시공성도 개선되었다.

산릉공사의 목공사 장인 중 18세기 중엽부터 대인거군(大引鉅軍), 소인거군(小引鉅軍), 걸거군(擧乙鉅軍), 기거군(歧鉅軍) 등 톱장이가 세분화되었다. 톱장이 장인의 세분화는 톱 종류의 세분화와 제제기술의 발달을 의미한다. 앞서 언급했듯이 철제품의 제작 기술의 발달은 잘 부러지지 않는 얇은 톱의 제작에 한몫했을 것으로 짐작된다. 결과적으로 제제기술의 발달은 가공된 판재가 유통되는 데 영향을 주었을 것이다. 18세기 말 민간에서 판재의 거래가 활발하게 이루어졌는데, 화성성역에서는 다수의 판재를 민간에서 구입한 바 있고, 이후 이러한 경향은 지속되었다. 18세기 중엽 이후 제재기술의 발달은 관영건축 공사에서 목재 치목과 조립의 정밀성이 개선되고, 시공 기간 단축과 품질 향상의 기초가 되었다.

시공관리 조직은 전문 인력을 증원하여 실무 중심으로 변모해 갔다. 산릉도감은 동일 유형의 건축물을 다루고 공사 규모도 큰 차이가 없어 17세기 중엽 관리 및 시공 조직 체계가 완성된 후 18세기 말까지 유지되었다. 화성성역 이후 정조건릉산릉역을 계기로 19세기에는 기존 영역부장(領役部將)을 패장(牌將)으로 명칭을 변경하면서 인원을 늘렸고, 계사(計士)라는 전문 기술을 가진 새로운 직종이 등장하였으며, 물량 및 경비 산출 업무를 담당한 계사를 1명에서 3명으로 늘리는 등 이전에 비해 실무 인력을 보강함에 따라 실무적인 역량이 증대되었다.

영건의궤에는 18세기 후반부터 전각 배치도 등 건축 도설이 권두에 배치된다. 이러한 도설은 『화성성역의궤』에서 정점을 보여준다. 『화성성역의궤』 내 도설에는 화성 전체 배치도를 비롯하여, 건물별 3차원 내외측도, 3차원 실내도, 각종 부재도, 각종 기기도와 기기 부속품도, 도구 등 기존 의궤와는 그 성격을 달리하여 실무성과 전문성이 대폭 보강되었다. 산릉의궤도 동일한 양상으로 전개되는데, 18세 말 정자각도(丁字

閣圖)를 비롯해 도설이 등장한다. 화성성역 이후 제작된 『정조건릉산릉도감의궤』에서는 도설의 종류도 증가하고 내용도 정교해지며, 각소별로 도설을 배치하여 실무적인 연계성을 높였다. 조성소의 경우 정자각도 외에 유문도(帷門圖), 재실간가도(齋室間架圖), 가재실간가도(假齋室間架圖), 나인가가간가도(內人假家間架圖) 등 배치도와 평면도를 함께 실었다.

19세기 들어 정자각 공사의 공종 세분화 경향이 뚜렷이 확인된다. 『정조건릉산릉도감의궤』부터는 권두 시일(時日)과 각소 일록(日錄)이라는 공사일지를 기록하였다. 이를 살펴본 바, 18세기 이전까지 의례 중심의 5개 항목이 19세기에 들어 8개 대공종과 20개 소공종으로 세분화되는 등 지금과 다를 바 없는 근대적인 공종 개념이 정립되었음을 확인할 수 있었다. 공사 기간이 긴박한 경우에는 공종을 중복하여 진행하였는데, 필요한 경우에는 5개 공종을 거의 동시에 진행할 만큼 탁월한 관리 운영 역량이 발휘되었다. 또한 계절적인 여건을 고려하여 탄력적으로 공종 순서를 조절하기도 하였고, 동절기 공사에 취약한 미장공사의 양생 속도를 높이기 위한 대비책을 마련하는 등 계절적인 상황도 능동적으로 대처하였다.

19세기에는 산릉역과 영건역 간 용어가 통일되고, 시공기법의 차이도 줄어드는 등 시공기술의 동질화 현상이 나타난다. 전례라는 경계가 조금씩 허물어진 것으로 짐작된다. 이러한 변화의 요인 중 하나는 화성성역을 거치면서 경험한 실용적인 공사 방식이 전례가 되어 이후 각종 공역에 긍정적인 영향을 끼친 결과로 이해된다. 화성은 정조가 입안하고 정약용이 설계한 18세기 말 새로운 성곽이었다. 18세기 후반 북학파를 중심으로 전개된 실학은 화성성역을 통해 구현될 수 있게 되었다. 화성성역은 새로운 기술이 시도되고 융합되는 용광로였다. 성벽 일부는 벽돌로 축조하였고, 축성을 위해 새로운 운반 기구를 마련하였다. 석물 규격에 따라 운반 노임을 책정하여 운반 기간을 단축하였다. 150여 년 이상 건설되지 않았던 중층의 다포 건축물을 짓기 위해 멀리 강원도의 승장과 민간 장인을 동원하였다. 이를 통해 5.4km에 달하는 성벽과 방어 시설, 다수의 건축물과 행궁 등을 2년 반 만에 완성할 수 있게 되었다.[4] 이 시기에는 전례가 되는 특정 등록 외에도 타 등록이 고루 검토되었는데, 이 또한 실용적인 양상의 한 측면으로 여겨진다. 한편 관의 예속이 줄어드는 시기에 민간 장인들이 산릉역과 영건역을 오가며 새로운 시공기술을 적용하고 개선시키는데 역할을 했을 것으로 추측된다. 화성 팔달문과 인정전 영건에 투입된 강원도 출신의 윤사범이라는 목수가 그 예일 것이다. 팔달문에서 목수로 활동한 윤사범은 그 능력을 인정받아 인정전 영건 당시 부편수로 투입된다.[5] 팔달문은 내부 화반 사이를 미장벽체 대신 얇은 판재로 꾸며 종래보다 시공법을 개선하였는데, 인정전에서는 한발 더 나아가 장화반으로 일체화하여 시공성을 한층 향상시켰다. 부편수 윤사범의 역할을 충분히 짐작할 수 있다. 화성성역에 참여한 장인들은 이후 건릉(1800), 원릉(1805) 등에 참여하며,[6] 화성에서의 경험이 산릉역에도 적용했을 것으로 생각된다.

정자각 시공기법은 19세기를 기점으로 한 차례, 19세기 후반 무렵 한 차례 변화된다. 첫 번째는 정조건릉릉산릉역(1800)을 계기로 변화된다. 18세기 후반 영조 연간부터 변화의 조짐이 보이기 시작하는데, 앞서 언급한 데로 화성성역에서 경험한 다양한 실용적 공사기법이 산릉역에 적용된 결과로 여겨진다. 두 번째는 익종수릉산릉역(1846)을 기점으로 발생한다. 이에 대해서는 뚜렷한 계기를 찾기 힘들다. 아마도 화성성역에서 추진된 변화 동력이 이후에도 점전적인 변화를 견인하였을 것으로 판단된다.

시공기술의 개선과 그 한계

정자각에 적용된 시공기술은 시공성을 높이고 시공 기간을 단축하며 동시에 내구성을 개선하는 방향으로 전개되었다. 이를 위해 목공사, 지붕공사에서는 철물을 적극적으로 사용하였고, 기초공사, 석공사 및 미장공사에서는 재료 배합을 개선해 나갔다.

산릉의궤에서 가설비계는 기계(또는 틀계)라 칭하는데, 현대 건축과 마찬가지로 쌍줄비계 형태였다. 효의왕후건릉산릉역(1821)부터 가설비계의 발판은 싸리로 엮은 바자에서 판재로 변경되었다. 따라서 전보다 재료 운반 시 안전과 효율이 높아져, 목공사 조립 등 본공사가 좀 더 수월해졌다. 판재는 19세기에는 민간 목재상이 공급하는 주요 물종으로 조달하기 쉬운 품목이었다. 목재 조달 여건의 변화가 가설비계의 구조 변화로 이어진 것이다.

기초는 18세기 전반까지 기단 전체는 잡석도축지정(雜石搗築址定), 초석 하부는 사수도축지정(沙水搗築址定) 후 엄석(掩石)을 설치한 것으로 추정된다. 18세기 후반부터는 잡석도축지정에 석회를 혼합하여 기초기법이 강화된다. 19세기 후반에는 초석 하부 기초는 은주초지정(隱柱礎址定, 장대석지정)으로 변경된다. 계절적인 영향을 받지 않는 석조 기초로 기법이 변환된 것이다. 정자각의 은주초지정 기법은 시기적인 흐름으로 볼 때 경복궁 중건(1867)을 계기로 궁궐 건축에도 적용되었을 것으로 판단된다.

석공사 중 초석은 19세기 후반에는 초석 상면에 용지판과 결구할 수 있는 작은 홈을 가공할 정도로 가공 수준이 절정이 이르렀다. 기단 및 월대 시공에서는 외장 석재를 쌓을 때 교착재로 쓰인 유회(油灰)의 배합비 변화가 확인되었다. 특히 정조건릉산릉역 이후는 횡간소입(橫看所入)을 근거로 19세기 전후 유회 배합비를 좀 더 명확히 파악할 수 있었다. 19세기 후반 고종 연간의 『탁지준절』을 보면, 전에 비해 법유(法油)와 휴지량이 줄어드는데 교착력이 충분하였는지는 의문이 남는다.

목공사에서는 산릉의궤에 기록된 각종 철물을 통해 지붕부의 철물 고정 및 보강 기법을 파악할 수 있었다. 17세기 초부터 18세기 말까지 큰 변화가 나타나지 않는데, 18세기 후반 영조 연간부터 변화 양상이 포착되고, 19세기 들어 정조건릉산릉역을 계기로 부위별, 부재별 보강 및 고정기법이 한층 강화되었다. 이후 익종수릉산릉역(1846)에서 다시 한 번 보강 및 고정기법의 강화되었다. 19세기 정자각 목공사는 3일 정도면 조립이 완성되었다. 이는 목공사 시공기술력이 당시로서는 구사할 수 있는 최고 수준에 도달했음을 의미한다. 이음 및 맞춤에 의한 결구 방식의 한계를 극복하기 위해, 관영건축 공사에서는 철물 보강 및 고정기법을 적극 사용하였고, 구조체의 내구성 강화를 위해 거듭 고정 및 보강 부위를 확대해 나갔다. 이는 한국건축에서 철물 고정기법이 차지했던 비중이 작지 않았음을 보여준다.

지붕공사에서는 기와잇기 시 보토용으로 석회가 사용되지 않았음을 재확인하였다. 수막새당 수막새박이를 1개씩 고정하여 상부 기와를 안정적으로 설치하였다. 산릉역에서 기와 물량 산출 방식의 정교함은 17세기에는 현저히 떨어지다가 18세기 이후로 개선되지만 19세기 후반까지 정밀도가 개선되지는 못하였다. 이러한 점은 조선 후기 관영건축 시공기술의 한계이기도 하다. 용마루에서는 적새 고정 철물, 사슬 설치 목적으로 사용된 철물, 착고와 부고 사이의 빼대 기능의 철물 기법과 취두와 용두를 고정하기 위한 보강 철물 기법을 살펴보았다. 정자각 수리자료에서 관련 실물을 확인하지 못한 점은 아쉬움으로 남는다.

미장공사 중 벽체 바탕 및 외엮기는 19세기 후반으로 내려올수록 설치 간격을 좁히거나 눌외를 다발로 엮어 두께를 늘리는 방식으로 조밀하게 시공되었다. 문화재수리표준시방서와 비교하면 설치 간격 등에서 차이가 나타나는데, 이는 관영건축의 미장기법의 특징으로 이해된다. 미장벽체의 테두리에는 사벽첩(沙壁貼)이라는 졸대를 설치하여 미장 경계부의 균열 등 결함을 방지하였다. 토소란(土小欄)은 도리와 당골벽의 경계부에 설치하는 재료분리대로 사벽첩과 마찬가지로 고급미장기법이 정자각에 사용되었다. 벽체와 화방벽인 축중방(築中防)을 쌓기 위한 미장 재료의 배합비가 강화되는 양상도 확인되었다. 양상도회(樑上塗灰) 배합비와 양상도회 후 방수용 코팅재인 명유(明油)의 배합비를 밝힐 수 있었다.

시공성을 향상시키고, 시공 기간을 단축하기 위한 노력은 가구법 변화를 유도하였다. 특히 습식공법인 미장 부위를 건식공법인 판재로 대체되는 경향이 뚜렷하게 확인되었다. 정자각 측면에는 17세기 후반부터 익공과 일체화된 인방의 일종인 화인방(畵引防)이 설치되었는데, 18세기 후반부터는 익공과 화인방의 단수를 일치시켰다. 이를 통해 벽체 미장 부위를 방형의 단순한 형태로 만들어 미장공사의 시공성을 높였다. 화성성역을 계기로 통평고대의 초매기와 착고로의 분화는 시공 기간을 단축하기 위한 가구법 변화의 대표적인 예이다. 화성 장안문과 팔달문에는 화반간판(花盤間板)이라는 부재가 설치되었다. 화반 사이의 미장 부위를 얇은 판재로 대체한 것이다. 이후 인정전 영건에서는 장화반(長花盤)을 설치하여 미장부를 생략하였다. 이는 화인방과 같이 미장 부위를 줄였고 일일이 화반을 치목하지 않아도 되어 치목 시간을 줄이고 도리 방향을 보강하는 역할을 하였다. 정자각에서 장화반은 효현왕후 경릉산릉역(1843)부터 확인된다. 정자각에는 순조인릉산릉역(1835)부터 내측 하부에 판벽을 설치하였고, 경릉 정자각 이후 측면 합량 상부의 삼각 형태의 벽체를 모두 판재로 마감하여 미장 부위 최소화 노력을 이어갔다. 경복궁 중건 당시 근정전(1867) 공포벽에 설치된 주장첨차는 이러한 변화의 일환이었다.

19세기에는 정자각의 도리변작이 변경된다. 삼분변작에서 서까래 내측 길이가 짧아지는 사분변작으로 바뀐 것이다. 조선 후기 소빙기(小氷期)의 영향은 전국적인 온돌의 확산으로 이어졌다.[7] 이는 산림의 황폐화를 초래하였고, 건축 목재의 조달 여건은 갈수록 악화되었다. 이러한 목재 조달 여건은 목가구의 구법 변화에도 영향을 미쳤을 것으로 생각된다. 서까래 조달 측면에서 짧은 서까래를 쓰는 사분변작이 유리하다. 이는 구조적인 측면에서는 불리한데 서까래의 철물 고정기법이 확대되면서 19세기 내내 이러한 구조법이 유지되었다. 각종 누리개와 적심의 철물 고정 및 보강은 이러한 구조법을 완성시키는데 한몫 했다. 서까래, 부연, 목기연 등 부재 뒤뿌리를 눌러주는 누리개를 철물로 고정하여 지붕 가구부의 단부 처짐을 적극적으로 방어하였다. 중도리 상부 지붕곡을 잡기 위해 쌓은 쓰다 남은 목재로 인식되었던 적심은 하나의 부재로 인정받아 서까래 크기 정도의 부재가 사용되었고 철물로 긴결하여 기와 지붕의 바탕을 견고하게 하였다. 누리개와 적심 철물 고정은 서까래 상부 구조를 하나로 견고한 구조체로 변모시켰다.

근대 이전 건축은 돌, 나무, 흙 등 천연재료가 주재료였다. 나무는 건조수축으로 결구부를 느슨하게 하여 구조체를 변형시켰다. 흙은 사계절을 겪으면서 동결융해와 균열이라는 결함을 피할 수 없었다. 이러한 재료적 단점을 극복하고자 조선 후기 관영건축에서 다각적인 노력을 기울였다. 목구조 시공의 기본값인 이음과 맞춤으로는 내구성을 담보해 낼 수 없었다. 그래서 정자각에서는 5,000여 개가 넘는 각종 철물로 결구 지점을 고정하고 보강하여 이를 극복해 나갔다. 흙이 사용되는 기초와 미장 부위는 흔하게 발생하는 하자 부위였다. 기초에는 모래다짐 기초에서 장대석 기초로 재료를 변경하여 계절적인 하자 요인을 최소화하였다. 미장에서는 1차적으로 내구성을 높이기 위해 조밀하고 탄탄하게 외엮기 방식을 개선하고 배합비를 조정하는 방식을 취하였다. 하지만 이러한 습식공법의 개선책은 근본적인 해결 방안이 아니었다. 따라서 건식공법으로 대체하기 위해 가능한 많은 미장 부위가 판재나 판벽으로 변경되었다. 그렇지만 근대건축과 같은 철근, 콘크리트, 유리와 같은 신소재가 개발되기 전 천연재료의 결함을 완벽하게 제어하지 못하였다. 이러한 부분은 조선 후기 관영건축 시공기술의 한계였다는 점은 부정하기 어렵다. 그럼에도 이러한 한계를 극복하기 위해 진행되었던 노력들은 정당하게 평가를 받아야 할 것이다.

주석

00 서문

[1] • 13

奈良県教育委員会, 『国宝 唐招提寺金堂修理工事報告書:本編2』, 2009, pp.940~1000, 본 보고서에는 기단 지대석, 면석, 초석 등 석부재부터 기둥, 첨차, 소로, 서까래, 서까래개판 등 목부재와 기와에 이르기까지 총 126개의 도면을 당초재(当初材), 평안후기재(平安後期材), 원록재(元禄材), 명치재(明治材) 등 시기별로 구분하여 평면도 형식으로 수록하였다.

[2] • 13

奈良県教育委員会, 『国宝 唐招提寺金堂修理工事報告書:本編1』, 2009; 『国宝 唐招提寺金堂修理工事報告書:本編2』, 2009

[3] • 14

전종우, 「능원 정자각의 화반초각에 대하여」, 문화재, Vol.51. No.4, 2018

[4] • 14

배희한 구술, 이상룡 편집, 『이제 이 조선톱에도 녹이 슬었네』, 뿌리깊은 나무, 1981, 김란기, 『조선대목 고택영의 조선집짓기 한평생 얘기』, 대건사, 2001, 배희한은 조선 말 궁궐목수였던 한세진, 최원식의 제자이고, 고택영은 최원식의 제자인 조원재의 제자이다. 배희한은 창덕궁 대조전 공사에서 정현편수였던 최원식의 밑에서 일하였다. 배희한의 계보는 현재 단절되었다. 고택영의 제자로는 김영성 도편수가 활동하고 있다. 조원재 계보는 이광규로, 다시 신응수 도편수로 이어졌다.

[5] • 14

김종훈, 「전통 한옥 계획에 나타난 장인 건축기법 연구」, 명지대학교 대학원 박사학위논문, 2011, 김성운, 「도편수 김창희 기문(技門) 건축기법 연구- 다포계 건축물을 중심으로」, 명지대학교 대학원 건축학과 석사학위논문, 2014. 손미영, 「扇子椽 作圖技法의 硏究」, 명지대학교 산업대학원 문화재학 석사학위논문, 2006 등이 대표적이다.

[6] • 14

문화재청, 『영조규범 조사보고서』, 2006, pp.93~95

[7]•14
문화재청, 앞의 보고서 2006, pp.111~127

[8]•15
『인정전영건도감의궤』, 「별공작의궤」 입재철물조작조

[9]•15
산릉의궤 등 문헌상 정자각 규모는 정면 도리칸 기준으로 산정한다. 5칸 정자각은 실제로는 정전(正殿)은 정면 3칸, 측면 2칸 6칸이고, 배위청(拜位廳)은 정면 2칸, 측면 1칸의 2칸으로 합하면 총 8칸이다.

[10]•16
삼량가(三樑架)는 도리 3개로, 오량가(五樑架)는 도리 5개로 가구를 구성한 집이다.

01 서론

[1]•25
국립중앙박물관 홈페이지에서 제공하는 외규장각 의궤의 분류체계는 다음과 같다. 1차 분류는 주제, 오례, 왕대로 구분하고, 2차 분류에서 주제는 왕실일생, 왕실활동, 왕실사업으로 오례는 가례, 길례, 흉례, 기타로, 왕대는 역대 왕 순으로 구분한다. 산릉의궤는 주제에서는 왕실일생과 왕실사업으로, 오례에서는 흉례와 기타로 구분하는데, 3차 분류명은 동일하다. 산릉의궤에 해당하는 3차 분류명은 산릉·원소·묘소, 봉릉·봉원·봉묘, 천릉·천봉·천원, 능·석물 영건·개수, 영건·개수로 구분하고 있다. 위 3차 분류명은 규장각 분류체계와 대동소이하다.

[2]•25
능 개수 12건과 석물 영건·개수 11건은 정자각과는 관련이 없고, 천봉 8건은 관련은 있으나 시공과는 직접적 연관성이 떨어지며, 그 외 천릉 2건, 천원 1건, 봉원 1건도 본 연구와는 관련성이 적어 연구 범위에서 제외하였다. 정자각과 형태가 다르며 대한제국시기에 건립된 침전 4건도 제외하였다.

[3]•26
가정자각은 합장릉이나 쌍릉인 경우 왕이나 왕비 중 한 명이 먼저 사망하여

정자각이 마련된 경우, 흉례를 치르기 위해 짓는 임시 정자각으로 삼년상을 치르는 동안만 존치한다.

[4] • 26
『인선왕후유릉산릉도감의궤』(1601)과 『익조지릉정자각개건도감의궤』(1732)는 내용이 소략하고, 『효장세자묘소도감의궤』(1729)는 각소 내용이 있는 하권이 없어 연구 범위에서 제외하였다.

[5] • 28
국립문화재연구소, 『조선왕릉종합학술조사보고서Ⅰ』, 2009; 『조선왕릉종합학술조사보고서Ⅱ』, 2011; 『조선왕릉종합학술조사보고서Ⅲ』, 2012; 『조선왕릉종합학술조사보고서Ⅳ』, 2013; 『조선왕릉종합학술조사보고서Ⅴ』, 2013; 『조선왕릉종합학술조사보고서Ⅵ』, 2014; 『조선왕릉종합학술조사보고서Ⅶ』, 2014; 『조선왕릉종합학술조사보고서Ⅷ』, 2015; 『조선왕릉종합학술조사보고서Ⅸ』, 2015; 『조선왕실원묘종합학술조사보고서Ⅰ』, 2018

[6] • 31
김동욱, 「新羅의 「大匠」에 대하여-韓國古代建築의 造營体制-」, 대한건축학회 학술발표논문집, 1982; 「高麗時代 建築工匠의 官職制度考-造營體制에서 본 韓國建築의 古代와 中世-」, 건축지, 제26권, 제106호, 1982; 「朝鮮時代 造營組織 硏究(Ⅰ)-朝鮮時代 中世的 造營體制의 崩壞-」, 건축지, 제27권, 제112호, 1983; 「朝鮮時代 造營組織 硏究(Ⅱ)-朝鮮後期 官營建築工事에서의 工匠組織-」, 건축지, 제27권, 제113호, 1983; 「朝鮮時代 造營組織 硏究(Ⅲ)-朝鮮後期 佛寺造營에서의 工匠組織-」, 건축지, 제27권, 제115호, 1983; 「朝鮮後期 建築工匠의 勞賃考-勞賃支給方法의 變化에서 본 官營建築工事에서의 工匠의 雇傭體制-」, 대한건축학회논문집, 제1권, 제1호, 1985; 「조선조 17세기 궁궐건축공사에 종사한 목수편수에 대하여」, 건축역사연구, 제1권, 제1호, 1992; 「韓國建築の生産組織の變遷に関する硏究」, 일본와세다대학교 박사학위논문, 1987

[7] • 31
김동욱, 『韓國建築工匠史硏究』, 기문당, 1993

[8] • 31
이상명, 「조선후기 왕릉 조성 시 목공사 장인의 배정과 조달방식」, 건축역사연구, Vol.26, No.4, 2017, pp.19~20

[9]•31
김버들·조정식, 「실록에 나타나는 15세기 태평관·모화관 건축과 관련 인물연구」, 건축역사연구, Vol.25, No.4, 2016; 「朴子靑의 궁궐건축 감역 연구」, 건축역사연구, Vol.26, No.1, 2017이 그 예이다.

[10]•31
장경희, 「조선후기 山陵都監의 匠人 연구」, 역사민속학, 제25호, 2007. 그 외 혼전 목수도 다룬 바 있다. 장경희, 「조선후기 魂殿 造成 木手 연구」, 한국학연구, 제29호, 2008이 있다.

[11]•31
문영식, 「조선후기 山陵都監儀軌에 나타난 匠人의 造營活動에 관한 연구」, 명지대학교 대학원 건축학과 박사학위논문, 2010

[12]•32
윤용출, 『조선후기의 요역제와 고용노동』, 서울대학교출판부, 1998

[13]•32
김왕직, 「조선후기 관영건축공사의 건축경제사적 연구」, 명지대학교 대학원 건축공학과 박사학위논문, 1998

[14]•32
영건의궤연구회, 『영건의궤』, 동녘, 2010, pp.104~170

[15]•32
서치상, 「조선후기 궁궐공사의 실역책임자 領役部將에 관한 연구」, 대한건축학회논문집 계획계, 제25권, 제1호, 2009

[16]•32
서치상, 「조선후기 축성공사의 牌將制度에 관한 연구」, 건축역사연구, 제18권, 제1호, 2009

[17]•32
김동욱, 「정조·순조년간 관영공사에서 별간역 정우태의 조영활동」, 건축역사연구, 제16권, 제3호, 2007

[ ]•32
이권영, 「조선후기 관영건축의 재료와 목공사에 관한 연구」, 부산대학교 대학원 건축학과 박사학위논문, 2000

[ ]•32
정연상, 「조선시대 목조건축의 맞춤과 이음방법에 관한 연구-기둥과 보 및 도리부분을 중심으로」, 성균관대학교 대학원 건축학과 박사학위논문, 2006

[ ]•32
정연상, 『한국 전통 목조건축의 결구법 맞춤과 이음』, 도서출판 고려, 2010

[ ]•33
이권영, 「산릉·영건의궤 분석을 통한 조선시대 건축에서 회벽의 존재 여부고찰-조선 후기 관영건축을 중심으로-」, 건축역사연구, 제19권, 제3호, 2010

[ ]•33
이권영, 「조선후기 관영건축공사의 灰미장재와 공법에 관한 연구」, 건축역사연구, 제18권, 제4호, 2009

[ ]•33
이혜원·정정남, 「영건의궤에 나타난 양상도호의 의미와 기법」, 한국건축역사학회 춘계학술대회, 2006

[ ]•33
조영민, 「17c 이후 니장(泥匠) 기법 변천 연구」, 명지대학교 대학원 건축학과 박사학위논문, 2014

[25]•33
김왕직, 「수원화성의 기초공법 고찰」, 한국건축역사학회 춘계학술발표대회, 2007

[26]•33
영건의궤연구회, 앞의 책, pp.306~313

[27]•33
문화재청, 『전통건축물의 지붕 시공기법 연구』, ㈜아름터건축사사무소, 2013

[ ]•33
김동욱, 「공사기간상으로 고찰한 조선후기의 건축기술」, 대한건축학회 논문집, 제3권, 제6호, 1987

[ ]•33
김균태, 「조선시대 화성성역의 공정관리 사례분석」, 한국건축시공학회 논문집, 제8권, 제6호, 2008

[ ]•34
김왕직, 「조선후기 관영건축공사의 건축경제사적 연구」, 명지대학교 대학원 건축공학과 박사학위논문, 1998

[ ]•34
심대철·주남철, 「인정전의궤에 기록된 공포용어에 관한 연구」, 대한건축학회 논문집, 제5권, 제6호, 1989, 김동욱, 「조선후기 다포식 공포부재 명칭에 대한 비교고찰 - 조선시대 건축용어연구」, 대한건축학회 학술발표대회 논문집 계획계, 제9권, 제1호, 1989, 김도경·주남철, 「화성성역의궤를 통한 공포부재의 용어에 관한 연구」, 대한건축학회 논문집, 제10권, 제1호, 1994; 「영조의궤를 통한 공포부재 적용에 관한 연구」, 대한건축학회 논문집, 제10권, 제7호, 1994, 이은선·김경표, 「공포부재 용어의 語源에 관한 연구-六書와 字源에 의한 語義的 분석」, 대한건축학회 학술발표대회논문집 계획계, 제24권, 제2호, 2004

[ ]•34
오창명·손희하·천득염, 「『서궐영건도감의궤』의 목재류 어휘 분석 연구」, 건축역사연구, 제16권, 제1호, 2007, 김재웅·이봉수, 「영건의궤에 실린 목부재용어의 용례와 변천에 관한 연구」, 건축역사연구, 제17권, 제5호, 2008, 김재웅, 「宋代《營造法式》과 朝鮮時代《營建儀軌》大木作 名件 용어의 대조 연구」, 대한건축학회논문집 계획계, 제27권, 제12호, 2011

[ ]•34
이연노, 「영건의궤 및 산릉의궤에 기록된 건축부재 구로대에 관한 연구」, 건축역사연구, 제18권, 제3호, 2009

[ ]•34
영건의궤연구회, 앞의 책

[35]•34
영건의궤연구회, 앞의 책

[36]•34
최윤화, 「조선시대 陵園 丁字閣의 건축특성에 관한 연구」, 경기대학교 대학원 건축공학과 석사학위논문, 2001

[37]•34
최정효, 「조선후기 왕릉 정자각의 지붕구조 변화에 관한 연구」, 경기대학교 대학원 건축학과 석사학위논문, 2012

[38]•34
신지혜, 「조선 숙종대 왕실 喪葬禮 設行공간의 건축특성-빈전·산릉·혼전을 대상으로-」, 경기대학교 대학원 건축공학과 박사학위논문, 2010

[39]•34
김동욱, 「조선조 산릉 정자각 연원 소고」, 한국건축역사학회 춘계학술발표논문집, 2008

[40]•34
김왕직, 「조선 왕릉 8간 정자각 고찰」, 한국건축역사학회 춘계학술발표논문집, 2008

[41]•34
홍석주, 「정자각과 가정자각의 조성 원칙에 관한 연구」, 한국건축역사학회 춘계학술발표논문집, 2008

[42]•34
정정남, 「조선후기 산릉의궤를 통해본 丁字閣의 塗褙와 鋪陳」, 한국건축역사학회 춘계학술발표논문집, 2008

[43]•34
구선이, 「산릉도감의궤를 통해본 17세기 정자각의 원형 연구」, 명지대학교 대학원 건축학과 석사학위논문, 2012

[ ]•34
홍석주, 「산릉의궤의 건축적 의미에 대한 영건의궤와의 비교 고찰」, 한국건축역사학회 추계학술발표논문집, 2007

02 산릉의궤와 정자각

[1]•38
영건의궤연구회, 『영건의궤』, 동녘, 2010, p.24

[2]•40
[ ]는 내용상 제목으로 본문에 별도 제목으로 표기되어 있지 않은 것임.

[3]•40
계사는 왕에게 보고하는 글이고, 내관은 상급 기관에서 보내온 공문이며, 감결은 상급 기관에서 하급 기관으로 보내는 공문임.

[4]•40
삼물소는 봉분 조성을, 조성소는 능하(陵下) 건축물을, 좌우부석소는 능상(陵上) 석물을, 소부석소는 능하(陵下) 석물을, 보토소는 지세를 북돋우고 사초를 심는 역할을, 수석소는 석재 운반을, 별공작은 산릉 관련 의례 물품을 담당하였다.

[5]•40
노야소는 각종 연장 및 철물을, 분장흥고는 도배지 및 깔개 등을 담당하였다.

[6]•40
손은미, 「산릉의궤 건축도 및 도설의 표현 특성」, 명지대학교 대학원 건축학과 석사학위논문, 2013, p.25

[7]•40
좌목은 공사관계자 현황이고, 문이(이문)은 동급 기관끼리 주고받은 공문이다.

[8]•41
김왕직, 「조선후기 관영건축공사의 건축경제사적 연구」, 명지대학교 대학원 건

축공학과 박사학위논문, 1998, p.20

[ ]•43
김왕직, 앞의 논문, p.21

[ ]•44
택조에는 묘소 조성 관련 상지(相地), 정묘소(定墓所), 치산(治山), 치광(治壙)이 기록되어 있다. 폭원은 묘역 범위에 대해 적었다. 시일(時日)은 묘소도감의 운영을 일자별로 기록하였다. 상설에는 석물(石物), 영조는 묘상각(墓上閣), 정자각(丁字閣) 등 시설물 조성, 예절은 정자각 상량, 발인반우 등의 절문(節文)이, 군정에는 산릉역 소요 인력에 관해 기록되어 있다.

[ ]•44
영건의궤연구회, 앞의 책, p.595

[ ]•44
손은미, 앞의 논문, pp.25~26

[ ]•44
김왕직, 앞의 논문, p.29

[ ]•45
차개는 도감 직책을 맡은 이들의 직임(任免)에 관한 내용을, 사례는 신원소(新園所) 조성에 적용한 규례(規例) 관련 내용을, 사실은 새로운 원소 조성을 마치고 국왕이 참여자의 노고를 위로할 때까지 전 과정의 주요 사실을 수록한 것이다. 예의는 의식 절차에 관련 내용을, 늠료는 원소도감에 참여한 인원의 식비, 급료 등 관련 내용을, 도청은 관할하는 각소에 대응하여 진행한 업무를 기록한 것이다.

[15]•48
『정조건릉산릉도감의궤』, 「조성소·품목」

[16]•49
전교계사는 내용상 기존 계사와 다름 없다. 다만 순조가 어린 나이에 등극하여 대왕대비인 영조비 정순왕후의 전교가 함께 기술되어 있다. 예관 뒤에 추가된 의주는 산릉 관련 의식 절차를 정리한 것이고 반사는 산릉에 참여한 인

력에 떡·고기·술 등을 시상한 내용이다. 재용은 재정 운영에 관한 항목으로 잡물과 급료와 임금을 지급한 식례가 첨부되어 있다.(서울대학교 규장각 한국학연구원 의궤 종합정보『정조건릉산릉도감의궤』상세정보 참조, http://kyujanggak.snu.ac.kr/center/main/main.jsp)

[ ]•50
영건의궤연구회, 앞의 책, p.596

[ ]•51
서울대학교 규장각 한국학연구원 의궤 종합정보『明成皇后洪陵山陵都監儀軌』상세정보 참조, http://kyujanggak.snu.ac.kr/center/main/main.jsp.

[ ]•55
참고문헌 내 보고서 참고할 것

[ ]•55
최윤화,「조선시대 陵園 丁字閣의 건축특성에 관한 연구」, 경기대학교 대학원 건축공학과 석사학위논문, 2001; 최정효,「조선후기 왕릉 정자각의 지붕구조 변화에 관한 연구」, 경기대학교 대학원 건축학과 석사학위논문, 2012

[ ]•55
순릉(順陵), 정릉(靖陵)은 1960년대 보수공사로 기록되어 있는데, 해체 수리한 것으로 판단된다.

[ ]•60
허경도·김중구·우경원·정명섭,「경북지역 "T"형 정자의 특성에 관한 연구」, 건축역사연구, Vol.31 No.1, 2022, 이 논문에서 17동의 "T"형 정자를 소개하고 있다.

[ ]•60
김동욱,「조선조 산릉 정자각 연원 소고」, 한국건축역사학회 춘계학술발표대회, 2008

[ ]•60
김동욱, 앞의 논문, pp.122~123

[25] • 60
김동욱, 앞의 논문, p.124

[26] • 60
김동욱, 앞의 논문, p.125, 최윤화, 앞의 논문, p.18

[27] • 61
김동욱, 앞의 논문, p.125

[28] • 61
김동욱, 앞의 논문, pp.121~126

[29] • 61
휘릉은 1689년에 건립되었는데 1895년 화재로 중건하였다. 이때 기존 평면 형식을 유지하면서 중건된 것으로 보인다.

[30] • 61
빈전을 떠나 온 재궁이 능상에 오르기 전 하루 정도 머무는 공간으로 형태는 정자각과 동일한 5칸 형태이지만 임시건물이므로 지붕은 유둔 등으로 마감한 건물이다.

[31] • 61
신지혜, 「조선 숙종대 왕실 喪葬禮 設行공간의 건축특성-빈전·산릉·혼전을 대상으로-」, 경기대학교 대학원 건축공학과 박사학위논문, 2010, p.122

[32] • 63
신지혜, 앞의 논문, pp.122~132, pp.182~187

[33] • 64
최정효, 앞의 논문

[34] • 64
최정효, 앞의 논문, pp.24~27

[35] • 64
최정효, 앞의 논문, p.30

[36] • 68
신지혜, 앞의 논문, pp.131~134

03 산릉도감의 조직 운영과 시공관리

[1] •71
국상 절차는 신지혜, 「조선 숙종대 왕실 喪葬禮 設行공간의 건축특성-빈전·산릉·혼전을 대상으로-」, 경기대학교 대학원 건축공학과 박사학위논문, 2010, pp.15~19, p.27을 인용하여 요약 정리한 것임.

[2] •73
『순조인릉산릉도감의궤』「시일」; 「전교」 을미 2월 25일~29일조

[3] •75
원소역과 묘소역은 산릉역에 준해서 조직을 편성하며 공사 규모에 따라 직책 및 인원을 조정하였지만 전체 조직 체계에는 큰 차이가 없다.

[4] •76
효의왕후건릉산릉역(1821)과 철종예릉산릉역(1864)에서는 제조 4명을 두기도 하였다.

[5] •76
세종대왕기념사업회, "총호사", 『한국고전용어사전』, 2001

[6] •76
조선 시대 문무관의 18품계 중에서 정3품 상계(上階)인 문관의 통정대부(通政大夫), 무관의 절충장군(折衝將軍), 종친(宗親)의 명선대부(明善大夫), 의빈(儀賓)의 봉순대부(奉順大夫) 이상의 자급(資級), 또는 그 자급의 벼슬아치를 말한다.(세종대왕기념사업회, "당상관", 『한국고전용어사전』, 2001)

[7] •76
영건의궤연구회, 『영건의궤』, 동녘, 2010, p.121

[8] •76
삼물소는 봉분 조성을, 조성소는 능하 건축물을, 대부석소는 능상 석물을, 노

야소는 각종 연장 및 철물 제조를, 보토소는 지세를 북돋우고 사초를 심는 역할을, 수석소는 석재 운반을 담당하였다.

[9] •76
별공작은 산릉 관련 의례 물품을, 분장흥고 도배지 및 깔개 등을, 번와소는 기와 및 전돌 제작을 담당하였다.

[10] •76
조선 시대 비변사(備邊司)·선혜청(宣惠廳)·준천사(濬川司)·오군영(五軍營) 등에 두었던 실무 관직이다. 낭관(郎官)과 같은 의미로 각 관서의 당하관을 말하였으나, 1555년(명종 10)에 비변사가 상설기구로 바뀌어 12원의 낭청을 두면서부터 하나의 관직으로 자리 잡아, 뒤에 설치된 선혜청·오군영 등에도 차례로 낭청직이 설치되었다. 정규직 종육품(從六品)으로 정규 직제화하였지만 고정되지 않은 낭청직이 많이 설치되면서 정삼품(正三品) 당하관(堂下官)부터 종구품(從九品)까지 폭넓게 겸직 충원되었다. 5개월 근무한 뒤 6품관으로 승진되었다.(한국학중앙연구원, "낭청", 『관직명사전』, 2011)

[11] •76
문산계, 무산계(文·武散階)에서 종6품 이상의 관원을 통칭하여 이르는 말이다. 참직(參職)이라고도 하였는데, 조회에 참여할 수가 있었으므로 정7품 이하의 참하관에서 참상관으로 오르는 것을 승륙(陞六) 또는 출륙(出六)이라 해서 관로(官路)의 한 관문으로 여겼다.(두피디아, "참상관", https://www.doopedia.co.kr/search/encyber/new_totalSearch.jsp)

[12] •77
『효종영릉산릉도감의궤』, 「계사」 6월 24일조: 都監 啓曰 當初 都監 郎廳 啓下之時 補土所 郎廳 監造官 則不爲差出矣 裁穴後 左右尺量 則多有補土之處 郎廳監造官各一員差下使之監董且 提調以下 陵所出去之後 則例以兵曹郎廳一員稱以京郎廳察任今亦依前差出何如 傳曰允.

[13] •78
『효종영릉산릉도감의궤』, 「이문」 6월 초4일조: 都監稟目內 左右輸石所 則無啓下官員只 以禁軍各一員差定 領役部將.

[14] •78
김동욱, 「정조·순조년간 관영공사에서 별간역 정우태의 조영활동」, 건축역사연

구, 제16권 제3호, 2007, pp.115~131

[15]•78
『단경왕후온릉봉릉도감의궤』, 「좌목」: 石物雕刻 監董 嘉善 崔天若.

[16]•78
『효종영릉산릉도감의궤』, 「계사」: 事目單子…陵所 役軍救急藥物令各司進排爲白齊.

[17]•78
『효종영릉산릉도감의궤』, 「좌목」: 畫員 李起龍 石物 起畫臨 時出去. 『명성왕후숭릉산릉도감의궤』, 「좌목」: 畫員 崔碩巘 石物起畫時 定送. 『장렬왕후휘릉산릉도감의궤』, 「좌목」: 畫員 張時良 石物起畫時 定送.

[18]•78
한국민족문화대백과, "녹사", http://encykorea.aks.ac.kr/Contents/SearchNavi?keyword=%EB%85%B9%EC%82%AC&ridx=1&tot=83

[19]•78
영건의궤연구회, 앞의 책, p.134

[20]•78
한국민족문화대백과, "서리", http://encykorea.aks.ac.kr/Contents/SearchNavi?keyword=%EC%84%9C%EB%A6%AC&ridx=2&tot=144

[21]•79
영건의궤연구회, 앞의 책, p.135

[22]•83
『효종영릉산릉도감의궤』, 「계사」: 事目單子…文書修正 在京 料理時 處所乙良 依前 掌樂院 設局爲白齊. 장악원은 조선 시대 궁중에서 연주하는 음악과 무용에 관한 일을 담당한 관청임(두디피아, "장악원", https://www.doopedia.co.kr/doopedia/master/master.do?_method=view&MAS_IDX=101013000857702

[23] • 83
『효종영릉산릉도감의궤』, 「계사」 7월 28일조: 都監郎廳以摠護使意 啓曰 山陵都監 提調 三員 中一員 留在京中 酬應諸事 都廳一員 亦爲相替往來事已爲 啓稟蒙允矣 提調以下除 肅拜往來旣有前例 今亦依謄錄勿爲 肅拜相替往來董役何如 傳曰允.

[24] • 83
『효종영릉산릉도감의궤』, 「계사」 8월 초3일조: 令京都監 參酌定奪分付爲白只爲京都監 啓目粘連 啓下是白有亦.

[25] • 83
『정순왕후사릉봉릉도감의궤』, 「조성소 · 품목질」 기묘 정월 11일조: 日子只隔四五日 鞍子匠 李末乙俊身 使京都監分付下送 以爲使役 何如 手決內依.

[26] • 83
『정순왕후사릉봉릉도감의궤』, 「조성소 · 품목질」 기묘 2월 초2일조: 丁字閣 畢建之後 則先漆磊碌正粉然後 當爲施彩是置 漆匠五六名 使京都監預爲推捉 來現陵所 以爲臨時使役 何如 手決內依.

[27] • 83
『숙빈상시봉원도감의궤』, 「소부석소 · 품목질」 계유 7월 초5일조: 本所 形勢若有一分可堪之道 則何必縷縷煩稟者哉參商教是後 在京都監 石手十五名 急速定送俾無窘急狼狽之弊何如 手決內依施.

[28] • 83
『현종숭릉산릉도감의궤』, 「조성소 · 품목질」 갑인 9월 20일조: 卽接劈鍊所監造官私通 則材木所載船四十隻 昨夜離發龍山是如爲有臥乎所 今日夕當到禿音浦到卽卸下 還爲下送…則必有船人等中間逃避之弊是去乎 本所部將一員 使令一名 別爲差定 使之領 船往來 何如 堂上手決內依 自京都監別定領船禁軍 故本所部將 使令 則不爲定送.

[29] • 84
『인조장릉산릉도감의궤』, 「조성소 · 좌목」: 郎廳 前判官 曹昌緖 假丁字閣 監造監造官 平市署 奉事 李秞 安岷串伐木 靈幄殿 監造 前奉事 李河岳 麻田長湍積城等 官假家材木 山役 假齋室 監造.

[30]•86

한국민족문화대백과, "서원", http://encykorea.aks.ac.kr/Contents/SearchNavi?keyword=%EC%84%9C%EC%9B%90&ridx=1&tot=1735

[31]•87

『단종장릉봉릉도감의궤』, 「조성소·품목질」 무인 11월 11일조: 本所謄錄 自都廳 旣已分拆 逐日披閱取考之際 破傷可慮 假衣次落幅紙一張 令戶曹進排事.

[32]•87

세종대왕기념사업회, "등록", 『한국고전용어사전』, 2001

[33]•88

『효종영릉산릉도감의궤』, 「계사」 6월 17일조: 都監 啓曰 臣 南重 與 郎廳 姜項進詣 長陵 丁字閣 及齋室 奉審 制度 見樣 一一尺量 書來 而其中 若干處當 與摠護使相議然後 有 啓稟之事故 姑待摠護使入來 定奪啓稟之意 敢 啓 傳曰知道; 『단의빈묘소도감의궤』, 「조성소·이문질」 무술 2월 27일 경감료조: 爲相考事 昭題墓石物及 丁字閣體制 發遣 郎廳 尺量以 來事 稟 達爲有置 郎廳一員 書吏一人 所騎馬 待令爲旀 支 應等事 知委施行向事.

[34]•88

『정성왕후홍릉산릉도감의궤』, 「조성소·이문질」 정축 3월 14일 경기감영료조: 爲相考事因傳教 敬陵 昌陵 明陵 翼陵丁字閣 奉審尺量以來事 郎廳一員 書吏一人 使令一名 懿陵丁字閣 奉審尺量 以來事 都廳一員 書吏一人 木手邊首一名 使令一名 竝明曉出去爲去乎.

[35]•88

『익종수릉산릉도감의궤』, 「조성소·품목」 병오 3월 초9일조: 丁字閣 齋室 香大廳 典祀廳 內人假家 應入鐵物 參互謄錄一 依木手邊首從實 磨鍊後錄仰稟捧甘爐冶所何如 手決依.

[36]•88

『경종의릉산릉도감의궤』, 「조성소·품목질」 갑진 9월 초5일조

[37]•88

『경종의릉산릉도감의궤』, 「소부석소」: 本所 石手 辛巳謄錄 則八十名付役矣今番段取用城石事 自都監定奪故 石手三十 名咸給 五十名劵赴役是如可.

[38] • 88
『경종의릉산릉도감의궤』, 「조성소 · 품목질」 갑진 9월 19일조: 本所使役募軍辛巳謄錄所付者 四百二十名 而一百二十名減除之意旣已面稟于堂上前矣 今此新陵 丁字閣基址 元非全地 太半水畓役事 比前十倍叱不喩 況當冬寒 日短之時以三百名軍丁分四所使役 則丁字閣使役募軍不過七十餘名是乎所 以此之數許多塡土拾石之役萬無及期完畢之勢何以爲之 手決內何不早稟是喩旣已裁定於摠護使前隨其不足臨時更爲加定.

[39] • 88
산릉의궤 조성소 품목질에는 품목을 올린 일자가 기록된 경우도 있고, 아닌 경우도 있다. 19세기에는 대부분 품목일자를 기록하는데, 그 이전에는 꼭 그렇지만은 않았다. 따라서 17세기, 18세기 산릉의궤 중 품목일자가 기록된 인경왕후익릉산릉역과 경종의릉산릉역을 사례로 선정하였다. 19세기 순조인릉산릉역은 본고의 '국상절차와 산릉 조성'과 '시공과정'에서 소개하였으므로 전체적인 흐름을 이해하기 위해 선정하였다.

[40] • 89
『인경왕후익릉산릉도감의궤』, 「이문질」 경신 11월 초9일조

[41] • 89
사후는 왕과 왕비의 사망 後의 줄임말임. 이하 동일

[42] • 89
목전은 목공사 입주(立柱) 前의 줄인말임. 이하 동일

[43] • 89
『인경왕후익릉산릉도감의궤』, 「조성소 · 품목질」 경신 11월 초3일조: 水各氷塞兩道材木 決難 運致 京江所在材木中 可用者 毋論 諸宮家 各衙門所儲爲先擇執以用何如 堂上手決內依.

[44] • 89
『인경왕후익릉산릉도감의궤』, 「조성소 · 품목질」 품목질 경신 11월 25일조: 卽接 領役部將 金萬雄馳通 則大栿今始得之 於楊州蠏越峴云 木手五名 具其助役給料以送以爲斫 取劈鍊之地何如 堂上手決內依.

[45] • 89
목물 치목 참고

[46] • 90
『인경왕후익릉산릉도감의궤』, 「조성소 · 품목질」 경신 11월 초3일조: 本所謄錄付匠人 令各該司 急急起送爲乎矣 外居匠人段置 亦爲發關推捉何如 堂上手決內依.

[47] • 90
『인경왕후익릉산릉도감의궤』, 「조성소 · 품목질」 경신 11월 초4일조: 短晷凍地百役俱難 諸色工匠 必須比前 加額庶可 及期完役 本所木手以七十五名定數使役何如 堂上手決內依.

[48] • 90
『인경왕후익릉산릉도감의궤』, 「조성소 · 품목질」 경신 11월 초8일조: 江上材木不可不及時侍引鉅 乾正 大鉅五牌 擧乙鉅五牌 令漢城府 依例 捉付爲乎矣 各處材木曳運收合之間 不可無役軍 若以沿江居民 輪回使役 則事甚便好是乎矣坊民調發事係 重難只 自郎廳不敢擅便有此仰稟 堂上手決內依前謄錄擧行宜當.

[49] • 90
『인경왕후익릉산릉도감의궤』, 「조성소 · 품목질」 경신 11월 12일조: 江上劈鍊所木手二十名 募助役二十名 大鉅五牌 擧乙鉅 五牌 合七十五名 及火丁五名 隨其實役日數料布磨下何如 堂上手決內依.

[50] • 90
『인경왕후익릉산릉도감의궤』, 「조성소 · 품목질」 경신 11월 16일조: 畫員二人 臨時起送事分付 該曹該署爲乎矣 畫僧十六名 依前例分定於京畿公淸兩道以爲臨時起送之地何如堂上 手決內依.

[51] • 90
『인경왕후익릉산릉도감의궤』, 「조성소 · 이문감결」 경신 11월 27일조: 爲相考事丁字閣丹靑 次畫僧十六名 以精寸善手者 別爲擇定爲有如可 改分付卽時起送向事.

[52] • 90
『인경왕후익릉산릉도감의궤』, 「조성소 · 이문감결」 경신 11월 29일조: 各假家土

役萬分緊急以 陵所 卽今赴役若干泥匠 及時完役 其勢末由是置 御營廳 泥匠 朴立 金承明 金福伊 精抄廳泥匠 池日男 李守福 繕工泥匠 朴甲信 訓鍊都監 泥匠 金武賢 十字閣近處所居私泥匠 宋德萬 等 當日內分付出送以爲及時 赴役之地事.

[53]•90
『인경왕후익릉산릉도감의궤』,「조성소·이문감결」경신 12월 13일조: 爲相考事 丁字閣 丹靑次 畫僧十六名分定各邑以精才善手者別 爲抄擇臨時起送事曾已移文爲有在果 丁字閣丹靑當在開月初十日間是去乎 依前移文十分擇定來 辛酉正月初十日良 別定色吏領付陵所爲乎矣 如是分付之後 或以才拙手生者苟充上送爲有在如中 該邑官吏難免重完 而本首亦難免其責除尋常惕念舉行向事.

[54]•90
『인경왕후익릉산릉도감의궤』,「조성소·이문감결」신유 정월 초3일조: 丁字閣丹靑 始役當在初十日間是置 畫員 韓時覺 崔碩獻 等 二人 初九日夕 來現 陵所爲於 彩所用沙器等物依當初甘結數一時 進排事.

[55]•90
인경왕후익릉산릉도감의궤』,「조성소·이문감결」신유 정월 초4일조: 丁字閣丹靑役事次 漆匠 兪忠信 金汝雲 崔亦立 金萬年 任孝達 朴仁男 等 急急知委起送 初九日及良 陵所現身爲於 丹靑所入磊碌朱土丁粉阿膠等物 依當初磨鍊甘結初八日良中來納 陵所事.

[56]•90
『인경왕후익릉산릉도감의궤』,「조성소·품목질」신유 정월 11일조: 丁字閣丹靑次畫員二人漆匠八名令各該司急速起送以爲及時赴役之地何如堂上 手決內依.

[57]•90
『인경왕후익릉산릉도감의궤』,「조성소·이문감결」경신 11월 20일조: 爲相考事 陵所丁字閣齋室告成之役萬分緊急 而都監謄錄付匠人之善手者 哉盡死亡 卽今京居木手中 善手者絶無 而僅有不得不分定於各道爲去乎 京畿七名 江原道五名 黃海道五名 公淸道十名 全羅道十五名 慶尙道十五名 毋論僧俗擇其善手者 京畿 則本月二十七日 公淸 黃海 江原等道 則來十二月初二日 全羅 慶尙兩道 則來十二月初十日 及良 別定色吏 押領現 點於陵所爲乎矣 如是分付之後 或以手拙者落充以送爲去乃 或未及限內是在如中該邑守令難免重完 而本道亦難免漫忽之責除尋常惕念擧行向事.

[58] • 91
『인경왕후익릉산릉도감의궤』, 「조성소·품목질」 경신 11월 17일조: 本所募軍以甲寅秋謄錄考之 則其數七百名是在果 今番 則以幾名定數使役爲乎乙喩稟 堂上手決內出往陵所觀勢議定次.

[59] • 91
『인경왕후익릉산릉도감의궤』, 「조성소·환하질」: 募軍 四百二十名 十日赴役 一百五十名 僧軍二百七十名以上 合四百二十名 二十日赴役 募軍 一百八十四名 十五日赴役 丁字閣地正時 補土軍八百名 限 畢地正間 負土每十五名火丁一名定給三十名卜直一名定給而作牌則以三十名爲准 匠人火丁亦依募軍火丁例給而卜直無 募軍二十名 木手四名 泥匠二名 漆匠一名等 畢役之後 別爲留待 以爲隨處使役之地 員役火丁一名自出陵日至辭陵日每朔米八斗正木三疋題給.

[60] • 92
『인경왕후익릉산릉도감의궤』, 「조성소·품목질」 경신 11월 초8일조: 江上材木不可不及時侍引鉅 乾正 大鉅五牌 擧乙鉅五牌 令漢城府 依例 捉付爲乎矣 各處材木曳運收合之間 不可無役軍 若以沿江居民 輪回使役 則事甚便好是乎矣 坊民調發事係 重難只 自郎廳不敢擅便有此仰稟 堂上手決內依前謄錄擧行宜當.

[61] • 92
『인경왕후익릉산릉도감의궤』, 「조성소·품목질」 경신 11월 12일조

[62] • 92
『인경왕후익릉산릉도감의궤』, 「조성소·품목질」 경신 11월 11일조: 各樣修粧細篩之材 今二十日爲始設鉅於龍山爲在果 其中如樓柱不等段 尺長體重異於凡材 若不劈鍊 則運之甚難 劈鍊之役 不可不一時竝擧敢此以稟 堂上手決內依.

[63] • 92
『인경왕후익릉산릉도감의궤』, 「조성소·품목질」 경신 11월 12일조: 今此劈鍊時所用 大鉅五坐 中鉅三坐 白綿絲十兩 松煙一斤 常礪石五塊 細礪石三塊 令各該司急急 進排爲乎矣 鉅子粧結所用 椺木 椝木次眞長木七箇 條索 六巨里 令該監 一時進排何如 堂上手決內依.

[64] • 92
『인경왕후익릉산릉도감의궤』, 「조성소·품목질」 경신 11월 29일조: 江上劈鍊之役 今幾垂畢 各衙門車子 依當初 成册數 急急定送於龍山江 以爲及時 載運之地何如堂上手決依.

[65] • 92
『인경왕후익릉산릉도감의궤』, 「조성소·이문감결」 경신 11월 26일조: 爲急急擧行事 江上劈鍊材木輸運次以各衙門車子 依當初成册數急急起送以爲及時輸運之 地向事.

[66] • 92
『인경왕후익릉산릉도감의궤』, 「조성소·품목질」 경신 11월 29일조

[67] • 92
『인경왕후익릉산릉도감의궤』, 「조성소·품목질」 경신 12월 초1일조: 今此 材木載運 車路 由沙峴 碌磻 則險山領 氷坂 牛不着足 必經宿 而後始到 陵所 前頭役事誠爲 可慮叱分不喩 當此大役方張之日數 少車牛力盡蹄穿 則勢將狼狽 此尤可慮之大者是是置 龍山之材一併軍下於望遠亭 各衙門車牛 亦皆留養於陵所自望遠亭由香洞直通車路 則道路之便近 功役之減省 莫此爲大速令漢城府 調發江民 龍山所在材木 沒數運致於望遠亭何如 堂上手決內依江邊居民 則以藏氷相値之改漢城府具由 入啓以越邊所 居果川 衿川 陽川之民 使之曳下氷上 而以陽川縣監定差使員擧行.

[68] • 92
『인경왕후익릉산릉도감의궤』, 「조성소·품목질」 경신 12월 초6일조: 卽接領役部將金萬雄私通 則袝木二條今已斫鍊 當爲輸運 而自袝木所在處至大路其間十餘里 或有石峴之危險 或有峽路之傾側決難容車云 敢此以稟 堂上手決內軍二百名定送曳出大路之後 二車十牛及扶軸軍五十名定送輸運以來 而自初至終監造官監斫輸運.

[69] • 92
『인경왕후익릉산릉도감의궤』, 「조성소·이문감결」, 경신 12월 초7일조: 爲相考事 丁字閣所入材木 自龍山江運下於望遠亭事段嘗與 面議爲有在果 齋室叚置細箭次修粧次則 不以 陵內伐去木用之是乎等 以樓柱十條 材木十五條 亦以京江所儲取用爲去乎 相考施行向事.

[70] • 93
『인경왕후익릉산릉도감의궤』, 「조성소·품목질」 경신 12월 초1일조: 今此 材木載運 車路 由沙峴 碌磻 則險山領 氷坂 牛不着足 必經宿 而後始到 陵所 前頭役事誠爲 可慮叱分不喩 當此大役方張之日數 少車牛力盡蹄穿 則勢將狼狽 此尤可慮之大者是是置 龍山之材一併軍下於望遠亭 各衙門車牛 亦皆留養於陵所

自望遠亭由香洞直通車路 則道路之便近 功役之減省 莫此爲大速令漢城府 調發江民 龍山所在材木 沒數運致於望遠亭何如 堂上手決內依江邊居民 則以藏氷相値之改漢城府具由 入啓以越邊所 居果川 衿川 陽川之民 使之曳下氷上 而以陽川縣監定差使員舉行.

[71]•95

『경종의릉산릉도감의궤』, 「조성소·품목질」 갑신 9월 초5일조: 丁字閣以下 所用 材木 京江所在 無論 諸宮家 各衙門所儲 材木爲先擇執取用 乃是謄錄是置今番段 置依例擧行何如 手決依.

[72]•95

『경종의릉산릉도감의궤』, 「조성소·이문질」 갑신 9월 16일 과천료조: 爲相考事 丁字閣所入 材木自京私儲取用爲如乎 本縣 露梁居 閔孝建 大椽八箇 朴先樓 柱一條 宮材一條 金大尙 材木四條 自都監竝只執捉取用爲去乎 到關卽時 同材木定色吏以附近居民使之運江運泊纛島爲乎矣 各其木良中其主名一一書塡俾無相雜之弊向事.

[73]•95

『경종의릉산릉도감의궤』, 「조성소·이문질」 갑신 9월 16일 상의원료조: 爲相考事 丁字閣所用各樣材木私儲取用爲如乎 本院樓柱五十八條 小不等五條 自都監執捉取用爲去乎 相考施行向事.

[74]•95

『경종의릉산릉도감의궤』, 「조성소·이문질」 갑신 9월 16일 양주광주료조: 爲相考事 丁字閣所用材木 自京私儲取用爲如乎 楊州廣津 金時龍 逢授 材木一百十條 金順傑 逢授 守禦廳 樓柱二條 宮材四條 材木十四條 金命卜 逢授 泥洞 金判書宅 劈鍊材木七條 劈鍊樓柱二條 東蠶室 高星望 材木一條 延士命 宮材一條 樓柱一條 金士建 樓柱一條 李仁興 樓柱一條 尹永元 小小材木三條 金時贊材木一條 吳信男 樓柱一條 夫里島 李斗明 材木二條 廣州 龜川面 金先己 逢授 朴太山 小材木八條 白庚申 逢授 李生員宅 樓柱一條宮 材一條 材木十八條 松坡倉 趙順發 逢授 本府 小椽木五十巨里 都二文 逢授 本府 材木七條 韓平伊逢授 本府 材木十七條 白太俊 逢授 本府 樓柱一條 宮材九條 材木二十一條 李二萬 逢授 本府材木四條 樓柱一條 宮材六條 徐世萬 逢授 本府 材木六條 及守禦廳 材木二十四條 大椽八箇 自都監竝只執捉取用爲去乎 到關卽時同材木定色吏以附近居民出江罔夜運泊于纛島俾無未及之弊向事.

[75]•95
『경종의릉산릉도감의궤』, 「조성소·이문질」 갑신 9월 20일 호조료조: 爲相考事 丁字閣所用 材木 西氷庫 高柱木五條 東氷庫高柱木七條 大椽次取用爲去乎 到關卽時 同價本依例磨鍊上下宜當向事.

[76]•95
『경종의릉산릉도감의궤』, 「조성소·이문질」 갑신 9월 20일 양천교하료조: 爲相考事 丁字閣所用 材木 不爲卜定 自京私儲 執捉取用爲如乎 陽川 仙遊峯 鄭次乭 樓柱二條 邑內 李進士家 小不等一條 樓柱三條 材木一條 交河邑 內衙 前 李哥 逢授 宮材十一條 等材 給價次 自都監取用爲去乎 到關卽時 同材木 定色吏 罔夜照數運泊 龍山江 俾無未及之弊向事.

[77]•95
『경종의릉산릉도감의궤』, 「조성소·이문질」 갑신 10월 초5일 총융청료조: 爲相考事 本廳所在 小不等二條 都監 在京時 旣已 執捉爲有置 到關卽爲 載送宜當向事.

[78]•95
경종의릉산릉도감의궤』, 「조성소·품목질」 갑신 10월 30일조: 丁字閣青板 次廣松板七立 欑宮大工次 廣厚一板 立所當私儲取用 而今開戶曹收稅所有可用板是如爲去乎 同板子八立令戶曹進排之意分付 何如手決依.

[79]•95
이에 대해서는 이어지는 '시공인력 구성과 자재 조달'에서 다루도록 한다.

[80]•96
『경종의릉산릉도감의궤』, 「조성소·품목질」 갑신 9월 초5일조: 本所 使役 木手一 依辛巳謄錄之數 七十五名 使役爲乎旀 謄錄所付匠人令各衙門急速起送之意移 文何如 手決內依.

[81]•96
『경종의릉산릉도감의궤』, 「조성소·품목질」 갑신 9월 20일조: 丁字閣丹青 起畫次 畫員二人 及畫僧二十一名 依謄錄起送事 該署 及京圻忠淸兩道良中 發關捧甘何如 手決依.

[82]•96
『경종의릉산릉도감의궤』, 「조성소·이문질」 갑신 9월 20일 경기충청도료조: 爲相考事 丁字閣起畫次畫僧依謄錄分定爲去乎 京圻十二名 忠淸道九名等 來十一月初五日 及良定色吏領付陵所爲乎矣 如有拙手苟充以送是去乃 或未及限內則當該守令難免重究之意知委施行向事.

[83]•96
『경종의릉산릉도감의궤』, 「조성소·품목질」 갑신 10월 10일조: 丁字閣 起畫方欲始役 而畫員二人 及拙手畫僧若干名當此冬節萬無及期完役之理一依辛巳年例畫員六人捧甘使役何如 手決依.

[84]•96
『경종의릉산릉도감의궤』, 「조성소·품목질」 갑신 11월 초6일조: 丁字閣 丹靑時畫員八人使役之意稟造矣 卽今出來畫員八人是如乎 其中六人段 使役是遣 二人段還爲減去何如 手決依.

[85]•96
『경종의릉산릉도감의궤』, 「조성소·품목질」 갑신 9월 19일조: 本所 使役 募軍辛巳謄錄所付者 四百二十名 而一百二十名減除之意旣已面稟于堂上前矣 今此新陵 丁字閣基址 元非全地 太半水畓役事 比前十倍叱不喩 況當冬寒 日短之時以三百名軍丁分四所使役 則丁字閣使役募軍不過七十餘名是乎所 以此之數許多塡土拾石之役萬無及期完畢之勢何以爲之 手決內何不早稟是喩旣已裁定於摠護使前隨其不足臨時更爲加定.

[86]•97
『경종의릉산릉도감의궤』, 「조성소·제색공장질」: 募軍 三百名九月二十四日赴役九十名十月初一日赴役 三十名十二月十八日加赴役 募軍 一百二十名九月二十四日赴役十月十八日減去 實役二十日 六十名九月二十四日赴役十月二十四日減去 實役三十日 六十名十月初一日立役十一月二十一日減去 實役五十日 三十名十月初一日赴役十一月二十一日減去 實役五十日 一百二十名九月二十四日赴役十二月初五日減去 實役七十日 三十名九月二十四日赴役十二月初七日減去 實役七十二日二十二名九月二十四日赴役十二月十五日減去 實役八十一日 三十名十二月十八日赴役十二月二十日減去 實役三日 八名九月二十四日赴役十二月二十四日減去 實役九十日.

[87] • 97
『경종의릉산릉도감의궤』, 「조성소·제색공장질」: 丁字閣 齋室 假齋室 假家所良中 使役募軍所 當依謄錄 分把 而今番 則不爲 分把 隨其役事緊歇推移使役.

[88] • 97
『인현왕후명릉산릉도감의궤』, 「조성소·제색공장질」

[89] • 97
『경종의릉산릉도감의궤』, 「조성소·품목질」 갑신 9월 초7일조: 取考謄錄則 丁字閣以下 各樣木物 引鉅劈鍊 於龍山江 爲有如乎 今番段置各處執捉材木收聚一 處然後可以劈鍊 依謄錄 以材木所在附近坊民 次次曳運劈鍊所爲乎旀 水上所在材木以津船依前輸運事 工曹 及漢城府良中分付急急輸運以爲劈鍊何如稟今番則勿設劈鍊所各樣材木直運陵所.

[90] • 97
『경종의릉산릉도감의궤』, 「조성소·감결질」 갑신 9월 14일조: 丁字閣以下 各樣木物 今方 劈鍊計料是如乎 各處散在木物 以附近民 依例 次次曳運 于龍山灘項契 以爲及時 劈鍊之地向事.

[91] • 97
『경종의릉산릉도감의궤』, 「조성소·이문질」 갑신 9월 16일 과천료조

[92] • 97
『경종의릉산릉도감의궤』, 「조성소·이문질」 갑신 9월 16일 과천료조

[93] • 97
『경종의릉산릉도감의궤』, 「조성소·이문질」 갑신 9월 16일 양주광주료조

[94] • 97
『경종의릉산릉도감의궤』, 「조성소·품목질」 갑신 9월 20일조: 丁字閣以下各樣材木 今日爲始車運始役事稟 手決依.

[95] • 97
『경종의릉산릉도감의궤』, 「조성소·이문질」 갑신 9월 20일 양천교하료조: 爲相考事 丁字閣所用 材木 不爲卜定 自京私儲執捉取用爲如乎 陽川 仙遊峯 鄭次乭樓柱二條 邑內 李進士家 小不等一條 樓柱三條 材木一條 交河邑 內衙 前 李哥

逢授 宮材十一條 等 材給價 次自都監取用爲去乎 到關卽時 同材木定色吏罔夜照數運泊 龍山江 俾無未及之弊向事.

[96]•97
『경종의릉산릉도감의궤』,「조성소·이문질」 갑신 9월 25일 고양료조: 爲相考事 本郡 杏洲居 李億先 宮材二條 自都監給價次私儲取用爲去乎 到關卽時 同材木定色吏罔夜運泊龍山宜當向事.

[97]•97
『경종의릉산릉도감의궤』,「조성소·이문질」 갑신 9월 25일 가평양근료조: 爲相考事 都監所用 杻木眞長木 山役次 以領役部將率募軍 發送山役 木物 使其本官定色吏捉船運納 陵所事才已分付監營矣 到關卽爲 定色吏捉船待候爲有如可山役木物運下江邊卽時星火運泊纛島後 色吏來告陵所以爲 及時輸入爲乎矣 如是分付之後 若或有未及 稽緩之弊 則當該官吏難免重究之患除尋常惕念擧行向事.

[98]•97
뚝섬 나루터는 경상도·강원도의 세곡 운송을 위해 이 나루터에 선착장을 두고 한강을 오가는 세곡선(稅穀船)을 관리했다. 조선 후기에는 강원도에서 오는 목재가 하역되는 곳으로 변하여 나라에서는 관리를 파견하여 세금을 징수한 적도 있다.(국토지리정보원, "뚝도나루터", 『한국지명유래집 중부편』, 2008)

[99]•97
용산구 원효로4가 지역의 한강과 만초천이 만나는 한강 일대를 일컫는 이름으로서, 용호·용산진이라고도 하였다. 지금은 원효대교가 놓여져 있다. 경상·강원·충청·경기 상류로부터 한강을 따라서 내려오는 수운의 종착지점이 되던 곳이다.(서울특별시시사편찬위원회, "용산강", 『서울지명사전』, 2009)

[100]•98
『경종의릉산릉도감의궤』,「조성소·품목질」 갑신 9월 12일조: 今此劈鍊材木所用 大鉅五坐 中鉅五坐 毬具白綿絲十兩 松煙一斤 常礪石五塊 細礪石三塊 鉅子粧 結所用 椺木次眞長木七箇 條索六巨里等 物令各該司急速進排何如 手決依前例取用.

[101]•98
『경종의릉산릉도감의궤』,「조성소·품목질」 갑신 9월 27일조: 材木劈鍊所用雜

物進排事 各該司良中旣已捧甘爲有如乎 今番段日字急迫 自京不爲劈鍊是乎等以同雜物不爲進排之意 各該司良中更爲捧甘何如 手決依.

[102] • 98
『경종의릉산릉도감의궤』, 「조성소 · 품목질」 갑신 10월 29일조: 本所引鉅之役萬分緊急 別工作引鉅一牌 請得使役是如可 別工作役事亦爲緊急是如 還爲推去故 同引鉅一牌二日半使役後還送別工作之意稟 手決依.

[103] • 100
구본전은 구릉 본공사 개기 前의 줄임말임.

[104] • 100
신목전은 신릉 목공사 입주 前의 줄임말임.

[105] • 100
『순조인릉산릉도감의궤』, 「조성소 · 품목」 갑오 12월 초5일조: 今此 丁字閣欑宮碑閣水剌間守僕房齋室假齋室內人假家 間數 依庚申年例磨鍊爲乎旀 吉帷宮補板九處紅箭門及機械木補板等木物竝後錄仰稟爲去乎 何處取用是乎喩 指一處分何如 手決移文戶曹.

[106] • 100
『순조인릉산릉도감의궤』, 「조성소 · 품목」 을미 2월 초1일조: 丁字閣以下 各處所木物中東營所在樑木 及守禦廳 所在 已治鍊材木 與舊材竝爲船運輸來江頭時下陸移峙所用 中東埕十艮衣 用還次捧甘取用爲乎旀.

[107] • 100
『순조인릉산릉도감의궤』, 「조성소 · 품목」 갑오 12월 초5일조: 取考各年謄錄 則本所使役各匠人 出陵所前次 第趁期待令是如乎 今亦依例擧行之意 各該司 各軍門 預先捧甘爲旀.

[108] • 100
『순조인릉산릉도감의궤』, 「조성소 · 품목」 을미 3월 8일조: 丁字閣碑閣 丹靑時庚申 則畫員二人 畫僧二十二名 付役是乎旀 庚寅 則畫員三十九人 畫僧十名 付役是如乎 今番 則何以爲之是乺喩指一處分何如 手決 畫僧置之 以方外畫師 付役.

[109] • 101
『순조인릉산릉도감의궤』, 「조성소·일록」: 十二月十二日 監造官 別看役 率牌將 工匠 材木 初治鍊 次出往 沙村里.

[110] • 101
『순조인릉산릉도감의궤』, 「조성소·일록」: 乙未正月二十一日 始役 次郎廳 率員役 工匠 出往坡州 監造官 仍留 沙村里 看檢 治鍊.

[111] • 101
『순조인릉산릉도감의궤』, 「조성소·품목」 을미 2월 초1일조: 丁字閣 以下 木物 今方 正治鍊 於沙村里.

[112] • 101
『순조인릉산릉도감의궤』, 「조성소·품목」 을미 2월 초1일조: 丁字閣以下 各處所木物中東營所在樑木 及守禦廳 所在 已治鍊材木 與舊材竝爲船運輸來江頭時下陸移峙所用 中東營十艮衣 用還次捧甘取用爲乎旀.

[113] • 101
『순조인릉산릉도감의궤』, 「조성소·일록」: (二月)十一日 自沙村里初治鍊木物船運到泊于沙鷲浦仍爲鱗次運入監造官別看役牌將下來.

[114] • 101
『순조인릉산릉도감의궤』, 「조성소·일록」: 三月十二日 監造官 先詣 交河 新陵所 郎廳 仍留 坡州 各樣 木物 看檢 輸送.

[115] • 104
『순조인릉산릉도감의궤』, 「시일」

[116] • 105
공사 용어는 의궤에 사용되는 용어를 표기하였고 현재 쓰이는 용어는 괄호에 삽입하였으며 동일한 경우에는 그대로 사용하였다.

[117] • 106
건정은 사전적으로 "1.정결하다(순수하고 깨끗하며 단아하다). 2.일의 뒤끝이 깨끗하다"이다.(국립국어원 표준국어대사전, "건정", https://stdict.korean.go.kr/search/popup/wordLink.do?word_no=12718&hist_seq=1&sense_

no=0&sp_seq=-1&sent_ptrn_seq=-1) 미장에 적용하면 깨끗하게 마무리한다는 의미로 정벌에 해당한다. 방벽은 건정 외에 도기(塗壁)라는 명칭이 나오는데 이는 미장 바름의 전체 공정을 뜻하는 것으로 여겨진다. 한편 건정은 "정갈하게 마르다"로 풀이된다. 『인경왕후익릉산릉도감의궤』, 「조성소·품목질」 경신 11월 초8일조에 보면 "江上材木 不可不及時侍 引鉅 乾正"이라 하여, 목재를 톱으로 켜고 말린다는 뜻으로 건정이라는 표현을 썼다. 이를 보면 건정은 목재의 건조, 미장의 양생으로 해석된다. 따라서 미장 정벌 후 양생이라고 보는 것이 타당해 보인다.

[118] •107
부계목(浮械木)은 건축공사의 비계를 만들기 위해 사용되는 목재를 말한다. 의궤에서는 대부분 부계라고 일정하게 표기했으며 부계를 메거나 다루는 장인을 부계장이라고 한다. 높은 곳 작업을 위해 발판을 만드는 것도 부계이며 건물을 보호하기 위한 가설덧집도 부계장이 만든다.(경기문화재단, 『화성성역의궤 건축용어집』, 2007. p.234)

[119] •107
정자각 개기 일자가 권두 시일에는 10월 15일로 조성소 일록에는 10월 12일로 차이가 있는데 이는 재봉표하는 과정에서 조성소 일록에는 처음 개기 일자를 적은 것이고, 권두 시일에는 봉표처를 옮기면서 다시 개기한 일자를 기록한 것으로 시일상의 개기 일자가 맞는 것으로 보인다.

[120] •112
『효명세자연경묘묘소도감의궤』, 「조성소·공장질」

[121] •116
『익종수릉천봉산릉도감의궤』, 「조성소·품목」: 을묘 4월 15일조: 丁字閣 上樑前或有雨下之慮 油芚蓋覆時 所入 中竹一百箇用還次 進排事捧甘 繕工監何如 手決旣不入用勿施.

[122] •118
문화재청, 『東九陵 健元陵 丁字閣 및 碑閣 修理報告書』, 2006; 『휘릉 정자각 및 비각 수리보고서, 2009; 『東九陵 綏陵 丁字閣 修理報告書』, 2004; 『인릉(仁陵) 정자각 및 비각 수리보고서』, 2009; 『휘릉 정자각 및 비각 수리보고서, 2009

[123] • 119
해체수리공사는 훼손된 부위만 수리하므로 목공사의 경우 공사 범위는 신축에 비해 줄어 들지만 지붕, 미장, 단청공사는 신축공사와 가깝게 진행된다.

04 시공인력 구성과 자재 조달

[1] • 122
본 내용은 필자가 발표한 이상명, 「조선후기 왕릉 조성 시 목공사 장인의 배정과 조달 방식」, 건축역사연구, Vol.26, No.4, 2017을 일부 수정·보완하여 작성한 것이다.

[2] • 122
용산구 원효로4가 지역의 한강과 만초천이 만나는 한강 일대를 일컫는 이름으로, 용호·용산진이라고도 하였다. 지금은 원효대교가 놓여 있다.(서울특별시시사편찬위원회, "용산강", 『서울지명사전』, 2009)

[3] • 124
건축물의 규모는 정조건릉산릉역(1800)을 예로 들어 살펴보면, 정자각 영역은 정자각 5칸, 비각 2칸, 수라칸 3칸, 수복방 3칸이고, 재실은 향대청 6칸을 포함하여 53칸이며, 가재실은 68칸, 나인가가는 43.5칸이다.

[4] • 124
『정순왕후사릉봉릉도감의궤』, 「조성소·(품목질)」 무인 12월 초2일조: 丁字閣木手 邊首 張士景等 二名 自會同日 逐日待令 爲有置 同木手二名待令料米上下以爲待令之地 何如 手決內依.

[5] • 125
김동욱, 『韓國建築工匠史研究』, 기문당, 1993, p.209

[6] • 125
『효종영릉산릉도감의궤』, 「조성소·(조성의궤)」: 木手內助役 則木手二人 幷一名畫員捧貼 各給一名 隨其功役日數料布上下.

[7] • 125
『단종장릉봉릉도감의궤』, 「조성소·제색공장급모군질」: 木手漆匠等每名 各給募助役一名 火丁亦依募軍例定給 卜直無.

[8]•125

이연노, 「조선후기 장인의 담당 공종에 관한 연구-영건의궤 기록을 중심으로-」, 대한건축학회 논문집 계획계, 25권, 제8호, 2009, p.198

[9]•125

『인경왕후익릉산릉도감의궤』, 「조성소·품목질」 경신 11월 초8일조: 江上材木不可不及時侍引鉅 乾正 大鉅五牌 擧乙鉅五牌 令漢城府 依例 捉付爲乎矣 各處材木曳運收合之間 不可無役軍 若以沿江居民 輪回使役 則事甚便好是乎矣 坊民調發事係 重難只 自郎廳不敢擅便有此仰稟 堂上手決內依前謄錄擧行宜當.

[10]•125

『장렬왕후휘릉산릉도감의궤』, 「조성소·품목질」 무진 9월 초7일조: 城中各處執捉之材 今已運出於龍山江爲有置 前日龍山近處執捉材木幷以仍爲劈鍊於龍山江爲有旀 纛島近處材木段自其處劈鍊爲去乎 兩處木手各二十名具 助役火丁四名 大引鉅各二牌 巨乙鉅各五牌 火丁二名 今日爲始給料赴 役何如手決內依.

[11]•125

『인현왕후명릉산릉도감의궤』, 「조성소·품목질」 신사 8월 29일조: 材木劈鍊木手二十名依謄錄募助役二十名 大鉅五牌鉅乙鉅五牌合七十五名及火丁四名隨其實役日數料布磨鍊上下爲乎旀 擧鉅五牌令漢城府依例捉付爲乎矣 各處材木曳運收合之際 不可無役軍依前以沿江居民輪回使役何如 手決內依.

[12]•126

『단종장릉봉릉도감의궤』, 「조성소·품목질」: 材木上下頭斫斷巪鉅之役旣令矣等代行 則十餘名木手叱以 決難堪爲是置 少不下二十名之數良沙 可以擔當是如爲乎等以 敢稟 手決內 以二十名酌定.

[13]•126

『단종장릉봉릉도감의궤』, 「조성소·품목질」: 本所 監造官下去 材木上下頭斫斷次巪鉅匠十名 所當率去是乎矣 側聞所謂巨乙鉅匠 本無屬處 皆是沼江所在桶商是如爲臥乎所 當此寒節 遠途率去 事甚有弊乙仍于 令木手輩因便斫斷取用事分付爲有矣 所用巪鉅 不可無之是去乎 分付漢城府 沼江桶匠等常用巪鉅三箇姑爲取來 用後還下爲去乃.

[14]•127

『단경왕후온릉봉릉도감의궤』, 「조성소·품목질」: 丁字閣齋室使役工匠等 戊寅

辛亥謄錄參考 則小引鉅 歧鉅軍 擧乙鉅軍 元無色目是乎矣 此是不可無者是乎等以 諸色工匠 從略以稟爲去乎 依數使役何如 手決內依爲乎矣.

[15] • 127
『단경왕후온릉봉릉도감의궤』, 「조성소」: 大引鉅軍 朴守戒一牌五名 金貴先一牌五名 朴善萬一牌五名 安汝光一牌五名 擧乙鉅軍 吳五同等四牌八名 小引鉅軍 姜守萬等四牌八名 歧鉅軍 張時一等二牌四名.

[16] • 128
이연노, 앞의 논문, p.198

[17] • 129
김왕직, 「조선후기 관영건축공사의 건축경제사적 연구」, 명지대학교 대학원 박사학위논문, 1998, pp.45~52

[18] • 129
이연노, 앞의 논문, p.199

[19] • 129
『소현세자묘소도감의궤』, 「좌수석 · 장인질」

[20] • 130
『효현왕후경릉산릉도감의궤』, 「조성소 · 품목」 계묘 9월 초8일조: 東別營所在大樑治鍊時 木手三名 舡匠十名 大引鉅二牌 募軍十五名 付役爲乎旀.

[21] • 130
『익종수릉천봉산릉도감의궤』, 「조성소 · 품목」 을묘 2월 26일조; 『수빈휘경원천봉원소도감의궤』, 「조성소 · 품목」 을묘 3월 초3일조

[22] • 130
이연노, 앞의 논문, pp.199~200. 본 연구에 따르면 영건도감의궤에는 제각장의 역할이 명시되어 있지 않았던 것으로 보인다.

[23] • 130
『현종숭릉산릉도감의궤』, 「조성소 · 품목질」 갑인 9월 21일조: 丁字閣四隅簷尾各樣空塔雕刻之役 非他循例鍊成之比 出沒制度 屈伸模樣之間 施手之艱苛 用

工之精微 誠非若干工匠十數日內所可完役 而蹄刻匠之 卽今來役於本所者只三名是乎所 及期畢刻 其勢末由 蹄刻匠三四名知委出送事 一邊分付漢城府爲在果 得聞本官 佛巖寺僧淸啖素習於此等雕刻之役 其工品甚妙云 卽令本官急速領付何如 堂上 手決內依.

[24]•131
『단종장릉봉릉도감의궤』,「조성소·품목질」 무인 11월 11일조: 自前丁字閣工塔彫刻時 例以蹄刻匠使役是如乎 所謂京中蹄刻匠 皆已死亡 故不得已 以彫刻匠推移捉來爲有矣 所用刃藏之屬 各有所別是如 今來彫刻匠等所持來器械 不過小刻刀而已 元無蹄刻之刀是去乎 大東串六箇 彦未里刀六箇 雄未里刀六箇 直只錯六箇 大刻刀六箇.

[25]•131
『영조원릉산릉도감의궤』,「조성소·품목질」 병신 3월 11일조: 今此丁字閣工塔雕刻時 雕刻匠十九名 木鞋匠八名 所用角耳二箇 乼味里大小竝三十八 平味味里十九箇 刻刀十九箇 小錯五箇 打造用後還捧上.

[26]•132
『경종의릉산릉도감의궤』「소부석소」: 石手十名 冶匠一坐式 使役矣 今番段 分所入內後 因都監分付二十名一坐式 分定使役事.

[27]•132
『정순왕후사릉봉릉도감의궤』,「소부석소 잡물질」: 石手邊手一名旀 會同以後逐日待令料上下.

[28]•133
『인현왕후명릉산릉도감의궤』,「조성소·품목질」 신사 10월 12일조: 丁字閣 起畫 今方 始役 而以畫員二人 及拙手畫僧若干名 當此凍節萬無及期完役之理 畫員六人更爲捧甘 該署及時赴役何如 手決內依.

[29]•133
『의소세손묘소도감의궤』,「조성소·품목질」: 取考戊申謄錄 則丁字閣碑閣丹靑次 畫員七人 畫僧十 名內 京畿八名 忠淸道二名 使役爲有置 畫員段 圖畫署良中 捧甘是遣 畫僧段 移文京畿忠淸兩道 何如 手決內依爲乎矣 畫僧段以南北漢僧 預爲發關 俾無畫僧出他之弊 宜當.

[30] • 133
윤용출, 『조선후기의 요역제와 고용노동』, 서울대학교출판부, 1998, pp.158~172

[31] • 133
『효현왕후경릉산릉도감의궤』, 「조성소 · 품목」 계유 10월 21일조: 取考庚寅謄錄 則丁字閣丹靑使畵員付役 碑閣使畵僧付役 甲午 則畵僧置之以方外畵師付役是如乎 今番役事萬分時急又是短晷數少難就乙仍于 畵師畵僧間幾名付役爲乎旀若使畵僧付役則預先移文畿營是如乎竝只指一處分何如 手決以五十名爲先擧行而 畵僧置之本署及方外畵師相半使役今番 則方外畵師三十五名專當擧行.

[32] • 133
『단종장릉봉릉도감의궤』, 「조성소 · 제색공장급모군질」: 木手漆匠等每名 各給募助役一名 火丁亦依募軍例定給 卜直無.

[33] • 133
『경종의릉산릉도감의궤』, 「조성소 제색공장질」: 畵員 文得麟 張德萬 崔東績 趙弘宇 金孝成 林壽興 奉貼軍 三名.

[34] • 134
『단의빈묘소도감의궤』, 「조성소 · 품목질」 무술 4월 초3일조: 取考謄錄 則畵僧奉貼軍 以僧軍中老弱不可使役者 各一名式定給爲有如乎 今番段置 奉貼軍十九名 以僧軍中老弱 者定給事 行下爲只爲.

[35] • 134
『숙빈상시봉원도감의궤』, 「조성소 · 공장질」: 畵員火丁一名 漆匠火丁一名.

[36] • 134
영건의궤연구회, 『영건의궤』, 동녘, 2010, pp.150~151

[37] • 134
『숙빈상시봉원도감의궤』, 「조성소 · 공장질」: 泥匠火丁一名 蓋匠火丁一名.

[38] • 134
『정성왕후홍릉산릉도감의궤』, 「조성소 · 품목질」: 機械把子六十浮 依近例畿營卜定取用是在果 其他 圍排把子 及補階把子 所入杻木段 自都廳貿易取用事 旣有稟定是乎矣.

[39] • 134
『장렬왕후휘릉산릉도감의궤』, 「조성소·품목질」 무진 10월 초1일조: 都廳庫間圍排把子段 以本所 募軍 編結用之.

[40] • 135
『정조건릉산릉도감의궤』, 「조성소·품목」: 取考丙申謄錄則 機械所排把子依例卜定於畿營 其他圍排把子及補階把子段自都廳貿用是遣 丁字閣齋室以下所入椳木段置亦爲卜定於畿營是如乎 今亦依此取用何如 決依稟爲乎矣 圍排把子竝自結所取用.

[41] • 135
『순조인릉산릉도감의궤』, 「조성소·품목」 갑오 12월 초5일: 取考庚申謄錄 則丁字閣以下所入 散子木 圍排把子 及加乃迲 穀草 等物 俱爲結所取用 椳木及機械所排把子卜定於畿營 補階把子段自都廳貿用是如乎 今番段置依此爲之何如 手決竝依稟是矣 補階把子之庚申貿用未知何故是加喩 此亦取用於結所.

[42] • 135
문화원형백과-네이버 지식백과, "박배장", https://terms.naver.com/entry.naver?docId=1726820&cid=49387&categoryId=49387

[43] • 136
윤용출, 앞의 책, p.84

[44] • 136
윤용출, 앞의 책, pp.84~85

[45] • 136
윤용출, 앞의 책, pp.84~85

[46] • 136
『효종영릉산릉도감의궤』, 「계사」 5월 초10일조: 事目單子…都石手一 莎土匠一 木手一 依前例爲先使喚爲白齊 陵所役軍 前謄錄 烟軍 四千名 僧軍一千名 留衛軍 三百名 內烟軍一千名 留衛軍一百名 減定 烟軍三千名 僧軍一千名 留衛軍二百名 爲先令該曹依前例 磨鍊擧行爲白齊.

[47]•136
『효종영릉산릉도감의궤』, 「계사」 5월 15일조: 烟軍僧軍依都監定數 分定各道磨鍊 後錄爲在果…慶尙道 烟軍一千十四名 僧軍二百二十名 全南道 烟軍九百三十九名 僧軍二百七十名 忠洪道 烟軍五百七十七名 僧軍一百六十名 黃海道 烟軍二百五十名 僧軍一百名 江原道 烟軍二百二十名 僧軍一百名.

[48]•136
『효종영릉산릉도감의궤』, 「계사」 5월 15일조: 兵曹牒呈內節 啓下敎都監 啓辭內節該 僧軍 則以本軍 赴役烟軍 則貸出各衙門 米布爲先雇立之後 待秋成 山郡烟軍 則以價布 收捧 沿海烟軍 則以價米收捧還償 今亦依此擧行宜當令該曹僧軍一千名 烟軍三千名 依前磨鍊分定何如 傳曰允事.

[49]•136
『현종숭릉산릉도감의궤』, 「계사」: 事目單子…陵所役軍乙良 前謄錄所付 烟軍及留衛軍除良 以募軍僧軍付役爲白齊.

[50]•136
윤용출, 앞의 책, pp.116~123

[51]•137
『인경왕후익릉산릉도감의궤』, 「조성소·품목질」 경신 11월 초8일조: 江上材木不可不及時侍引鉅 乾正 大鉅五牌 擧乙鉅五牌 令漢城府 依例 捉付爲乎矣 各處材木曳運收合之間 不可無役軍 若以沿江居民 輪回使役 則事甚便好是乎矣坊民調發事係 重難只 自郎廳不敢擅便有此仰稟 堂上手決內依.

[52]•137
『정성왕후사릉봉릉도감의궤』, 「조성소·이문질」: 爲相考事 今此封陵 丁字閣所入 大小材木 旣已擇執於封陵近處 群場里 所在 私儲 而同材木四百餘株, 散在於自 陵所相距三四里許山上與溪澗是乎所…而都監未始役之前 他無使役之軍自本道分付地方官 調發附近居民…收聚處所.

[53]•137
『인현왕후명릉산릉도감의궤』, 「조성소·품목질」 신사 9월 초9일조: 今聞 思陵 礡石 輸入時 以礡石所在居民等 給價輸入是如爲臥乎所.

[54]•137
『영조원릉산릉도감의궤』, 「조성소·품목질」 병신 3월 11일조: 取考庚子謄錄 則本所所用 各樣木物 有不可不船運者是如乎 舡隻優數待 令事分付工曹爲旀 替運差使員定送事 亦爲分付繕營爲旀 參考丁丑謄錄 則津舡使用 一疑急速變通爲遣 載舡時 當部書員 率防軍限畢運間待令這這輸送事 載在謄錄是如乎.

[55]•137
윤용출, 앞의 책, pp.130~131

[56]•137
윤용출, 앞의 책, p.3

[57]•138
윤용출, 앞의 책, pp.132~135

[58]•138
윤용출, 앞의 책, p.142

[59]•138
윤용출, 앞의 책, p.147

[60]•138
김왕직, 앞의 논문, pp.95~96

[61]•138
윤용출, 앞의 책, pp.158~169

[62]•139
『효종영릉산릉도감의궤』, 「소부석」: 丁字閣圓 柱礎十四介 則領役部將率 僧軍一千名 一時 輸入.

[63]•139
『단의빈묘소도감의궤』, 「소부석소」: 本所石役浩多 若干石手募軍 誠難使役 石手參酌加定劃給 而山谷深險 鑱石曳石 極其艱辛 募軍僧軍中 亦爲參酌加定 事手決內 募軍石手 謄錄外 有難加定是在果 僧軍段 初八日 當爲來到 其時可以參酌定送向事.

[64]•139
『의소세손묘소도감의궤』, 「소부석소」: 本所今番段 僧軍則不爲行關推捉故 以擔軍一百六十名 擔石 輪來事.

[65]•139
『장렬왕후산릉도감의궤』, 「조성소·품목질」 무진 9월 초7일조: 今此 丁字閣 所用 大栿 旣得於楊州 蟹踰峴故…今番段 僧軍 旣未及 上來 上樑 日子 如是迫近不可等 待僧軍之來到是去乎 知委本官調發 煙軍及時輸運之意分付 于京畿監司 何如 手決內…二車十牛 及扶抽 僧軍五十名 本官 煙軍五十名 定送 輸來.

[66]•139
『단의빈묘소도감의궤』, 「조성소·품목질」 무술 4월 초3일조: 取考謄錄 則畫僧奉貼軍 以僧軍中老弱不可使役者 各一名式定給爲有如乎 今番段置 奉貼軍十九名 以僧軍中老弱 者定給事 行下爲只爲.

[67]•140
김왕직, 앞의 논문, pp.96~97

[68]•140
김왕직, 앞의 논문, p.97

[69]•141
김왕직, 앞의 논문, p.97

[70]•141
윤용출, 앞의 책, p.205

[71]•141
윤용출, 앞의 책, p.207

[72]•141
『정순왕후사릉봉릉도감의궤』, 「조성소·공장등공역질」: 機械木斫伐, 山役松木七百七十餘條運來後…丁字閣 及齋室 築墻垣時 或負土 或拾石 或曳石爲如可.

[73]•141
『인현왕후명릉산릉도감의궤』, 「조성소·품목질」 신사 8월 22일조: 假齋室以下

各樣假家材木有處探知次 木手等 今方發送諸處爲有置 探知後卽爲 山役次 斧子一百介 急速令該所打造進排事捧甘何如 手決內 募軍 自持斧子者赴.『인현왕후명릉산릉도감의궤』,「조성소·품목질」신사 9월 초8일조: 假家所用材木三千餘條 坡州地斫置爲有如乎 其中或有體重者不可以一人運入勞不喩累 千介材木以募軍輸運其勢亦難是乎所.

[74] • 141
『장렬왕후휘릉산릉도감의궤』,「조성소·품목질」무진 10월 초1일조: 都廳庫間圍排把子段 以本所 募軍 編結用之.

[75] • 141
『효명세자연경묘묘소도감의궤』,「조성소·장모부역」: 守禦廳 治木 二牌 十日 丁字閣 負沙址定 五牌 六日 丁字閣 治木 及營建時 二牌 二十八日 碑閣 址定 二牌 三日 碑閣治木 及營建時一牌 十日 水剌間守僕房 基址杵築 二牌 三日 水剌間守僕房 治木 及造成時 二牌 八日 香大廳齋室典祀廳 負沙址定 六牌 五日 香大廳以下諸處 治木 及造成時 五牌 十四日 假齋室內人假家 開基杵築 募軍 三牌四日 假齋室以下 治木 及造成時 募軍一牌十日.

[76] • 142
『선조목릉천장산릉도감의궤』,「조성별소」: 募軍一百名內 火鼎六名 服直三名計除 實役軍九十一名使喚.

[77] • 142
『현종숭릉산릉도감의궤』,「조성소·품목질」갑인 9월 16일조: 本所募軍以今春謄錄考之 則其數五百名是在果 今番形勢與前有別 木役土役畢於未凍前是乙良沙可免窘急之患 而修基伐木在所當急 募軍七百 名姑先許立 何如 堂上手決內依.

[78] • 142
『단종장릉산릉도감의궤』,「조성소·품목질」무인 11월 11일조: 取考謄錄 則丁字閣募軍二百十名 齋室募軍二百四十名 假家募軍二百四十名 合六百九十名內 假家募軍二百四十名段減去 而四百五十名 則依前使役 未知何如是乎旀.

[79] • 142
『인빈상시봉원도감의궤』,「조성소·품목질」을해 6월 일조: 木物運入萬分時急 數少車子決難畢運是如乎壯健 擔軍卽速定給爲乎旀.

[80] • 142
『익종수릉산릉도감의궤』, 「조성소 · 품목」 병오 3월 25일조: 浮石處擺 拓雜石 掘去積土役事.

[81] • 142
『수빈휘경원원소도감의궤』, 「소부석소 · 수본」 계미 정월 27일조: 募軍一牌 付役 造築 冶爐.

[82] • 142
『의소세손묘소도감의궤』, 「소부석소 · 수본질」: 本所募軍以埋炭次 出往山役.

[83] • 142
『의소세손묘소도감의궤』, 「소부석소 · 수본질」: 募軍段置以三十名有何以分 定於飜石斫木埋炭之理爲乎乙喩.

[84] • 142
『단경왕후온릉봉릉도감의궤』」, 「소부석소 · 수본질」: 本所石役時 看役假家 及 軍匠等 入接假家所入材 木及機械木等物 本所募軍山役取用 而蓋草則自 地方官 入量進排事.

[85] • 143
『장헌세자현륭원원소도감의궤』, 「소부석소 · 수본질」: 如岐山 浮石處 遍尋石脈則或壁立崖間 而頑根入地或略露一面 而全身埋土必用衆力然後 可以掘開浮出募軍四十五名 石手二十名 冶匠二名 特令加付是遣…募軍只是七十五名 掘土曳石萬無擧行之勢 募軍一牌 亦爲加付.

[86] • 144
김왕직, 앞의 논문, pp.52~64

[87] • 144
『소현세자묘소도감의궤』, 「조성소 · 잡물총수」

[88] • 144
『단경왕후온릉봉릉도감의궤』, 「조성소 · 품목질」 기미 4월 초4일조

[89] • 145
『단경왕후온릉봉릉도감의궤』, 「조성소 · 품목질」 기미 4월 초3일조; 4월 12일조

[90] • 146
『장렬왕후휘릉산릉도감의궤』, 「조성소 · 품목질」 무진 9월 초2일조: 丁字閣 齋室 各樣材木 京江所在 可合者 毋論 諸宮家 士大夫 各衙門 所儲爲先擇執以爲.

[91] • 147
조선 후기 속전(贖錢)의 징수와 관리를 담당하던 관청. 영조 40년(1764) 장례원(掌隷院)이 폐지되면서 설치된 관청으로, 형조와 한성부에서 관장하던 속전에 관한 일을 관장함. 보민사에서 징수한 속전은 형조와 한성부 소속 관리들의 보수로 지급됨. 정원으로는 제조(提調) 2인, 낭청 2인을 둠(세종대왕기념사업회, "보민사", 『한국고전용어사전』, 2001)

[92] • 147
『정조건릉산릉도감의궤』, 「조성소 · 품목」: 今此丁字閣以下齋室碑閣所入木物 勿爲卜定以華城所在 關東材及戶曹相換木中取用事旣已稟定 而丁)字閣碑閣大椽及齋室椽木不可不急先措備是如乎 大椽段戶曹萬里倉所在及保民司治鍊木中取用似合事宜爲先以此意往復戶曹何如是乎旀 齋室椽木 則外都庫或私儲貿用是乎乙喩 指一分付何如稟 手決大椽段今方往復戶曹以爲取用之地 而齋室椽木則廣問私儲以稟.

[93] • 147
『효의왕후건릉산릉도감의궤』, 「조성소 · 품목」 신사 4월 10일조

[94] • 147
『수빈휘경원원소도감의궤』, 「조성소 · 품목」계미 정월 초8일조: 取考各年謄錄則丁字閣欑室碑閣所成 各樣木物 或取用於戶曹保民司及守禦廳東營所在是乎遣齋室假齋室內人假家各處所成各樣木物或取用於外都庫或私儲貿用是如乎 今番段何以擧行是乎喩指一處分何如 手決從當與戶曹相議取用.

[95] • 148
김왕직, 앞의 논문, p.58

[96] • 148
김왕직, 앞의 논문, pp.58~59

[97] • 148
김왕직, 앞의 논문, p.58

[98] • 148
『경혜인빈상시봉원도감의궤』, 「조성소 · 품목질」 을해 6월 일: 丁字閣以下所用木物京江 及各宮各衙門所儲木物 擇執以用乃是謄錄是如乎 今番段置 依例執捉取用爲乎旀 木物執捉時 所用烙印一介 及炭一石 依例捧甘 何如 手決內 依施 今番段 私儲不爲執捉 全數取用於外都庫.

[99] • 149
『단경왕후온릉봉릉도감의궤』, 「조성소 · 품목질」 기미 5월 24일조: 丁字閣以下 齋室所入 私儲木物中 訓局 加乎 斫伐 薄松板 三十六立 厚二寸五分 厚板 二十四立 及小不等 二株 樓柱 六株 宮材 四株 材木 二十三株 取用爲有置 以此意訓局及戶曹良中 移文何如 手決內依移.

[100] • 149
『단경왕후온릉봉릉도감의궤』, 「조성소 · 품목질」 기미 5월 24일조: 丁字閣以下 齋室所用 私儲木物中 守禦廳 小不等 一株 樓柱 一株 及禁衛營 大椽 一百六十八株內 一百四十株取用是遣 其餘 二十八株 還送次以時在麻浦爲有等以 此意禁衛營 及守禦廳戶曹良中 竝移文何如 手決內依移.

[101] • 150
『효종영릉산릉도감의궤』, 「조성소」: 安眠串 及水上伐木 京江公私儲材木 着標山字烙印等 當日內 進排定送事.

[102] • 150
『장경왕후사릉봉릉도감의궤』, 「조성소 · 품목질」 무인 12월 초2일조

[103] • 150
『단의빈묘소도감의궤』, 「조성소 · 이문질」 무술 4월 11일조: 丁字閣以下 各樣材木 以京中私儲 取而用之爲 有如乎 給價次以 材木本主居住姓名 關後錄爲去乎. 『단의빈묘소도감의궤』, 「조성소 · 이문질」 무술 9월 초8일조: 丁字閣以下 各樣私儲材木取用後 材木實入數 及木主姓名 區別成冊修正輸送爲去乎.

[104] • 150
『경종의릉산릉도감의궤』, 「조성소 · 품목질」 갑신 9월 초5일조: 各樣材木私儲

執捉時所用 山字烙印三箇 令繕工監 急速打造進排何如 手決依.

[105] • 150
『경종의릉산릉도감의궤』, 「조성소·감결질」 갑신 9월 26일조: 私儲木物執捉之時 各其木主姓名 區別 置簿爲在果 許多木物輸入之際 各其木主姓名不爲區別則前頭給價之時必有 相雜無以區別 當該書員逐日 運送材木 某材 則某人材 某椽則某人椽是如輸送中 一一書塡 以納爲旀 畢運後 別件成冊牒報 以此憑考價本上下詳審擧行俾無遺漏重罪之弊事 北部南部西部.

[106] • 150
『단경왕후온릉봉릉도감의궤』, 「조성소·수본질」 기미 5월 26일조: 本所私儲執捉 木物數爻 及木主姓名 成冊二件 修正以稟爲去乎 一件段踏印成給 以爲後考之地爲只爲.

[107] • 150
『경종의릉산릉도감의궤』, 「조성소·이문질」 갑신 9월 25일조: 爲相考事 本郡杏洲居 李億先 宮材二條 自都監給價次私儲取用爲去乎 到關卽時 同材木定色吏罔夜運泊龍山宜當向事.

[108] • 151
『단경왕후온릉봉릉도감의궤』, 「조성소·품목질」 기미 4월 초8일조: 丁字閣所用私儲劈鍊樓柱七條 宮材二十條 材木二十一條爲先執捉於果川 上北面 立義洞孝寧大君房 書院 餘材 而同材木體大 故輸運江邊時 若使曳出 則想必有毁傷之弊多 定擔負軍使之擔運於銅雀津 仍爲載船輸下於龍山江 以爲運送之地事 涉便宜是如乎 定色吏照數 今日內卽速擧行之意 移文畿營何如 手決內依.

[109] • 151
『정성왕후홍릉도감의궤』, 「조성소·실입질」

[110] • 151
1. 각 관아에 소속되어 잡일을 하는 사람. 2. 궁방(宮房)이나 사찰에서 임무를 주어 사람을 보냄. 또는 그 파견한 사람.(세종대왕기념사업회, "差人", 『한국고전용어사전』, 2001)

[111] • 151
『정조원릉산릉도감의궤』, 「조성소·품목질」 병신 3월 11일조: 木商趙和鎭差人

趙愼大等所志據江原道伊川所在木物發關 本道定差使員 今方流下是如乎 其中可用者入量擇用何如 手決內依施.

[112] • 151
김왕직, 앞의 논문, p.63

[113] • 152
본 내용은 필자가 발표한 이상명, 「조선후기 왕릉 부석처의 선정 과정과 조계동」, 건축역사연구, Vol.26, No.3, 2017의 내용을 일부 수정·보완하여 작성한 것이다.

[114] • 152
김왕직, 앞의 논문, p.64

[115] • 152
『현종숭릉산릉도감의궤』, 「대부석소」: 山陵旣定之後 九月十五日 郎廳辭朝 率石手邊首二名 出往蘆原採石處 看審後 仍設浮石所.

[116] • 152
『인경왕후익릉산릉도감의궤』, 「대부석소」: 山陵旣定之後 十一月十七日 郎廳 監造官 率石手邊首二名 出往高陽地 大沙器幕洞採石處看審後 石片浮取 看品于摠護使及堂上後 入啓定奪仍設浮石所.

[117] • 153
『정성왕후홍릉산릉도감의궤』, 「계사질」, 정축 5월 초2일조; 정축 5월 초3일조

[118] • 153
『인경왕후익릉산릉도감의궤』, 「대부석소」: 山陵旣定之後 九月二十一日 監造官二員率石手邊首二名 出往楊州盧原牛耳等地浮石處看審 則皆無可用之石 故轉向漕溪洞看審後 石片浮取看品于摠護使及堂上 仍定浮石所.

[119] • 153
『정성왕후사릉봉릉도감의궤』, 「대부석소」: 戊寅十一月二十九日 郎廳一員 率石手邊首二名 出往楊州佛巖浮石處看審 則無可用之石 故依前漕溪洞浮出事稟于摠理使及堂上後 仍定浮石所.

[120] • 156
조계동에 대한 구체적인 내용은 이상명, 「조선후기 왕릉 부석처의 선정 과정과 조계동」, 건축역사연구, Vol.26, No.3, 2017를 참고하기 바란다.

[121] • 156
서울특별시시사편찬위원회, 『서울지명사전』, 2009

[122] • 157
『인경왕후익릉산릉도감의궤』, 「이문질」, 경신 11월 19일, 대부석소 품목조: 依分付 郎廳·監造官 昨日馳到中興洞 自中興洞至 大沙器幕洞五處石品 親自看審則中興洞元無可用之石 書院後洞亦無可用之石 墨坊石品不好 路且狹窄 小沙器幕洞石品則可合石物 道路亦且平 易 但體大之石疊積一處 浮石龝出甚難 大沙器幕 洞石品則與小沙器幕洞一樣 而散在各處 故浮出便易 而道路則稍險矣 墨坊大小沙器幕洞三處石片看審次持來爲有置親審後 某處定役爲乎乙喩稟 摠護使手決內 取石品好道路便處爲之.

[123] • 160
『정순왕후사릉봉릉도감의궤』, 「대부석소」

[124] • 161
『인경왕후익릉산릉도감의궤』, 「이문질」, 경신 11월 19일조

[125] • 161
『인현왕후명릉산릉도감의궤』, 「소부석소」, 신사 9월 초3일조: 本所浮石石品親到看審 則當初所聞 大異於所見墨枋洞及重興水門洞段石材豐饒品數亦合是乎矣 上項兩處道路側僻崎嶇是白遣 小沙器幕洞石品曾前 翼陵國恤時 浮石取用今無可論 而石材段雖不如水門墨枋兩處之豐多而亦合浮取是白遣 道路平坦是白等以 浮石所以小沙器幕洞設所始役之意稟 摠護使題辭內 依手本浮取於小沙器幕洞爲乎矣.

[126] • 161
『경종의릉산릉도감의궤』, 「소부석소·수본질」, 갑진 9월24일조: 本所初頭 蘆原中契方爲始役之際 大浮石所追後來到同入一處事多不便 故本所不得已移設於蘆原上契 石材則豐饒而程道稍遠事甚可悶是乎旀.

[127] • 161
『단경왕후온릉봉릉도감의궤』, 「소부석소·수본질」, 기미 4월 18일조: 本所 新設牛耳洞石品 雖云不好是乎乃 防川蓋石 及其他諸處地排階砌等石足可取用 而便近於陵所是乎等以 旣已完定爲有置.

[128] • 162
산릉의궤 소부석소의 일록과 품목질, 석물질 등을 참조하여 작성하였음.

[129] • 164
정릉3동 정릉시장 부근에는 "정도600년 원토백이"라고 스스로를 자칭하는 밀양 손씨들이 살고 있다. 이곳을 "손가정(孫哥亭)"이라고 부르는데 손씨들이 모여 살았기 때문이라고 한다. 고려 말 손씨와 왕씨가 귀양을 와서 마을이 생겼고, 손씨들이 많아 지면서 "손가장(孫家庄), 손가정(孫哥亭)"이라고 부르게 되었다고 한다.(성북마을아카이브, "손가장", https://archive.sb.go.kr/isbcc/home/u/story/view/1224.do)

[130] • 165
본 내용은 필자가 발표한 이상명, 「조선후기 산릉공역의 철물 조달과 철제품 제작-산릉의궤를 중심으로-」, 건축역사연구, Vol.25, No.5, 2016을 일부 수정·보완하여 작성한 것이다.

[131] • 165
산릉공역에서 조달하는 모든 철물과 조달처를 기록한 내용으로, 노야소 실입질과는 약간의 차이가 있음.

[132] • 166
세종대왕기념사업회, "생철", 『한국고전용어사전』, 2001

[133] • 166
한국민족문화대백과, "광업", http://encykorea.aks.ac.kr/Contents/SearchNavi?keyword=%EA%B4%91%EC%97%85&ridx=0&tot=35

[134] • 166
철탄식(鐵炭式)은 철탄식(鐵炭式), 철물식(鐵物式), 철물식례(鐵物式例)로 표기되기도 하였는데, 대부분 철탄식으로 표기되어 있다.

[135] • 165
무게 단위인 1근(斤)은 16냥(兩)이고, 1냥은 10전(錢, 戔)이다.(박성훈, 『單位語辭典』, 민중서림, 1998, p.96, p. 386; 경기문화재단, 『화성성역의궤 건축용어집』, 2007, p.412)

[136] • 166
『정성왕후홍릉산릉도감의궤』, 「노야소 · 철탄식」: 薪鐵一百斤作正鐵五十斤炭一石.

[137] • 166
『순조인릉산릉도감의궤』, 「노야소 · 품목」 을미 정월 초5일조: 冶匠所用 各樣鍊粧 屢朔 工役之餘幾盡磨 傷漆鐵改造次 强鐵二百斤 依前例 上下何如.

[138] • 166
『효현왕후경릉산릉도감의궤』, 「노야소 · 품목」 계묘 10월 22일조: 本所 冶匠 鍊粧 別音 漆鐵 及𡍼匠 鍊粧 造給次 强鐵一百斤 上下何如.

[139] • 166
『효현왕후경릉산릉도감의궤』, 「노야소 · 품목」 계묘 11월 15일조: 大浮石所所用長釘乭釘打造 次正鐵一百斤 及小串釘刻刀打造强鐵三十斤上下俾爲趁期進排之地何如.

[140] • 167
『선조목릉천장산릉도감의궤』, 3월 22일조: 浮石及各處造成所用 正鐵及各種鐵物 令該曹依例 措備取用爲白齊.

[141] • 167
『선조목릉천장산릉도감의궤』, 4월 13일조: 大浮石所管 文武石 虎石 羊石 屛風石 則雖以舊件移用 其他不得已新件之石不爲不少 至於小浮石所管 丁字閣 堦石 礎石 亦不可不前期鍊排.

[142] • 168
『선조목릉천장산릉도감의궤』, 4월 13일조: 取考繕工會計 遺在 正鐵一萬 有數百斤 大小蒙同各色錠共計不下數千 毓慶園所用餘鐵亦多有之 遺在炭石准過四千…姑以 遺在鐵炭量宜取用後 知其實入 分定外方 以備該司之用 似乎便當.

[143]•168
황해감영 2천 근, 황해병영 2천 근, 공청감영 1천 근, 공청병영 1천 근, 통영 2천 근, 전라감영 1천 근, 전라병영 1천 근, 전라좌수영 2천 근, 경상감영 1천 근, 경상좌병영 1천 근, 경상우병영 1천 근으로 총 1만 5천 근이다.

[144]•168
『선조목릉천장산릉도감의궤』, 5월 초10일조: 都監爲相考上納事 前日本營良中 正鐵幾斤 自遷陵都監卜定爲有如乎 移用 山陵都監事 已爲定奪爲有置 遷陵都監上納除良 本都監以及期上納向事 黃海監營二千斤遷 陵都監移送 兵營二千斤 公淸監營一千斤 兵營一千斤 統營二千斤 全羅監營一千斤 兵營一千斤 左水營 二千斤 慶尙監營一千斤 左兵營一千斤 右兵營一千斤.

[145]•168
유승주, 『조선시대 광업사연구』, 고려대학교출판부, 1994, pp.181~184

[146]•168
『선조목릉천장산릉도감의궤』, 4월 13일조: 都監甘結 陵役所用各樣鐵物大槩分定各道 及期打造上送亦爲有在果 始役臨時若未及來到 則本監藏置鐵物及戶曹還下鐵物以爲先取用事定奪.

[147]•168
『효종영릉산릉도감의궤』, 「계사질」 5월 초10일조: 浮石 及各所 所用 正鉄 及 各種鉄物 分定未上來前 令該曹 依前例措備進排爲白齊.

[148]•168
『효종영릉산릉도감의궤』, 「이문」 5월 초11일 황해감사료조: 都監爲急急措備上送事 山陵所用鐵物數日內 當爲啓下分定 而其中大蒙同 四介 中蒙同 十介段 必須急急先爲打造然後 石物可以始役乙仍于 爲先知會爲去乎 准此數罔晝夜造作上送爲乎矣 他餘鐵物乙良置一依己丑謄錄 斯速分定擧行俾無遲滯之患向事.

[149]•169
『효종영릉산릉도감의궤』, 「이문」 5월 초11일 훈련도감 수어청 어영청조: 都監爲相考貸下事 山陵之役萬分緊急 外方卜定鐵物 未上來前 浮石初頭所用 各樣鐵物 其數極多 而他無貸用之處 貴都監所上 正鐵二千斤 冶炭一百石 爲先貸下俾無窘急之患向事.

[150] • 169
국장 절차에 따라 빈전에서 산릉으로 옮겨온 재궁을 봉분에 봉안하기 전 하루 이틀 정도 재궁을 모셔둔 임시 시설물로, 평면 형태는 정자각과 동일하다.

[151] • 169
『현종숭릉산릉도감의궤』, 「이문」 9월 19일 각도료조: 爲相考事 今此 山陵所用 各樣物件 依前謄錄磨鍊啓下爲有如乎 卽者傳敎內 梓宮奉安於丁字閣 而靈幄殿勿爲造成 石物勿爲新造取用 舊寧陵石物 以除民弊亦敎是乎等以 分定各物減除之數別爲抄錄於關後爲去乎 應減之數乙良 分付分定各邑勿爲上納 俾令民間 皆知朝家矜恤之德意爲乎矣 如已措備上送者 乙良 移文戶曹處置宜當 相考施行向事 此亦中減數分定成冊 急急上送 以爲憑考捧上之地次.

[152] • 169
『인경왕후익릉산릉도감의궤』, 「노야소 · 감결」: 取考謄錄則 浮石所所用 大蒙同六箇 中蒙同十箇 小蒙同三百箇 汗亇赤一百八十箇 召乙釘一千五百介 串釘八百箇 立釘四百箇 菖蒲釘七箇 非音金七百箇 大排地乃十六箇 中排地乃十五箇 小排地乃十一箇 等 外方卜定爲有如乎 今番段置 依謄錄 各官良中 速爲分定 及期取用白乎旀.

[153] • 170
조선 시대 관영건축에서 필요 물품을 조달하는 방식 중 별공(別貢)의 형태로 각 도의 생산지 등에 물품을 배정하여 조달하는 것을 말함.

[154] • 170
『인경왕후익릉산릉도감의궤』, 「이문질」 경신 11월 20일조: 戶曹牒呈內 節到付關內節該 爐冶所所用正鐵已盡用下事甚可慮 正鐵一千斤 爲先輸送事 關是置有亦本曹所儲旣已盡下是乎等以 事勢急迫 以訓鍊都監 薪鐵二千斤 貸出輸送事據堂上手決內 捧上到付.

[155] • 170
『장렬왕후휘릉산릉도감의궤』, 「이문질」 무진 9월 초7일조; 9월 13일조; 9월 14일조; 9월 18일조; 9월 19일조

[156] • 170
『인현왕후명릉산릉도감의궤』, 「이문질」 무신 8월 28일조: 一御營廳移文內節到付關內節該 浮石所用鐵物分定於外方勢難及期 初頭鐵物萬分緊急 本廳所儲正

鐵一千斤 依前許貸以爲及時取用事關是置有亦 本廳元無正鐵所儲乙仍于 薪鐵一千斤許貸爲去乎相考施行事據到付; 一訓鍊都監移文內節到付關內節該 正鐵一千斤許貸事關是置有亦 都監元無正鐵乙仍于薪鐵一千斤許貸事據到付; 9월 초2일조

[157] • 170
신철을 정철로 만들기 위해서는 원철이 절반으로 줄어들게 된다. 이를 근거로 신철과 정철의 합산 물량을 보면, 숭릉·의릉·휘릉은 각각 11,815근·10,175근·11,086근인데 비해, 명릉은 8,510근이다.

[158] • 171
인현왕후명릉산릉역에서 능상 석물을 조선 제2대 정종과 정안왕후가 묻힌 후릉(厚陵)의 제도를 준용함에 따라, 석물 규모가 전체적으로 줄어들었다.

[159] • 171
『인현왕후명릉산릉도감의궤』, 「노야소·초두철물타조진배질」: 平斧子一百一箇 平錥四十八箇 曲錥十七箇 小蒙同一百一箇 刃加乃八十一箇 廣光伊四十二箇 串光伊八十三箇 大排地乃三箇 召乙釘一百四十九箇 立釘七十九箇 非音金一百三十四箇 汗亇赤五十三箇 大錯七箇 中錯七箇 小錯五箇 大鉅五箇 中鉅三箇 條鉅二箇 作耳光伊十箇 鐵土手三箇 削刀八箇 衝光伊十八箇 角耳九箇.

[160] • 171
『경종의릉산릉도감의궤』, 「이문질」 갑진 9월 11일 훈련도감 금위영 어영청료조: 今此國恤敎是時 各樣雜物所當卜定於各道 而爲慮民弊 皆自京措備取用後 其價本分定於各邑以錢布收捧還償事 自戶曹旣已榻前定奪爲有矣 其中 鐵炭 則該曹遺儲絶乏 他無拮据之道是如乙仍于各軍門所在鐵炭爲先取用後 價本則卽令該曹折定移送.

[161] • 171
『경종의릉산릉도감의궤』, 「노야소·품목질」: 取考謄錄 則庚子年段 各所所入鐵物 旣有外方卜定 而亦多前排取用之事 故只以四坐爐冶出陵矣 今番則旣無卜定而前排取用 亦甚鮮少.

[162] • 171
『경종의릉산릉도감의궤』, 「노야소·초두철물타조진배질」: 乭丁七百六十二介 立丁二百七介 中排地乃四介 汗馬赤一百八介 串光伊七十介 平錥三十五介 平斧子

九十五介 大鉅四介 小鉅一介 大蒙同一介 曲錇十一介 大錯五介 小錯五介 菖蒲丁七介 長串丁六介 鐵土手四介 非音金三百五介 小排地乃三介 大排地乃四介 廣光伊三十四介 刃加乃七十二介 小蒙同一百六十介 串丁二百四十介 中鉅六介 中蒙同九介 衡光伊十一介 削刀六介 中錯六介 作耳光伊十介 長丁三十介 邊子丁十七介 㚘耳五介.

[163] • 171

『정성왕후홍릉산릉도감의궤』, 「이문질」 정축 3월 초1일 호조료조: 爲相考事 本都監事役萬分時急 而各樣鐵物尤爲最急乙仍于 以初頭所用一依庚戌謄錄 數爻後錄移文爲去乎 卽卽輸送俾無未及生事之弊宜當向事.

[164] • 172

『정성왕후홍릉산릉도감의궤』, 「노야소」: 一本所 丁丑三月初二日爐冶八坐排設於軍器寺始役.

[165] • 172

『정성왕후홍릉산릉도감의궤』, 「이문질」 정축 3월 초3일 황해감영료: 爲相考事 節啓下教本都監啓辭內 本都監所用鐵物 萬分時急 而許多容入自京萬無貿辦之路 正鐵一萬 三千斤 强鐵五千斤 依近例卜定於海營 而罔夜上送之意別爲分付何如 傳曰允事啓下教是置教旨內辭意奉審施行爲乎矣 鐵物入用 萬分時急 今十九日及良 星火輸納於陵所俾無一刻遲延之弊宜當向事.

[166] • 172

『정성왕후홍릉산릉도감의궤』, 「노야소·초두철물타조진배질」: 小蒙同伊二百箇 乫釘五百七十三箇 立釘二百五十箇 串釘三百五十八箇 汗亇赤一百三十二箇 非只音金三百五十二箇 大排地乃六箇 長釘二十七箇 菖蒲釘九箇 片子釘七箇 柱金一箇 加莫金五十箇 刃加乃八十九箇 大錯三箇 中錯三箇 小錯四箇 㐟八箇 曲錇十箇 懸繩鐵二箇 鎌子八箇 刀子九箇 中排地乃六箇 小排地乃五箇 廣光伊六十五箇 串光伊六十二箇 衡光伊十箇 平錇四十三箇 斧子六十六箇 刀㐟一箇 提燈鐵四箇 尖金二箇 中柱金一箇 角掌道里一箇 錐子二箇 㐟釘一箇 作耳光伊十箇 削刀十五箇 鐵土手二十二箇 月音金一箇 角耳二十六箇 大中鉅各二箇 小鉅三箇.

[167] • 173

유승주, 앞의 책, pp.197~203; 본서에 따르면 양란을 거치면서 조총 등 무기를 각 읍에서 제작하도록 하였다. 하지만 각 읍에서는 무기 제조의 여건이 마련되지 않았는데, 훈련도감, 금위영, 어영청은 각 읍의 무기를 방납하게 됨에 따라, 삼군영은 필요한 철물을 마련할 수 있는 재원을 확보할 수 있었다.

[168] • 173
도청은 산릉도감 내 각 소를 총괄하는 중간 관리자이다.

[169] • 173
『인현왕후명릉산릉도감의궤』, 「노야소」: 一各所磨鍊應入鐵物數 手本移送本所 然後 知其實數 打造都廳 前稱量進排事.

[170] • 173
『인현왕후명릉산릉도감의궤』, 「노야소」: 一各所元磨鍊 追磨鍊 各樣鐵物粧飾寸丁等 打造 都廳前稱量進排事.

[171] • 173
『인현왕후명릉산릉도감의궤』 이전과 이후 산릉의궤에도 동일한 내용이 기록되어 있다.

[172] • 174
이권영·김왕직, 「조선후기 관영건축공사에 있어서 철물과 철제 연장의 공급체계에 관한 연구-영건의궤 기록을 중심으로-」, 건축역사연구, 제16권, 제3호, 2007, pp.100~107

[173] • 175
이권영·김왕직, 앞의 논문, pp.104~106

[174] • 175
『효종영릉산릉도감의궤』, 「이문질」 6월 초7일조

[175] • 175
『경종의릉산릉도감의궤』, 「이문질」 갑진 9월 11일 훈련도감 금위영 어영청료조

[176] • 175
『정성왕후홍릉산릉도감의궤』, 「미포취래질」, 『영조원릉산릉도감의궤』, 「이문질」 병신 5월 20일 오군문료조

[177] • 175
장국종 · 리태영, 『조선 광업사』, 사회과학출판사, 2010, pp.470~471

[178] • 175
산릉공역에서 노가 설치되었던 군기시의 유적에서 다수의 쇳덩어리가 출토되었는데, 무게는 1~3*kg*이 76%로 가장 많았고, 길이는 11~20cm의 것이 역시 76%로 가장 많았다.(한강문화재연구원, 『서울 군기시터 유적』, 서울특별시, 2011, p.529)

[179] • 175
다만, 18세기 전반까지 정정조는 "精精造 正入一斤 劣一斤 炭每斤二斗四升"과 같이 기록되어 있는데, "정정조는 1근을 들여 1근이 줄어드는 것"으로 기술되어 있다. 이는 원철이 모두 줄어드는 것으로 납득하기 어렵다. 『인빈상시봉원도감의궤』(1755)에는 "精精造 正入二斤 劣一斤 炭每斤二斗四升"으로 기록되어 "정정조는 2근을 들여 1근이 줄어드는 것"으로 풀이된다. 이는 이후 기록과 동일하다. 따라서 이전 기록에 오류가 있음을 알 수 있다.

[180] • 175
장서각 소장, 『철식』은 조선 후기 군영에서 제작된 문서로 추정되는데, 정확한 시기는 미상이다. 『철식』 내 기술된 무기는 조선 중기 이후의 것들이고, 정철에서 추조, 정조, 정정조로 감소하는 철물량은 정자각의 철탄식과 비교하면 18세기 후반까지에 해당하며, 철물의 장인의 급료를 보면 18세기 후반과 유사하여 이 시기 즈음에 작성된 것으로 짐작된다.

[181] • 176
근래에 국립중원문화재연구소에서는 전통 철물 제법 기준 관련 연구에서 산릉의궤를 고찰한 바 있다. 이 연구에서는 『현종숭릉산릉도감의궤』, 「노야소」 철탄식의 "精精造 正入一斤 劣一斤"을 정철 "정정조: 1근에 열철 1근"으로 풀이하였고, 炭二斗四升", 『정성왕후산릉도감의궤』, 「노야소」 철탄식의 "精精造 正入一斤 劣八兩"은 "정정조 1근에 열철 1냥"으로 각각 풀이하여 정정조 철물이 정철과 열철의 합금으로 해석하였다.(국립중원문화재연구소, 『전통 철물 제법 기준 마련 및 활성화 방안 연구 종합보고서』, 2019) "劣"자를 품질이 떨어지는 열철로 풀이한 것인데, 『철식』의 설명을 보면 "劣"을 "열철"로 풀이한 것은 잘못된 해석이다. 이를 근거로 마련된 제법 기준도 오류가 있을 가능성이 높다. 이에 대해서는 재고될 필요가 있다.

[182] • 177

『현종숭릉산릉도감의궤』, 「노야소」: 各樣鐵物 及頭釘段 大小長短雖或不齊慮有 朴排時 撓折之患 再三吹鍊益求其精故 三寸釘以上皆 爲精造 粧飾鑞染等物皆爲精精造 都廳前稱量進排.

[183] • 177

『화성성역의궤』, 「사책 권지사 · 철물타조식」

[184] • 177

『화성성역의궤』, 「사책 권지사 · 추정조매개준절」

[185] • 179

『익종수릉산릉도감의궤』, 「노야소 · 품목」 병오 윤5월 초6일조: 本所前後題下鐵炭數及打造後都廳納稱量斤數幷爲仰稟爲去乎依已例劣縮會減參量處分何如手決計士處劣除從實入以稟… 麤造一萬七千七百二十斤十四兩九戔 每斤劣六兩八戔五分七里式合七千五百九十四斤 十兩九戔三分 炭八升式合九百四十五石一斗七升四合五夕 精造一千五十斤一兩一戔 每斤劣十兩六戔六里式合七百斤六戔九分 炭九升五合式合六十六石七斗五升六合五夕 精精造一百九十五斤四兩 每斤劣一斤式合一百九十五斤四兩.

05 가설공사, 기초공사 및 석공사 시공기법

[1] • 182

앞서 19세기 산릉의궤 내 권두 시일과 각소 일록에 부계(浮械)를 부계(浮階)로 잘못 기록된 예를 살핀 바 있다. 가설비계에 해당하는 부계(浮械)를 산릉의궤에서는 보통 기계(機械)로 표기한다.

[2] • 184

장기인, 『韓國建築大系Ⅳ 新編 韓國建築辭典』, 보성각, 2010, p.114

[3] • 186

『수은묘영건청의궤』, 「감결」 갑신 2월 일조: 外柱十八次 長松木十八介 內柱十六次 大椽木十六介 外橫木十八次 長松木十八介 內橫木十六次 大椽木十六介 內外駕木三十四次 大椽木三十四介 外童件里十八次 眞椽木十八介內童件里四十次 眞椽木四十介 件里次 眞長木三千介 上排次 杻把子三十八浮 內外柱龍甘伊

次 中葛乼二百艮衣 內外橫木每佐非次 小葛乼四十艮衣 內外件里乶只次 三甲所條所各七十艮衣 中小束乼 各二艮衣 二間巨里枏把子八浮.

[4] • 187
『수빈휘경원천봉원소도감의궤』, 「조성소 · 품목」 계유 3월 초7일조: 機械柱木次貿大椽三十箇 橫木次貿大椽三十箇 發飛次中椽二百箇 補板次長松板三百立 補堦次長乇太長十五尺八箇, 撑支木次大椽四箇 支乃眞木二十箇.

[5] • 189
〈표 5-1〉처럼 효현왕후건릉산릉역(1821), 수빈휘경원원소역(1823), 수빈휘경원천원원소역(1855)에서 단청기화 시 바자가 사용된 것이 확인된다. 보판이 사용되는 19세기에는 나머지 의궤에는 표기되지 않지만 세 사례와 동일하게 단청기화용으로 바자를 사용하였을 것으로 보인다.

[6] • 191
『단종장릉봉릉도감의궤』, 「조성소 · 조성물력의궤」

[7] • 191
『현종숭릉산릉도감의궤』, 「조성소 · 조성물력의궤」

[8] • 191
『장렬왕후휘릉산릉도감의궤』, 「조성소」

[9] • 191
『인경왕후익릉산릉도감의궤』, 「조성소 · 잡물총수」

[10] • 191
영건의궤연구회, 『영건의궤』, 동녘, 2010, p.305

[11] • 192
『단경왕후온릉봉릉도감의궤』, 「조성소 · 품목질」

[12] • 192
『의소세손묘소도감의궤』, 「조성소 · 품목질」

[13] • 192
『정조건릉산릉도감의궤』, 「조성소 · 품목」

[14] • 193
『효종영릉산릉도감의궤』, 「조성소 · 조성의궤」: 開基 堀地 眞長林木 地正 雜石 二層 圓達固役 則本所爲之 柱礎階石下 拾雜石地正 塡土 達固 細沙 等役 則小浮石所爲之.

[15] • 193
정경희, 「朝鮮後期 宮園制의 성립과 변천」, 서울학연구, 제23호, 2004, pp.157～193

[16] • 194
『정조건릉산릉도감의궤』, 「조성소 · 도설」 정자각도: 開基地平後 掘地 深六尺 東西四十八尺 南北五十六尺 塡以雜石搗築址定至四尺五寸 又以沙水搗築 定礎後 又加築至二尺五寸 礎石出地五寸.

[17] • 194
현존하는 건릉 정자각은 1821년 효의왕후 건릉을 조성할 때 다시 지은 것으로 선행 연구에 따르면 정조 건릉을 건립할 때와 규모 및 세부 부재상 거의 차이를 보이지 않는다.(이권영 · 김왕직, 「초창 정조 건릉 건축물의 복원적 고찰」, 대한건축학회 연합논문집, 제11권, 제4호, 2009)

[18] • 195
『정조건릉산릉도감의궤』, 「소부석소 · 석물」

[19] • 196
沙水杵築과 沙水搗築은 같은 지정 기법이다.

[20] • 196
김왕직, 「수원화성의 기초공법 고찰」, 한국건축역사학회 춘계학술발표대회, 2007, pp.239～246

[21] • 197
『효명세자연경묘묘소도감의궤』, 「조성소 · 도설」 정자각도: 丁字閣 開基 掘地 深六尺東西四十八尺 南北五十六尺 塡以雜石搗築址定至四尺五寸 又用沙和水搗築至二尺五寸後 排下博石 定礎礎石 出地五寸.

[22] • 197
『효현왕후경릉도감의궤』, 「조성소 · 도설」 정자각도: 丁字閣開基掘地深六尺 東西四十八尺 南北五十六尺 塡以雜石搗築址定至四尺五寸 又用細沙搗築冬節故不用和水杵築至二尺五寸 後排下磚石 定礎 礎石出地五寸.

[23] • 197
영건의궤연구회, 앞의 책, pp.912~913

[24] • 197
『경종의릉산릉도감의궤』, 「소부석소 · 정자각소입석수」

[25] • 199
최인화, 「경복궁 건물 유형에 따른 적심 연구」, 문화재, 제42권, 제3호, 2009, pp.159~164

[26] • 199
『순조인릉산릉도감의궤』, 「소부석소 · 품목」 갑오 12월 초2일조: 丁字閣 圓柱礎下磚石 庚申儀軌雖無載錄 而庚寅 則以長臺石 二十八箇 連幅入用是如乎 今番則以何年例擧行是乶喩指一分付何如 手決依 已例以二十八塊 磨鍊擧行.

[27] • 201
2022년 하반기에 진행된 경복궁 근정전 월대 공사 중 월대석 내부 기초(근정전 기초부)에 석회가 사용되었음이 확인되었다는 소식을 전해 들었다. 근정전의 높은 기초를 구축하기 위한 기법으로 이해된다. 또한 이는 19세기 후반 궁궐건축의 기초공법을 이해할 수 있는 중요한 사례로 18세기 후반부터 사용된 산릉역에서의 석회를 사용한 기초기법이 19세기 후반 궁궐건축에도 도입되었을 가능성을 시사한다.

[28] • 201
『정성왕후홍릉산릉도감의궤』, 「조성소 · 품목질」: 今此 丁字閣 前面 及左右簷階處 塡土杵築後 階石排置 而地形本非全地 乃補土之地循例築杵排石 則將未免傾頹之患 灰三物塡築然後 可無傾頹是 如別監董來言爲臥乎所 量其事勢 則果如誠然故如是仰稟 石灰二十五石 卽速上下以爲 及時完築之地何如 手決內石灰二十石爲先捧甘取用.

[29] • 202
『영조원릉산릉도감의궤』, 「조성소 · 품목질」: 取考丁丑謄錄 則今此 丁字閣後面及左右簷階處 塡土杵築後 石物排置 而地形本非全地乃是補土之地塡例杵築排石 則將未免傾頹之患 灰三物塡築然後 可無傾頹之慮是 如別監董來言爲臥乎所 量其事執則果爲誠然故如是仰稟爲去乎 石灰二十五石 卽速上下以爲 及時完築之地何如 手決內 商量堅固之道爲之向事.

[30] • 202
영건의궤연구회, 앞의 책, p.912

[31] • 203
『선조목릉천장산릉도감의궤』(1630), 『소현세자묘소도감의궤』(1645)

[32] • 203
圓柱는 『단종장릉봉릉도감의궤』에 한 차례 등장하는데 圓柱礎의 오기로 보인다.

[33] • 204
영건의궤연구회, 앞의 책, p.934

[34] • 205
이경미, 「䵢點石의 의미와 용도-의미 불분명한 석재 용어 규명하기-」, 한국건축역사학회 춘계학술발표대회, 2006, p.328

[35] • 205
이경미, 앞의 논문, pp.330~331

[36] • 206
이에 대해서는 이어지는 '목공사 시공기법'에서 자세히 다루도록 한다.

[37] • 208
이러한 용례는 지붕공사의 사슬이라는 명칭에서도 확인된다. 이에 대해서는 이어지는 '지붕공사'를 참고하기 바란다.

[38] • 208
이경미, 앞의 논문, pp.29~331

[39] • 209
『선조목릉천장산릉도감의궤』, 「조성1소 · 행용잡물」

[40] • 209
영건의궤연구회, 앞의 책, p.935

[41] • 209
영건의궤연구회, 앞의 책, p.920~921

[42] • 211
이에 대해서는 앞서 기술한 '정자각 수리이력'을 참고할 것.

[43] • 211
영건의궤연구회, 앞의 책, p.914

[44] • 213
영건의궤연구회, 앞의 책, p.914

[45] • 213
近藤 豊, 『古建築の細部意匠』, 大河出版, 1972, p.53

[46] • 213
梁思成, 『梁思成全集 第七卷』, 中国建筑工业出版社, 2001, p.372

[47] • 213
王其钧 主编, 『中国建筑图解词典』, 机械工业出版社, 2013, p.28

[48] • 213
조선왕조실록 사이트에 '簷階'를 검색하면 총 23회가 검색된다. 왕대별로는 세종 1회, 중종 1회, 광해군일기(중초분) 1회, 광해군일기(정초본) 1회, 인조 2회, 영조 6회, 정조 2회, 고종 1회로 검색된다.

[49] • 213
『조선왕조실록』 세종 24년 12월 7일(계사)조: 舁擔至勤政門外 亞獻官以下於勤政殿門外 在東序立 王世子受香祝於思政殿 由閤門出 內侍傳捧 由月廊正階勤政簷階上 降自正階 出勤政門外 安香祝於舁擔.

[50] • 214
영건의궤연구회, 앞의 책, p.925

[51] • 217
『순조인릉천봉산릉도감의궤』, 「소부석소·품목」 병진 4월 11일조: 丁字閣 柱礎及月臺排設時 所用 各樣物種 後錄仰稟依此上下何如 手決依 後 青兀赤二百把 灰二十石 法油三斗 馬尾篩一部.

[52] • 217
충청남도 도정신문, "이명재의 충청말 이야기(29), 청올치가 뭐래유?", 2020.1.3, https://blog.naver.com/chungnamdojung/221758266313

[53] • 217
국립국어원 표준국어대사전, "청올치", https://stdict.korean.go.kr/search/searchResult.do

[54] • 217
『익종수릉천봉산릉도감의궤』, 「소부석소·품목」 을묘 7월 17일조: 曲墻排設時 所用 青兀赤一百把 捧甘取用何如 手決依.

[55] • 217
『익종수릉천봉산릉도감의궤』, 「소부석소·품목」 을묘 4월 12일조: 尺量所用 青兀赤一百把 捧甘取用何如 手決依.

[56] • 217
『의소세손묘소도감의궤』, 「소부석소·수본질」: 丁字閣定礎時 塡土拾青石事 本所主之; 『효명세자연경묘묘소도감의궤』, 「소부석소·품목」 경인 7월 초9일조: 柱礎及月臺排設時例用青石塊音是如乎 限二百駄輸來事分付軍卜馬處何如 手決依稟.

[57] • 217
『영조원릉산릉도감의궤』, 「소부석소·품목질」 병신 3월 11일조: 定礎時所用古音青石拾取次募軍一牌出送 外南山爲去乎所.

[58] • 217
『순조인릉천봉산릉도감의궤』, 「소부석소·품목」 병진 8월 14일조: 今此 禁川橋與石築 造成時 塊音石不得不入用.

[59] • 218
각주 [54] 참고

[60] • 218
『정조건릉산릉도감의궤』, 「소부석소 · 품목」: 內所 石材 治鍊鐵物 多有破傷是如乎 乭釘五十箇 串釘五十箇 及排設時 所用 大排支乃十箇 小排支乃十五箇分 付取用何如 手決依稟上下.

[61] • 218
경기문화재단, 『화성성역의궤 건축용어집』, 2007, p.212

[62] • 218
『화성성역의궤』, 「어제성화주략」: 此車旣成, 驅至石所, 燕尾纔擧, 牛舌至地, 衝入石根若千金(支來), 勢愈動愈衝, 如舌餂取餂, 石旣全, 乃抑其尾, 前高後低, 勢如下阪(言石流如此).

[63] • 218
네이버 한자사전, "支來", https://hanja.dict.naver.com/#/entry/ccko/2734b878c6224de48469592038598e5f

[64] • 218
『효명세자연경묘묘소도감의궤』, 「소부석소 · 품목」 경인 5월 29일조: 浮石時所用 大支乃眞木長十二尺末圓徑六寸五箇 中支乃眞木長十尺末圓徑五寸十箇 小支乃眞木長八尺三十箇.

[65] • 218
경기문화재단, 앞의 책, pp.212~213

[66] • 218
각주 [57] 참고

[67] • 218
『익종수릉천봉산릉도감의궤』, 「소부석소 · 품목」 을묘 4월 14일조: 入排時所用 大排支乃二箇 中排支乃五箇 小排支乃十箇 分付爐冶所卽速打造以爲及時入用之地何如 手決雜物色所在排支乃四箇上下.

[68] • 218
『수빈휘경원천봉원소도감의궤』, 「소부석소·품목」 계미 3월 초9일조: 今此舊園所石儀撤排時石手十牌擔軍一牌募軍一牌始役是如乎 所入物種後錄仰稟依此捧甘取用何如 手決依 後 葉廣伊十柄 小排支乃五柄 生葛十同.

[69] • 218
『수빈휘경원천봉원소도감의궤』, 「소부석소·수본」 을묘 7월 초1일조: 丁字閣月臺塡隙油灰所入依橫看.

[70] • 219
이권영, 「조선후기 관영건축공사의 회미장재와 공법에 관한 연구」, 건축역사연구, 제18권, 제4호, 2009, p.65

[71] • 219
이권영, 앞의 논문, p.65

[72] • 219
『문효세자묘소도감의궤』, 「소부석소·총요」: 自月臺 至各樣築階等處 油灰次 石灰四石 及法油三斗 白休紙六斤 木槽四五部 依謄錄捧甘取用爲只爲 手決依.

[73] • 219
횡간은 세출예산표를 가로[橫]로 기재해 가로·세로로 대조해보는 서식(書式)에서 생긴 명칭이다. 엄밀하게 말하면, 경비식례횡간(經費式例橫看)이 바른 명칭이다.(한국민족문화대백과, "횡간", http://encykorea.aks.ac.kr/Contents/SearchNavi?keyword=%ED%9A%A1%EA%B0%84&ridx=0&tot=4)

[74] • 219
『문효세자묘소도감의궤』, 「소부석소·총요」: 油灰四石所入依橫看.

[75] • 219
『정조건릉산릉도감의궤』, 「소부석소·품목」: 本所階石排設時 橫看所入 石灰四石 法油五斗 白休紙七斤 預先分付 各該司以爲 及時取用何如 手決依甘.

[76] • 220
『효의왕후건릉산릉도감의궤』, 「소부석소·품목」 신사 4월 27일조: 假丁字閣 油灰所入 法油三斗 石灰四石 白休紙七斤 依謄錄進排事 捧甘該司何如 手決依甘.

[77]•222
이권영, 앞의 논문, p.70

06 목공사 시공기법

[1]•224
공포부는 철물을 사용하지 않아 검토 범위에서는 제외하였다. 풍판부 용어 및 구조 변화, 공포부 용어는 별도 논문에서 다룬 바 있으므로 참고하길 바란다.(이상명, 「조선후기 왕릉 정자각의 풍판부와 용어와 구조의 변화」, 건축역사연구, 제26권, 제1호, 2017; 「산릉의궤를 통한 공포부재 용어연구-익공과 행공을 중심으로-」, 한국건축역사학회 춘계학술발표대회, 2016)

[2]•224
『의소묘영건청의궤』, 『수은묘영건청의궤』에서는 정우(正宇)라 표기하였으나 이후부터는 정당(正堂)으로 표기하고 있어 이 책에서는 정당(正堂)으로 서술하였다.

[3]•224
평면 구성은 약간의 차이를 보인다. 정자각은 내부 기둥이 감주되었지만 정당은 전퇴가 구성되어 있다.

[4]•225
경우궁 정당은 순조 24년(1824) 북부 양덕방(陽德坊)에 건립되었는데, 고종 21년(1884) 갑신정변이 발생하여 고종이 경우궁에 이어하여 혁신내각을 조직한 바 있다. 이후 경우궁 이건 논의가 있어 고종 23년(1886)에는 인왕동, 지금의 옥인동으로 이건하였고 융희 2년(1903) 사친묘를 합사키로 하여 경우궁도 저경궁, 연호궁 등과 더불어 육상궁 내에 이안하게 되어 오늘에 이르고 있다.(도서출판 광장, 『韓國의 古建築④ 七宮』, 1977. p.37) 실제 경우궁의 합설작업은 순종 1년(1908)에 이루어 졌다.(송인호·조은주, 「王室私廟 毓祥宮의 20세기 變化에 관한 硏究」, 대한건축학회 논문집, 제27권, 제10호, 2011, p.221)

[5]•225
신승윤, 「조선 순조대 경우궁 조영에 관한 연구」, 명지대학교 대학원 건축학과 석사학위논문, 2015, pp.65~79. 이 논문에 따르면 의궤 실입과 현존 정당을

비교한 결과, 기둥은 원기둥에서 각주로 변형되고, 겹처마도 홑처마로, 이익공은 초익공 등으로 변형되었음을 밝히고 있다. 송인호·조은주, 앞의 논문, p.221에서 경우궁은 새로 건립한 것으로 보고 있어 이에 대해서는 추후 검토가 필요하다.

[6] • 227
정전 고주와 평주의 길이 차이는 의궤상 선조목릉천릉산릉역(1630)의 경우 6자, 익종수릉천봉산릉역(1855)와 수빈휘경원천봉원소역(1855)의 경우 2자이다.

[7] • 228
후술하겠지만 띠철의 춤과 박이 배열의 형태가 19세기의 것과 동일하기 때문이다.

[8] • 231
문희묘 192개(기둥띠철)/16개(기둥)=12개, 경우궁 240개(기둥띠철)/12개(기둥)=20개, 72개(동자주띠철)/6개(동자주)=12개

[9] • 232
영건의궤연구회, 『영건의궤』, 동녘, 2010, p.680

[10] • 235
홍릉 정자각은 초엽 상면 길이는 205mm이고, 측면 길이는 381mm이다. 원릉 정자각은 초엽 상면 길이는 440mm이고, 측면 길이는 1,270mm로 홍릉에 비해 상면은 2배, 측면은 3배 이상 크다.

[11] • 236
영건의궤연구회, 앞의 책, pp.690~692

[12] • 236
영건의궤연구회, 앞의 책, pp.690~692

[13] • 237
영건의궤연구회, 앞의 책, p.690

[14] • 238
영건의궤연구회, 앞의 책, p.695

[15]•238
영건의궤연구회, 앞의 책, p.695

[16]•240
『조선왕조실록』 고종 34년 5월 20일(건양)조; 5월 21일(건양)조

[17]•244
영건의궤연구회, 앞의 책, p.638

[18]•245
영건의궤연구회, 앞의 책, p.704

[19]•247
헌릉 정자각은 1748년과 1822년에 수리된 바 있다.

[20]•252
영건의궤연구회, 앞의 책, p.976

[21]•256
영건의궤연구회, 앞의 책, p.706

[22]•256
영건의궤연구회, 앞의 책, p.654, p.705

[23]•261
이연노, 「영건의궤 및 산릉의궤에 기록된 건축부재 구로대에 관한 연구」, 건축역사연구, 제18권, 제3호, 2009

[24]•261
이연노, 앞의 논문. p.58

[25]•264
19세기 전반 정자각에 쓰인 누주는 창방과 도리의 원재로 사용되었다. 창방 원재의 직경은 1尺2寸이고 높이로 기재된 경우는 1尺으로 큰 차이가 없고, 도리 원재의 직경도 1尺2寸으로 동일하다.

[26] • 266
숙빈상시봉원역(1753), 인빈상시봉원역(1757), 정성왕후홍릉산릉역(1757), 영조원릉산릉역(1776)에서 초매기박이보다 더 긴 이매기박이를 사용하였다.

[27] • 270
본 내용은 이상명·김왕직, 「조선후기 정자각의 서까래 고정기법 변화 연구」, 대한건축학회논문집, 제30권, 제12호, 2014의 내용을 보완하여 재정리한 것이다.

[28] • 270
영건의궤연구회, 앞의 책, p.741

[29] • 273
최정효, 「조선후기 왕릉 정자각의 지붕구조 변화에 관한 연구」, 경기대학교 대학원 건축학과 석사학위논문, 2012, p.59. 이 논문에서는 서까래 배열 유형을 홑처마의 경우 배위청 우선, 정전 우선으로 구분하였다. 배위청 우선은 배위청 장연이 정전과의 교차부까지 연장된 것이고, 정전 우선은 정전 퇴칸의 장연이 배위청과의 교차부까지 배열된 것이다.

[30] • 275
『단경왕후온릉봉릉도감의궤』, 「조성소·품목질」 기미 4월 10일조: 丁字閣正殿三間拜位廳二間 合五間所入 木物數爻 戊寅辛亥兩年謄錄參考 從略磨鍊以稟爲乎矣.

[31] • 275
이에 대해서는 앞서 기술한 '정자각 시공관리'를 참고할 것.

[32] • 278
『태조건원릉정자각중수도감의궤』, 「별공작·수본질」: 短椽首尾朴只 八寸 頭釘 一百九十二箇 長椽頭中朴只 八寸 頭釘 一百九二箇.

[33] • 279
사진상 전경은 원경으로 해상도가 떨어져 일부는 연정 고정하였는지 명확지 않아 원 표시를 생략하였다. 세부 사진은 서까래 위에 보토 흙이 묻어 있어 4곳 중 2곳의 연정이 보이지 않는 경우인데, 실제로는 연정을 설치하였을 것으로 판단된다.

[34]•282
지붕가구부는 18세기 후반으로 보이는 회첨인연철을 2개를 十자로 교차하여 사용하였으며 장연은 19세 초 장연중심박이가 쓰였고, 단연에는 19세기 후반의 고정기법이 확인된다.

[35]•285
『효종영릉산릉도감의궤』(1659)에서는 1자, 『장헌세자현륭원원소도감의궤』(1789)에서는 1자 1치, 『정조건릉산릉도감의궤』(1800)과 『효의왕후건릉산릉도감의궤』(1821)에서는 1자 2치, 『휘경원천봉원소도감의궤』(1855)에서는 1자 4치로 기록되어 있다.

[36]•288
정지원, 「조선후기 지붕구조의 허가연에 관한 연구-전개과정과 기능분석을 중심으로」, 경기대학교 대학원 석사학위논문, 2012

[37]•288
정지원, 앞의 논문, p.7

[38]•290
정지원, 앞의 논문, pp.72~79

[39]•291
정지원, 앞의 논문, pp.28~29에서 『경모궁개건도감의궤』와 『문희묘영건청등록』의 각 건물의 허가연과 허가연박이의 수량을 밝힌 바 있어 이를 참조하였다.

[40]•291
팔작지붕 합각부보다는 꺽임부의 허가를 구성하기 위한 부재로 보인다.

[41]•292
이에 대해서는 앞서 기술한 '정자각 수리 이력'을 참고할 것

[42]•293
정지원, 앞의 논문, pp.70~77

[43]•293
정지원, 앞의 논문, pp.76~77

[44] • 294
정지원, 앞의 논문, pp.45~49

[45] • 296
이에 대해서는 이어지는 '집거연'을 참고할 것

[46] • 298
『영조원릉산릉도감의궤』, 「조성소 · 품목질」 병신 3월 11일조: 夫防草朴只六寸 廣頭釘二百七十箇 加防朴只四寸釘一百箇 鷲頭大沙乼三巨里各長三把 巨勿釘 二十箇 鷲頭朴只一尺五寸釘二十箇 中心朴只一尺釘十箇 北首朴只五寸頭釘三箇 雜像朴只八寸廣頭釘四十二箇.

[47] • 298
이에 대해서는 이어지는 '서까래누리개'를 참조할 것

[48] • 299
이에 대해서는 이어지는 '지붕공사'를 참고할 것

[49] • 300
장연과 단연이 만나는 부위는 양볼따기를 하여 교차시키는데, 장연의 양볼따기는 자연스럽게 단연을 받쳐주는 역할을 한다.

[50] • 303
『단경왕후온릉봉릉도감의궤』, 「조성소 · 품목질」 기미 4월 20일조: 取考各年謄錄 及辛亥謄錄 則丁字閣 皆用椽蓋板 而戊寅年 則謄錄中 雖無椽蓋板色目 而上樑日子迫頭甚不喩 椽蓋板 則物力若干加入是乎乃 役事便易是遣 土役則結散子 沙由蓋瓦乾正後 仰壁再度 沙壁着漆之際多費日子 從便分付何如 手決內以椽蓋板爲之.

[51] • 306
여기서 한 면은 지붕면을 말하고 장연은 정전 전후와 배위청 좌우 4면, 단연은 정전 전후 2면임.

[52] • 306
의소세손묘소역(1752)는 장연 100개, 단연 62개를, 숙빈상시봉원역(1753) 장연 104개 단연 60개, 인빈상시봉원역(1755)은 장연 104개, 단연 76개를 사용하여 이를 참조하여 장연 104개, 단연 66개로 추정하였다.

[53] • 307
(장연개판 164+164)+(단연개판 118)=446

[54] • 307
(장연개판 164)+(단연개판 118)=282

[55] • 307
1400/446=3.14, 1400/282=4.96

[56] • 308
3분 변작에서 4분 변작으로 도리의 위치를 변경한 이유에 대해서는 '정자각 건축특징'을 참고할 것

[57] • 309
이에 대해서는 이어지는 '서까래누리개'를 참고할 것

[58] • 311
영건의궤연구회, 앞의 책, p.659

[59] • 311
項 목 항, 1. 목. 목덜미. 脩額短項 〈張衡〉 2.관(冠)의 뒤쪽. 賓右手執項 〈儀禮〉 3. 크다. 四牡項領 〈詩經〉 4. 사항(事項). 조목(條目). 분류한 종목의 이름. 依逐項名目 〈宋史〉 5. 수학 용어. (1) 다항식(多項式)을 이루는 각 단위. (2)두 양의 비(比)에 있어서 각 양(量). (3)급수(級數)를 이루는 각 수(금성출판사, "項", 『뉴에이스 한한사전』, 2006)

[60] • 312
이권영, 「조선후기 관영건축의 재료와 목공사에 관한 연구」, 부산대학교 대학원 건축학과 박사학위논문, 2000, pp.64~79

[61] • 312
이에 대해서는 앞서 기술한 '시공인력 구성'을 참고할 것

[62] • 315
경종의릉산릉역(1724), 사도세자묘소역(1762), 문효세자묘소역(1786), 익종수릉천봉산릉역(1855)

[63] • 316
이연노, 앞의 논문, p.54

[64] • 317
한욱, 「한국 고대건축의 부연(浮椽) 사용 시기에 관한 연구」, 문화재, Vol.54, No.3, 2021

[65] • 317
정연상, 『한국 전통 목조건축의 결구법 맞춤과 이음』, 도서출판 고려, 2010, p.304

[66] • 318
정연상, 앞의 책, p.305

[67] • 318
이에 대해서는 이어지는 '목기연'을 참조할 것

[68] • 318
문화재관리국 문화재연구소, 『鳳停寺 極樂展 修理工事報告書』, 1992, p.140

[69] • 318
이경미, 「팔달문의 장인(匠人)과 건축기술」, 『팔달문에 나타난 18세기 목조건축기술의 특징』, 수원화성박물관, 2013, pp.44~47

[70] • 319
이에 대해서는 이어지는 '부연누리개'를 참고할 것

[71] • 320
태조건원릉정자각중수역(1764), 문효세자묘소역(1786)

[72] • 322
3개 이상은 4번, 4개 이상은 6번, 5개 이상은 4번, 6개 이상은 8번, 7개 이상은 2번이다.

[73] • 324
집거연(執扶舍): 박공널 옆에 굵고 큰 서까래, 집우새. 집부연(執扶椽): 박공·

합각박공의 처마끝·헛집에 걸어 집우새를 받는 서까래(장기인, 『韓國建築大系 Ⅳ 新編 韓國建築辭典』, 보성각, 2010, p.101, p.388)

[74]•330
영건의궤연구회, 앞의 책, p.750

[75]•332
최대 수량은 1유형과 2유형을 더한 수량이다.

[76]•332
『경종의릉산릉도감의궤』, 「조성소·조성의궤」: 丁字閣 正間三間 左右翼閣 各一間 拜位廳三間 合八間 初立工 二立工 草箭尾 椽蓋板 外木道里 間架制度一如明陵丁字閣.

[77]•332
이에 대해서는 이어지는 '누리개' 등에서 자세히 설명하고자 함.

[78]•334
장기인, 앞의 책, p.388

[79]•334
『인경왕후익릉산릉도감의궤』, 「조성소·조성의궤」

[80]•334
『영조원릉산릉도감의궤』, 「조성소·품목질」 병신 3월 11일조

[81]•334
영건의궤연구회, 앞의 책, p.755

[82]•336
장렬왕후휘릉산릉역의 1.95, 익종수릉산릉역의 1.98도 포함한 수치임

[83]•338
장기인, 앞의 책, p.104, p.389

[84] • 340
물론 태조건원릉정자각중수역(1764)의 중누리개박이[中累里介朴只]도 같은 기능을 한 박이명이지만 전술하였듯이 『태조건원릉정자각중수도감의궤』는 성격상 영건의궤에 가까워 산릉의궤의 일반적인 부재명과는 일부 차이가 있다.

[85] • 340
경종의릉산릉역 다음 단경왕후온릉봉릉역(1739)도 서까래개판은 사용하지만 서까래개판덧방을 사용하지 않은 이유은 전례에 해당하는 정순왕후사릉봉릉역(1699)을 따랐기 때문이다.

[86] • 341
장기인, 앞의 책, p.366에서 "벌거목은 베어버린 나무. 무엇에 쓰려고 베어내지 아니하고 그냥 잘라버린 나무"라고 설명한다.

[87] • 341
이권영, 앞의 글, p.68

[88] • 343
경릉 정자각의 정전 도리의 총길이는 13,020mm이고, 휘경원 정자각은 13,304mm로 장연의 길이는 12자 내외이므로 3,600mm로 나누면 각각 3.61개, 3.69개로 산출된다.

[89] • 343
1855년에 있었던 수빈휘경원천봉원소역의 중심박이 20개는 오기로 보인다.

[90] • 344
정전 총 도리길이는 어칸 13.8자+협칸 11.5자×2+퇴칸 7자×2+도리뺄목 4자×2=58.8자이다. 인경왕후익릉은 어칸이 13.3자로 58.5자이다. 배위청 총 도리길이는 9.5×2+4=23자이다.

[91] • 345
장기인, 앞의 책, p.367에서 "변판은 통나무의 갓둘레 백변재 쪽에서 켜낸 판재 또는 굵은 통나무에서 사면을 켜서 각재를 만들고 나온 변죽재를 켜서 만든 널"로 정의하고 있다.

[92] • 345
정전은 어칸이 14자, 퇴칸은 12자인데 도리뺄목 3.3자를 합하면 퇴칸은 15.3자로 정전의 총 도리방향길이는 44.3자이고, 전후면을 합하면 88.6자이다. 배위청은 도리방향으로 12자인데, 뺄목까지 합하면 25.7자이고 전후면을 합하면 51.4자이다.

[93] • 345
배희한 구술, 이상룡 편집, 『이제 이 조선톱에도 녹이 슬었네』, 뿌리깊은 나무, 1981, p.63

[94] • 346
사진상 장연누리개열 이외에 박이가 확인되는데 이는 적심을 고정하기 위한 못으로 추정된다.

[95] • 347
문화재청, 『화성융릉 정자각 및 비각수리보고서』, 2008, p.218에서는 건립 당시의 모습을 갖춘 것으로 고찰하였다. 하지만 의궤상 통평고대로 기록되어 있는데 현재는 초매기, 착고로 변경된 상태이며, 단연누리개를 설치한 점, 부연박이는 양정이 아닌 조선 시대 정을 사용한 점을 보면 19세기 후반에 수리가 이루어진 것으로 판단된다. 당시 수리 범위는 초매기 이상 부연 일대의 제한적인 해체 수리로 판단된다.

[96] • 364
영건의궤연구회, 앞의 책, p.775

[97] • 364
김왕직, 『알기쉬운 한국건축 용어사전』, 동녘, 2007, p.209

[98] • 371
경기문화재단, 『화성성역의궤 건축용어집』, 2007, p.285

[99] • 371
『문희묘영건청등록』, 「공작」: 斜窓三隻次邊板五立 朴只四寸道乃釘十二介. 『수은묘영건청의』, 「별공작」: 斜窓朴只道乃頭釘十二介.

[100] • 376
『경종의릉산릉도감의궤』, 「조성소 · 품목질」 갑진 10월 초6일조: 丁字閣土壁當冬乾淨之際 火患可慮 且甚不精故 欲以板壁爲之矣 諸陵俱是土壁 則刱始無前之規亦涉不便故 欲爲依前土壁 計料是在果.

[101] • 378
장기인, 앞의 책, p.110

[102] • 380
장기인, 앞의 책, p.386

[103] • 380
『수은묘영건청등록』, 「별공작」: 龕室造作所入…三面斂衣赤貼次椵板一立.

[104] • 380
세종대왕기념사업회, "龍脂", 『한국고전용어사전』, 2001

07 지붕공사 및 미장공사 시공기법

[1] • 388
『정성왕후홍릉산릉도감의궤』, 「조성소 · 품목질」 정축 2월 16일조: 丁字閣 蓋瓦瓦子 辛巳謄錄中 以大牙鍊取用爲有置.

[2] • 388
『인경왕후익릉산릉도감의궤』, 「조성소 · 조성의궤」: 蓋瓦所入 中牙鍊瓦夫女幷十四訥八百張 以嚴冬不得燔造大牙鍊故 因傳敎以中瓦之 先已燔造者用之.

[3] • 389
영건의궤연구회, 『영건의궤』, 동녘, 2010, pp.765~766

[4] • 390
서유구 저, 안대회 편역, 『산수간에 집을 짓고』, 돌베게, 2005, p.210

[5] • 391
이에 대해서는 문화재청, 『전통건축물의 지붕 시공기법 연구』, 2013, p.31에서 고찰한 바 있다.

[6] • 394
『정순왕후사릉봉릉도감의궤』, 「조성소·품목질」 기묘 정월 11일조: 丁字閣 蓋瓦時 夫防草作孔次 在京時 鞍子匠 推捉現身爲有如乎 日子只隔四五日 鞍子匠 李末乙俊身 使京都監分付下送 以爲使役 何如 手決內依.

[7] • 395
이혜원·정정남, 「영건의궤에 나타난 양상도회의 의미와 기법」, 한국건축역사학회 춘계학술대회, 2006, p.310

[8] • 395
이에 대해서는 앞서 기술한 '보'와 이어지는 '양상도회'를 참고할 것

[9] • 395
문화재청, 『勤政殿 補修工事 및 實測調査報告書(上)』, 2003, p.167, pp.252~253

[10] • 397
경기문화재단, 『화성성역의궤 건축용어집』, 2007, p.416

[11] • 399
융릉 정자각의 정전과 배위청의 용마루 길이는 각각 14,440mm, 11,952mm로 이를 합산한 수치(26,392mm)를 50개로 나누면 527.84mm가 산출된다.

[12] • 400
문화재청, 『고궁 건물막새 등 문양조사』, 2000, p.33

[13] • 400
17세기 전반 『선조목릉천장산릉도감의궤』에서는 구기와를 재사용함에 따라 북수와 취두는 기록하지 않았던 것으로 생각된다. 『소현세자묘소도감의궤』에서는 취두가 누락된 것으로 짐작된다.

[14] • 400
문화재청, 앞의 보고서, 2000, p.33

[15] • 402
선조목릉천장산릉역(1630)에서도 기존 북수, 취두를 다시 쓰고, 운각 1개만

새로 마련하였다. 태조건원릉정자각중수역(1764)에서는 기존 취두를 재활용하였고, 북수와 운각을 각각 2개씩 교체하였다.

[16] • 403
문화재청, 앞의 보고서, 2000, pp.359~370

[17] • 404
문화재청, 앞의 보고서, 2000, pp.359~370

[18] • 406
문화재청, 앞의 보고서, 2003, p.167, p.252

[19] • 407
3치로 기록된 의궤가 있지만 이는 오기로 보인다.

[20] • 407
문화재청, 앞의 보고서, 2003, p.167, p.252

[21] • 407
문화재청, 앞의 보고서, 2003, p.167, p.252

[22] • 407
문화재청, 『인릉(仁陵) 정자각 및 비각 수리보고서』, 2009, p.380

[23] • 407
문화재청, 앞의 보고서, 2003, p.167, p.252

[24] • 411
문화재청, 2023 『문화재수리표준시방서』, 2023, pp.183~199

[25] • 412
조영민, 「17c 이후 니장(泥匠) 기법 변천 연구」, 명지대학교 대학원 건축학과 박사학위논문, 2014, pp.116~117

[26] • 412
조영민, 앞의 논문, p.117

[27] • 415
중깃과 미장면 간 접촉면을 넓혀 미장 단면 부족으로 인한 균열을 방지하려는 조치로 짐작된다.

[28] • 415
조영민, 앞의 글, pp.121~122

[29] • 415
국립문화재연구원, 『니장기술 4 현장에서 찾아낸 벽체기술』, 2022, pp.43~53

[30] • 419
문화재청, 앞의 책, 2023, pp.192~193

[31] • 419
조영민, 앞의 논문, pp.115~118

[32] • 422
안소현, 「조선후기 궁실건축에 사용된 격식기법」, 서울대학교 대학원 건축학과 석사학위논문, 2020, p.97

[33] • 422
화인방은 이전에도 2단으로 설치하였지만 1단 설치와 혼용하였고, 홍릉 정자각부터는 일관되게 2단으로 설치하였다. 이에 대해서는 앞서 기술한 '수장재 고정기법'을 참고할 것.

[34] • 424
서유구 저, 안대회 편역, 앞의 책, p.224

[35] • 424
서유구 저, 안대회 편역, 앞의 책, p.304

[36] • 424
『인빈상시봉원도감의궤』, 「조성소 품목질」: 齋室 馬廏二間 庫間二間 修補所入 沙壁所入 沙壁及馬通入量. 『사도세자묘소도감의궤』, 「조성소 품목질」: 齋室土役時 馬通預先分付. 『효현왕후경릉산릉도감의궤』, 「조성소 품목」 계묘 10월 27일조: 齋室 假齋室 內人假家 水剌 守僕房 諸處 沙壁所入 馬糞 從所入. 이외

다른 산릉의궤에서도 유사한 내용이 확인된다.

[37] • 425
이권영, 「조선후기 관영건축공사의 灰미장재와 공법에 관한 연구」, 건축역사연구, 제18권 제4호, 2009, pp.92~93

[38] • 425
조영민, 앞의 논문, p.79

[39] • 425
조영민, 앞의 논문, p.79

[40] • 425
조영민, 앞의 논문, p.79

[41] • 426
이권영, 앞의 논문, pp.92~105

[42] • 426
조영민, 앞의 논문, p.81

[43] • 426
『정조건릉산릉도감의궤』, 「조성소·품목」: 今此日寒猝劇土役成凍 而合壁未半.

[44] • 427
서유구 저, 안대회 편역, 앞의 책, p.224

[45] • 427
『정성왕후산릉도감의궤』, 「조성소·품목질」 정축 2월 16일조: 今此 丁字閣 齋室 仰土傍壁時 泥匠所用 細折穀草 依謄錄入量進排事.

[46] • 427
『문효세자묘소도감의궤』, 「조성소·응용물종」: 丁字閣 齋室 仰土 防土時 所入 細折穀草 從實入捧甘取用何如.

[47] • 427
『의소세손묘소도감의궤』, 「조성소·감결질」

[48] • 428
再度는 도배지를 바를 때 재배에 해당하므로, 미장에서는 재벌로 해석된다. 『현종숭릉산릉도감의궤』, 「조성소 · 잡물총수」: 殿內半壁塗褙, 初度白紙, 再度楮注紙, 三度則塗白 綾花帶靑綾花.

[49] • 428
『단경왕후온릉봉릉도감의궤』, 「조성소 · 품목질」 기미 4월 12일조: 土役 則結散子沙由 蓋瓦乾正後 仰壁再度沙壁着漆.

[50] • 428
이권영, 앞의 논문, p.92

[51] • 428
이 책에서는 개별 재료와 통합 재료인 사벽을 구분하기 위해, 개별 재료인 사벽은 『임원경제지』의 기록을 따라 '사벽(黃細黏沙)'으로, 통합 재료인 사벽은 한자를 병기하지 않고 기술하였다.

[52] • 428
『영조원릉산릉도감의궤』, 「조성소 · 품목질」: 今此丁字閣以下諸處所入 沙壁其數夥然是如乎 銅雀地發遣 領役部將一人率 募軍及空石掘取運出江邊後 津舡載運 渼湖以爲及時取用之地何如 手決內依稟.

[53] • 428
『수빈휘경원원소도감위궤』, 「조성소 · 품목」: 계미 정월 26일조: 取考謄錄 則丁字閣以下各處所用 沙壁雖載文書 初無負來之處是如乎 今番段不可以無於謄錄全然掩置故 玆以仰稟何處取用是乎喩 指一處分何如 手決探問近處所產地貿用.

[54] • 429
이권영, 앞의 논문, p.93

[55] • 429
조영민, 앞의 논문, pp.76~81, 위 논문에서 참고한 문헌은 『수은묘영건청의궤』(1764)와 『진전중수영건청의궤』(1772)인데, 백토는 사벽소입내 기록된 것이 아니고, 사벽과 별개로 기록되어 사벽에 쓰였다고 단정짓기는 이르다.

[56] • 431
『경종의릉산릉도감의궤』, 「조성소 · 품목질」 갑진 12월 21일조: 丁字閣 及碑閣 水剌間 守僕房 土壁 爇炭 乾正 大瓦一百五十二張 常瓦五百二十六張取用爲有置.

[57] • 431
『숙빈상시봉원도감의궤』, 「조성소 · 품목질」 계유 7월 초1일조: 取考謄錄則丁字閣仰壁傍土皆以熱炭乾正爲有置同乾正炭五十石爲先上下何如. 품목질은 7월 초1일로 최초 작성 날짜만 기록되어 있는데, 정황상 8월 초에 작성된 기사로 보임.

[58] • 431
『정조건릉산릉도감의궤』, 「조성소 · 품목」: 今此日寒猝劇土役成凍 而合壁未半期日甚迫以至 丹青塗褙之處無非熾炭乾淨之時 同乾淨炭隨所入上下次都廳所在炭限二百石姑 先假下待實入會減何如.

[59] • 431
『정조건릉산릉도감의궤』, 「시일」

[60] • 431
이에 대해서는 앞서 기술한 '수장재 고정기법'을 참고할 것

[61] • 432
이권영, 앞의 논문, pp.65~66

[62] • 433
조영민, 앞의 논문, pp.88~89

[63] • 433
『일성록』, 헌종 12년 윤5월 22일조

[64] • 433
조영민, 앞의 논문, p.89

[65] • 433
서유구 저, 안대회 편역, 앞의 책, pp.302~303

[66] • 433
『수빈휘경원천봉원소도감의궤』, 「조성소·품목질」 계해 3월 초8일조: 泥匠治甓角耳不可不造給是如乎 限十五箇 急速打造之意分付爐冶所何如手決依.

[67] • 433
『효명세자연경묘묘소도감의궤』, 「조성소·품목질」 경인 6월 초5일조: 丁字閣以下各處應入 條所及細繩依謄錄後錄仰稟爲去乎繕工監良中捧甘何如手決依甘…築中防時條所二艮衣.

[68] • 434
눌(訥)이 몇 장을 세는 단위인지 살펴보자. 『수은묘영건청의궤』(1764) 실입질을 보면 "中方甎四訥二百三十三張內 二訥八百八十五張實入一訥三百四十八張還下"이라고 기록되어 있다. "중방전 4눌 233장 내 2눌 885장 실입하였고 1눌 348장 돌려주다."라고 풀이된다. 1눌을 1,000장으로 계산하면 4,233장 중 2,885을 사용하고 1,348을 돌려준 것으로 딱 떨어진다. 즉 1눌이 1,000장을 헤아리는 단위임을 알 수 있다.

[69] • 435
장기인, 앞의 책, p163, p.175에는 단골[當谷], 당골[當谷], 단골막이[當谷], 당골막이[當谷], 당골벽[當谷壁], 연골벽[椽谷壁]으로 정리되어 있다.

[70] • 435
『선조목릉천장산릉도감의궤』, 「조성1소」: 正殿板閣板子長板 丹骨亇只 幷一百三十立 短椽板 一百立.

[71] • 436
예릉 정자각의 토소란 길이는 필자가 실측한 수치로 산출하였다. 정자각 정전 도리길이는 어칸, 우측퇴칸, 좌측퇴칸이 각각 4,280mm, 3,420mm, 3,450mm이고 뺄목은 975mm이다. 배위청 도리길이는 정전쪽부터 3,750mm, 3,690mm, 뺄목은 930mm이다. 정전 총 도리길이는 13,100mm이고, 배위청은 8,370mm이다. 토소란 설치 개소를 합산하면 13,100×10+8,370×6=181,220mm로 산출된다.

[72] • 436
안소현, 앞의 논문, p.99

[73] • 437
이혜원·정정남, 앞의 논문, p.314

[74] • 437
이혜원·정정남, 앞의 논문, p.314

[75] • 438
세종대왕기념사업회, "법유", 『한국고전용어사전』, 2001

[76] • 438
『효종영릉산릉도감의궤』, 「조성소·(조성의궤)」: 樑上塗灰 扶叱心草 則補土所行用 蒿草飛乃 推移借用後還送.

[77] • 438
『단경왕후온릉봉릉도감의궤』, 「조성소·품목질」 기미 4월 초10일조: 樑上塗灰時 北深草本官入量.

[78] • 438
『의소세손묘소도감의궤』, 「조성소·감결질」: 樑上塗灰時 心草 在前段 地方官隨所入進排矣.

[79] • 439
『승정원일기』 현종 원년 계해 9월 11일조: 寧陵…丁字閣樑上剝落之處 當爲改塗 而樑上蓋瓦處 高峻傾側 難於着足 必得充補夫草於瓦上 次設機械木於草上 然後方可塗灰.

[80] • 439
세종대왕기념사업회, "踏掌", 『한국고전용어사전』, 2001

[81] • 440
조영민, 앞의 논문, p.96

[82] • 440
『인현왕후명릉산릉도감의궤』, 「조성소·품목질」 신사 10월 22일조: 丁字閣 樑上塗灰次 石灰八十石 築中防 面灰次 石灰十六石合九十六石 依謄錄取來 作泥樑上塗灰之際 匠人等處十分善塗之意申飭是乎等 以匠人等不計 築中防 所入樑

上厚塗乙仍于 築中防所入 不足者二十餘斗是如爲臥乎 所同灰二十斗令三物所加上下何如 手決內依.

[83] • 440
조영민, 앞의 논문, p.94

[84] • 440
『영조혼전도감의궤』, 「혼전별공작·수본질」 병신 3월 12일조: 各樣牀卓器皿等着漆時 漆匠所用 家猪毛十兩 羔鬚三兩 骨灰二斗 太末四升 白布十尺 生布十尺 白苧布一尺 雪綿子五兩上下爲乎旀.

[85] • 441
『장헌세자현륭원원소도감의궤』, 「조성소·품목질」: 丁字閣 碑閣 樑上塗灰所入白土性不膩粘勢 將和紙作泥 以避罅隙之慮是如乎 白休紙十斤加磨鍊捧甘取用何如.

[86] • 442
이혜원·정정남, 앞의 논문, pp.312~313

[87] • 442
『사도세자묘소도감의궤』, 「조성소·품목질」: 樑上塗灰時 或慮雨勢蓋覆 次破油芚隨所用還者自是 前例是置.

[88] • 443
『정조건릉산릉도감의궤』, 「조성소·품목」: 丁字閣 樑上塗灰時 泥匠所用 及塗油時 假漆匠所用 陶器皿與釜鼎等物 後錄仰稟爲去乎.

[89] • 443
『순조인릉천봉산릉도감의궤』, 「조성소·품목질」 병진 4월 초1일조: 丁字閣以下假漆匠 物種後錄仰稟 依此捧甘取用何如 手決依甘 後 磊碌十斗 丁粉十斗 朱土六斗…明油所入 法油六斗 白礬八兩 無名石一斤 常黃丹一斤.

[90] • 444
경기문화재단, 앞의 책, p.306

[91] • 444
영건의궤연구회, 앞의 책, p.966

[92] • 444
경기문화재단, 앞의 책, p.306

[93] • 444
『순조인릉산릉도감의궤』, 「조성소·품목질」 을미 4월 초5일조: 丁字閣碑閣 樑上塗灰 着油所入 法油九斗二升五合 捧甘取用何如 手決依.

[94] • 444
『순조인릉산릉도감의궤』, 「조성소·품목질」 갑오 12월 초5일조

[95] • 444
『순조인릉산릉도감의궤』, 「조성소·품목질」 갑오 12월 초5일조

[96] • 444
『순조인릉산릉도감의궤』, 「조성소·품목질」 갑오 12월 초5일조

[97] • 444
『순조인릉산릉도감의궤』, 「조성소·품목질」 갑오 12월 초5일조

[98] • 444
『선조목릉천장산릉도감의궤』, 「조성별소」: 紅門一坐…漆次朱土二升 明油次法油一升五合 無名石一兩 白磻五錢 黃丹五錢 阿膠十五角.

[99] • 445
『민회빈봉묘도감의궤』, 「조성소·품목질」: 三面風遮 及前面上下地防 壁縇 圓柱等處 皆朱紅明油漆.

[100] • 445
『사도세자묘소도감의궤』, 「조성소·품목질」: 先佐耳 道乃木 二十四箇 輪筒 二箇 明油朱漆是遣.

[101] • 446
1되는 1.8039l 임.

[102] • 446
『효명세자연경묘묘소도감의궤』, 「조성소·품목질」 경인 7월 초5일조: 分閣 着油所入 法油五升.

[103] • 446
『수빈휘경원원소도감의궤』, 「조성소·품목질」 계미 2월 20일조: 丁字閣 碑閣 柱木 窓門 着油所入 法油一斗五升.

08 조선 후기 관영건축 시공기술의 전개

[1] • 451
리차드 도킨스 지음, 홍영남 옮김, 『이기적 유전자』, 을유문화사, 1993, pp.35~79

[2] • 451
리차드 도킨스 지음, 홍영남 옮김, 앞의 책, p.288

[3] • 451
리차드 도킨스 지음, 홍영남 옮김, 앞의 책, p.288

[4] • 458
김동욱, 『실학 정신으로 세운 조선의 신도시, 수원화성』, 돌베게, 2002, pp.72~82, p.89

[5] • 458
이경미, 「팔달문의 장인(匠人)과 건축기술」, 『팔달문에 나타난 18세기 목조건축기술의 특징』, 수원화성박물관, 2013, pp.49~50

[6] • 458
이경미, 앞의 논문, pp.39~57

[7] • 461
김소라, 「조선후기 이상저온 현상 속 온돌 보급과 청계천 준설」, 제57회 국사편찬위원회 한국사학술회의, 2022

참고문헌

| 고문헌 |

『日省錄』

『朝鮮王朝實錄』

『林園經濟志』

『度支準折』

『鐵式』

『懿昭廟營建廳儀軌』, 1752, 규장각본(奎 14259)

『垂恩廟營建廳儀軌』, 1764, 규장각본(奎 13631)

『英祖魂殿都監儀軌』, 1776, 규장각본(奎 13584의2)

『景慕宮改建都監儀軌』, 1777, 규장각본(奎 13633)

『文禧廟營建廳謄錄』, 1790, 규장각본(奎 13926)

『華城城役儀軌』, 1801, 규장각본(奎 14590)

『顯思宮別廟營建都監儀軌』, 1824, 규장각본(奎 14260)

『仁政殿營建都監儀軌』, 1805, 규장각본(奎 14334).

『懿仁王后裕陵山陵都監儀軌』, 1601, 규장각본(奎 14826)

『宣祖穆陵遷葬山陵都監儀軌』, 1631, 외규장각본(외규002)

『仁穆王后穆陵山陵都監儀軌』, 1632, 규장각본(奎 13517)

『昭顯世子墓所都監儀軌』, 1645, 규장각본(奎 13920)

『仁祖長陵山陵都監儀軌』, 1649, 규장각본(奎 15074)

『孝宗寧陵山陵都監儀軌』, 1659, 규장각본(奎 15075)

『仁宣王后寧陵山陵都監儀軌』, 1674, 외규장각본(외규031, 외규032)

『顯宗崇陵山陵都監儀軌』, 1674, 외규장각본(외규038, 외규039)

『仁敬王后翼陵山陵都監儀軌』, 1681, 외규장각본(외규048, 외규049)

『明聖王后崇陵山陵都監儀軌』, 1684, 규장각본(奎 14832)

『莊烈王后徽陵山陵都監儀軌』, 1688, 외규장각본(외규065, 외규066)

『定順王后思陵封陵都監儀軌』, 1699, 규장각본(奎 14821)

『端宗莊陵封陵都監儀軌』, 1699, 규장각본(奎 14830)

『仁顯王后明陵山陵都監儀軌』, 1702, 규장각본(奎 14824)

『端懿嬪墓所都監儀軌』, 1718, 외규장각본(외규094)
『愍懷嬪封墓都監儀軌』, 1719, 규장각본(奎 14837)
『肅宗明陵山陵都監儀軌』, 1721, 외규장각본(외규104, 외규105)
『景宗懿陵山陵都監儀軌』, 1725, 외규장각본(외규115, 외규116)
『孝章世子墓所都監儀軌』, 1729, 규장각본(奎 14835)
『宣懿王后懿陵山陵都監儀軌』, 1731, 규장각본(奎 14823)
『翼祖智陵丁字閣改建儀軌』, 1732, 장서각본(K22359)
『端敬王后溫陵封陵都監儀軌』, 1739, 규장각본(외규150, 외규151)
『孝純賢嬪墓所都監儀軌』, 1752, 규장각본(奎 14836)
『懿昭世孫墓所都監儀軌』, 1752, 외규장각본(외규177, 외규178)
『淑嬪上諡封園都監儀軌』, 1753, 규장각본(奎 14926)
『敬惠仁嬪上諡封園都監儀軌』, 1755, 외규장각본(외규190, 외규191)
『貞聖王后弘陵山陵都監儀軌』, 1757, 규장각본(奎 13591)
『仁元王后明陵山陵都監儀軌』, 1757, 규장각본(奎 13560)
『思悼世子墓所都監儀軌』, 1762, 규장각본(奎 13607)
『太祖健元陵丁字閣重修都監儀軌』, 1764, 규장각본(외규209)
『英祖元陵山陵都監儀軌』, 1776, 규장각본(奎 13586)
『文孝世子墓所都監儀軌』, 1786, 규장각본(奎 13925).
『莊獻世子顯隆園園所都監儀軌』, 1789, 규장각본(奎 13628).
『正祖健陵山陵都監儀軌』, 1800, 규장각본(奎 13640)
『貞純王后元陵山陵都監儀軌』, 1805, 규장각본(奎 13596)
『獻敬惠嬪顯隆園園所都監儀軌』, 1816, 규장각본(奎 13617)
『正祖孝懿王后健陵山陵都監儀軌』, 1821, 규장각본(奎 13664)
『綏嬪徽慶園園所都監儀軌』, 1823, 규장각본(奎 13935)
『孝明世子延慶墓墓所都監儀軌』, 1830, 규장각본(奎 13728)
『純祖仁陵山陵都監儀軌』, 1835, 규장각본(奎 13678)
『孝顯王后景陵山陵都監儀軌』, 1843, 규장각본(奎 13809)
『翼宗綏陵山陵都監儀軌』, 1846, 규장각본(奎 13768, 奎 13764)
『憲宗景陵山陵都監儀軌』, 1849, 규장각본(奎 13791)

『綏嬪徽慶園遷奉園所都監儀軌』, 1855, 규장각본(奎 13952)
『翼宗綏陵遷奉山陵都監儀軌』, 1855, 규장각본(奎 13770)
『純祖仁陵遷奉山陵都監儀軌』, 1856, 규장각본(奎 13706)
『純元王后仁陵山陵都監儀軌』, 1857, 규장각본(奎 13694)
『哲宗睿陵山陵都監儀軌』, 1864, 규장각본(奎 13852)
『綏嬪徽慶園遷奉園所都監儀軌』, 1864, 규장각본(奎 13962)
『哲仁王后睿陵山陵都監儀軌』, 1880, 규장각본(奎 13873)
『神貞王后綏陵山陵都監儀軌』, 1892, 규장각본(奎 13749)
『孝定王后景陵山陵都監儀軌』, 1904, 규장각본(奎 13832)

| 단행본 |

고동환, 『조선후기 서울 상업발달사 연구』, 지식산업사, 1998
국립문화재연구소, 『국역 국조상례보편』, 민속원, 2008
경기문화재단, 『화성성역의궤 건축용어집』, 2007
김동욱, 『실학 정신으로 세운 조선의 신도시, 수원화성』, 돌베게, 2002
김동욱, 『韓國建築工匠史硏究』, 기문당, 1993
김란기, 『조선대목 고택영의 조선집짓기 한평생 얘기』, 대건사, 2001
김문식 외 11인, 『조선왕조의궤 현황과 전망』, 국립중앙박물관, 2012
김왕직, 『알기쉬운 한국건축 용어사전』, 동녘, 2007
도서출판 광장, 『韓國의 古建築④ 七宮』, 1977
리차드 도킨스 지음, 홍영남 옮김, 『이기적 유전자』, 을유문화사, 1993
문화재청, 『2023 문화재수리표준시방서』, 2023
배희한 구술, 이상룡 편집, 『이제 이 조선톱에도 녹이 슬었네』, 뿌리깊은 나무, 1981
서유구 저, 안대회 편역, 『산수간에 집을 짓고』, 돌베게, 2005
오성, 『조선후기 상인연구』, 일조각, 1998
윤용출, 『조선후기의 요역제와 고용노동』, 서울대학교출판부, 1998

장국종·리태영, 『조선 광업사』, 사회과학출판사, 2010

장기인, 『韓國建築大系Ⅳ 新編 韓國建築辭典』, 보성각, 2010

정연상, 『한국 전통 목조건축의 결구법 맞춤과 이음』, 도서출판 고려, 2010

짚풀생활사박물관, 『조선 못 특별전』, 2001

영건의궤연구회, 『영건의궤』, 동녘, 2010

유승주, 『조선시대 광업사연구』, 고려대학교출판부, 1994

近藤 豊, 『古建築の細部意匠』, 大河出版, 1972

梁思成, 『梁思成全集 第七卷』, 中国建筑工业出版社, 2001

王其钧 主编, 『中国建筑图解词典』, 机械工业出版社, 2013

| 학위논문 |

구선이, 「산릉도감의궤를 통해 본 17세기 정자각의 원형 연구」, 명지대학교 대학원 건축학과 석사학위논문, 2012

김성운, 「도편수 김창희 기문(技門) 건축기법 연구- 다포계 건축물을 중심으로」, 명지대학교 대학원 건축학과 석사학위논문, 2014

김상협, 「조선왕릉 석실 및 능상구조의 변천에 관한 연구」, 명지대학교 대학원 건축학과 박사학위논문, 2007

김왕직, 「조선후기 관영건축공사의 건축경제사적 연구」, 명지대학교 대학원 건축공학과 박사학위논문, 1998

김종훈, 「전통 한옥 계획에 나타난 장인 건축기법 연구」, 명지대학교 대학원 건축학과 박사학위논문, 2011

문영식, 「조선후기 山陵都監儀軌에 나타난 匠人의 造營活動에 관한 연구」, 명지대학교 대학원 건축학과 박사학위논문, 2010

손미영, 「扇子椽 作圖技法의 研究」, 명지대학교 산업대학원 문화재학 석사학위논문, 2006

손은미, 「산릉의궤 건축도 및 도설의 표현 특성」, 명지대학교 대학원 건축학과 석사학위 논문, 2013

신승윤, 「조선 순조대 경우궁 조영에 관한 연구」, 명지대학교 대학원 건축학과 석사학위논문, 2015

신지혜, 「조선 숙종대 왕실 喪葬禮 設行공간의 건축특성-빈전·산릉·혼전을 대상으로-」, 경기대학교 대학원 건축공학과 박사학위논문, 2010

안소현, 「조선후기 궁실건축에 사용된 격식기법」, 서울대학교 대학원 건축학과, 2020

우희중, 「조선후기 왕릉재실 공간구성의 변천: 산릉도감의궤를 중심으로」, 경기대학교 대학원 석사학위논문, 2010

이권영, 「조선후기 관영건축의 재료와 목공사에 관한 연구」, 부산대학교 대학원 건축학과 박사학위논문, 2000

이 영, 「조선시대 왕릉능역의 건축과 배치형식 연구」, 서울대학교 대학원 건축학과, 박사학위논문, 1992

정지원, 「조선후기 지붕구조의 허가연에 관한 연구-전개과정과 기능분석을 중심으로」, 경기대학교 대학원 건축학과 석사학위논문, 2012

조영민, 「17c 이후 니장(泥匠) 기법 변천 연구」, 명지대학교 대학원 건축학과 박사학위논문, 2014

최윤화, 「조선시대 陵園 丁字閣의 건축특성에 관한 연구」, 경기대학교 대학원 건축공학과 석사학위논문, 2001

최정효, 「조선후기 왕릉 정자각의 지붕구조 변화에 관한 연구」, 경기대학교 대학원 건축학과 석사학위논문, 2012

| 학회논문 |

김균태, 「조선시대 화성성역의 공정관리 사례분석」, 한국건축시공학회지, 제8권, 제6호, 2008

김동욱, 「공사기간상으로 고찰한 조선후기의 건축기술」, 대한건축학회 논문집, 제3권, 제6호, 1987

김동욱, 「17세기 궁궐건축공사에 종사한 목수편수에 대하여」, 건축역사연구,

제1권, 제1호, 1992
김동욱, 「정조·순조년간 관영공사에서 별간역 정우태의 조영활동」, 건축역사연구, 제16권, 제3호, 2007
김창준·오석근, 「獻仁陵 獻陵丁字閣 補修工事」, 문화재, 제22권, 1989.
서치상, 「조선후기 축성공사의 牌將制度에 관한 연구」, 건축역사연구, 제18권, 제1호, 2009
송인호·조은주, 「王室私廟 毓祥宮의 20세기 變化에 관한 硏究」, 대한건축학회 논문집, 제27권, 제10호, 2011
이권영, 「산릉·영건의궤 분석을 통한 조선시대 건축에서 회벽의 존재 여부고찰-조선후기 관영건축을 중심으로-」, 건축역사연구, 제19권, 제3호, 2010
이권영, 「조선후기 관영건축공사의 灰미장재와 공법에 관한 연구」, 건축역사연구, 제18권, 제4호, 2009
이권영·김왕직, 「조선후기 관영건축공사에 있어서 철물과 철제 연장의 공급체계에 관한 연구-영건의궤 기록을 중심으로-」, 건축역사연구, 제16권, 제3호, 2007
이권영·김왕직, 「초창 정조 건릉 건축물의 복원적 고찰」, 대한건축학회 연합논문집, 제11권, 제4호, 2009
이상명·김왕직, 「조선후기 정자각의 서까래 고정기법 변화 연구」, 대한건축학회 논문집, 제30권, 제12호, 2014
이상명·김왕직, 「19세기 정자각의 시공과정과 시공관리 연구」, 대한건축학회 논문집, 제32권, 제4호, 2016
이상명, 「조선후기 산릉공역의 철물 조달과 철제품 제작」, 건축역사연구, 제25권, 제5호, 2016
이상명, 「조선후기 이익공식 관영건축에서 화반의 의장성 강화」, 건축역사연구, 제26권, 제2호, 2017
이상명, 「조선후기 왕릉 부석처(浮石處)의 선정 과정과 부석처 조계동, 건축역사연구, 제26권, 제3호, 2017
이상명, 「조선후기 왕릉 조성 시 목공사 장인의 배정과 조달 방식」, 건축역사연구, 제26권, 제4호, 2017

이상명, 「의궤에 기록된 건축도(建築圖) 물매(勿每, 水每)에 관한 연구」, 건축역사연구, 제29권, 제6호, 2020

이연노, 「영건의궤 및 산릉의궤에 기록된 건축부재 구로대에 관한 연구」, 건축역사연구, 제18권, 제3호, 2009

장경희, 「조선후기 山陵都監의 匠人 연구」, 역사민속학, 제25호, 2007

정경희, 「朝鮮後期 宮園制의 성립과 변천」, 서울학연구, 제23호, 2004

정정남·이혜원, 「의궤에 기록된 건축용어 연구: 『화성성역의궤』에 기록된 양상도회를 중심으로」, 화성학연구, 제2호, 2006

전종우, 「능원 정자각의 화반초각에 대하여」, 문화재, 제51권, 제4호, 2018

최인화, 「경복궁 건물 유형에 따른 적심 연구」, 문화재, 제42권, 제3호, 2009

한욱, 「한국 고대건축의 부연(浮椽) 사용 시기에 관한 연구」, 문화재, 제54권, 제3호, 2021

허경도·김중구·우경원·정명섭, 「경북지역 "T"형 정자의 특성에 관한 연구」, 건축역사연구, 제31권, 제1호, 2022

홍석주, 「조선조 영건의궤를 통한 수장재 용어에 관한 연구」, 한국실내디자인학회 논문집, 제14권, 제2호, 2005

| 학술발표 |

강성원, 「홍유릉을 통해 본 대한제국 이후 산릉의 특징」, 한국건축역사학회 춘계학술발표대회, 2008

김균태, 「조선시대 화성성역의궤의 건설관리적 의미」, 한국건축시공학회 학술발표대회, 2008

김도경, 「조선후기 관찬 문서의 목조건축 표현방법 연구」, 한국건축역사학회 춘계학술발표대회, 2007

김동욱, 「조선조 산릉 정자각 연원 소고」, 한국건축역사학회 춘계학술발표대회, 2008

김왕직, 「수원화성의 기초공법 고찰」, 한국건축역사학회 춘계학술발표대회,

2007

김왕직, 「조선왕릉 8간 정자각 고찰」, 한국건축역사학회 춘계학술발표대회, 2008

서치상, 「궁궐건축공사의 실역책임자 영역부장에 관한 연구」, 한국건축역사학회 춘계학술발표대회, 2008

이경미, 「鑞點石의 의미와 용도-의미 불분명한 석재 용어 규명하기-」, 한국건축역사학회 춘계학술발표대회, 2006

이경미, 「팔달문의 장인(匠人)과 건축기술」, 『팔달문에 나타난 18세기 목조건축기술의 특징』, 수원화성박물관, 2013

이권영, 「영건의궤 등의 기록을 통한 목공사 기법에 관한 일 고찰」, 한국건축역사학회 춘계학술발표대회, 2006

이혜원·정정남, 「영건의궤에 나타난 양상도회의 의미와 기법」, 한국건축역사학회 춘계학술대회, 2006

정정남, 「조선후기 산릉의궤를 통해본 정자각의 도배와 포진」, 한국건축역사학회 춘계학술발표대회, 2008

홍석주, 「산릉의궤의 건축적 의미에 대한 영건의궤와의 비교 고찰」, 한국건축역사학회 추계학술발표대회, 2007

홍석주, 「영건의궤를 통해 본 궁궐건축의 기단에 관한 연구」, 한국건축역사학회 춘계학술발표대회, 2007

홍석주, 「정자각과 가정자각의 조성원칙에 관한 연구」, 한국건축역사학회 춘계학술발표대회, 2008

| 보고서 |

國立文化財硏究所, 『江華 高麗王陵 嘉陵·坤陵·陵內里石室墳』, 2007

국립문화재연구소, 『조선왕릉종합학술조사보고서Ⅰ』, 2009

국립문화재연구소, 『조선왕릉종합학술조사보고서Ⅱ』, 2011

국립문화재연구소, 『조선왕릉종합학술조사보고서Ⅲ』, 2012

국립문화재연구소, 『조선왕릉종합학술조사보고서Ⅳ』, 2013
국립문화재연구소, 『조선왕릉종합학술조사보고서Ⅴ』, 2013
국립문화재연구소, 『조선왕릉종합학술조사보고서Ⅵ』, 2014
국립문화재연구소, 『조선왕릉종합학술조사보고서Ⅶ』, 2014
국립문화재연구소, 『조선왕릉종합학술조사보고서Ⅷ』, 2015
국립문화재연구소, 『조선왕릉종합학술조사보고서Ⅸ』, 2015
국립문화재연구원, 『니장기술 4 현장에서 찾아낸 벽체기술』, 2022
국립중원문화재연구소, 『전통 철물 제법 기준 마련 및 활성화 방안 연구 종합 보고서』, 2019
문화재관리국, 『안압지발굴조사보고서』, 1978
문화재관리국 문화재연구소 『鳳停寺 極樂展 修理工事報告書』, 1992
문화재청, 『康陵 丁字閣 및 碑閣 수리보고서』, 2006
문화재청, 『고궁 건물막새 등 문양조사』, 2000
문화재청, 『구리 동구릉 목릉 정자각 정밀실측조사보고서』, 2013
문화재청, 『구리 동구릉 숭릉 정자각 정밀실측조사보고서』, 2013
문화재청, 『光陵 및 徽慶園 補修工事 修理報告書』, 2007
문화재청, 『광릉 정자각 및 비각 수리보고서』, 2010
문화재청, 『勤政殿 補修工事 및 實測調査報告書(上)』, 2003
문화재청, 『勤政殿 補修工事 및 實測調査報告書(下)』, 2003
문화재청, 『東九陵 健元陵 丁字閣 및 碑閣 修理報告書』, 2006
문화재청, 『東九陵 綏陵 丁字閣 修理報告書』, 2004
문화재청, 『東九陵 顯陵, 綏陵 丁字閣 및 碑閣 修理報告書』, 2006
문화재청, 『思陵 丁字閣 修理報告書』, 2004
문화재청, 『宣·靖陵 宣陵 丁字閣 修理報告書』, 2007
문화재청, 『英陵 丁字閣 지붕補修工事 修理報告書』, 2007
문화재청, 『영조규범 조사보고서』, 2006
문화재청, 『인릉(仁陵) 정자각 및 비각 수리보고서』, 2009
문화재청, 『전통건축물의 지붕 시공기법 연구』, 2013
문화재청, 『화성 건릉 정자각 보수공사 수리보고서』, 2013

문화재청, 『화성융릉 정자각 및 비각수리보고서』, 2008
문화재청, 『휘릉 정자각 및 비각 수리보고서, 2009
문화재청 조선왕릉관리소, 『서울 영휘원과 숭인원의 숭인원 정자각 및 비각 보수공사 수리보고서』, 2013
문화재청 조선왕릉관리소, 『소령원 내 정자각 및 수복방 보수공사 수리보고서』, 2014
서울특별시교육위원회, 『서울 南大門 修理報告書』, 1966
한강문화재연구원, 『서울 군기시터 유적』, 서울특별시, 2011
奈良県教育委員会, 『国宝 唐招提寺金堂修理工事報告書: 本編1』, 2009
奈良県教育委員会, 『国宝 唐招提寺金堂修理工事報告書: 本編2』, 2009

| 사전류 및 기타 |

고려대학교 민족문화연구원, 『고려대 한국어대사전』, 2009
국토지리정보원, 『한국지명유래집 중부편』, 2008
금성출판사, 『뉴에이스 한한사전』, 2006
박성훈, 『單位語辭典』, 민중서림, 1998
서울특별시시사편찬위원회, 『서울지명사전』, 2009
세종대왕기념사업회, 『한국고전용어사전』, 2001
한국학중앙연구원, 『관직명사전』, 2011
한국학중앙연구원, 「한국민족문화대백과」, http://encykorea.aks.ac.kr
국립국어원 표준국어대사전, http://www.korean.go.kr
네이버 지식백과, https://terms.naver.com/
네이버 한자사전, https://hanja.dict.naver.com/
두산백과사전 두피디아, http://www.doopedia.co.kr
성북마을아카이브, https://archive.sb.go.kr
국립중앙박물관 외규장각, http://211.252.141.4/home
서울대학교 규장각 한국학연구원 의궤 종합정보, http://kyujanggak.snu.ac.kr/cente

장서각 한국학자료센터, http://royal.kostma.net/WA/Main
왕실도서관 장서각 디지털 아카이브 의궤자료, http://yoksa.aks.ac.kr/jsp/aa/BookList2.jsp
조선왕조실록 사이트 http://sillok.history.go.kr

| 그림 목차 및 출처 |

※출처 표시가 없는 것은 소유권이 소멸했거나 필자가 촬영, 제작 도안한 것입니다. 출판사와 저자의 의도와는 달리 확인하지 못했거나 출처의 오류가 있는 경우, 개정판에서 바로잡도록 하겠습니다.

02 산릉의궤와 정자각

03 산릉도감의 조직 운영과 시공관리

04 시공인력 구성과 자재 조달

05 가설공사, 기초공사 및 석공사 시공기법

06 목공사 시공기법

07 지붕공사 및 미장공사 시공기법

| 표 목차 |

01 서론

02 산릉의궤와 정자각

03 산릉도감의 조직 운영과 시공관리

04 시공인력 구성과 자재 조달

05 가설공사, 기초공사 및 석공사 시공기법

06 목공사 시공기법

07 지붕공사 및 미장공사 시공기법

| 찾아보기 |

ㅂ

ㅅ

ㅇ

ㅈ

ㅊ

ㅌ

ㅍ

ㅎ

"조선 시대 건축에 대해 우린 얼마나 이해하고 있는가?" 2004년 청진동 발굴현장에서 여러 층위로 중첩되어 좀처럼 해석이 쉽지 않은 건물지들을 보며 김홍식 교수님께서 하신 말씀입니다. 가장 많은 유구와 문헌이 남아 있지만 조선 시대 건축을 온전히 이해하기 위해서는 더 많은 노력이 경주되어야 함을 읊조리신 겁니다. 그저 독백과도 같은 물음은 저에겐 큰 울림으로 다가왔습니다. 이 책은 그 때부터 시작되었는지도 모르겠습니다. 문화재수리 표준시방서, 문화재수리 표준품셈, 근대건축물 문화재수리 표준시방서 등의 연구에 참여하면서 전통 건축의 시공기술에 대한 연구가 그간 참으로 부족했음을 실감할 수 있었습니다. 이 책은 그러한 갈증을 해소하기 위해 썼던 박사논문을 수정 보완한 것입니다.

산릉의궤라는 문헌을 통해 시공기술을 연구하기로 마음먹은 것은 의궤 연구의 권위자이신 김왕직 교수님을 지도교수님으로 모신 덕택입니다. 더불어 정자각 수리 현장 소개와 수리 자료를 제공해 주셔서 논문을 쓰는 데 큰 도움이 되었습니다. 감사드립니다. 박사논문의 얼개 및 내용을 세세하게 검토해 주신 이왕기 교수님, 정연상 교수님께 감사의 마음을 전합니다. 논문의 핵심을 놓치지 않도록 끝까지 잡아 주시고 건축역사 연구자의 자세를 일깨워 주신 한지만 교수님과 폭넓은 중국건축사의 연구 정보와 연구 동향을 알려주시며 격려해주신 백소훈 교수님께도 감사드립니다. 문희묘영건청등록 수업, 수은묘영건청의궤 및 종묘수리도감의궤 스터디를 이끌어주시며 의궤 읽기에 도움을 주신 정정남 대표님께도 감사의 마음을 전합니다.

대학원에서 동학들과 한국·중국·일본건축사 스터디를 하며 적지 않게 식견을 높일 수 있었습니다. 임채현 이사님, 구욱희 박사님, 김명숙 소장님, 오규성 박사님, 이은희 박사님, 마하림님 등과 함께한 시간은 대학원 생활의 즐거움이었습니다. 세심하게 논문 교정을 봐 주시고, 미처 생각하지 못한 부분도 보완해 주신 오규성 박사님과 논문 교정을 봐주신 이은희 박사님께 고마움을 전합니다. 도면 작성을 도와준 이성우군에게도 고마움을 표합니다. 이 책의 교정을 봐주신 국립문화재연구원 이선아 연구원, 예천군 곽재관 학예연구사에게 감사한 마음을 전합니다.

이 책은 많은 분들의 자료 협조를 통해 완성해 갈 수 있었습니다. 조선대학교 신웅주 교수님, 경남거창도립대학 주우일 교수님, 한국전통건축연구원 심대섭 대표님, 전 금성종합건축사사무소 조영귀 소장님, 종합건축사사무소 대연건축 조병규 부장님, (재)건축문화재연구원, ㈜아름터건축사사무소, 가산종합건설(주), 대흥종합건설(주), ㈜고가, ㈜진강건설 등 협조해 주신 분들께 감사드립니다. 정자각 보수 현장을 조사하도록 협조해 주셨던 구 조선왕릉관리소의 장기순 주무관님, 구선이님, 온릉과 헌릉 정자각 보수 현장의 정석준 소장님, 남기호 소장님께 감사드립니다.

이 책이 출간될 수 있었던 것은 심원문화사업회의 후원 덕분입니다. 박사논문을 보완하여 책으로 출간하는 것은 참으로 영광스러운 일입니다. 그러한 기회를 주신 심원문화사업회 이태규 이사장님, 신정환 사무장님, 와이드AR 전진삼 발행인님께 마음 깊이 감사의 말씀을 올립니다.

시공기술사 연구에 애정 어린 평가를 해 주신 심원건축학술상 심사위원회 한동수, 김영철, 김현섭, 서정일 선생님께도 감사드립니다. 그리고 출간을 도와주신 시공문화사 김기현 대표님과 책의 디자인을 맡아 꼼꼼하게 편집해 주신 심현일 대표님께도 감사의 마음을 전합니다.

이 책은 아내 은주의 희생과 배려가 없었다면 그 시작도, 작은 결실도 맺지 못하였을 겁니다. 그저 한없이 고마울 따름입니다. 박사과정 중에 딸 채연이가 태어났습니다. 아마도 대한민국 영유아 중 가장 많은 왕릉을 찾은 이가 아닐까 합니다. 이제 초등학교 4학년이 되었네요. 조선 최고의 명당을 누벼서 그런지 건강하게 잘 자라주어 고마울 따름입니다. 오랜 세월 자식의 성장하는 모습을 묵묵히 지켜봐 주신 부모님께 늘 죄송하면서도 감사한 마음을 전하고자 합니다. 고향에서 늘 집안의 대소사를 챙겨온 누나, 매형과 여동생 내외에게도 고마움을 전합니다.

박사논문을 쓰면서 처음으로 학문하는 맛을 느꼈습니다. 그만큼 제 공부의 얕음도 절실하게 깨달았습니다. 졸고이지만 많은 분들이 봐 주셨으면 합니다. 아낌없는 지적을 기다리겠습니다.

2023년 12월

이 상 명

산릉의궤와 정자각에 새겨진

조선후기 관영건축의 시공기술사

제13회 심원건축학술상 수상작

심원문화사업회
이 사 장 이태규
사 무 장 신정환

ISBN 978-89-5592-474-9

초판 1쇄 인쇄 2023년 11월 30일
초판 1쇄 발행 2023년 12월 11일

지 은 이 이상명
발 행 인 김기현
북디자인 심현일
편집감수 전진삼

발 행 처 시공문화사
등 록 1993년 3월 12일
주 소 서울특별시 서대문구 독립문공원길 13 (극동프라자 5층)
전 화 02) 3147~1212, 2323
전 송 02) 3147~2626
http://www.spacetime.co.kr spacetime@korea.com

편 집 디자인 · 현
인 쇄 에코프린트
제 본 보경문화사
용 지 (주)대림지업사

정가 25,000원
*** 파본은 구입한 곳에서 교환해 드립니다.**